油气储运工程师技术岗位资质认证丛书

仪表自动化工程师

中国石油天然气股份有限公司管道分公司　编

石油工业出版社

内 容 提 要

本书系统介绍了油气储运仪表自动化工程师所应掌握的专业基础知识、管理内容及相关知识，并分三个层级给出相应的测试试题。其中，第一部分专业基础知识重点介绍了流程图基础、网络基础、仪表防护防爆等级、自动化基础等知识；第二部分技术管理及相关知识重点介绍了计量基础资料管理、SCADA 系统维护、可编程控制器、输油气管道常用系统、SCADA 系统组态软件使用及维护、ERP 系统使用等管理内容；第三部分为试题集，是评估相关从业人员岗位胜任能力的标准。

本书适用于油气储运仪表自动化工程师技术岗位和相关管理岗位人员阅读，可作为业务指导及资质认证培训、考核用书。

图书在版编目(CIP)数据

仪表自动化工程师／中国石油天然气股份有限公司管道分公司编. 北京：石油工业出版社，2018. 1

(油气储运工程师技术岗位资质认证丛书)

ISBN 978-7-5183-1993-0

Ⅰ.①仪…　Ⅱ.①中…　Ⅲ.①油气运输-自动化仪表-资格考试-自学参考资料　Ⅳ.TE97

中国版本图书馆 CIP 数据核字(2017)第 221991 号

出版发行：石油工业出版社
(北京安定门外安华里 2 区 1 号　100011)
网　址：www. petropub. com
编辑部：(010)64523583　图书营销中心：(010)64523633
经　　销：全国新华书店
印　　刷：北京中石油彩色印刷有限责任公司

2018 年 1 月第 1 版　2018 年 1 月第 1 次印刷
787×1092 毫米　开本：1/16　印张：29. 5
字数：700 千字

定价：132. 00 元
(如出现印装质量问题，我社图书营销中心负责调换)

《油气储运工程师技术岗位资质认证丛书》
编 委 会

办公室

《仪表自动化工程师》编写组

主　编：夏秀占

副主编：贾立东

成　员：于金艳　宋　征　高　塔　张祎坤　赵　猛　郭凤林　尚德坦　孙福增

《仪表自动化工程师》审核组

大纲评审

主　审：王大勇　南立团　董红军　刘志刚

副主审：冯　禄　吴志宏

成　员：李官政　姚志强　贾立东　夏秀占　尚德坦　郭凤林　孙福增　尤庆宇　孟令新

内容审核

主　审：冯　禄

成　员：张　舒　李官政　郭凤林　孙福增　宫连峰　尤庆宇　杨雪梅

体例审核

孙　鸿　吴志宏　杨雪梅　张宏涛　李　楠　吴凯旋

前　言

《油气储运工程师技术岗位资质认证丛书》是针对油气储运工程师技术岗位资质培训的系列丛书。本丛书按照专业领域及岗位设置划分编写了《工艺工程师》《设备(机械)工程师》《电气工程师》《管道工程师》《维抢修工程师》《能源工程师》《仪表自动化工程师》《计量工程师》《通信工程师》和《安全工程师》10个分册。对各岗位工作任务进行梳理，以此为依据，本着“干什么、学什么，缺什么、补什么”的原则，按照统一、科学、规范、适用、可操作的要求进行编写。作者均为生产管理、专业技术等方面的骨干力量。

每分册内容分为三部分，第一部分为专业基础知识，第二部分为管理内容，第三部分为试题集。其中专业基础知识、管理内容不分层级，试题集按照难易度和复杂程度分初、中、高三个资质层级，基本涵盖了现有工程师岗位人员所必须的知识点和技能点，内容上力求做到理论和实际有机结合。

《仪表自动化工程师》分册由中国石油管道公司生产处牵头，秦皇岛输油气分公司、大庆(加格达奇)油气分公司、大连输油气分公司、长庆输油气分公司、北京输油气分公司、济南输油气分公司、沈阳调度中心等单位参与编写。其中，第一部分第一章由宋征编写；第二章由高塔编写，第三章由尚德坦编写，第四章由于金艳、夏秀占编写；第二部分第五章由夏秀占、高塔编写，第六章由宋征、夏秀占编写，第七章由于金艳、宋征、夏秀占、贾立东编写，第八章由张祎坤、夏秀占、高塔编写，第九章由赵猛、高塔、宋征编写，第十章由夏秀占编写；第三部分试题由对应内容作者编写。郭凤林与孙福增负责技术指导，夏秀占统稿，最后由审核组审定。

在编写过程中，编写人员克服了时间紧、任务重等困难，占用大量业余时间，编者所在的单位和部门给予了大力的支持，在此一并表示感谢。因作者水平有限，内容难免存在不足之处，恳请广大读者批评指正，以便修订完善。

编者

目　录

第三部分　仪表自动化工程师资质认证试题集

仪表自动化工程师工作任务和工作标准清单

序号	工作任务	工作步骤、目标结果、行为标准					
		输油、输气站			维抢修单位		
		初级	中级	高级	初级	中级	高级
业务模块一：仪表自动化基础管理							
1	基础资料管理	(1)建立仪表自动化设备台账，填录到 ERP 系统中，并及时更新； (2)编制《PLC/RTU 控制系统配置信息表》和《自动化系统信息汇总表》； (3)每月统计仪表自动化系统考核指标：SCADA 系统运行评价指标、故障影响评价指标、自动化系统维护评价指标、标准器具的合格率的统计，形成《仪表自动化设备管理指标汇总表》，并上报分公司生产科； (4)收集管理仪表自动化相关图纸及技术资料			(1)建立所辖范围的仪表自动化设备台账(在用仪表及标准设备)，填录到 ERP 系统中，并及时更新； (2)收集管理所辖站场仪表自动化相关图纸及技术资料		
2	仪表检定管理	编制本单位仪表自动化设备《周期检定计划表》GDGS/ ZY72. 03-01/JL- 02，按计划对强检仪表进行送检；配合维抢修队完成仪表检定工作			(1)编制本单位仪表自动化设备《周期检定计划表》GDGS/ ZY72. 03-01/ JL - 02； (2)负责计量标准实验室的日常管理； (3)对在用计量标准器具维护、保养和定期送检； (4)对所辖站场仪表进行按期检定		

续表

序号	工作任务	工作步骤、目标结果、行为标准					
		输油、输气站			维抢修单位		
		初级	中级	高级	初级	中级	高级
3	备品备件管理	(1)依据本单位仪表自动化系统使用情况，提出备品备件需求计划； (2)对备品备件进行动态管理			(1)依据本单位仪表自动化系统使用情况，提出备品备件需求计划； (2)对备品备件进行动态管理		
4	仪表自动化设施变更管理	(1)准确判断仪表自控设施的变更级别，根据规定履行一般变更手续，形成变更申请表、修订表、变更登记表等纸质记录留存在站场； (2)根据变更的批复，配合变更的实施，变更后，对相关记录、台账、档案等进行更新			(1)配合分公司完成重大变更的申请； (2)负责变更的实施		
业务模块二：SCADA 系统							
1	SCADA 系统维护	(1)开展输油气站场 SCADA 系统的日常维护，检查巡检质量； (2)配合维抢修队开展输油气站场 SCADA 系统的周期维护	配合维护人员开展输油气站、清管站和 RTU 阀室 SCADA 系统的 6 个月周期维护	配合维护人员开展输油气站场、清管站和 RTU 阀室 SCADA 系统的 12 个月及 3 年周期维护和检测	(1)开展输油气站场 SCADA 系统的 1 个月周期维护； (2)开展 RTU 阀室和清管站 SCADA 系统的 1 个月周期维护	开展输油气站、清管站和 RTU 阀室 SCADA 系统的 6 个月周期维护	开展输油气站场、清管站和 RTU 阀室 SCADA 系统的 12 个月周期维护，配合公司 3 年周期检测工作
2	仪表自动化年度检测	(1)参与年检方案的编制； (2)配合形成变更申请表、修订表、变更登记表等纸质记录留存在站场，维抢修队开展仪表自动化系统的年度检测工作； (3)参与年度检测报告的编制； (4)参与本站场年度检测发现问题的整改工作			(1)年度检测工作的前期准备：工器具准备、标准器具送检、检测材料的购置、人员培训等； (2)编制年度检测方案，上报分公司生产科； (3)按照检测方案开展年度检测工作； (4)编制《仪表年度周检报告》，上报分公司生产科； (5)进行年检发现问题的整改工作		

续表

序号	工作任务	工作步骤、目标结果、行为标准					
		输油、输气站			维抢修单位		
		初级	中级	高级	初级	中级	高级
3	站控系统故障分析及处理	依据上位机数据和被控设备的的异常情况，进行简单的故障分析及处理	（1）PLC 简单故障的分析及处理； （2）使用网络故障检查方法，处理及判断站控系统局域网故障		依据上位机数据和被控设备的的异常情况，进行简单的故障分析及处理	（1）PLC 简单故障的分析及处理； （2）使用网络故障检查方法，处理及判断站控系统局域网故障	（1）通过控制回路测试对系统故障进行分析判断及处理； （2）对上下位系统及通信设备进行组态、配置及修改
业务模块三：可编程序控制器							
1	ControlLogix I/O 模块的维护管理	（1）依据模块的型号，识别模块的类型； （2）依据模块的指示灯情况，识别模块的运行情况	（1）依据数据信号类型，进行模块通道的接线工作； （2）依据模块指示灯情况，开展模块故障排查工作		（1）依据模块的型号，识别模块的类型； （2）依据模块的指示灯情况，识别模块的运行情况	（1）依据数据信号类型，进行模块通道的接线工作； （2）依据模块指示灯情况，开展模块故障排查工作	PLC 模块更换及通道配置修改
2	Rslinx 软件的使用（增加常见故障符号的分析说明）	查看现用配置信息及各模块的状态信息	（1）建立以太网通信； （2）建立 RS232 串口通信		查看现用配置信息及各模块的状态信息	（1）建立以太网通信； （2）建立 RS232 串口通信	OPC 数据库的配置
3	RSLogix5000 软件的维护和使用	进行 RSLog ix5000 软件程序的上传、下载和备份	（1）能够读懂程序结构，能读懂常用的控制程序； （2）进行 RSLogix 5000 软件的离线操作：搜索、标签建立、离线编辑等		进行 RSLogix 5000 软件程序的上传、下载和备份	（1）能够读懂程序结构，能读懂常用的控制程序； （2）进行 RSLogix 5000 软件的离线操作：搜索、标签建立、离线编辑等； （3）RSLogix 5000 软件建立工程	（1）进行 RSLogix 5000 软件的在线操作：强制、编辑、修改参数； （2）RSLogix 5000 软件编程

续表

序号	工作任务	工作步骤、目标结果、行为标准					
		输油、输气站			维抢修单位		
		初级	中级	高级	初级	中级	高级
4	施耐德可编程控制器模块的维护与管理	(1)依据模块的型号，识别模块的类型； (2)依据模块的指示灯情况，识别模块的运行情况	(1)依据数据信号类型，进行模块通道的接线工作； (2)依据模块指示灯情况，开展模块故障排查工作		(1)依据模块的型号，识别模块的类型； (2)依据模块的指示灯情况，识别模块的运行情况	(1)依据数据信号类型，进行模块通道的接线工作； (2)依据模块指示灯情况，开展模块故障排查工作	
5	Unity Pro 软件的维护和使用	进行软 Unity Pro 软件程序的上传和下载			进行软 Unity Pro 软件程序的上传和下载	(1)能够读懂程序结构，能读懂常用的控制程序； (2)使用 Unity Pro 软件建立工程	

序号	工作任务	工作步骤、目标结果、行为标准					
		站场			维修队		
		初级	中级	高级	初级	中级	高级
业务模块四：输油气管道其他常用系统							
1	泄漏监测系统维护管理	(1)正确识别本单位泄漏监测系统的组成； (2)配合维抢修队完成系统的维护工作	开展泄漏监测系统的故障排除工作		开展本单位泄漏监测系统的测试和维护工作	开展泄漏监测系统的故障排除工作	
2	油库固定消防控制系统维护管理	(1)正确识别本单位消防系统的组成； (2)消防系统的日常维护	(1)配合维抢修队完成系统的维护工作(执行自动化系统的管理要求)； (2)开展单体设备的测试工作		正确识别本单位消防系统的组成	(1)配合维护人员完成系统的维护工作； (2)开展单体设备的测试工作	开展消防系统单体控制系统的维护和定期测试工作
3	固定式可燃气体报警系统维护管理	开展本单位可燃气体报警系统日常维护工作	(1)配合检修人员完成系统检修工作，并对检修结果进行验证； (2)配合维护人员定期开展系统校对工作		开展每季度的可燃气体检测器标准气校对工作	开展本单位可燃气体报警系统的维护工作	进行本单位可燃气体报警系统的检修工作

续表

序号	工作任务	工作步骤、目标结果、行为标准					
		站场			维修队		
		初级	中级	高级	初级	中级	高级
4	光纤式周界安防系统维护管理	(1)配合维护人员完成系统维护工作； (2)正确识别本单位周界安防系统的组成；	开展本单位周界安防系统的定期维护		(1)配合维护人员完成系统的维护工作； (2)正确识别本单位周界安防系统的组成	开展本单位可燃气体报警系统的定期维护工作	
5	炉控系统	(1)配合维护人员完成系统维护工作； (2)正确识别本单位炉控系统的组成			(1)配合维护人员完成系统的维护工作； (2)正确识别本单位炉控系统的组成		
6	输气站场压力控制系统	(1)配合维护人员完成系统维护工作； (2)正确识别本单位输气站场压力控制系统的组成			(1)配合维护人员完成系统维护工作； (2)正确识别本单位输气站厂压力控制系统的组成		
业务模块五：SCADA 系统组态软件							
1	OASyS 组态软件的维护和使用	OASyS 组态软件登录、注销和退出操作			进行 OASyS 组态软件登录、注销和退出操作	(1)对 OASyS 系统进行简单配置； (2)对 OASyS 画面进行局部修改	(1)对 OASyS 系统进行复杂配置； (2)对 OASyS 画面进行整体修改
2	PKS 系统软件的维护和使用	(1)负责本站场 PKS 软件的资料管理和日常巡护； (2)发现问题及时上报分公司生产科； (3)配合维护单位开展 PKS 软件的检修工作			(1)负责本站场 PKS 软件的资料管理和日常巡护； (2)发现问题及时上报分公司生产科； (3)配合维护单位开展 PKS 软件的检修工作		

续表

序号	工作任务	工作步骤、目标结果、行为标准					
		站场			维修队		
		初级	中级	高级	初级	中级	高级
3	Epipe view3.3软件的维护和使用	(1)负责本站场 Epipe view 软件的资料管理和日常巡护; (2)发现问题及时上报分公司生产科; (3)配合维护单位开展 Epipe view 软件的检修工作			(1)负责 Epipe view 软件的日常巡护,发现问题及时上报分公司生产科; (2)配合维护单位开展 Epipe view 软件的检修工作		
业务模块六:ERP 系统的使用							
1	仪表设备台账的录入和查询	(1)开展仪表设备台账的录入工作; (2)开展仪表设备台账的的查询工作			(1)开展仪表设备台账的录入工作; (2)开展仪表设备台账的查询工作		
2	自行处理业务处理流程	(1)开展自行处理业务的流程工作; (2)开展报修单的创建和关闭工作; (3)开展维修工单的创建和关闭工作			(1)开展自行处理业务的流程工作; (2)开展报修单的创建和关闭工作; (3)开展维修工单的创建和关闭工作		
3	一般故障维修业务处理流程	(1)开展一般故障维修业务处理的处理流程工作; (2)开展一般故障报修单的创建和关闭工作			(1)开展一般故障维修业务处理的处理流程工作; (2)开展一般故障报修单的创建和关闭工作		

第一部分　仪表自动化专业基础知识

第一章　管道仪表流程图（P&ID）基础知识

第一节　概　　述

工艺流程图是用来表达生产工艺流程的设计文件，包括方案流程图、物料流程图和施工流程图3种。

方案流程图又称流程示意图或流程简图，是用来表达整个工厂或车间生产流程的图样。它是一种示意性的展开图，即按工艺流程顺序，把设备和流程线自左至右都展开在同一平面上。其图面主要包括工艺设备和工艺流程线。方案流程图中用细实线画出设备的大致轮廓或示意结构，一般不按比例，但应保持各设备的相对大小。各设备之间的高低位置及设备上重要接管口的位置应大致符合实际情况。

物料流程图中一般只画出主要工艺流程线，其他辅助流程线则不必一一画出。用粗实线画出主要物料的流程线，在流程线上用箭头标明物料流向，并在流程线的起讫处注明物料的名称、来源或去向。如遇有流程线之间、流程线与设备之间发生交错或重叠而实际上并不相连时，其中的一线断开或曲折绕过设备图形。

施工流程图，即P&ID。P&ID是Piping and Instrumentation Diagram的缩写，又称管道仪表流程图。它是在方案流程图和物料流程图的基础上，用过程检测和控制系统设计符号，描述生产过程自动化内容的图纸。其中包含了所有设备和全部管路。它是自动化水平和自动化方案的全面体现，是自动化工程设计的依据，亦可供施工安装和生产操作时参考，其主要内容如下。

（1）设备示意图：带位号、名称和接管口的各种设备示意图。

（2）管路流程线：带编号、规格、阀门、管件及仪表控制点（压力、流量、温度、液位测量点及分析点）等的各种管路流程线。

（3）标注：设备位号、名称、管段编号、控制点符号、必要的尺寸及数据等。

（4）图例：图形符号、字母代号及其他的标注、说明、索引等。

（5）标题栏：注写图名、图号、设计项目、设计阶段、设计时间及会签栏等。

第二节　管道仪表流程图(P&ID)的常用图例符号

一、仪表功能标志及位号

1. 仪表功能标志

仪表功能标志是用几个大写英文字母的组合表示对某个变量的操作要求，如 ZRC. PRA 等，其中第一位或两位字母称为首位字母，表示被测变量，其余一位或多位成为后继字母，表示对该变量的操作要求，各英文字母在仪表功能标志的含义见表 1-2-1。

(1) 功能标志只表示仪表的功能，不表示仪表结构。

(2) 功能标志的首位字母选择应与被测变量或引发变量相对应，可以不与被处理变量相符。如：某液位控制系统中的控制阀，其功能标志应为 LV，而不是 FV。

(3) 功能标志的首位字母后面可以附加一个修饰字母，使原来的被测变量变成一个新变量，如首位字母 P、T 后面加 D 表示压差、温差。

(4) 功能标志的后继字母可以附加一个或两个修饰字母，以对其功能进行修饰，如功能标志 PAH 中，后继字母 A 后面加 H，表示压力报警为高限报警。

表 1-2-1　被测变量和仪表功能的字母代号

字符	第一位字母		后继字母		
	被测量变量或引发变量	修饰词	读出功能	输出功能	修饰词
A	分析		报警		
B	烧嘴、火焰		供选用	供选用	供选用
C	电导率			控制	
D	密度	差			
E	电压(电动势)		检测元件		
F	流量	比(分数)			
G	供选用		视镜；观察		
H	手动				高
I	电流		指示		
J	功率	扫描			
K	时间、时间程序	变化速率		操作器	
L	物位		灯		低
M	水分或湿度	瞬动			中、低
N	供选用		供选用	供选用	供选用
O	供选用		节流孔		
P	压力、真空		连接、测量点		
Q	数量	积算、累计			
R	核辐射		记录		
S	速度、频率	安全		开关、联锁	

续表

字符	第一位字母		后继字母		
	被测量变量或引发变量	修饰词	读出功能	输出功能	修饰词
T	温度			传送	
U	多变量		多功能	多功能	多功能
V	振动、机械监视			阀、风门、百叶窗	
W	重量、力		套管		
X	未分类	*X* 轴	未分类	未分类	未分类
Y	事件、状态	*Y* 轴		继动器、计算器、转换器	
Z	位置、尺寸	*Z* 轴		驱动器、执行机构未分类的最终执行元件	

2. 仪表位号

仪表位号由仪表功能标志和仪表回路编号两部分组成，其中仪表回路编号可以由工序号和顺序号组成，即：

仪表位号=功能标志+仪表回路编号

仪表回路编号=工序号+顺序号

如 FIC-116，TRC-158。

根据 HG/T 20505—2014《过程测量和控制仪表的功能标志及图形符号》，仪表位号的规定如下：

（1）仪表位号由仪表功能标志和仪表回路编号两部分组成。

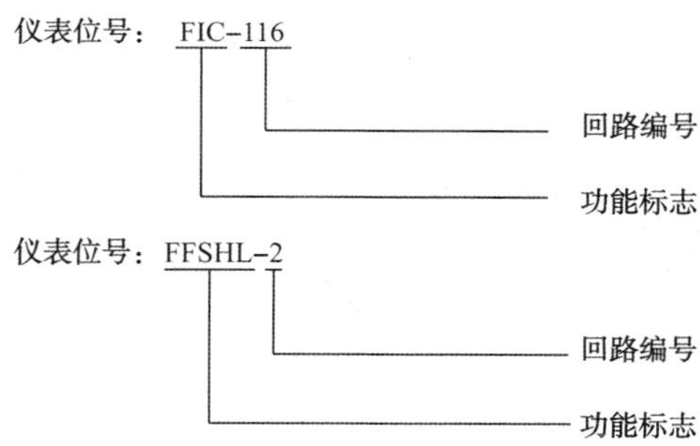

（2）回路编号可以用工序号加仪表顺序号组成，也可以用其他规定的方法进行编号。

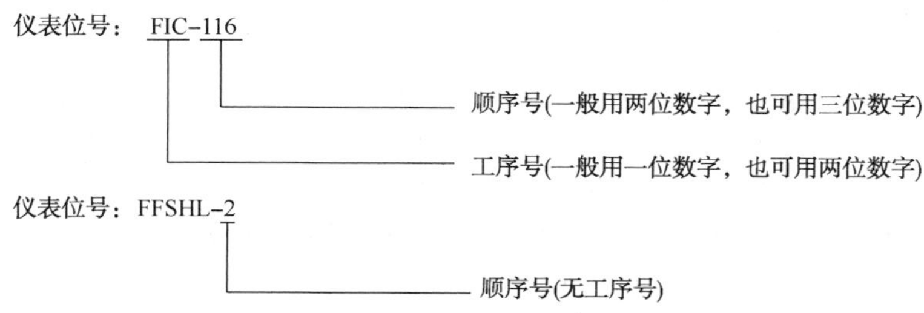

（3）仪表位号按不同的被测变量分类，同有装置同类被测变量的仪表位号中顺序号可以连续，也可以不连续；不同被测变量的仪表位号不能连续编号。

（4）若同一仪表回路中有两个以上功能相同的仪表，可在仪表位号后附加尾缀（大写英文字母)以示区别。如 PT-0101CA. PT-0101CB 表示该仪表回路中有两台压力变送器。

(5) 不同工序的多个检测元件共用一台显示仪表时，仪表位号不表示工序号，只编顺序号；对应的检测元件位号的表示方法是在仪表编号后加数字后缀并用“-”隔开。如一台多点温度记录仪 TR-1，其对应的检测元件位号为 TE-1-1，TE-1-2。

二、常规仪表及计算机控制系统图形符号

仪表功能除了字母组合表达外，其仪表类型、安装位置和信号种类等具体意义可用相关图形符号标出。

1. 仪表类型及安装位置的图形符号

(1) 常规仪表图形为细实线圆圈，如图 1-2-1 所示。

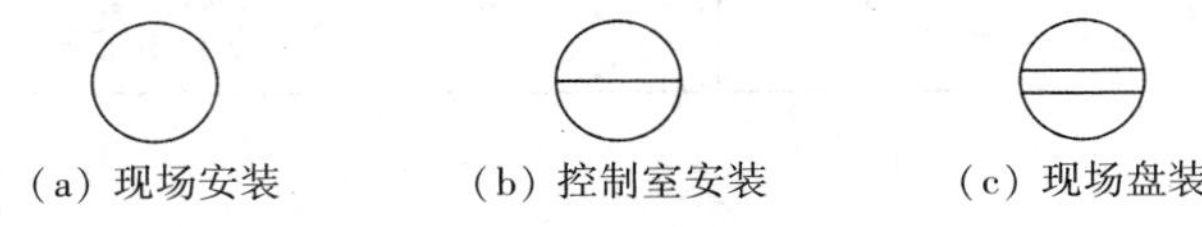

图 1-2-1　常规仪表图形符号

(2) DCS 图形由细实线正方形与内切圆组成，如图 1-2-2 所示。

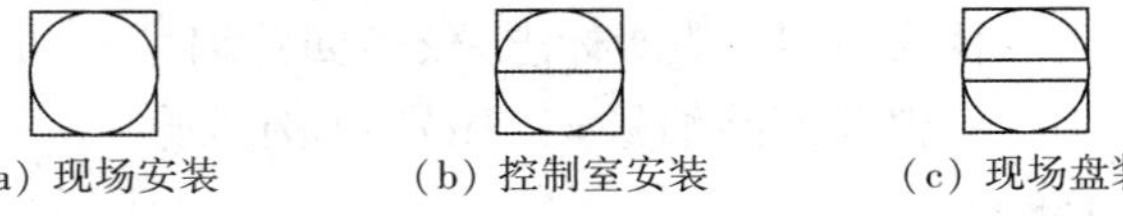

图 1-2-2　DCS 图形符号

(3) 控制计算机图形为细实线正六边形，如图 1-2-3 所示。

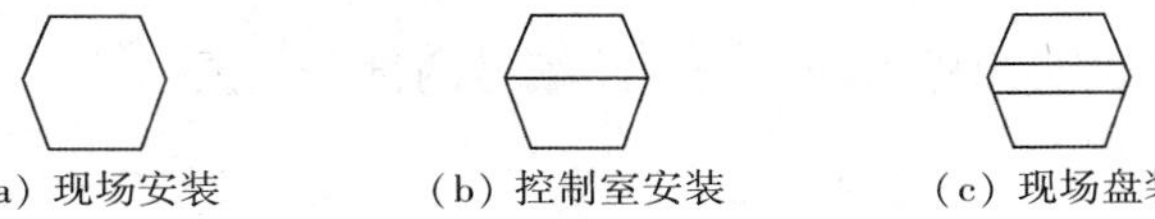

图 1-2-3　控制计算机图形符号

(4) 可编程序逻辑控制器图形由细实线正方形与内接四边形组成，如图 1-2-4 所示。

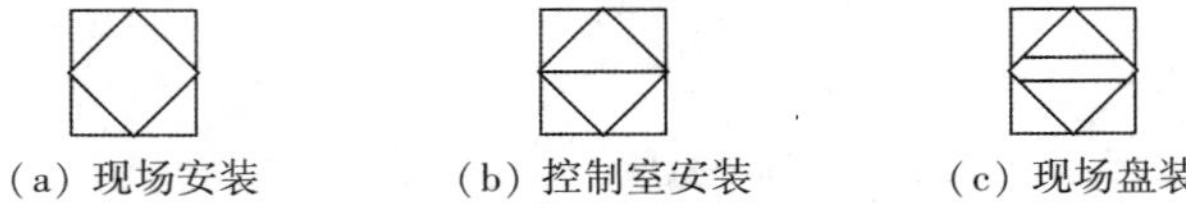

图 1-2-4　可编程序逻辑控制器图形符号

(5) 联锁系统图形为细实线菱形，菱形中标注“I”(Interlock 缩写)，在局部联锁系统较多时，应将联锁系统编号，如图 1-2-5 所示。

图 1-2-5　联锁系统图形符号

(6) 处理两个或多个变量，或处理一个变量但有多个功能的复式仪表(同一壳体仪表)时，可用相切的仪表圆圈表示，如图 1-2-6 所示。

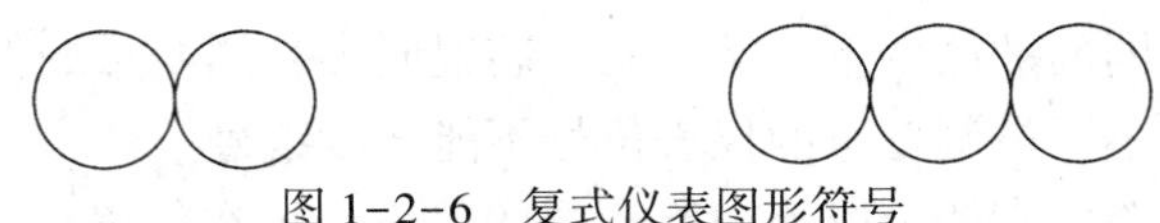

图 1-2-6　复式仪表图形符号

（7）当两个测量点引到一台复式仪表上，而两个测量点在图纸上距离较远或不在同一张图纸上时，则分别用两个相切的实线圆圈和虚线圆圈表示，如图 1-2-7 所示。

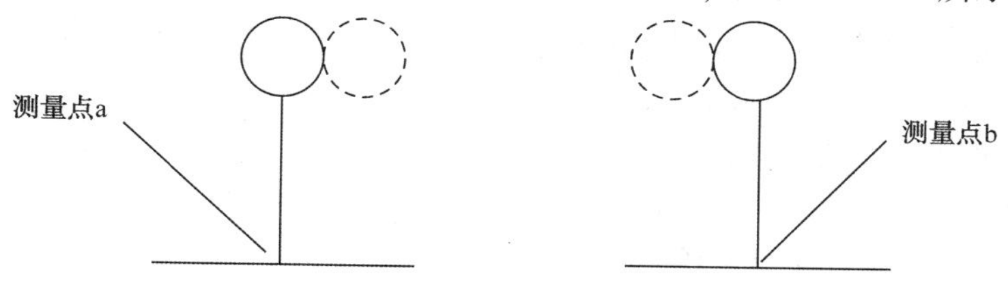

图 1-2-7　复式仪表图形符号

（8）盘后安装仪表、不与 DCS 进行通信连接的 PLC、不与 DCS 进行通信连接的计算机功能组件图形符号如图 1-2-8 所示。

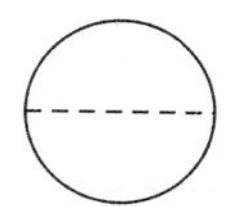
（a）盘后安装仪表

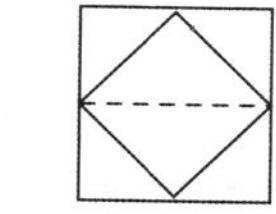
（b）不与 DCS 进行通信连接的 PLC

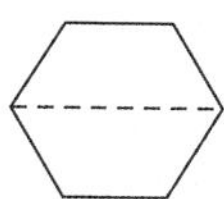
（c）不与 DCS 进行通信连接的计算机功能组件

图 1-2-8　计算机功能组件符号

（9）表示执行联锁功能的图形符号，如图 1-2-9 所示。

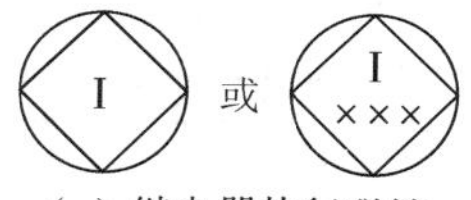

（a）继电器执行联锁

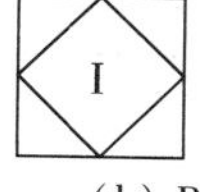

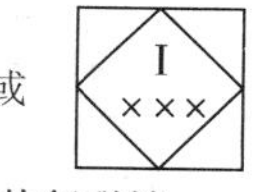

（b）PLC 执行联锁

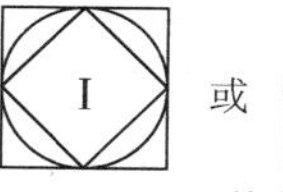

（c）DCS 执行联锁

图 1-2-9　表示执行联锁功能的图形符号

（10）表示紧急关闭功能的图形符号如图 1-2-10 所示。

ESD

图 1-2-10　ESD 紧急关闭功能图例

2. 测量点的图形符号

测量点是由过程设备或管道引至检测元件或就地仪表的起点，一般与检测元件或仪表画在一起表示(图 1-2-11)。

图 1-2-11　测量点图形符号一

测量点位于设备中，当需要标出具体位置时，可用细实线或虚线表示(图 1-2-12)。

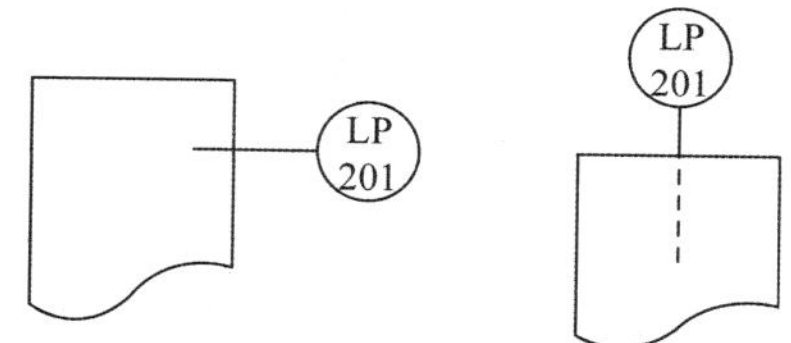

图 1-2-12　测量点图形符号二

3. 仪表的连接线

(1) 仪表能源的字母组合标志。

AS(Air Supply)——空气源或IA(Instrument Air)——仪表空气;

ES(Electric Supply)——电源;

GS(Gas Supply)——气体源;

HS(Hydraulic Supply)——液压源;

NS(Nitrogen Supply)——氮气源;

SS(Steam Supply)——蒸汽源;

WS(Water Supply)——水源。

(2) 就地仪表与控制室仪表的连接线、控制仪表之间的连接线、DCS内部系统连接线或数据线见表1-2-2。

表1-2-2 连接线和数据线表示方法

序号	信号线类型	图形符号	备注
1	气动信号线		斜短划线与细实线成45°角
2	电动信号线		斜短划线与细实线成45°角
3	导压毛细管		斜短划线与细实线成45°角
4	液压信号线		
5	电磁、辐射、热、光、声波等信号线(有导向)		
6	电磁、辐射、热、光、声波等信号线(无导向)		
7	内部系统线(软件或数据链)		
8	机械链		
9	二进制电信号	或	斜短划线与细实线成45°角
10	二进制气信号		斜短划线与细实线成45°角

① 在复杂系统中,当有必要表明信息流动的方向时,应在信号线上加箭头:

② 信号线的交叉为断线,信号线相接不打点:

4. 流量测量仪表图形符号

流量测量仪表种类包括差压式流量计(节流装置)和非差压式流量计两类。部分流量测量仪表的图形符号如图 1-2-13 和图 1-2-14 所示。

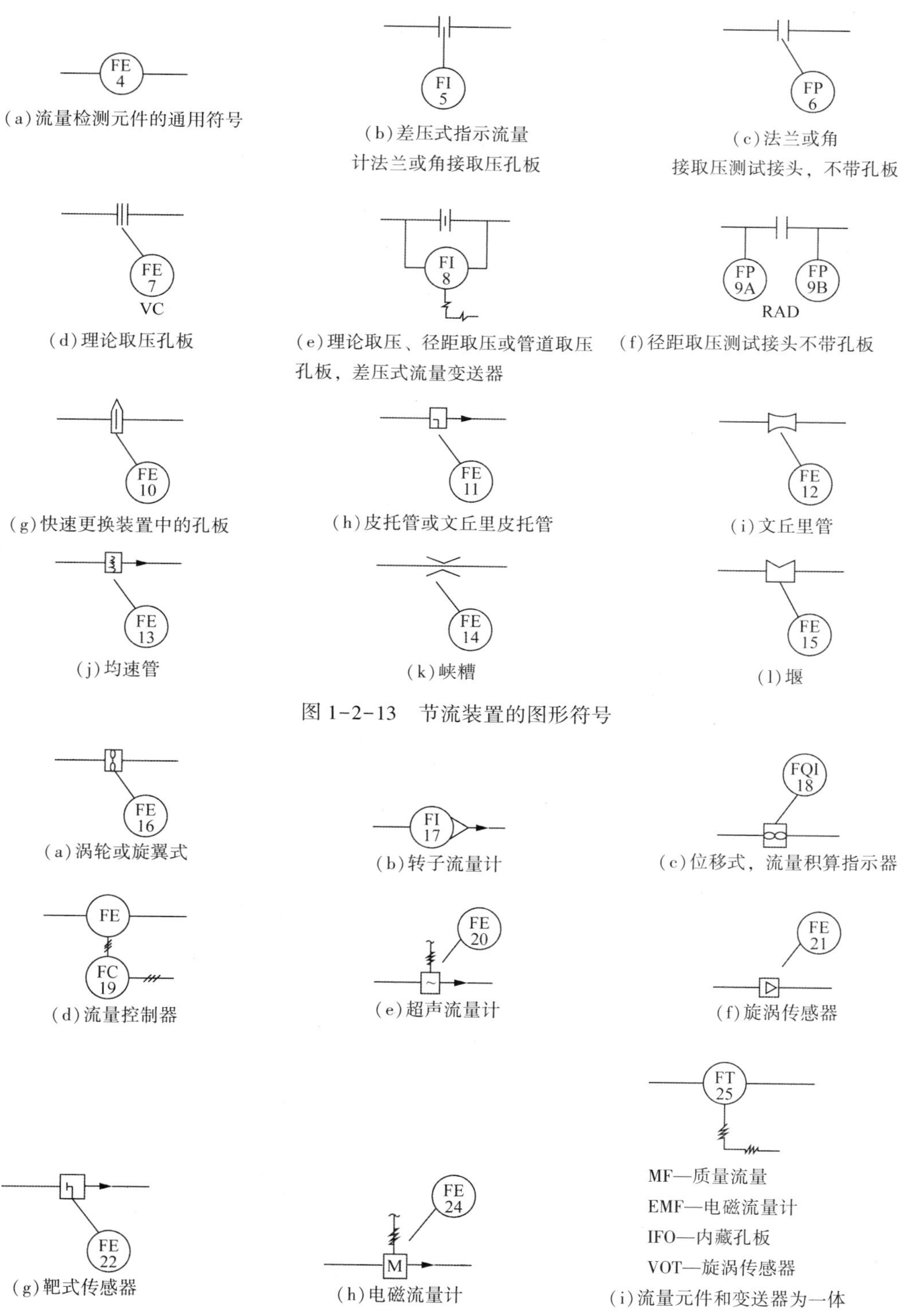

图 1-2-13　节流装置的图形符号

图 1-2-14　非差压式流量测量仪表图形符号

5. 常用执行器图形符号

常用执行器图形符号如图 1-2-15 所示。

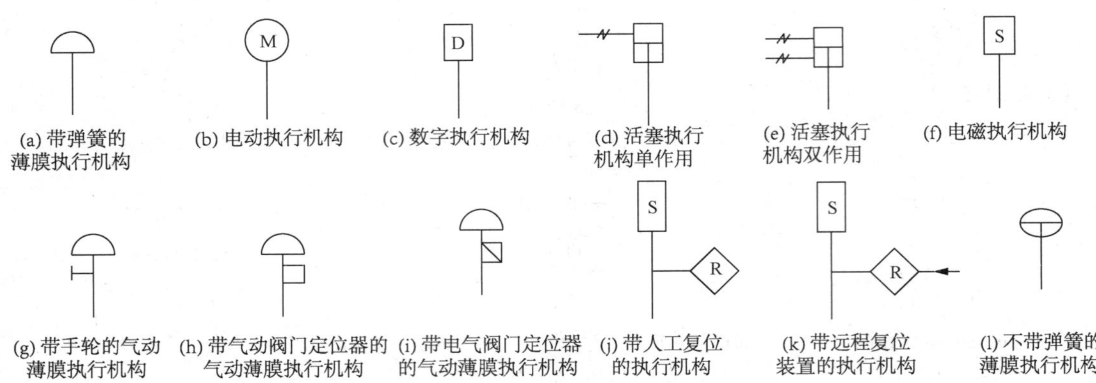

图 1-2-15　常用执行器图形符号

6. 控制阀体图形符号

控制阀体图形符号如图 1-2-16 所示。

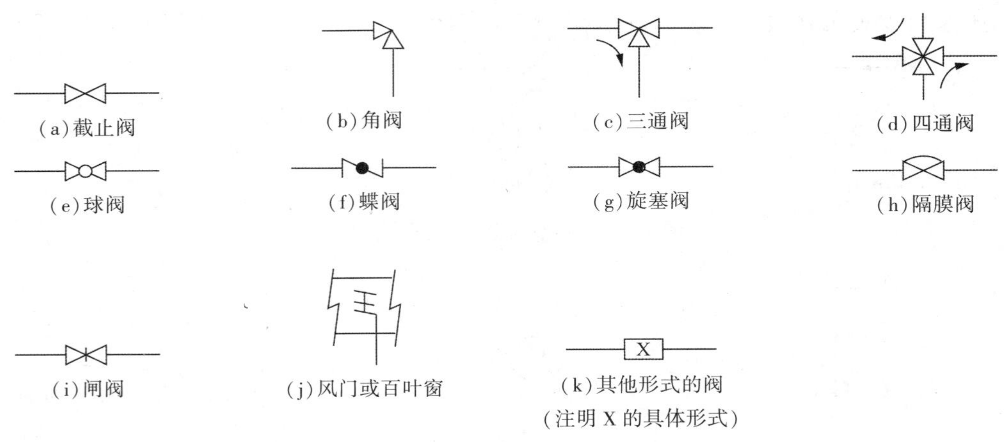

图 1-2-16　控制阀体图形符号

7. 能源中断时阀位的图形符号

能源中断时阀位的图形符号如图 1-2-17 所示。

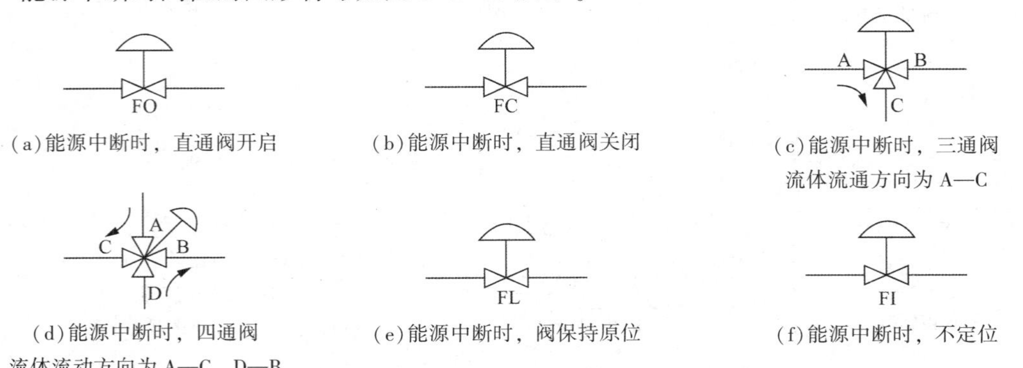

图 1-2-17　能源中断时阀位的图形符号

8. 自立式控制阀的图形符号

（1）阀内取压的自力式压力控制阀图形符号如图 1-2-18 所示。

图 1-2-18　压力控制阀图形符号

（2）外部取压的自力式压力控制阀图形符号如图 1-2-19 所示。

图 1-2-19　外部取压的自力式压力控制阀图形符号

（3）内部取压和外部取压的自力式压差控制阀图形符号如图 1-2-20 所示。

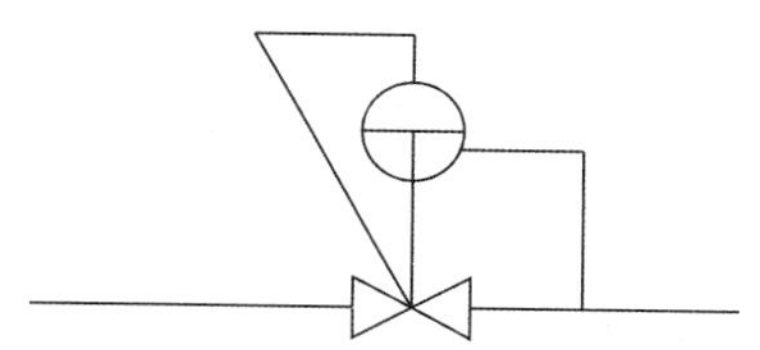

图 1-2-20　内部取压和外部取压的自力式压差控制阀图形符号

9. 仪表辅助设施的图形符号

仪表辅助设施的图形符号如图 1-2-21 所示。

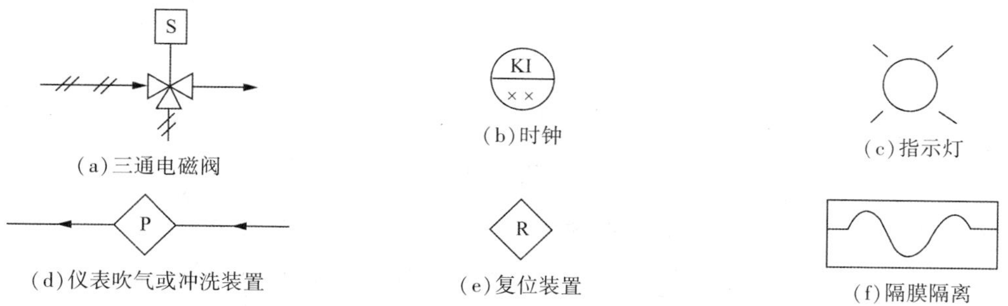

图 1-2-21　仪表辅助设施的图形符号

三、常用工艺流程图图形符号

工艺流程图是描述工艺生产过程的技术图纸，用规定的图形符号表明了整个生产过程所用的工艺设备、管道、介质及流向等基本工艺组成。

1. 工业炉

与工业炉有关的图形符号如图 1-2-22 所示。

2. 换热器

图 1-2-23 所示为不同类型的换热器图形符号。

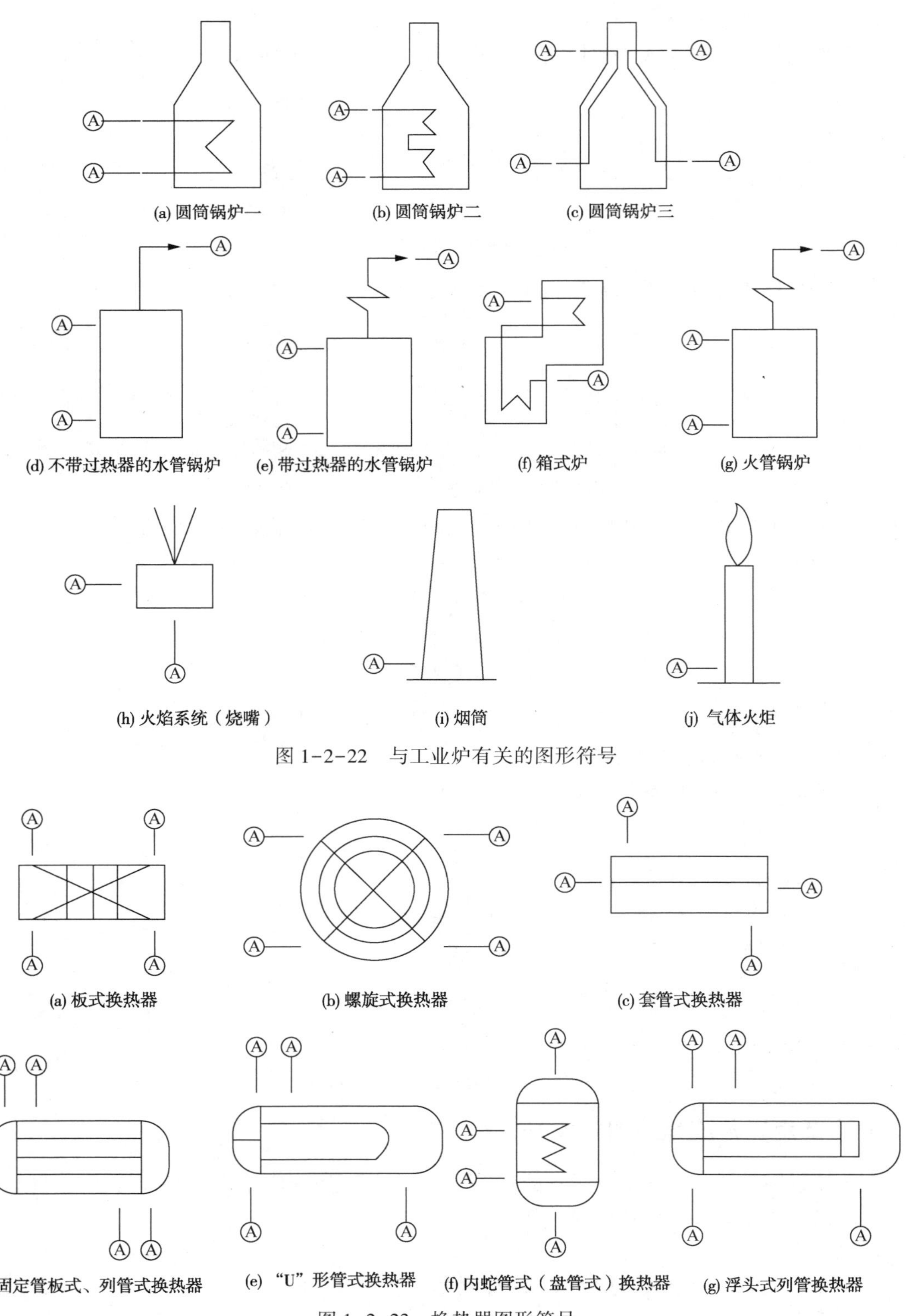

图 1-2-22　与工业炉有关的图形符号

图 1-2-23　换热器图形符号

3. 容器及容器内件

容器及容器内件图形符号如图 1-2-24 所示。

图 1-2-24　容器及容器内件图形符号

4. 泵和压缩机与泵和压缩机有关的图形图例如图 1-2-25 所示。

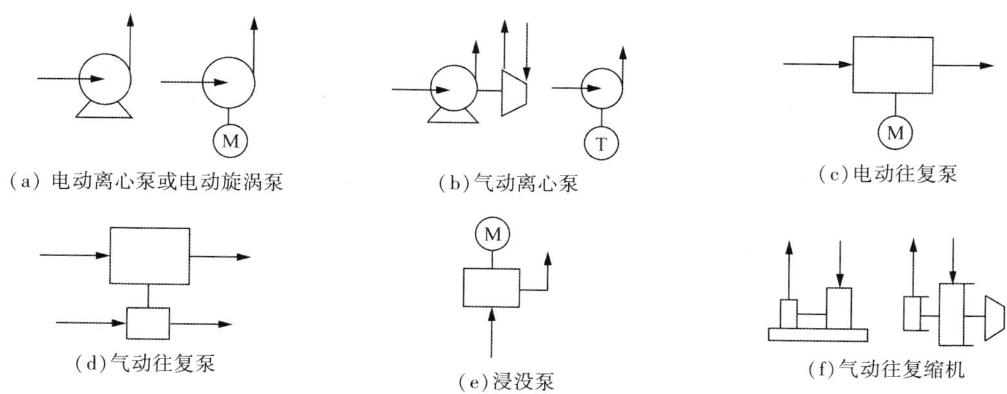

图 1-2-25　泵和压缩机图形图例

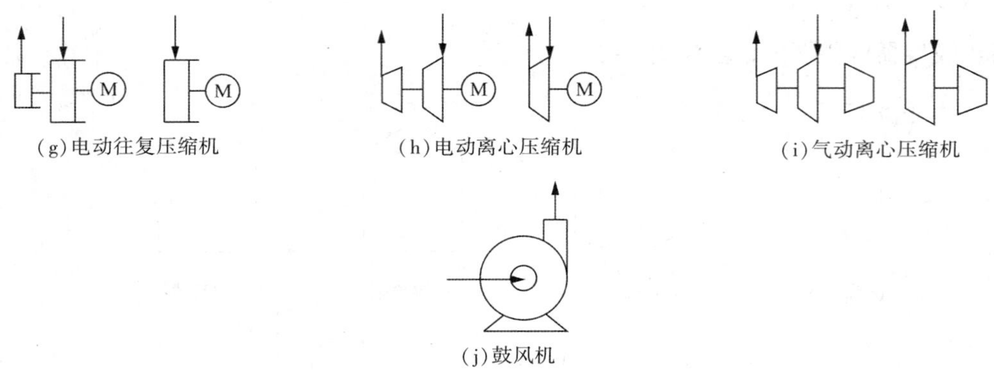

(g)电动往复压缩机
(h)电动离心压缩机
(i)气动离心压缩机
(j)鼓风机

图 1-2-25 泵和压缩机图形图例(续)

5. 管道、管件

(1) 管道代号标注。

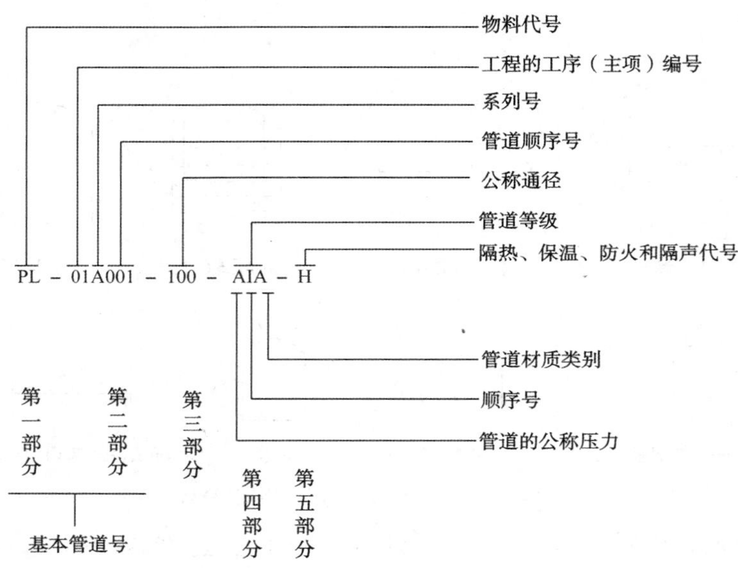

① 第一部分：物料代号。

② 第二部分：该管道所在工序(主项)的工程工序(主项)编号和管道顺序号。第二部分简称为管道编号。

③ 第三部分：管道的公称通径。

④ 第四部分：管道等级。

⑤ 第五部分：隔热、保温、防火和隔声代号。

⑥ 第一部分和第二部分合并组成统称为“基本管道号”，它常用于管道在表格文件上的记述，管道仪表流程图中图纸和管道接续关系标注和同一管道不同管道号的分界标注。

(2) 典型图例。管道和管件典型图例见表 1-2-3。

表 1-2-3 管道、管件典型图例

序号	名称		图例	说明
1	主要管道			线宽为 3*b*，*b* 为一个绘图单位
2	次要管道			线宽为 *b*
3	软管			
4	催化剂输送管道			线宽为 6*b*
5	带伴热管道		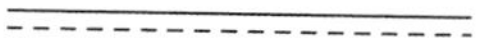	
6	管内介质液向			
7	进出装置或单元的介质流向		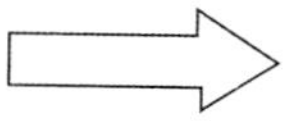	
8	装置内图纸连接方向		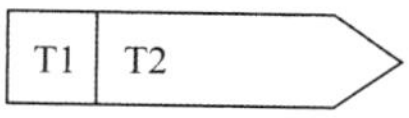 T1 T2	T1 为图纸号，T2 为管道编号或属性
9	成套供货设备范围界限			
10	管道等级分界符		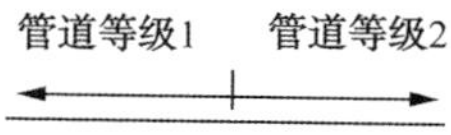 管道等级1 管道等级2	
11	异径管	同心	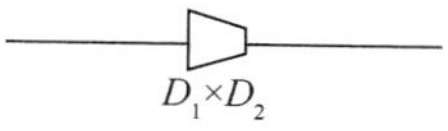 $D_1 \times D_2$	D_1 为大端管径，D_2 为小端管径，单位为 mm
		偏心	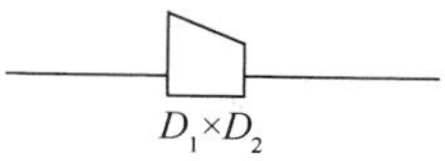 $D_1 \times D_2$	
12	波纹膨胀节		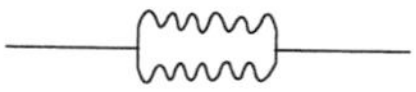	
13	相界面标示符		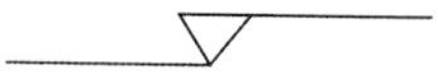	
14	管帽			

6. 阀门

管道站场阀门常用图例如图 1-2-26 所示。

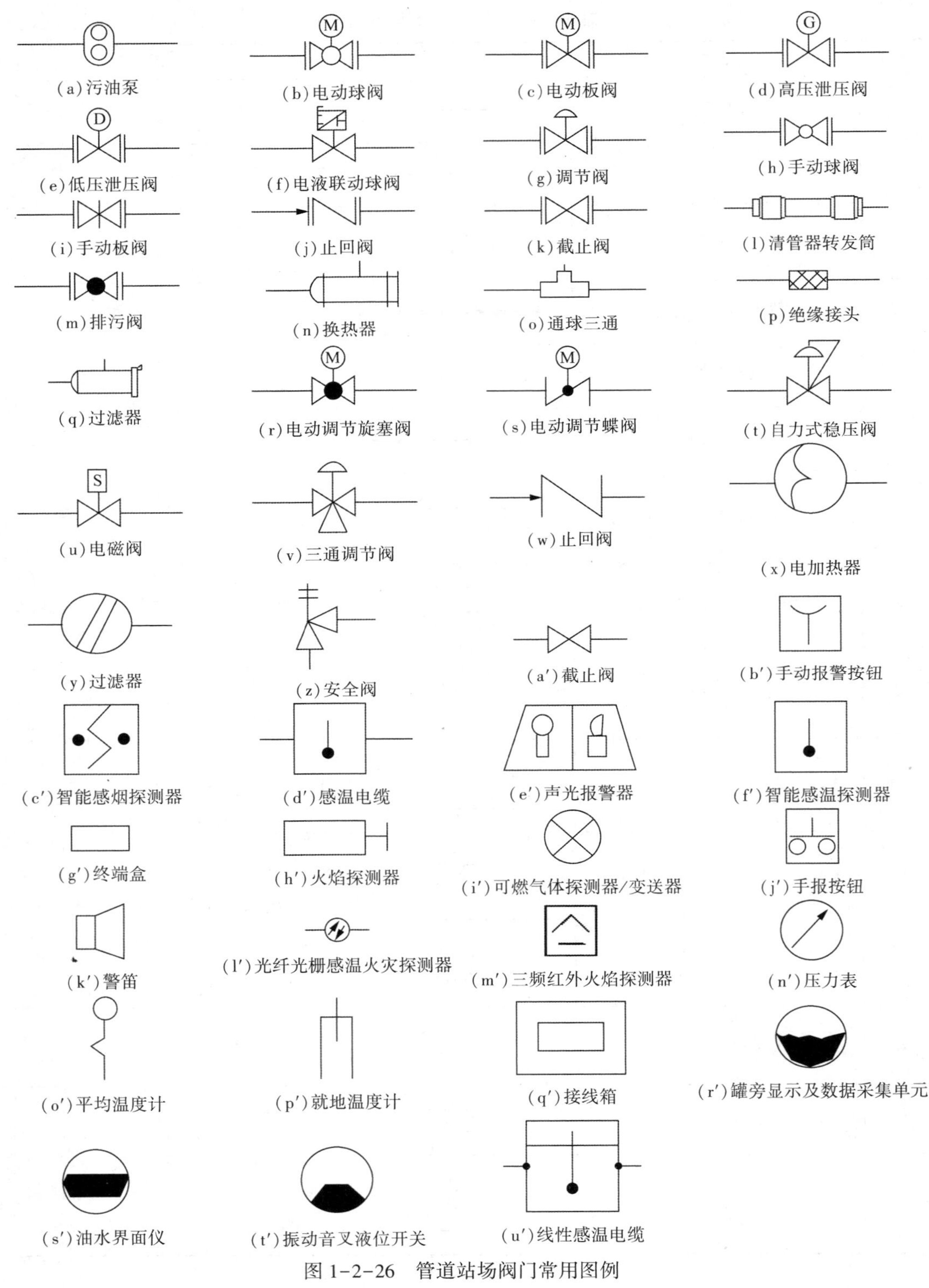

图 1-2-26　管道站场阀门常用图例

四、输油气站场常用仪表功能标志字母代号

1. 仪表专用代号

PI：压力表；PT：压力变送器；PS：压力开关；TT：温度变送器；TE：铂电阻；YS：通球指示器；SP：设定值；PV：过程值或压力调节阀；ZSO：开到位；ZSC：关到位；XO：开命令；XC：关命令；HS：手动；ESD：紧急关断；ZI：阀位反馈；ZO：阀位控制；SQ：顺序控制；SD/ESD：停车/紧急停车；SDV：紧急关断阀；BDV：紧急泄放阀；FV：流量调节阀。

2. 保温代号及形式

ET：电伴热及保温；H：保温；C：保冷；P：防烫。

3. 介质代号

GAS：汽油；DSL：柴油；PR：成品油；VE：排放；BPR：混油；HM：导热油；CW：循环水。

4. 设备阀门代号

P：泵；F：过滤器；V：容器；S：消气器；PR：清管器接收筒；PL：清管器发送筒；SP：特殊管件；T：罐；X：橇装装置；TW：塔；H：换热器；C：冷却器；BV：球阀；CV：止回阀；GV：闸阀；GLV：截止阀；XV：电动阀；PSV：安全阀；SRV：泄放阀。

第三节　管道仪表流程图（P&ID）绘制和识图

一、管道仪表流程图的绘制

1. 图样画法

管道仪表流程图采用展开图形式，按工艺流程顺序，自左至右依次画出一系列设备的图例符号，并配以物料流程线和必要的标注和说明。图中设备及机器大致按 1∶100 或 1∶200 的比例绘制；过大或过小时，可单独适当缩小或放大，但需保持设备间的相对大小。工艺物料流程图在保证图形清晰的前提下，可不按比例绘制。原理上，一个主项（工段或装置）绘一张图样；若流程复杂，可分数张绘制，但应使用同一图号。整幅图可不按比例绘制，标题栏中“比例”一栏不予标注。

2. 设备和机器表示方法

1）设备和机器画法

用细实线画出设备、机器的简略外形和内部特征。一般不画管口，需要时可用单线画出。常用设备、机器图形符号按照常用工艺流程图图例符号绘制。

2）相对位置

图中设备之间的相对位置，在保证图面清晰的原则下，主要考虑便于连接管线和注写符号、代号。应避免管线过长和设备过于密集。

3）标注

图上的标注按常用工艺流程图图例符号进行。

在管道仪表流程图上，要在两处标注设备位号：一处是在图的上方或下方，位号排列要

整齐，并尽可能与设备对正；另一处是在设备内或近旁，此处只标注位号，不标注名称。

3. 管道表示方法

在管道仪表流程图中，应画出全部物料管道，对辅助管道、公用系统管道，可只绘出与设备(或工艺管道)相连的一小段，并标注物料代号及所在流程图号。流程图中的管道应水平或垂直画出，尽量避免斜线。

1）管道画法

各种常用管道规定画法见“表 1-2-3”中图例。在绘制管道图时，应尽量避免管道穿过设备或交叉管道在图上相交。当表示交叉管道相交时，一般应将横向管道断开。管道转弯处，一般应画成直角而不画成圆弧。

管道上应画出箭头，以表示物料流向。各流程图之间相衔接的管道，应在始(或末)端注明其接线图的图号及来自(或去)的设备位号或管段号。一般来向画在左侧，去向画在右侧。

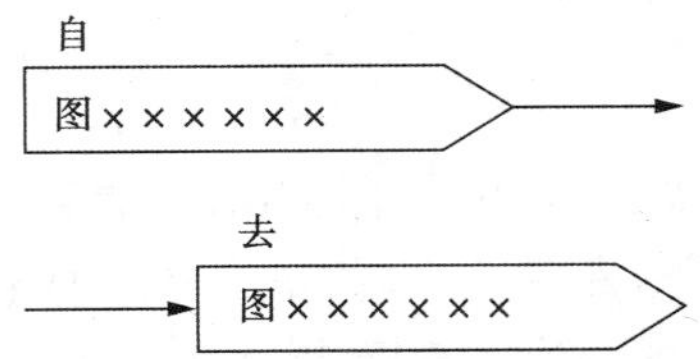

2）管道标注

每段管道都应标注。横向管道，在管道上方标注；竖向管道，在管道左侧标注。管道标注内容包括管道号、管径和管道等级三部分。

管径为管道的公称通径。公制管以 mm 为单位，不注明单位符号；英制管以 in 表示，并在数字后面要注出单位符号。

管道等级是根据介质的温度、压力及腐蚀等情况，由工艺设计确定的。有隔热或隔音措施的管道，在管道等级之后要加注代号。

4. 阀门和管件表示方法

在管道上的阀门及其他管件，用细实线按国家标准所规定的符号在相应位置画出，并注明规格代号，如图 1-3-1 所示。无特殊要求时，管道上的一般连接件(如法兰、三通、弯头等)均不画出。

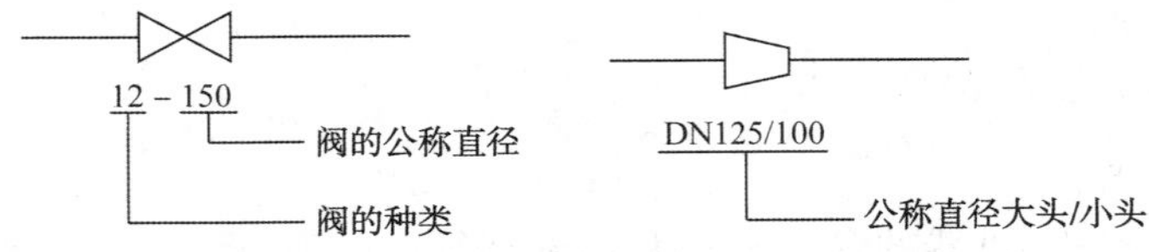

图 1-3-1　阀门及异径接头在管路上的画法

5. 自动控制方案表示方法

在工艺物料流程图上，按照过程检测和控制系统设计符号及使用方法，把已确定的自动控制方案按流程顺序标注出来。

绘图时，设备进出口的测量点尽可能标注在设备进出口附近。有时为了照顾图面质量，可适当移动某些测量点的标注位置。管网系统的测量点最好都标注在最上一根管线的上面。控制系统的标注可自由处理。

仪表控制点以细实线在相应的管道上用代号、符号画出，并应大致符合安装位置。

二、管道仪表流程图读图步骤

识读管道仪表流程图时，可参考下列步骤进行：

(1) 看标题栏和图例中的说明。

(2) 掌握系统中设备的数量、名称及位号。

(3) 了解主要物料的工艺施工流程线。

(4) 了解其他物料的工艺施工流程线。

在识读管道仪表流程图时，应注意以下内容：

(1) 从左到右依次识读各类设备，分清动设备和静设备，理解各类设备的功能。

(2) 理解典型工艺流程，掌握一定的工艺基础。

(3) 可以根据管道中所标注的介质名称和流向分析流程。

(4) 熟悉控制方案，即工艺操作原理等。

第二章　网络基础知识

第一节　概　　述

一、局域网和广域网

局域网(Local Area Network，LAN)是一种小范围(几公里)的以实现资源共享为基本目的而组建的计算机网络，其本质特征是分布距离短、数据传输速度快。较低速的局域网传输数据的速度为10~100Mbit/s，较高速的局域网传输数据的速度可达1000Mbit/s至10Gbit/s。局域网的主要标准是IEEE 802. X。局域网的主要类型包括以太网(EtherNet)和异步传输模式(ATM)等。以太网是目前使用最广泛、发展最迅速和建网成本最低的局域网。

对于计算机网络来说，LAN是最基础的，可以说广域网(Wide Area Netword，WAN)也是在LAN的基础上通过网际互联形成的。目前LAN的主要用途有：

(1)共享局域网中的资源，如打印机、绘图仪等。

(2)共享服务器上数据库中的数据。

(3)共享服务器上的多媒体数据，如音乐、电影等。

(4)向用户提供电子邮件等服务。

(5)用户间的数据拷贝与存储。

组建局域网使用的主要设备为集线器、交换机、路由器和ATM交换机等。

广域网是指分布在不同的国家、地域甚至全球范围的各种局域网互联而成的大型计算机通信网络。广域网中的主机和工作站的物理分布一般在几公里以上。如像IMB. SUN等计算机公司都建立了自己企业的广域网，它们通过通信部门的通信网络来连接分布在全球的各子公司。广域网的传输速度相对局域网来说较低，一般在几千位每秒至2Mbit/s。WAN主要功能是在较大范围的区域内提供数据通信服务，主要用于互联局域网。WAN可分类为公用电话网PSTN、综合业务数字网ISDN、数字数据网DDN、X. 25共用分组交换网、帧中继Frame Relay和异步传输模式ATM等。

组建广域网使用的主要设备为调制解调器、广域网交换机、接入服务器、路由器和防火墙等。

二者关系如图2-1-1所示。

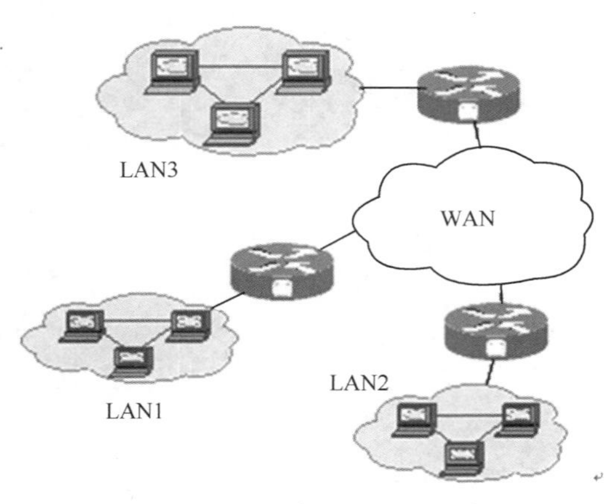

图2-1-1　局域网与广域网关系图

二、LAN 网络拓扑结构

局域网常用的拓扑结构有总线型结构、环形结构和星型结构。

1. 总线型结构

网络上的所有计算机都通过一条电缆相互连接起来，如图 2-1-2 所示。

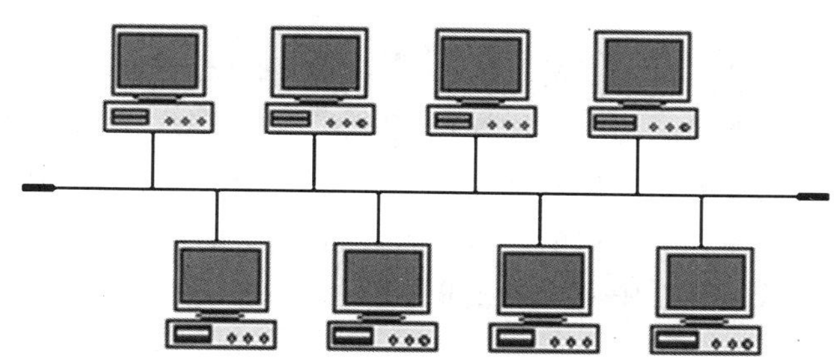

图 2-1-2　总线型网络结构

特点：其中不需要插入任何其他的连接设备。网络中任何一台计算机发送的信号都沿一条共同的总线传播，而且能被其他所有计算机接收。有时又称这种网络结构为点对点拓扑结构。

1）优点

连接简单、易于维护、成本费用低。

2）缺点

（1）传送数据的速度缓慢：共享一条电缆，只能由其中一台计算机发送信息，其他接收。

（2）可靠性较差：只要有一条线路出问题就会影响网络上其他计算机工作。

2. 环形结构

环形结构是将各台联网的计算机用通信线路连接成一个闭合的环。

在环形结构的网络中，信息按固定方向流动，或顺时针方向，或逆时针方向。

1）优点

一次通信信息在网中传输的最大传输延迟是固定的；每个网上节点只与其他两个节点有物理链路直接互联，因此，传输控制机制较为简单，实时性强。

2）缺点

一个节点出现故障就可能会终止全网运行，因此可靠性较差。

为了克服可靠性差的问题，有的网络采用具有自愈功能的结构，一旦一个节点不工作，则自动切换到另一环路工作。此时，网络需对全网进行拓扑和访问控制机制的调整，因此较为复杂。

环型拓扑是一个点到点的环形结构。每台设备都直接连到环上，或通过一个接口设备和分支电缆连到环上。在初始安装时，环型拓扑网络比较简单。随着网上节点的增加，重新配置的难度也增加，对环的最大长度和环上设备总数有限制。可以很容易地找到电缆的故障点。受故障影响的设备范围大，在单环系统上出现的任何错误，都会影响网上的所有设备。

3. 星形结构

星形结构是以一个节点为中心的处理系统，各种类型的入网机器均与该中心节点有物理链路直接相连。

1）优点

结构简单、建网容易、控制相对简单。

2）缺点

属集中控制，主节点负载过重，可靠性低，通信线路利用率低。

一个星形拓扑可以隐在另一个星形拓扑里而形成一个树型或层次型网络拓扑结构。相对其他网络拓扑来说安装比较困难，比其他网络拓扑使用的电缆要多。容易进行重新配置，只需移去、增加或改变集线器某个端口的连接，就可进行网络重新配置。由于星型网络上的所有数据都要通过中心设备，并在中心设备汇集，星形拓扑维护起来比较容易。受故障影响的设备少，能够较好地处理。

三、网络模型

国际标准化组织（ISO）制定的OSI模型，即著名的开放系统互联基本参考模型：各种计算机能够在世界范围内互连成网络的标准框架。

1. 七层模型

每一层利用下一层提供的服务与对等层通信，每一层都使用自己的协议。

（1）应用层：提供应用程序间通信。

（2）表示层：处理数据格式、数据加密等。

（3）会话层：建立、维护和管理会话。

（4）传输层：建立主机端到端连接。

（5）网络层：寻址和路由选择。

（6）数据链路层：提供介质访问、链路管理等。

（7）物理层：比特流传输。

2. 协议数据单元（Protocol Data Unit）

在分层网络结构，如在开放式系统互联（OSI）模型中，在传输系统的每一层都将建立协议数据单元（PDU）。PDU包含来自上层的信息及当前层的实体附加的信息。然后，这个PDU被传送到下一较低的层。

物理层的PDU是数据位（bit），数据链路层的PDU是数据帧（frame），网络层的PDU是数据包（packet），传输层的PDU是数据段（segment），其他更高层次的PDU是数据（data）。

四、网络协议TCP/IP

通信协议可以理解为一种通信双方预先约定的共同遵守的格式和规范，同一网络中的两台设备之间要通信必须使用互相支持的共同协议。如果任何一台设备不支持用于网络互联的协议，它就不能与其他设备通信。可以将人的语言理解为人们互相通信的一种协议，两台计算机使用不同的协议相互不能通信。

TCP/IP是Internet所用的协议，它是一个协议栈，由一系列小而专的协议组成。

1. 四层组成

应用层、传输层、互联网层和网络接口层，每层又包括若干小协议。

（1）应用层：HTTP，Telnet，FTP，TFTP 和 Ping 等。

（2）传输层：TCP/UDP。

（3）网络层：IP，ICMP(ARP/RARP)。

（4）数据链楼层：EtherNet，802. 3，PPP 和 HDLC. FR 等。

2. 物理层

接口和线缆。

3. IP 地址

网络上的每一台设备为了与网络上的其他设备区别，都必须有自己唯一的 IP 地址。

IP 是由 32 位二进制数组成的，将这 32 位二进制数分成 4 组，每组 8 个二进制数，将这 8 个二进制数转化成十进制数，就是我们看到的 IP 地址，其范围为 0 ~ 255，如 172. 12. 2. 28。

4. 子网掩码

子网掩码是一个 32 位地址，用于屏蔽 IP 地址的一部分以区别网络标识和主机标识，并说明该 IP 地址是在局域网上，还是在远程网上。如 255. 255. 255. 0。

子网掩码是用来判断任意两台计算机的 IP 地址是否属于同一子网络的根据。

最为简单的理解就是两台计算机各自的 IP 地址与子网掩码进行 AND 运算后，如果得出的结果是相同的，则说明这两台计算机是处于同一个子网络上的，可以进行直接的通信。

5. 网关

又称网间连接器、协议转换器。网关在传输层上以实现网络互连，是最复杂的网络互连设备，仅用于两个高层协议不同的网络互连。网关的结构也和路由器类似，不同的是互连层。网关既可以用于广域网互连，也可以用于局域网互连。

6. DNS

DNS 是域名系统，是 Domain Name System 的缩写。它是由解析器和域名服务器组成的。域名服务器是指保存有该网络中所有主机的域名和对应 IP 地址，并具有将域名转换为 IP 地址功能的服务器。其中域名必须对应一个 IP 地址，而 IP 地址不一定有域名。

域名解析：将域名映射为 IP 地址。

五、操作系统

常见的操作系统主要有 NetWare，Windows，Unix 和 Linux 4 种。

1. NetWare

对网络硬件的要求较低，同时兼容 DOS 命令，其应用环境与 DOS 相似，且应用软件较丰富，技术完善、可靠，尤其是无盘工作站的安装较方便，因而较低配置或整体档次不高的微机在组网时应选用 NetWare。

NetWare 服务器对无盘站和游戏的支持较好，常用于教学网和游戏厅。

2. Windows

能安全、简便地运行几乎所有较新版的大众化软件，Windows 还支持多处理器操作，对网络提供了更高的可扩展性，为耗费内存较多的应用程序提供更多的内存。

一般组建办公、工商企业网，建议选用 Windows 操作系统。

3. Unix

Unix 是一种多用户、多任务分时操作系统。对于普通的网络用户来说，Unix 不容易掌握，小型局域网基本不使用 Unix。

4. Linux

可在单机上使用，也可在服务器上当作网络操作系统使用。虽然 Linux 存在缺乏服务保障、尚没有足够的软件支持的缺点，但随着人们对它的不断研究和开发，一定会在个人计算机和网络服务器操作系统领域有所作为。

六、双绞线

双绞线有 UTP 和 STP 两种，非屏蔽双绞线(UTP)可分为 3 类、4 类、5 类和超 5 类等多种。屏蔽双绞线(STP)可又分为 3 类、5 类和超 5 类等多种。非屏蔽双绞线易弯曲、易安装，具有阻燃性，布线灵活；屏蔽双绞线价格高，安装困难，需连结器，抗干扰性好。3 类双绞线用于语音传输及最传输速率为 10Mbit/s 的数据传输；4 类双绞线和 5 类双绞线用于语音传输和最高传输速率为 16Mbit/s 的数据传输；超 5 类双绞线和 6 类双绞线用于语音传输和最高传输速率为 100Mbit/s 的数据传输。对于双绞线网线距离每网段 100m，接 4 个中继器后最长可达到 500m。

5 类双绞线有两种线序。分别是直连与交叉网线。

1. 双绞线制作标准

国际上常用的制作双绞线的标准包括 EIA/TIA 568A 和 EIA/TIA 568B 两种。

EIA/TIA568A 的线序定义依次为绿白色、绿色、橙白色、蓝色、蓝白色、橙色、棕白色、棕色，其标号见表 2-1-1。

表 2-1-1　EIA/TIA 568A 线序定义色及标号

线序定义色	绿白色	绿色	橙白色	蓝色	蓝白色	橙色	棕白色	棕色
标号	1	2	3	4	5	6	7	8

EIA/TIA 568B 的线序定义依次为橙白色、橙色、绿白色、蓝色、蓝白色、绿色、棕白色、棕色，其标号见表 2-1-2。

表 2-1-2　EIA/TIA 568B 线序定义色及标号

线序定义色	橙白色	橙色	绿白色	蓝色	蓝白色	绿色	棕白色	棕色
标号	1	2	3	4	5	6	7	8

10Mbit/s 以太网的网线只使用标号为 1，2，3 和 6 的芯线传递数据，即标号为 1 和 2 的芯线用于发送，标号为 3 和 6 的芯线用于接收。按颜色来说：橙白色和橙色两条芯线用于发送；绿白色和绿色两条芯线用于接收；标号为 4，5，7 和 8 的是双向线。

（1）按照情况不同，网线的制作也有如下要求：

① 用 HUB 或交换机相互组网时，一根线的两头必须用同一个标准制作，在同一个 HUB 或交换机上最好只用一种标准制作网线。

② 当只有两台计算机不用 HUB 或交换机时，网线的一头需采用 568A 标准，另一头则应采用 568B 标准，这是因为网卡的脚 1 和脚 2 用作发送数据，而脚 3 和脚 6 用作接收数据引脚。两种不同的标准正好和脚 1、脚 2、脚 3 和脚 6 相对应。

③ 不管两台计算机的物理位置多近，网线的长度应大于 1.5m，否则也会发生数据传输时断时续的现象。

(2) 以下情况必须使用交叉线：

① 两台计算机通过网卡直接连接(即所谓的双机直连)时；

② 以级联方式将集线器或交换机的普通端口连接在一起时。

(3) 以下情况必须使用直通线：

① 计算机连接至集线器或交换机时；

② 一台集线器或交换机以 Up-Link 端口连接至另一台集线器或交换机的普通端口时；

③ 集线器或交换机与路由器的 LAN 端口连接时。

(4) 以下情况既可以使用直通线，也可使用交叉线：

① 集线器或交换机的 RJ-45 端口拥有极性识别功能，可以自动判断所连接的另一端设备，并自动实现 MDI/MDI-Ⅱ间的切换；

② 集线器或交换机的特定端口 MDI/MDI-Ⅱ开关，可通过拨动该开关选择使用直通线或交叉线与其他集线设备连接。

2. 网线的制作

(1) 剥线。

(2) 理线。双绞线由 8 根有色导线两两绞合而成，将其整理平行按橙白色、橙色、绿白色、蓝色、蓝白色、绿色、棕白色、棕色平行排列。

(3) 插线。一只手捏住水晶头，将水晶头有弹片一侧向下。

(4) 压线。确认所有导线都到位后，将水晶头放入卡线钳夹槽中，用力捏几下卡线钳。

(5) 检查。压制好水晶头的电缆线使用前最好用电缆检查仪检测一下。若断路，则会导致无法通信；若短路，则有可能损坏网卡或集线器。

七、光纤

一根实用化的光纤是由多层透明介质构成的，一般为同心圆柱形细丝，为轴对称结构，一般可以分为三部分：折射率较高的纤芯、折射率较低的包层和外面的涂覆层。

纤芯主要采用高纯度的 SiO_2，并掺有少量的掺杂剂，提高纤芯的光折射率 n_1。包层也是高纯度的 SiO_2，也掺杂一些掺杂剂，主要是降低包层的光折射率 n_2。涂层采用丙烯酸酯、硅橡胶、尼龙，增加机械强度和可弯曲性。光缆是多根光纤放在一个松套管内，内冲石油膏和钢丝形成的。海底光缆内还有电源线，主要为中继站的放大器等提供电源。

常见光纤连接器种类：

(1) FC/PC：FC，圆头尾纤连接器；PC，陶瓷截面为平面；

(2) SC/PC：SC，方头尾纤连接器；PC，陶瓷截面为平面；

(3) FC/APC：FC，圆头尾纤连接器；APC，以截面中心为圆心，向外倾斜 80°。

尾纤接头外形如图 2-1-3 所示。

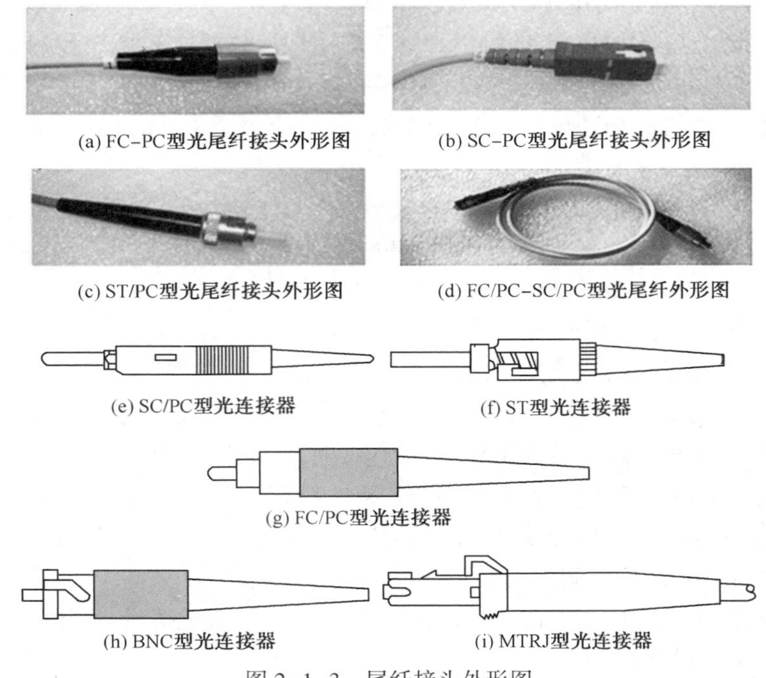

(a) FC-PC型光尾纤接头外形图　(b) SC-PC型光尾纤接头外形图

(c) ST/PC型光尾纤接头外形图　(d) FC/PC-SC/PC型光尾纤外形图

(e) SC/PC型光连接器　(f) ST型光连接器

(g) FC/PC型光连接器

(h) BNC型光连接器　(i) MTRJ型光连接器

图 2-1-3　尾纤接头外形图

八、常用网络连接设备

1. 交换机

网络交换器(Network Switch)是一个扩大网络的设备，能为子网中提供更多的连接端口，以便连接更多的计算机。当交换机从某一端口收到一个以太网帧后，将立即在其内存中的地址表(端口号-MAC 地址对照表)进行查找，以确认该目的 MAC 的网卡连接在哪一个接口上，然后将该帧转发至相应的接口，如果在地址表中没有找到该 MAC 地址，交换机就将数据包广播到除源端口外的所有端口，拥有该 MAC 地址的网卡在接收到该广播帧后，将立即做出应答，交换机就将该网卡的 MAC 地址添加到表中。

从广义上来看，网络交换机分为两种：广域网交换机和局域网交换机。广域网交换机主要应用于电信领域，提供通信用的基础平台。而局域网交换机则应用于局域网络，用于连接终端设备，如 PC 机及网络打印机等。

根据传输速度，交换机可划分为 10M 以太网交换机、快速以太网交换机、千兆以太网交换机和万兆以太网交换机等。

根据交换机工作的协议层，可划分第二层交换机和第三层交换机等。

根据交换机在网络中的作用可以分为桌面交换机、汇聚交换机和核心交换机等。

2. 路由器

路由器用于连接各种不同的网络，当一个数据包传送到网络路由器时，路由器要决定其下一步往哪里传送。要将一个局域网连接到 Internet，除了使用某种接入通信技术外，还需要使用路由器。路由器用于连接因特网中各局域网和广域网的设备，它会根据信道的情况自动选择和设定路由，以最佳路径，按前后顺序发送信号的设备。

路由器大多工作于IP协议之上。通常用于局域网之间的互联，使用它的局域网接口连接交换机，交换机连接众多主机或用于局域网接入Internet，有多种接入Internet的接口可供选择。路由器和交换机的功能和关系如图2-1-4所示。

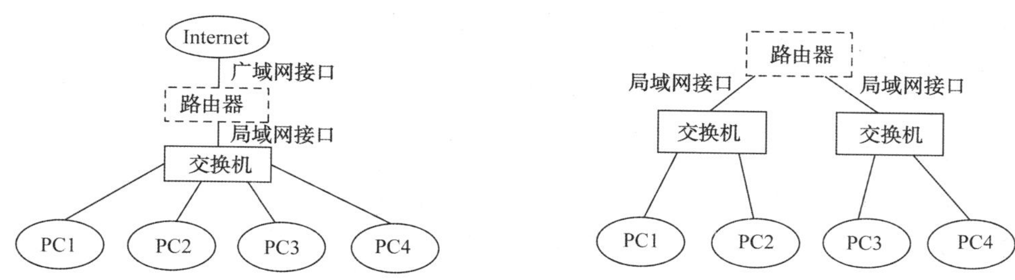

图2-1-4　路由器及交换机功能图

第二节　IP地址及Ping命令

IP地址用于标识节点和链路，用唯一的IP地址标识每一个节点，用唯一的IP网络号标识每一个链路。IP可以确定节点所在网络的位置，进而确定节点所在的位置。使IP路由器可以选择适当的路径将IP包转发到目的节点。

一、IP地址的分类及子网掩码

目前，使用中的IP地址是32位的二进制数。为了阅读和使用的方便，人们定义了一种标准的写法。该写法将32位的IP地址分为4段，每段8位，以十进制数表示，每段数字范围为1~254，段与段之间用圆点分割，可表示为nnn. hhh. hhh. hhh(n表示网络号，h表示主机号)。

IP地址由两个部分组成：一部分为网络号，用来区分在互联网上互连的各个网络；另一部分为主机地址，用来区分同一网络上的不同主机。为了适应不同规模的网络，充分利用现有的IP地址，人们又将其划分A类、B类、C类、D类和E类共5类。A类IP地址用于大型网络，B类IP地址用于中型网络，C类IP地址用于小规模网络，D类IP地址用于多目的地址发送，E类IP地址则为实验和测试保留。

1. A类IP地址

一个A类IP地址由1字节(每个字节是8位)的网络地址和3个字节主机地址组成，也就是前8位为网络号，后24位为主机号，即第一段数字范围为1~127。有效的地址范围为1. 0. 0. 0~127. 255. 255. 255，每个A类地址可连接2的24次方减2共16777214台主机，互联网上有2的7次方减2共126个A类地址。

2. B类IP地址

一个B类IP地址由2个字节的网络地址和2个字节的主机地址组成，也就是前16位为网络号，后16位为主机号，即第一段数字范围为128~191。有效的地址范围为128. 0. 0. 0~191. 255. 255. 255，每个B类地址可连接2的16次方减2共65534台主机，Internet有2的14次方减2共16382个B类地址。

3. C类IP地址

一个C类地址是由3个字节的网络地址和1个字节的主机地址组成，也就是前24位为网络号，后8位为主机号，即第一段数字范围为192~223。有效的地址范围为192. 0.0.0~222. 255. 255. 255，每个C类地址可连接2的8次方减2共254台主机，Internet有2的21次方减2共2097150个C类地址。

4. D类IP地址

第一个字节以“1110”开始，第一个字节的数字范围为224~239，是多点播送地址，用于多目的地信息的传输和作为备用。全零(“0. 0. 0. 0”)地址对应于当前主机，全“1”的IP地址(“255. 255. 255. 255”)是当前子网的广播地址。用于多点播送。

5. 几种用作特殊用途的IP地址

主机段(即宿主机)ID全部设为“0”的IP地址称为网络地址，如129. 45. 0. 0就是B类网络地址。

主机ID部分全设为“1”(即255)的IP地址称为广播地址，如129. 45. 255. 255就是B类的广播地址。

网络ID不能以十进制“127”作为开头，在地址中数字127保留给诊断用。如127. 1. 1. 1用于回路测试，同时网络ID的第一个8位组也不能全置为“0”，全置“0”表示本地网络。网络ID部分全为“0”和全部为“1”的IP地址被保留使用。

子网掩码与IP地址进行逐位逻辑与运算获得网络地址。

(1) A类地址默认掩码为255. 0. 0. 0。

(2) B类地址默认掩码为255. 255. 0. 0。

(3) C类地址默认掩码为255. 255. 255. 0。

二、工作组的划分

工作组就是指在一个对等网络中能够相互通信、互相提供服务和共享资源的计算机集合。对等网中的计算机不能太多，由于每台计算机独自管理自己的资源，所以很难集中控制网络中的资源和用户，不具备足够的安全性。常常会发生当一个用户正在访问另一台计算机上的资源时，被访问的那台计算机的用户却突然关机了而造成访问失败。

对等网中没有专用的服务器负责管理资源和用户，网络中的每台计算机都是平等的，各台计算机既是服务器又是客户机。每台计算机分别管理自己的资源和用户，同时又可以作为客户机访问其他计算机的资源。

组是基于客户机服务器模型的网络中的概念。是可以通过管理员创建或删除的一些用户账号的集合，通常把工作环境或访问权限等属性相似的用户设置为同一个组，只要设置了组的权限和属性，该组中的用户就可以在一次操作中同时被授予新的权限和属性。因此，利用组可以大大简化网络的管理工作组是账号管理中的重要概念，每一个账号都属于某一个组，一个账号也可属于多个组，此时该账号就拥有从多个组中得到的权限。权限是组的一个基本特征。组的名称是系统辨认不同组的标识。组包含多个用户账号，组账号是用户账号的集合。利用组账号，系统管理员只要将组身份赋予用户账号，那么该组的所有权利和权限都授予了该用户。这样做的结果是不再管理单个用户，而是管理组。

1. 本地组

1）Administrator

该组具有对 Windows 操作系统的完全控制。但是作为 Administrator 组的成员，用户并不是自动获得系统上所有文件的控制，若使用 NTFS 分区，文件权限可能会限制管理员的访问。如果管理员要访问这样的文件，可以首先获得文件的所有权后再访问。

2）Guests

该组用于给予某些用户对 Windows 资源有限的访问权限，内置 Guests 账号被自动加入该内置组中。

3）User

该组提供给终端用户使用计算机所必需的权力。在缺省状态下，Windows 上创建的所有用户账号会自动加入这个内置组。

4）Power User

该组给予其成员执行一定系统任务的能力，而无须给予用户对机器的完全管理控制。该组成员能够执行的一个任务就是共享目录。

2. 全局组

全局组是包含在一个组账号名下组成的同一域的许多用户账号，全局组只能包含全局组的域中的用户账号，其特点如下：

（1）全局组只包含域用户贴号不能包含本地组或其他全局组。

（2）全局组只能建在 Window 域控制器上。

（3）全局组能接受多个全局域的权力的权限。

用户在创建组以前，应该先确定要创建的是本地组还是全局组，本地组中的账号可以是域的账号，也可以是别的域的账号，但是不论其来源如何，授给本地组成员的权限将只能在本地使用。

将计算机按域分组，给网络管理员和网络用户带来两个主要的优点：

（1）域中的域控制器服务器形成了共享安全机制及用户账号信息的单个管理单元。管理员只需为每个用户管理一个账号，而每个用户也只需使用一个账号。通过将管理单元从单个服务器扩展到整个域，Window 节省了管理员和用户的时间和精力。

（2）用户使用非常方便。当用户浏览网上可用资源时，首先看到的是按域分组的网络，而不是整个网络上的所有服务器和打印机。

三、管道公司网络拓扑结构

1. 总体原则

（1）应遵循统一规划、统一标准、统一设计、统一管理、网络共用、资源共享、分步实施的原则。

（2）应充分考虑网络的可管理性与安全性、高可靠性与稳定性、技术先进性与实用性、灵活性与可扩展性以及经济性。

2. 架构规划

（1）局域网应采用核心层、汇聚层、接入层的层次化架构设计。

（2）核心层、汇聚层的关键网络节点应部署两台设备互为备份。

（3）核心层、汇聚层的非关键网络节点可部署单台设备，设备关键部件应支持冗余。

（4）网络节点间如采用光纤链路互联，应在网络设备上部署光模块，不应采用独立的光电转换器进行光电信号转换。

3. IP 地址规划

（1）IP 地址规划应以中国石油天然气集团公司分配给中国石油管道公司（以下简称管道公司）的地址空间为基础，局域网内部不应采用地址转换技术。

（2）应基于用途进行初步的 IP 地址段子网划分。

（3）划分后的不同 IP 地址段子网间应保留空隙，为未来的扩展预留空间。

4. 网络管理规定

（1）管道公司及二级单位不应设立因特网接入服务，应使用北京区域中心的因特网出口。

（2）为社会服务的娱乐性网站、家属区、宾馆等非业务用户不应接入公司局域网。

（3）不应在公司局域网中建立可以通过中国石油广域网访问，提供电影、音乐、游戏等非业务应用的网站。

四、Ping 命令的使用方法

Ping 是典型的网络工具。Ping 是 Windows 系列自带的一个可执行命令。Ping 能够辨别网络功能的某些状态。这些网络功能的状态是日常网络故障诊断的基础。特别是 Ping 能够识别连接的二进制状态（也就是是否连通）。

Ping 命令通过向计算机发送 ICMP 回应报文并且监听回应报文的返回，以校验与远程计算机或本地计算机的连接。对于每个发送报文，Ping 最多等待 1s，并打印发送和接收把报文的数量。比较每个接收报文和发送报文，以校验其有效性。默认情况下，发送 4 个回应报文，每个报文包含 64 字节的数据。Ping 向目标主机（地址）发送一个回送请求数据包，要求目标主机收到请求后给予答复，从而判断网络的响应时间和本机是否与目标主机（地址）联通。

首先需要打开 DOS 命令界面，通过点击开始菜单中的“运行”选项，输入“cmd”，回车即可打开，如图 2-2-1 所示。

图 2-2-1　进去 DOS 命令界面

回车后界面如图 2-2-2 所示。

输入 Ping /? 回车，系统会列出 Ping 所能使用的全部参数，如图 2-2-3 所示。

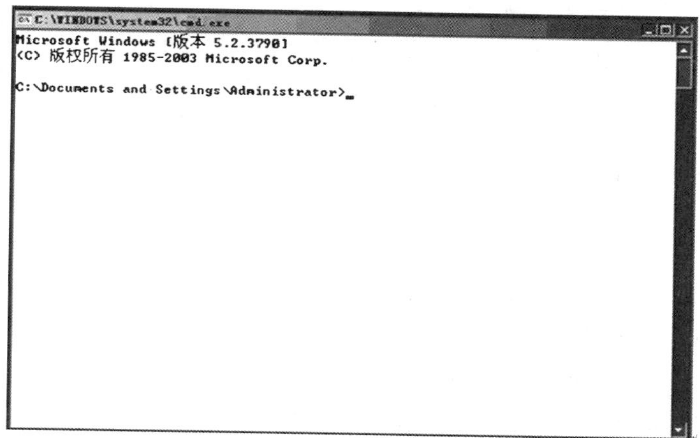

图 2-2-2　DOS 命令界面

```
命令提示符

C:\>ping /?

Usage: ping [-t] [-a] [-n count] [-l size] [-f] [-i TTL] [-v TOS]
            [-r count] [-s count] [[-j host-list] | [-k host-list]]
            [-w timeout] [-R] [-S srcaddr] [-4] [-6] target_name

Options:
    -t             Ping the specified host until stopped.
                   To see statistics and continue - type Control-Break;
                   To stop - type Control-C.
    -a             Resolve addresses to hostnames.
    -n count       Number of echo requests to send.
    -l size        Send buffer size.
    -f             Set Don't Fragment flag in packet (IPv4-only).
    -i TTL         Time To Live.
    -v TOS         Type Of Service (IPv4-only).
    -r count       Record route for count hops (IPv4-only).
    -s count       Timestamp for count hops (IPv4-only).
    -j host-list   Loose source route along host-list (IPv4-only).
    -k host-list   Strict source route along host-list (IPv4-only).
    -w timeout     Timeout in milliseconds to wait for each reply.
    -R             Trace round-trip path (IPv6-only).
    -S srcaddr     Source address to use (IPv6-only).
    -4             Force using IPv4.
```

图 2-2-3　命令提示符

下面对于常用的 Ping 命令进行讲解。

1. 常用 Ping 命令

校验与远程计算机或本地计算机的连接。只有在安装 TCP/IP 协议之后才能使用该命令。

Ping ip [-t] [-a] [-l length] [-r count]

参数

-t——校验与指定计算机的连接，直到用户中断。若要中断可按快捷键：CTRL+C。

-a——将地址解析为计算机名。

-l——length 发送包含由 length 指定数据长度的 ECHO 报文。默认值为 64 字节，最大值为 8192 字节。

-r——count 在“记录路由”字段中记录发出报文和返回报文的路由。指定的 count 值最小可以是 1，最大可以是 9。

例：

C：\ Documents and Settings \ Administrator>Ping 169. 254. 190. 92　-r 4

Pinging 169. 254. 190. 92 with 32 bytes of data：

Reply from 169. 254. 190. 92：bytes=32 time<1ms TTL=128

Route：169. 254. 190. 92

Reply from 169. 254. 190. 92：bytes=32 time<1ms TTL=128

Route：169. 254. 190. 92

Reply from 169. 254. 190. 92：bytes=32 time<1ms TTL=128

Route：169. 254. 190. 92

Reply from 169. 254. 190. 92：bytes=32 time<1ms TTL=128

Route：169. 254. 190. 92

Ping statistics for 169. 254. 190. 92：

Packets：Sent = 4，Received = 4，Lost = 0(0% loss)，

Approximate round trip times in milli-seconds：

Minimum = 0ms，Maximum = 0ms，Average = 0ms

结果说明：

Ping 命令有两种返回结果：

(1)“Request timed out.”表示没有收到目标主机返回的响应数据包，也就是网络不通或网络状态恶劣。

(2)“Reply from ×.×.×.×：bytes=32 time<1ms TTL=255”表示收到从目标主机×.×.×.×返回的响应数据包，数据包大小为 32Bytes，响应时间小于 1ms TTL 为 255，这个结果表示您的计算机到目标主机之间连接正常。

(3)“Destination host unreachable”表示目标主机无法到达。

(4)“Ping：transmit failed，error code ×××××”表示传输失败，错误代码×××××。

2. 使用 Ping 判断 TCP/IP 故障

可以使用 Ping 实用程序测试计算机名和 IP 地址。如果能够成功校验 IP 地址却不能成功校验计算机名，则说明名称解析存在问题。

1) Ping 127. 0. 0. 1

127. 0. 0. 1 是本地循环地址，如果本地址无法 Ping 通，则表明本地机 TCP/IP 协议不能正常工作。

2) Ping 本机的 IP 地址

用 IPConfig 查看本机 IP，然后 Ping 该 IP，通则表明网络适配器(网卡或 MODEM)工作正常，不通则是网络适配器出现故障。

3) Ping 同网段计算机的 IP

Ping 一台同网段计算机的 IP，不通则表明网络线路出现故障；若网络中还包含有路由器，则应先 Ping 路由器在本网段端口的 IP，不通则表明此段线路有问题；通则再 Ping 路由器在目标计算机所在网段的端口 IP，不通则是路由出现故障；通则再 Ping 目的机 IP 地址。

4) Ping 网址

若要检测一个带 DNS 服务的网络，在上一步 Ping 通了目标计算机的 IP 地址后，仍无法连接到该机，则可 Ping 该机的网络名，比如 Ping www. sinA. com. cn，正常情况下会出现该网址所指向的 IP，这表明本机的 DNS 设置正确而且 DNS 服务器工作正常，反之就可能是其

中之一出现了故障；同样，也可通过 Ping 计算机名检测 WINS 解析的故障（WINS 是将计算机名解析到 IP 地址的服务）。

3. 利用 Ping 命令判定网络故障

1）Ping 本机 IP

例如本机 IP 地址为 169. 254. 190. 92。则执行命令 Ping 169. 254. 190. 92。如果网卡安装配置没有问题，则应有类似下列显示：

C：\ Documents and Settings \ Administrator>Ping 169. 254. 190. 92

Pinging 169. 254. 190. 92 with 32 bytes of data：

Reply from 169. 254. 190. 92：bytes=32 time<1ms TTL=128

Reply from 169. 254. 190. 92：bytes=32 time<1ms TTL=128

Reply from 169. 254. 190. 92：bytes=32 time<1ms TTL=128

Reply from 169. 254. 190. 92：bytes=32 time<1ms TTL=128

Ping statistics for 169. 254. 190. 92：

Packets：Sent = 4，Received = 4，Lost = 0（0% loss），Approximate round trip times in milli-seconds：Minimum = 0ms，Maximum = 0ms，Average = 0ms

如果在 MS-DOS 方式下执行此命令显示内容为：Request timed out，则表明网卡安装或配置有问题。将网线断开再次执行此命令，如果显示正常，则说明本机使用的 IP 地址可能与另一台正在使用的机器 IP 地址重复了。如果仍然不正常，则表明本机网卡安装或配置有问题，需继续检查相关网络配置。

2）Ping 网关 IP

假定网关 IP 为 59. 52. 177. 115，则执行命令 Ping 59. 52. 177. 115。在 MS-DOS 方式下执行此命令，如果显示类似以下信息，则表明网络畅通：

C：\ Documents and Settings \ Administrator>Ping 59. 52. 177. 115

Pinging 59. 52. 177. 115 with 32 bytes of data：

Reply from 59. 52. 177. 115：bytes=32 time<1ms TTL=128

Reply from 59. 52. 177. 115：bytes=32 time<1ms TTL=128

Reply from 59. 52. 177. 115：bytes=32 time<1ms TTL=128

Reply from 59. 52. 177. 115：bytes=32 time<1ms TTL=128

Ping statistics for 59. 52. 177. 115：

Packets：Sent = 4，Received = 4，Lost = 0（0% loss），Approximate round trip times in milli-seconds：Minimum=0ms，Maximum = 0ms，Average = 0ms

3）Ping 远程 IP

这一命令可以检测本机能否正常访问 Internet。比如本地电信运营商的 IP 地址为 202. 101. 224. 69。在 MS-DOS 方式下执行命令：Ping 202. 101. 224. 69，如果屏幕显示：

C：\ Documents and Settings \ Administrator>Ping 202. 101. 224. 69

Pinging 202. 101. 224. 69 with 32 bytes of data：

Reply from 202. 101. 224. 69：bytes=32 time=2ms TTL=250

Reply from 202. 101. 224. 69：bytes=32 time=2ms TTL=250

Reply from 202. 101. 224. 69：bytes=32 time=3ms TTL=250

Reply from 202. 101. 224. 69：bytes＝32 time＝2ms TTL＝250

Ping statistics for 202. 101. 224. 69：

Packets：Sent ＝ 4，Received ＝4，Lost ＝ 0(0% loss)，Approximate round trip times in milli-seconds：Minimum＝2ms，Maximum＝3ms，Average ＝2ms
则表明运行正常，能够正常接入互联网。反之，则表明主机文件(windows /host)存在问题。

4）检查您的计算机到网关之间的线路

在命令提示符窗口下输入 ipconfig 命令，将返回您的计算机在网络上的 IP 地址(IP Address)、子网掩码(Subnet Mask)及网关(Default Gateway)，而在 IP 如果您的计算机使用的是自动获取 IP，Address 后面显示的是 169. XXX. XXX. XXX 的 IP 地址，则您的计算机并没有从 DHCP 服务器上获取到可用的计算机 IP 地址。这时可以使用命令 IPConfig /renew 重新获取一下 IP，一般情况下都可以获取得正确的 IP 地址，当然前提是 DHCP 服务器正常。如果一直获取不到正确的 IP 地址，这时则要检查一下是否防火墙软件阻挡了网卡的通信，如 Windows XP 的防火墙。

获取到正确的 IP 地址、子网掩码及网关地址后，就可以使用 Ping 工具来探测本地计算机和网关之间是否连通了。运行命令 Ping 网关地址后，如果返回的结果正常，而 IE 依然打不开网页，这个时候就应该进行第 4 步工作了。如果返回的结果不正常，则说明您的计算机和网关主机网络不正常。此时如果是 ADSL 用户，则需要向运营商打电话救助，让他们检查自己的服务器是否出现了故障。如果是局域网用户，则需要向网管求助，让他检查网络的交换设备及网关服务器是否工作正常。

从 Ping 的工作过程，我们可以知道，主机 A 收到了主机 B 的一个应答包，说明两台主机之间的去、回通路均正常。也就是说，无论从主机 A 到主机 B，还是从主机 B 到主机 A，都是正常的。

第三章 仪表防护防爆等级基础知识

在确定仪器仪表众多标准时，常常遇到防护等级 IP 这一标准。

防护等级系统 IP(International Protection)是由 TEC 组织起草和制定的。该系统将仪器仪表依其防尘、防湿气等特性加以分级。

第一节 仪器仪表防护等级

IP 防护等级是由两个数字所组成，第 1 个数字表示仪器仪表和电器离尘、防止外物侵入的等级，第 2 个数字表示仪器仪表和电器防湿气、防水侵入的密闭程度，数字越大表示其防护等级越高。

一、第 1 个数字

(1) 第 1 个数字为 0，表示没有防护，对外界的人或物无特殊防护。

(2)第 1 个数字为 1，表示防止>50mm 的固体物体侵入，防止人体(手掌)因意外而接触到电器内部的零件，防止>50mm 的外物侵入。

(3) 第 1 个数字为 2，表示防止>12mm 的固体物体侵入，防止人体(手指)因意外而接触到电器内部的零件，防止>12mm 的外物侵入。

(4) 第 1 个数字为 3，表示防止>2.5mm 的固体物体侵入，防止>2.5mm 的细小外物而接触到电器内部的零件。

(5) 第 1 个数字为 4，表示防止>1.0mm 的固体物体侵入，防止>1.0mm 的微小外物而接触到电器内部的零件。

(6) 第 1 个数字为 5，表示防尘，完全防止外物侵入，且侵入的灰尘量不会影响电器的正常工作。

(7) 第 1 个数字为 6，表示防尘，完全防止外物侵入，且可完全防止灰尘侵入。

二、第 2 个数字

(1) 第 2 个数字为 0，表示没有防护。

(2) 第 2 个数字为 1，表示防止滴水侵入，垂直滴下的水滴不会对电器造成有害影响。

(3) 第 2 个数字为 2，表示倾斜 15°时仍可以防止滴水侵入，仪器仪表和电器倾斜 15°时滴水不会对电器造成有害影响。

(4) 第 2 个数字为 3，表示防止喷洒的水侵入，防雨或防止与垂直<60°方向锁喷洒的水侵入仪器仪表和电器而造成损坏。

(5) 第 2 个数字为 4，表示防止飞溅的水侵入，防止各方向的飞溅的水侵入仪器仪表和电器而造成损坏。

（6）第 2 个数字为 5，表示防止喷射的水侵入，防止各方向喷射的水侵入仪器仪表而造成损坏。

（7）第 2 个数字为 6，表示防止大浪侵入，防止大浪侵入安装在甲板上的仪器而仪表和电器而造成损坏。

（8）第 2 个数字为 7，表示防止浸水时水的侵入，仪器仪表和电器浸在水中一定时间或在一定的标准的水压下，能确保仪器仪表和电器不因进水而造成损坏。

（9）第 2 个数字为 8，表示防止沉没时水的侵入，仪器仪表和电器无限期地沉没在一定的标准的水压下，能确保仪器仪表仪表不因进水而造成损坏。

第二节　防爆等级划分标准

石油、石化和化工等生产现场，其处理的生产原料大多数是易燃易爆的原料，局部生产现场经常积聚易燃易爆气体，如果达到混合爆炸限，则电器设备因故障出现火花就可能引起爆炸，因此要求现场仪表设备必须具备安全防爆的技术性能。

防爆等级的划分标准，包含了防爆的概念、防爆的标准、防爆区域的划分、防爆标志的含义以及一些防爆术语、防爆的基本原理、爆炸的概念。

爆炸的物质从一种状态，经过物理或化学变化，突然变成另一种状态，并放出巨大的能量。急剧速度释放的能量，将使周围的物体遭受到猛烈的冲击和破坏。

一、爆炸必须具备的条件

（1）爆炸性物质：能与氧气（空气）反应的物质，包括气体、液体和固体（气体：氢气、乙炔、甲烷等；液体：酒精、汽油；固体：粉尘、纤维粉尘等）。

（2）氧气：空气。

（3）点燃源：包括明火、电气火花、机械火花、静电火花、高温、化学反应、光能等。

二、为什么要防爆

（1）易爆物质：很多生产场所都会产生某些可燃性物质。煤矿井下约有 2/3 的场所有存在爆炸性物质；化学工业中，约有 80%以上的生产车间和区域存在爆炸性物质。

（2）氧气：空气中的氧气是无处不在的。

（3）点燃源：在生产过程中大量使用电气仪表，各种摩擦的电火花、机械磨损火花、静电火花、高温等不可避免，尤其当仪表、电气发生故障时。客观上很多工业现场均有可能出现满足爆炸的条件。

当爆炸性物质与氧气的混合浓度处于爆炸极限范围内时，若存在爆炸源，将会发生爆炸。因此，采取防爆措施就显得很必要了。

三、仪表防爆的原理

1. 危险场所危险性划分

（1）0 区（DIV. 1 北美标准）：气体在正常情况下，爆炸性气体混合物连续或长时间（1000h 以上 ）存在的场所。

（2）1 区（DIV. 1 北美标准）：在正常情况下爆炸性气体混合物有可能出现的场所。可持续 2~1000h。

（3）2 区：（DIV. 2 北美标准）在正常情况下，爆炸性气体混合物不能出现，仅仅在不正常情况下，偶尔或短时间（不超过 2h）出现的场所。

（4）10 区：（DIV. 1 北美标准）：粉尘或纤维在正常情况下，爆炸性粉尘或可燃纤维与空气的混合物可能连续，短时间频繁地出现或长时间存在的场所。

（5）11 区：（DIV. 2 北美标准）：在正常情况下，爆炸性粉尘或可燃纤维与空气的混合物不能出现，仅仅在不正常情况下，偶尔或短时间出现的场所。

图 3-2-1 所示为危险场所分级实例。

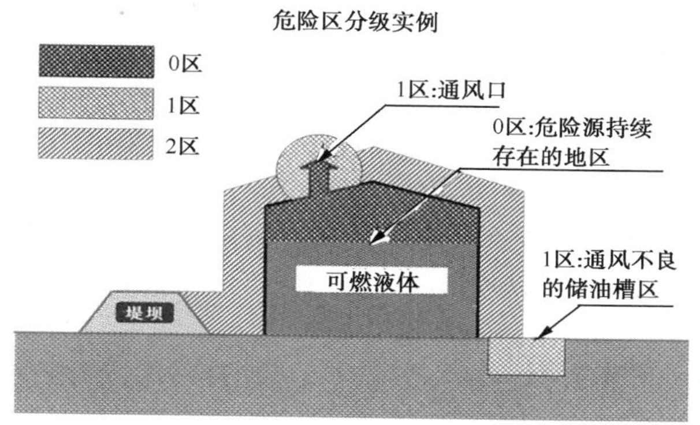

图 3-2-1　危险场所分级实例

2. 防爆方法对危险场所的适用性

防爆方法对危险的适用性见表 3-2-1。

表 3-2-1　防爆方法对危险场所的适用性

序号	防爆形式	代号	国家标准	防爆措施	使用区域
1	隔爆型	d	GB3836. 2	隔离存在的点火源	1 区、2 区
2	增安型	e	GB3836. 3	设法防止产生点火源	0~2 区
3	本安型	ia	GB3836. 4	限制点火源的能量	1 区、2 区
4		ib	GB3836. 4	限制点火源的能量	1 区、2 区
5	正压型	p	GB3836. 5	危险物质与点火源隔开	1 区、2 区
6	充油型	o	GB3836. 6	危险物质与点火源隔开	1 区、2 区
7	充砂型	q	GB3836. 7	危险物质与点火源隔开	1 区、2 区
8	无火花型	n	GB3836. 8	设法防止产生点火源	2 区
9	浇封型	m	GB3836. 9	设法防止产生点火源	1 区、2 区
10	气密型	h	GB3836. 10	设法防止产生点火源	1 区、2 区

下面介绍常用的几种方式：

（1）隔爆型。采用严密的外壳，符合规定的螺纹和高质量的密封垫，并且在导线引出口上采用特殊结构的密封接口。隔爆型设备在正常运行时，能产生火花电弧的部件置于隔爆外壳体，隔爆外壳能承受内部的爆炸压力而不导致损坏，并能防止爆炸传播到壳外。

（2）增安型。该类型是一种对在正常运行条件下不会产生电弧、火花的电气设备采取一些附加措施以提高其安全程度，防止其内部和外部部件可能出现危险温度、电弧和火花可能性的防爆型式避免火花和高温产生的可能性。

增安型在正常运行时不会产生电弧、火花和危险高温，在结构上进一步采取保护措施，提高设备安全性。该类型设备主要用于 2 区危险场所，部分种类可以用于 1 区，例如具有合适保护装置的增安型低压异步电动机、接线盒等。

（3）本安型。本安型电器设备的特征是其全部电路均为本质安全电路，即在正常工作或规定的故障状态下产生的电火花和热效应均不能点燃规定的爆炸性混合物的电路。也就是说，该类电器不是靠外壳防爆和充填物防爆，而是其电路在正常使用或出现故障时产生的电火花或热效应的能量小于 0.28mJ，即瓦斯浓度为 8.5%（最易爆炸的浓度）最小点燃能量。

实现本安型的方法为：在回路中减少能量，以便防止火花点燃危险物。

本安型防爆方法是利用安全栅技术，将提供给现场仪表的电能量限制在既不能产生足以引爆的火花，又不能产生足以引爆的仪表表面温升的安全范围内，从而消除引爆源的防爆方法。该系统可带电维护。

按照本安型电路使用场所和安全程度可分为 ia 和 ib 两个等级。

① ia 安全系数：当最多产生两次故障时，仍然可以保持安全性，所以易受故障干扰的元件为三重化设计，用在 0 区、1 区和 2 区。

② ib 类安全系数：当最多产生一次故障时，仍然可以保持安全性，易受干扰影响的元件为双重化设计，可用在 1 区和 2 区。

常用本安型仪表与隔爆型仪表的比较见表 3-2-2。

表 3-2-2　本安型仪表与隔爆型仪表比较

序号	本安型仪表（ia）	隔爆型仪表
1	对外壳要求不高	特殊外壳，结构结实，体积大
2	允许在线维护	不允许带电维护
3	适用于 0 区、1 区和 2 区	适用于 1 区和 2 区
4	适用于低功率仪表	适用于高功率仪表
5	密封与附件简单	密封与附件复杂
6	价格较低	价格高
7	必须加安全栅	不需加安全栅

（4）正压型 。壳内维持正压，周围易燃易爆气体不能进入。向外壳里输送洁净的压缩空气，使壳内维持正压，周围易燃易爆气体不能进入，从而防止它与电路直接接触。这种方法需要有气源和管路。此类设备不能带电维护。

（5）充油型。外壳里充油，电路浸没在油里。在外壳里充油，电路浸没在油里，其热量被油带走，火花被油所熄灭，也起到了电路与周围气体隔离的作用。高压电路的油开关就是靠油熄灭电弧的。常用于变压器。此类设备不能带电维护。除本安型方法外，其他防爆方法用在危险 0 区都有可能发生爆炸。

3. 防爆对危险场所的适用性

爆炸性危险气体分类，根据可能引爆的最小火花能量，我国和欧洲及世界上大部分国家和地区将爆炸性气体分为4个危险等级，见表3-2-3。

表3-2-3　爆炸性危险气体分类

工况类别	气体分类	代表性气体	最小引爆火花能量(mJ)
矿井下	Ⅰ	甲烷	0.280
矿井外的工厂	ⅡA	丙烷	0.180
	ⅡB	乙烯	0.060
	ⅡC	氢气	0.019

4. 气体温度组别划分

气体温度组别划分见表3-2-4。

表3-2-4　气体温度组别划分

温度组别	安全的物体最高表面温度(℃)	常见的爆炸性气体
T1	≤450	氢气、丙烯腈等46种
T2	≤300	乙炔、乙烯等47种
T3	≤200	汽油、丁烯醛等36种
T4	≤135	乙醛、四氟乙烯等6种
T5	≤100	二硫化碳
T6	≤85	硝酸乙酯和亚硝酸乙酯

该部分需明确两点：

（1）T6的温度组别最高，T1最低。

（2）通常说的防爆不是怕仪表本身内部发生损坏，而是限制仪表内部部件损坏释放的能量，使其不能引起爆炸性环境下的气体爆炸。

最高表面温度是指仪表本身无论在什么状态下自身所能达到的最高表面温度，那么肯定是越低越好，温度越高越危险，根据这个解释T6肯定比T1高级。

5. 仪表的防爆标志Ex(ia)ⅡCT6的含义。

仪表的防爆标志Ex(ia)ⅡCT6的含义见表3-2-5。

表3-2-5　仪表防爆标志Ex(ia)ⅡCT6的含义

标志内容	符号	含义
防爆声明	Ex	符合欧洲防爆标准
防爆方式	ia	采用ia级本质安全防爆方法，可安装在0区
气体类别	ⅡC	被允许涉及ⅡC类爆炸性气体
温度组别	T6	仪表表面温度不超过85 ℃

第四章　自动化基础知识

第一节　SCADA 系统基础知识

一、SCADA 系统结构

SCADA 系统在结构上体现为上位机和下位机的结构。下位机完成设备的直接控制，而上位机侧重于信息集中管理，上、下位机通过通信网络连接，从其结构可以看出，SCADA 系统具有控制分散、管理集中的“集散控制系统”的特征。SCADA 系统结构如图 4-1-1 所示。

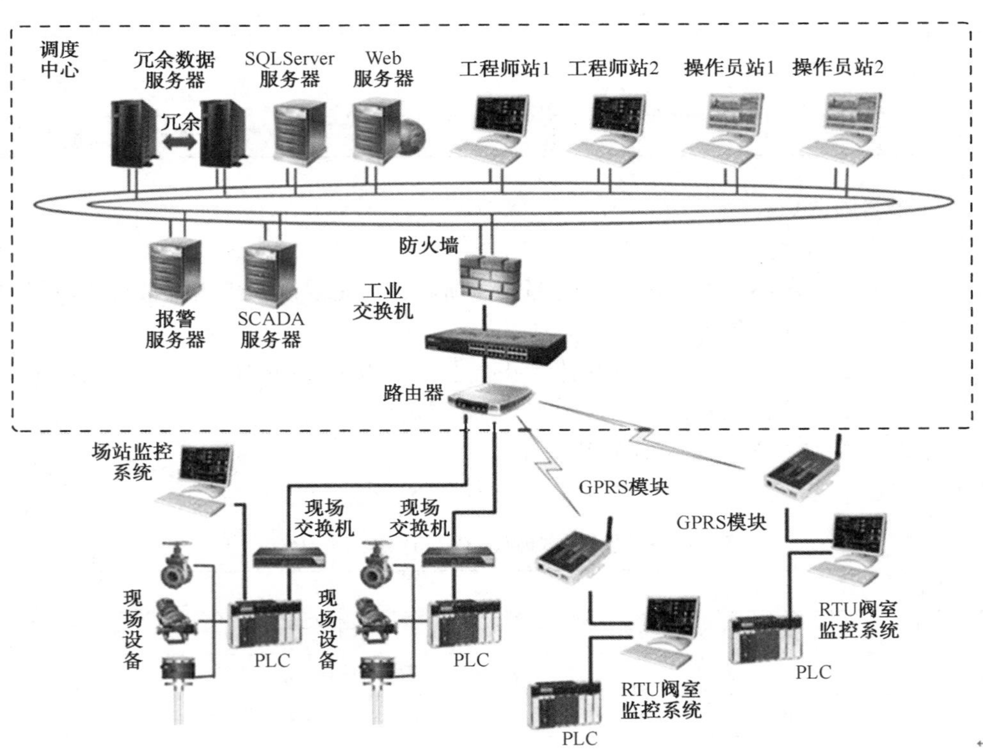

图 4-1-1　SCADA 系统结构图

1. 上位机

1）上位机组成

上位机系统通常包括 SCADA 服务器、工程师站、操作员站、Web 服务器等，这些设备常采用以太网联网。实际的 SCADA 系统上位机系统到底如何配置，还是应根据系统规模和要求来定。根据安全性要求，上位机系统还可以实现冗余，即配置两台 SCADA 服务器，当一台出现故障时，系统自动却换到另外一台工作。

2）上位机功能

（1）数据采集和状态显示。

（2）远程监控。

（3）报警和报警处理。

（4）事故追忆和趋势分析。

（5）与其他应用系统的结合。

2. 下位机

1）下位机组成

（1）PLC（可编程逻辑控制器）。PLC（Programmable Logic Controller）即可编程控制器，它采用一类可编程的存储器，用于其内部存储程序，执行逻辑运算、顺序控制、定时、计数与算术操作等面向用户的指令，并通过数字或模拟式输入/输出控制各种类型的机械或生产过程。

PLC 多作为 SCADA 系统的下位机。在管道主要工艺站场安装的 PLC 主要以 AB 公司的 ControlLogix 和施耐德公司的 Quantum 系列为主。

（2）RTU 远程控制终端。RTU（Remote Terminal Unit）是安装在远程现场的电子设备，一般在管道线路阀室应用较多，多采用 BB 公司的 RTU，主要用来监视和测量安装在远程现场的传感器和设备。

2）下位机的功能

下位机的功能就是数据采集和控制，下位机通过配置的各种输入设备（DI、AI 模块）进行数据采集；控制下位机配置的各种输出设备（DO、AO 模块等）对现场设备进行控制；下位机接收上位机的监控，并且向上位机传输各种现场数据。

3. 通信

通信网络实现 SCADA 系统的数据通信，是 SCADA 系统的重要组成部分。一个大型的 SCADA 系统包含多种层次的网络，如设备层总线，现场总线；在控制中心有以太网；而连接上、下位机的通信形式更是多样，既有有线通信，也有无线通信，有些系统还有微波通信、卫星通信等方式。

SCADA 系统中通常包括以下几种数据通信过程：（1）现场总线测控站点仪表、执行机构与下位机的通信；（2）下位机系统与 SCADA 服务器（上位机）的远程通信；（3）监控中心不同功能计算机之间的通信；（4）监控中心 Web 服务器与远程客户端的通信。

在 SCADA 系统中，串行通信广泛存在于许多现场控制设备与上位机之间。

1）数据终端设备 DTE

DTE 产生数据并且传输到 DCE，而 DCE 将此信号转换成适当的形式在传输线路上进行传输。在物理层 DTE 可以是终端、微机、打印机、传真机等其他设备，但是一定要有一个转接的设备才可以通信。

2）数据电路终端设备 DCE

DCE 是指可以通过网络传输或接收模拟数据或数字数据的任意一个设备，最常用的就是调制解调器。

3）串行通信的接口

串行通信的接口有：RS-232C 接口；RS422；RS-485。

4）网络传输介质

有线传输介质：双绞线、同轴电缆和光纤。

无线传输介质：无线电传播、微波传输和卫星传输。

4. 检测和执行设备

1）检测元件

SCADA 系统中监控的参数按照数据类型可以分为模拟量、数字量和脉冲量等，模拟量包括温度、压力、物位和流量等典型过程参数和其他各种参数，而数字量包括设备的启/停状态等。这些信号的获取要靠各种检测元件(传感器)实现。

（1）压力检测仪表。

① 压力变送器。把压力信号转换成 4~20mA DC 标准信号，用于远传。PLC AI 模块将相应的电流值转换为对应的压力值，供 SCADA 系统显示和控制。

② 差压变送器。差压变送器将差压信号转换为 4~20mA 的直流信号供 PLC 采集。

（2）温度检测仪表。

① 铂电阻。铂电阻测温是基于金属导体的电阻值随温度增加而增加的原理。长输管道常采用分度号 Pt100 的铂电阻，测温范围 -200~850℃，PLC 的 RTD 模块可将电阻值转换为对应的温度值。

② 热电偶。热电偶是采用两种不同材料的导线制成，由于不同材料的导线在温度场中电势不同，两根导线之间形成电压，热电偶是根据电压变化测量温度的。常采用的是 K 型(镍镉—镍硅)热电偶，主要用于测量高温，最高可测 2800℃，在原油长输管道中主要用于测量加热炉炉膛温度。

③ 温度变送器。温度变送器采用热电偶、热电阻作为测温元件，从测温元件输出信号送到变送器模块，经过稳压滤波、运算放大、非线性校正、V/I 转换、恒流及反向保护等电路处理后，转换成与温度成线性关系的 4~20 mADC 电流信号输出。

（3）流量计。

① 椭圆齿轮流量计。椭圆齿轮流量计又称奥巴尔流量计，它的测量部分是壳体和两个相互啮合的椭圆形齿轮 3 个部分组成。流体流过仪表时，在仪表的出、入口之间形成压差，在此压差的作用下，不断地将充满在齿轮和壳体之间形成的半月形计量室的流体排出，由齿轮的转数表示流体的体积总流量。

② 超声流量计。利用超声波可以透过物体的特性在流体管道外设置超声波发送装置，顺着流体流动的方向和逆着流体流动的方向各发射一个声波，通过测量声波的差异测量流体流速。

③ 孔板流量计。孔板流量计是将标准孔板与多参数差压变送器(或差压变送器、温度变送器及压力变送器)配套组成的高量程比差压流量装置，可测量气体、蒸汽、液体及引的流量，广泛应用于石油、化工、冶金、电力、供热、供水等领域的过程控制和测量。流体流过孔板时要在孔板前后产生压差，流体的流量和压差存在一个函数关系，通过测量压差来测量流量。

现场流量计与压力、温度仪表进入流量计算机进行补偿运算。配备的流量计算机和检定计算机系统进行数据采集、运算、处理、显示，同时将主要数据送往站控系统。

（4）物位检测仪表。

① 静压式液位计。静压式液位计与压力变送器原理相同，根据液体不同高度产生的压力不同测量液位的。

② 雷达液位计。雷达液位计的天线以波束的形式发射电磁波信号，发射波在被测物料表面产生反射，反射回来的回波信号仍由天线接收。发射及反射波束中的每一点都采用超声采样的方法进行采集。信号经智能处理器处理后得出介质与探头之间的距离，通过 4~20mA DC 信号上传至终端显示器进行显示、报警、操作等。

（5）振动变送器。振动变送器是将振动速度信号转换成 4~20mA 标准信号，再传送至 PLC。现场主要用于测量输油泵机组振动幅度。振动传感器有振动位移传感器、振动速度传感器和振动加速度传感器。

2）执行器

执行器是一种自动控制领域的常用机电一体化设备(器件)，是仪表自动化的三大组成部分(检测设备、调节设备和执行设备)中的执行设备。主要是对一些设备和装置进行自动操作，控制其开关和调节，代替人工作业。按动力类型可分为气动、液动、电动和电液动等类型；按运动形式可分为直行程、角行程和回转型(多转式)等形式。

执行设备接受下位机(控制器)的输出，改变操纵变量，使生产过程按照预定要求正常运行。对工艺现场的自动控制，基本上都是通过执行器来控制实现的。

（1）电动阀。顾名思义，电动阀的执行器是以电能为动力来控制阀门的开关状态，工艺站场进、出站关断及站内开关常采用利米托克、奥托克电动阀，阀门输入信号有开到位、关到位、故障、就地/远控；输出信号有开阀命令、关阀命令。

（2）电液联动阀。电液联动阀是由电液联动执行器来控阀门的开关状态，站 ESD 阀、进(末站)、出站调节常用 REXA 电液执行器，除了开到位、关到位、故障、就地/远控、阀位反馈，调节阀通过接收 4~20mA DC 标准控制信号控制阀门的开关。

二、SCADA 系统功能

（1）提供人机对话的窗口，实现数据采集和处理。SCADA 系统通过通信设备将现场压力、温度、流速和流量等模拟量及工艺设备的运行状态等主要参数传输到上位机，并在上位机操作界面中显示，方便操作人员对管道运行状况进行实时监控。另外，通过操作界面可以对现场重要设备进行控制，提高了生产的安全系数。

（2）报警和事件信息数据查询。SCADA 系统采用声光结合的报警方式，并加以文字显示在上位机报警栏，确保在第一时间通知操作人员报警产生的原因和位置。系统中还提供了压力、温度和流量等参数的趋势曲线，通过查询历史趋势，可针对某时段参数变化进行详细分析。

（3）逻辑控制及联锁保护。SCADA 系统保护功能是针对站场主要工艺设备(如输油泵机组、阀门、储油罐、加热炉等)进行联锁保护控制，以及出站压力高保护、阀组区联锁保护、站关闭保护、ESD 保护等。

（4）紧急停车。当发生危及管道运行安全的紧急情况(如火灾、爆炸、泄漏等)时，SCADA 系统将会立即启动紧急停车系统，将损失控制在最小范围，最大限度地保障人员安全。

(5) 打印生产报表。根据生产需要，系统自动生成一份生产报表，报表中包括进出站压力等重要参数值，并可根据实际需要设定保存时间。

(6) 与控制中心通信。沿线各站场的站控系统完成对该站的数据采集、控制、联锁保护等任务，并通过通信网络为控制中心提供相关数据，同时接收和自动执行控制中心下达的指令。

三、典型输油气管道 SCADA 系统配置

输油气管道 SCADA 系统配置主要包括如上所述的几部分：主/备控制中心主计算机系统、通信系统、站控系统、远程监控终端和现场设备和仪表。

1. 主/备控制中心系统

典型控制中心系统配置如图 4-1-2 所示。

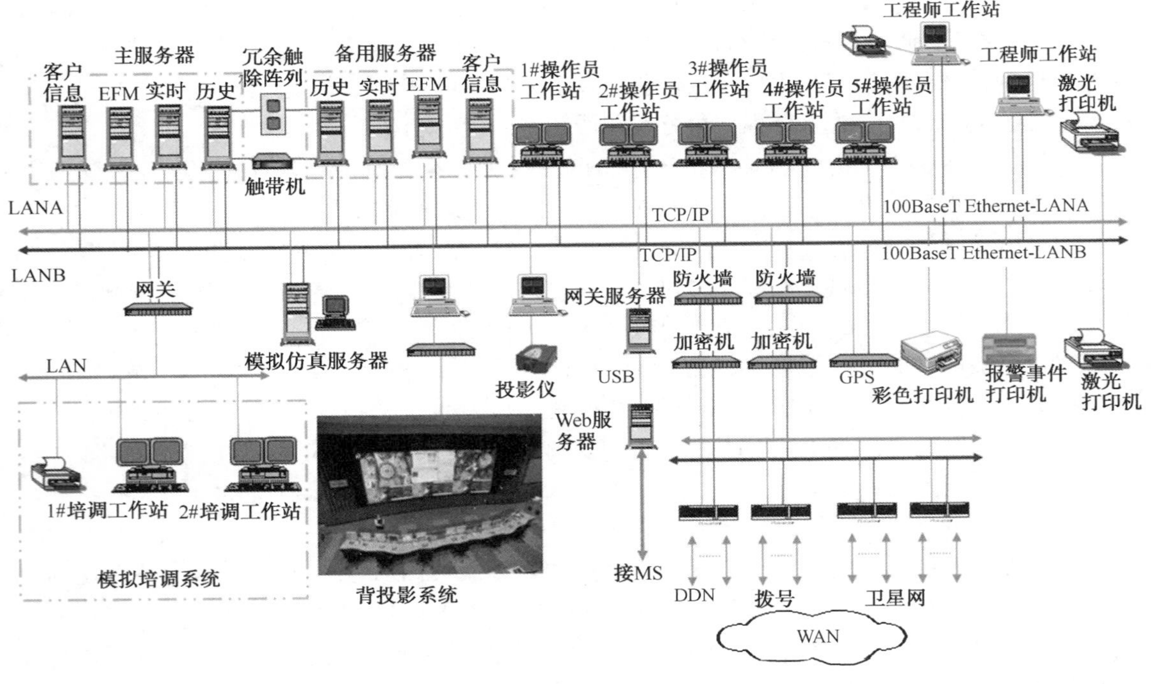

图 4-1-2　典型控制中心系统配置图

(1) 硬件部分主要包括：服务器、操作员工作站、交换机、路由器、通信设备等。

(2) 软件部分主要包括：①系统软件，包括：UNIX 操作系统，调控中心采用 SUN 公司的 Solaris 系列 UNIX 操作系统；Window 操作系统，包括 Windows NT；Window 2000；Windows XP；Window Vista 等。②应用软件，包括 Telvent 公司的 OASyS 系统、Honeywell 公司的 PKS 系统等。

2. 站控系统

典型站控系统配置如图 4-1-3 所示。

(1) 硬件部分主要包括：PLC 系统、操作员工作站、交换机、路由器、通信设备等。

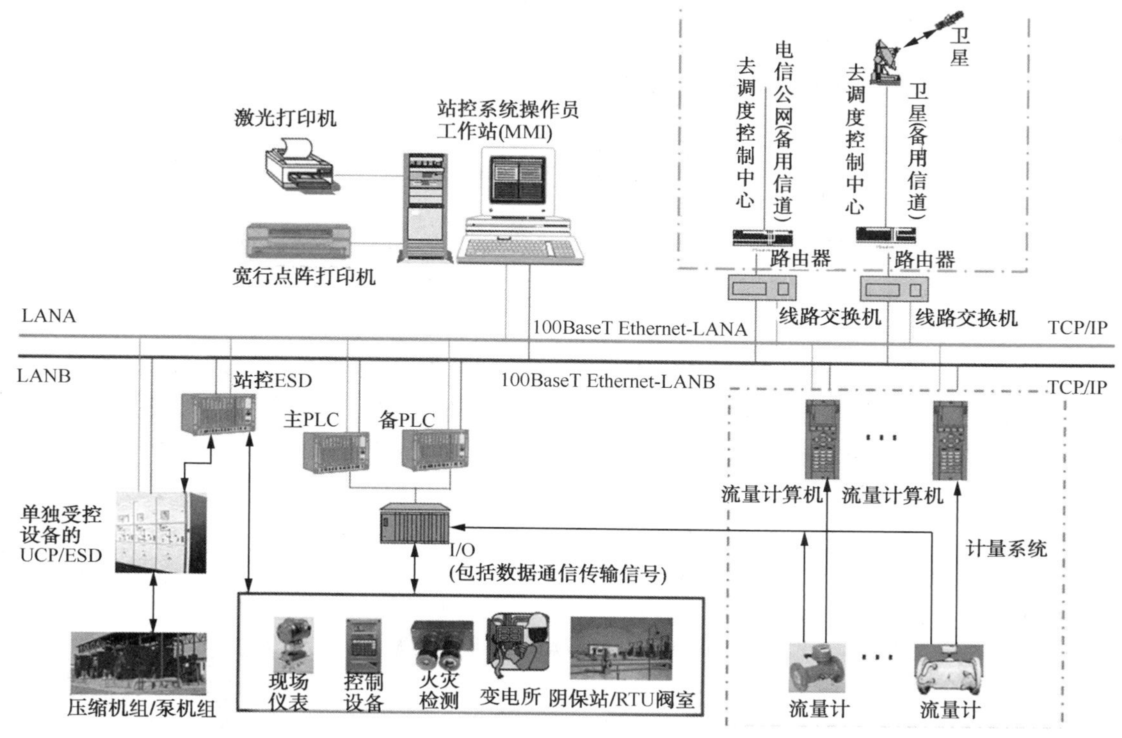

图 4-1-3　典型站控系统配置图

（2）软件部分主要包括：操作系统、站控系统软件、运行维护软件。

3. RTU 阀室监控系统

典型 RTU 阀室系统配置如图 4-1-4 所示。

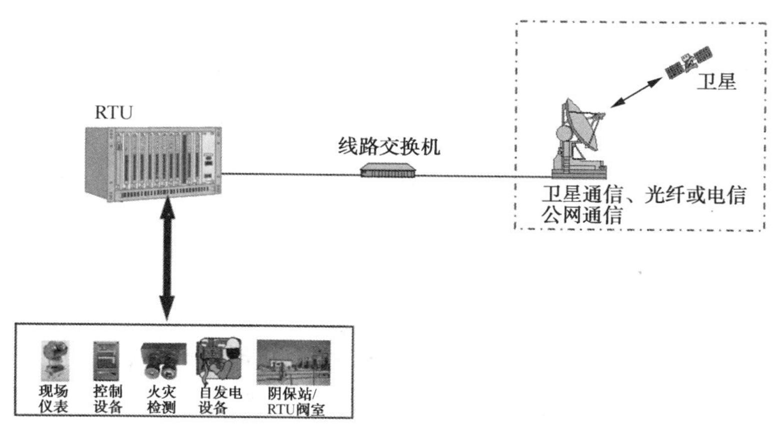

图 4-1-4　典型 RTU 阀室监控系统配置图

（1）硬件部分主要包括：RTU/PLC 系统、交换机、路由器、通信设备等，部分 RTU 阀室有触摸屏系统。

（2）软件部分主要包括：运行维护软件、触摸屏操作系统。

RTU 阀室的主要功能为：数据采集和处理、信息显示、数据存储及处理、过程控制、逻辑控制、与控制中心通信。

4. 通信系统

调控中心与远程监控站之间通过广域网连接，通信媒介通常采用无线电、微波、卫星、光纤或电信公网。

四、输油气管道 SCADA 系统控制

本部分主要讲述了输油气管道自动化控制系统的 PLC 设置状况、网络通信方式、总体控制目标和控制要求以及控制系统实现的主要功能等内容。

1. 输油气管道自动控制系统概况

全线自动控制系统采用以计算机为核心的监控和数据采集(SCADA)系统，设置有 PLC 控制系统，完成对全线各工艺站场和远控线路阀室的监控任务，有的管线同时设置有独立的 ESD-PLC 系统完成 ESD 功能。SCADA 系统主要由调控中心、备用调控中心和位于沿线各工艺站场的站控系统(SCS)、远控线路阀室的 RTU 组成，它们之间通过广域网连接，通信媒介采用光缆、电信公网的 DDN、卫星以及微波。自控系统主要完成主要工艺参数、设备的监控和保护、进出站压力调节、全线水击超前保护、ESD 等功能。全线水力系统主要采取压力控制模式，对各站进出站压力进行控制。

2. 总体控制要求和控制目标

当前管道公司长输管线总体控制要求和控制目标为：“远程程控，有人值守，无人操作”。即调控中心对全线主要工艺设备进行集中监控和统一调度管理，达到“远程程控”的控制水平，各输油气站主要工艺设备实现“有人值守，无人操作”；线路 RTU 阀室达到无人值守、由调控中心或站控系统远程操作的控制水平。同时，调控中心可以授权站控操作，当数据通信系统发生故障或系统检修时，站控可获得控制权，由站控制系统完成对本站的监视控制。

其他附属设置(如加热炉)主要参数、状态、报警信息等参数上传至站控制系统，可以远控/就地启停炉和紧急停炉操作，调度中心可以实现远程紧急停炉操作，并且可以实现遥测、遥讯功能。

3. SCADA 系统的三级控制方式

SCADA 系统主要由调控中心计算机控制系统、通信系统、远程控制单元(SCS 或 PLC)组成，采用全线调控中心控制、站场控制和就地控制的三级控制方式。

第一级是调控中心控制级：调控中心对全线进行远程监控、统一调度管理，实现全线紧急停车、水击超前保护等功能。

第二级是站场控制级：在各个站场设置的 SCADA 站控系统(SCS)对站内工艺参数及设备运行状态进行数据采集、监视控制及联锁保护。在监控阀室设置远程终端控制系统(PLC)，对阀室工艺参数及设备运行状态等进行数据采集、监视控制及联锁保护。

第三级是就地控制级：站内的现场操作为第三级控制，对工艺单体或设备进行就地控制。

管道的基本操作以调控中心为主，完成对全线各个站场监控、调度、管理的任务。当调控中心发生故障或数据通信系统发生故障，调控中心无法实施控制时，由站控系统完成对本站的监视控制。当站内进行设备检修或调控中心及站控系统无法实施控制时，

采用就地控制方式。调控中心和各站站控系统均能获得控制权限，控制权限由调控中心确定，经调控中心授权后，才允许站场操作人员手动将操作权限切换到站控系统，通过站控系统对各站进行授权范围内的工作。由于各管线设计不同，每个级别的控制功能以实际设计为准。

4. 管道泄漏监测及其他控制

根据全线实际情况，还有管道泄漏监测系统、消防控制系统、可燃气体报警系统、管道阴极保护控制、加热系统等控制系统。

5. 常用的单体设备控制

1）电动阀控制

在站控系统中，应用最多的设备控制就是电动阀的控制，站控 PLC 采集电动阀的运行状态，如全开、全关、远控、故障等基本状态，站控/中心上位机通过远程发出指令实现电动阀的远程控制；同时，站控 PLC 根据相关设备、工艺参数的变化情况，依据保护逻辑输出相应的联锁控制命令。

（1）站控/中心上位机发令一般是对单个阀门进行操作，也就是远控操作；

（2）程序自动控制常见的有：泵进出口电动阀联锁开/关、收发球区电动阀程序开/关及 ESD 阀门关闭、罐前阀液位联锁开/关。

2）调节阀控制

在站控系统中，调节阀的控制，常见的包括出站调节阀控制、末站进站调节阀、分输调节阀控制、换热器调节阀控制。

（1）出站调节阀控制。

出站调节阀一般有两个参数对其进行控制，即泵入口汇管压力和出站压力。正常情况下同时保证泵入口汇管实际(测量)压力高于泵入口汇管压力设定值，和出站实际(测量)压力低于出站压力设定值；还有一种情况就是流量参与出站调节阀的控制，相当于 3 个参数共同控制调节阀。调节阀的控制应参与到全线的水击超前保护。

PLC 程序实现出站调节阀控制：采用 PID 控制模块实现。出站压力有多路 PID 回路调节时，调节阀进行低选输出。

① PID 手动模式。站控/中心上位机只设定阀门的开度值即可，PLC 实现输出。

② PID 自动模式。站控/中心上位机只设定泵入口汇管压力设定值、出站压力设定值、流量设定值即可，PLC 完成 PID 运算及输出。

③ 出站调节阀选择性保护调节。

a. 出站调节阀设在输油泵出口汇管上(输油泵的出口与出站阀之间)。

b. 出站调节阀(变频调速泵)具有手动和自动调节功能，可以给定开度(转速)或根据输油泵入口汇管压力和出站压力进行自动调节。

c. 在输油泵的入口汇管和出站端分别设置压力变送器(冗余)，分别设输油泵入口汇管压力调节设定值和出站压力调节设定值。

d. 假定出站调节阀(变频调速泵)的出站压力调节设定值为 p_{S2}，输油泵入口汇管压力调节设定值为 p_{S1}，出站压力为 p_2，输油泵入口汇管压力为 p_1。压力调节如下：

当 $p_2<p_{S2}$时，开调节阀(变频调速泵提高转速)；

当 $p_2<p_{S2}$时，关调节阀(变频调速泵降低转速)；

当 $p_1>p_{S1}$时，开调节阀(变频调速泵提高转速)；

当 $p_1<p_{S1}$时，关调节阀(变频调速泵降低转速)。

e. 在任何情况下，出站调节阀优先选择关(变频调速泵优先选择降低转速)。

(2) 调节阀与变频器保护的相互关系。

调节阀与变频器可相互独立调节也可同时在线调节，不论采用哪种方式进行调节，调度人员只设定一个出站压力目标值，控制程序根据目标值分别对变频器和调节阀进行目标值的赋值，由程序选择变频器或者调节阀其中的一个进行调节。

① 相互独立调节。

a. 调节阀与变频调速泵不同时在线调节，选用其中的一种方式进行压力调节，将另一种调节方式设为远方手动，在上位机画面设置前置选择条件，供调度员操作；本身不在自动状态(不满足在线调节时)；

b. 当调节阀在旁路或在阀位控制模式时，自动切换到变频器调节模式；当变频器未工作或在转速控制模式时，自动切换到调节阀调节模式。

c. 当调节阀在旁路、调节阀超过开度范围调节时，自动切换到变频器调节模式；当变频器未工作、变频器超过转速调节范围时，自动切换到调节阀调节模式。

② 同时在线调节。调节阀与变频调速泵同时在线调节，此时变频器及调节阀设定值相同，根据 PLC 预先设定的程序进行调节。

变频器与调节阀共同调节的条件为：

a. 变频器驱动电机在运行状态，变频器 PID 在自动调节状态；

b. 调节阀 PID 在自动调节状态。

出站压力超过出站调节设定值 Δp_1 以内时(一般取 $\Delta p_1=0.2$ MPa，根据工况不同可调整)，变频器进行调节，此时调节阀全开。如出站压力达到或超过调节阀设定值 Δp_1 以上时，调节阀和变频器同时进行调节。

输油泵入口汇管压力低于进站调节设定值 Δp_2 以内时(一般取 $\Delta p_1=0.05$MPa，根据工况不同可调整)，变频器进行调节，此时调节阀全开。如输油泵入口汇管压力达到或低于调节阀设定值 Δp_2 以上时，调节阀和变频器同时进行调节。

出站压力超过出站调节设定值时的 PID 为反作用，输油泵入口汇管压力低于调节阀设定值时的 PID 为正作用。

(3) 进站调节阀控制。

进站调节阀是对阀后压力进行控制，正常情况下调节阀运行保证阀后实际(测量)压力低于阀后压力设定值。PID 调节为反作用。

(4) 分输调节阀控制。

分输调节阀是对分输压力进行控制，正常情况下调节阀运行保证分输实际(测量)压力低于分输压力设定值。PID 调节为反作用。

(5) 换热器调节阀控制。

换热器调节也就是温度调节，是对原油换热器出口温度进行控制，正常情况下调节阀运行保证换热器出口实际(测量)温度低于换热器出口温度设定值。PID 调节为反作用。

3) 输油泵控制

在首站或加压泵站的站控系统中，输油泵的控制，主要是启、停控制；如有变频泵电机则需变频泵启停及频率调节。

（1）变频泵控制。

变频器控制主要由其自带的控制系统加以控制，同时提供与站控系统的各种通信接口。变频器控制方式有两种，即“远程”控制和“就地”控制。

在“远程”控制方式下，变频的起、停可由站控系统发出命令，然后由其自带控制系统按预先设置的逻辑顺序自动开始正常起机和停机过程。变频控制系统一般还应包含“紧急”停机逻辑：只需手动按下急停按钮，变频器即可自动按预先设置的“急停”逻辑顺序开始紧急停机过程。

（2）泵机组常用主要控制参数为：

① 泵壳体温度检测、远传、高报警、高高报警并保护停泵；

② 机泵轴瓦温度检测、远传、高报警、高高报警并保护停泵；

③ 电机三相绕组温度检测、远传、高报警、高高报警并保护停泵；

④ 机泵轴瓦振动检测、远传、高报警、高高报警并保护停泵；

⑤ 泵机械密封泄漏检测、远传、高报警、高高报警并保护停泵；

⑥ 泵机械密封测温检测、远传、高报警、高高报警并保护停泵；

⑦ 泵机械密封冲洗回路流量检测、远传、低报警、低低报警；

⑧ 电机冷空气入口、热空气出口温度检测、远传、高报警、高高报警。

6. 压力取有限值控制(信号比选)

（1）参与保护的仪表在 HMI 画面上设置“在用”“故障”“维护”状态标签，可在由操作员手工置位，并由 HMI 反馈显示“可用/不可用”状态。

（2）冗余仪表测量值比选的结果用于报表显示、报警、PID 回路调节、联锁保护。

（3）冗余仪表偏差大于设定值或超出量程范围时，进行差异报警，并由程序自动设定为不可用状态。

（4）压力有效值选择(二选一高选)：

① 人工可对压力 1 或压力 2 进行不可用的设置及复位；

② 压力 1 或压力 2 超出设定的压力范围(低于 0 或高于自定值)或量程范围，自动将该压力设置为不可用；

③ 压力标记为不可用以后，程序将其检测值自动设置为 0；

④ 取压力 1 与压力 2 中检测值较高的作为压力有效值参与压力监视、控制、报警与超压保护，如果两者检测值差值的绝对值大于压力差设定值(宜为该冗余压力变送器校验精度的 2 倍数值)，则报警压力检测不一致，但仍按高值进行有效值选取。

（5）压力有效值选择(三选一高选)：

① 人工可对压力 1、压力 2 或压力 3 进行不可用的设置及复位；

② 压力 1、压力 2 或压力 3 超出设定的压力范围(低于 0 或高于自定值)或量程范围后，自动将该压力设置为不可用；

③ 压力标记为不可用以后，程序将其检测值自动设置为 0；

④ 取压力 1、压力 2 与压力 3 中检测值最高的作为压力有效值参与压力监视、控制、报警与超压保护；

⑤ 当压力 1、压力 2 或压力 3 都可用时，如果任意两者的检测值差值的绝对值大于压力

差设定值（宜为该冗余压力变送器校验精度的 2 倍数值），则报警压力检测不一致。

(6) 压力有效值选择（二选一低选）：

① 人工可对压力 1 或压力 2 进行不可用的设置及复位；

② 压力 1 或压力 2 超出设定的压力范围（低于 0 或高于自定值）或量程范围，自动将该压力设置为不可用；

③ 压力标记为不可用以后，程序将其检测值自动设置为 99；

④取压力 1 与压力 2 中检测值较低的作为压力有效值参与压力监视、控制、报警与超压保护，如果两者检测值差值的绝对值大于压力差设定值（宜为该冗余压力变送器校验精度的 2 倍数值），则报警压力检测不一致，但仍按低值进行有效值选取。

(7) 压力有效值选择（三选一低选）：

① 人工可对压力 1、压力 2 或压力 3 进行不可用的设置及复位；

② 压力 1、压力 2 或压力 3 超出设定的压力范围（低于 0 或高于自定值）或量程范围后，自动将该压力设置为不可用；

③ 压力标记为不可用以后，程序将其检测值自动设置为 99；

④ 取压力 1、压力 2 与压力 3 中检测值最低的作为压力有效值参与压力监视、控制、报警与超压保护；

⑤ 压力 1、压力 2 或压力 3 都可用时，如果任意两者的检测值差值的绝对值大于压力差设定值（宜为该冗余压力变送器校验精度的 2 倍数值），则报警压力检测不一致。

第二节　SCADA 常用软硬件介绍

一、SCADA 系统常用硬件介绍

1. ControlLogix 可编程控制器

Logix 系统不同于传统的 PLC，它是以先进的系统构建理念、高性能的硬件以及功能强大的软件组成的一个可实现多种性质控制任务的复杂多任务控制平台。ControlLogix 系统是 Rockwell 最新推出的控制平台，它提供了单一的集成化控制架构，能够实现离散、传动、运动、过程控制任务。系统结构以三层网络为构架，以 ControlLogix 控制器为核心，配以功能强大的 RSLogix5000 软件以及相关的网络组态软件 RSLinx。它提供了通用的控制工具、软件环境以及跨平台的通信支持。

1）ControlLogix 控制器

ControlLogix 创立了一个新的标准，以让 PLC 在所要求的简单易用的环境中发挥出更加出色的表现和性能。ControlLogix 控制器（图 4-2-1）在容量可选的存储单元的配合下，可以支持精确的复杂运算处理，除满足顺序控制和过程控制以外，可以提供快速的运动控制。其处理器是模块化的，允许根据具体应用，选择各种存储单元规格的不同处理器。多种多样的控制器、通信模块和 I/O 模块可以不加限制地组合使用。对于 I/O 接口，不需要专门为之安排一个处理模块，系统就好比在生长一样，系统网络允许为额外的底板或者背板分配控制资源。ControlLogix 控制器的优点有：

(1) 模块化的高性能控制平台可满足顺序控制、过程控制、驱动以及运动控制的要求。

图 4-2-1　ControlLogix 控制器

每一个 ControlLogix 控制器可以执行多个控制任务，减少了系统对控制器的数量要求，进而加快了系统故障的检查。多个周期性的任务可以在不同的时刻触发，以达到更高性能水平。

（2）在没有限制的条件下组合多个控制器、网络和 I/O。ControlLogix 平台的高性能在一定程度上归功于 ControlLogix 的底板或者说是背板，因为它提供了一个非常快捷的 NetLinx 网络，在这个网络上，ControlLogix 的控制器、I/O 模块和通信模块可以像一个个的节点一样完成需要一定智能的任务。

（3）通用的编程环境和 Logix 控制引擎。无论如何组建控制平台或者搭建网络，由于使用了通用的控制模块，系统的成本低而且相互的整合也更加方便。系统的配置和编程的一致协调，使得最初程序的扩展和长期的系统维护都可以更加轻松地完成。

（4）与 NetLinx 公共网络体系的互联。在各个层面上通过网络实现信息的无缝互通，并且可以与互联网进行交互，实现了电子信息化的控制应用。

（5）多品种的 I/O 模块。模拟量、数字量以及特殊的 I/O 模块满足各种场合使用要求。

（6）对成熟的自诊断和高水平的可靠性的标准化设计提供了必要的可靠性能。

2）ControlLogix 网络结构

通信是 ControlLogix 平台的命脉。Contro1Logix 的无源数据总线背板消除了通信瓶颈现象，ControlLogix 的无源数据总线背板采用了生产者/客户(Producer/Consumer)技术，可提供高性能的确定性数据传送。

Logix5555 处理器通过 Contro1Logix 背板与本地框架中的 1756 I/O 模块通信。除了 Logix5555 处理器自带的 RS-232(DFl 协议)端口以外，与通信网络的接口是模块化的。用户可以使用单独的通信接口模块来实现背板与 EtherNet，ControlNet，DeviceNet 和普通的 Remote I/O 链路之间的接口。如果用户在 ControlLogix 背板上安插了多个通信接口模块，则用户就可在 RS-232，Contro1Net，EtherNet 和 DeviceNet 网络之间组态一个网关来桥接和传送控制数据及信息数据。网络结构的最大特点就是采用三层网络构架来满足数据量以及实时性的不同要求。

（1）信息层的网络。

在生产调度层(信息层)采用基于 TCP/IP 通信协议的工业以太网(EtherNet/IP)作为网络媒介，网络传输速率为 10/100Mbit/s。

由于 PLC 网络中采用了以太网网络技术，所以许多 PLC 产品都支持以太网的 TCP/IP

通信协议，它们将控制系统与监视和信息管理系统集成起来，通过以太网网络，用于监控的可编程序控制器、工业计算机以及商业计算机系统就可以存取车间级的数据。这样的数据能用于数据采集、监控、计算管理、统计质量控制、设备维护、生产流程以及物料跟踪；同时，TCP/IP 协议可以使计算机访问使用结构化询问语言 SQL 的开放型数据库。

（2）控制层的网络。

ControlNet 控制网网络是一种用于对信息传送有时间苛刻要求的、高速确定性网络；同时，它允许传送无时间苛求的报文数据，但不会对有时间苛刻要求的数据传送造成冲击。它支持介质冗余和本质安全，在工业控制网络中，主要用于控制器、工控机、图形终端和人机界面（HMI）之间的通信。同时，也能够与各种设备连接，包括操作员界面、拖动装置以及其他与控制网连接的设备。

采用生产者/消费者（Producer/Consumer）模型，支持对等（点对点）、多主和主从通信方式或三者的任意组合。高吞吐量 5Mbit/s 的数据传送率用于改善 I/O、控制器互锁以及对等通信报文传送的性能。

（3）设备层的网络。

DeviceNet 设备网网络是一种用于对底层设备信息传送的现场总线网络。它既可以连接简单的底层工业设备，又可以连接像变频器、操作员终端这样的复杂设备。其物理层采用 CAN 总线技术，通过一根电缆将诸如可编程控制器、传感器、测量仪表、光电开关、变频器、操作员终端等现场智能设备连接起来，它是分布式控制理想的解决方案。

DeviceNet 设备网网络虽然属于工业控制网络的底层网络，通信速率不高，数据传输量也不大，但其具有低成本、高效率、高可靠性的特点。其同一网段上最多可以容纳 64 个节点，3 种可选的数据传输速率（125kbit/s，250kbit/s，500kbit/s），采用生产者/消费者（Producer/Consumer）模型，支持对等（点对点）、多主和主从通信方式。

3）ControlLogix5000 系列 PLC 硬件结构

ControlLogix 控制器采用了模块化的设计，无源数据总线背板结构。包括处理器在内所有单元，根据功能设计成各种模块，典型的处理器模块如 Logix5555 处理器，并且模块种类不仅包括数字量、模拟量这些传统的信号模块，还有各种网络通信模块，更突出的还有专门的运动伺服控制模块及相应的全套的运动控制指令，这就可以为工业控制提供一种非常灵活并且十分完整的控制方案。所有的模块都安装于标准的 ControlLogix 机架内。

ControlLogix 提供了一种以背板为基础的模块组合方式。ControlLogix 的 I/O 背板是按照背板装配方式而设计的。电源模块直接安装在这个背板的最左边。ControlLogix 的 I/O 背板按照使用需求可以分为 4 槽、7 槽、10 槽、13 槽和 17 槽几种规格。各个模块的布置是完全相互独立的，任何一个模块都可以安装在背板的任何一个槽内。每个 I/O 模块都可以采取机械按键的方式来锁定，以防止不合适的电压加到相应的组件上。

由于 ControlLogix 控制器的无源数据总线背板结构，模块化的设计，加上性能卓越的处理器，ControlLogix 控制器不仅具有先进的通信能力和最新的 I/O 技术，而且可同时提供顺序、过程、运动和传动控制。因为系统是模块化的，所以用户就能够有效地设计、建立和更改系统。根据控制任务的要求，灵活地选择各种模块和数量，最后根据模块数量和规格来确定机架规格和电源型号。机架的型号规格分别有 1756-A4，1756-A7，1756-A10，1756-A13 和 1756-A17 几种规格，电源有 1756-PA75，1756-PA75，1756-PA75R 和 1756-PA75R

等多种规格，其中 PA 为交流输入，PB 为直流输入，R 为冗余电源。

ControlLogix 处理器提供模块化的存储单元(容量从 750kB 到 8MB)，并且可以寻址大范围的 I/O 接口(最多为 4000 个模拟量或者 128000 个数字量)。这些 I/O 可以是 ControlLogix 的本地 I/O，在安装有 ControlLogix 控制器的一个背板上的 1756 I/O 模块最多可以收发 512 个数字量，256 个模拟量的输入或者 96 个模拟量的输出，一个 ControlLogix 的 I/O 模块允许使用的最多接口数为 32 个。如果使用远程 I/O ，单独一个控制器可以交互的远程 I/O 最多达 250 个。控制器可以通过以太网、控制网、设备网和远程 I/O 网络来监控这些 I/O 接口。

一个最小的 ControlLogix 控制系统需要由一个带有电源的机架背板(Chassis)、一个处理器模块和一个 I/O 模块组成。对于一个普通的控制任务，可以选择一块处理器模块(如 Logix5555 处理器模块)以及若干 I/O 模块，把这些模块插在同一个机架内。模块在机架内的排列是任意的，机架内的各模块通过背板无源数据总线传递和共享数据。

Contro1Logix 的无源数据总线背板结构，不但使得处理器模块可以插在机架的任何槽位上，而且使得多个 Logix5555 处理器模块可以在一个机架上并存，这是 Rockwell 以前处理器所不具备的功能。ControlLogix 允许多个 Logix5555 处理器模块插在同一个背板上，高速度的背板使每个处理器都可轻而易举地访问其他处理器的数据，从而实现 I/O 数据及其他信息的共享。

通过在一个 ControlLogix 背板上安装多个处理器模块，每个处理器模块各自执行独立的控制任务。这样的系统需要进行系统规划，为每一个 I/O 指明宿主控制器。每一个处理器都可以读取任何一个输入模块发来的信号，并且向特定的输出模块发送指令。需要通过对系统的配置来明确每一个控制器对应控制哪些输出模块。

ControlLogix 控制器还可以通过 EtherNet，ControlNet 和 DeviceNet 网络模块及其网络将远离处理器的分布式 I/O 连接起来，实现分布式 I/O 数据处理。同样，可以通过 EtherNet，ControlNet 和 DeviceNet 网络将分散的处理器连接起来，实现分布式控制。可以有选择地按照所需的通信端口为 ControlLogix 的背板安装相应的通信模块。可以在背板上安装多个通信模块，为数据的传输提供多条路径，这样可以提高系统的性能。任何通信模块都可以安装在背板内的任意槽内。在这种配置下，控制器就可同时对本地背板上和远程背板上的 I/O 模块进行监控了。

ControlLogix 系统允许不同程度的冗余。可以通过下面的方法配置一个冗余系统：在两个 ControlLogix 背板上都安装上 Logix5555 控制器，同时准备控制网适配模块(1756-CNB 或者 1756-CNBR)、以太网适配模块(1756-ENBT)和系统冗余模块(1757-SRM)，用专用光纤将系统冗余模块连接起来。所有的 I/O 模块都必须相对冗余控制背板是远程的。在控制网上增加 I/O 、操作面板和其他的设备。作为控制终端的计算机必须通过以太网和系统相连，而 I/O 不可以这样连接入系统。在一个专门安装 I/O 模块的背板上，我们可以为之连接冗余电源。这个 I/O 背板可以通过网络和其他的 ControlLogix 背板相连。

给 ControlLogix 系统加入冗余组件是不需要任何额外的程序编制的。给系统配置冗余组件就和从产品目录中选取一个可以作为冗余组件的产品一样简单。要做的只是给系统中的主控制背板上的控制器下载程序，同时，系统自动将这个程序输送给次控制器。

在一个 ControlLogix 冗余系统中，次控制器和主控制器是同步工作的，这样对最高优先级的任务的输出就能得到平顺可靠的保证。每隔大约 100ms 就会产生一次中断，以对通过网络和冗余控制系统相连的所有设备进行状态读取。

ControlLogix 系统的模块化的 I/O、内存及通信接口可为我们提供一种既可组态又便于扩展的系统，使我们可以根据需要灵活配置所需的 I/O 数量、内存容量以及通信网络，以后当需要进一步扩展系统时，可随时添加 I/O、内存及通信接口。ControlLogix 允许用户带电插拔系统中的任何模块，而不会对模块造成损坏。这对于系统的维护与检修有着很大的帮助，因为这样用户就可以在继续维持系统运行的同时更换有故障的模块，而不会影响整个系统其他部分的正常运行。所有硬件模块采取小型化的设计，这使得 ControlLogix 系统适用于有限的安装空间。

ControlLogix 控制器安装了 IEC-1131-complaint 操作系统。该操作系统提供了真正具有优先级的多任务环境，允许用户通过单独排定软件组件来满足自己的应用要求。这能大大提高处理器的效率并且可以相对降低成本，因为它可以减少用户对整个控制系统所需的处理器数量的要求。

ControlLogix 系统的模块大体上可分为处理器模块、I/O 模块、通信模块和功能（智能）模块等几大类。

2. 施耐德可编程控制器

施耐德 PLC 主要有原 Modicon 旗下的 Quantum，Compact 和 Momentum 等系列，编程软件是 Concept；而 TE 旗下的 Premium 和 Micro 系列则使用 PL7 Pro。施耐德在整合了 Modicon 和 TE 品牌的自动化产品后，将 Unity Pro 软件作为未来中高端 PLC 的统一平台。支持 Quantum，Premium 和 M340 三个系列。至于 Momentum 和 Micro 作为成熟产品未来不会再有多大的改进，所以会继续沿用原来的软件平台。小型的 Twido 系列使用 TwidoSoft 软件。图 4-2-2所示为施耐德可编程控制器。

图 4-2-2　施耐德可编程控制器

主要可编程控制器类型介绍：

（1）Twido。小型 PLC，可完成一般的自动化任务，分为一体型、模块型和 Extreme 型。编程平台是 TwidoSoft 或 TwidoSuite。

① Twido 一体型。

a. 一体型本体采用螺钉端子连接。

b. 10 种本体，分别为 10 点或 16 点及 24 点和 40 点 4 种类型，其中 6 种本体分别可扩展 4~7 个数字量或模拟量模块，还可以添加显示界面、实时时钟卡或储卡等。

c. 电源：24V DC，100V AC，…，240V AC。

d. 通信协议：Modbus，CANopen，EtherNet（两种 40 点一体型本体内置）。

② Twido 模块型。

a. 体积更小(40 点本体的尺寸为 95mm×90mm×70mm)，采用可插拔螺钉端子或 HE10 连接器连接。

b. 5 种一体型本体，分别为 20 点和 40 点两种类型，分别可扩展 4~7 个数字量或模拟量模块，还可以添加显示界面、实时时钟卡或存储卡等。

c. 电源：24V DC，100V AC，…，240V AC。

d. 通信协议：Modbus，CANopen，EtherNet。

③ Twido Extreme。

a. 安全等级：IP67，温度范围：-40~+110℃。

b. 不可扩展本体，41 I/O（数字量，模拟量和 PWM 输出）。

c. 电源：12V DC 或 24V DC。

d. 通信协议：Modbus，CANopen，CAN J1939 全都内部集成。

④ 优势。灵活的配置，紧凑的结构，强大的功能，丰富的通信方式，CPU 的 Firmware 可不断升级。

⑤ 应用范围。

a. 简单独立安装的场合：照明管理、暖通空调、简易控制以及监控等；

b. 重复操作的集成化机型：物流派送、起重、自动售货机。

（2）M218。小型 PLC，可完成一般的自动化任务，编程平台是 SoMachine；施耐德电气在推出了 SoMachine 平台下的 M238 / M258 PLC 产品后，又推出了全面满足工业过程控制和基础设施自动化控制需求的小型 PLC 平台——M218 PLC 产品。Modicon M218 作为 Premium 和 Quantum 以及 M258/M238 产品线后的最佳拓展，融合了可编程控制发明者的最新核心技术，集合了多种强劲功能和创新技术与一身，在灵活、功能强大的 SoMachine 软件的配合下，称为小型项目的最佳解决方案(图 4-2-3)。

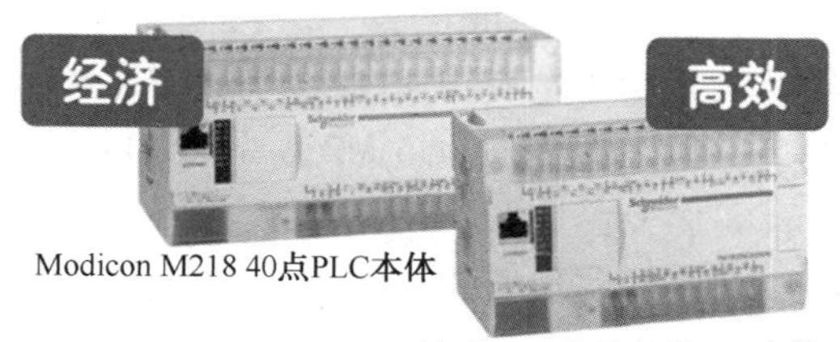

图 4-2-3 Modicon M218 系列 PLC

Modicon M218 PLC 特点：

① 精巧的外形。M218 PLC 的模块采用结构紧凑的外形，高度仅 90mm，深度仅 86. 5mm,大大节省了安装空间。M218 PLC 还提供了多种 I/O 模块，完全支持 Twdio TM2 系列 I/O 模块及部分 TWD 系列高功能模块。M218 PLC 在 CPU 模块上集成了多种通信端口，如 USB. 串口(Modbus/ ASCII 等)、EtherNet 等端口。

② 强大的性能。M218 PLC 拥有功能强大的高性能处理器，具有出色的布尔量、整型、浮点数处理能力。拥有高达 1024kB 用户内存，最多可存储 10000 条指令。M218 PLC 还提供了多种专用功能，如高速计数、脉冲输出等，便于实现多种复杂控制。

③ 硬件结构。M218 PLC 包括本体和扩展两部分，如图 4-2-4 所示。

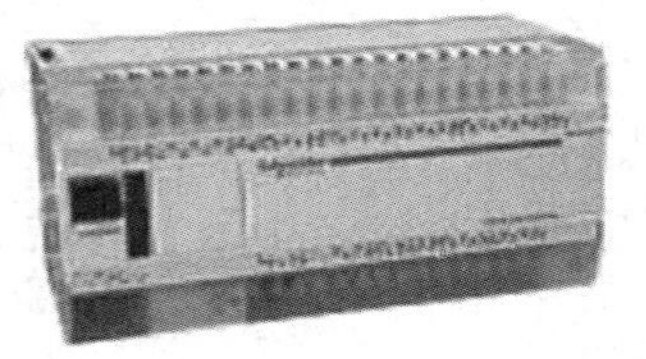

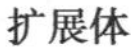

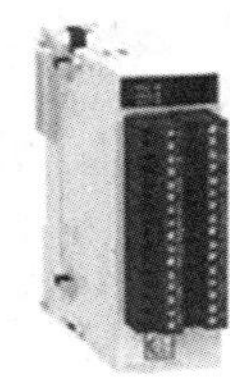

图 4-2-4　Modicon M218 系列 PLC 硬件结构图

M218 PLC 的所有模块在安装时，有 3 种扩展安装方式：

① 直接连接方式；

② 带有接口模块的连接方式；

③ 混合型连接方式。

24 点本体有 3 种型号，内置 14 点离散量输入和 10 点继电器输出，能实现高速计数、以太网等功能。扩展能力：全新 M218 软连接扩展模块 TM2DMM16DRTN 可直接连接 M218。可扩展 4 个扩展模块(不包含适配器)，最多控制 152 点 I/O ，其中继电器输出最多 42 点。

40 点本体有 4 种型号，内置 24 点离散量输入和 16 点继电器/晶体管输出，能实现高速计数、脉冲输出、模拟量 I/O 、以太网等功能。扩展能力：扩展模块可通过扩展适配器 TM2DOCKN 连接 M218。可扩展 7 个扩展模块(不包含适配器)，最多控制 248 点 I/O ，其中继电器输出最多 90 点。

M218 PLC 支持的通信协议有 Modbus-TCP，Modbus，SoMachine 和 ASCII 协议，通信协议采用集成的通信端口来实现。

M218 内置了 RJ45(SL1)和接线端子(SL2)作为两路串行链路，可与支持 Modbus 协议(作为主站或从站)、ASCII 协议(打印机、调制解调器等)的设备进行通信。另外，RJ45 端口还可以额外支持 SoMachine 协议(用于 HMI 等)。

(3) M238。面向 OEM 自动化的小型专用 PLC，可完成较复杂的 OEM 自动化任务，编程平台是 SoMachine。图 4-2-5 所示为 Modicom M238 系列 PLC。

(4) M258。中型 PLC ，编程平台是 SoMachine。

(5) M340。中型 PLC ，编程平台是 Unity。图 4-2-6 所示为 Modicon M340 系列 PLC。

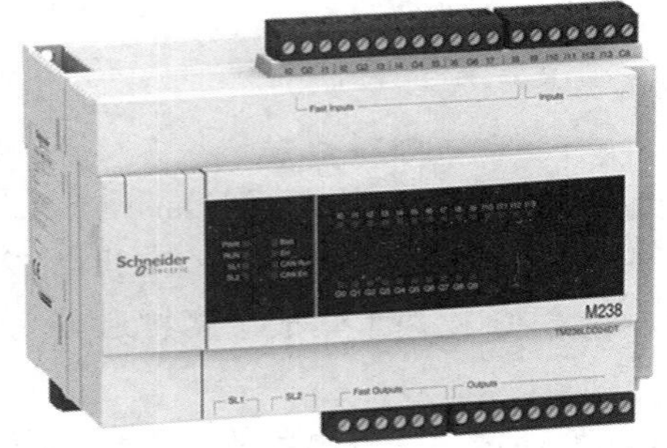

图 4-2-5　Modicon M238 系列 PLC

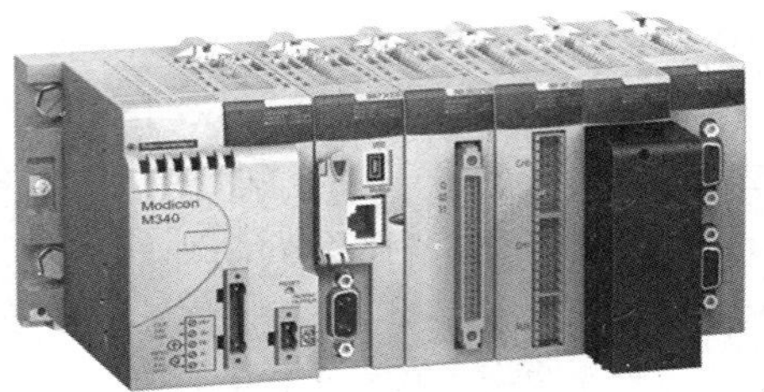

图 4-2-6　Modicon M340 系列 PLC

Modicon M340 是 Unity 家族新成员。

技术说明：

① 高度 100mm。

② 深度 93mm，可以安装在深度在 150mm 箱体内。

③ 4 槽、6 槽、8 槽及 12 槽机架。

④ 具有热插拔功能，便于维护。

⑤ 64 通道的模块宽度仅为 32mm。

⑥ 交流或直流供电。

⑦ 24V DC/0.9A 传感器电源输出。

⑧ CPU 模块内置两个通信接口。

⑨ 可以选择通信方式 Modbus 、以太网或者 CANopen。

特点：

① 每毫秒处理 7000 条指令。

② 4 MB 程序内存。

③ 总共可以处理 70000 条指令。

④ 具有出色布尔处理能力，轻松进行整数和浮点运算。

⑤ 支持 5 中 IEC 语言。

⑥ 拥有高级多任务操作系统（主任务、快速任务、事件任务）。

⑦ 主任务：处理时间为 10~20ms。

⑧ 快速任务：确保一些处理能在毫秒级的时间内执行。

⑨ 事件任务：总共支持 64 个拥有优先级的事件任务执行。

（6）Premium。中型 PLC ，新的编程平台是 Unity，原来是 PL7 Pro。

Modicon Premium PLC 是施耐德电气公司推出的下一代 PLC，是将其在工业通信方面的经验和最新的 TCP/IP 技术相结合的结果。具有革命化的分布式结构。多适用于复杂机械、工厂车间自动化应用和基础设施。广泛应用于水处理、电力、化工、冶金和交通等行业。图 4-2-7 所示为 Modicon Premium 系列 PLC。

图 4-2-7　Modicon Premium 系列 PLC

Modicon Premium PLC 产品性能优异，采用 5 种 IEC 编程语言（FBD、LD、SFC、ST、IL）适用于各种应用需求，多款强大的处理器可供选择，多个通信端口 EtherNet TCP/IP、CANopen、多种专用功能模块（安全、反射处理、计数、运动控制、称重、回路调节）、透明就绪服务：I/O 扫描、全局数据、Web 服务器、E-mail 提醒功能、数据库直接访问。

Modicon Premium PLC 最大的优势便是更灵活、更开放，Modicon Premium 自动化控制平台提供无可比拟的性能，最优的扫描周期时间可根据应用选择适合的 IEC 语言，在强大储存能力支持下，Modicon Premium 能提供更佳的诊断和更专业的功能。

（7）Quantumn。大型 PLC，新的编程平台是 Unity，原来是 Concept。

Modicon Quantum 自动化控制平台拥有全系列完整的处理器，适用于复杂的过程控制与基础设施关键系统。集成优异的通信功能，诊断功能，大容量的数据储存空间，Modicon

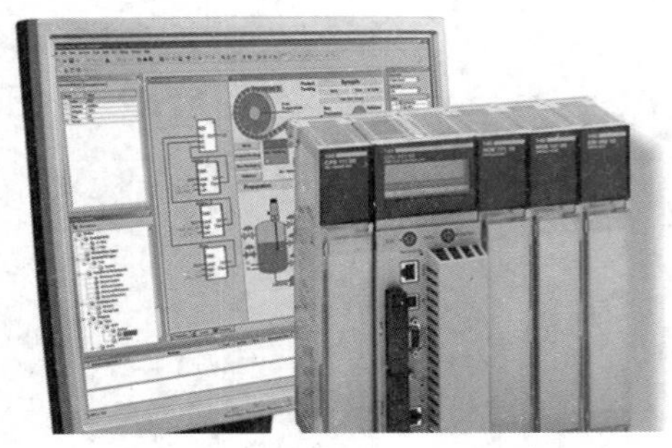

图 4-2-8　Modicon Quantum 系列 PLC

Quantum 仍保持极佳的扫描周期。无须停机，即可安装新模块。图 4-2-8 所示为 Modicon Quantum 系列 PLC。

① 性能描述。Modicon Quantum 自动化控制平台拥有业界领先的性能，包含：

a. 5 种 IEC 编程语言（FBD、LD、SFC、ST、IL）适用于各种应用需求；

b. 高性能多任务系统；

c. 高达 7MB 储存空间；

d. 涂层保护模块，适用于恶劣环境；安全 I/O，高可靠性；支持第三方设备；

e. 高性能热备解决方案。每个模块均有小型 LCD 荧幕及按键，便于本地监控；

f. 前面板有多个内置端口（USB. EtherNet TCP/IP，Modbus Plus，以及至少一个 Modbus 端）；

g. 本地机架上可安装第三方模块以连接 Profibus-DP。

② Modicon Quantum 系统通常由以下几个部分组成：

a. 背板。从 2 槽到 16 槽，多种背板可选；采用钢板结构，螺钉固紧，牢固可靠；采用 80MB 的高速背板总线技术，速率恒定，支持 Quantum 系列的所有模块；任何模块可置于任意槽位，安装调试方便；支持所有模块的带电热插拔，不会造成系统或模块的损坏，方便维护。

b. 电源模块。Quantum 电源模块主要有两种作用：一方面是向背板提供 +5V 直流电源，为 CPU、I/O 模块、专用功能和通信等模块供电；另一方面是保护系统免遭杂波和额定电压摆动影响；Quantum 系统提供低功率独立电源、高功率累加电源和高功率冗余电源 3 种电源模块；输入电压从 24V 到 230 V，交流和直流多种可选；输出电流从 3A 到 8A ，可根据需要自由选择。

c. CPU 模块。全新推出的基于 Unity 高性能 Quantum CPU，采用双处理器结构，分担程序处理与通信任务；运算能力极大提高，每毫秒能够处理数万条指令；多任务操作系统，能够方便灵活地定制程序；内置 2MB 内存，还可通过 PCMICA 卡扩展 7. 168MB 的程序内存和 8. 192MB 的数据/文件内存；集成 12MB 的 USB 高速编程端口，集成以太网、Modbus 和 MB + 通信；模块上内嵌键盘和 LCD 液晶显示屏，可以非常直观地对 CPU 进行诊断和控制。

d. 输入/输出模块。Quantum 系列提供多达 34 款的离散量输入/输出模块，输入信号类型支持交流和直流电压，输出信号类型支持直流和交流电流以及继电器输出，通道数从 16 路到 96 路不等，用户可根据需要自由选择；Quantum 还能提供同时集成输入和输出通道的离散量模块；Quantum 还提供 9 款模拟量输入/输出模块，输入信号支持电压、电流、热电阻、热电偶等，输出信号支持电压和电流，通道数从 4 路到 16 路不等，分辨率从 12 位到 16 位不等，用户可灵活选择。

e. 专用功能模块。Quantum 系列支持多种专用功能模块，与轨道交通相关的模块有：

ⅰ. 层模块，为保证控制系统能够在含化学雾气、有机溶剂、粉尘、潮湿、霉变的腐蚀性环境中正常使用，Quantum 系列的绝大部分模块和背板都能够提供满足多种严格标准和认证的涂敷涂层产品；

ⅱ. 锁存/中断模块，Quantum 提供一种适用于时间要求极为苛刻的应用的多用途、高性能模块，该模块具有 16 个可独立编程的 24V DC 数字量输入通道，支持 IMOD 中断处理模式，自动锁存/清除锁存模式和高速输入模式 3 种工作方式；

ⅲ. 精确时间标记(SOE)模块，Quantum 专门为精确的标记事件发生的时间而设计了一款高性能时间标记模块，该模块直接连接 GPS 时钟，对时精度可达微秒级，具有 32 路数字量输入，每路的时间标记精度可严格达到 1ms，模块本地存储事件的年月日、小时、分钟、秒和毫秒信息，每模块最多可存储 4096 个事件，该模块还具有防噪声、防抖动功能，能进行信号的调理，避免时间的误判。

f. 通信模块。Quantum 系统除了提供集成在 CPU 上的以太网通信，RS232/485 串口通信，Modbus Plus 通信，USB 等通信外，还专门提供了一系列的通信模块，包括以太网通信模块、S908 RIO 通信模块、Modbus Plus 通信模块、AS-I 通信模块、Modbus 通信模块、Profibus DP 通信模块、Interbus 通信模块和异步串行等多种通信模块。

（8）已经淘汰的产品线。

① Neza：小型 PLC，Modicon Nano 的中国版，编程平台是 PL707；

② Micro：小型 PLC，原来面向小型自动化应用的一代产品，编程平台是 PL7；

③ 984：大型 PLC，Modicon Quantumn 的前一代产品。

3. 西门子可编程控制器

德国西门子(SIEMENS)公司生产的可编程序控制器在我国的应用也相当广泛，在冶金、化工和印刷生产线等领域都有应用。西门子公司的 PLC 产品包括 LOGO，S7-200，S7-1200，S7-300 和 S7-400 等。西门子 S7 系列 PLC 体积小、速度快、标准化，具有网络通信能力，功能更强，可靠性高。S7 系列 PLC 产品可分为微型 PLC(如 S7-200)，小规模性能要求的 PLC(如 S7-300)和中、高性能要求的 PLC(如 S7-400)等。

按照控制规模分类，西门子可编程可控制器可分为大型机、中型机和小型机。

1）小型机

小型机的控制点一般在 256 点之内，适合于单机控制或小型系统的控制。

西门子 S7-200 小型机：处理速度 0.8~1.2ms；存储器 2kB；数字量 248 点；模拟量 35 路。图 4-2-9 所示为 S7-200 系列 PLC。

2）中型机

中型机的控制点一般不大于 2048 点，可用于对设备进行直接控制，还可以对多个下一级的可编程序控制器进行监控，它适合中型或大型控制系统的控制。

西门子 S7-300 中型机：处理速度 0.8~1.2ms ；存储器 2kB；数字量 1024 点；模拟量 128 路；网络 PROFIBUS ；工业以太网；MPI。图 4-2-10 所示为 S7-300 系列 PLC。

3）大型机

大型机的控制点一般大于 2048 点，不仅能完成

图 4-2-9　S7-200 系列 PLC

较复杂的算术运算，还能进行复杂的矩阵运算。它不仅可用于对设备进行直接控制，还可以对多个下一级的可编程序控制器进行监控。

西门子 S7－400 大型机(图 4－2－11)：处理速度 0. 3ms / 1kB；存储器 512kB；I/O 点 12672。

图 4-2-10　S7-300 系列 PLC

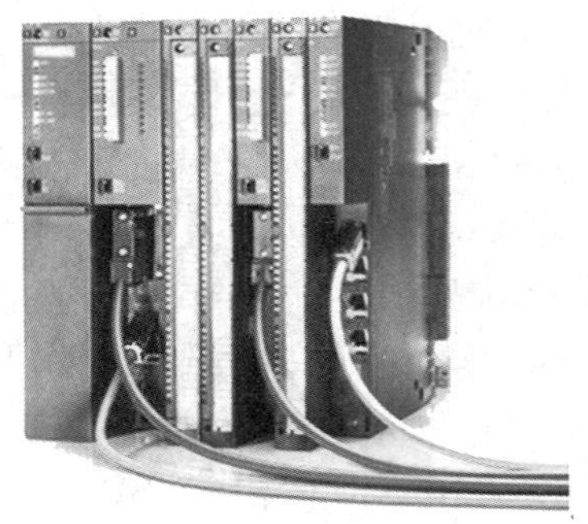

图 4-2-11　S7-400 系列 PLC

二、SCADA 系统常用软件介绍

1. 编程软件 RSLogix 5000

RSLogix 编程软件包括 RSLogix 5 / 500 / 5000 ，其中 RSLogix 5 适用于 PLC-5 产品的编程；RSLogix 500 适用于 SLC 500 及 Micrologix1000 系列产品的编程；RSLogix 5000 适用于 ControlLogix 产品的编程。

RSLogix 5000 编程软件是一个包含编程、诊断、在线监控等功能的集成系统开发平台(图 4-2-12)。系统的主要功能是为控制工程师和系统编程人员提供一个可以把他们的程序

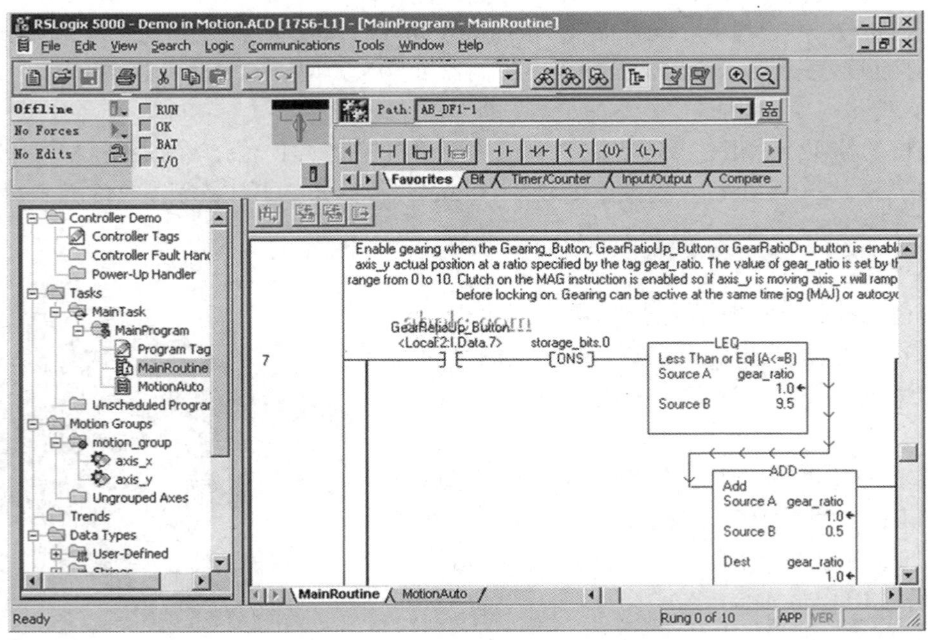

图 4-2-12　RSLogix 5000 编程软件界面

概念转变成一系列的程序图和定义用于快速地创建可执行程序。

RSLogix 5000 主要适用罗克韦尔的 ControlLogix，FlexLogix，SoftLogix，CompactLogix 和 DriveLogix 等系统，其中 Controllogix 是该平台的最大的系统，和西门子的 S7-400 相当，CompactLogix 是新的中端系统，和西门子的 S7-300 相当。RSlogix 5000 目前存在 V11—V20 等不同的版本，各个大版本号之间是不兼容的，如果强行要打开跨版本的工程文件，会要求你重新选择控制器型号。

RSLogix 5000 编程软件必须运行在 Windows 系统下，并与其他的 Rockwell Software 兼容，该软件提供了简洁的梯形图编程方式以及更能体现网络结构的编程环境。其特点如下：

（1）配置容易。图形化的配置方式，轻松将控制器、I/O 模块、适配器等配置入网络。

（2）数据库编辑灵便，可轻松为梯形图指令指定地址或符号。

（3）简洁的 I/O 地址模式，从一个模块的完整列表中挑出模块，通过简单的拖放操作将它们组态到相应的插槽。

（4）强大的诊断功能，可对程序出错的地方准确定位，可方便查找并替换地址和描述文本，亦可直接访问 I/O 组态、程序文件、数据表文件和其他信息。

2. 编程软件 Unity Pro

Unity Pro 是支持 IEC61131-3 全部 5 种语言的应用编制、程序调试和诊断操作的软件套装工具，主要是对施耐德大型 PLC 昆腾(Quantum)、中型 PLC 奔腾(Premium)、中小型 PLC(Modicon340)以及 PC 上使用的 PLC 板卡(Atrium)进行编程的软件。针对不同的 PLC 型号编程，其对应的版本不同。该软件结合了施耐德电气原 PL7 和 Concept 软件的优点，并进一步增加了大量的新功能，使其解决复杂问题的能力更强，对用户的开放程度更高，对制造的生产率的提高更多，同时对企业中不同软件的协同能力更好。

Unity Pro S：支持 M340 PLC。

Unity Pro M：除了支持 S 版所支持的 PLC 外，另外还提供了对 Premium57-00，Premium57-10，Premium57-20 以及 Atrium57-20 的支持。

Unity Pro L：除了支持 M 版所支持的 PLC 外，另外还提供了对 Premium57-30，Premium57-40，Atrium57-30，Quantum31110，Quantum43412 和 Quantum53414 的支持。

Unity Pro XL：除了支持 L 版支持的 PLC 外，另外还提供了对 Premium57-50，Quantum65150，Quantum65160 和 Quantum67160 的支持。

Unity Pro XLS：支持目前所有施耐德出品的 PLC 型号，同时也支持了施耐德安全型 PLC。图 4-2-13 所示为 Unity Pro XLS 编程软件界面。

3. 编程软件 STEP 7

STEP 7 编程软件用于西门子系列工控产品包括 SIMATIC S7，M7 和 C7 以及基于 PC 的 WinAC 的编程、监控和参数设置，是 SIMATIC 工业软件的重要组成部分(图 4-2-14)。

版本区别：

（1）Step7 Basic。针对西门子最新的 S7-1200 系列的编程软件，其中可以包含 S7-1200 专用的触摸屏进行组态，同时也可以对 1200 专用的伺服进行设定。

（2）Step7。S7-300/400 的编程软件，编程方式仅局限于 LAD，STL 和 FBD。

（3）Step7 ProFessional。内部包含有 Step7，并含有 Graph，HiGraph，SCL 以及模拟器

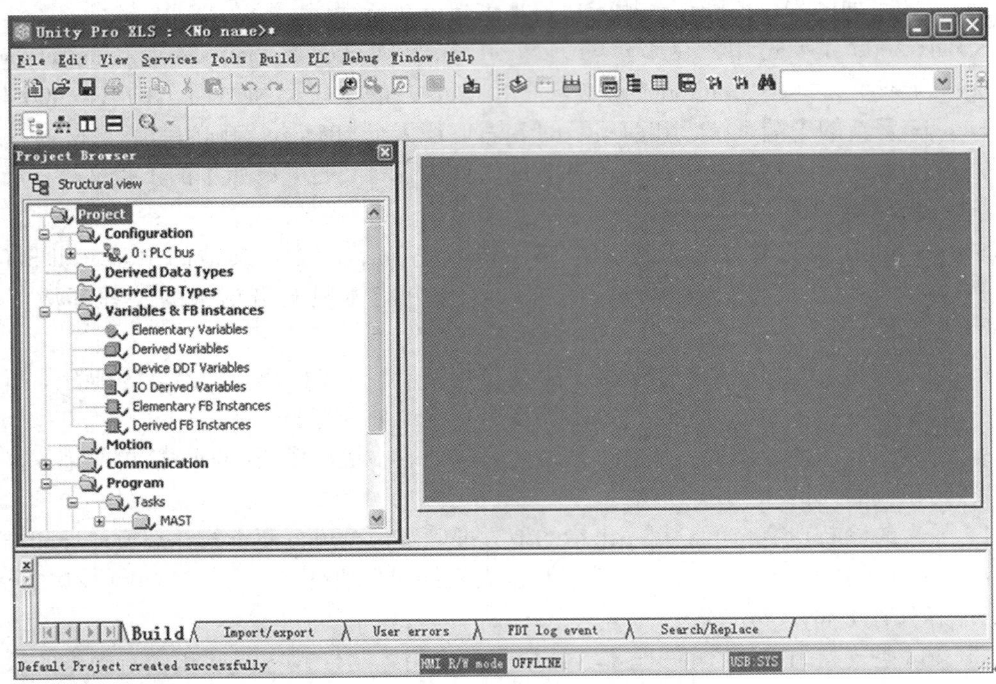

图 4-2-13　Unity Pro XLS 编程软件界面

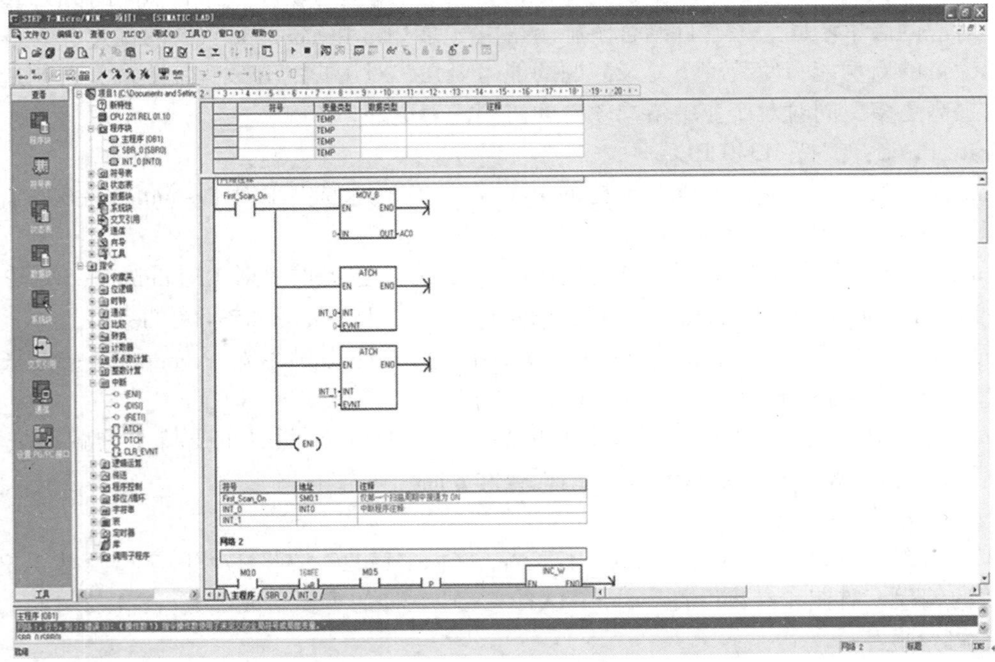

图 4-2-14　STEP 7 编程软件界面

PLCSIM。

（4）Step7 Lite。受限制的 Step7 版本，仅可以使用该版本组态本地机架，不可组态网络。

（5）Step7 Micro。西门子 S7-200 的编程软件。

S7-200，S7-300，S7-1200 只能使用其对应的编程软件进行编程。

STEP 7 具有以下功能：硬件配置和参数设置、通信组态、编程、测试、启动和维护、文件建档、运行和诊断功能等。STEP 7 的所有功能均有大量的在线帮助，用鼠标打开或选中某一对象，按 F1 可以得到该对象的相关帮助。

在 STEP 7 中，用项目来管理一个自动化系统的硬件和软件。STEP 7 用 SIMATIC 管理器对项目进行集中管理，它可以方便地浏览 SIMATIC S7，M7，C7 和 WinAC 的数据。实现 STEP 7 各种功能所需的 SIMATIC 软件工具都集成在 STEP 7 中。

PC/MPI 适配器用于连接安装了 STEP 7 的计算机的 RS-232C 接口和 PLC 的 MPI 接口。计算机一侧的通信速率为 19.2kbit/s 或 38.4kbit/s，PLC 一侧的通信速率为 19.2kbit/s 至 1.5Mbit/s。除了 PC 适配器，还需要一根标准的 RS-232C 通信电缆。

4. 上位软件 OASyS

OASyS 是 Open Architecture SyStem 的首英文字母缩写，是 Telvent 公司开发的监控和数据采集(SCADA)系统，用于实时数据的采集、交互设备控制、警报的通告与响应以及报表的自动生成(图 4-2-15)。

图 4-2-15　OASyS 登录界面

泰尔文特控制系统(中国)有限公司是 Telvent 公司在中国的分公司，施耐德旗下公司，致力于 4 个特定工业部门(能源、交通、运输以及环保)并提供高技术附加值的 IT 解决方案。Telvent 公司进入中国已经 12 年以上，在这期间，Telvent 公司积极致力于为油气输送管道、电力、交通管理和供水行业提供 SCADA 与配网管理系统(DMS)。

Telvent 公司的 OASyS SCADA 系统是一个具有开放体系结构的系统，是一个具备完整 SCADA 功能的实时支持平台。OASyS 提供具有真正意义的图形用户界面(GUI)，完全集成的关系数据库管理系统(RDBMS)和对第三方的应用软件的开放集成。根据用户特定要求的不同和系统实际情况的不同，OASyS SCADA 支撑的 SCADA 系统可以构建从场站的小规模系统，到专业大型机房的大型系统，向操作人员提供有效的实时数据。OASyS SCADA 的“分布式计算环境”结构可以根据具体情况，灵活地配置为“集中式”或“分布式”结构，结合对等结构或主从结构的方式，为用户提供具有灵活性、统一的 SCADA 系统解决方案。

OASyS 系统的服务器可以运行在微软的 Windows NT 或 UNIX 平台上。OASyS 系统是基于并超越一般 SCADA 系统的实时解决方案。OASyS 系统包括图形用户界面(XOS-eXtended Operator System)和全面集成的关系型数据库管理系统，是能够与第三方应用软件集成的开放系统。

OASyS SCADA 系统是基于实时的分布式平台，并结合了可共享的应用软件，通过 ODBC. XML，ADO，JDBC. OLEDB. SQL 和 JAVA. SOAP 等开放的连接标准语言和程序实现软件之间的连接。该产品能够实现数据与外部数据资源的自由交换。或者通过普通的桌面软件工具 Excel，Lotus，Access 或 Crystal Reports 及其他大型的企业应用软件实现这种数据的交换。

OASyS 包括 3 个主要的子系统：CMX，实时数据库和进程组件；XIS，历史数据库环境；XOS，图形用户界面，其显示系统的环境条件及提供操作控制功能。

(1) CMX 收集并测量数据，检测报警条件，储存实时信息，并同远程终端设备(RTUS)和可编程的逻辑控制器(PLCS)进行通信，而且能让用户向终端设备发出控制指令。

(2) XIS 为从 CMX 子系统得到的数据(间隔 5min 的典型数据)提供存储空间，并同时提供让用户创建历史报告及预测发展趋势的功能。

(3) XOS 允许用户和系统之间能进行交互式的操作；其包括数据统计、动态图画、设备控制对话框和一个鼠标控制的命令接口。

5. 上位软件 Epipe View

油气储运自动化控制软件 EpipeView4. 0 为中油龙慧自动化工程有限公司完全自主开发的油气管道 SCADA 系统软件。EpipeView4. 0 软件融合了 SCADA 系统软件和工业实时数据库软件的技术特点和优势，在提供 SCADA 系统软件通用功能的同时，采用了先进的数据压缩和数据存储技术，提供高效的数据存储、展示和分析功能。软件支持系统容量大，数据吞吐效率高，同时支持 Unix，Linux 和 Windows 跨平台及混合平台应用，支持多种硬件架构，既可满足大型油气储运调控中心需求，也可满足区域中心和站点控制系统的需求。

1) EpipeView4. 0 软件的主要特点

(1) 多操作系统支持：支持 Unix，Linux 和 Windows 操作系统，同时支持在 32 位和 64 位操作系统下运行。对多操作系统的支持，使得软件可以适应不同的应用需求。在大型油气管道调控中心等对系统性能、可靠性要求高的系统中，可以采用 Unix 服务器+Windows 客户端的部署形式。在油气管道站场等对系统性价比要求较高的系统中，可以采用 Linux 服务器或 Windows 服务器+Windows 客户端的部署形式。

(2) 支持 C/S 和 B/S 混合架构：RtdB. Historian，Collector 和 HMI 等监控模块间，为了保证实时性，采用 C/S 架构；Web 服务和浏览器间为了保证开放性，采用 B/S 架构。

(3) 提供油气管道专用实时历史数据库：自主研发的关系型实时数据库，引入二级缓存机制，采用具有专利技术的基于任务的动态内存管理技术，大大提高了内存管理的效率，既能满足实时性和快速性的需求，又能实现灵活的关系型数据访问。历史数据库支持ORACLE，MS SQL SERVER 和 MySQL 等多种常用的关系数据库，采用多种数据压缩和过滤方式，并且根据实时数据基于时态的特点，即离散采样信号表征连续变化的特点，提供了丰富的基于时间轴的数据查询、统计和分析功能。

（4）支持在线开发：在系统开发阶段，为工程开发人员提供了方便快捷的在线开发方式，支持所见即所得，提高了开发效率。在系统投入运行后，在线开发功能，可以实现免停机的系统维护，提高了系统的可用性。适用于对运行连续性和稳定性要求高的工业控制领域。

（5）提供基于库的部署和系统管理：可以同时运行和管理多个库；不同库的资源和运行实体完全隔离；库可以任意部署、迁移和升级；库屏蔽后台运行细节，展现给用户统一的视图；库在统一用户安全机制下管理，但每个库可以独立设置访问控制。

（6）提供面向服务的集成服务平台：系统功能完全实现即插即用；灵活的注册和定位机制，HMI 访问数据不需要获悉任何部署的细节；任何服务可以部署在不同机器和不同平台上；基于服务的冗余管理，实现一主多备的冗余管理；多服务器多客户端(通用客户端可监控多个服务器数据)。

（7）提供管道对象库支持：按照油气管道人机界面(HMI)标准和管道数据库标签命名标准，将管道对象图符、控制面板、数据库标签有机结合，开发人员只需从图库中引用与现场设备相对应的设备图符，软件即可自动生成该设备的控制面板和数据库所有相关标签。

（8）多种数据采集方式和协议支持：支持周期扫描、变化上传等多种数据采集方式；支持双网冗余和设备冗余；支持 Modbus TCP \ RTU \ ASCII，OPC. IEC 60870-5-104 和 CIP 等通信协议。

（9）多种历史数据存储方式支持：支持条件保存；支持周期保存；支持基于偏差的自适应历史数据压缩存储；支持历史数据质量戳存储。

2）应用范围

EpipeView4. 0 软件适用于连续生产过程的自动化监控，应用范围广泛，可用于长输管道、油田、污水处理、电力、水利、交通、楼宇自动化、食品、环保等多个行业和领域的工业自动化、过程监控等系统。

3）系统需求

（1）系统支持的操作系统：Solaris(Sparc 或 x86)、Linux(主流发行版)、Windows Server 2003/2008/2012 和 Windows XP/Win7/Win8。

（2）硬件配置首先应该满足选择的操作系统的最低要求。

（3）安装 EpipeView4. 0 软件建议如下的配置：

① 至少 1GHz 以上 CPU；

② 至少 512MB 内存；

③ 至少 4GB 硬盘；

④ 1 块网卡。

4）部署方式

由于支持面向服务的架构方式，EpipeView4.0 软件部署灵活，支持集中式部署方式和分布式部署方式，从单服务器、冗余服务器到集群服务器的方式都能支持。这使得软件在小规模、中等规模到超大规模的应用场景中，均能很好地灵活配置，功效比高。如在油气长输管道应用中，EpipeView4.0 可以应用在站控、区域中心和集团控制中心等各个层级的应用场景。

支持的部署方式包括：

(1) 集中式部署。指软件的数据库、采集器、集成总线和 HMI 客户端程序等全部部署在同一台服务器上，适用于控制对象简单，对应用成本敏感度高的场合。如水利等不要求连续监控行业的终端、站点等应用场合(图 4-2-16)。

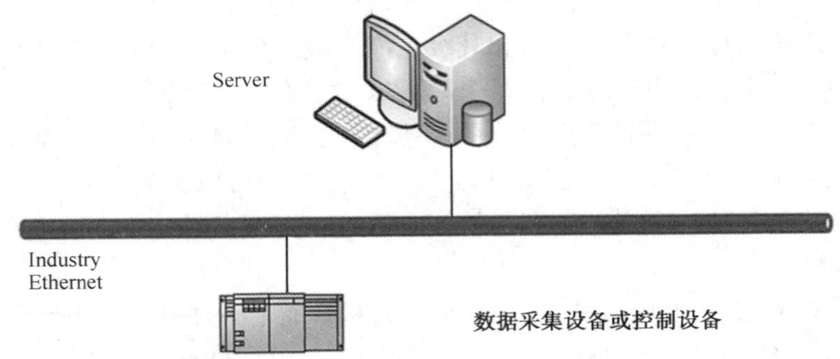

图 4-2-16　集中部署方式图

(2) 分布式部署。

① 单服务器式分布式部署：服务端部署在服务器上，HMI 等客户端程序部署在客户端计算机上。适用于油气管网站场、油田集输站等小规模应用(图 4-2-17)。

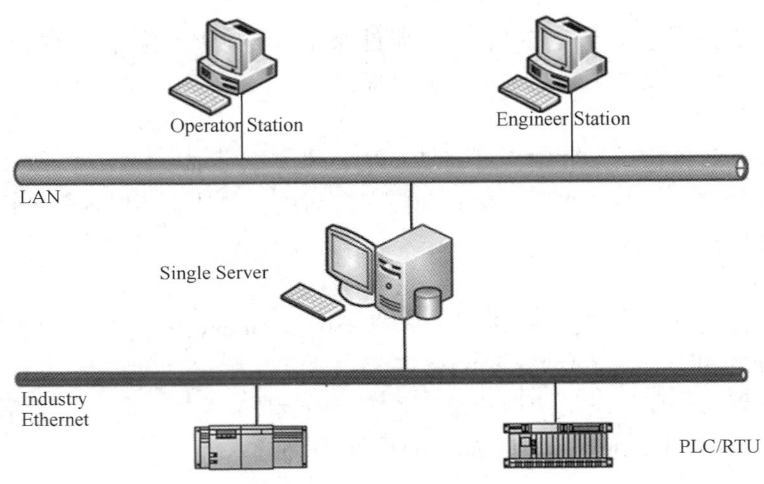

图 4-2-17　单服务器式分布式部署图

② 服务器冗余的分布式部署：服务端部署在服务器上，且采用冗余配置，HMI 等客户端程序部署在客户端计算机上。适用于油气管网站场、油田集输站、小规模中心等中小规模应用(图 4-2-18)。

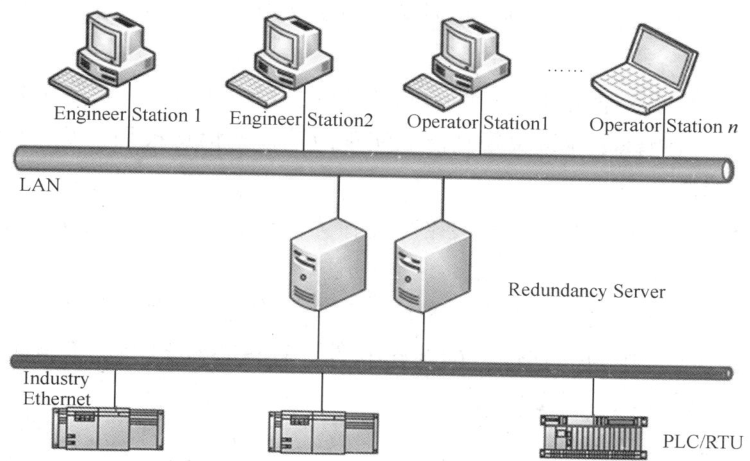

图 4-2-18　服务器冗余分布式部署图

③ 服务冗余分布的分布式部署：多个服务分布部署在冗余的硬件服务器上(如采集器部署在采集服务器上，总线、实时数据库部署在实时服务器上，历史数据库部署在历史服务器上等)且采用冗余配置，HMI 等客户端程序部署在客户端计算机上。适用于油气储运调控中心、大型油气库等大规模应用(图 4-2-19)。

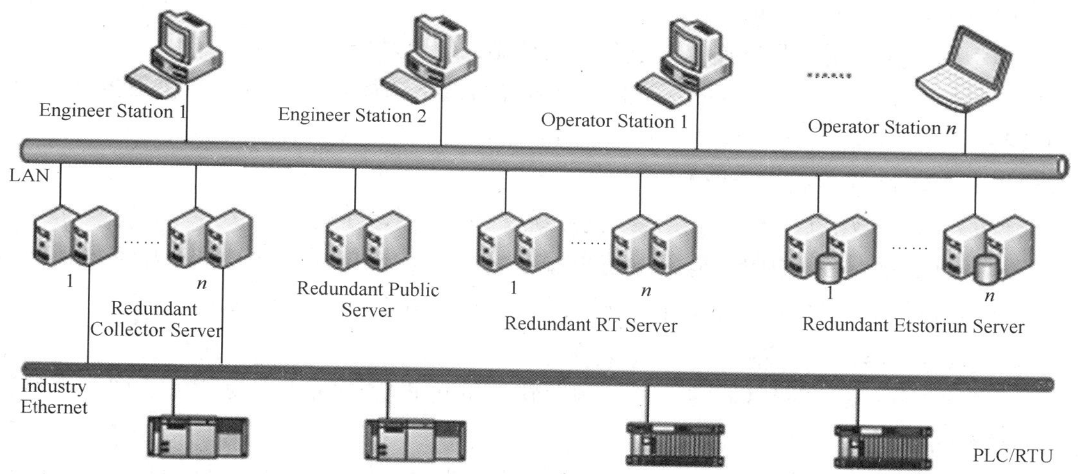

图 4-2-19　服务器冗余分布式部署图

6. 上位软件 WinCC7.0

WinCC7.0 由西门子公司开发，是一种复杂的 SCADA(数据采集与监控)系统，能高效控制自动化过程，而且具有极强的开放性和系统稳定性。WinCC 基于 Windows 平台，涵盖单用户系统、多用户系统直到由冗余、客户机/服务器和浏览器/服务器构架组成的复杂的分布式系统，在冶金、化工和印刷生产线等领域都有非常广泛的应用。

WinCC 具有以下主要功能：

(1) 过程监控。作为通用型组态软件，WinCC 可实现对工业现场生产过程设备的数据采集、监视和控制的人机界面 HMI 接口。

（2）与 PLC 等设备通信。可以通过驱动程序实现与 PLC 等设备通信，并进而实现过程监控功能。

（3）编程接口。组态灵活方便，画面动画效果强，可以实现复杂的输入输出功能。

（4）报警功能。可组态工业级报警功能，实现故障设备信息报警，及时提供设备预警信息和安排维修人员抢修。

（5）趋势功能。提供逼真的曲线和表格功能，为值班、调度等管理部门分析设备运行状况提供决策参考。

（6）报表功能。提供强大的报表生成和打印功能，为过程控制提供了实用的工具。

（7）二次开发功能。作为一款优秀的组态软件，WinCC 还提供了丰富的功能强大的二次开发功能，以大大扩展现有组态功能。

7. 上位软件 PKS

PKS 作为 Honeywell 最新推出的开放型控制系统，以 Windows 2003 为操作系统，包含了最新设计的混合型控制器（Hybrid Controller）CPM 和高速容错以太网（FTE）以及高级的工程工具和应用软件包，成为新一代系统的标准。

PKS 主要采用以下新的技术：

基于 Microsoft Windows2003 操作系统的服务器。具有动态数据缓存报警、人机界面、历史数据收集和报表生成等功能。

紧凑型的混合控制，具有连续调节和离散控制的综合功能。

面向目标（Object-oriented）的工程工具和丰富的控制功能块库，可以更快更方便地组态控制策略。

开放的高速容错以太网（FTE）。

安全的 Internet 浏览技术，提供在线的系统文件和技术支持。

PKS 系统主要由 STATION（全方位用户操作站）、CPM（C200 控制器）CNI（控制网络接口）、RM（控制器冗余模件）、打印机和通信网络 CONTROL NET 等组成。

PKS 系统的设计主要考虑以下 4 个方面：

（1）实用可靠——完善可靠的过程控制及快速的逻辑控制功能，为高炉长期稳定运行，提供了必要的保证。

（2）方便操作——通过 Microsoft Excel 直接生成报表，使 PKS 具有灵活而实用的报表处理能力。

（3）易于组态——功能强大的实时数据库和灵活多变的组态工具，为控制策略的组态提供了非常大的方便。

（4）便利维护——PKS 的硬件成熟可靠，所有 I/O 模件都具有带电插拔功能。

PKS 系统软件支持简体中文汉字的输入、显示和报表打印功能。

PKS 显示画面为中文界面。

8. 上位软件 RSView32

RSView32 是基于组件集成并用于监视和控制自动化设备和过程的人机界面监控软件。RSView32 通过开放的技术扩展了用户视野，达到了与其他罗克韦尔软件产品、微软产品以及第三方应用程序的高度兼容。

RSView32 是第一个在以下方面发挥微软领先技术优势的人机界面软件：

开放的图形显示系统通过 OLE 容器方式支持 ActiveX 控件，可供选择的第三方 ActiveX 控件有数千种，用户可以方便地将现有解决方案添加到 RSView32 项目中。

通过对象模型的开发实现对 RSView32 核心功能的调用，同时也允许 RSView32 与其他基于组件技术的软件产品实现互操作。

以业界流行的微软 Visual Basic for Applications(VBA)作为内置编程语言，可以最大限度地实现对 RSView32 项目的扩展和自定义。

支持 OPC 标准，可以快速、方便地与众多生产制造商的硬件设备实现可靠的通信，同时还可以作为 OPC 服务器向其他 OPC 客户端提供服务。

采用了 Add-On Architecture (AOA)插件技术，扩展了 RSView32 的功能，将最新的技术集成到 RSView32 的内核中。

通过 RSView32 定制人机界面监控项目，可以：

与其他罗克韦尔软件产品相互协作，建立自己的监控项目并选择最能够满足应用要求的产品。

与微软产品实现数据共享。RSView32 的标签配置、报警配置和数据记录都与 ODBC 完全兼容。

与其他罗克韦尔自动化产品相互兼容，RSView32 和 RSLinx 为数据采集、控制和传输提供了最为有力的组合。

可以在线对 RSView32 项目进行修改，这大大节省了时间而且不需要关闭整个生产进程。

重复利用标签数据库，RSView32 可以重复利用在可编程逻辑控制器梯形图内创建的标签，只需要打开标签浏览器，用鼠标选取需要使用的标签即可。

通过系统级的安全设置和 16 个等级的项目安全设置来确保项目安全运行。

通过微软功能强大的内置 VBA 编程语言以及其他方便灵活的特点来实现监控项目的自动化。

RSView32 除了具备高质量人机界面监控软件的功能外，还提供独特的系列工具来最大限度地提高生产率。

在开发应用项目中，只需要点击一个按钮就可以实现模拟运行。

无须对图形对象组进行分解就可以编辑组内对象，不影响与之相关的动画显示。

通过“智能对象轨迹”功能，拖动鼠标定义图形对象的运动路径。

通过标签占位符和参数文件实现一个图形画面代表多个设备。

通过标签替代功能实现快速更换标签名和字符串。

轻松导入在其他绘图应用程序中开发的图形。

RSView32 报表功能，有通过预制报表格式，方便、快速地查看、打印、保存、导出 RSView32 报表的工具。该工具提供 10 种不同的报表格式用于由以下数据源创建的 RSView32 报表：活动记录、实时数据、模式化数据记录、报警数据、历史数据。

第三节 安全仪表系统

安全仪表系统(Safety Instrumented System, SIS)，是实现一个或多个安全仪表功能的仪表系统，可以由传感器、逻辑控制器及执行元件的任何组合组成。广义的安全仪表系统包括过程工业中的紧急停车系统(ESD)、安全联锁保护系统(水击超前保护系统)、燃烧管理系统(BMS)、火气消防系统(FGS)和高完整性压力保护系统(HIPPS)等以安全保护和抑制减轻灾害为目的的自动化安全保护系统。

一、典型安全仪表系统

1. 紧急停车系统(ESD)

ESD(Emergency Shutdown Device)系统，指的是管道、系统或设备紧急关闭或停运，是为站场及管道安全运行而设置的逻辑控制系统。在正常情况下，ESD 系统是处于静态的，不需要人为干预。作为安全保护系统，凌驾于生产过程控制之上，实时在线监测装置的安全性。只有当生产装置出现紧急情况时，如出现原油或天然气泄漏、火灾、自然灾害等意外情况时，直接由 ESD 发出保护联锁信号，对现场设备进行安全保护，避免危险扩散造成巨大损失，最大限度地保障人员安全。

1) ESD 系统组成

主要由站控上位机、PLC(RTU)系统、通信设备、ESD 按钮、ESD 控制设备和 UPS 等组成。

上位机监视现场工艺设备的运行情况，接收报警信息，并对运行过程进行记录。PLC 由 CPU、内存和输入输出模块组成，当输入模块接收到自动或手动 ESD 触发命令后，在 PLC 存储器中的程序，根据设定好的逻辑顺序，通过输出模块控制现场设备的动作，完成联锁保护的功能。

2) ESD 系统控制功能划分

(1) 液体管道 ESD 系统分级控制功能：

① 全线 ESD：管道全线紧急停输。

② 站场 ESD：全站紧急关闭，同时关闭进出站阀，切断站场与管线的连通，关闭站内所有动力设备并有效隔离。

③ 区域 ESD：区域紧急关闭，同时关闭问题区域进出站阀，切断该区域与站场或管线的连通，关闭问题区域内所有动力设备。

④ 设备 ESD：切断问题设备动力源，紧急关闭问题设备。

(2) 气体管道 ESD 系统分级控制功能：

① 站场 ESD：站场隔离并进行放空。全站紧急关闭，同时关闭进出站阀，切断站场与管线的连通，关闭站内所有动力设备并有效隔离，自动打开放空阀，将站内所有区域天然气全部放空。

② 区域 ESD：区域紧急关闭，同时关闭问题区域进出站阀，切断该区域与站场或管线的连通，关闭问题区域内所有动力设备，自动打开放空阀，将问题区域所有天然气全部放空

（主要包括压缩机厂房）。

③ 设备ESD：设备紧急关闭，切断问题设备气源或动力源，紧急关闭问题设备。

3）常用设备ESD触发条件

这里以输油泵机组为例进行说明，其触发条件包括：

（1）设备就地ESD按钮触发。

（2）输油泵机组自保护触发的ESD，主要包括以下参数保护：

① 泵轴承温度超高保护；

② 泵轴承振动超高保护；

③ 泵机械密封温度超高保护；

④ 泵机械密封泄漏超高保护；

⑤ 电动机轴承温度超高保护；

⑥ 电动机轴承振动超高保护；

⑦ 电动机定子温度超高保护；

⑧ 泵壳温度超高保护。

（3）接到调控中心或站控系统的ESD指令触发。

4）常用站场ESD触发条件

站场ESD指令发出时，ESD系统将按预定程序使输油泵机组停车，加热炉系统停运，并关闭进出站ESD阀。

站场ESD触发条件包括：

（1）站场ESD按钮指令；

（2）站场泄漏，经人工确认是否触发站场ESD；

（3）发生火灾，经人工确认是否触发站场ESD；

（4）调控中心触发ESD指令。

2. 安全联锁保护系统(水击超前保护系统)

管道安全联锁保护系统也称水击超前保护系统，采用了停泵和保护调节的方法进行超前保护，以保护全线相对薄弱地段的管道，一般首站设置前置水击保护PLC实施水击保护。在中间泵站突然停泵或者干线阀门突然关断时，由通信系统向水击保护PLC传输一个信号，由水击保护PLC自动下达水击保护指令，调节阀动作，进行保护性调节或顺序停掉相关泵站输油泵等方法，来向上下游发出增压波或减压波，以防止管线相对薄弱地段超压或高点汽化。不同的PLC控制系统的功能各有不同。

1）水击保护PLC主要控制内容

（1）全线的启输和停输；

（2）水击保护程序。

站控PLC主要控制所有采集参数的显示和设备控制；ESD PLC主要控制ESD系统。

2）安全联锁保护系统执行原则

（1）任何高级别的ESD控制动作时，同时要求联锁执行低级别的ESD功能，如站场触发ESD保护时，同时区域ESD和设备ESD也联锁动作。

(2) 任何低级别的ESD控制动作时不能要求联锁执行高级别的ESD功能，如设备触发ESD保护时，不能触发区域ESD或站场ESD联锁动作。

3. 火气消防系统(FGC)

火气消防系统是用于监控火灾和可燃气及毒气泄漏事故并具备报警和一定灭火功能的安全控制系统。控制系统的核心一般为AB/HIMA/ICS/TRICON等高性能PLC，现场有火焰探测器、感烟探头、感温探头、手动火灾报警按钮、灭火系统、可燃气探测器、毒气探测器等。由此组成的一个完整的火灾和气体泄漏报警控制系统。在现场发生火灾或气体泄漏报警时，通过现场探头的自动检测或现场工人的手动触发引起火灾或气体泄漏报警，以保障事故的控制和人员及设施的安全。

火气消防系统执行原则：

(1) 任何站场发生火灾时，必须执行站场级ESD功能和启动消防系统。

(2) 任何气体站场压缩机厂房发生气体泄漏时，必须触发站区域级ESD功能(如压缩机厂房内停机和放空)。

(3) 火气系统和ESD系统以及消防系统的联锁触发方式须进行专项分析，制订原则要求。

(4) 如果火气系统联锁自动触发ESD和消防系统，须考虑延时触发要求和生产可用性要求。

(5) 如果火气系统和ESD系统及消防系统没有联锁和自动触发功能，须考虑人为确认和ESD及消防系统执行的操作规程。

二、安全仪表系统完整性等级评价相关术语

1. 基本过程控制系统(Basic Process Control System，BPCS)

对来自过程的、系统相关设备的、其他可编程系统的和(或)某个操作员的输入信号进行响应的，并产生过程和系统相关设备按要求方式运行的系统，但它并不执行任何安全完整性等级大于等于1的仪表安全功能。

2. 安全仪表功能(Safety Instrumented Function，SIF)

具有某个特定SIL的，用以达到功能安全的安全功能，它既可以是一个仪表安全保护功能，也可以是一个仪表安全控制功能。

3. 安全完整性(Safety Integrity)

安全仪表系统在规定时段内、在所有规定条件下满足执行要求的仪表安全功能的平均概率。

注：

(1) 安全完整性等级越高，应执行所要求的仪表安全功能的概率也越高。

(2) 仪表安全功能的安全完整性等级分成4个等级。

(3) 在确定安全完整性时，应包括导致非安全状态的所有失效因素(硬件随机失效和系统失效)。如硬件失效、软件失效和电气干扰引起的失效。这些类型中的某些失效，特别是硬件随机失效，可以使用危险失效模式中的失效率或者要求时的仪表安全功能失效概率这样的量来量化。但SIF的安全完整性还取决于许多因素，它们不能精确量化，只能定性考虑。

（4）安全完整性由硬件安全完整性和系统安全完整性组成。

4. 安全完整性等级（Safety Integrity Level，SIL）

用来规定分配给安全仪表系统的仪表安全功能的安全完整性要求的离散等级（4个等级中的一个）。SIL4是安全完整性的最高等级，SIL1为最低等级。

5. 安全生命周期（Safety Life Cycle）

从项目概念阶段开始到所有的仪表安全功能不再适用时为止所发生的、包含在仪表安全功能实现中的必要活动。

6. 保护层（Protection Layer）

借助控制、预防或减轻以降低风险的任何独立机制。

注：它可能是装危险化学物品的压力容器的容量这样的一个过程工程机制，也可能是一个安全阀这样的机械工程机制、或者一个安全仪表系统、或者是应对紧急危险的一个应急计划这样的管理规程。可以自动启动或手动启动响应机制。

7. 独立的保护层（Independent Protection Layer，IPL）

一种设备、系统或行动，能防止场景向不期望的后果发展，它与场景的初始事件或其他保护层的行动无关。独立性表示保护层的执行能力不会受到初始事件或其他保护层失效的影响。独立保护层的有效性和独立性可以被审查。

8. 保护层分析（Layer of Protection Analysis，LOPA）

对降低不期望事件频率或后果严重性的独立保护层的有效性进行评估的一种过程（方法或系统）。

三、完整性等级评价原理和目的

1. 评价原理

安全完整性等级（SIL）是一个重要的安全可靠性的参数，用以表征安全仪表系统针对一个特定的功能需求所能达到的风险降低的程度。确定SIL等级就是通过规定安全仪表系统需要的最低反应失效的可能性，使设备能够在需要时成功地执行设计所要求的安全功能。

2. 评价目的

评价安全仪表系统中的每个安全仪表功能的安全完整性等级。

（1）确认安全仪表功能设置合理性；

（2）确认安全仪表功能能够正确完成、减轻不可避免灾害的风险；

（3）确保风险降低到可接受的范围内。

四、完整性等级评价程序

1. 应用阶段

应在以下阶段开展安全仪表系统的完整性等级确定活动：

（1）对于新建、改建和扩建项目，应在已开展过危险与风险分析评估、已确定要求的保护层之后，开展安全仪表系统的完整性等级评价工作。当设计发生变化时，应对发生变化的部分和变化所有可能影响到的部分，再次开展此项工作。

（2）对于在役站场，当系统发生变更前，应对变更影响范围内的部分开展安全仪表系统的 SIL 确定工作。

（3）对以往没开展过的在役站场，根据公司生产需求，按照新建项目，开展安全仪表系统的 SIL 确定工作。

2. 评价流程

SIL 等级评价流程如图 4-3-1 所示。

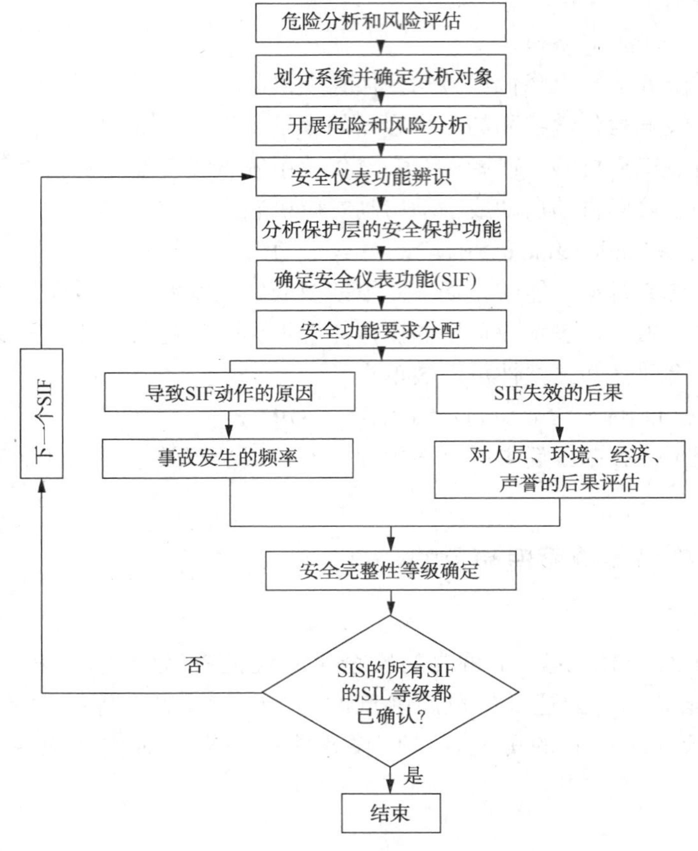

图 4-3-1　SIL 等级评价流程

（1）危险分析和风险评估：划分系统并确定分析对象，对受保护的过程原始风险进行危险分析和风险分析。

（2）安全仪表功能辨识：分析各保护层所要执行或实现的安全保护功能，确定安全仪表系统（SIS）中的安全仪表功能（SIF）。

（3）安全功能要求分配：分析导致安全仪表功能（SIF）动作的原因及其失效的后果，确定每个安全仪表功能（SIF）应具有的风险降低水平要求。

（4）安全完整性等级确定：确定每个安全仪表功能（SIF）的目标安全完整性等级（SIL）。

3. 评价方式

（1）安全完整性等级评价宜采用审查会方式。审查的主要文件宜包括 P&ID 操作原理、站场布置图、危险区域划分图、逻辑图及其他有关文件。参加评估的人员宜包括工艺、过程控制(仪表)、安全、设备、生产操作及管理等专业。

（2）安全完整性等级评价审查会应对工艺及仪表流程图(P&ID)和逻辑图等主要设计文件进行分析研究，结合过程危险分析和保护层功能分配的结果，评估、确定各安全仪表功能的安全完整性等级。

4. 常用评价方法

（1）保护层分析法(LOPA)。

保护层分析法是在危险与可操作性分析(HAZOP)的基础上，对识别出的每个危险事件分析其引发原因，评估预防或减缓危险的保护层作用，确定可降低的风险总量，研究降低风险的措施。如需附加的风险降低以一个安全仪表功能(SIF)的形式提供这种降低，LOPA 可以确定是否需要 SIF，以及需要时每个 SIF 所需的安全完整性等级(SIL)。

（2）风险矩阵法。

风险矩阵法是按照危险事件发生的可能性分级与事故后果严重程度的分级进行风险组合排序。采用风险矩阵法确定安全完整性等级是基于操作经验和各公司的风险标准。对人员、经济和环境等方面的风险分别进行评估，根据风险结果确定安全完整性等级，图 4-3-2 为安全评价风险矩阵。

后果					频率(次/a)				
等级	人员伤亡	直接经济损失	环境影响	声誉影响	A	B	C	D	E
					行业内从未发生	行业内曾经发生	国内曾经发生	公司内曾经发生	装置内曾经发生
					>0.0001 <0.001	>0.001 <0.01	>0.01 <0.1	>0.1 <1	>1
0	无人员伤亡	无破坏	无影响	无影响	—	—	—	a	a
1	轻伤	经济损失1万元以下	轻微影响	轻微影响	—	—	a	1	1
2	重伤	经济损失1~10万元	较小影响	较小影响	—	a	1	2	2
3	1~2人死亡	直接经济损失10~30万元	局部影响	严重影响	a	1	2	3	3
4	3~9人死亡	直接经济损失30~100万元	重大影响	国家性影响	1	2	3	4	b
5	10人以上死亡	直接经济损失100~300万元	特大影响	国际性影响	2	3	4	b	b

注：—代表不需要 SIS；a 代表 BPCS 报警或联锁；b 代表一个 SIF 不能满足风险降低要求；1 代表 SIL1；2 代表 SIL2；3 代表 SIL3；4 代表 SIL4。

图 4-3-2 安全评价风险矩阵

（3）风险图法。

风险图法是一种定性方法，评估通过对过程和基本过程控制系统相关的风险分析来确定安全仪表功能的安全完整性等级。此方法使用了许多参数，这些参数共同描述了当安全仪表系统失效或不可用时危险情况的种类。从每 4 个一组中选择一个参数，然后把选择的这些参数组合起来，从而决定分配给仪表安全功能的安全完整性等级。

风险图法也是基于分级的，包括危险事件的后果（C）、避免危险事件后果的可能性（P）、处于危险区域的频率与暴露时间的乘积（F）和人员避开危险的概率（W）4 个参数。图 4-3-3 为安全后果风险图，图 4-3-4 为环境后果风险图，图 4-3-5 为经济后果风险图。

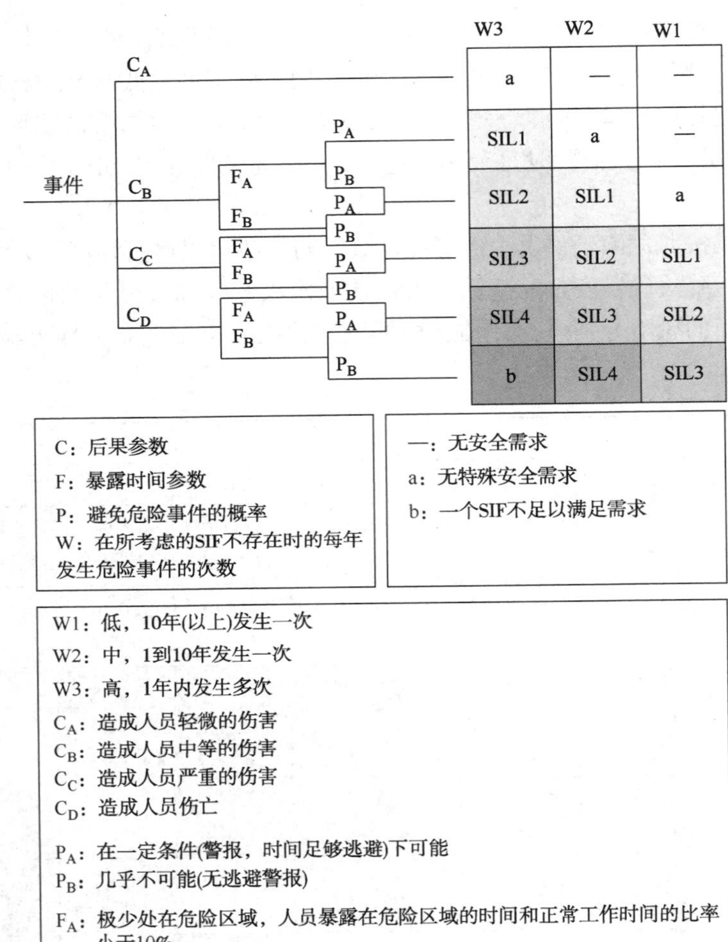

图 4-3-3　安全后果风险图

5. *方法选择*

（1）评价方法的选择应根据标准和工艺过程的复杂程度、风险特性和降低风险的方法、人员经验等确定。

（2）SIL 的确定方法有定性分析和基于频率的定量分析两类方法。定性分析方法包括风险矩阵法和风险图法，定量分析方法包括保护层分析法。

（3）在一些评价中，可以使用不只一种方法。首先，使用定性方法确定所有 SIF 要求的 SIL。然后对于那些用该方法分配了 SIL3 或者 SIL4 的 SIF，应考虑再使用定量方法进一步细

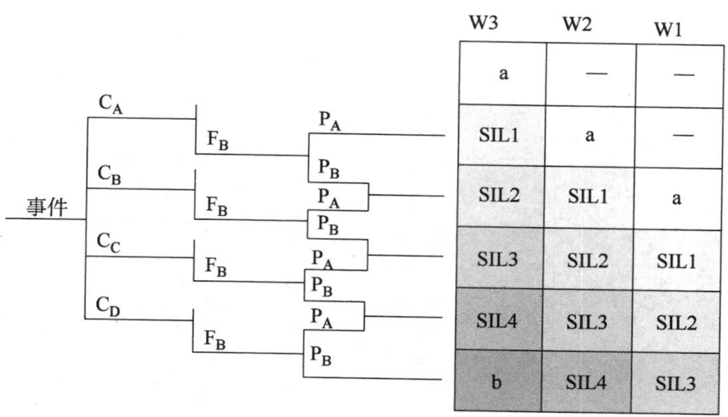

C：后果参数
F：暴露时间参数
P：避免危险事件的概率
W：在所考虑的SIF不存在时的每年发生危险事件的次数

—：无安全需求
a：无特殊安全需求
b：一个SIF不足以满足需求

W1：低，10年(以上)发生一次
W2：中，1管到10年发生一次
W3：高，1年内发生多次
C_A：轻度破坏，不是很严重但是必须上报管理层
C_B：在站场内造成重大的破坏
C_C：重大破坏，影响至站场外，但没有长期后果影响
C_D：重大破坏，影响至站场外，有长期后果影响
P_A：在一定条件下可能避免
P_B：几乎不可能避免
F_B：不使用

图 4-3-4　环境后果风险图

化，以便更精确地满足所要求的安全完整性。

五、完整性等级评价内容

1. 危险分析和风险评估

（1）开展危险分析和风险评估应包括以下内容：

① 确定过程及其相关设备的危险和危险事件；

② 确定导致危险事件的事件序列；

③ 确定与危险事件相关联的过程风险；

④ 确定风险降低的任何要求。

（2）开展危险分析和风险评估常用的定性方法包括：

① 安全复审；

② 检验表；

③ 假设分析；

④ HAZOP 分析；

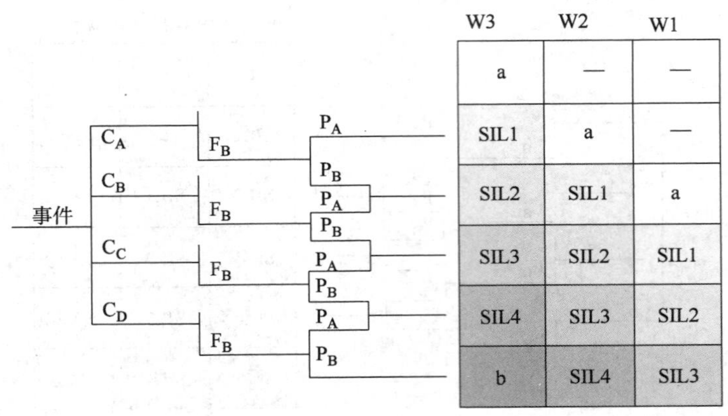

C：后果参数
F：暴露时间参数
P：避免危险事件的概率
W：在所考虑的SIF不存在时的每年发生危险事件的次数

—：无安全需求
a：无特殊安全需求
b：一个SIF不足以满足需求

W1：低，10年(以上)发生一次
W2：中，1到10年发生一次
W3：高，1年内发生多次
C_A：轻微损失，经济损失小于70万元
C_B：中等损失，经济损失在70万元到700万元
C_C：重大损失，经济损失在700万元到7000万元
C_D：灾难性损失，经济损失大于7000万元
P_A：在一定条件下可能避免
P_B：几乎不可能避免
F_B：不使用

图 4-3-5　经济后果风险图

⑤ 失效模式和影响分析；

⑥ 因果分析。

(3) 开展危险分析和风险评估推荐采用 HAZOP 分析方法。

2. 安全仪表功能辨识

辨识安全仪表功能(SIF)应包括以下内容：

(1) 界定用于预防、控制或减轻来自过程及其相关装置危险的各保护层；

(2) 确定保护层的风险降低能力；

(3) 确定达到必要的风险降低所要求的安全功能；

(4) 确定每个安全功能是否是安全仪表功能。

注意：安全仪表功能是当潜在危险发生时，安全仪表系统为了整个过程的安全所采取的动作。清晰地、准确地辨识 SIF，是安全仪表系统 SIL 评估的重要一步。辨识 SIF，一般从通过过程危险分析报告、P&ID 以及功能逻辑图等获得。

3. 安全仪表功能(SIF)回路

包括：

（1）受控设备（保护对象）；
（2）触发事件（传感器）；
（3）逻辑处理器；
（4）执行元件及动作。

4. 安全功能要求分配

安全功能要求分配应包括以下内容：
（1）对预防、控制或减轻来自过程及其相关设备危险的保护层分配安全功能；
（2）确定所有造成 SIF 动作的原因及发生的频率；
（3）确定 SIF 失效造成的后果；
（4）给 SIF 分配风险降低目标。

5. 安全仪表系统失效后果及频率评估

安全仪表系统失效后造成的后果和频率通常从以下方面进行评估：
（1）安全后果。对人员造成伤亡的程度和发生的频率。
（2）环境后果。对环境造成破坏的程度和发生的频率。
（3）经济后果。设备损坏的损失及其造成停产损失的大小或等级和发生的频率。

注意：在评估 SIF 的 SIL 等级时，应分别分析上述所有方面的后果。最终的 SIL 等级是选取 3 个后果中 SIL 等级最高的。

6. 安全完整性等级确定

通过每个安全仪表功能提供的风险降低要求，可推导出该安全仪表功能的安全完整性等级。

注意：分配给安全仪表系统安全仪表功能的安全完整性等级不能高于 4。在油气管道领域内要求某一个安全仪表功能的安全完整性等级为 3 和 4 的应用是罕见的。因为在合理的情况下，要在整个安全生命周期中达到和保持这样高的性能等级是困难的，所以应避免这种应用。

7. 评价报告

SIL 评价报告，应包括但不限于以下内容：
（1）项目概要；
（2）参加人员名单；
（3）评价方法介绍；
（4）评价流程；
（5）评价依据材料和数据来源及可信性说明；
（6）评价结论；
（7）SIL 确定记录表，见附录 A；
（8）附件：会议用的图纸、相关资料。

第四节　控制逻辑图识图

逻辑图：主要用二进制逻辑（与、或、异或等）单元图形符号绘制的一种简图，其中只表示功能而不涉及实现方法的逻辑图叫纯逻辑图。

电路图：用图形符号并按工作顺序排列，详细表示电路、设备或成套装置的全部组成和连接关系，而不考虑其实际位置的一种简图。目的是便于详细理解作用原理、分析和计算电路特性。

控制逻辑图由三部分组成：输入部分、逻辑单元部分、输出部分。

一个逻辑图的详细程度随其使用的目的而定。一个逻辑图的详尽程度取决于逻辑的表达程度以及是否包含辅助的、非逻辑的信息，如一个逻辑系统可能有两个相对独产的输入，即一条开指令、一条闭指令(接点信号)，这两条指令通常不能同时存在，逻辑图可以指定或不指定当两条指令同时存在的结果。此外，为了表示逻辑原理，可以给逻辑图加有注释，若需要也可以加注非逻辑信息，如资料标记、位号、端子标志等。

一个逻辑信号的存在，实际上即可以对应一个存在的仪表位号，也可以对应一个不存在的仪表信号，这取决于硬件系统的形式和所设计的电路结构原理，如流量高报，一方面可以选定一个在流量达到高限时触点打开的电气开关来激励；另一方面，这个高限报警也可以选定为由在流量达到高限时触点闭合的电气开关来激励。因此，这个流量高限条件可以由电信号的存在或不存在来表示。

信号的流向：用直线束表示(从左至右，从上至下的流向)。

逻辑图图形及符号说明见表 4-4-1。

表 4-4-1　逻辑图图例说明

功能	图形符号	定义
计时器	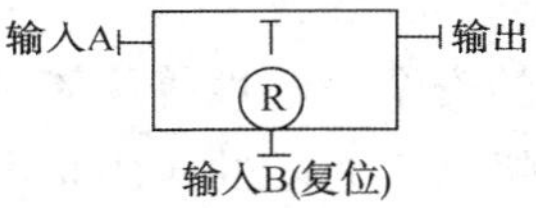 输入A — [T / R] — 输出；输入B(复位)	输入 A 持续为 1 时，计时器计时； 当即时时间达到 T 时，计时器输出数值位 1 (Bool 量)的脉冲信号； 输入 B 为 1 时，则计时器复位(清零)
上升沿触发器	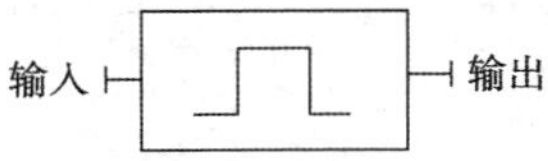 输入 — [上升沿脉冲] — 输出	输入由 0 变成 1 时，输出数字量位 1 的脉冲信号
下降沿触发器	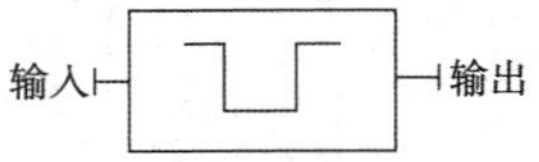 输入 — [下降沿脉冲] — 输出	输入由 1 变成 0 时，输出数字量位 1 的脉冲信号
上升沿延时触发器	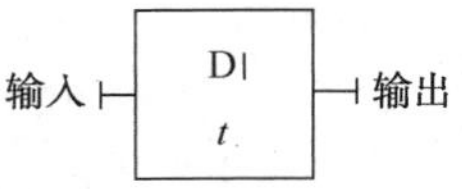 输入 — [DI / t] — 输出	输入由 0 变 1 维持 t 秒后，则输出由 0 变成 1； 输入由 1 变成 0，则输出立即由 1 变 0(上升沿触发计时，t 秒后接通)
下降沿延时触发器	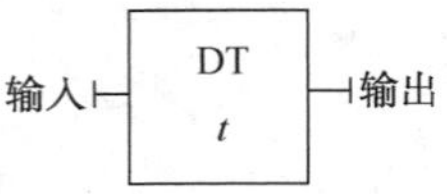 输入 — [DT / t] — 输出	输入由 1 变 0 维持 t 秒后，则输出由 1 变成 0； 输入由 0 变成 1，则输出立即由 0 变 1(下降沿触发计时，t 秒后断开)
RS 触发器	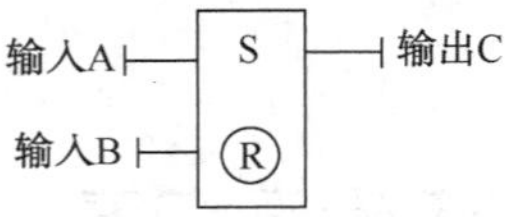 输入A — [S]；输入B — [R] — 输出C	触发器命令输出 A 为上升沿触发，A 由 0 变 1，输出 C 保持为 1； A 从 1 变 0 后不影响输出，只能由 B 复位，无论 A 的值为 0 或为 1，当 B 为 1 时，输出 C 为 0
与命令输出	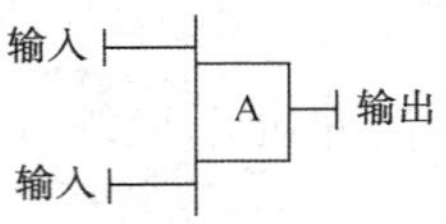 输入、输入 — [A] — 输出	输入均为 1 时，输出为 1，否则为 0

续表

功能	图形符号	定义
或命令输出	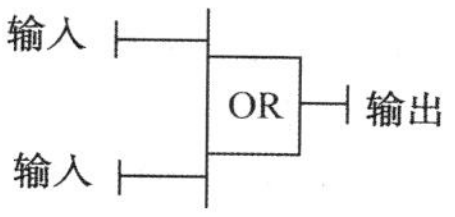 输入 OR 输出 输入	输入均为0时，输出为0，否则为1
取非输出	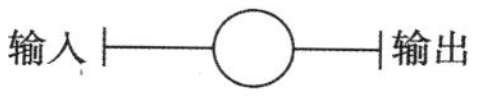 输入 ○ 输出	输入0则输出1，输入1则输出0
大于命令输出	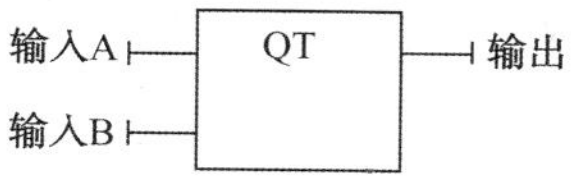 输入A　QT　输出 输入B	输入A大于B输出1，否则输出0
小于命令输出	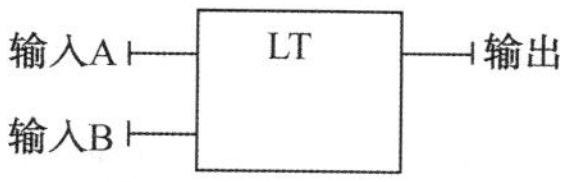 输入A　LT　输出 输入B	输入A小于B输出1，否则输出0
等于命令输出	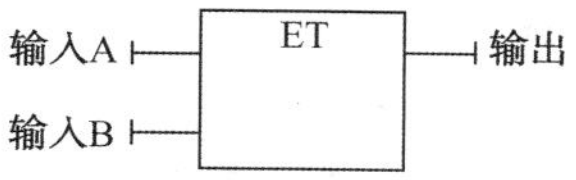 输入A　ET　输出 输入B	输入A等于B输出1，否则输出0
3选2命令	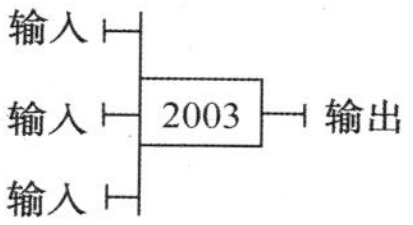 输入 输入　2003　输出 输入	输出为3个输入值的中间值
条件输出	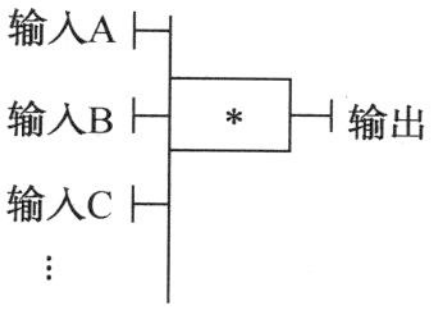 输入A 输入B　*　输出 输入C ⋮	所有输入必须为Bool量，其中∗可以为以下任意判断符：=，≥，≤，≠，>，< 例如： 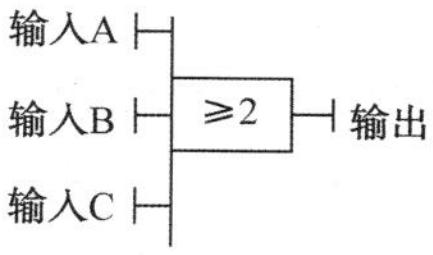 输入A 输入B　≥2　输出 输入C 输入A、B、C至少有两个为1时，则输出1，否则输出0 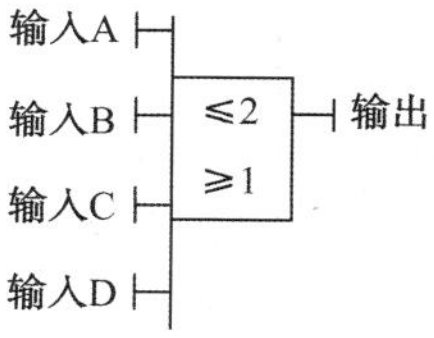 输入A 输入B　≤2 ≥1　输出 输入C 输入D 输入A、B、C、D至少有1个为1，且为1的不超过2个时，输出为1，否则输出0
赋值模块	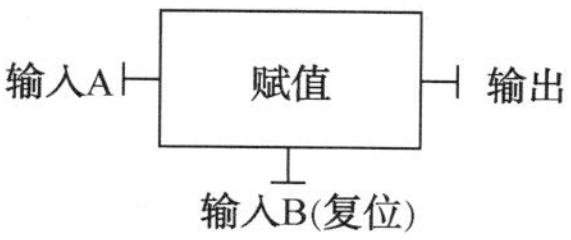 输入A　赋值　输出 输入B(复位)	由输入A的上升沿触发，输入A由0变为1时，输出=此时的输入B，输入A变为0不会影响模块的输出
计数器	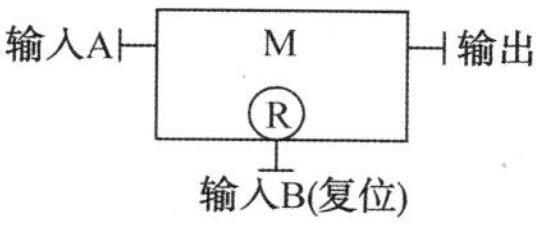 输入A　M (R)　输出 输入B(复位)	计数器的输出为整型数，初始输出为0 输入A为上升沿触发，A由0变为1时，则输出增加1，输出B为1时，则计数器复位(清零)

续表

功能	图形符号	定义
减法器	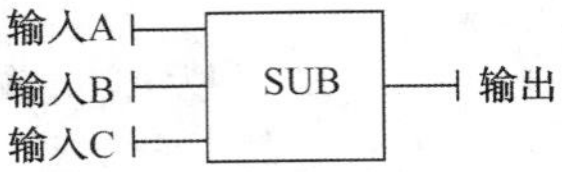 输入A、输入B、输入C → SUB → 输出	输入A为上升沿触发，A由0变为1时，减法器进行一次减法运算并输出结果。 输出=输入B-输入C
常用指令	INT Bool量转换为整形数；√ 开方；∑ 和；> 高选；△ 差；< 低选；× 乘；| | 绝对值；÷ 除；K 比例；(L) 锁存(置位)；(R) 触发信号自动解锁(复位)	
PID 模块	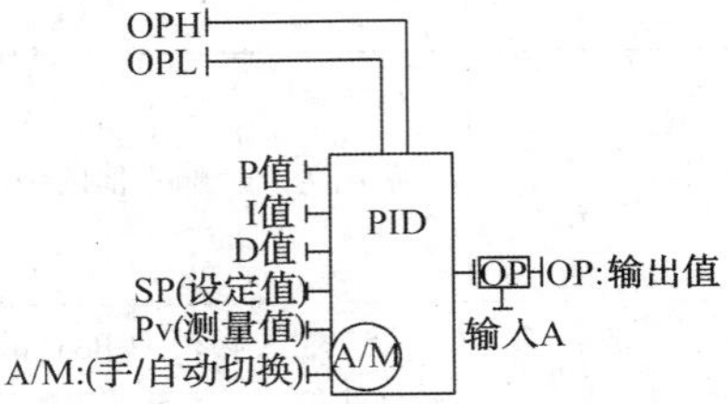 OPH、OPL、P值、I值、D值、SP(设定值)、Pv(测量值)、A/M:(手/自动切换) → PID → OP OP:输出值；输入A	Pv为被测变量输入； A/M为手动/自动模式转换符号，此为0时，PID为自动模式，为1时为手动模式。 手动模式下，PID模块的输出值=输入A，OPH和OPL分别为PID输出的上限值和下限值(即在任何情况下，PID的输出不允许超出此范围)
选择性大于或等于命令输出	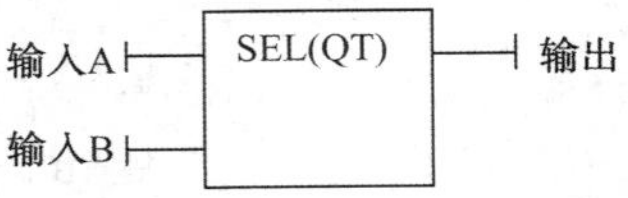 输入A、输入B → SEL(QT) → 输出	输入A大于输入B，则输出A，否则输出B
选择性小于或等于命令输出	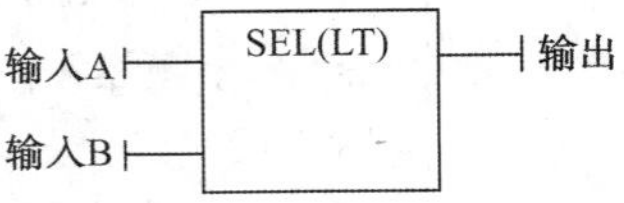 输入A、输入B → SEL(LT) → 输出	输入A小于输入B，则输出A，否则输出B
常用符号	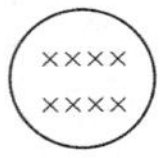 ×××× ××××（圆圈）	现场I/O信号
常用符号	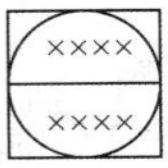 ×××× ××××（方框内圆圈，中间横线）	HMI软按钮或HMI显示
常用符号	 ×××× ××××（方框）	寄存器

逻辑图举例如图4-4-1所示。

图4-4-1逻辑图示例说明：当泵P-401为运行状态，且泵停止命令按钮按下时，停泵P-401。

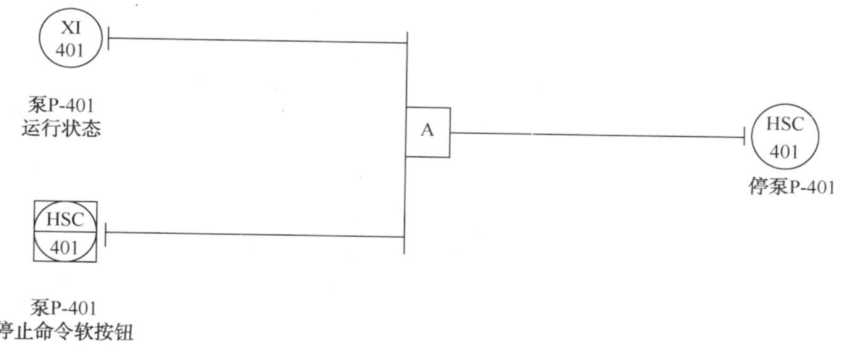

图 4-4-1　逻辑图示例

第五节　第三方通信

所谓通信协议是指通信双方的一种约定。约定包括对数据格式、同步方式、传送速度、传送步骤、检纠错方式以及控制字符定义等问题做出统一规定，通信双方必须共同遵守。因此，也叫做通信控制规程，或称传输控制规程，它属于 ISO/OSI 七层参考模型中的数据链路层。

Modbus 协议是应用于电子控制器上的一种通用语言。通过此协议，控制器相互之间、控制器经由网络(例如以太网)和其他设备之间可以通信。它已经成为一通用工业标准。有了它，不同厂商生产的控制设备可以连成工业网络，进行集中监控。

一、网络协议 TCP/IP

计算机网络中已经形成的网络体系结构主要有两个：OSI 参考模型和 TCP/IP 参考模型。

OSI 开放系统互联参考模型(Open System Interconnection Reference Model)由国际标准化组织(ISO)制定，分为 7 层：物理层、数据链路层、网络层、传输层、会话层、表示层、应用层。

TCP/IP 参考模型是因特网(Internet)的基础。和 OSI 的 7 层协议比较，TCP/IP 参考模型中没有会话层和表示层。通常说的 TCP/IP 是一组协议的总称，TCP/IP 实际上是一个协议族(或协议包)，包括 100 多个相互关联的协议，其中 IP(Internet Protocol，网际协议)是网络层最主要的协议；TCP(Transmission Control Protocol，传输控制协议)和 UDP(User Datagram Protocol，用户数据报协议)是传输层中最主要的协议。一般认为，IP，TCP 和 UDP 是最根本的 3 种协议，是其他协议的基础。

IP 定义了数据按照数据报(Datagram)传输的格式和规则；TCP 是提供可靠服务、面向连接的协议；UDP 是不可靠、无连接的协议。TCP 建立在 IP 之上(这正是 TCP/IP 的由来)，定义了网络上程序到程序的数据传输格式和规则，提供了 IP 数据包的传输确认、丢失数据包的重新请求、将收到的数据包按照它们的发送次序重新装配的机制。TCP 协议是面向连接的协议，类似于打电话，在开始传输数据之前，必须先建立明确的连接。

UDP 也建立在 IP 之上，但它是一种无连接协议，两台计算机之间的传输类似于传递邮件：消息从一台计算机发送到另一台计算机，两者之间没有明确的连接。UDP 中的 Datagram 是一种自带寻址信息的、独立地从数据源走到终点的数据包。UDP 不保证数据的传输，也不提供重新排列次序或重新请求功能，所以说它是不可靠的。虽然 UDP 的不可靠性限制了它的应用场合，但它比 TCP 具有更好的传输效率。

TCP/IP 使用协议栈来工作，栈是所有用来在两台机器间完成一个传输的所有协议的几个集合。数据通过栈从一台机器到另一台机器，在这过程中，一个复杂的查错系统会在起始机器和目的机器中执行。栈分成 5 个层，每一层都能从相邻的层中接收或发送数据，每一层都与许多协议相联系。TCP/IP 协议族的最主要协议见表 4-5-1。

表 4-5-1　TCP/IP 协议族主要协议表

层次	主要协议
应用层	HTTP，FTP，SMTP，DNS，DSP，Telnet，Gopher，WAIS 等
传输层	TCP，UDP，DVP 等
网络层	IP，ICMP，AKP，RARP，UUCP 等
接口层	Enternet，Arpanet，PDN 等
物理层	只要能传输 IP 数据报(Datagram)，允许任何协议……

1. 网络层的协议

网络层协议管理离散的计算机间的数据传输，用户一般注意不到，如 IP 协议为用户和远程计算机提供了信息包的传输方法，在机器 IP 地址和其他信息的基础上，IP 确保信息包能正确地到达目的机器。在这一过程中，IP 和其他网络层的协议共同用于数据传输，如果没有使用一些监视系统进程的工具，用户是看不到在系统里工作着的 IP 的。Sniffers 就是能看到这些步骤的一个装置(它可以是软件，也可以是硬件)，它能读取通过网络发送的每一个包，即能读取发生在网络层协议的任何活动，因此 sniffers 会对安全造成威胁。

重要的网络层协议包括：ARP(地址解析协议)、ICMP(Internet 控制消息协议)、IP 协议(网际协议)、TCP(传输控制协议)等。

ARP(地址解析协议)的作用是将 IP 地址映射成物理地址。在一个消息(或其他数据)发送之前，被打包到 IP 包或适合于 Internet 传输的信息块里，里面这包括两台计算机的 IP 地址，在这个包离开发送计算机之前，必须要找到目标的硬件地址，这就是 ARP 最初用到的地方。一个 ARP 请求消息在网上广播，请求由一个进程接收，它回复物理地址。这个回复消息由原先的那台发送广播消息计算机接收，从而传输过程就开始了。ARP 会利用一个缓存，将网络或远程计算机的硬件地址保存着，为接着的 ARP 请求作准备。这样可以节省时间和网络资源，但也会引起安全问题。

ICMP(Internet 控制消息协议)是用来在两台计算机之间传输时处理错误和控制消息的。ICMP 可以实现检测网络问题的重要工具。其中，Ping 是常用的由 ICMP 实现的网络工具。用 Ping 从用户的计算机发送数据包到远程计算机，这些包将返回测试数据到用户的计算机，由此可知网络是否通畅。

2. 应用层的协议

应用层协议建立在网络层协议之上，是专门为用户提供应用服务的，一般是可见的。如利用 FTP(文件传输协议)传输一个文件请求一个和目标计算机的连接，在传输文件的过程中，用户和远程计算机交换的一部分是能看到的。常见的应用层协议有 HTTP，FTP，Telnet，SMTP 和 Gopher 等。

(1) HTTP(Hyper Text Transport Protocol，超文本传输协议)。是一个通用的，面向对象

的协议，在 Internet 上进行信息传输时广泛使用。通过扩展请求命令，可以用来实现许多任务。HTTP 的允许系统相对独立于数据的传输，包括对该服务器上指定文件的浏览、下载、运行等。HTTP 不断发展，支持的媒体越来越多，使得我们可以方便地访问 Internet 上的各种资源。

（2）FTP（File Transfer Protocol，文件传输协议）。可以实现从一个系统向另一个系统传输文件。通过 FTP 用户可以方便地连接到远程服务器上，查看远程服务器上的文件内容，还可以把所需要的内容复制到自己所使用的计算机上；如果服务器允许用户对该服务器上的文件进行管理，该用户就可以把自己计算机上的文件传送到文件服务器上，让其他用户共享，还能自由地对上面的文件进行编辑操作，例对文件进行删除、移动、复制、更名等。

（3）Telnet（远程登录协议）。Telnet 提供了一个相当通用的、双向的、面向 8 位字节的通信机制，使用基于文本界面的命令连接并控制远程计算机。允许用户把自己的计算机当作远程主机上的一个终端，通过该协议用户可以登录到远程服务器上。Telnet 不仅允许用户登录到一个远程主机，还允许用户在那台计算机上执行命令。用户用 Telnet 登录到远程计算机上后，便可以通过自己本地的计算机来控制和管理远程服务器上的文件及其他资源。

（4）SMTP（简单邮件传输协议）。可以实现邮件传输的可靠和高效。当用户给 SMTP 服务器发请求时，一个双向的连接便建立起来，客户发一个 MAIL 指令，指示它想给 Internet 上的某处的一个收件人发个信。如果 SMTP 允许这个操作，则一个肯定的确认发回客户机。随后，会话开始。客户可以告知收件人的名称和 IP 地址以及要发送的消息。

（5）Gopher（一种信息查询系统协议）。相当于一个分布式的文件获取系统。文档放在许多服务器上，Gopher 客户软件给客户提供一个层次项和目录，看上去像一个文件系统。Gopher 服务功能相当强大，能提供文本、声音和其他媒体。

二、Modbus 通信协议

1. Modbus 协议简介

Modbus 是 Modicon 公司最新倡导的一种软的通信规约，经过大多数公司的实际应用，逐渐被认可，成为一种标准的通信规约，只要按照这种规约进行数据通信或传输，不同的系统就可以通信。目前，在 RS232/RS485 通信过程中，广泛采用这种规约。

Modbus 协议定义了一个控制器能认识使用的消息结构，而不管它们是经过何种网络进行通信的。它描述了控制器请求访问其他设备的过程，如何回应来自其他设备的请求，以及怎样侦测错误并记录。它制订了消息域格局和内容的公共格式。

当在一 Modbus 网络上通信时，此协议决定了每个控制器需要知道它们的设备地址，识别按地址发来的消息，决定要产生何种行动。如果需要回应，控制器将生成反馈信息并用 Modbus 协议发出。在其他网络上，包含了 Modbus 协议的消息转换为在此网络上使用的帧或包结构。这种转换也扩展了根据具体的网络解决节地址、路由路径及错误检测的方法。

1）在 Modbus 网络上转输

标准的 Modbus 口是使用 RS-232C 兼容串行接口，也可以是 RS422/ 485 任何一种。它定义了连接口的针脚、电缆、信号位、传输波特率、奇偶校验。控制器能直接或经由 Modem 组网。

控制器通信使用主/从技术，即仅一设备（Master 设备）能初始化传输（查询）。其他设备

(Slave 设备)根据 Master 设备查询提供的数据作出相应反应。典型的 Master 设备：主机和可编程仪表。典型的 Slave 设备：可编程控制器。

Master 设备可单独和 Slave 设备通信，也能以广播方式和所有 Slave 设备通信。如果单独通信，Slave 设备返回一消息作为回应，如果是以广播方式查询的，则不作任何回应。Modbus 协议建立了 Master 设备查询的格式：设备(或广播)地址、功能代码、所有要发送的数据、一错误检测域。

Slave 设备回应消息也由 Modbus 协议构成，包括确认要行动的域、任何要返回的数据和一错误检测域。如果在消息接收过程中发生一错误，或 Slave 设备不能执行其命令，Slave 设备将建立一错误消息并把它作为回应发送出去。

2）在其他类型网络上转输

在其他网络上，控制器使用对等技术通信，故任何控制都能初始与其他控制器的通信。这样在单独的通信过程中，控制器既可作为 Master 设备也可作为 Slave 设备。提供的多个内部通道可允许同时发生的传输进程。

在消息位，Modbus 协议仍提供了主—从原则，尽管网络通信方法是“对等”。如果一控制器发送一消息，它只是作为 Master 设备，并期望从 Slave 设备得到回应。同样，当控制器接收到一消息，它将建立一 Slave 设备回应格式并返回给发送的控制器。

3）查询—回应周期

主—从设备查询—回应周期表如图 4-5-1 所示。

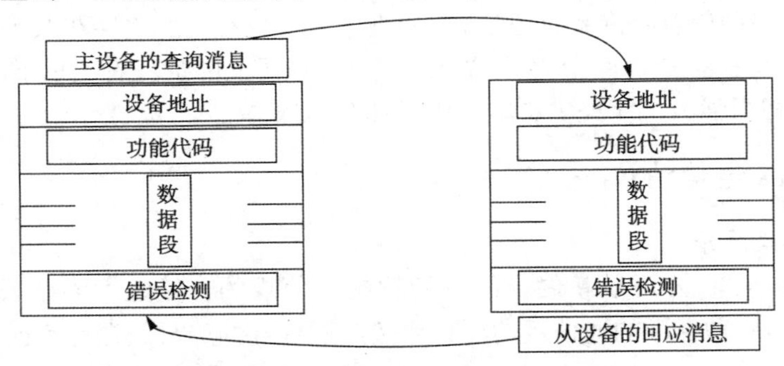

图 4-5-1　主—从设备查询—回应周期表

(1) 查询。

查询消息中的功能代码告之被选中的 Slave 设备要执行何种功能。数据段包含了 Slave 设备要执行功能的任何附加信息。例如功能代码 03 是要求 Slave 设备读保持寄存器并返回它们的内容。数据段必须包含要告之 Slave 设备的信息：从何寄存器开始读及要读的寄存器数量。错误检测域为 Slave 设备提供了一种验证消息内容是否正确的方法。

(2) 回应。

如果 Slave 设备产生一正常的回应，在回应消息中的功能代码是在查询消息中的功能代码的回应。数据段包括了 Slave 设备收集的数据：像寄存器值或状态。如果有错误发生，功能代码将被修改以用于指出回应消息是错误的，同时数据段包含了描述此错误信息的代码。错误检测域允许 Master 设备确认消息内容是否可用。

2. 传输方式

Modbus 协议包括 ASCII，RTU 和 TCP 等，并没有规定物理层。此协议定义了控制器能够认识和使用的消息结构，而不管它们是经过何种网络进行通信的。标准的 Modicon 控制器使用 RS232C 实现串行的 Modbus。Modbus 的 ASCII 和 RTU 协议规定了消息和数据的结构、命令和就答的方式，数据通信采用 Master 设备/ Slave 设备方式，Master 设备端发出数据请求消息，Slave 设备端接收到正确消息后就可以发送数据到 Master 设备端以响应请求；Master 设备端也可以直接发消息修改 Slave 设备端的数据，实现双向读写。

Modbus 协议需要对数据进行校验，串行协议中除有奇偶校验外，ASCII 模式采用 LRC 校验，RTU 模式采用 16 位 CRC 校验，但 TCP 模式没有额外规定校验，因为 TCP 协议是一个面向连接的可靠协议。

另外，Modbus 采用主从方式定时收发数据，在实际使用中，如果某 Slave 设备站点断开后(如故障或关机)，Master 设备端可以诊断出来，而当故障修复后，网络又可自动接通。因此，Modbus 协议的可靠性较好。

对于 Modbus 的 ASCII，RTU 和 TCP 协议来说，其中 TCP 和 RTU 协议非常类似，TCP 协议是 Modbus RTU/ASCII 协议封装成 TCP 报文的，本质上没有太大差异，但一个运行于 232 或 485 串行通信平台，一个是运行于以太网平台。只要把 RTU 协议的两个字节的校验码去掉，然后在 RTU 协议的开始加上 5 个 0 和一个 6 并通过 TCP/IP 网络协议发送出去即可。两个协议的本质都是 Modbus 协议，都是靠 Modbus 寄存器地址来交换数据；但所用的硬件接口不一样，Modbus RTU 一般采用串口 RS232C 或 RS485/422，而 Modbus TCP 一般采用以太网口。IANA(Internet Assigned Numbers Authority，互联网编号分配管理机构)给 Modbus 协议赋予 TCP 端口 502。现在市场上有很多协议转换器，可以轻松地将这些不同的协议相互转换。

在这里介绍一下 Modbus 的 ASCII 和 RTU 协议。

控制器能设置为两种传输模式(ASCII 或 RTU)中的任何一种在标准的 Modbus 网络通信。用户选择想要的模式，包括串口通信参数(波特率、校验方式等)，在配置每个控制器的时候，在一个 Modbus 网络上的所有设备都必须选择相同的传输模式和串口参数。

ASCII 模式：

:	地址	功能代码	数据数量	数据 1	…	数据 n	LRC 高字节	LRC 低字节	回车	换行

RTU 模式：

地址	功能代码	数据数量	数据 1	…	数据 n	CRC 高字节	CRC 低字节

所选的 ASCII 或 RTU 方式仅适用于标准的 Modbus 网络，它定义了在这些网络上连续传输的消息段的每一位，以及决定怎样将信息打包成消息域和如何解码。

在其他网络上(如 MAP 和 Modbus Plus)Modbus 消息被转成与串行传输无关的帧。

1) ASCII 模式

当控制器设为在 Modbus 网络上以 ASCII(美国标准信息交换代码)模式通信，在消息中的每个 8bit 字节都作为两个 ASCII 字符发送。这种方式的主要优点是字符发送的时间间隔可达到 1s 而不产生错误。

代码系统：

(1) 十六进制，ASCII 字符 0，…，9，A，…，F。

(2) 消息中的每个 ASCII 字符都是一个十六进制字符组成。

每个字节的位：

(1) 1 个起始位；

(2) 7 个数据位，最小的有效位先发送；

(3) 1 个奇偶校验位，无校验则无；

(4) 1 个停止位(有校验时)，2bit(无校验时)。

错误检测域 LRC(纵向冗长检测)。

2) RTU 模式

当控制器设为在 Modbus 网络上以 RTU(远程终端单元)模式通信，在消息中的每个 8bit 字节包含两个 4bit 的十六进制字符。这种方式的主要优点是：在同样的波特率下，可比 ASCII 方式传送更多的数据。

代码系统：

(1) 8 位二进制，十六进制数 0，…，9，A，…，F。

(2) 消息中的每个 8 位域都是一个两个十六进制字符组成。

每个字节的位：

(1) 1 个起始位；

(2) 8 个数据位，最小的有效位先发送；

(3) 1 个奇偶校验位，无校验则无；

(4) 1 个停止位(有校验时)，2bit(无校验时)；

错误检测域 CRC(循环冗长检测)。

3. Modbus 消息帧

两种传输模式中(ASCII 或 RTU)，传输设备以将 Modbus 消息转为有起点和终点的帧，这就允许接收的设备在消息起始处开始工作，读地址分配信息，判断哪一个设备被选中(广播方式则传给所有设备)，判知何时信息已完成。部分的消息也能侦测到并且错误能设置为返回结果。

1) ASCII 帧

使用 ASCII 模式，消息以冒号(:)字符(ASCII 码 3AH)开始，以回车换行符结束(ASCII 码 0DH，0AH)。

其他域可以使用的传输字符是十六进制的 0，…，9，A，…，F。网络上的设备不断侦测":"字符，当有一个冒号接收到时，每个设备都解码下个域(地址域)来判断是否发是给自己的。

消息中字符间发送的时间间隔最长不能超过 1s，否则接收的设备将认为传输错误。一个典型消息帧为：

起始位	设备地址	功能代码	数据	LRC 校验	结束符
1 个字符	2 个字符	2 个字符	n 个字符	2 个字符	2 个字符

2）RTU 帧

使用 RTU 模式，消息发送至少要以 3.5 个字符时间的停顿间隔开始。在网络波特率下多样的字符时间，这是最容易实现的（如 T1—T2—T3—T4）。传输的第一个域是设备地址。可以使用的传输字符是十六进制的 0，…，9，A，…，F。网络设备不断侦测网络总线，包括停顿间隔时间内。当第一个域（地址域）接收到，每个设备都进行解码以判断是否发往自己的。在最后一个传输字符之后，一个至少 3.5 个字符时间的停顿标定了消息的结束。一个新的消息可在此停顿后开始。

整个消息帧必须作为一连续的流转输。如果在帧完成之前有超过 1.5 个字符时间的停顿时间，接收设备将刷新不完整的消息并假定下一字节是一个新消息的地址域。同样地，如果一个新消息在小于 3.5 个字符时间内接着前个消息开始，接收的设备将认为它是前一消息的延续。这将导致一个错误，因为在最后的 CRC 域的值不可能是正确的。一典型的消息帧为：

起始位	设备地址	功能代码	数据	CRC 校验	结束符
T1—T2—T3—T4	8bit	8bit	*n* 个 8bit	16bit	T1—T2—T3—T4

3）地址域

消息帧的地址域包含两个字符（ASCII）或 8bit（RTU）。可能的 Slave 设备地址是 0，…，247（十进制）。单个设备的地址范围是 1，…，247。Master 设备通过将要联络的 Slave 设备的地址放入消息中的地址域来选通 Slave 设备。当 Slave 设备发送回应消息时，它把自己的地址放入回应的地址域中，以便 Master 设备知道是哪一个设备作出的回应。

地址 0 是用作广播地址，以使所有的 Slave 设备都能认识。当 Modbus 协议用于更高水准的网络时，广播可能不允许或以其他方式代替。

4）如何处理功能域

消息帧中的功能代码域包含了两个字符（ASCII）或 8bit（RTU）。可能的代码范围是十进制的 1，…，255。当然，有些代码是适用于所有控制器，有些是应用于某种控制器，还有些保留以备后用。

当消息从 Master 设备发往 Slave 设备时，功能代码域将告之 Slave 设备需要执行哪些行为。例如去读取输入的开关状态，读一组寄存器的数据内容，读 Slave 设备的诊断状态，允许调入、记录、校验在 Slave 设备中的程序等。

当 Slave 设备回应时，它使用功能代码域来指示是正常回应（无误）还是有某种错误发生（称作异议回应）。对于正常回应，Slave 设备仅回应相应的功能代码。对于异议回应，Slave 设备返回一等同于正常代码的代码，但最重要的位置为逻辑 1。

例如，一从 Master 设备发往 Slave 设备的消息要求读一组保持寄存器，将产生如下功能代码：0 0 0 0 0 0 1 1（十六进制 03H）。

对于正常回应，Slave 设备仅回应同样的功能代码。对于异议回应，它返回1 0 0 0 0 0 1 1（十六进制 83H）。

除功能代码因异议错误作了修改外，Slave 设备将一独特的代码放到回应消息的数据域中，这能告诉 Master 设备发生了什么错误。

Master 设备应用程序得到异议的回应后，典型的处理过程是重发消息，或者诊断发给

Slave 设备的消息并报告给操作员。

5）数据域

数据域是由两个十六进制数集合构成的，范围 00，…，FF。根据网络传输模式，这可以是由一对 ASCII 字符组成或由一 RTU 字符组成。

从 Master 设备发给 Slave 设备消息的数据域包含附加的信息：Slave 设备必须用于进行执行由功能代码所定义的所为。这包括了如不连续的寄存器地址、要处理项的数目、域中实际数据字节数。

例如，如果 Master 设备需要 Slave 设备读取一组保持寄存器(功能代码 03)，数据域指定了起始寄存器以及要读的寄存器数量。如果 Master 设备写一组 Slave 设备的寄存器(功能代码 10，十六进制)，数据域则指明了要写的起始寄存器以及要写的寄存器数量、数据域的数据字节数、要写入寄存器的数据。

如果没有错误发生，则从 Slave 设备返回的数据域包含请求的数据。如果有错误发生，则此域包含一异议代码，Master 设备应用程序可以用来判断采取下一步行动。

在某种消息中数据域可以是不存在的(0 长度)。例如，Master 设备要求 Slave 设备回应通信事件记录(功能代码 0 B，十六进制)，Slave 设备不需任何附加的信息。

6）错误检测域

标准的 Modbus 网络有两种错误检测方法。错误检测域的内容视所选的检测方法而定。

ASCII：当选用 ASCII 模式作字符帧，错误检测域包含两个 ASCII 字符。这是使用 LRC (纵向冗长检测)方法对消息内容计算得出的，不包括开始的冒号符及回车换行符。LRC 字符附加在回车换行符前面。

RTU：当选用 RTU 模式作字符帧，错误检测域包含一 16bit 值(用两个 8 位的字符来实现)。错误检测域的内容是通过对消息内容进行循环冗长检测方法得出的。CRC 域附加在消息的最后，添加时先是低字节然后是高字节。故 CRC 的高位字节是发送消息的最后一个字节。

7）字符的连续传输

当消息在标准的 Modbus 系列网络传输时，每个字符或字节以如下方式发送(从左到右)：最低有效位……最高有效位。

使用 ASCII 字符帧时，位的序列是：

有奇偶校验

启始位	1	2	3	4	5	6	7	奇偶位	停止位

无奇偶校验

启始位	1	2	3	4	5	6	7	停止位	停止位

使用 RTU 字符帧时，位的序列是：

有奇偶校验

启始位	1	2	3	4	5	6	7	8	奇偶位	停止位

无奇偶校验

启始位	1	2	3	4	5	6	7	8	停止位	停止位

4. 错误检测方法

标准的 Modbus 串行网络采用两种错误检测方法。奇偶校验对每个字符都可用，帧检测(LRC 或 CRC)应用于整个消息。它们都是在消息发送前由 Master 设备产生的，Slave 设备在接收过程中检测每个字符和整个消息帧。

用户要给 Master 设备配置一预先定义的超时时间间隔，这个时间间隔要足够长，以使任何 Slave 设备都能作为正常反应。如果 Slave 设备测到一传输错误，消息将不会接收，也不会向 Master 设备作出回应。这样超时事件将触发 Master 设备来处理错误。发往不存在的 Slave 设备的地址也会产生超时。

1）奇偶校验

用户可以配置控制器是奇校验或偶校验，或无校验。这决定了每个字符中的奇偶校验位是如何设置的。

如果指定了奇或偶校验，“1”的位数将算到每个字符的位数中(ASCII 模式 7 个数据位，RTU 中 8 个数据位)。例如 RTU 字符帧中包含以下 8 个数据位：1 1 0 0 0 1 0 1。

整个“1”的数目是 4 个。如果使用了偶校验，帧的奇偶校验位将是 0，使得整个“1”的个数仍是 4 个。如果使用了奇校验，帧的奇偶校验位将是 1，使得整个“1”的个数是 5 个。

如果没有指定奇偶校验位，传输时就没有校验位，也不进行校验检测。代替一附加的停止位填充至要传输的字符帧中。

2）LRC 检测

使用 ASCII 模式，消息包括了一基于 LRC 方法的错误检测域。LRC 域检测了消息域中除开始的冒号及结束的回车换行号外的内容。

LRC 域是一个包含一个 8 位二进制值的字节。LRC 值由传输设备来计算并放到消息帧中，接收设备在接收消息的过程中计算 LRC，并将它和接收到消息中 LRC 域中的值比较，如果两值不等，说明有错误。

LRC 方法是将消息中的 8bit 的字节连续累加，丢弃了进位。

LRC 简单函数如下：

```
static unsigned char LRC(auchMsg, usDataLen)
unsigned char *auchMsg ; /* 要进行计算的消息 */
unsigned short usDataLen ; /* LRC 要处理的字节的数量*/
{ unsigned char uchLRC = 0 ; /* LRC 字节初始化 */
while(usDataLen--) ; /* 传送消息 */
uchLRC += *auchMsg++ ; /* 累加*/
return((unsigned char)(-((char_ uchLRC)));}
```

3）CRC 检测

使用 RTU 模式，消息包括了一基于 CRC 方法的错误检测域。CRC 域检测了整个消息的内容。

CRC 域是两个字节，包含一 16 位的二进制值。它由传输设备计算后加入消息中。接收设备重新计算收到消息的 CRC，并与接收到的 CRC 域中的值比较，如果两值不同，则有误。

CRC 是先调入一值是全“1”的 16 位寄存器，然后调用一过程将消息中连续的 8 位字节各当前寄存器中的值进行处理。仅每个字符中的 8bit 数据对 CRC 有效，起始位和停止位以及奇偶校验位均无效。

CRC 产生过程中，每个 8 位字符都单独和寄存器内容相或(OR)，结果向最低有效位方向移动，最高有效位以 0 填充。LSB 被提取出来检测，如果 LSB 为 1，寄存器单独和预置的值或一下，如果 LSB 为 0，则不进行。整个过程要重复 8 次。在最后一位(第 8 位)完成后，下一个 8 位字节又单独和寄存器的当前值相或。最终寄存器中的值，是消息中所有的字节都执行之后的 CRC 值。

CRC 添加到消息中时，低字节先加入，然后高字节。CRC 简单函数如下：

```
unsigned short CRC16(puchMsg, usDataLen)
unsigned char *puchMsg ; /* 要进行 CRC 校验的消息 */
unsigned short usDataLen ; /* 消息中字节数 */
{unsigned char uchCRCHi = 0xFF ; /* 高 CRC 字节初始化 */
unsigned char uchCRCLo = 0xFF ; /* 低 CRC 字节初始化 */
unsigned uIndex ; /* CRC 循环中的索引 */
while(usDataLen--) /* 传输消息缓冲区 */}
{uIndex = uchCRCHi ^ *puchMsgg++ ; /* 计算 CRC */
uchCRCHi = uchCRCLo ^ auchCRCHi[uIndex} ;
uchCRCLo = auchCRCLo[uIndex] ;}
return(uchCRCHi << 8 | uchCRCLo) ;
/* CRC 高位字节值表 */
static unsigned char auchCRCHi[] = {
0x00, 0xC1, 0x81, 0x40, 0x01, 0xC0, 0x80, 0x41, 0x01, 0xC0,
0x80, 0x41, 0x00, 0xC1, 0x81, 0x40, 0x01, 0xC0, 0x80, 0x41,
0x00, 0xC1, 0x81, 0x40, 0x00, 0xC1, 0x81, 0x40, 0x01, 0xC0,
0x80, 0x41, 0x01, 0xC0, 0x80, 0x41, 0x00, 0xC1, 0x81, 0x40,
0x00, 0xC1, 0x81, 0x40, 0x01, 0xC0, 0x80, 0x41, 0x00, 0xC1,
0x81, 0x40, 0x01, 0xC0, 0x80, 0x41, 0x01, 0xC0, 0x80, 0x41,
0x00, 0xC1, 0x81, 0x40, 0x01, 0xC0, 0x80, 0x41, 0x00, 0xC1,
0x81, 0x40, 0x00, 0xC1, 0x81, 0x40, 0x01, 0xC0, 0x80, 0x41,
0x00, 0xC1, 0x81, 0x40, 0x01, 0xC0, 0x80, 0x41, 0x01, 0xC0,
0x80, 0x41, 0x00, 0xC1, 0x81, 0x40, 0x00, 0xC1, 0x81, 0x40,
0x01, 0xC0, 0x80, 0x41, 0x01, 0xC0, 0x80, 0x41, 0x00, 0xC1,
0x81, 0x40, 0x01, 0xC0, 0x80, 0x41, 0x00, 0xC1, 0x81, 0x40,
0x00, 0xC1, 0x81, 0x40, 0x01, 0xC0, 0x80, 0x41, 0x01, 0xC0,
0x80, 0x41, 0x00, 0xC1, 0x81, 0x40, 0x00, 0xC1, 0x81, 0x40,
0x01, 0xC0, 0x80, 0x41, 0x00, 0xC1, 0x81, 0x40, 0x01, 0xC0,
```

```
0x80, 0x41, 0x01, 0xC0, 0x80, 0x41, 0x00, 0xC1, 0x81, 0x40,
0x00, 0xC1, 0x81, 0x40, 0x01, 0xC0, 0x80, 0x41, 0x01, 0xC0,
0x80, 0x41, 0x00, 0xC1, 0x81, 0x40, 0x01, 0xC0, 0x80, 0x41,
0x00, 0xC1, 0x81, 0x40, 0x00, 0xC1, 0x81, 0x40, 0x01, 0xC0,
0x80, 0x41, 0x00, 0xC1, 0x81, 0x40, 0x01, 0xC0, 0x80, 0x41,
0x01, 0xC0, 0x80, 0x41, 0x00, 0xC1, 0x81, 0x40, 0x01, 0xC0,
0x80, 0x41, 0x00, 0xC1, 0x81, 0x40, 0x00, 0xC1, 0x81, 0x40,
0x01, 0xC0, 0x80, 0x41, 0x01, 0xC0, 0x80, 0x41, 0x00, 0xC1,
0x81, 0x40, 0x00, 0xC1, 0x81, 0x40, 0x01, 0xC0, 0x80, 0x41,
0x00, 0xC1, 0x81, 0x40, 0x01, 0xC0, 0x80, 0x41, 0x01, 0xC0,
0x80, 0x41, 0x00, 0xC1, 0x81, 0x40};
/* CRC 低位字节值表 */
static char auchCRCLo[] = {
0x00, 0xC0, 0xC1, 0x01, 0xC3, 0x03, 0x02, 0xC2, 0xC6, 0x06,
0x07, 0xC7, 0x05, 0xC5, 0xC4, 0x04, 0xCC, 0x0C, 0x0D, 0xCD,
0x0F, 0xCF, 0xCE, 0x0E, 0x0A, 0xCA, 0xCB, 0x0B, 0xC9, 0x09,
0x08, 0xC8, 0xD8, 0x18, 0x19, 0xD9, 0x1B, 0xDB, 0xDA, 0x1A,
0x1E, 0xDE, 0xDF, 0x1F, 0xDD, 0x1D, 0x1C, 0xDC, 0x14, 0xD4,
0xD5, 0x15, 0xD7, 0x17, 0x16, 0xD6, 0xD2, 0x12, 0x13, 0xD3,
0x11, 0xD1, 0xD0, 0x10, 0xF0, 0x30, 0x31, 0xF1, 0x33, 0xF3,
0xF2, 0x32, 0x36, 0xF6, 0xF7, 0x37, 0xF5, 0x35, 0x34, 0xF4,
0x3C, 0xFC, 0xFD, 0x3D, 0xFF, 0x3F, 0x3E, 0xFE, 0xFA, 0x3A,
0x3B, 0xFB, 0x39, 0xF9, 0xF8, 0x38, 0x28, 0xE8, 0xE9, 0x29,
0xEB, 0x2B, 0x2A, 0xEA, 0xEE, 0x2E, 0x2F, 0xEF, 0x2D, 0xED,
0xEC, 0x2C, 0xE4, 0x24, 0x25, 0xE5, 0x27, 0xE7, 0xE6, 0x26,
0x22, 0xE2, 0xE3, 0x23, 0xE1, 0x21, 0x20, 0xE0, 0xA0, 0x60,
0x61, 0xA1, 0x63, 0xA3, 0xA2, 0x62, 0x66, 0xA6, 0xA7, 0x67,
0xA5, 0x65, 0x64, 0xA4, 0x6C, 0xAC, 0xAD, 0x6D, 0xAF, 0x6F,
0x6E, 0xAE, 0xAA, 0x6A, 0x6B, 0xAB, 0x69, 0xA9, 0xA8, 0x68,
0x78, 0xB8, 0xB9, 0x79, 0xBB, 0x7B, 0x7A, 0xBA, 0xBE, 0x7E,
0x7F, 0xBF, 0x7D, 0xBD, 0xBC, 0x7C, 0xB4, 0x74, 0x75, 0xB5,
0x77, 0xB7, 0xB6, 0x76, 0x72, 0xB2, 0xB3, 0x73, 0xB1, 0x71,
0x70, 0xB0, 0x50, 0x90, 0x91, 0x51, 0x93, 0x53, 0x52, 0x92,
0x96, 0x56, 0x57, 0x97, 0x55, 0x95, 0x94, 0x54, 0x9C, 0x5C,
0x5D, 0x9D, 0x5F, 0x9F, 0x9E, 0x5E, 0x5A, 0x9A, 0x9B, 0x5B,
0x99, 0x59, 0x58, 0x98, 0x88, 0x48, 0x49, 0x89, 0x4B, 0x8B,
0x8A, 0x4A, 0x4E, 0x8E, 0x8F, 0x4F, 0x8D, 0x4D, 0x4C, 0x8C,
0x44, 0x84, 0x85, 0x45, 0x87, 0x47, 0x46, 0x86, 0x82, 0x42,
0x43, 0x83, 0x41, 0x81, 0x80, 0x40};
```

5. Modbus TCP/IP 与网络 TCP/IP 的区别

什么是工业以太网？技术上，它与 IEEE802.3 兼容，故从逻辑上可把商用网和工业网看成是一个以太网，而用户可根据现场情况，灵活装配自己的网络部件，但从工业环境的恶劣和抗干扰的要求，设计者希望采用市场上可找到的以太网芯片和媒介，兼顾考虑下述工业现场的特殊要求：首先要考虑高温、潮湿、振动；二是对工业抗电磁干扰和抗辐射有一定要求，如满足 EN50081-2 和 EN50082-2 标准，而办公室级别的产品未经这些工业标准测试。为改善抗干扰性和降低辐射，工业以太网产品多使用多层线路板或双面电路板，且外壳采用金属(如铸铝)屏蔽干扰；三是电源要求，因集线器、交换机、收发器多为有源部件，而现场电源的品质又较差，故常采用双路直流电或交流电为其供电，另外考虑方便安装，工业以太网产品多数使用 DIN 导轨或面板安装；四是通信介质选择，在办公室环境下多数配线使用非屏蔽双绞线(UTP)，而在工业环境下推荐用户使用带屏蔽双绞线(STP)和光纤。

(1) 为什么使用 TCP/IP？最主要的一个原因在于它能使用在多种物理网络技术上，包括局域网和广域网技术。TCP/IP 协议的成功很大程度上取决于它能适应几乎所有底层通信技术。

20 世纪 80 年代初，先在 X.25 上运行 TCP/IP 协议；而后又在一个拨号语音网络(如电话系统)上使用 TCP/IP 协议，又有 TCP/IP 在令牌环网上运行成功；最后又实现了 TCP/IP 远程分组无线网点与其他 Internet 网点间 TCP/IP 通信。所以 TCP/IP 协议极其灵活，具备连接不同网络的能力。

另外，使用 TCP/IP 也简化了 OSI 模型，因为它省略了表示层和会话层。如果现在把以太网的物理层和数据链路层加到 OSI 模型，就构成了基于以太网的 TCP/IP 网，如图 4-5-2 所示。用以太网实现 TCP/IP 也是经济的一种方式。

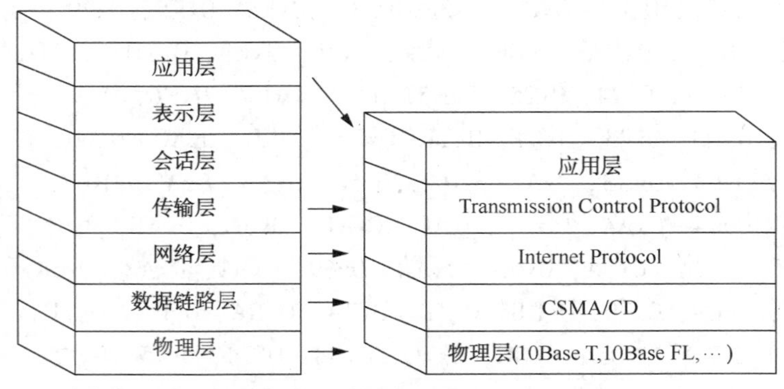

图 4-5-2　ISO/OSI 与以太网 TCP/IP 通信协议模型

IP 是 Internet 最基本的协议，IP 层的主要目的是找到 IP 报文的“下一个连接点”，它可以是路由器、计算机、控制器甚至 I/O，关键该设备须有自己的 IP 地址。凡在网络层使用 IP 协议的网络，都通过 IP 地址寻址，所以使用时首先要进行复杂的设置，每个节点至少需一个“IP 地址”、一个“子网掩码”、一个“默认网点”和一个“主机名”，如此复杂的设置，对于一些初识网络的用户来说的确带来不便，不过随着对网络的熟悉，有许多 IP 地址配置工具，可方便进行 IP 设置，甚至是自动设置。

（2）Modbus TCP/IP。使用 TCP/IP 以太网的 5 层：

第一层为物理层，提供设备的物理接口，与市售的介质/网络适配器相兼容；

第二层为数据链路层，格式化信号到源/目的硬件地址的数据帧；

第三层为网络层，实现带有 32 位 IP 地址的 IP 报文包；

第四层为传输层，实现可靠性连接、传输、查错、重发、端口服务、传输调度；

第五层为应用层，Modbus 协议报文。

在 TCP/IP 以太网上传输，支持 EtherNet II 和 802. 3 两种帧格式。图 4-5-3 所示，Modbus TCP/IP 数据帧包含 MBAP 报文头、功能代码和数据 3 部分。

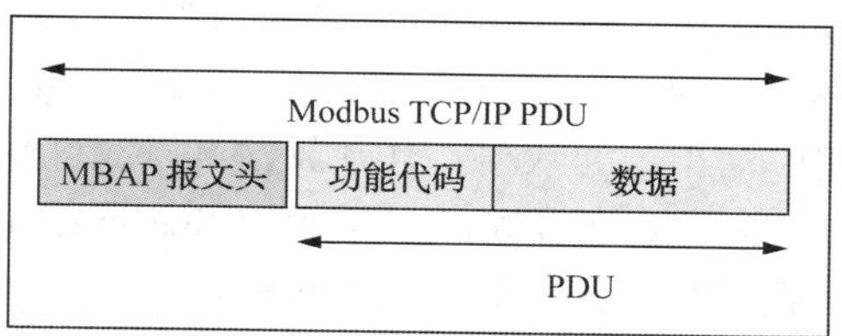

图 4-5-3　Modbus TCP/IP 数据帧结构

MBAP 报文头（Modbus Application Protocol、Modbus，应用协议）分 4 个域，共 7 个字节（表 4-5-2）。

表 4-5-2　MBAP 报文头

域	长度（B）	描述	客户端	服务器端
传输标志	2	标志某个 Modbus 询问/应答的传输	由客户端生成	应答时复制该值
协议标志	2	0＝Modbus 协议 1＝UNI-TE 协议	由客户端生成	应答时复制该值
长度	2	后续字节计数	由客户端生成	应答时由服务器端重新生成
单元标志	1	定义连续于目的其他设备	由客户端生成	应答时复制该值

功能代码共有 3 种类型，分别为：

（1）公共功能代码。已定义好的功能码，保证其唯一性，由 Modbus. org 认可。

（2）用户自定义功能代码。有两组，分别为 65～72 和 100～110，无须认可，但不保证代码使用的唯一性。如变为公共代码，需交 RFC 认可。

（3）保留的功能代码。由某些公司使用在某些传统设备的代码，不可作为公共用途。

三、ProfiBus 通信协议

ProfiBus 是 Process Field Bus 的简称，是 1987 年德国联邦科技部集中了 13 家公司的 5 个研究所的力量，按 ISO/OSI 参考模型制定的现场总线德国国家标准，并于 1991 年 4 月在 DIN 19245 中发表，正式成为德国标准。开始只有 Profibus-DP 和 Profibus-FMS ，1994 年又推出了 Profibus-PA，它引用了 IEC 标准的物理层(IEC1158-2，1993 年通过)，从而可以在有爆炸危险的区域内连接本质安全型通过总线馈电的现场仪表，这使 ProfiBus 更加完善。

作为众多现场总线家族的成员之一，ProfiBus 是在欧洲工业界得到最广泛应用的一个现场总线标准，也是目前国际上通用的现场总线标准之一。ProfiBus 是属于单元级、现场级的 SIMITAC 网络，适用于传输中、小量的数据。其开放性可以允许众多的厂商开发各自的符合 ProfiBus 协议的产品，这些产品可以连接在同一个 ProfiBus 网络上。ProfiBus 是一种电气网络，物理传输介质可以是屏蔽双绞线、光纤、无线传输。

1. ProfiBus 组成

ProfiBus 主要由 3 部分组成，包括：

(1) 现场总线报文——ProfiBus-FMS。用于车间级监控网络，是一个令牌结构，实时多主网络。

(2) 分布式外围设备——ProfiBus-DP。一种高速低成本通信，用于设备级控制系统与分散式 I/O 的通信。使用 ProfiBus-DP 可取代办 24 VDC 或 4~20mA 信号传输。

(3) 过程控制自动化——ProfiBus-PA。专为过程自动化设计，可使传感器和执行机构连在一根总线上，并有本征安全规范。

2. ProfiBus 数据传输类型

ProfiBus 提供了 3 种数据传输类型：

1) 用于 DP 和 FMS 的 RS485 传输

由于 DP 与 FMS 系统使用了同样的传输技术和统一的总线访问协议，因而，这两套系统可在同一根电缆上同时操作。

RS-485 传输是 ProfiBus 最常用的一种传输技术。这种技术通常称为 H2。采用的电缆是屏蔽双绞铜线。

(1) RS-485 传输技术基本特征。

① 网络拓扑：线性总线，两端有有源的总线终端电阻。

② 传输速率：9. 6kbit/s 12Mbit/s。

③ 介质：屏蔽双绞电缆，也可取消屏蔽，取决于环境条件(EMC)。

④ 站点数：每分段 32 个站(不带中继)，可多到 127 个站(带中继)。

⑤ 插头连接：最好使用 9 针 D 型插头。

(2) RS-485 传输设备安装要点。

① 全部设备均与总线连接。

② 每个分段上最多可接 32 个站(主站或站)。

③ 每段的头和尾各有一个总线终端电阻，确保操作运行不发生误差。两个总线终端电阻必须永远有电源。

④ 当分段站超过 32 个时，必须使用中继器用以连接各总线段。串联的中继器一般不超过 3 个(注：中继器没有站地址，但被计算在每段的最多站数中)。

⑤ 电缆最大长度取决于传输速率。如使用 A 型电缆，则传输速率与长度如下。

波特率：(kbit/s)	9.6	19.2	93.75	187.5	500	1500	1200
距离/段：(m)	1200	1200	1200	1000	400	200	100

⑥ A 型电缆参数。

阻抗：135～165Ω，电容：<30pF/m，回路电阻：110Ω，线规：0.64mm，导线面积：>0.34mm^2。

⑦ RS-485 的传输技术的 ProfiBus 网络最好使用 9 针 D 型插头。

⑧ 当连接各站时，应确保数据线不要拧绞，系统在高电磁发射环境(如汽车制造业)下运行应使用带屏蔽的电缆，屏蔽可提高电磁兼容性(EMC)。

⑨ 如用屏蔽编织线和屏蔽箔，应在两端与保护接地连接，并通过尽可能的大面积屏蔽接线来覆盖，以保持良好的传导性。另外，建议数据线必须与高压线隔离。

⑩ 超过 500kbit/s 的数据传输速率时应避免使用短截线段，应使用市场上现有的插头可使数据输入和输出电缆直接与插头连接，而且总线插头连接可在任何时候接通或断开而并不中断其他站的数据通信。

2）用于 PA 的 IEC1158-2 传输

数据 IEC1158-2 的传输技术用于 ProfiBus-PA，能满足化工和石油化工业的要求。它可保持其本征安全性，并通过总线对现场设备供电。IEC1158-2 是一种位同步协议，可进行无电流的连续传输，通常称为 H1。IEC1158-2 技术用于 ProfiBus-PA，其传输以下列原理为依据：

(1) 每段只有一个电源作为供电装置。

(2) 当站收发信息时，不向总线供电。

(3) 每站现场设备所消耗的为常量稳态基本电流。

(4) 现场设备其作用如同无源的电流吸收装置。

(5) 主总线两端起无源终端线作用。

(6) 允许使用线型、树型和星型网络。

(7) 为提高可靠性，设计时可采用冗余的总线段。

(8) 为了调制的目的，假设每个部线站至少需用 10 mA 基本电流才能使设备启动。

IEC1158-2 传输技术特性：

(1) 数据传输。数字式、位同步、曼彻斯特编码。

(2) 传输速率。31.25kbit/s，电压式。

(3) 数据可靠性。前同步信号，采用起始和终止限定符避免误差。

(4) 电缆。双绞线，屏蔽式或非屏蔽式。

(5) 远程电源供电。可选附件，通过数据线。

(6) 防爆型。能进行本征及非本征安全操作。

(7) 拓扑。线型或树型，或两者相结合。

(8) 站数。每段最多 32 个，总数最多为 126 个。

(9) 中继器。最多可扩展至 4 台。

IEC1158 传输设备安装要点：

（1）分段耦合器将 IEC1158-2 传输技术总线段与 RS-485 传输技术总线段连接。耦合器使 RS-485 信号与 IEC1158-2 信号相适配。它们为现场设备的远程电源供电，供电装置可限制 IEC1158-2 总线的电流和电压。

（2）ProfiBus-PA 的网络拓扑有树型和线型结构，或是两种拓扑的混合。

（3）现场配电箱仍继续用来连接现场设备并放置总线终端电阻器。采用树型结构时连在现场线分段的全部现场设备都并联地接在现场配电箱上。

（4）建议使用下列参考电缆，也可使用更粗截面导体的其他电缆。

① 电缆设计：双绞线屏蔽电缆。

② 导线面积（额定值）：0.8mm^2（AWG18）。

③ 回路电阻（直流）：44Ω/km。

④ 阻抗（31.25kHz 时）：100Ω（±20%）。

⑤ 39 千赫时衰减：3dB/km。

⑥ 电容不平衡度：2nF/km。

（5）主总线电缆的两端各有一个无源终端器，内有串联的 RC 元件，$R=100\Omega$，$C=1\mu F$。当总线站极性反向连接时，它对总线的功能不会有任何影响。

（6）连接到一个段上的站数目最多是 32 个。如果使用本征安全型及总线供电，站的数量将进一步受到限制。即使不需要本征安全性，远程供电装置电源也要受到限制。

（7）外接电源。如果外接电源设备，根据 EN500200 标准带有适当的隔离装置，将总线供电设备与外接电源设备连在本征安全总线上是允许的。

3）用于 DP 和 FMS 的光纤传输

当 ProfiBus 系统在电磁干扰很大的环境下应用时，可使用光纤导体，以增加高速传输的距离。可使用两种光纤导体：一种是价格低廉的塑料纤维导体，供距离小于 50m 的情况下使用；另一种是玻璃纤维导体，供距离小于 1km 的情况下使用。许多厂商提供专用总线插头，可将 RS-485 信号转换成导体信号或将光纤导体信号转成 RS-485 信号。

四、CIP 通用工业通信协议

CIP（Commmon Industrail Protocol，通用工业协议）是一种为工业应用开发的应用层协议，被 DeviceNet，ControlNet 和 EtherNet/IP 三种网络所采用，因此，这三种网络相应地统称为 CIP 网络。三种 CIP 网络都已成为国际标准，DeviceNet，ControlNet 和 EtherNet/IP 各自的规范中分别给出 CIP 的定义（以下称 CIP 规范），三种规范对 CIP 的定义大同小异，只是在与网络底层有关的部分不一样。

三种 CIP 网络的网络模型和 ISO/OSI 参考模型对照如图 4-5-4 和图 4-5-5 所示。

DeviceNet 是一种基于控制器局域网（CAN）的网络，除了其物理层的传输介质、收发器等是自己定义的以外，物理层的其他部分和数据链路都采用 CAN 协议。DeviceNet 可以用来连接低级工业设备（如传感器、变送器或电动机等）和高级工业设备（如 PLC 和工业计算机）。

DeviceNet 是于 20 世纪 90 年代中期发展起来的一种基于 CAN 技术的开放型、符合全球工业标准的低成本、高性能的通信网路。它通过一根电缆将 PLC 传感器、光电开关、操作

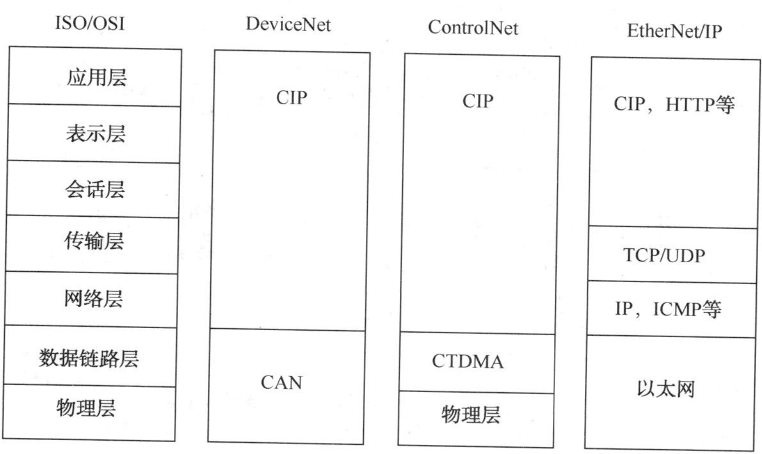

图 4-5-4 三种 CIP 网络模型

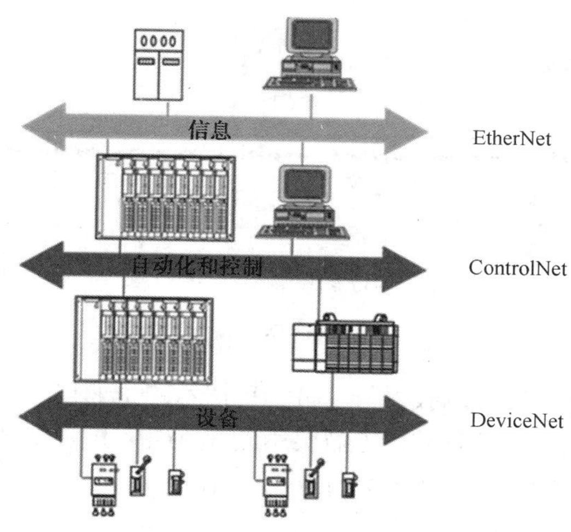

图 4-5-5 三种网络分类

员终端、电动机、轴承座、变频器和软启动器等现场智能设备连接起来，是分布式控制系统减少现场 I/O 接口和布线独立、将控制功能下载到现场设备的理想解决方案。

DeviceNet 协议是一个简单、廉价而且高效的协议，适用于最低层的现场总线，DeviceNet 也是一种串行通信链接，可以减少昂贵的硬接线，它所提供的直接互连性不仅改善了设备间的通信，而且同时提供了相当重要的设备级诊断功能，这是通过硬接线 I/O 接口很难实现的，图 4-5-6 是一个典型的 DeviceNet 通信连接。

ControlNet 的物理层是自己定义的，数据链路层用的是同时间域多路访问（Concurrent Time Domain Multiple Access，CTDMA）协议。

ControlNet 是一种高速的工业控制网络，是开放、实时、具有确定性和可重复性的现场总线，也是目前世界上增长最快的工业控制网络之一。对于要求确定性、可重复性、产生并传输大量 I/O 数据、由控制器到 DCS 通信、连接多控制器和多人机界面的网络可提供满意

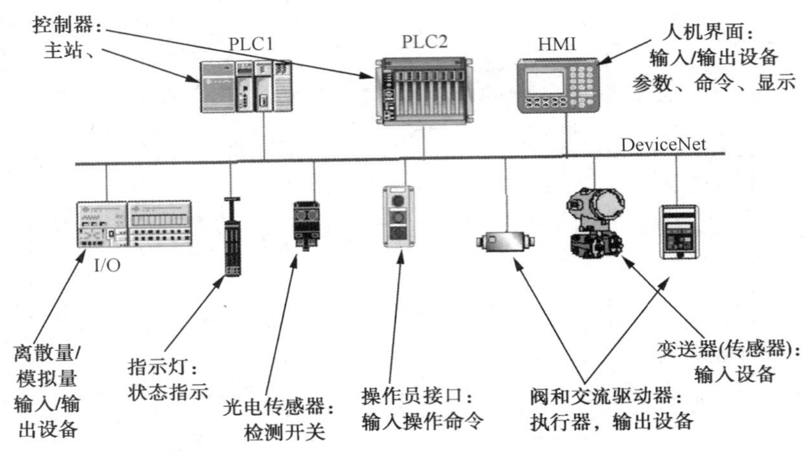

图 4-5-6 Device Net 网络结构图

的效果。图 4-5-7 所示为 ControlNet 网络结构图。

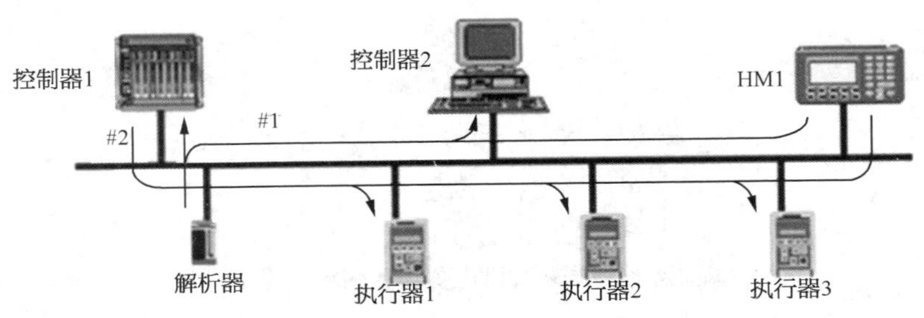

图 4-5-7 ControlNet 网络结构图

EtherNet/IP 是一种基于以太网技术和 TCP/IP 技术的工业以太网，因此其物理层和数据链路层用的是以太网的协议、网络层和传输层用的是 TCP/IP 协议族中的协议，应用层除了使用 CIP 外，也使用了 TCP/IP 协议族中的应用层协议。

1. CIP 网络特点

由于应用层采用 CIP，相对而言 CIP 网络具有以下特点：

(1) 功能强大、灵活性强。CIP 网络功能的强大，体现在可通过一个网络传输多种类型的数据，完成以前需要两个网络才能完成的任务。其灵活性题现在对多种通信模式和多种 I/O 数据触发方式的支持。

(2) 具有良好的实时性、确定性、可重复性和可靠性。主要体现在用基于生产者/消费者(Producer/Consumer)模型的方式发送对时间有苛求的报文等方面。

依据网络底层采用的协议不同，每种 CIP 网络又有各自的一些特点。三种 CIP 网络对比见表 4-5-3。

表 4-5-3 三种 CIP 网络对比

CIP 网络名称	DeviceNet	ControlNet	EtherNet/IP
传输介质	电缆	同轴电缆、光缆	同轴电缆、光缆、非屏蔽双绞线

续表

CIP 网络名称	DeviceNet	ControlNet	EtherNet/IP
通信波特率(Mbit/s)	0.125/0.25/0.5	5	10/100
最大节点数	64	99	很多
最大网段距离(km)	0.5(当通信波特率为 125/3 时)	5(同轴电缆)30(光纤)	因传输介质和通信波特率而不同
MAC 数据包长度(B)	0~8	0~510	0~1500
是否网络供电	是	否	否
是否支持本质安全	否	是	否
是否支持本质冗余	否	是	是
节点成本	低	高	高

可以看出，DeviceNet 具有节点成本低、网络供电等特点；ControlNet 具有通信波特率高、支持介质冗余和本质安全等特点；而 EtherNet/IP 作为一种工业以太网，具有高性能、低成本、易使用、易于和内部网甚至因特网进行信息集成等特点。

自动化系统网络：

（1）信息层网络。提供高带宽、低确定性的通信服务。

（2）控制层网络。提供中等带宽、高确定性的通信服务。

（3）设备层网络。提供低带宽、低成本、高确定性的通信服务。

设备层网络：DeviceNet。

控制层网络：ControlNet，EtherNet/IP。

2. CIP 的特点

1）报文

传输服务质量评价指标：确定性、单位时间内有通信行为的节点所占的比例、响应时间。

CIP 报文分为两种：

（1）显式报文。包含解读该报文所需要的信息，用于传输对时间没有苛求的数据。

（2）隐式报文。含义在网络配置时确定，用于传输对时间有苛求的数据。

DeviceNet：隐式报文使用优先级高的报头，显式报文使用优先级低的报头。

ControlNet：隐式，预定时间段；显式，非预定时间段。

EtherNet/IP：隐式，UDP；显式，TCP。

2）面向连接

通信开始之前先建立连接，获取唯一的连接标识符(CID)。CID 的定义及格式与具体网络有关。

建立连接需要用到未连接报文(包含目的地址、内部数据描述、源地址)。

CIP 连接两种：

（1）显式连接。未连接报文管理器(UCMM)。

AB 连接建立过程：A 广播发送请求→所有节点收到请求，判断→ B 判断发给自己→UCMM 反应→广播发送响应→A 接收，得到 CID→连接建立。

（2）隐式连接。在网络配置时建立，过程复杂。

连接层次(从上往下)：应用连接、传输连接、网络连接。

3）生产者/消费者模型

工业网络两类：源/目的地模型，Profibus 等；生产者/消费者模型，3 种 CIP 网络，基金会现场总线。

(1) 基于源/目的地模型。根据目的地址判断是否发给自己，报文格式：

源地址	目的地址	数据	校验和

(2) 基于生产者/消费者模型。每个报文都有唯一的报文标识符(Message ID-MID)，在发送报文之前，要在发送节点和接收节点之间建立连接，这样，接收节点就知道发送给自己的报文 MID 是什么样的。然后，报文发送节点把 MID. 数据、校验以及其他一些必要的信息组成报文，发送到网络上。报文接收节点根据报文的 MID 来判断是不是发给自己的，如果是，就接收。报文格式：

MID	数据	校验和

基于源/目的地模型的网络只支持点对点通信，基于生产者/消费者模型的网络除支持点对点通信外，还支持多播通信，即在网络上可以同时给几个其他节点发送报文。CIP 对多播的支持由 CIP 的原理决定，但同时也需要网络底层提供支持。比如，EthererNet/IP 多播功能的实现需要用到 IP 多播技术。

多播通信的优点：

(1) 节约带宽，提高通信效率。

(2) 可重复性好。

(3) 可实现精确的同步。

CIP 隐式报文传输基于生产者/消费者模型，可以采用多播方式；CIP 显式报文传输基于源/目的地模型，点对点。

4）通信模式

CIP 支持多种通信模式：主从(节点地位不平等)、多主(多个主节点)、对等(节点地位平等)，或 3 种模式的任意组合。

5）I/O 数据触发方式

I/O 数据触发方式有 4 种：位选通、轮询、循环和状态改变。选择合理的 I/O 数据触发方式，可提高网络利用率。

① 位选通：主节点发送广播报文(位选通命令报文)，选中从节点发送位选通响应报文，返回输入数据/状态信息。适用于少量 I/O 数据的传输。

② 轮询：以点对点方式发送轮询命令报文，接到命令的从节点通过轮询响应报文返回输入数据/状态信息。

③ 循环：每隔一定时间发送一次 I/O 数据，根据模拟量变化的快慢设定循环发送数据的时间间隔。适用于模拟 I/O 数据的传输。

④ 状态改变：事件触发方式，节点在其所监测的状态发生变化时发送数据。优点：效率高。缺点：长时间不发送数据，接收节点无法判断状态。可采用状态改变和循环相结合的

方式解决。

状态改变和循环方式的 I/O 数据通信应答可有可无，位选通和轮询方式需有应答。

3. CIP 的物件模型

1）对象有关的基本概念

对象，是人在其大脑中为客观世界中的某个东西建立的模型，而类是对一组对象的抽象，是这一组对象的模块，因而一个对象就是类的一个实例。

对象是一些数据和操作的组合，它有属性、标识、状态、行为、方法、接口，并且通常对外提供一些服务。

2）CIP 对象模型

CIP 对象可以分为与通信有关的对象（如连接对象）和与应用有关的对象（如参数对象）。

CIP 对象模型主要实现了两个功能：一是给出了工业应用对象的标准定义，二是实现通信。在此主要讲如何实现通信。

寻址是实现通信的前提，CIP 寻址分为 4 级：设备、类、对象、属性或服务。地址分为 3 类：公开的、供货商指定的和对象指定的。

由于 CIP 的报文分为显式报文和隐式报文，所以根据通信时发送的报文类型的不同，通信也分成两种，即显式通信和隐式通信。

（1）CIP 显式通信用于传输对时间没有苛求的数据，它是基于源/目的地模型的，只能用于两个节点之间的通信，客户发出请求，服务器做出回应。显式通信可以访问任何对象的任何可从外部访问的数据。图 4-5-8 所示为显式通信原理。

（2）CIP 隐式通信用于传输对时间有苛求的数据，基于生产者/消费者模型的，可以采用多播的方式。图 4-5-9 所示为隐式通信原理。

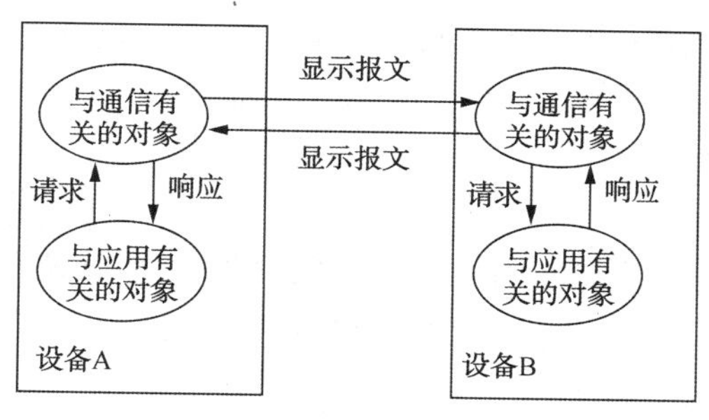

图 4-5-8　显式通信原理

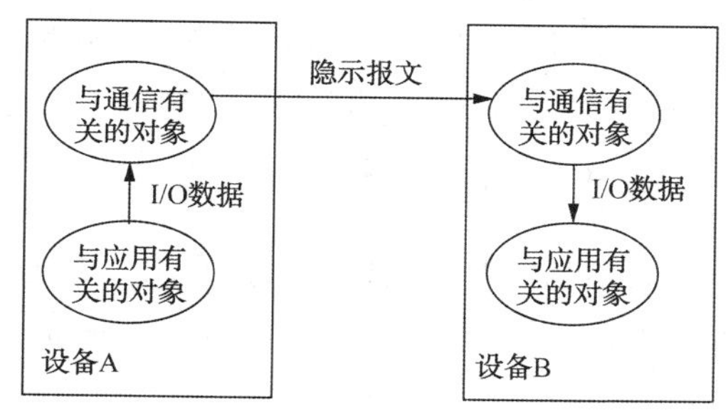

图 4-5-9　隐式通信原理

4. CIP 的设备描述

设备描述是指对某一类型设备的重要性的描述。CIP 提供设备描述的目的是使不同设备供货商提供的设备能够相互操作，即在同一个网络中运行，且同一类型的设备能够互换。CIP 设备描述要给出 3 方面的描述：

（1）设备对象模型的定义；

（2）设备 I/O 数据的格式；

（3）设备配置的定义。

五、IEC 104 协议

IEC 104 协议，全称是指 IEC 60875-5-104 规约。该规约简单地说就是指在电力系统中，发送信息端与接受信息端对所发送数据的报文格式封装与解封装的一套约定。为了实现规约的标准化，国际电工委员(International Electrotechnical Commission)制定了一系列的远动规约的基本标准，并在此基础上制定了基于 TCP/IP 协议的 IEC 60870-5-104 国际标准，用以对地理广域过程的监视和控制。

1. 一般体系结构

IEC 60875-5-104 规约定义了开放的 TCP/IP 接口的使用，包含一个由传输 IEC 60870-5-101ASDU 的远动设备构成的局域网的例子。包含不同广域网类型(如 X. 25，帧中继，IS-DN，等等)的路由器可通过公共的 TCP/IP-局域网接口互联。

2. 规约结构

IEC 60870-5-104 远动规约使用的参考模型源出于开放式系统互联的 ISO-OSI 参考模型，但它只采用其中的 5 层，IEC 60870-5-104 规约是将 IEC60870-5-101 与 TCP/IP 提供的网络传输功能相结合。根据相同的定义，不同的 ASDU(应用服务数据单元)，包括 IEC 60870-5 全部配套标准所定义的 ASDU，可以与 TCP/IP 相结合。IEC 60870-5-104 实际上是处于应用层协议。基于 TCP/IP 的应用层协议很多，每一种应用层协议都对应着一个网络端口号，根据其在传输层上使用的是 TCP 协议(传输控制协议)还是 UDP 协议(用户数据报文协议)，端口号又分为 TCP 端口和 UDP 端口，为了保证可靠地传输远动数据，IEC60870-5-104 规定传输层使用的是 TCP 协议，因此其对应的端口号是 TCP 端口。IEC 60870-5-104 规定本标准使用的端口号为 2404，并且此端口号已经得到互联网地址分配机构 IANA(Internet Assigned Numbers Authority)的确认。

采用 IEC 60875-5-104 规约既能满足继电保护故障信息和 SCADA 监控信息的传输要求，又有标准规约的好的兼容性。

六、常用第三方通信模块

目前的工业控制现场大量使用了 PLC 和各种智能仪表，用于生产过程控制。随着控制规模的扩大和控制功能的复杂化，常需要多台 PLC 及一定数量的外设仪表组成一个控制系统。

上文说过，Modbus 是美国 Modicon 公司制订的一种串行传输协议，可实现主从命令响应型通信。作为一种工业通信和分布式控制系统协议，已经得到了多家公司的 PLC 和智能仪表支持。

罗克韦尔自动化公司是美国生产可编程序控制器的主要厂家之一，其 AB 系列产品具有先进的通信和数据处理功能。

由于不同硬件厂商支持不同的工业通信和分布式控制系统协议，要使 AB PLC 与 Modbus 仪表组成控制网络，实现设备联网，就存在通信协议相互转换的问题。

1. Prosoft 通信模块

Prosoft Technology 公司推出的在 AB 通用框架上的 Modbus 通信接口模块有多种系列，这里以 MVI56-MCM 模块为例介绍(图 4-5-10)。该模块是 Prosoft Technology 公司推出的在 AB

通用框架上的 Modbus 通信接口模块。该模块可以实现 AB PLC 与 Modbus 现场设备之间的通信，从而使 AB PLC 的通信能力得到增强，灵活实现 AB PLC 与 Modbus 网络的互连和复杂的控制要求。

MVI56-MCM（“Modbus 通信模块”）产品可以让 Allen-Bradley ControlLogix I/O 兼容处理器轻松地与其他 Modbus 协议兼容设备取得通信。兼容的设备不仅包括 Modicon PLC（都支持 Modbus 协议），还包括类别广阔的终端设备。MVI56-MCM 模块担当了 Modbus 网络和Allen-Bradley 背板之间的网关。源自于 ControlLogix 处理器的数据传输异步于 Modbus 网络上的活动。模块内部的 5000 个字的寄存器空间用于处理器和 Modbus 网络之间的数据交换。

2. Woodhead SST 通信模块

Woodhead 公司是一家提供工业通信产品和连接方案的美国公司，面对工业领域底层多种 PLC 及现场总线的现状，从 1992 年以来，Woodhead 公司开发了一系列接口板卡、模块和软件，已能做到对 40 多种通信协议开放，包括 EtherNet、DeviceNet、Profibus、ControlNet、Canopen、Interbus、Worldfip、DH、As-interface、Modbus、Modican Remote I/O、AB remote I/O 及各种远程 I/O、各种串口和网关，适用于 10 多种操作系统，如各种 Windows、Linux、DOS、Vxworks、Venturcom rtx、Qnx、Os toolkit、Kukace-win、Pharlap 等。

Woodhead 通信产品分 Applicom、SST、Direct-link 及 Brad harrison、Rj-lnxx 等 10 多个系列。

SST（Simple Serial Transport）总线为将微控制器、内存、图像处理 LSI 和硬盘等的温度数据传输给 BIOS 和风扇控制器的接口（图 4-5-11）。由模拟器件和英特尔共同开发。数据传输速度为 1Mbit/s，相当于 SMBus 的 10 倍。

图 4-5-10　Prosoft MVI56-MCM 模块

图 4-5-11　SST 通信模块

1）SST 以太网和串行通信模块

提供更快、更便利的从 MODBUS Serial、Modbus/TCP 和西门子工业以太网至 Rockwell 自动化 ControlLogix 控制器的连接。通信模块包括一个以太网端口和两个串行端口，用于同时运行协议，这个模块可以用作两个通信端口之间的独立式网关，因此，用户能够通过工业以太网端口，从 Serial Modbus 伺服读取数据并写入 Siemens S7-300 PLC。这项特性通过模块内部的 32000 字寄存器和 32000 位数据库来实现，能够同时与 ControlLogix 处理器分享和交换数据。

2）SST 以太网通信模块

连接 Modbus TCP 和西门子工业以太网至 Allen-Bradley ControlLogix 控制器，该模块支持西门子工业以太网协议，连接 ControlLogix PLC 至西门子 SIMATIC 控制器(S5，S7-1200，S7-200,S7-300 和 S7-400)。

3）SST 激励器传感器接口(Actuator Sensor Interface，AS-i)模块

设计用于连接 Rockwell Logix 控制系统，包括 CompactLogix，MicroLogix 1500 和 ControlLogix，至 AS-接口网络。该模块提供了一个开放的 Fieldbus 解决方案，实现了 PLC 背板和简单的现场 I/O 设备之间的简易连接，如激励器、传感器、旋转编码器、模拟输入和输出、按钮和阀位传感器。

常用型号举例：

(1) SST-SR4-CLX-RLL。用于 Allen-Bradley ControlLogix 的 4 串口 PLC 通信模块，包括远程链接库(RLL)特性。

(2) SST-ESR2-CLX-RLL。用于 Allen-Bradley ControlLogix 的 1 个以太网和 2 个串口 PLC 通信模块，包括远程链接库(RLL)特性。

第二部分　仪表自动化技术管理及相关知识

第五章　仪表自动化基础管理

第一节　基础资料管理

站场仪表自动化工程师负责本单位仪表自动系统的基础资料的管理，管理过程主要分为以下几个步骤：

（1）分析所辖站场仪表自动化系统设备情况，搜集汇总设备铭牌、说明书、图纸等资料，建立本站场仪表自动化台账，同时，将台账录入 ERP 系统中，并依据仪表使用变更情况进行更新。

（2）站场工程师汇总本站场仪表自动化系统的运行情况，每月 26 日应填写完成《仪表自动化设备管理指标汇总表》，报所在分公司生产科。

（3）针对所辖站场仪表自动化系统，收集整理说明书、软件和图纸等相关资料，并登记管理。

具体步骤实施细节及要求说明如下。

一、仪表自动化台账的建立

各输油气站队负责完成本单位仪表设备台账的建立。台账内容应包括：仪表名称、型号规格、量程范围、精度等级、制造厂商、出厂编号、安装位置、检定周期、末次检定日期及检定单位等信息。

台账建立完成后，要将台账中内容如实录入 ERP 系统中，并依据仪表使用变更情况进行更新。

二、仪表自动化运行管理指标

仪表自动化运行管理指标包含 SCADA 系统运行评价指标、故障影响评价指标和自动化系统维护指标。

1. SCADA 系统运行评价指标

用于考核因现场设备故障原因、电源故障或通信故障等造成 SCADA 系统数据中断次数及平均时长超限的情况，其具体考核指标是 SCADA 系统可用率。

SCADA 系统可用率应不低于 99.75%，计算公式为：

$$\text{SCADA 系统可用率} = (1 - \frac{\text{SCADA 系统数据中断时长}}{\text{SCADA 系统应用总时长}}) \times 100\%$$

SCADA 系统运行评价指标应不低于 95 分。

计算公式为：

$$BI = 60 + (AI - 98\%) \times 20 \times 100$$

式中 BI——SCADA 系统运行评价指标(保留百分数小数点后两位)；

AI——SCADA 系统可用率。

2. 故障影响评价指标

该指标用于对因自动化系统原因，造成 SCADA 系统数据采集与控制故障，影响北京油气调控中心正常输油气调控操作，造成管道运行处于非正常状态(如降量、停输、生产事故等)后果的情况进行考核。

本指标公司得分不低于 95 分，各分公司得分应为 100 分。故障影响正常输油气生产的事件每次扣 5 分，扣完为止。

3. 自动化系统维护评价指标

本指标主要用于自动化设备的运行维护情况，由两个二级指标组成，分别是设备受检率评价指标和设备完好率评价指标。

1）设备受检率评价指标

该指标与输油气站队仪表自动化设备受检率有关。输油气站队仪表自动化设备受检率应达到 100%，计算公式为：

$$\text{设备受检率} = \frac{\text{实际受检设备数量}}{\text{应受检设备数量}} \times 100\%$$

设备受检率评价指标总分计为 50 分，保留百分数小数点后两位。计算公式为：

$$DI = CI \times 50$$

式中 CI——设备受检率；

DI——设备受检率评价指标得分。

2）设备完好率评价指标

该指标与输油气站队仪表自动化设备完好率有关。设备完好率要求不低于 99.5%，计算公式为：

$$\text{设备完好率} = \left(1 - \frac{\text{设备故障总时长}}{\text{设备应运行总时长}}\right) \times 100\%$$

设备受完好率评价指标总分计为 50 分，保留百分数小数点后两位。计算公式为：

$$FI = 30 + (EI - 98\%) \times 20 \times 50$$

式中 EI——设备完好率；

FI——代表设备完好率评价指标得分(保留百分数小数点后两位)。

4. 考核指标的统计与评价

仪表自动化综合评价指标计算方法以“SCADA 系统运行评价”“故障影响评价”和“自动化系统维护评价”3 个一级指标，按照不同的权重进行综合计算，形成一个仪表自动化综合评价指标。其组成和所占权重情况见表 5-1-1。

表 5-1-1　自动化综合评价指标计算表

一级指标名称	包含二级指标	分值	权重(%)
SCADA 系统运行评价	SCADA 系统可用率	100	50
故障影响评价	—	100	20
自动化系统维护评价	设备受检率	100	30
	设备完好率		

除以上 3 个一级指标外，还包括“标准器具和合格率的统计”。

5. 标准器具的合格率的统计

标准器具的合格率应达到 100%。

计算公式：

$$D = (n_1/n_2) \times 100\%$$

式中　D——测量标准器的合格率；

n_1——在用合格测量标准器的台数；

n_2——在用的测量标准器的总台数。

6. 统计上报要求

各站队每月 26 日应填写完成《仪表自动化设备管理指标汇总表》，报所在分公司生产科。

三、资料范围与管理

1. 资料范围

（1）自控设备资料：包括设备说明书、操作使用手册等。

（2）系统软件资料：包括服务器、工作站操作系统、数据采集专用软件及 PLC 通信软件等。

（3）开发软件资料：包括 PLC 程序、屏幕图和网络配置图等。

（4）各种保护密码信息资料：包括工作站、服务器、路由器、PLC 程序等的口令及密码等。

（5）记录表单：包括管理程序、管理规定、工作流程中提到的各种表单资料。

2. 资料管理

资料管理采用分级管理，站场仪表相关资料由站场技术人员管理，而涉及控制系统的相关资料由分公司技术人员管理。

除不能备份的软件资料外，其他资料应建立完整的备份，正常情况下使用备份资料。

所有资料应明确保管人员，并对资料的借出和借入有详细的记录。

第二节　仪表检定的管理

站场仪表自动化工程师负责本单位仪表自动化系统的计量检定的管理，管理过程主要分为以下几个步骤：

（1）编制本单位仪表自动化设备《周期检定计划表》(GDGS/ZY 72.03-01/JL-02)，上报分公司生产科。

(2) 维检修队人员负责本单位计量标准实验室的日常管理。

(3) 对在用计量标准器具进行维护、保养和定期送检。

(4) 维检修队仪表自动化工程师负责对所辖站场仪表进行按期检定，站场仪表自动化工程师应积极配合相关检定工作。

具体步骤实施细节及要求说明如下。

一、计量标准的定义

为了定义、实现、保持或复现量的单位及一个或多个量值，用作参考的实物量具、测量仪器、参考(标准)物质或测量系统，统称为计量标准。

计量标准是计量标准器具的简称，是指准确度低于计量基准的，用于检定其他计量标准或工作的计量器具。它把计量基准所复现的单位量值逐级地传递到工作计量器具，以及将测量结果在允许的范围内溯源到国家计量基准。通俗地讲，计量标准是指准确度低于计量基准，按国家计量检定系统表规定的准确度等级，用于检定较低等级计量器具(含工作计量器具)的计量器具。

按照计量法规定，企业、事业单位有权根据生产、科研和经营管理的需要建立计量标准，在本单位内部使用，作为统一本单位量值的依据。国家鼓励企业、事业单位加强计量检测设施的建设，以适应现代化生产的要求，尽快改变企业、事业单位计量基础薄弱的状况。因此，只要企业、事业单位有实际需要，就可以自行决定建立与生产、科研和经营管理相适应的计量标准。为了保证量值的准确可靠，建立本单位使用的各项最高计量标准，须经与企业、事业单位的主管部门同级的政府计量行政部门组织考核合格后，发给计量标准证书，才能在本单位内开展非强制检定。

二、仪表检定的必备条件

检定人员必须经过地方法定计量部门检定员培训并持有有效的检定员证；检定人员必须能够熟练操作计量标准器具和设备，并能够独立分析和处理相关设备故障；用于检定的标准计量器具必须具有合格证书并在有效期内；其精度等级等技术指标应满足受检仪表检定规程规定的量值传递要求；开展检定的机构必须通过法定计量管理部门的建标并取得授权；开展检定须有相应的有效检定规程；检定环境符合检定规程的要求。

为满足“检定条件”相关要求，在计量标准实验室中必须严格执行以下8项管理制度。

1. 实验室岗位管理制度

本制度规定了计量实验室工作人员的岗位责任制，明确职责范围，落实责任，保证计量检定校准工作的公正、准确、可靠。

2. 计量标准使用维护管理制度

本制度规定了计量实验室计量标准的使用、维护和评比的管理制度。

3. 量值溯源管理制度

本制度规定了计量实验室对实验室的测量设备(包括计量标准器及配套计量器具及在用的、停用的、超过校准/校验周期的、新购置的、改装的、修理后的、借用的仪器设备、量具)和标准物质的量值溯源(校准、校验等)。

4. 计量实验室环境条件及设施管理制度

本制度规定了计量实验室环境基本条件、安全防护、“三废”(废水、废气及固体废弃物)处理等制度。

5. 计量检定规程或技术规范管理制度

本制度规定了计量实验室的计量检定规程、技术规范等技术文件的管理。

6. 原始记录及证书管理制度

本制度规定了计量实验室的计量检定/校准原始记录及检定/校准证书的编制、收集整理归档管理。

7. 事故分析报告制度

本制度规定了计量实验室发生的设备和工作事故的分析报告制度。

8. 计量标准文件及管理制度

本制度规定了计量标准技术档案文件集管理制度。

以上8项管理制度，具体内容这里不做详细介绍，有兴趣的可以参考相关资料学习。

三、仪表分类

标准计量器具：是指用于量值传递的标准器具。

强检仪表：部门和企业、事业单位使用的最高计量标准器具，以及用于贸易结算、安全防护、医疗卫生、环境监测方面的列入强制检定目录的工作计量器具，实行强制检定。

非强检仪表：是指用于过程测量、对量值有一定准确度要求或对测量准确度要求不高、计量性能不易发生变化的低值易损的工作仪表。

四、仪表周期检定要求

1. 标准计量器具检定

所属各单位仪表自动化管理部门专职管理人员负责、组织本单位其他标准计量器具送至政府计量行政部门指定的计量检定机构进行检定。

标准器具在送检时，应遵循“就地、就近和经济合理”的原则。

标准器具的检定周期和检定指标应严格遵循计量法中检定周期和检定指标的有关要求。

标准器具未按照规定进行检定、超周期或者检定不合格的，均不得使用。

2. 强检计量仪表检定

各基层站队专(兼)职管理人员将本站队强检计量仪表送至政府计量行政部门指定的计量检定机构进行检定。

强检仪表在送检时，应遵循“就地、就近和经济合理”的原则。

强检仪表的检定周期和检定指标应严格遵循强制检定计量器具管理规定中的检定周期和检定指标的有关要求。

强检仪表未按照规定进行检定、超周期或者检定不合格的，均不得使用。

3. 非强检工作计量仪表检定

所属各单位仪表自动化管理部门负责组织本单位非强检工作计量仪表的检定工作。

非强检工作计量仪表在采取委托外检方式时，应遵循“就地、就近和经济合理”的送检原则。

非强检工作计量仪表的检定周期和监督规程执行公司企业标准《油气管道仪表维护规

范》及《常用测量仪表的检定周期和检定规程》的规定。

非强检工作计量仪表未按照规定进行检定、超周期或者检定不合格的，均不得使用。表 5-2-1为常用测量仪表的检定周期和检定规程。

表 5-2-1 常用测量仪表的检定周期和检定规程

计量检定规程 仪表名称	规程编号	计量检定规程适用范围或有关检定周期适用范围的说明	检定和校准（试验）周期
温度变送器	JJF 1183	也适用于直流模拟电信号输入的其他电动变送器	1 年
弹簧管式精密压力表	JJG 49	弹簧管式精密压力表和真空表	1 年
弹簧管式一般压力表	JJG 52	弹簧管式一般压力表、压力表真空表和真空表	半年
工业过程测量记录仪	JJG 74	自动电位差计、自动平衡电桥和机械式记录仪	半年
工作用玻璃液体温度计	JJG 130	（工业和实验）普通温度计和精密温度计	1 年
速度式流量计	JJG 198	0.1 级、0.2 级、0.5 级流量计和分流旋翼式流量计	1 年
		低于 0.5 级涡轮、涡街、旋进旋涡和电磁流量计	2 年
		低于 0.5 级超声波和激光多普勒流量计	3 年
双金属温度计	JJG 226		1 年
工业铂、铜热电阻	JJG 229	优于 0.5 级的	1 年
工作用廉金属热电偶	JJG 351	K 型、N 型、E 型和 J 型热电偶	半年
在线振动管液体密度计	JJG 370		1 年
氧化锆氧分析器（试行）	JJG 535		半年
压力控制器	JJG 544	压力控制器（开关）和真空控制器（开关）	1 年
数字温度指示调节仪	JJG 617	也适用于直流模拟电信号输入的数字指示调节仪	1 年
气体容积式流量计	JJG 633	0.2 级和 0.5 级的气体腰轮流量计、旋转活塞式气体流量计和湿式流量计	2 年
差压式流量计	JJG 640	用几何检验法和系数法检定节流装置或传感器	2 年
		用几何检验法检定测量单相清洁流体的标准喷嘴	4 年
		差压式流量计中的差压计或差压变送器	1 年
液体容积式流量计	JJG 667	用于贸易结算的腰轮流量计、齿轮流量计、刮板流量计等	半年
		使用条件恶劣且优于 0.5 级的流量计	
		其他流量计	1 年
工作测振仪	JJG 676		1 年
可燃气体检测报警器	JJG 693	催化燃烧式可燃气体传感器宜每季进行一次比对	1 年
硫化氢气体检测仪	JJG 695	更换重要部件或对仪器性能有怀疑时，应随时检定	1 年

五、检定计划及实施

1. 周期检定计划编制

各基层单位依据所辖区在用《仪表/安全仪表台账》及各类仪表的检定周期，分类制订本单位年度计量仪表、器具《仪表年度周检计划表》并经本单位主管领导审核，于每年 1 月 5 日前上报所在所属单位各主管部门。

2. 检定计划实施

检定人员进输油气站场开展计量仪表的检定工作，必须严格按照站场安全有关规定进行检定作业。

在线检定或拆卸计量仪表离线检定时，必须对作业可能导致的风险进行作业前安全分析，并采取必要的削减和控制风险的措施，降低因检定或拆卸带来潜在的风险，避免导致事故。包括：

（1）对管道运行工况和受检仪表在工艺检测和控制中的作用进行深入细致的分析，及时屏蔽或隔离在检定中可能误触发设备改变运行工况的可能性；

（2）制订应急处置措施，以防风险的发生和扩大；

（3）加强与现场运行值班人员及调度人员（北京调控中心/本管道调度室）的沟通，确保信息畅通；

（4）对具有保护功能的仪表进行检定前，应请示北京油气调控中心对保护功能进行屏蔽后方可进行，完成检定后将保护功能投用；

（5）在一级监控管道进行计量仪表检定作业的，要提前与北京油气调控中心请示，批准后方可进行；

（6）在当日和所有检定工作完成后，应确保站场仪表、设备及系统恢复到原来正常工作状态，并告知现场运行人员和管道调度人员。

第三节　备品备件管理

站场仪表自动化工程师负责本单位仪表自动化系统的备份备件的管理，管理过程主要分为以下几个步骤：

（1）收集本单位仪表计量设备备品备件的数据资料，建立本单位备品备件台账，并依据使用情况及时更新。

（2）依据备品备件使用情况，及时提出备品备件需求，上报分公司生产科。

（3）分析备品备件的使用情况，依据故障率和稳定性筛选备品备件厂家、型号，提出备品备件购置建议，上报分公司生产科。

具体步骤实施细节及要求说明如下：

设备的备品备件分为储备类备品备件和易耗类备品备件。由各站队根据生产运行中消耗情况和厂家提供的建议提出备件清单。

一、管理标准

在保证测量准确度及稳定性的前提下，尽量选用与在用仪表相同厂家的检测仪表作为备品备件，以便于日常维护、检修以及检定。

对于备品备件的选型应努力提高备件国产化水平，如国产相关备品备件的性能和指标能够满足生产需要，并经过实际应用检验时，可优先选择国产备品备件。设备换下的配件，凡是可以修复的，均应妥善保管，积极组织修复，降低成本。

对于生产难度大、批量小、制造不经济的进口设备备件，应纳入储备类备品备件管理，要及时制订配件计划，组织进货，以确保满足生产需要。

对于国内已有厂家生产的进口设备备件，相关部门要注意把好质量关，做好产品质量的考察工作，做到择优订货。

站场SCADA系统使用的计算机和显示器应确定就近的供应商，有绑定的授权应提前与供应商谈好协议，保证随用随购。

1. 储备类备品备件管理

各站队结合运行中的消耗情况，提出采购需求建议计划，上报生产科进行汇总。由生产科确定供应商及供应方式，建立畅通可靠的采购机制。在建立集中储备库的地区，根据需求可由公司统一调配。

2. 易耗类的备品备件管理

各站队结合运行中的消耗情况，对易耗类备品备件自行采购和储备，由站队负责管理。

二、相关表单

GDGS/CX 62.10/JL-04 管道公司设备备品备件清单。

第四节　仪表自控设施变更管理

变更是指不同于原有的仪表、自动化硬件设备更换及软件系统改变。仪表自动化工程师负责本单位仪表自控设施的变更管理，管理过程主要分为以下几个步骤：

(1)依据站场自控设施的运行情况，识别本单位自控设施是否需要进行变更，并判断变更级别。

(2)参与本站场需要进行变更工作的风险评估。

(3)站场仪表自动化工程师应准确判断仪表自控设施的变更级别，根据规定履行一般变更手续，形成变更申请表、修订表和变更登记表等纸质记录留存在站场。

(4)根据变更的批复，配合变更的实施，变更后，对相关记录、台账和档案等进行更新。

(5)维抢修队仪表自动化工程师负责配合分公司完成重大变更的申请，并负责变更的实施。

具体步骤实施细节及要求说明如下：

(1) 变更范围。硬件变更：包括站控机、PLC路由器和交换机等硬件的非同类型的更换与更新工作。

软件变更：包括站控机、PLC、路由器和交换机等软件系统的升级、组态与配置变化等。包括控制功能、联锁的改变。

数据变更：包括数据的增加、删除和修改等。包括控制、保护设定值的调整，PID参数的调整。

重大变更：包括保护系统的变更、具有控制功能的仪表变更、PLC程序变更、上位机软件及系统变更、PID调节参数变更、保护定值变更、控制方式及控制内容的变更。

一般变更：包括除重大变更内容以外的仪表自控设施的变更。

（2）变更风险评估。所属各站队负责自控设施的一般变更风险评估工作。

所属各站队负责将自控设施一般变更的风险评估上报生产科。

（3）变更申请与审批。变更申请单位应根据风险分析结果，按分类做好实施变更前的各项准备工作，引用《变更申请表》形成变更申请。

一般变更由分公司主管领导审批，报生产处(沈阳调度中心)备案。

（4）变更实施。所属各站队根据批复的技术方案实施自控设施变更。在审核技术方案时，着重考虑到变更可能造成的控制功能、参数和执行功能等的变化和影响，并要制定相应的应对措施。

所属各站队对可能影响北京油气调控中心调度运行的变更应及时告知北京油气调控中心。

属于在役管道固定资产投资项目的变更，执行《投资项目前期管理程序》和《站场设施更新改造大修理工程管理程序》。

（5）文件资料更新。所属各站队在自控设施变更完成后，应及时进行自控设施文件资料的更新工作。引用《变更申请表》并填写《变更涉及资料修订表》。

（6）紧急变更管理。站场仪表自控设施发生紧急故障严重影响输油气生产运行时，所属各站队应在最短的时间内进行自控设施紧急变更，确保系统尽快恢复正常运行。

紧急变更完成后，所属各站队应及时按照正常变更的流程进行申请、批复、实施、资料更新、培训或告知工作。

（7）临时变更管理。站场仪表自控设施发生故障而需要进行临时变更时，所属各站队按照正常变更的流程进行申请、批复、实施、资料更新、培训或告知工作。

站场仪表自控设施临时变更必须有明确的临时变更时间期限，临时变更期限结束前必须将自控设施恢复到原来状态。

自控设施临时变更恢复后，应及时进行培训或告知工作。

（8）培训或告知。所属各站队在完成自控设施变更工作或由临时变更恢复到原始状态后，应及时对生产管理人员、站场技术人员等相关人员进行必要的培训或告知工作。

（9）一般变更申报与审核流程：

① 场站仪表自动化技术员提出变更申请。

② 安全员、站长进行审核。

③ 分公司生产科判断风险等级是否为一般风险。

④ 分公司生产科仪表自动化主管接收《变更申请表》。

⑤ 分公司生产科仪表自动化主管进行审核。

⑥ 分公司生产主管处长进行审核。

⑦ 分公司生产科仪表自动化主管下达批复，并将《变更申请表》报生产处备案。

第六章　SCADA系统维护

SCADA(Supervisory Control and Data Acquisition)系统，即数据采集与监视控制系统，是以计算机为基础的生产过程控制与调度自动化系统。自动控制系统包括计算机控制系统和检测控制仪表系统，它可以对现场的运行设备进行监视和控制，以实现数据采集、设备控制、测量、参数调节以及各类信号报警等各项功能，通过卫星信道及光设备进行数据传输。

第一节　SCADA系统日常维护

站场仪表自动化工程师负责本站场自控系统的维护管理，管理过程一般分为以下几步：

(1) 开展本站场SCADA系统的日常维护工作，并对维护人员的工作进行监督。

(2) 配合分公司维护人员开展站场SCADA系统的1个月、6个月和12个月的周期维护工作，对维护结果进行监督验证。

(3) 维修队仪表自动化工程师负责本单位各站场SCADA系统的1个月、6个月和12个月的周期维护工作，站内仪表自动化工程师负责配合，并对维护结果进行监督验证。

(4) 站队仪表自动化工程师负责配合公司完成所辖站场SCADA系统3年周期检测工作。

输油气站场的SCADA系统维护内容周期不同，维护内容不同，下面将详细介绍不同周期内的维护内容。

一、维护周期

系统维护工作分为日常维护和周期性维护。其中，日常维护指每日一次检查系统运行状态。周期性维护指以一段时间为周期对系统进行检查和维护。周期性维护分为1个月维护、6个月维护和12个月维护。

每3年应对SCADA系统进行一次检测与评估。

二、维护要求

从事仪表自动化设备的维护工作应严格执行有关安全操作规程。

在拆、装或调试现场运行仪表设备前，应了解工艺流程和设备运行状况，并征得控制中心人员同意后方可进行。防爆场所进行电动仪表维护应采取有效的防爆措施(如检测现场可燃气体的浓度)。

不应拆除或短路本质安全仪表系统中的安全栅。

不应拆除或短路仪表防雷系统中的电涌保护器。

电子设备的电路板不应带电插拔(有带电插拔保护功能的除外)，在进行插拔电路板前应佩带防静电肘，继续30s后方可进行操作。

不应擅自取消或更改安全联锁保护回路中的设施和设定值。如需要变更，应征得上级主管部门同意后方可进行。

不应擅自更改SCADA系统操作员工作站的时间。

不应将非专用移动存储设备连接到SCADA系统中使用。

不应在SCADA系统网络上进行与运行无关的操作。

不应将SCADA系统网络与办公信息网络联网。

SCADA系统应严格执行用户操作权限管理。系统管理宜设置专职系统管理员，专职系统管理员的用户名和密码应备份和定期更新，并应保密存放。

SCADA系统应有专项事故处理预案。

三、输油气站场日常维护

输油气站场日常维护内容由运行值班人员完成，站场工程师负责每天的监督管理。维护内容主要包括：

（1）看控制室和机房温度和湿度。

（2）查看操作员工作站运行状态指示灯，应显示正常。

（3）查看系统外设的状态指示灯，应显示正常。

注：系统外设包括报表打印机、时间打印机、鼠标、显示器和键盘等。

（4）检查鼠标和键盘功能完整性。

（5）检查显示器应显示清晰。

（6）检查网络设备的状态指示灯，应显示正常。

注：网络设备指由自动化专业管理的交换机和路由器等。

（7）查看PLC系统CPU、I/O、通信和冗余模块等状态指示灯，应显示正常。

输油气站场日常维护记录，填写在站场巡检记录中。

四、输油气站场1个月维护

输油气站场1个月维护内容，由分公司维护人员完成。主要内容包括：

（1）检查设备外观，应包含以下内容：

① 查看设备铭牌应清晰，附件应齐全；

② 查看设备外观应无变形及机械性损伤；

③ 查看设备接口应完好；

④ 检查设备紧固部件应无松动。

（2）清除操作员工作站、系统外设和网络设备表面浮尘。

注意：清灰前工作人员应进行放静电操作。

（3）查看操作员工作站与站控PLC、ESD、PLC、水击PLC和RTU的通信状态。

（4）检查打印设备的打印信息的完整性和清晰度。

（5）测试系统网络内设备两两之间的连通性。

（6）检查和测试机柜，应包含以下内容：

① 检查机柜风扇运转是否正常；

② 检查机柜照明；

③ 检查机柜温控开关功能的正确性；

④ 检查机柜门的开关性能；

⑤ 清除机柜内灰尘。

注意：清灰前工作人员应进行放静电操作。

(7) 查看 PLC 系统带系统时间的模块(CPU、I/O、通信和冗余模块)，应与基准时间一致。

(8) 检查第三方通信接口应连接牢固可靠。

五、输油气站场 6 个月维护

输油气站场 6 个月维护内容，由分公司维护人员完成。主要内容包括：

(1) 检测控制室和机房环境温度、湿度和粉尘。

注意：环境温度和湿度检测时应在地板以上 2m 和设备前方 0.4m 处进行测量。

(2) 检查操作员工作站 CPU 和内存使用率，服务器 CPU 平均使用率应小于 30%，最大使用率应小于 80%，内存平均使用率应小 50%，最大使用率应小于 80%。

(3) 检查操作员工作站磁盘空间，磁盘空间使用率应小于 70%。

注意：当磁盘空间使用率大于 70%时，应对存储文件进行转移或更换更大存储空间的磁盘。

(4) 检查操作员工作站，自动备份文件数据的完整性。

(5) 检测控制室和机房静电电位、接地电阻。

(6) 检查和测试操作员工作站，应包含以下内容：

① 对操作员工作站存储的文件进行手动备份，并将备份文件用专用的移动存储设备拷贝出来，文件保存时间应不少于 12 个月。

注意：使用的移动存储设备应确保无病毒。

② 检查操作员工作站工艺流程图、历史趋势图、实时趋势图、主要参数一览表、报警信息表和事件信息表等 HMI 画面显示的正确性。

③ 对操作员工作站进行重启操作，并检查重启后操作员工作站运行状态。

④ 对冗余配置的操作员工作站进行冗余功能测试。

⑤ 测试操作员工作站的权限管理功能。

注：操作员工作站一般分为浏览者、操作员和管理员 3 级。

⑥ 测试操作员工作站事件报警功能。

注：登录操作员工作站，产生一个事件(开关设备或系统操作等)，在操作员工作站上确认被测事件记录和报警信息的正确性。

⑦ 测试操作员工作站历史趋势绘制功能。

注：选取重要工艺参数(如管道某点压力参数)，并在工作站上显示此点历史趋势图，确认其正确性。

⑧ 测试历史数据读取功能。

注：选择一台操作员工作站，选取重要工艺参数，选取某一时间段或一时间点，确认其历史数据正确性。

⑨ 检查操作员工作站系统时间，应与调控中心基准时间保持一致。

⑩ 利用专业工具，对操作员工作站进行彻底清灰处理。

警告：进行清灰操作前，确定设备已完全断电。

（7）检查和测试网络设备，应包含以下内容：

① 查看网络设备的配置信息应配置正确。

② 查看网络设备的运行日志应无严重错误。

③ 备份网络设备的配置信息，并用专门的移动存储设备拷贝出来，文件保存应不少于12个月。

④ 对网络设备进行重启操作，网络设备重启后，检查网络设备的运行状态。

⑤ 对冗余配置的设备进行冗余功能测试。

⑥ 用专业工具对网络设备进行彻底的清灰处理。

（8）检查和测试PLC系统，应包含以下内容：

① 检查控制网络各连接节点的牢固性。

② 测试冗余配置CPU的冗余功能。

③ 测试冗余电源模块的冗余功能。

④ 检查PLC系统的配置信息。

⑤ 检查PLC程序的扫描周期，最长扫描周期应不大于100ms。

⑥ 查看CPU的运行信息，CPU运行信息应无严重错误。

⑦ 检查PLC内存的利用率。

（9）检查和测试第三方通信，应包含以下内容：

① 检查通信接口的通信协议、通信速率和奇偶校验位等配置是否正确；

② 根据通信点表，在编程器或HMI上检查第三方数据的数值和描述是否正确。

（10）测试系统网络内设备两两之间进行连通性，测试方法如下：

① 在被测试的两台设备中选择一台设备执行“Ping”指令；

② 查看“Ping”指令执行完全后，显示信息；

③ 两设备之间通信连接应正常，且时间延时满足技术要求。

（11）检查和测试机柜，应包含以下内容：

① 检查机柜内带有状态指示灯的保险端子和继电器，状态显示应正常。

② 检查机柜内线号、电缆挂牌、器件标志牌、螺栓、线槽盖、地沟盖板和配线图应齐全，若有缺失处应补齐。

③ 轻轻拽动机柜内非弹簧端子的接线，确保紧固。

④ 检查机柜内布线应整齐和无临时接线。

⑤ 检查柜内与户外电缆沟的密封性，确保其完全隔离。

⑥ 检测机柜工作接地和保护接地电阻值。

六、输油气站场12个月维护

输油气站场12个月维护内容，由分公司维护人员完成。主要内容包括：

（1）测试数字量输入回路，并填写测试记录。

① 根据I/O地址表，操作现场设备由现场设备直接给出“0”和“1”的信号。

② 从人机界面上检查显示信息的正确性。

③ 宜与现场测试时同步进行。

注：数字量回路不包含受控设备(泵、阀)的状态显示。

(2) 测试数字量输出回路，并填写测试记录。

① 根据 I/O 地址表，在 HMI 上操作相应输出按钮。

② 查看现场回路的动作和状态。

③ 宜与现场测试同步进行。

注：数字量回路不包含受控设备(泵、阀)开、关和停等操作命令。

(3) 测试模拟量输入回路，并填写测试记录。

① 根据 I/O 地址分配表，在相应的现场接线端子上用标准信号发生器加入相应的模拟量信号。

② 模拟量信号测试点应至少包括，工程变量量程的 0，50%和 100%三个点。

③ 从 HMI 的显示值来检查数值显示的准确性和精度。

(4) 测试模拟量输出回路，并填写测试记录。

① 在 HMI 上对模拟量输出值进行设定。

② 模拟量输出值，应至少包括量程 0，25%，50%，75%和 100%五个点。

③ 检查现场回路接收值应与输出设定一致。

④ 宜与现场测试同步进行。

(5) 测试单体工艺设备控制程序，并填写测试记录。

① 操作现场设备使程序执行条件满足。

② 从操作员工作站，对单体设备进行开/关(启/停)操作。

③ 观察操作员画面显示和现场设备的动作应与操作命令一致。

注：单体设备指开/关型阀门和泵。

(6) 测试调节型设备的 PID 调节功能，并填写测试记录。

① 进行手动/自动调节模式切换，切换时 PID 调节功能应无扰动。

② 进行调节方式的切换(流量、压力或转速等)，切换时 PID 调节功能应无扰动。

输油气站场 3 年测试内容，由公司专业技术人员完成，这里不做详细介绍。

七、RTU 阀室和清管站 1 个月维护

输油气站对所管辖的 RTU 阀室和清管站每半月进行一次巡检。分公司维护人员每一个月对 RTU 阀室和清管站进行一次维护。维护内容主要包括：

(1) 查看外观检查，应包含以下内容：

① 查看设备外观应无变形及机械性损伤。

② 查看设备铭牌应清晰，附件应齐全。

③ 查看设备状态指示灯应显示正常。

④ 查看设备接口应完好。

⑤ 检查设备紧固部件应无松动。

⑥ 查看网络设备状态指示灯，应显示正常。

⑦ 清除设备的表面浮尘和机柜内灰尘。

(2) 查看 RTU 系统各模块(CPU、通信、I/O、冗余等模块)状态指示灯，应显示正常。

(3) 查看第三方通信接口应连接牢固可靠。

（4）检查和测试机柜附件，应包含以下内容：

① 检查机柜风扇运转是否正常。

② 检查机柜照明。

③ 检查机柜温控开关功能的正确性。

④ 检查机柜门的开关性能。

⑤ 机柜内线号、电缆挂牌、器件标志牌、螺栓、线槽盖、地沟盖板和配线图应齐全，若有缺失处应补齐。

⑥ 机柜内布线应整齐和无临时线。

⑦ 轻轻拽动机柜内非弹簧端子的接线，确保紧固。

⑧ 检查柜内与户外电缆沟的密封性，确保其完全隔离。

⑨ 检查机柜内带有状态指示灯的保险端子和继电器，状态显示应正常。

（5）填写维护记录表格。

八、RTU 阀室和清管站 6 个月维护

RTU 阀室和清管站 6 个月维护内容，由分公司维护人员完成。主要内容包括：

（1）检测 RTU 阀室和清管站机柜间的温度、湿度和粉尘。

注意：测量温度和湿度时应在地板以上 2m 和设备前方 0.4m 处进行测量。

（2）测试机柜间的静电电位，应符合要求。

（3）测试机柜的工作接地、保护接地或联合接地电阻值应符合要求。

（4）检查和测试网络设备，应包含以下内容：

① 查看网络设备的配置信息应配置正确。

② 查看网络设备的运行日志应无严重错误。

③ 备份网络设备的配置信息，并用专门的移动存储设备拷贝出来，文件保存应不少于 12 个月。

注意：使用的移动存储设备应确保无病毒。

（5）对网络设备进行重启操作，网络设备重启后，检查网络设备的运行状态。

（6）对冗余配置的设备进行冗余功能测试。

（7）用专业工具对网络设备进行彻底的清灰处理。

警告：进行清灰操作前，确定设备已完全断电。

（8）检查和测试 RTU 系统，应包含以下内容：

① 查看 CPU 的运行信息，CPU 运行信息应无严重错误。

② 检查 RTU 系统的配置信息，配置信息应正确。

③ 检查 CPU、I/O、通信和冗余等模块的系统时间，应与基准时间一致。

④ 检查控制网络各连接节点的牢固性。

⑤ 查看 CPU 利用率，应低于 50%。

⑥ 查看程序扫描时间，应小于 100ms。

⑦ 检查第三方通信接口的通信协议、通信速率、奇偶校验位、数据数值和描述等配置是否正确。

（9）测试冗余配置系统的冗余功能：

① RTU 电源冗余功能。

② RTU 控制器冗余功能。

③ RTU 控制网络冗余功能。

填写维护记录表格。

九、RTU 阀室和清管站 12 个月维护

RTU 阀室和清管站 12 个月维护内容，由分公司维护人员完成。主要内容有：

（1）测试数字量输入回路，并填写测试记录。

① 根据 I/O 地址表，操作现场设备由现场设备直接给出“0”和“1”的信号。

② 从人机界面上检查显示信息的正确性。

③ 宜与现场测试时同步进行。

注意：数字量回路不包含受控设备（泵、阀）的状态显示。

（2）测试数字量输出回路，并填写测试记录。

① 根据 I/O 地址表，在 HMI 上操作相应输出按钮。

② 查看现场回路的动作和状态。

③ 宜与现场测试同步进行。

注意：数字量回路不包含受控设备（泵、阀）开、关和停等操作命令。

（3）测试模拟量输入回路，并填写测试记录。

① 根据 I/O 地址分配表，在相应的现场接线端子上用标准信号发生器加入相应的模拟量信号。

② 模拟量信号测试点应至少包括工程变量量程的 0，50%和 100%三个点。

③ 从 HMI 的显示值来检查数值显示的准确性和精度。

（4）测试模拟量输出回路，并填写测试记录。

① 在 HMI 上对模拟量输出值进行设定。

② 模拟量输出值应至少包括量程 0，25%，50%，75%和 100%五个点。

③ 检查现场回路接收值应与输出设定一致。

④ 宜与现场测试同步进行。

（5）测试单体工艺设备控制程序，并填写测试记录。

① 操作现场设备，使满足程序执行条件。

② 从操作员工作站，对单体设备进行开/关（启/停）操作。

③ 观察操作员画面显示和现场设备的动作，应与操作命令一致。

注：单体设备指开/关型阀门和泵。

（6）测试调节型设备的 PID 调节功能，并填写测试记录。

① 进行手动/自动调节模式切换，切换时 PID 调节功能应无扰动。

② 进行调节方式的切换（流量、压力或转速等），切换时 PID 调节功能应无扰动。

RTU 阀室和清管站 3 年测试内容，由公司专业技术人员完成，这里不做介绍。

第二节　仪表自动化年度检测

为提高公司站场仪表自动化的可靠性，最大限度确保站场仪表自动化数据的准确，公司规定定期开展仪表自动化年度检测工作，年度检测工作主要由春检和秋检组成。春检主要工作内容为输油气系统的现场仪表检定校准与保护控制回路测试；秋检主要工作内容为冬防保温工作与热力消防系统的现场仪表检定校准及保护控制回路测试。

一、输油气站场及阀室仪表自动化问题摸底

每年年度检测前，由站队仪表自动化工程师对所辖输油气站场及阀室仪表自动化设备进行全面检查，对需要在年度检测中处理的问题进行汇总并提出整改建议，进行上报。

二、年度检测材料上报

年度检测前，由输油气站队仪表自动化工程师按照 SCADA 系统定期维护内容识别本站需要在年度检测中进行检定、校准和维护的工作内容，并结合检测过程中需要的工器具及备品备件需求，一并汇总，上报分公司生产科。

三、标准仪器送检工作

为了保证年度检测工作中使用的标准器具合格率为 100%，输油气站队检定室负责人（仪表自动化工程师）组织仪表工提前完成标准器具的送检工作，并在仪表周期检定计划表中填写标准器具送检情况，收集归档保管所辖标准器具最近两年的检定证书。

四、年度检测标准培训

为了提高仪表工的检定技能，确保年度检测工作的安全顺利进行，由年度检测技术负责人（仪表自动化工程师）提前组织年度检测标准培训工作，主要培训内容包括仪表自动化设备检定规程规范、SCADA 控制系统测试规程、输油气站场工艺操作原则、HSE 安全危害因素及年度检测管理规定等内容，并对检定人员进行理论或实际操作技能方面的考核。

五、年度检测检定方案编制

负责组织实施的仪表自动化工程师根据仪表检定周期及年度检测待整改问题，编制年度检测检定方案，合理安排工作内容。年度检测检定方案主要包括组织机构、时间及检定校准工作内容安排、检定校准工作要求、现存问题、预防措施、安全要求、风险预测及应急措施等内容，上报生产科。

六、组织实施

仪表自动化工程师根据批复后的年度检测检定方案组织实施相关工作内容，主要包括现场仪表设备的检定校准、SCADA 系统各项性能指标的检测等工作，并做好技术指导及安全监督工作，指导检定人员填写《仪表自动化检定记录》。具体要求：

（1）年度检测工作负责人（仪表自动化工程师）做好沟通协调工作，提前一天将检定计

划报输油气站场相关负责人。

(2) 仪表自动化工程师待调度中心批复后，检查确认运行人员将年度检测系统的设备、设施达到离线或安全检修状态。

(3) 对参与保护相关设备进行校准检测前，年度检测工作负责人(仪表自动化工程师)根据工作内容办理维检修工作票。

(4) 年度检测工作负责人(仪表自动化工程师)组织仪表检定人员进行操作并审核仪表检定人员现场填写的《仪表自动化检定记录》。

(5) 检查并确认工艺运行参数恢复正常后，通知运行人员检查验收。

(6) 年度检测实施过程中，工作负责人全程与站场负责人及运行值班人员或调度员做好沟通协调工作。

七、问题整改

检定校准工作完成后，组织检定人员对已发现问题进行整改，整改完成后及时完善《故障处理记录》，对于不能得到及时整改的问题要向上级主管领导汇报并说明原因。

八、年度检测工作总结

年度检测技术负责人(仪表自动化工程师)在年度检测工作结束后10个工作日内完成年度检测工作总结《年度周检报告》，报主管站队长审批后上报生产科，内容包括：完成工作内容、未完成的内容、原有问题处理情况、发现并处理的问题、遗留问题、年度检测仪表检验单。

第三节　站控系统故障分析及处理

仪表自动化工程师负责所辖场站控系统常见故障的初期处理，处理流程一般分为以下几步：

(1) 分析故障现象，初步判断原因；

(2) 能够处理的，按照ERP系统自行处理流程自行进行处理；不能处理的，按照故障报修流程上报分公司生产科，上报时报说明故障现象及影响；

(3) 维修人员到达现场前，针对故障可能造成的影响制订相应的控制措施，并告知相关人员；

(4) 维修人员到达后，配合维修人员进行维修工作，并对维修结果进行验证；

(5) 填写故障处理记录，并将相关维修情况录入ERP系统中。

本节以站控系统为例，主要介绍站控系统常见故障的原因及解决办法。

站控系统基本组成结构如图6-3-1所示。

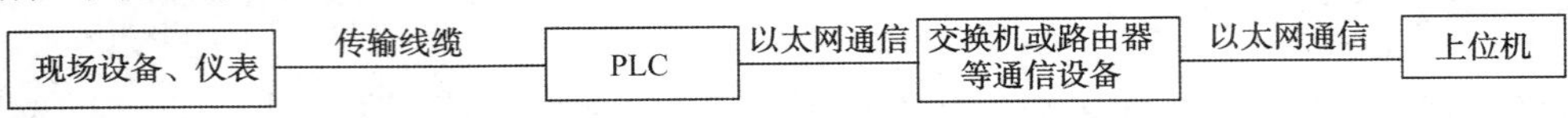

图6-3-1　站控系统基本组成结构

站控系统常见故障主要归结为以下7项：现场仪表设备故障、传输线路故障、供电故障、PLC故障、通信故障、上位机软件故障和上位机硬件故障，下面将分别就每项故障的原因及解决办法进行介绍。

一、现场仪表设备故障及解决方法

该部分常见部件主要包括：温度、压力、流量、液位仪表，主要为变送器及现场控制单体设备。现场仪表设备主要故障有：上位机画面显示某参数为负值、零或满量程，上位机画面某参数数值保持不变或某参数显示波动异常等。

常见故障原因及解决办法：

（1）现场接线错误。

① 24V 正负极接反。

② 传感器与变送器接线错误。

解决办法：现场对接线进行调整，对应好正负，按照正确顺序重新接线。

（2）仪表设备损坏。

① 变送器损坏。

② 传感器损坏。

解决办法：排除是否为传感器损坏，校准变送器，对损坏仪表进行更换。

（3）引压管线不畅通。

① 一次阀门未打开。

② 引压管线堵塞。

解决办法：打开一次阀门；对安装有引压管线的仪表，进行排污，清理引压管线。

（4）仪表保温、伴热不好。

解决办法：对仪表保温、伴热进行处理。

（5）24V 电源断电。

解决办法：检查 24V 供电线路。

（6）正负极接反。

解决办法：按照正确电源接线调整接线。

（7）现场电压低于仪表设备正常工作电压。

解决办法：检查配套 24V 电源负载情况，超负荷运行的更换大功率电源。

二、传输线路故障及解决方法

该部分常见部件主要包括：传输控制电缆、接线端子、安全栅。常见故障有：上位机某参数显示异常，如波动、线性偏差、负值等。常见故障原因及解决办法：

（1）电缆损坏。

解决办法：测量电缆绝缘电阻，更换为备用芯或更新电缆。

（2）端子接线接触不良、端子氧化。

解决办法：紧固端子，处理接线端子氧化层或更换新端子。

（3）接线错误。

解决办法：两端校准电缆线芯，从现场送标准信号，在电缆另一端测试信号传输情况。

（4）线路中有干扰。

解决办法：站控柜内测量现场信号情况，发送标准信号至 PLC 查看上位机显示情况，找出干扰源后，更换屏蔽电缆或在 PLC 中加入滤波模块。

三、24V 供电故障及解决方法

该部分常见部件主要包括：24 电源、保险、浪涌保护器、配电线路。常见故障有：上位机部分参数无显示、现场某仪表断电、现场部分仪表断电等。常见故障原因及解决办法：

(1) 保险或浪涌或 24V 电源损坏，造成现场供电中断。

解决办法：检查供电线路中保险、浪涌保护器是否正常，对损坏器件进行更换。

(2) 24V 电源功率不足或损坏，造成现场电压过低。

解决办法：

① 检查 24V 电源工作是否正常，测量 24V 电源输出电压是否在正常范围内，对损坏电源模块进行维修或更换。

② 核算 24V 电源功率与所带负载是否匹配，不匹配的话更换大功率电源模块。

(3) 中间接线端子松动或脱落。

解决办法：紧固供电线路中接线端子。

四、PLC 故障及解决方法

该部分常见部件主要包括：PLC 模块、内部程序、配线。常见故障有：PLC 故障灯报警、上位机某参数显示与现场实际值不符、上位机某参数与现场实际值线性偏差等。常见故障原因及解决方法：

(1) 硬件模块损坏。

解决办法：检查各模块指示灯情况，在线程序查看报警信息，按照故障指示或程序提示，找出损坏硬件模块进行更换。

(2) 通道接线错误。

解决办法：对照 I/O 点表，检查对应通道接线是否正确，核实现场参数与输入通道是否对应，对错误接线进行调整。

(3) 输入信号类型错误。

解决办法：对照 I/O 点表，检查对应通道信号类型，类型错误时，在输入端对信号进行调整，或者修改软件中相关设置。

(4) 软件设置错误。

解决办法：检查软件中硬件配置及对应通道设置情况，对错误配置进行修改。

五、通信故障及解决方法

主要包括：通信设备、网线及其他线缆接头。常见故障有：上位机全部参数无显示、上位机显示与 PLC 通信故障等。

1. 通信线缆常见故障原因及解决办法

故障原因：

(1) 网线或通信线缆接头松动。

(2) 通信线缆接头位置错误。

(3) 网线或通信线缆损坏。

解决办法：

（1）检查交换机、路由器及其他设备线缆插头是否正确，重新插拔各接头，对松动或破损接头进行紧固或更换。

（2）检查线缆是否完好，对破损线缆进行更换。

2. 通信设备常见故障原因及解决办法

故障原因：

（1）交换机或路由器未正常工作，供电不正常。

（2）交换机或路由器配置错误，对应通信端口未打开或损坏。

（3）交换机或路由器损坏。

解决办法：

（1）检查路由器、交换机工作电源是否正常，检查供电及线路是否正常。

（2）使用“Ping”命令，检查与路由器网关连接情况。

（3）telnet 到路由器，查看路由器配置及端口工作状态。

（4）重新启动路由器或交换机，对损坏设备进行更换。

六、上位机软件故障及解决方法

主要为：组态软件、通信服务软件（RSLinx），常见故障有：上位机软件无法启动，与PLC 连接中断、某监视参数不准或错误、报表未采集等。

1. 通信服务软件常见故障原因及解决办法

故障原因：

（1）通信服务软件未启动。

（2）通信服务软件配置错误。

① PLC 地址配置错误。

② 与组态软件数据库连接设置错误。

解决办法：

（1）重新启动通信服务软件。

（2）查看软件中配置信息，对错误信息进行修改。

2. 上位机组态软件常见故障原因及解决办法

故障原因：

（1）软件无法正常启动。

（2）画面显示参数与 PLC 中地址对应错误。

（3）报表采集系统未启动。

（4）系统检测不到加密狗，软件自动退出。

（5）因显示器分辨率原因造成监控画面显示不全。

解决办法：

（1）应用最近备份，对软件进行还原。

（2）查看数据库地址点表，对错误地址进行修改。

（3）重新启动报表采集系统。

（4）检查加密狗安装情况，重新插拔或者重新安装加密狗。

（5）调整显示器分辨率。

七、上位机硬件故障及解决方法

常见故障主要有：系统自动重启、无法正常启动、鼠标/键盘无法正常使用、显示器黑屏等。

1. 系统自动重启

故障原因：

（1）由病毒原因造成损坏。

（2）系统文件损坏。

（3）定时软件或者系统计划任务软件起作用。

（4）上位机供电电压不稳。

（5）插排或电源插座的质量差，接触不良。

（6）计算机电源的功率不足或性能差。

（7）主机开关电源的市电插头松动，接触不良，没有插紧。

（8）机箱内积灰过多，造成 CPU 散热不良。

解决办法：

（1）以使用最新版的杀毒软件进行杀毒。

（2）覆盖安装系统启动文件或重新安装系统。

（3）屏蔽定时软件或相关计划任务。

（4）检查 UPS 电源是否正常。

（5）更换质量好的制作或者插排。

（6）检查计算机电源功率是否负荷附在要求。

（7）对机箱进行清灰维护。

2. 系统无法启动

故障原因：

（1）系统完全不能启动，见不到电源指示灯亮，也听不到冷却风扇的声音。这时，基本可以认定是电源部分故障。

（2）电源指示灯亮，风扇转，但没有明显的系统动作。常由电源故障或者内存接触不好造成。

（3）电源指示灯亮，系统能启动，但系统在初始化时停住了，而且可以听到喇叭的鸣叫声(没有视频)：根据蜂鸣代码可以判断出故障的部位。

解决办法：

（1）检查。电源线和插座是否有电、主板电源插头是否连好、UPS 是否正常供电，再确认电源是否有故障，最简单的就是替换法。

（2）替换电源，排除电源故障，重新插拔内存条，或者对主板进行放电。

（3）根据主板蜂鸣代码可以判断出故障的部位。目前市面上较流行的主板 BIOS 主要有 Award BIOS，AMI BIOS 和 Phoenix BIOS 三种类型。

Award BIOS 是由 Award Software 公司开发的 BIOS 产品，在目前的主板中使用最为广泛。Award BIOS 功能较为齐全，支持许多新硬件，目前市面上多数主机板都采用了这种 BIOS。

AMI BIOS 是 AMI 公司出品的 BIOS 系统软件，开发于 20 世纪 80 年代中期，早期的 286 和 386 大多采用 AMI BIOS，它对各种软、硬件的适应性好，能保证系统性能的稳定，到 90 年代后，绿色节能电脑开始普及，AMI 却没能及时推出新版本来适应市场，使得 Award BIOS 占领了大半壁江山。当然现在的 AMI 也有非常不错的表现，新推出的版本依然功能强劲。

Phoenix BIOS 是 Phoenix 公司产品，Phoenix 意为凤凰或埃及神话中的长生鸟，有完美之物的含义。Phoenix BIOS 多用于高档的 586 原装品牌机和笔记本电脑上，其画面简洁，便于操作。

这里主要以前两种为例进行介绍。

Award BIOS：

① 1 短声。说明系统正常启动。表明机器没有问题。

② 2 短声。说明 CMOS 设置错误。重新设置不正确选项。

③ 1 长 1 短。说明内存或主板出错。换一个内存条试试。

④ 1 长 2 短。说明显示器或显示卡存在错误。检查显卡和显示器插头等部位是否接触良好或用替换法确定显卡和显示器是否损坏。

⑤ 1 长 3 短。说明键盘控制器错误，应检查主板。

⑥ 1 长 9 短。说明主板 Flash RAM、EPROM 错误或 BIOS 损坏，应更换 Flash RAM。

⑦ 重复短响。说明主板电源有问题。

⑧ 不间断的长声。说明系统检测到内存条有问题，应重新安装内存条或更换新内存条重试。

AMI BIOS：

① 1 短。说明内存刷新失败。更换内存条。

② 2 短。说明内存 ECC 校验错误。在 CMOS 中将内存 ECC 校验的选项设为 Disabled 或更换内存。

③ 3 短。说明系统基本内存检查失败。换内存。

④ 4 短。说明系统时钟出错。更换芯片或 CMOS 电池。

⑤ 5 短。说明 CPU 出现错误。检查 CPU 是否插好。

⑥ 6 短。说明键盘控制器错误。应检查主板。

⑦ 7 短。说明系统实模式错误，不能切换到保护模式。

⑧ 8 短。说明显示内存错误。显示内存有问题，更换显卡试试。

⑨ 9 短。说明 BIOS 芯片检验和错误。

⑩ 1 长 3 短。说明内存错误。内存损坏，更换。

⑪ 1 长 8 短。说明显示测试错误。显示器数据线没插好或显示卡没插牢。

3. 鼠标、键盘突然失灵

故障原因：

(1) 驱动发生错误。

(2) 接口松动。

(3) 硬件损坏。

(4) 系统死机。

解决办法:

(1) 重启电脑。

(2) 重新插拔 USB 接口。

(3) 更换硬件。

4. 显示器黑屏或画面丢失

故障原因:

(1) 电源接线、信号线松动或脱落。

(2) 显示器信号源通道选择错误。

(3) 硬件损坏(显示器或者显卡)。

解决办法:

(1) 紧固接线接口。

(2) 选择正确的输入通道。

(3) 更换硬件。

八、案例

某站场,首先,现场检测仪表 Pt100 将温度信号转化为电阻信号,然后温度变送器将 Pt100 电阻信号转换为 4~20mA DC 标准电流信号,信号通过控制电缆传输给 PLC 输入模块,该模块通过 A/D 转换和程序工程量转换,将模拟量信号转转为对应量程内的数字量信号;上位机组态软件通过通信服务软件采集 PLC 中需要的数据点,并记录到后台数据库,再经过工程量转换最终显示到 HMI 监控画面。常见结构如图 6-3-2 所示。

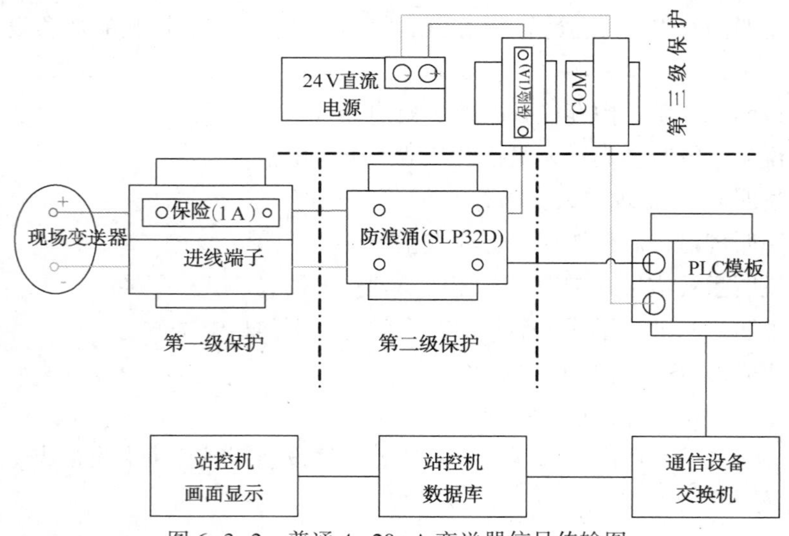

图 6-3-2 普通 4~20mA 变送器信号传输图

〔常见故障 1〕　上位机监视画面某工艺参数没有显示。

要确定是哪部分的问题，重点从这部分入手进行排查。

首先按大方向进行排查，先排除是否由通信原因造成；然后，从两端开始查起，从上位机开始排查通信问题，从现场变送器开始排查供电、设备、线路问题，一步步排除，最后深入最终到程序内部。具体故障处理流程如图 6-3-3 所示。

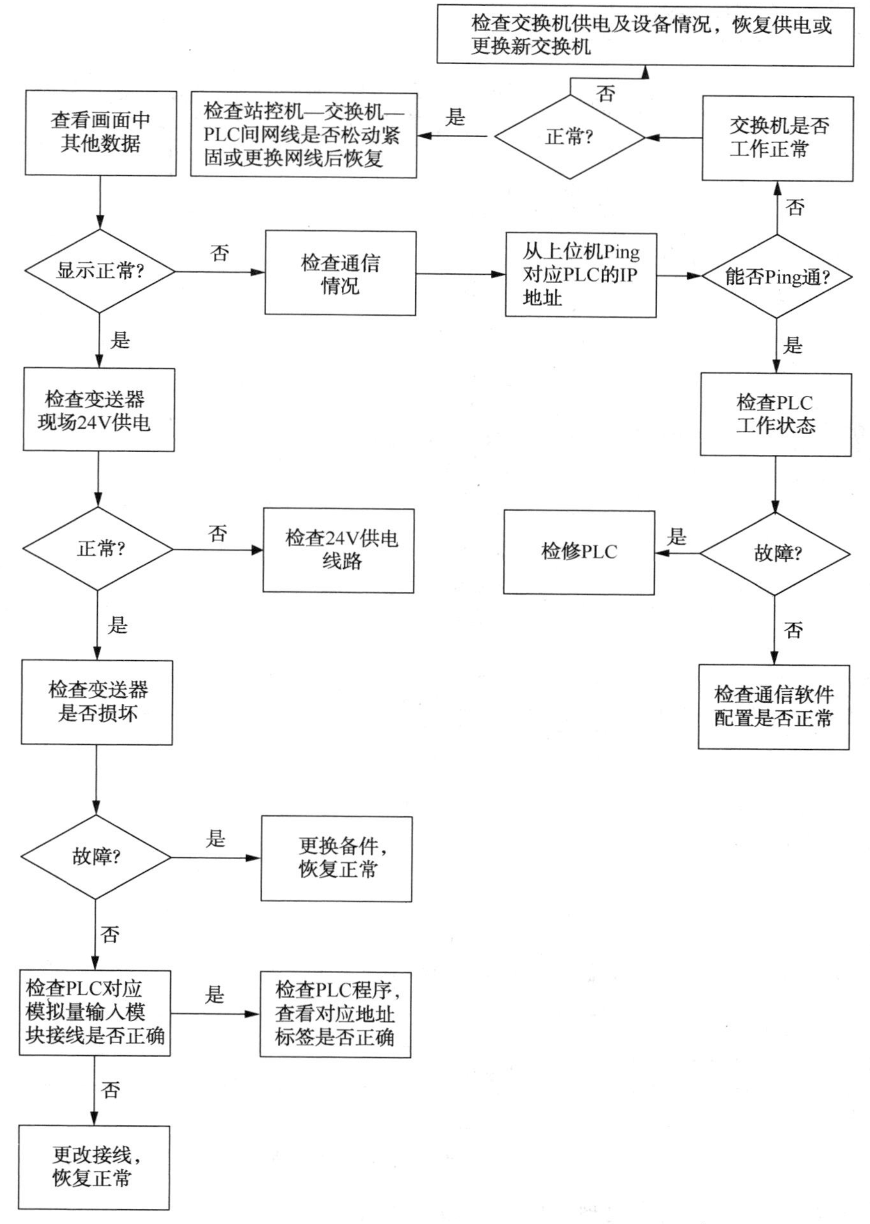

图 6-3-3　常见故障 1 处理流程

〔常见故障 2〕　上位机监视画面某工艺参数显示误差大。

以温度参数为例进行说明，现场变送器为 Pt100 一体化温度变送器，排查步骤如

图 6-3-4所示。

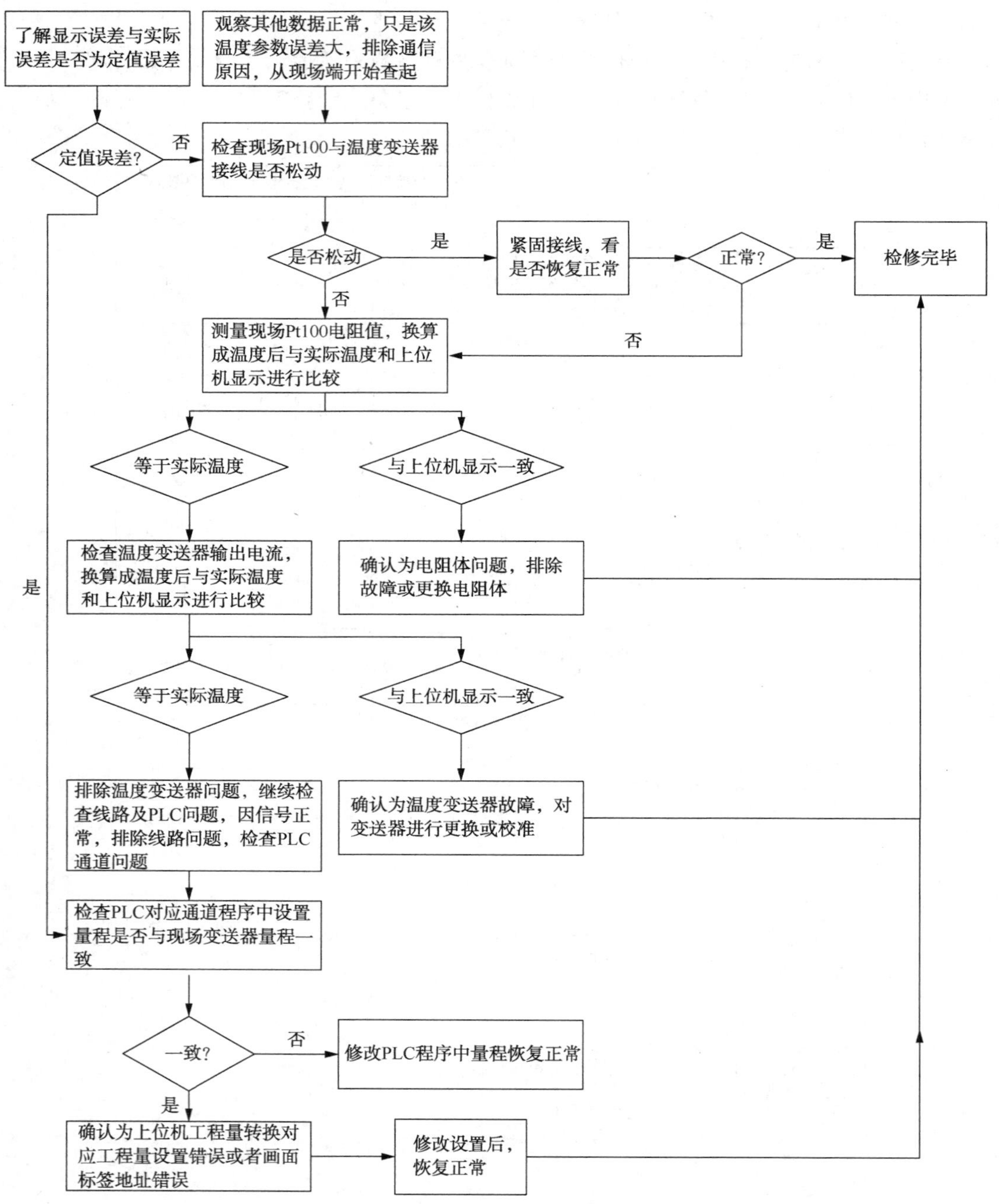

图 6-3-4　常见故障 2 处理流程

〔常见故障 3〕　上位机监视画面所有参数均无显示。

当上位机全部数据都出现问题时，基本可以确认为通信或者 PLC 故障，处理流程如图 6-3-5所示：

文中谈到的问题解决方法，都是基于 SCADA 系统中信号流的走向、画面数据显示的比较来逐项排除，解决问题。快速排除问题的关键在于检修人员对系统及信号流的走向的了解程度，熟知各节点的功能，只有这样才能在面对问题时，抓住关键点，在最短时间内解决问题。

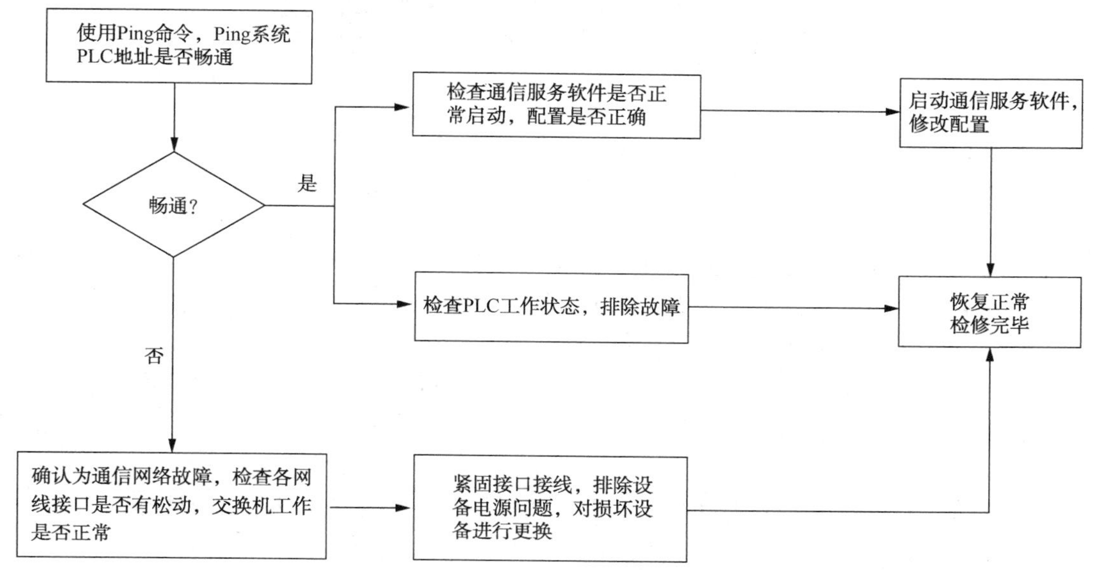

图 6-3-5　常见故障 3 处理流程

第七章　可编程控制器

可编程控制器(PLC)是一种新型的通用自动控制装置，它将计算机技术、自动控制技术和通信技术融为一体，成为现代产业自动化的支柱之一，是实现工厂自动化(FA)的核心设备。

ControlLogix 控制系统看起来像一个可编程控制器，但它不只限于此。ControlLogix 结构体系是一个技术先进的控制平台，它集成了多个控制功能：顺序控制、运动控制、传动及过程控制等。与传统可编程控制器不同的是，ControlLogix 系统在任意尺寸上都是模块化的。可以根据具体应用来选择合适的内存量、控制器个数和网络类型，这种柔性结构答应在同一机架内使用多个控制器、网络及 I/O 模块。与此同时，ControlLogix 系统具有优良的性能品质，主要特点如下：

(1) 无缝连接。易于和其他网络上的程序控制器透明地收发信息，兼容性好。

(2) 快速。ControlLogix 结构在背板上提供了高速数据传输总线，Logix5550 控制器提供了高速传输的控制平台。

(3) 可组态。可根据产业生产的需要增减控制器和通信模块的个数，可在一个机架内使用多个控制器。

(4) 产业化。ControlLogix 提供了高强度平台，可耐受振动、高温及各种产业环境下的电气干扰。

除此之外，其结构紧凑，可有效减少配电盘的空间；可无须控制器而在网络间实现桥接；多个控制器、I/O 模块及通信模块可任意组合。此外，可带电拔插一个模块而无须断开系统的其他模块，并提供可拆卸接线端子排，使用方便，易于维护。ControlLogix 系统采用 RSLogix5000 编程软件，它能运行于 Windows NT32b 的操纵系统下，其性能优越，并提供了可靠的通信功能及诊断特性，具有通用的用户界面和特性设置，配有灵活、易操纵的编辑器，可点击进行 I/O 组态。

作为一种模块化的系统，ControlLogix 要求使用特定的框架来安装不同的模块。框架有以下规格：4 槽、7 槽、10 槽、13 槽、17 槽。用户可以将模块插入任意槽中，背板用于各个模块之间的通信，利用插在背板上的多个接口模块，一条信息可通过链路传递进入一个模块的端口，并传到其目的地。

ControlLogix 系统与通信模块之间的接口是模块化的，用户可使用单独的通信接口模块来实现背板与 EtherNet，ControlNet，DeviceNet，DH+以及普通 Remote I/O 链路的连接。通信模块有 1756-DHRIO，1756-CNB，1756-CNBR，1756-ENBT 和 1756-DNB 等。

第一节　ControlLogix I/O 模块的维护管理

站场仪表自动化工程师负责本站场 ControlLogix 控制系统的管理，管理步骤为：

（1）收集本站场 ControlLogix 控制系统的硬件模块说明书、配置手册及 I/O 地址表。

（2）对本站场 ControlLogix 控制系统进行日常巡检。

（3）熟悉各模块指示灯含义，能够识别模块运行状态，发现问题及时上报。

（4）配合维护单位完成系统的维护检修，并对结果进行验证。

一、专业术语

ControlLogix 控制系统以微处理器为核心，把先进的控制技术、通信技术、计算机技术、CRT 技术与现场仪表有机地结合起来，实现对生产过程的集中监视、集中操纵和分散控制，为生产提供了强有力的保证。由于该系统的内存量、控制器个数和网络类型可以根据具体应用来选择，所以相对于其他可编程控制系统而言，其结构更加灵活，使用更为方便。

1. Logix5550（控制器）

ControlLogix 系统的核心是 Logix5550 控制器，其处理速度为 0.08ms/K 指令，标准内存配置为 160kB，可扩展至 2MB，一个 Logix5550 控制器支持 12800 个离散的或 4000 个模拟的 I/O 点，符合 IEC1131-1 的操纵系统提供多任务环境，最多可支持 32 个任务，其中 31 个时间片可由用户设定，支持长文件、变量名。Logix5550 以微处理器为核心，采用了先进的过程控制技术、通信技术、计算机技术，负责对生产过程进行检测和控制，是数据采集、过程控制部分。通过组态和编程，具有丰富的运动控制功能、顺序控制功能、传动及过程控制功能、运算功能，可直接采集来自现场的各类工艺过程数据，经处理、运算后，将检测信号送至操纵站进行监视，将控制信号送至现场。具有可靠性高、扫描处理速率高等特点，并具有自诊断功能。

2. 主机架

主机架是控制站的核心部分，主要由控制器（Logix5550）、电源模块、通信模块（CNBR）、输入/输出模块等组成。

3. 扩展机架

由各种信号输入/输出模件组成，这些模件主要包括：模拟量（4～20mA）输入/输出模块、Pt100 热电阻温度信号输进模块、220V AC 开关量输入/输出模块以及通信模块（CNBR）。

4. 以太网（EtherNet）

该以太网使用标准的“简单网络治理协议（SNMP）”，利用以太网处理器内置的通信能力，使用以太网和标准指令可获得高性能的对等通信。基于 Windows 95/NT 操纵系统的主计算机，通过 RSLinx 软件，其应用程序可直接在以太网处理器之间建立通信；使用 RSLogix5000 编程软件对处理器控制程序进行远程编程、调试。

5. 控制网（ControlNet）

主要实现控制器、输进/输出模块以及 RSView32（上位机）间的通信，是联系上位机和下位机的桥梁。ControlNet 建立在开放性网络技术的革新方案 Producer/Consumer 方式上，该方式答应网上所有节点同时读取一个数据源同样的数据，因而具有较高的吞吐量，而多点传送通信能力使很多控制器可以分享输进数据和对传互锁数据，以达到更好的性能并减少编程的需求。

采用 A 和 B 两根通信线为系统提供了冗余度，提高了系统的可靠性，在一根通信线出现故障的情况下可自动切换到另一根，正常情况下，总是只有一根处于工作状态。

6. CNBR(通信模块)

CNBR 是联系机架与系统的纽带。可用于系统间数字量、模拟量的数据传递与交换。通信模块支持开放式网络，如 EtherNer，ControlNet 和 DeviceNet，也支持 A-B 公司的 DH+网和 RIO 网。所有通信模块均为 Gateway 产品，无须处理器编程。编程软件提供的移植工具还可以将 PLC-5 和 SLC500 上的程序移到 ControlLogix 处理器上运行。

ControlLogix 的 I/O 系列为 1756I/O 模块，该系列提供了大量的数字量和模拟量 I/O 以满足用户在模块化组建中的应用需求。

二、1756 系列 ControlLogix 模块框架

1756-A4，1756-A7，1756-A10，1756-A13 和 1756-A17 分别为 4 槽、7 槽、10 槽、13 槽和 17 槽 ControlLogix 框架。

三、1756 系列 ControlLogix 电源模块

ControlLogix 冗余电源模块：1756-PA75R/A(图 7-1-1)。

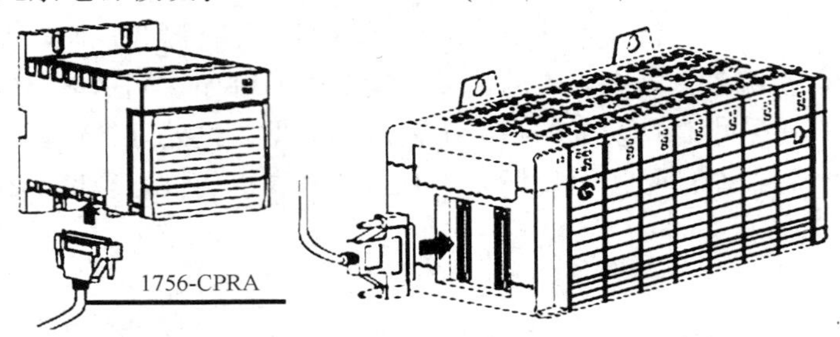

图 7-1-1　冗余模块与机架连接线缆示意图

图 7-1-2 中“Diagnostic LEDs”所指为电源状态指示灯。冗余电源模块正常工作状态下为 Power-solid 指示绿色常亮，同时 Non-red 指示灯熄灭。

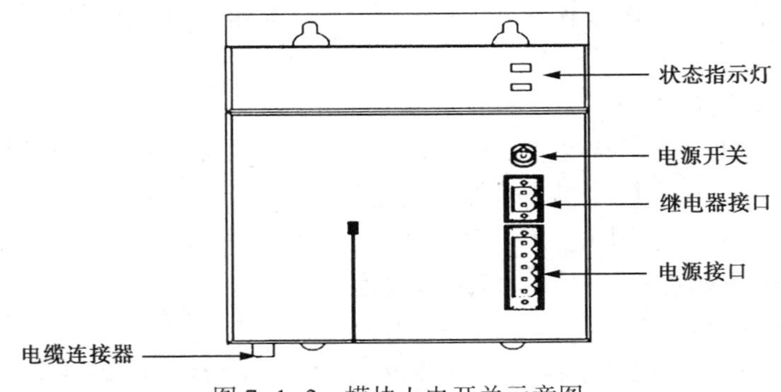

图 7-1-2　模块上电开关示意图

如果工作过程中其中一块电源模块 Power-solid 指示灯显示绿色，Non-red 指示灯显示黄色，另外一块模块电源 Power-solid 指示灯无显示，Non-red 指示灯显示黄色，表示冗余电源模块冗余状态尚未启用，只是单电源供电。此时，应检查另外一路模块电源供电是否正常。请参照以下步骤：

（1）确认输入电压在指定范围内；
（2）如果指示灯仍然不亮，将模块上电开关关闭；
（3）拆除电源模块冗余电缆，将电源模块从机架中取出；
（4）重新将上电开关合上；
（5）如果 Power-solid 指示灯变亮：
① 确认机架负载在电源模块允许范围内；
② 将模块上电开关关闭；
③ 重新安装电源模块；
④ 如果 Power-solid 指示灯依然不亮，应更换该模块。

如果工作过程中冗余电源模块 Power-solid 指示灯全部无显示，Non-red 指示灯显示黄色，表示冗余电源模块开关处于关闭状态。此时，合上电源开关观察电源指示灯的变化。如有异常按照以下步骤解决：

（1）关闭模块电源开关；
（2）将模块的供电源拆除；
（3）等待 15s 后，重新将模块的供电电源接好；
（4）重新合上模块电源开关；观察指示灯是否正常；如果 Power-solid 指示灯依然不亮，应更换该模块。

如果工作工程中冗余电源模块 Power-solid 和 Non-red 指示灯全部熄灭。可能有以下几种原因：

（1）模块供电电源掉电；
（2）输入电压不在指定范围内；
（3）输入模块电源电压不正常。

修复指示灯请参考以下步骤：

（1）给模块重新上电；
（2）测量输入电源电压是否在指定范围内；
（3）确认供电电压正常，打开合上模块电源开关；
（4）如果指示灯还未恢复正常指示应更换模块。

四、ControlLogix 控制器模块

ControlLogix 控制器模块：以 1756-L62 为例进行说明，其他型号模块类似。

1. 安装电池

安装 1756-BA1 或 1756-BA2 电池接线如图 7-1-3 所示。

2. 安装 ControlLogix 处理器

可以将 ControlLogix 处理器放置在任一槽中，也可以在同一框架中安装多个 ControlLogix 处理器，如图 7-1-4 所示。

用表 7-1-1 确定所需要的处理器运转模式。

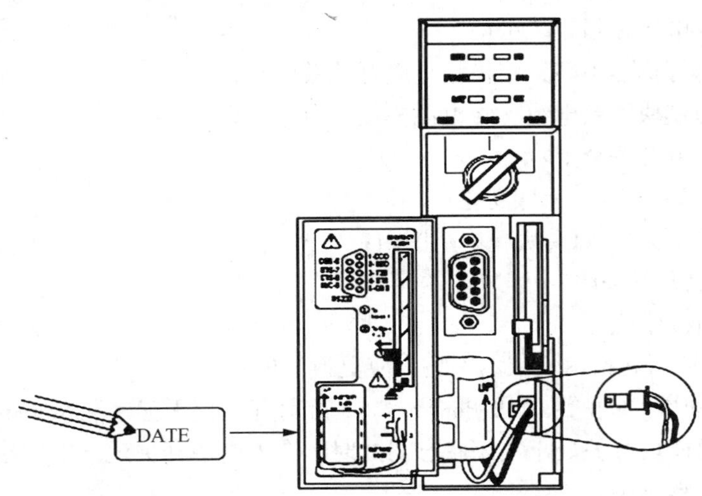

图 7-1-3　控制器模块电池接线示意图(1756-BA2)

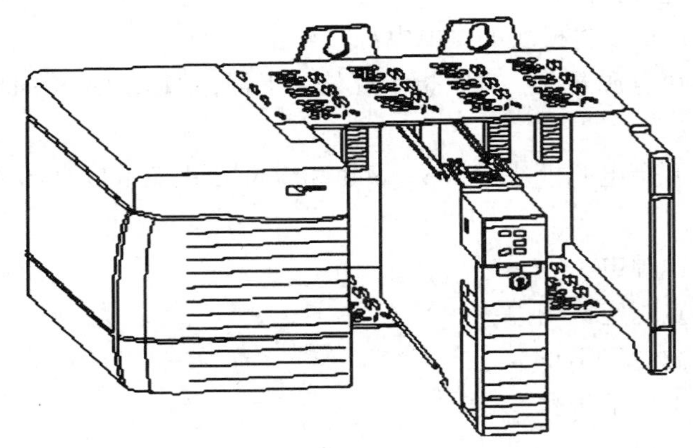

图 7-1-4　ControlLogix 处理器安装示意图

表 7-1-1　ControlLogix 处理器运转模式表

项　　目	Run	Program	Remote		
			Run	Program	Test
输出由工程的逻辑控制	√		√		
输出为编程模式下状态		√		√	√
执行(扫描)任务	√		√		√
通过软件改变处理器模式			√	√	√
下载一个工程		√	√	√	√
确定控制网进度表		√	√	√	√
在线时编辑工程		√	√	√	√

用面板上的钥匙选择所需要的处理器运转模式，如图 7-1-5 所示。处理器前面板发光二极管如图 7-1-6 所示。

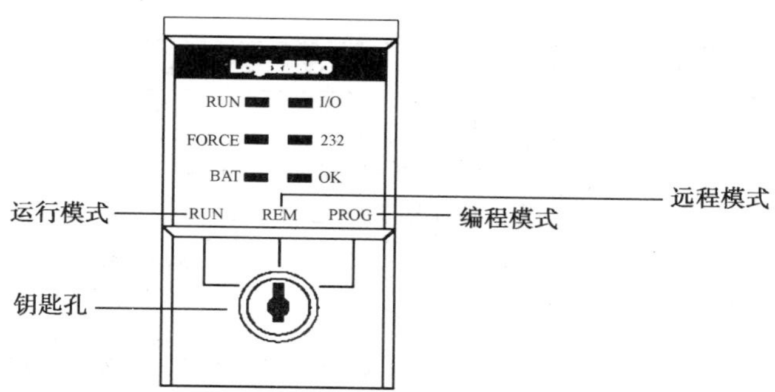

图 7-1-5　ControlLogix 处理器前面板

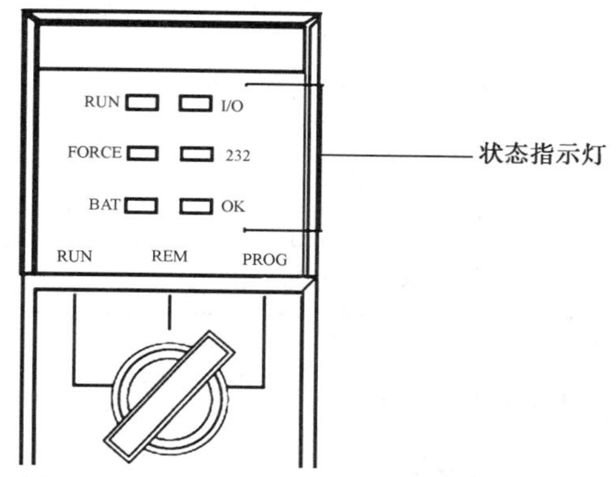

图 7-1-6　处理器前面板发光二极管示意图

（1）选择 Remote Run 模式。将钥匙打到 RUN 后再打到 REM。

（2）选择 Remote Program 模式。将钥匙打到 PROG 后再打到 REM。

（3）选择 Remote Test 模式。将钥匙打到 REM 后在线通过编程软件选择 Test 模式。

（4）处理器发光二极管指示灯说明，见表 7-1-2。

表 7-1-2　处理器发光二极管指示灯说明

指　示　灯	指示灯状态	描　　述
RUN	关	处理器在 Program 或 Test 模式
	绿色	处理器在 Run 模式
I/O	关	处理器 I/O 组态里没有设备或没有写入工程
	绿色	处理器正在与 I/O 组态里的设备通信
	绿色闪	一个或多个处理器 I/O 组态里的设备没响应
	红色闪	框架坏，需更换
FORCE	关	没有标签变量被强制且 I/O 强制未激活
	黄色	I/O 强制被激活，虽然 I/O 强制值可能被设置或没被设置。请注意如果你添加一个强制值，将立即生效
	黄色闪	一个或多个输入、输出地址被强制，但是强制未被使能
RS232	关	没有数据交换
	绿色闪	数据正被接收或发送

续表

指示灯	指示灯状态	描述
BAT	关	电池能维持内存
	绿色	A 系列控制器没有此状态。B 系列控制器表示控制器断电过程中程序往内置非易失内存中保持过程中
	红色	电池未安装或已经放电 95%，需要更换电池
OK	关	没有电源提供
	红色闪	如果是新控制器，则需要进行固件升级。否则代表可恢复的故障
	红色	不可恢复的故障，尝试以下步骤： (1)将框架电源复位； (2)下载工程； (3)将处理器打到 RUN 模式。 如果问题依然存在，联系技术支持
	绿色	处理器正常
	绿色闪	控制器正在从非易失内存中储存或上载工程，如果使用 CompactFlash 卡，在 OK 灯变绿前不要拔掉卡

五、ControlLogix 以太网模块

1. 以太网通信模块——1756-ENBT

主要特点：

(1) 使用 EtherNet/IP 信息封装，符合 TCP/IP/UDP 协议；

(2) 与 ControlNet 和 DeviceNet 通用应用层；

(3) 提供 UIA 和 10 base-t 媒体接口；

(4) 带电插拔模块；

(5) 框架内插入模块数量只受每个框架大小的限制；

(6) 与在同一框架内其他 ControlLogix 模块通信；

(7) RSLinx 软件支持该通信协议；

(8) 通过 RSLinx 或标准的 BootP 工具进行组态；

(9) 无须网络进度表，无须路由表。

2. 1756-ENBT 模块外部特征

1756-ENBT 模块外部特征如图 7-1-7 所示。

3. 1756-ENBT 模块配线

使用 AUI 或 RJ45 连接器连接到 EtherNet 网络上，正确的连接器配线图如图 7-1-8 所示。

4. 1756-ENBT 模块机架安装

1756-ENBT 模块机架安装方式，如图 7-1-9 所示。

5. 检查电源情况和模块状态

1756-ENBT 模块状态如图 7-1-10 所示。

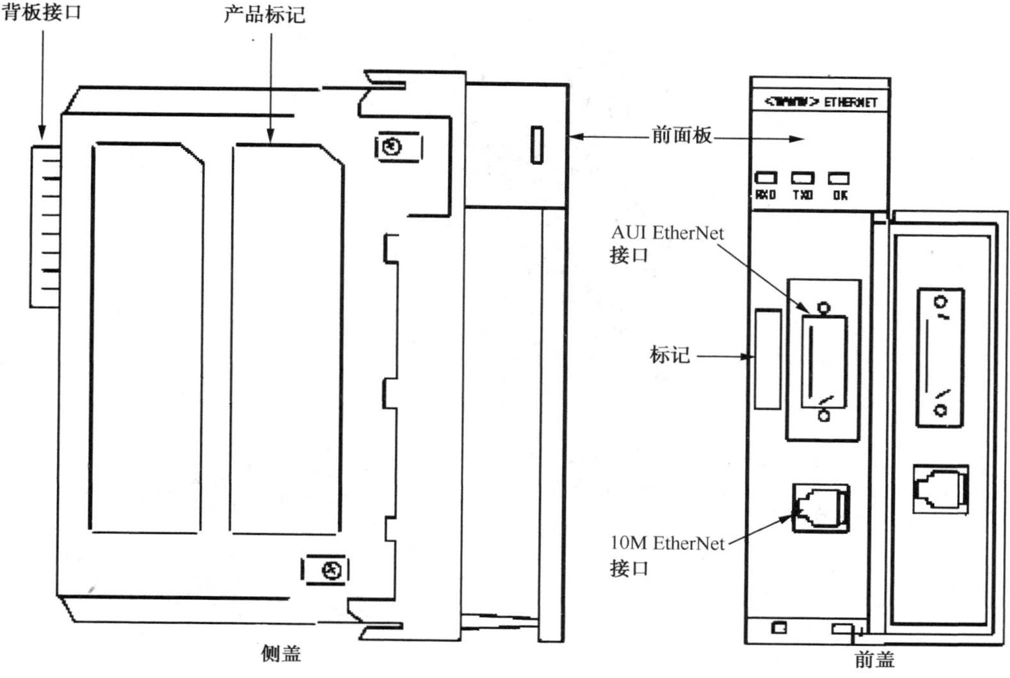

图 7-1-7　1756-ENBT 模块外部特征

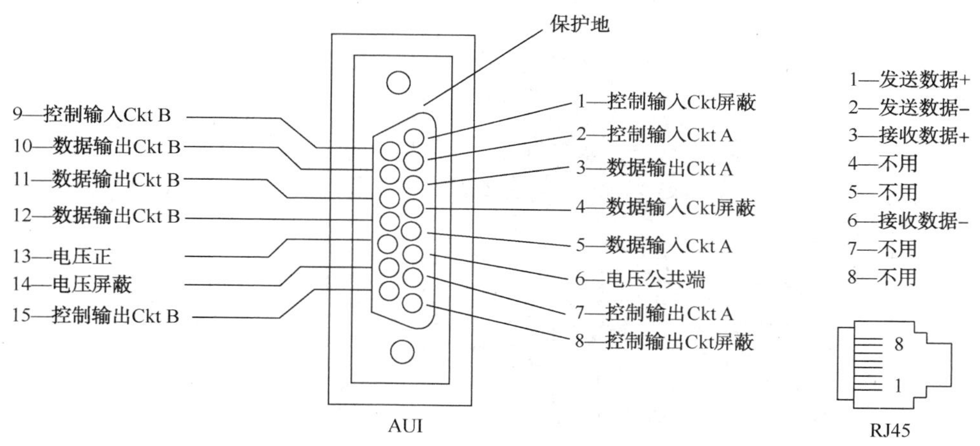

图 7-1-8　连接器配线图

表 7-1-3 指出模块 OK 灯状态的描述及建议采取的措施(指示灯的位置参考如图 7-1-11 所示)。

表 7-1-3　1756-ENBT 模块状态说明

OK 指示灯状态	对应的模块状态	措　　施
关	没有工作	将框架断电后，确认模块完全插入框架和背板
红色，然后红色闪或绿色闪	执行上电诊断	
绿色	正在工作	
红色闪	没有组态	对模块组态
红色	不可恢复的故障	修理或更换模块

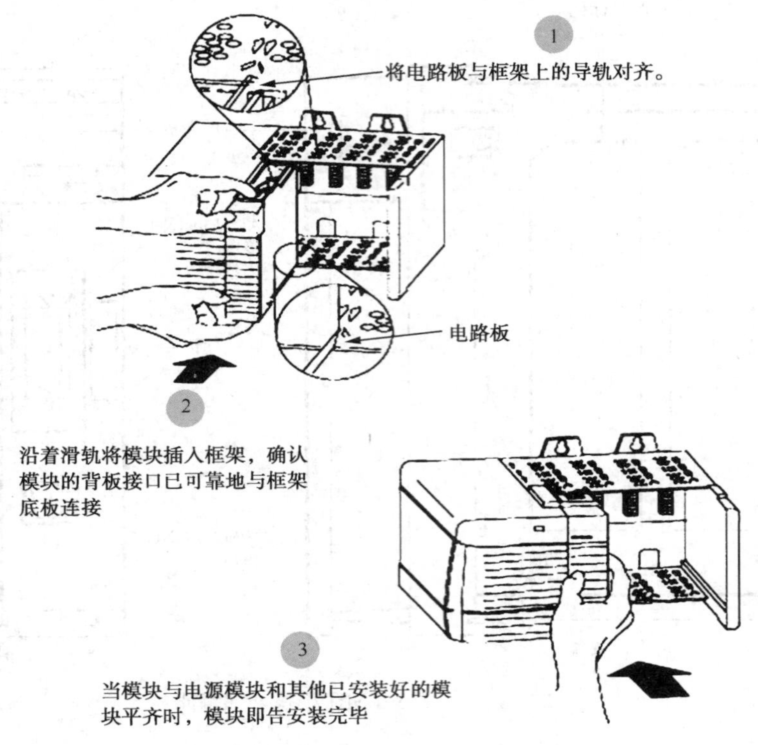

图 7-1-9　1756-ENBT 模块机架安装方式

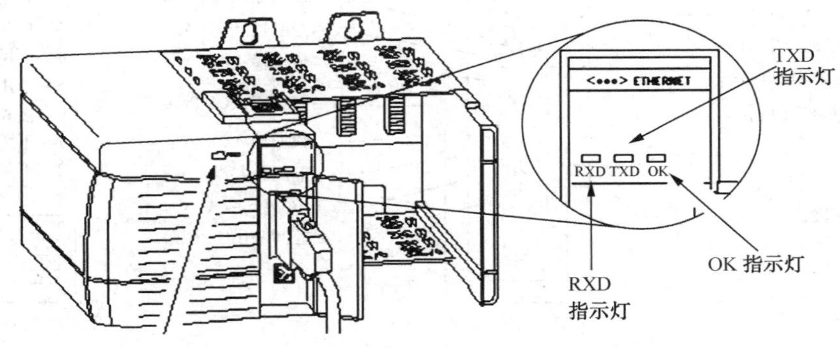

图 7-1-10　1756-ENBT 模块状态示意图

如果 TXD 指示灯为绿色，表示正在发送数据；如果 RXD 指示灯为绿色，表示正在接收数据。

六、ControlLogix 控制网通信模块

1. 控制网通信模块——1756-CNBR

按如图 7-1-11 所示设置网络地址。该系统中，13 槽框架中的 1756-CNBR 模块地址设置为 01，10 槽框架中的 1756-CNBR 模块地址设置为 24。

模块的状态指示灯如图 7-1-12 所示。

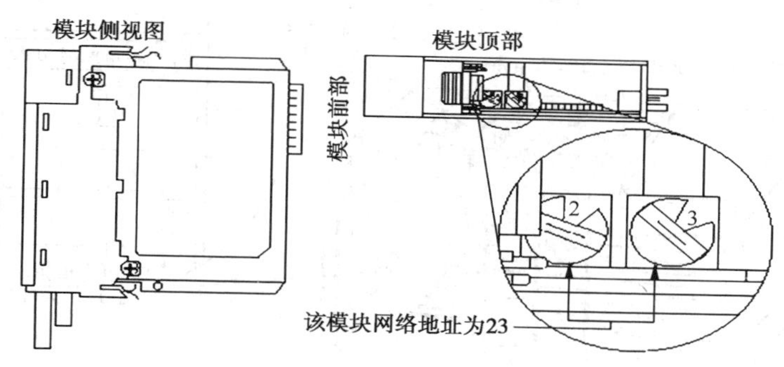

图 7-1-11　1756-CNBR 示意图

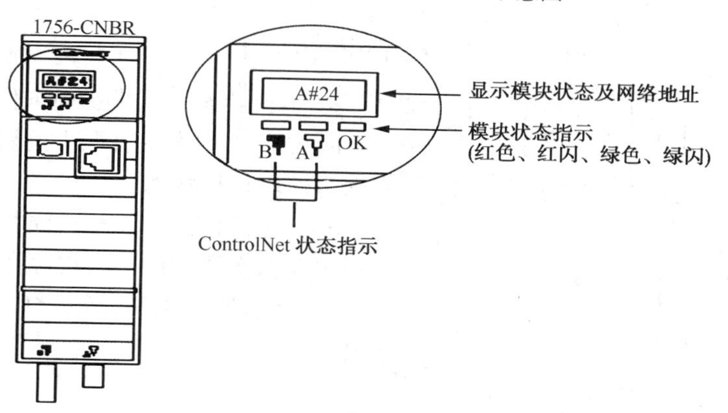

图 7-1-12　1756-CNBR 模块状态指示灯

正常工作时 OK 为绿色；A#24 滚动显示模块的状态“OK”及网络地址；B 或 A 为绿色。当 B 或 A 为红色闪或关掉时，表明通信电缆没有连接好。通信电缆采用同轴电缆，模块的 A 通道接另一个模块的 A 通道，B 通道接另一个模块的 B 通道。通常数据走通道 A，当通道 A 电缆有故障时，自动切换到通道 B。

2. 控制网冗余模块 1756-RM

(1) 模块功能。

在 ControlLogix 冗余系统中使用一对 1756-RM 模块来实现主、从机架之间的通信，无须编程。

(2) 模块外部特征如图 7-1-13 所示。

(3) 1756-RM 指示灯状态如图 7-1-14 所示。

① 指示灯上显示 DISQ，表示冗余系统中主、从机架尚未同步运行；

② 指示灯上显示 SYNC，表示冗余系统中主、从机架同步运行；

③ 指示灯上显示 PRIM，表示该模块所在的机架处在主机架运行状态；

④ 指示灯上显示 EXXX，表示冗余系统存在严重错误；

⑤ 显示器下 LED 指示灯 OK 指示状态意义：

a. 绿色常亮状态表示模块运行正常；

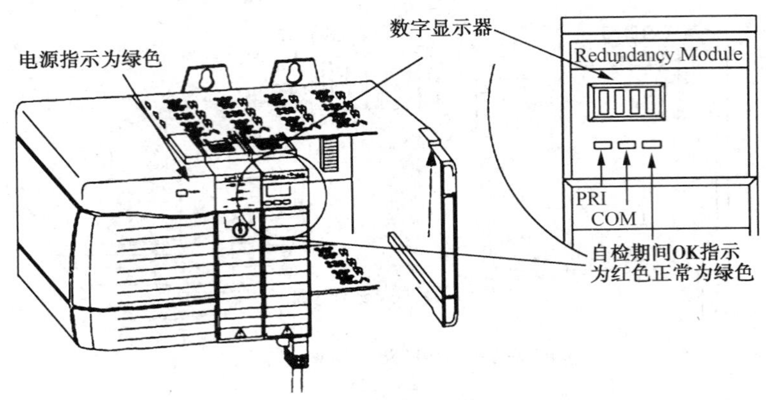

图 7-1-13　1756-RM 模块外部特征

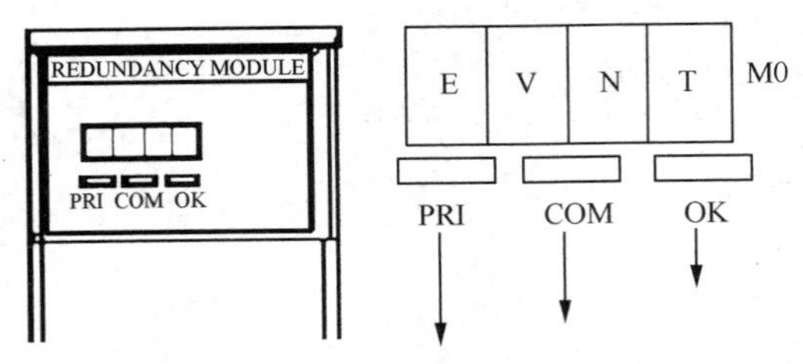

图 7-1-14　1756-RM 指示灯状态

b. 熄灭状态表示模块尚未供电；

c. 红色表示模块有严重的错误或者是开始启动时模块自检状态；

d. 红色闪烁状态表示模块组态不正确；模块中存在次要错误；模块存在 NVS 更新。

⑥ 显示器下 LED 指示灯 COM 指示状态意义：

a. 绿闪状态表示主、从机架通信正常；

b. 红色状态表示模块在通信过程中存在严重的错误；

c. 熄灭状态表示模块尚未供电；主、从机架中模块通信丢失。

⑦ 显示器下 LED 指示灯 PRI 指示状态意义：

a. 绿闪状态表示模块所在的机架为主机架；

b. 红色状态表示模块在通信过程中存在严重的错误；

c. 熄灭状态表示模块尚未供电；模块所在的机架为从机架或者错误状态。

七、ControlLogix 模拟量输入模块

模拟量输入模块，型号为 1756-IF16，它包括 16 个通道，可以输入的信号包括电流(单位：mA DC)信号和电压(单位：V DC)信号，此处以使用模拟信号为 4~20mA 信号为例。输入的类型分为单端输入和差动输入，它们的接线方式不同，单端输入有 16 个使能通道，可以输入 16 个模拟信号，差动输入的一个信号由 2 个输入端接入，所以有 8 个使能通道。

单端输入的接线方式如图 7-1-15 所示。

该接线图适合于现场无源设备，需要从盘柜引出 24VDC 供给现场设备。

差动输入的接线方式如图 7-1-16 所示。

上面的接线图适合现场有源设备，不需要盘柜给现场提供 24V DC 电压。

1. RTB(可移动的接线块)的安装

如图 7-1-17 所示，将 RTB 顺着凹槽推入机架中；如图 7-1-18 所示，将 RTB 插入模块中，将 RTB 锁在模块上。

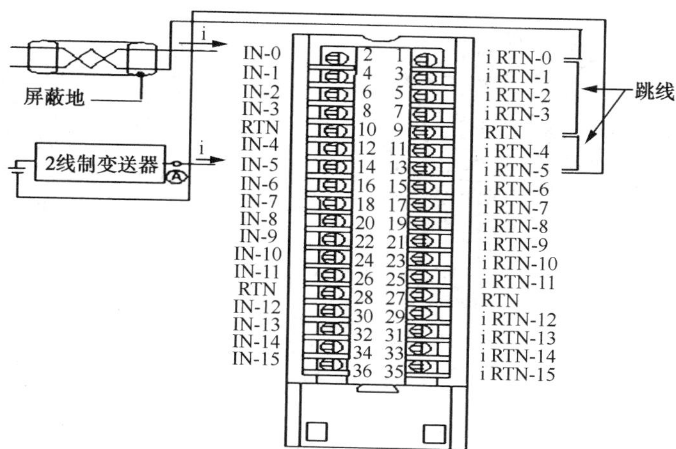

图 7-1-15　1756-IF16 单端输入接线图

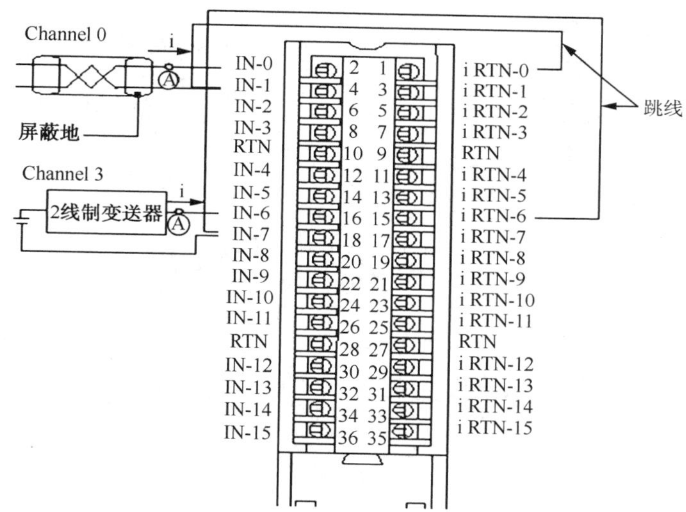

图 7-1-16　1756-IF16 差动输入接线图

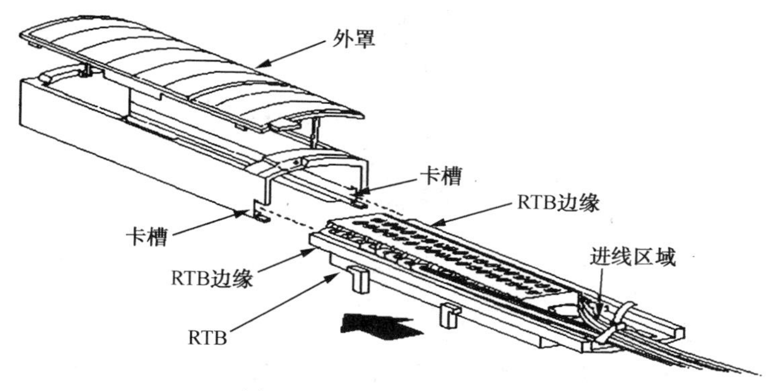

图 7-1-17　RTB 接线块示意图

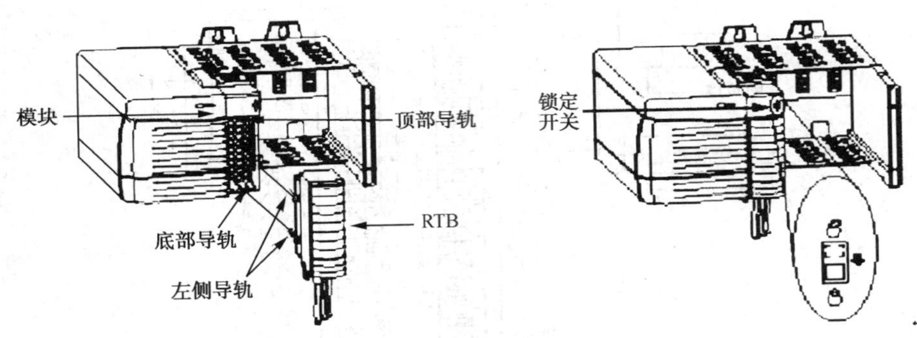

图 7-1-18　RTB 接线块安装图

2. RTB 及模块的拆卸

RTB 接线块拆卸如图 7-1-19 所示。

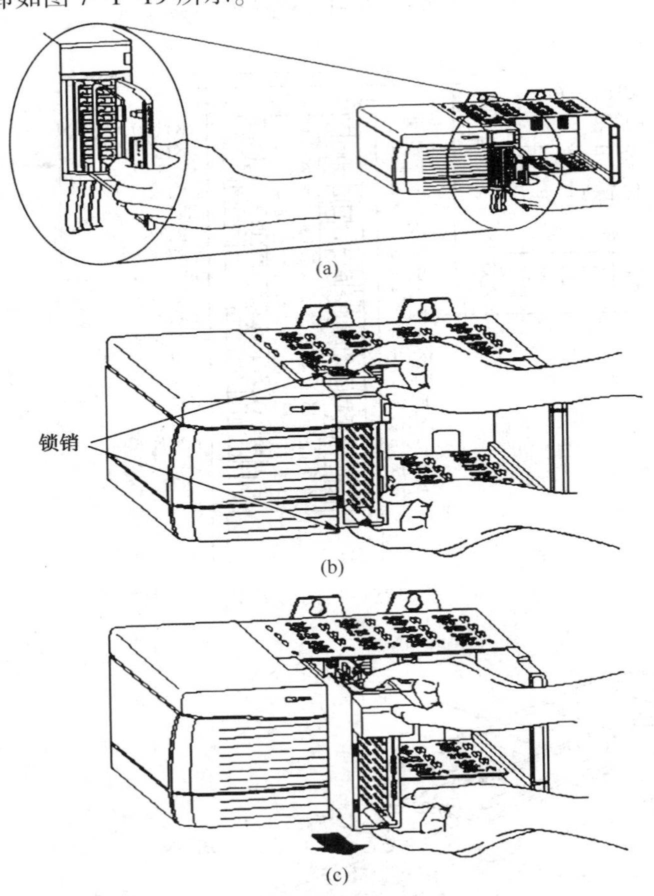

图 7-1-19　RTB 接线块拆卸图

3. 模块指示灯的说明

当上电时，要完成一个指示灯的测试。如果自检通过，“OK”指示灯首先为红色，1s 后变为绿色闪。1756-IF16 模块状态指示灯(图 7-1-20)含义见表 7-1-4。

表 7-1-4　1756-IF16 模块状态指示灯含义

指示灯	指示灯状态	含　义	采 取 措 施
OK	绿色	输入正多点传送、正常工作状态	
OK	绿色闪	模块通过内部诊断但未被控制	
OK	红色闪	预先建立的通信超时	检查控制器和框架的通信
OK	红色	模块必须更换	更换模块
CAL	绿色闪	模块处于校验模式	

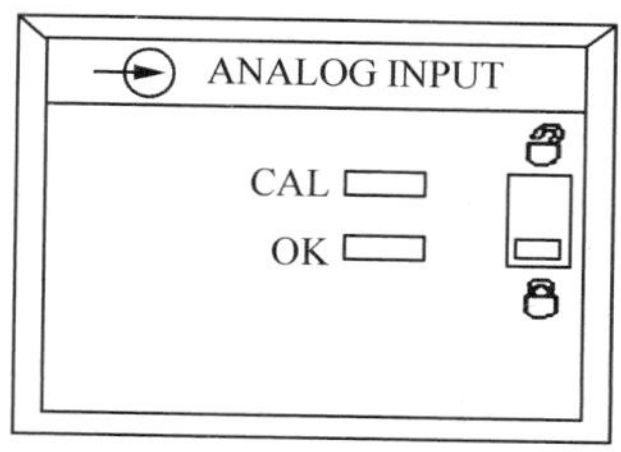

图 7-1-20　1756-IF16 模块指示灯

八、ControlLogix 模拟量输出模块

模拟量输出模块，常用型号为：1756-OF4，可以输出电流信号(单位：mA)和电压信号(单位：V)，主要控制调节阀的开度和变频泵的转速。

1. 1756-OF4 电流输出接线图

1756-OF4 电流输出接线图如图 7-1-21 所示。

2. 模块指示灯的说明

当上电时，要完成一个指示灯的测试。如果自检通过，“OK”灯首先为红色，1s 后变为绿色闪。1756-OF4 指示灯(图 7-1-22)状态说明见表 7-1-5。

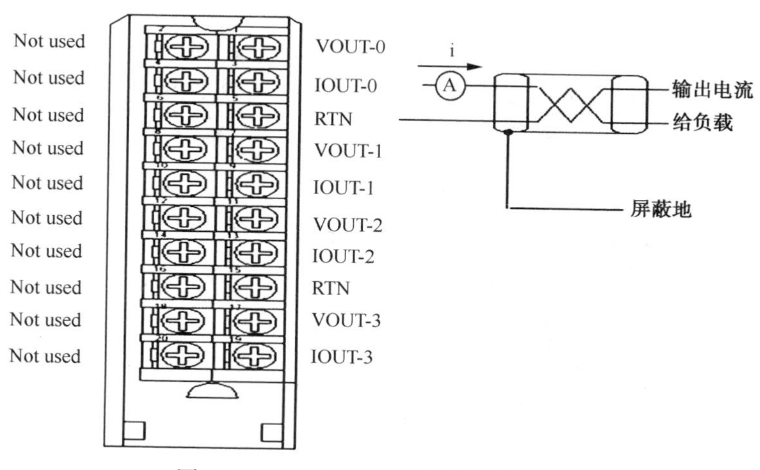

图 7-1-21　1756-OF4 电流输出接线图

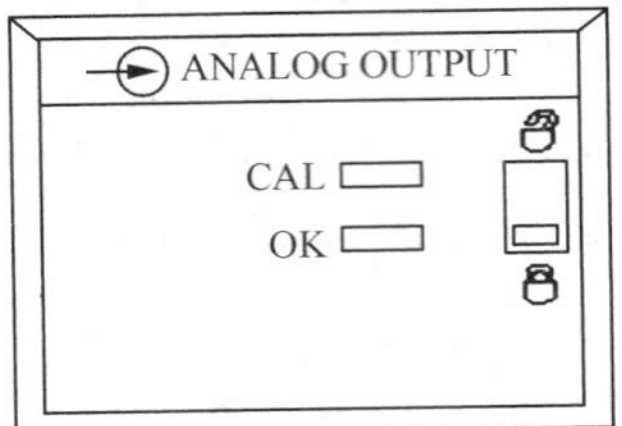

图 7-1-22　1756-OF4 指示灯状态

表 7-1-5　1756-OF4 指示灯状态说明

指示灯	指示灯状态	含　　义	采取措施
OK	绿色	输出处于正常工作状态	
OK	绿色闪	模块通过内部诊断但未被控制	
OK	红色闪	预先建立的通信超时	检查控制器和框架的通信
OK	红色	模块必须更换	更换模块
CAL	绿色闪	模块处于校验模式	

九、ControlLogix RTD 输入模块

1. 1756-IR6I 接线图

RTD 模块，接收铂电阻输入信号，其温度测量范围为-200～850℃，常用 RTD 输入模块——1756-IR6I，1756-IR6I 的接线方式分为三线制和四线制，常用三线制，其接线方式，如图 7-1-23 所示。

2. 模块指示灯的说明

当上电时，要完成一个指示灯的测试。如果自检通过，“OK”灯首先为红色，1s 后变为绿色闪。1756-IR6I 指示灯(图 7-1-24)状态及说明见表 7-1-6。

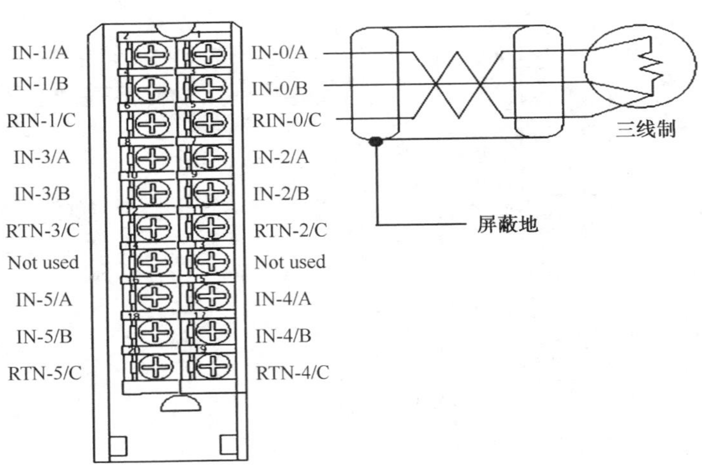

图 7-1-23　1756-IR6I 接线图

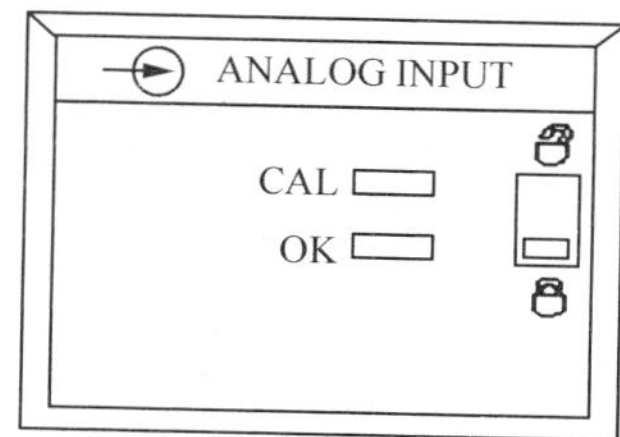

图 7-1-24　1756-IR6I 指示灯状态

表 7-1-6　1756-IR6I 指示灯状态说明

指示灯	指示灯状态	含　　义	采取措施
OK	绿色	输入正多点传送、正常工作状态	
OK	绿色闪	模块通过内部诊断但未被控制	
OK	红色闪	预先建立的通信超时	检查控制器和框架的通信
OK	红色	模块必须更换	更换模块
CAL	绿色闪	模块处于校验模式	

十、ControlLogix 数字量输入模块

DC(10~31.2V)输入模块——1756-IB16。

1. 1756-IB16 接线图

从 PLC 机柜引出 24V 电源到现场设备的端子上，从另一个端子上接线到模块的端子排上，现场设备的两个端子之间应该是具有继电器的作用，通常可以分为常开和常闭两种情况，如果继电器闭合，那么模块上对应的那个通道就处于接通状态，模块内部的两对 GND-0 和 GND-1 端子是短接的，前面 IN-0—IN-7 端子为一组，其中 IN-8—IN-15 端子为一组，要想两个组中的输入通道都得到使用，那么要将端子两对 GND-0 和 GND-1 接 24V 电源的负端。模块上面有通道的状态指示灯，如果某通道接通，相应的通道指示灯就会常亮。图 7-1-25所示为 1756-IB16 接线图。

2. 模块指示灯的说明

指示灯显示每个点单个的 I/O 状态(黄色)和模块的“OK”(红色/绿色)灯。如图 7-1-26 所示。

当上电时，要完成一个指示灯的测试。如果自检通过，“OK”灯首先为红色，1s 后变为绿色闪。I/O 状态灯将在 2s 内激活。1756-IB16 指示灯状态见表 7-1-7。

表 7-1-7　1756-IB16 指示灯状态说明

指示灯	指示灯状态	含　　义	采取措施
OK	绿色	输入正多点传送、正常工作状态	
OK	绿色闪	模块通过内部诊断但未被控制	
OK	红色闪	预先建立的通信超时	检查控制器和框架的通信
OK	红色	模块必须更换	更换模块
I/O ST	黄色	该通道为 1	

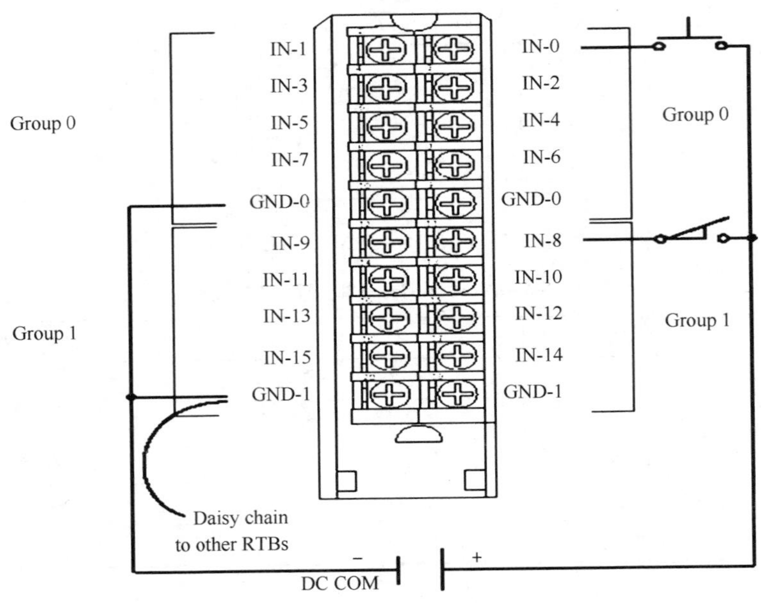

图 7-1-25　1756-IB16 接线图

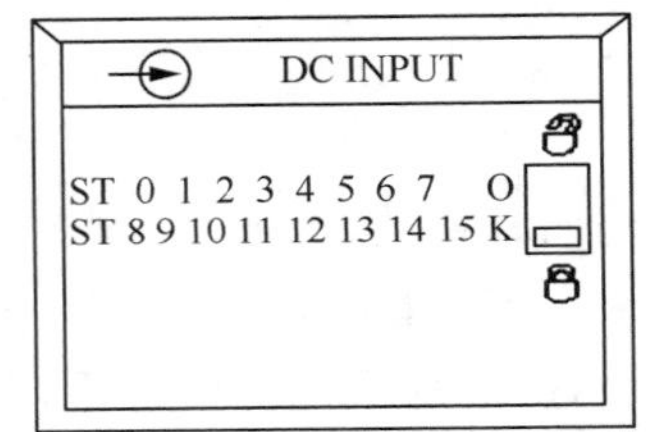

图 7-1-26　1756-IB16 指示灯状态

十一、ControlLogix 数字量输出模块

DC(10-31.2V)电子保险输出模块——1756-OB16E。

1. 1756-OB16E 接线图

图 7-1-27 所示为 1756-OB16E 接线图。

1756-OB16E 模块是 16 通道的数字量输出模块，输出通道分为两组，8 个通道为一组，每一组需要单独提供 24V 直流电源，输出通道接通后，会有 24V 电源输出，PLC 经过逻辑处理后由 DO 模块输出控制命令，通过通信电缆到设备的控制端子，Slave 设备的公共地端接线到上面的 RTN OUT-0 端子。模块上有通道指示灯，如果某通道有命令输出，则该通道的指示灯常亮。

2. 模块指示灯的说明

指示灯显示每个点单个的 I/O 状态(黄色)和模块的“OK”(红色/绿色)指示灯(图 7-1-28)。

当上电时，要完成一个指示灯的测试。如果自检通过，“OK”指示灯首先为红色，1s 后变为绿色闪。I/O 状态灯将在 2s 内激活。1756-OB16E 指示灯状态说明见表 7-1-8。

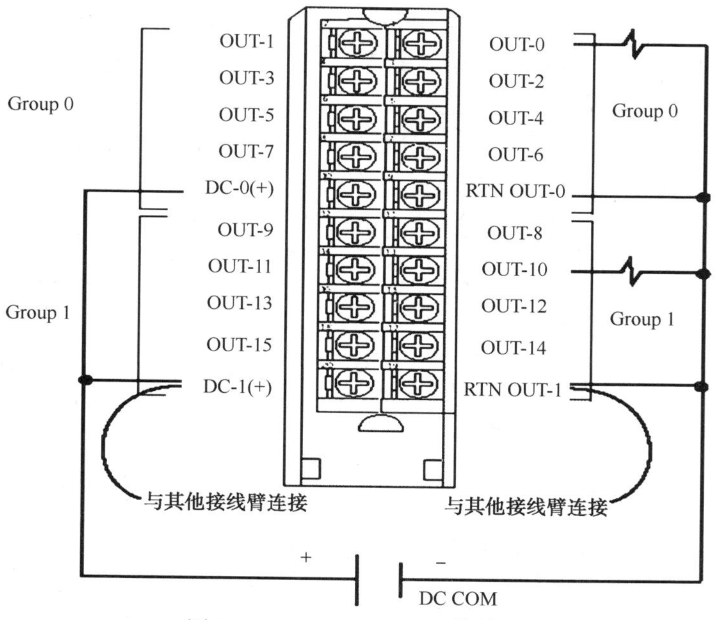

图 7-1-27　1756-OB16E 接线图

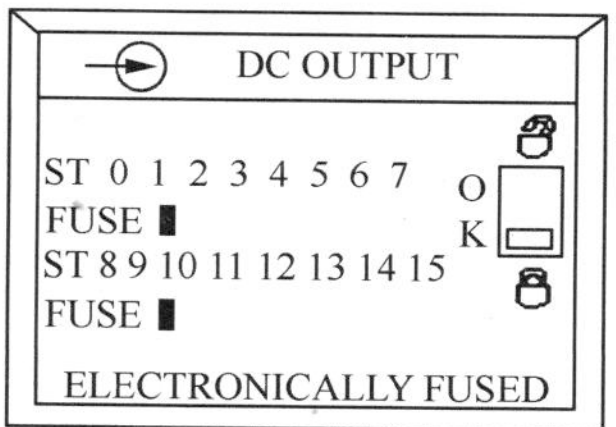

图 7-1-28　1756-OB16E 指示灯状态

表 7-1-8　1756-OB16E 指示灯状态说明

指示灯	指示灯状态	含　义	采取措施
OK	绿色	输出由系统处理器控制	
OK	绿色闪	模块通过内部诊断但未被控制	
OK	红色闪	预先建立的通信超时	检查控制器和框架的通信
OK	红色	模块必须更换	更换模块
I/OST	黄色	该通道输出为 1	
FUSE	红色	输出短路故障	检查接线有无短路

第二节　RSLinx 软件的使用

站场仪表自动化工程师负责本站场 RSLinx 软件的管理，管理步骤如下：

(1) 收集 RSLinx 软件的操作手册、安装软件及相关设备 IP 地址分配表。

(2) 日常维护中，通过 RSLinx 查看系统配置信息。

(3) 维修队仪表自动化工程师掌握 RSLinx 软件以太网通信、RS232 通信和 OPC 数据库的组态方法，必要时对软件进行重新组态配置。

(4) 配合维护单位完成系统的维护检修，并对结果进行验证。

RSLinx 是 Rockwell 为用户提供的通信管理软件，为 AB 的可编程控制器与各种 Rockwell Software 及 AB 应用软件建立起通信联系。

RSLinx 支持 DDE 和 OPC 通信，可用于处理器与 MMI 和组件软件之间进行通信，也可以与相关兼容软件和其他用户定制的 DDE 和 OPC 应用软件通信。

一、组态前的准备工作

(1) 检查确认 PLC 电源模块、处理器模块、通信模块、I/O 模块均正常无故障；

(2) 确认 PLC 以太网模块 IP 地址，并将笔记本电脑 IP 与 PLC 设置在同一个网段。

二、建立以太网通信

(1) 将网线一端接入笔记本电脑，另一端接入 PLC 以太网模块接口或上级交换机。

(2) 启动 RSLinx 进行以太网组态。

① 单击【开始】，然后选择程序>Rockwell Software>RSLinx>RSLinx Classic；或直接点击桌面快捷图标启动 RSLinx 软件。

② 在 RSLinx 控制面板单击 A 处图标，打开连接驱动配置画面【Configure drivers】如图 7-2-1 所示。

③ 单击图 7-2-1B 处，出现下拉框，选择【Ethernets devices】添加以太网设备如图 7-2-2 所示。

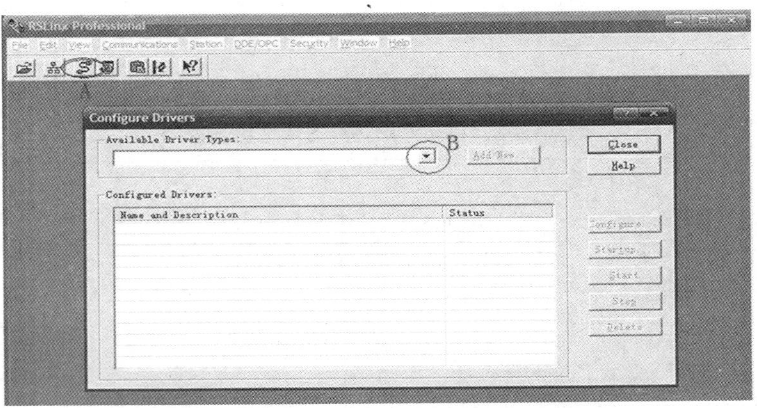

图 7-2-1 驱动配置画面

④ 选择完成后，单击【Add New】按钮，进入配置画面，输入 PLC 的 IP 地址如图 7-2-3 所示，单击【确定】即可。

⑤ 通过点击【RSWho】按钮，进入网络和设备的浏览窗口，展开树形图，如图 7-2-4 所示，查看所有模块信息，检查是否连接正常，系统通信组态完成。

⑥ 若需要远程访问其他站点时，可在【Configure drivers】中增加新 IP 地址，并通过【RSWho】即可实现对远程站点的监控、组态和程序下载，如图 7-2-5 和图 7-2-6 所示。

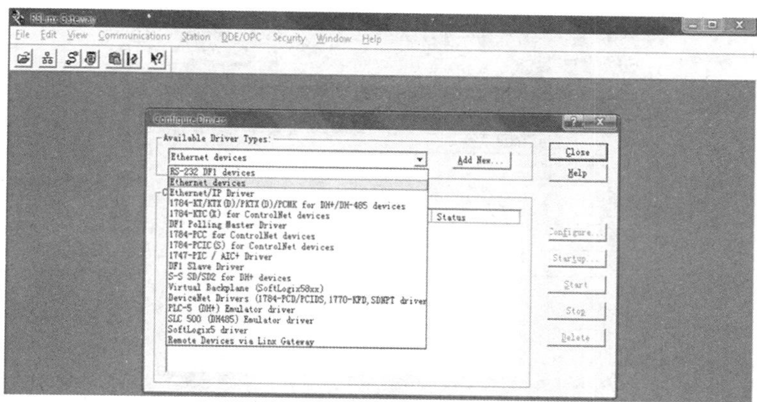

图 7-2-2　添加以太网设备画面

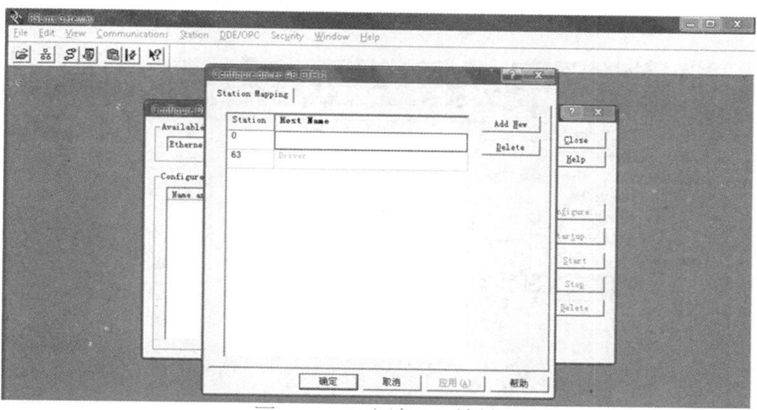

图 7-2-3　添加 IP 地址

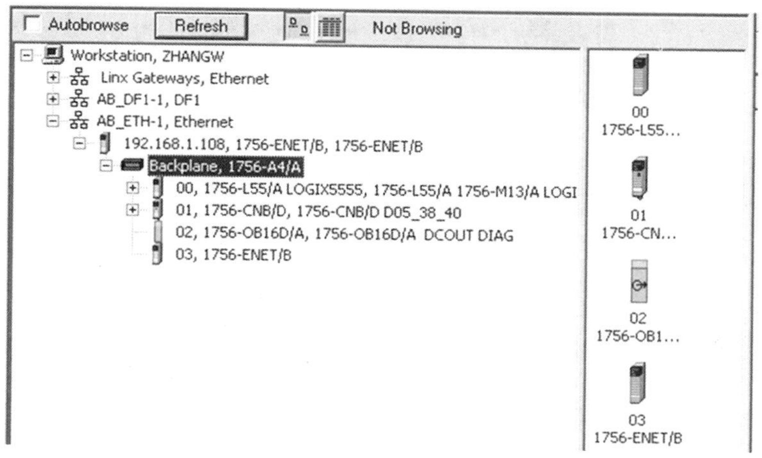

图 7-2-4　网络和设备的浏览窗口

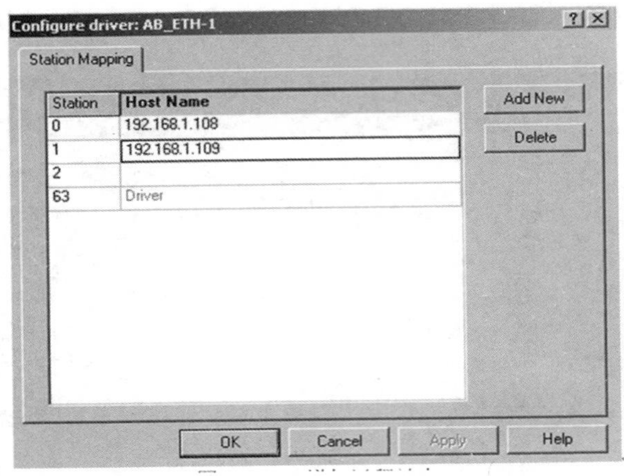

图 7-2-5　增加远程站点界面

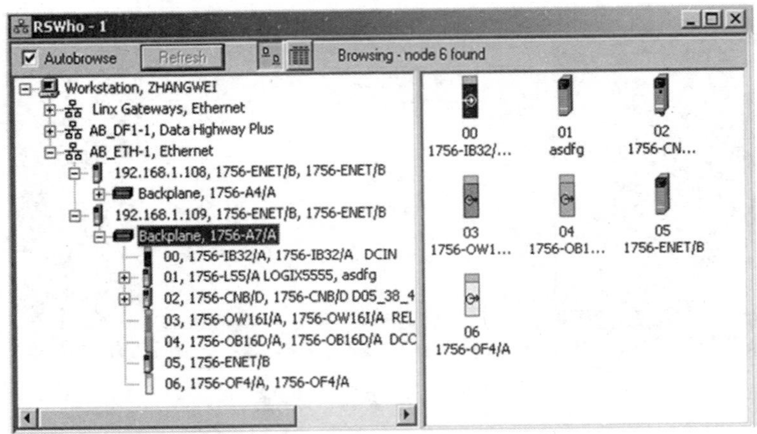

图 7-2-6　远程站点网络和设备的浏览窗口

三、建立 RS232 串口通信

(1) 使用 RS232 串口线连接好 CPU 与 PC 机。

(2) 打开 RSLinx 进行串口通信组态。

① 启动 RSLinx 软件，在工具栏上点击图标，打开驱动器组态对话框，在可用驱动器类型中选择“RS-232 DF1 devices”，再点击“Add New”选项，如图 7-2-7 所示。

② 在弹出的“Configure RS-232 DF1 devices”表中点击“Auto-Configure”，等待运行结果显示“Auto-Configure Successful”后选择 OK，如图 7-2-8 所示。

③ 点击工具栏上的小图标 RSWho，就会弹出整个工业网络的树状浏览窗口，如图 7-2-9 所示。

④ 右键点击浏览画面上的控制器，选择“设备属性”，查看控制器属性，如图 7-2-10 和图 7-2-11 所示。

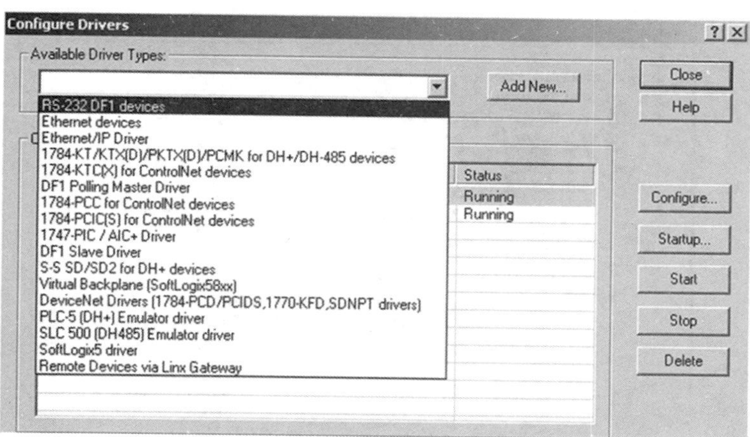

图 7-2-7　添加 RS-232 DF1 devices 画面

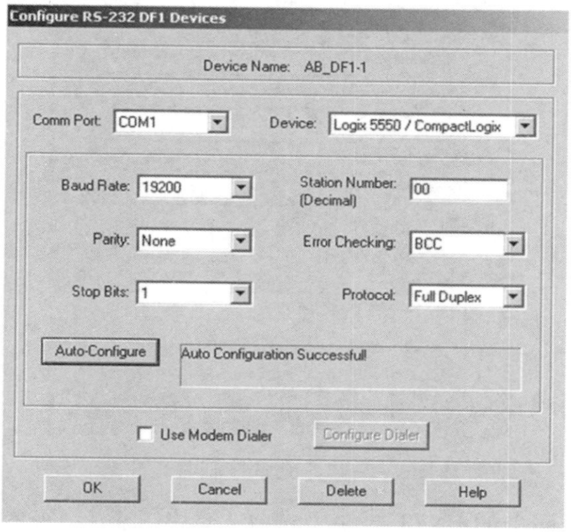

Configure RS-232 DF1 Devices

Device Name:　AB_DF1-1

Comm Port: COM1　Device: Logix 5550 / CompactLogix

Baud Rate: 19200　Station Number: (Decimal) 00

Parity: None　Error Checking: BCC

Stop Bits: 1　Protocol: Full Duplex

Auto-Configure　Auto Configuration Successfull

Use Modem Dialer　Configure Dialer

OK　Cancel　Delete　Help

图 7-2-8　Configure RS-232 DF1 devices 面板

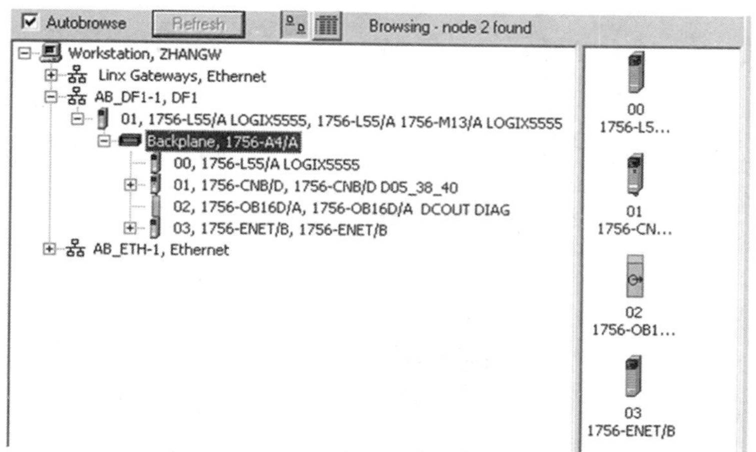

图 7-2-9　工业网络和设备的树状浏览窗口

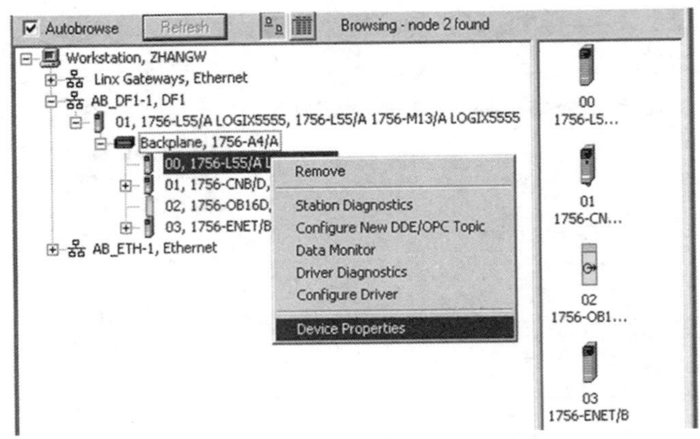

图 7-2-10　查看设备属性

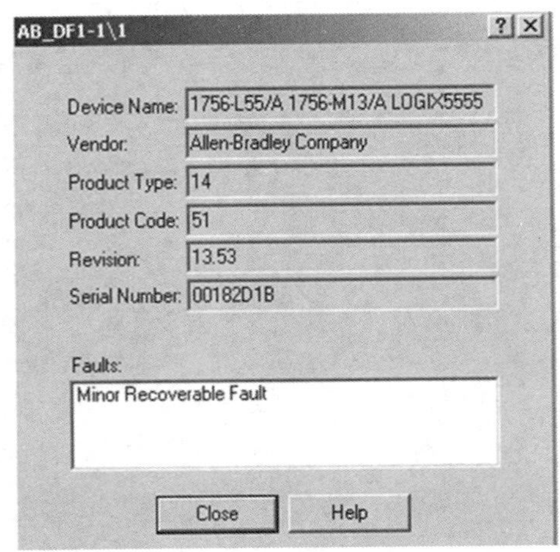

图 7-2-11　查看控制器属性

⑤ 右键点击浏览画面上的 ENET 模块，选择“模块组态”，查看或修改以太网通信模块的 IP 地址、子网掩码和网关地址(图 7-2-12 和图 7-2-13)。

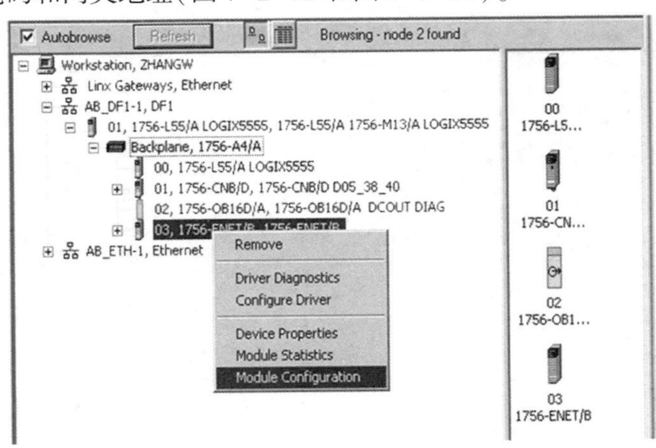

图 7-2-12　选择“模块组态”

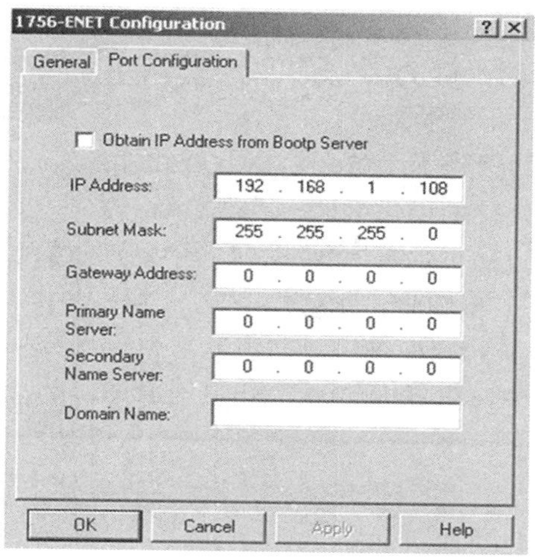

图 7-2-13　查看或修改以太网通信模块信息

四、建立 OPC 服务器

（1）点击菜单栏上的 DDE/OPC，选择 Topic Configuration，如图 7-2-14 所示。

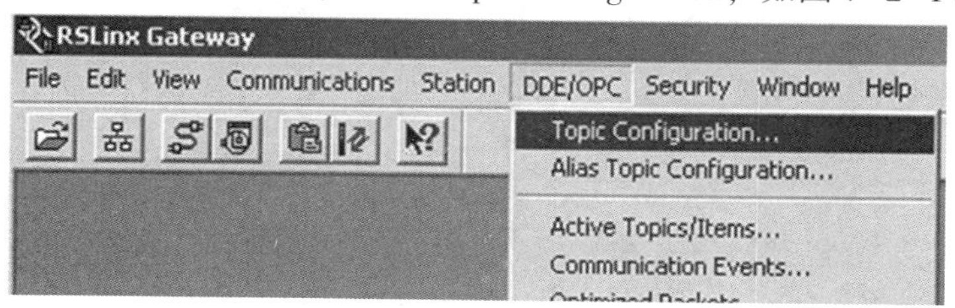

图 7-2-14　选择 Topic Configuration

（2）在左边的 Topic List 窗口新建一个 Topic，取名叫 Lab1_topic，并在右边的数据源窗口中点击处理器模块，指定与 Lab1_topic 相互通信的 Logix5000 处理器或仿真处理器（注意：连接的对象一定要是处理器而不是其他的模块），然后选择 Apply，这样，一个 OPC 服务器就建立好了，如图 7-2-15 所示。

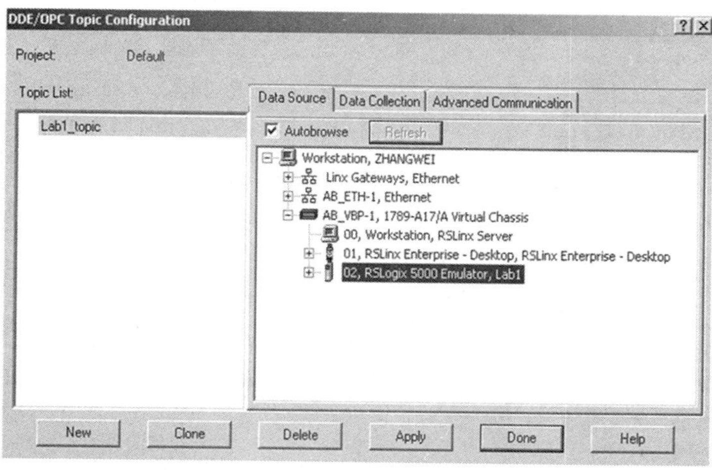

图 7-2-15　选择 OPC 服务器建立显示

第三节 RSLogix5000 软件的维护和使用

站场仪表自动化工程师负责本站场 RSLogix5000 软件的管理，管理步骤为：

（1）收集 RSLogix5000 软件的操作手册、安装软件及模块组态信息。

（2）通过 RSLogix5000 软件，查看模块配置信息及故障信息。

（3）维修队仪表自动化工程师掌握 RSLogix5000 程序的上传/下载及在线、离线各种功能的使用及注意事项，必要时对软件进行重新组态配置。

（4）配合维护单位完成系统的维护检修，并对结果进行验证。

一、软件界面介绍

RSLogix 5000 软件主窗口组成，如图 7-3-1 所示。

图 7-3-1 RSLogix5000 软件主窗口

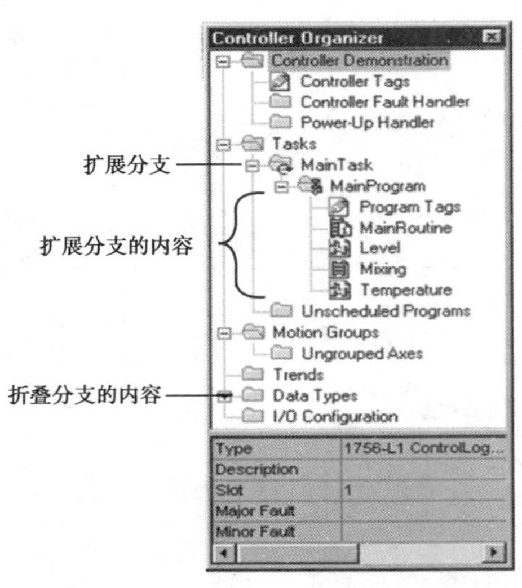

图 7-3-2 控制器项目管理器窗口

1. 梯形图或者功能块窗口

窗口可以分开显示同一程序的两部分或者同时显示不同的窗口。

2. 控制器项目管理器

控制器项目管理器是用于组织整个工程的树形结构，它显示了工程所有主要的区域和部件。控制器项目管理器可以通过标准工具栏上的按钮来打开或者关闭。其操作方式与 Windows Exploer 相同，如图 7-3-2 所示。

3. 工具栏

RSLogix 5000 包含很多工具栏，它们都可以按照用户的选择进行移动和关闭，如图 7-3-3 所示。

Tooltips 和状态条信息是识别部件的简单方

式，例如在工具栏上的一个按钮，如图 7-3-4 所示。

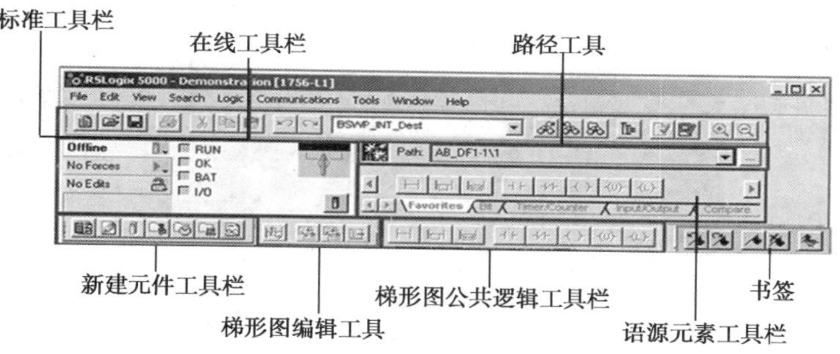

图 7-3-3 RSLogix 5000 常用工具栏介绍

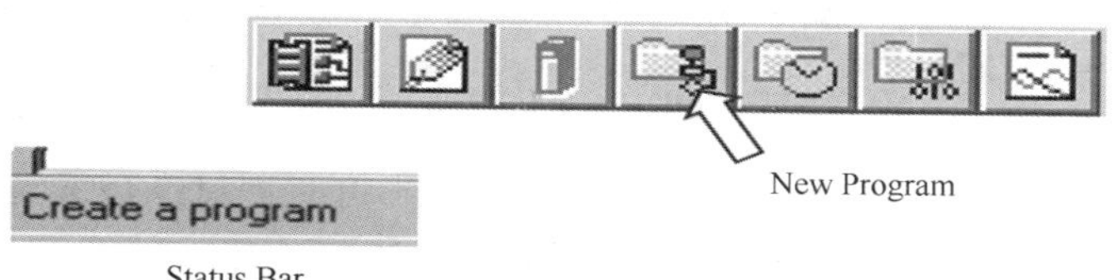

图 7-3-4 RSLogix 5000 工具栏举例

4. 数据库编辑、监视界面

数据库编辑界面如图 7-3-5 所示。

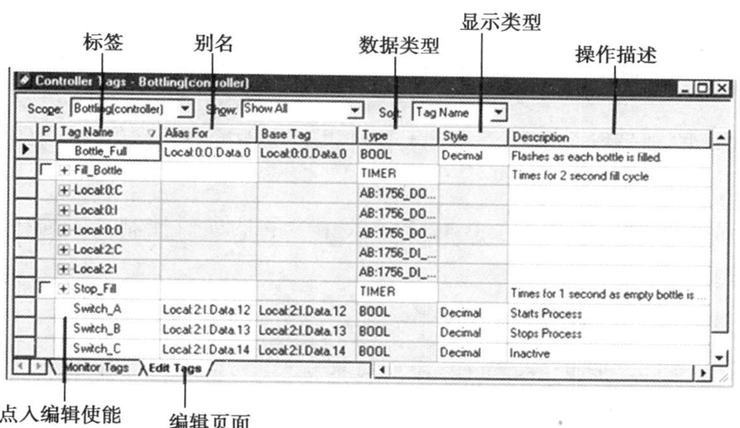

图 7-3-5 RSLogix 5000 数据库编辑界面

数据库监视界面，如图 7-3-6 所示。

5. 其他窗口说明

快速属性窗口：通过该窗口可以快速查看选择模块或指令的属性信息。

界面切换按钮：通过此按钮可以快速地在已打开的梯形图或功能块窗口间切换。

结果窗口：该窗口将显示搜索或程序编译后的结果和信息。

二、软件编程基础

1. 控制器运行模式

控制器分 3 种运行模式：运行模式、编程模式、远程模式。具体说明如下：

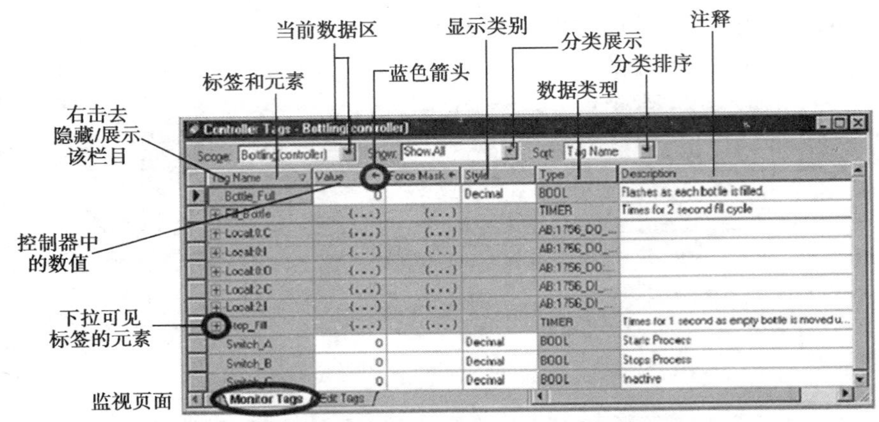

图 7-3-6　RSLogix 5000 数据库监视界面

（1）运行模式——控制器进入完全地 I/O 控制，不可对项目进行编辑。

（2）编程模式——控制器不执行程序，可对项目进行编辑，输出点按模块设置的状态输出。

（3）远程模式。

① 远程运行——Rem Run 控制器进入完全地 I/O 控制，可以在线对项目进行编辑，但要经过测试。

② 远程编程——Rem Prog 控制器不执行程序，可对项目进行编辑，输出点按模块设置的状态输出。

③ 远程测试：控制器执行程序，可对项目进行某些编辑，输出点按模块设置的状态输出。

通过软件在线工具栏中 Offline 下拉菜单中的选项对控制器工作模式进行切换。

2. 项目文件存储

项目文件存盘存在以下有两种格式：

（1）.ACD 文件。常规的存档形式，包括标签、注释、梯形图等，占较大空间，可编辑和下载。

（2）.L5K 文件。文档文件，以 ASCII 码的形式存放，占较小空间，通常用于导入/导出程序，不能编辑和下载。

3. 命名规则

在软件中，用户需要对工程的不同元素定义名称。例如：控制器、数据地址、标签、例程、I/O 模块等。当需要输入名称时，需遵守以下规则：

（1）只能使用字母、数字和下划线(_)；

（2）必须以字母或下划线开头；

（3）不大于 40 个字符；

（4）下划线不能连续使用或用在末尾；

（5）不区分大小写。

4. 任务(Task)、程序(Program)和子程序(Routine)

在编程过程中，存在任务、程序和子程序3种程序，三者具体介绍如下：

(1) 任务(Task)——每一个项目(或控制器)最多可以定义32个任务。

任务包括3种类型：

① 连续型任务。指周而复始连续执行的任务，一个项目只允许定义1个。

② 周期型任务。指定时中断执行的逻辑程序，周期性地执行任务，须定义周期时间，要设定优先级别，最多可以定义31个。

③ 事件触发型任务。指事件触发引起的任务调用，事件触发可以是外部输入点变化引起(如同PLC5/SLC)，也可以由Consuned Tag引起或直接指令调用引起，还可以由运动控制状态引起，要设定优先级别，最多可以定义31个。

(2) 程序(Program)——每个任务下最多可定义32个程序，每个程序拥有自己独立的数据区域和多个子程序。

程序是任务下的组织结构，由一个数据库和多个子程序组成。每个程序都拥有一个独立的数据库，在这个数据库建立的数据标签只能被本程序内的子程序引用，且都是内部数据。需注意以下情况：

① 每个程序中必须指定一个子程序为主控程序 MainRoutine，作为本程序运行的启动程序。

② 每个程序中还可以指定一个故障处理子程序，以解决本程序内任何子程序运行时而引起的故障。其余的子程序均由主控程序中的调子程序指令(JSR)调用。

③ 未预定程序 Unscheduled Programs中存放备用或暂不运行的程序，会下载到控制器中，但不会执行。

(3) 子程序/例程(Routine)——是真正的执行程序，可定义的个数由控制器的内存决定。

子程序是真正的执行，所有的控制代码都被编写在子程序中，有4种编程形式：

① 梯形图——LD。最常采用的编程模式，是由梯级组成的程序结构，完成逻辑时序控制的程序编辑。

② 顺序功能流程图——SFC。将工作流程细化到步，用SFC来编辑步的执行顺序和结构，而每个步都是执行代码的组成。

③ 文本编程——ST。采取ASCII代码编写程序，通常用于复杂或特殊要求的运算，这些可能用梯形图的运算指令难以完成。

④ 功能块——FB。组态过程控制，是引入的DCS系统的仪表控制组态方式，由功能块之间的连接建立程序结构。

三者关系如图7-3-7所示。

(4) 故障管理程序。当控制器发生主要故障而引起停机之前调用的程序，一般情况下，用于编写有序的停车和可恢复故障的消除。

(5) 上电管理程序。只有在控制器处在RUN状态下，上电时才执行一次，可用于上电

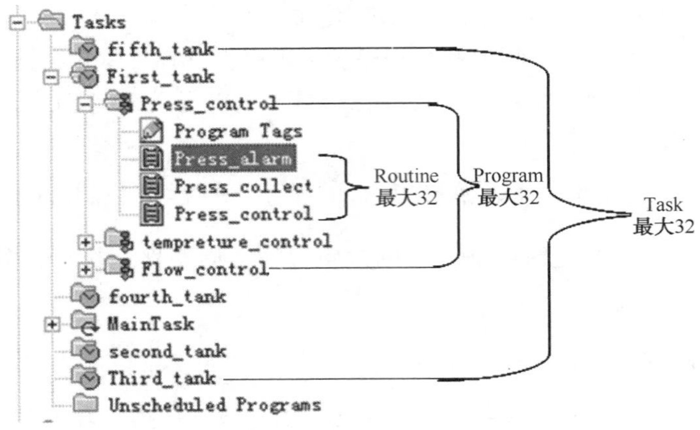

图 7-3-7　任务/程序/子程序关系图

时初始化的一些操作。

(6) 子程序、程序和任务的删除。删除要按照如下的顺序进行:

① 删除子程序的所有的执行代码;

② 选定子程序并删除它们;

③ 删除程序区域的所有的标签;

④ 选定程序并删除它们;

⑤ 最后删除任务。

5. 中断优先级

中断级别低的任务将被中断级别高的任务中断，中断优先级别共有 15 个(序号 1~15)，序号越低中断优先级别越高。连续型任务是连续不断执行的逻辑程序，可以被任何周期中断任务或事件中断任务中断，也可以认为是中断级别最低的任务。软件控制器只有 3 个优先级别用于周期中断任务和 3 个优先级别用于事件中断任务

任务是执行顺序的安排。每个任务执行完毕，会将执行的结果送到输出数据区域。如果在任务特性组态中不特意取消的话，被屏蔽的任务仍然在从程序转入运行或测试时进行预扫描。看门狗(Watchdog)监视周期任务和事件中断任务的执行，如果超时，则主要故障发生。周期任务的执行周期必须大于它的执行时间，如果控制器探测到周期任务的触发，而该任务正在执行，则主要故障发生。

例如，某个项目中有 1 个事件触发型任务、1 个周期型任务和 1 个连续型任务，它们的中断级别和执行时间，见表 7-3-1 和如图 7-3-8 所示。

表 7-3-1　中断级别和执行时间

任　　务	任务类型	中断级别	执行时间
1	事件触发型	5	2ms
2	10ms 周期型	10	4ms
3	连续型	无(最低)	24ms

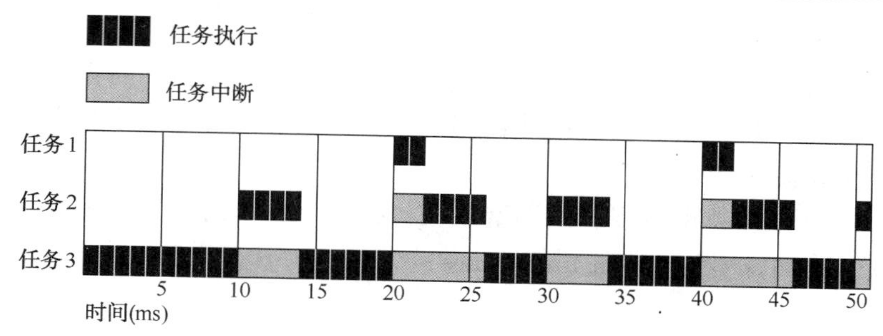

图 7-3-8 任务执行时序图

从图 7-3-8 可以看出，所有的周期型任务和事件触发型任务都可以中断连续型任务；高优先权任务中断所有的低优先权任务；高优先权任务可多次中断低优先权任务；同等级优先权的任务同时触发时各轮流执行 1ms，交互进行；当连续型任务完成全部扫描时，立即重新开始新的一轮扫描。

6. 数据文件类型

1）数据区域

（1）全局数据区域：又称控制器数据区域，它含有全部的对外数据和公用的内部数据，其数据可被控制器内所有的子程序引用。

（2）程序数据区域：全部为内部数据，其数据只能被本程序内的子程序引用。各程序之间的数据区域是隔离的，以防止标签命名的冲突。

2）数据类型

（1）基本数据类型。

① BOOL——布尔数，0～1，1 位

② SINT——短整数，-128～+127，8 位

③ INT——整数，-32768～+32767，16 位

④ DINT——长整数，-2147483648～+2147483647，32 位

⑤ REAL——实数，3.4×10^{-38}～$1.17\times10^{+38}$（负数），32 位；1.17×10^{-38}～$3.4\times10^{+38}$（正数）。

基本数据的内存占用形式：当数据类型为 BOOL，SINT，和 INT 被分配给一个标签时，控制器仍然花费了一个完整的 DINT（4 字节），剩余部分则被闲置，如图 7-3-9 所示。

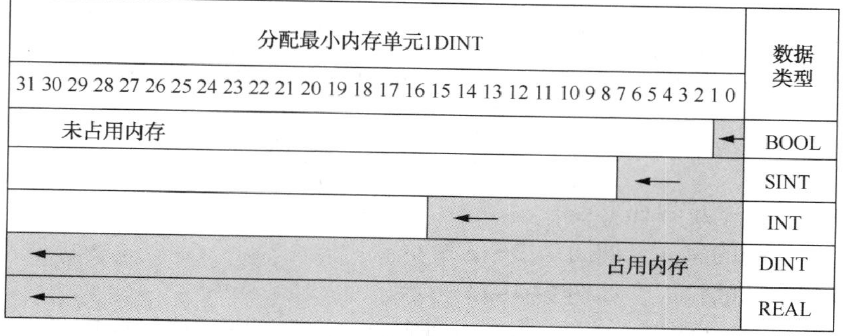

图 7-3-9 基本数据类型占用内存分配

（2）结构数据类型。

① 系统预定义结构数据类型。该类型数据包括：I/O 模块组态时产生的 I/O 数据；出自 PLC5/SLC500 的多字元素文件；运动控制的数据结构；功能块（过程控制）的数据结构；系统组态信息和状态信息。

② 用户自定义结构数据类型。该类型数据包括：字符串自定义数据结构；用户自定义数据结构 UDF；附加说明（Add-on Instructions）。

（3）数组。

数组是同一数据类型的连续分布的集合，可由基本数据类型和结构数据类型构成。数组有 1 维、2 维和 3 维，各维数组中的元素个数取决于内存。标签形式，如图 7-3-10 所示。

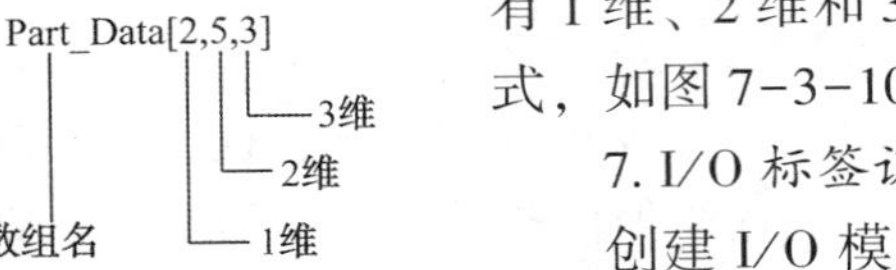

图 7-3-10　数组标签形式

7. I/O 标签识别

创建 I/O 模块完成后，将自动地在控制器数据区域产生相应的 I/O 标签，其结构如图 7-3-11 所示：

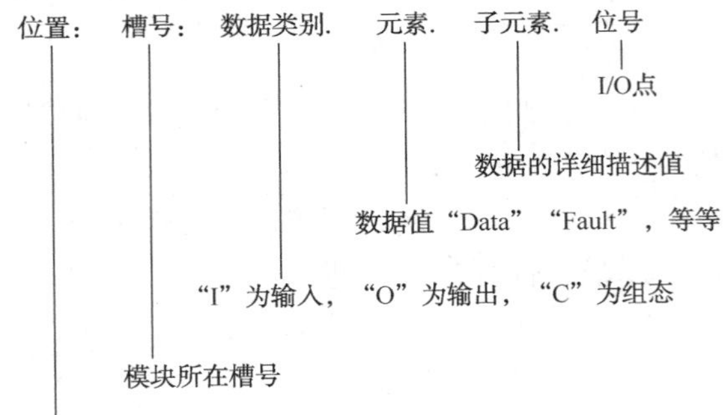

图 7-3-11　I/O 标签结构说明

三、梯形图编程基础

梯级的基本结构如图 7-3-12 所示。

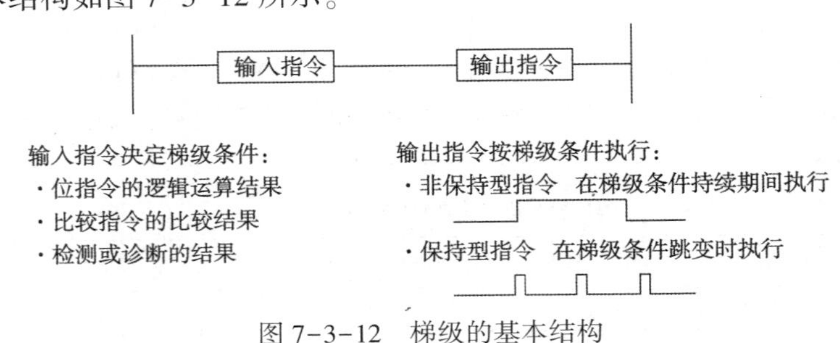

图 7-3-12　梯级的基本结构

梯形图编程的 3 个步骤如下：

（1）梯形图结构的建立，如图 7-3-13 所示。

（2）指令和地址的输入，如图 7-3-14 所示。

（3）梯级被接收的过程，如图 7-3-15 所示。编辑完毕等待接受的梯级如图 7-3-16 所示。

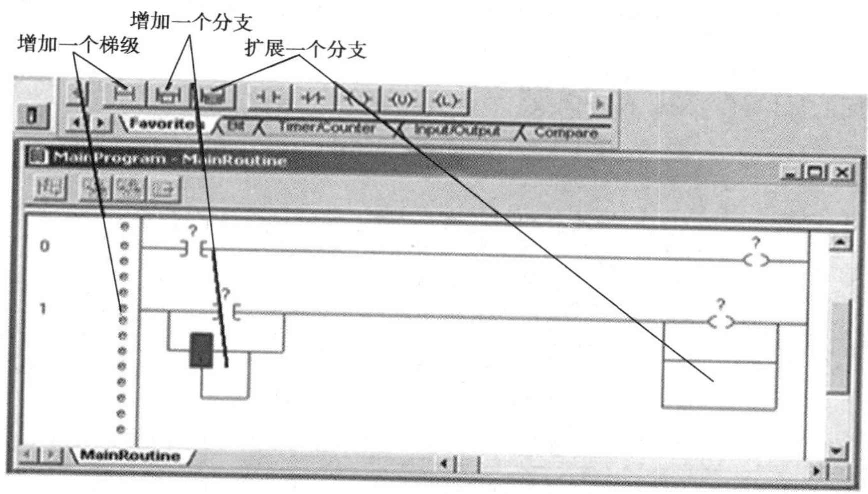

图 7-3-13　梯形图结构的建立

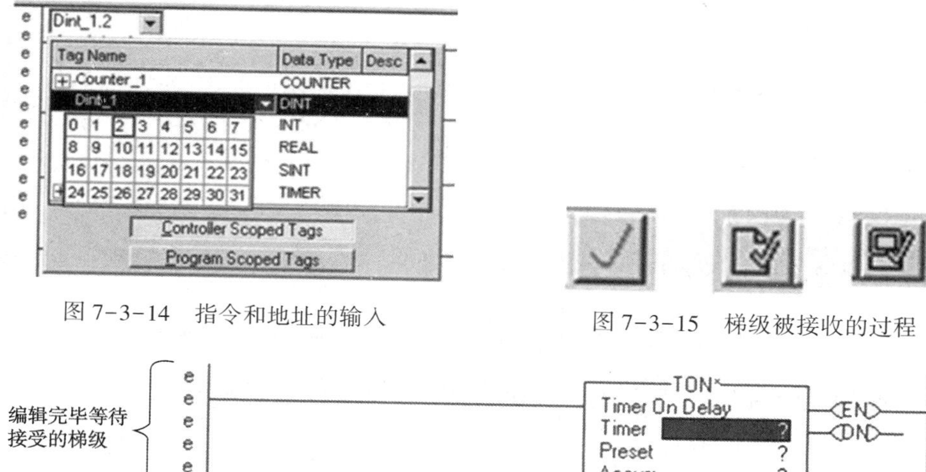

图 7-3-14　指令和地址的输入

图 7-3-15　梯级被接收的过程

图 7-3-16　编辑完毕等待接受的梯级

梯形图编程过程包括离线编程和在线编程两种形式。

离线编程：只要语法是正确的，一旦离开梯级就会自动接收。

在线编程状态下编程，必须逐个梯级校验接受。在线编辑的梯级如图 7-3-17 所示。

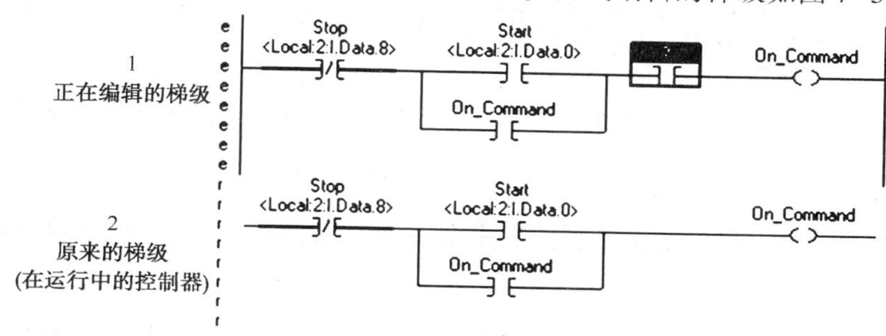

图 7-3-17　在线编辑梯级状态

其中：梯级编号临时被改成正常的顺序，但不意味着下面这个梯级可以被编辑，它只是起参考作用。运行编辑程序一定要经过测试阶段才会被接受。

梯级前面的标识符含义见表 7-3-2。

表 7-3-2 梯级编辑标识符含义

	标识符号	说　明
字母	实线	梯级已被程序接受，成为程序文件的一部分
小写字母	e	正在计算机的内存被编辑的梯级
	i	要插入到程序文件中的一个梯级
	r	此梯级将被上面正在编辑的那个梯级替换
	d	将从程序文件中删除的一个梯级
大写字母（在控制器内存中）	I	要插入到控制器程序文件中的一个梯级
	R	此梯级将被上面正在编辑的那个梯级替换
	D	将从控制器程序中删除的一个梯级

梯级编辑快捷键：

接受编辑的梯级。

放弃编辑的梯级。

校验编辑中的子程序。

检验整个项目的程序。

在线编程时出现，将一个梯级提取出来，使之处于悬挂状态。

在线编辑时出现，接受处于悬挂的梯级，使之成为控制器程序文件中的处于悬挂的梯级。

在线编辑时出现，放弃处于悬挂的梯级。

在线编辑时出现，编程状态下放弃控制器程序文件中的处于悬挂的梯级。

在线编辑时出现，编程状态下放弃控制器程序文件中的处于悬挂的梯级。

在线编辑时出现，放弃控制器程序文件中的经过测试的梯级。

在线编辑时出现，测试控制器程序文件中的在远程运行状态下编辑的梯级，控制器执行正在测试的梯级。

在线编辑时出现，放弃测试控制器程序文件中的在远程运行状态下编辑的梯级。

在线编辑时出现，放弃控制器程序文件中的经过测试的梯级。

在线编辑时出现，测试控制器程序文件中的在远程运行状态下编辑的梯级，控制器执行正在测试的梯级。

在线编辑时出现，放弃测试控制器程序文件中的在远程运行状态下编辑的梯级。

四、常用指令介绍

1. 位指令(XIC. XIO、OTE、OTL、OTU)

位指令工具条如图 7-3-18 所示。

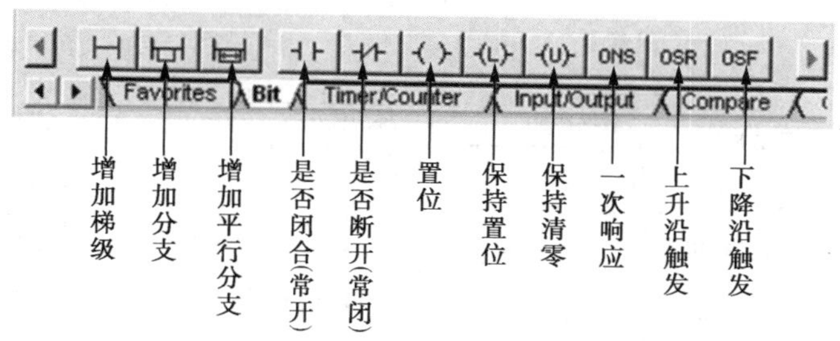

图 7-3-18　位指令工具条

(1) XIC——检查是否闭合指令，符号为：—] [—。这是一条输入指令。数据类型为 BOOL 型。其执行过程如图 7-3-19 所示。

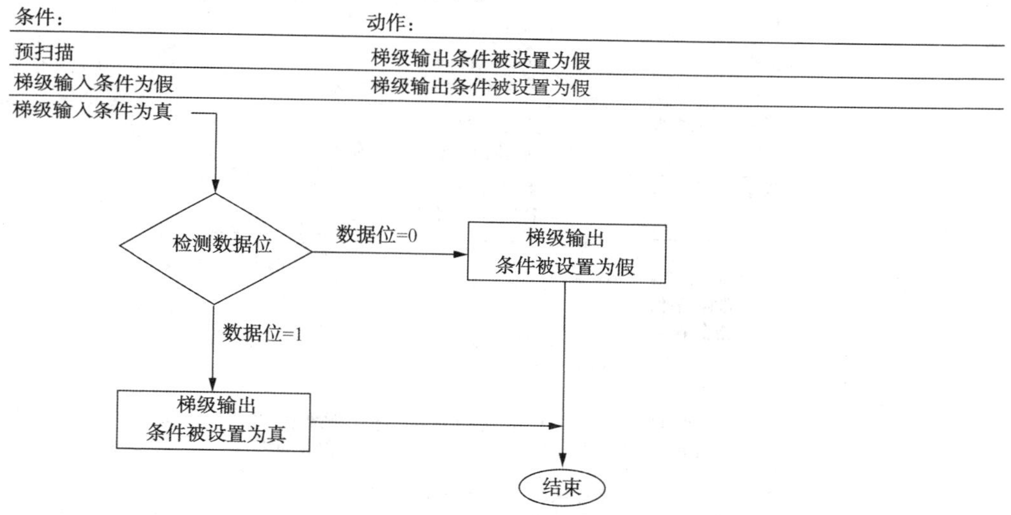

图 7-3-19　XIC 执行过程

(2) XIO——检查是否断开指令，符号为：—]/[—。这是一条输入指令。数据类型为 BOOL 型。其执行过程如图 7-3-20 所示。

(3) OTE——输出激励指令，符号为：—( )—。这是一条输出指令。数据类型为 BOOL 型。该指令置位或清零数据位。其执行过程如图 7-3-21 所示。

(4) OTL——输出锁存指令，符号为：—(L)—。这是一条输出指令。数据类型为 BOOL 型。该当使能时，OTL 置数据位位并保持，一般被一条 OUT 指令清零。当指令被禁止时，该指令不改变数据位的状态。执行过程如图 7-3-22 所示。

(5) OTU——输出解锁存指令，符号为：—(U)—。这是一条输出指令。数据类型为 BOOL 型。该指令清零(解锁存)数据位。该指令使能时，OUT 清零数据位。当指令被禁止时，该指令不改变数据位的状态。执行过程如图 7-3-23 所示。

执行：

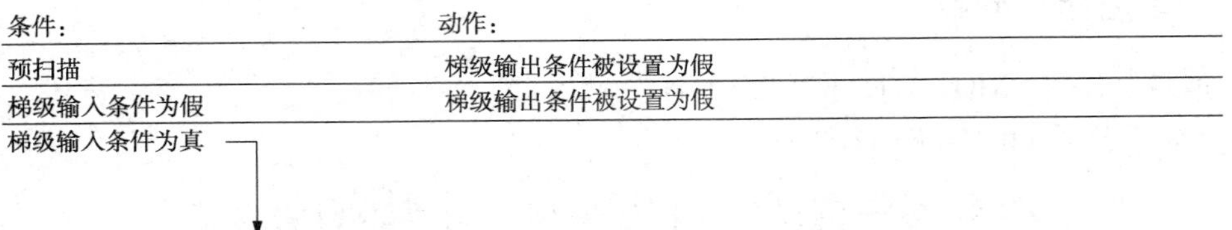

条件：	动作：
预扫描	梯级输出条件被设置为假
梯级输入条件为假	梯级输出条件被设置为假
梯级输入条件为真	

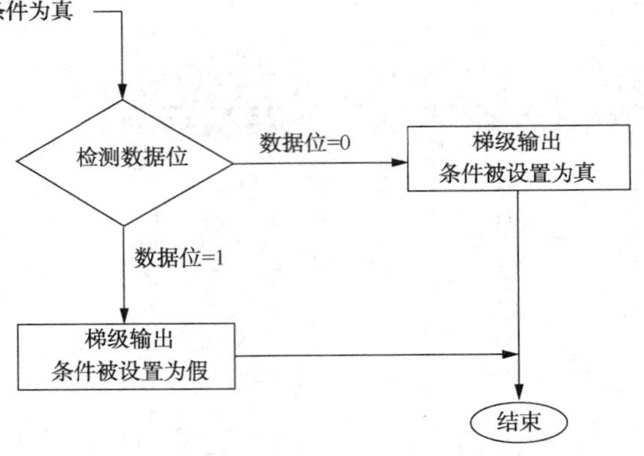

图 7-3-20　XIO 执行过程

条件：	动作：
预扫描	数据位被清零 梯级输出条件被设置为假
梯级输入条件为假	数据位被清零 梯级输出条件被设置为假
梯级输入条件为真	置位数据位 梯级输出条件被设置为真

算术状态标志：　不影响

故障条件：　无

OTE指令举例：

light_1

( )

当指令被使能时，OTE指令使指示灯1(light_1)置位(接通)。
当指令被禁止时，OTE指令使指示灯1(light_1)复位(断开)。

图 7-3-21　OTE 执行过程

条件：	动作：
预扫描	不改变数据位 梯级输出条件被设置为假
梯级输入条件为假	不改变数据位 梯级输出条件被设置为假
梯级输入条件为真	置位数据位 梯级输出条件被设置为真

算术状态标志：　不影响

故障条件：　无

OTL指令举例：

light 2

(L)

当指令被使能时，OTL指令使指示灯2(light_2)置位(接通)。该位保持置位直到被清零，一般被一条OTU指令清零。

图 7-3-22　OTL 执行过程

条件：	动作：
预扫描	不改变数据位 梯级输出条件被设置为假
梯级输入条件为假	不改变数据位 梯级输出条件被设置为假
梯级输入条件为真	清零数据位 梯级输出条件被设置为真

算术状态标志：　不影响

故障条件：　无

OTU指令举例：

light_2
—(U)—

当指令被使能时，OTU指令使指示灯2(light_2)清零(断开)。

图 7-3-23　OTU 执行过程

2. 计时器指令(TON、TOF)

计时器指令条如图 7-3-24 所示。

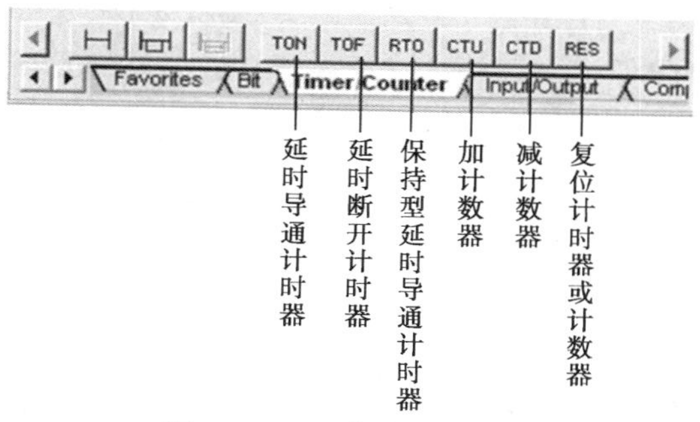

图 7-3-24　计时器指令条

(1) TON——延时导通计时器指令。该指令为一输出指令。数据类型 TIMER，如图 7-3-25所示。

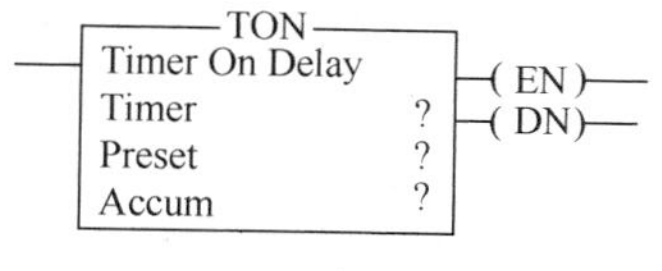

数据：	数据类型：	格式：	说明：
计时器	TIMER	标签	计时器结构
预置值	DINT	立即数	延时时间(累积的时间值)
累加值	DINT	立即数	计时器已经计数的毫秒数，初始值一般为0

图 7-3-25　TON—延时导通计时器指令

计时器结构见表 7-3-3。

表 7-3-3　TON 计时器结构说明

助记符	数据类型	说　明
. EN	BOOL	使能位—标识 TON 指令被使能
. TT	BOOL	计时位—标识计时操作正在进行中
. DN	BOOL	完成位—标识累加值(. ACC)≥预置值(. PRE)
. PRE	DINT	预置值—指定在指令置位完成位(. DN)时累加器所达到的值(以 1ms 为单位)
. ACC	DINT	累加值—表示从 TON 指令被使能开始已经经过的毫秒数

TON 是一条非保持的计时器指令。当该指令被使能时开始累计时间。计时器的时间基总是 1ms。例如要计时 2s 的时间，则预设值(. PRE)应该输入 2000。当 TON 指令被禁止时，清零累加值(. ACC)。

工作时序图如图 7-3-26 所示。

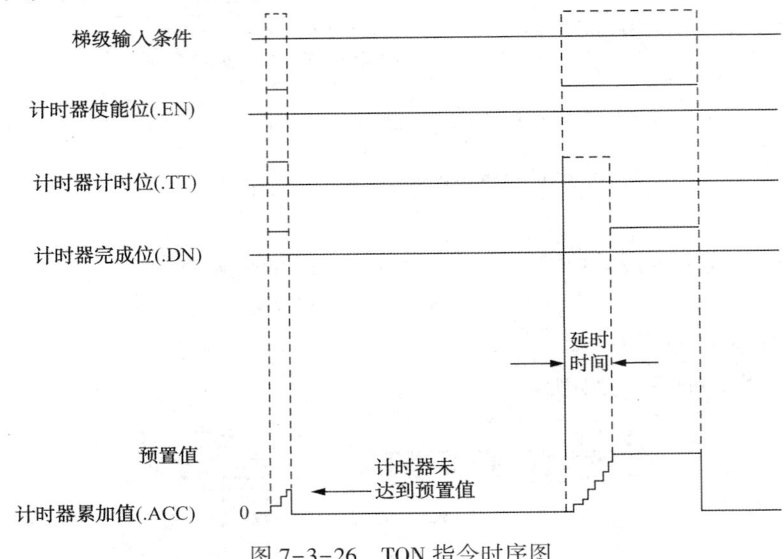

图 7-3-26　TON 指令时序图

（2）TOF——延时断计时器指令。该指令为一输出指令。数据类型 TIMER，如图 7-3-27 所示。

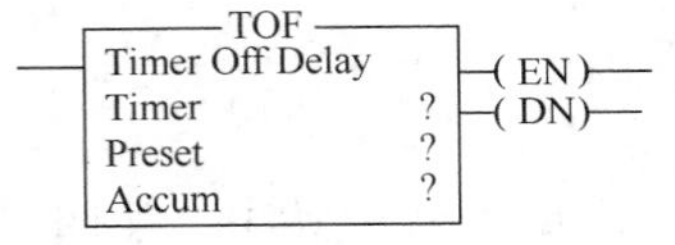

数据：	数据类型：	格式：	说明：
计时器	TIMER	标签	计时器结构
预置值	DINT	立即数	延时时间(累积的时间值)
累加值	DINT	立即数	计时器已经计数的毫秒数，一般初始值为0

图 7-3-27　TOF—延时断计时器指令

计时器结构见表 7-3-4。

表 7-3-4　TOF 计时器结构说明

助记符	数 据 类 型	说　　明
. EN	BOOL	使能位—标识 TOF 指令被使能
. TT	BOOL	计时位—标识计时操作正在进行中
. DN	BOOL	完成位—标识累加值(. ACC)预置值(. PRE)
. PRE	DINT	预置值—指定在指令清零完成位(. DN)位时累加器所达到的值(以 1ms 为单位)
. ACC	DINT	累加值—表示从 TOF 指令被使能开始已经经过的毫秒值

说明：TOF 是一条非保持的计时器指令。当该指令被使能时开始累计时间。计时器的时间基总是 1ms。例如要计时 2s 的时间，则预设值(. PRE)应该输入 2000。当 TOF 指令被禁止时，清零累加值(. ACC)。

其时序图，如图 7-3-28 所示。

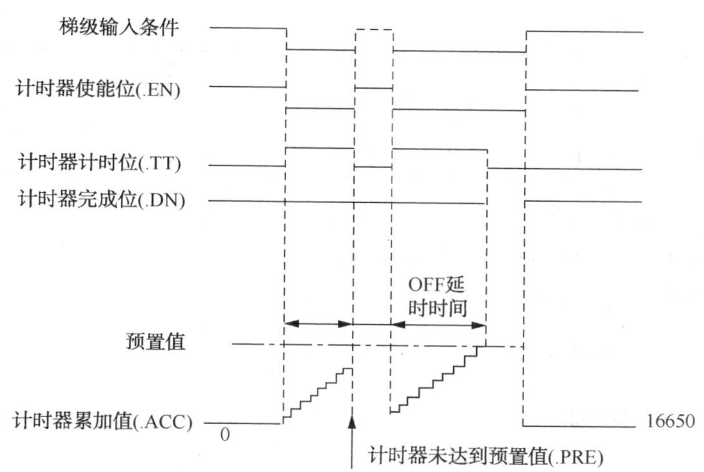

图 7-3-28　TOF 计时器时序图

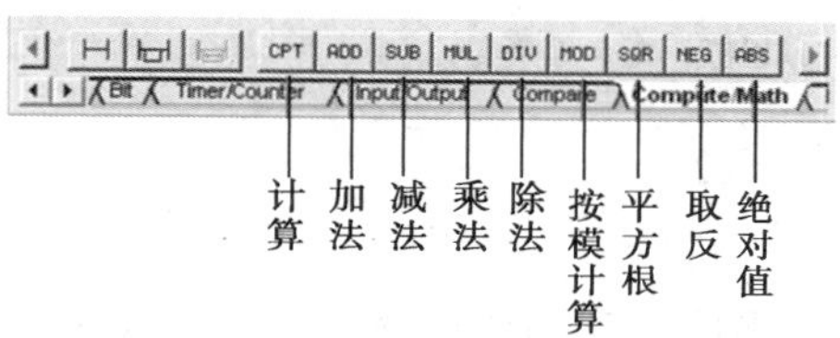

图 7-3-29　计数器指令条

3. 计数器指令(CTU、CTD. RES)

(1) CTU——加计数器指令。该指令为一输出指令，数据类型为 COUNTER。说明如图 7-3-30所示。

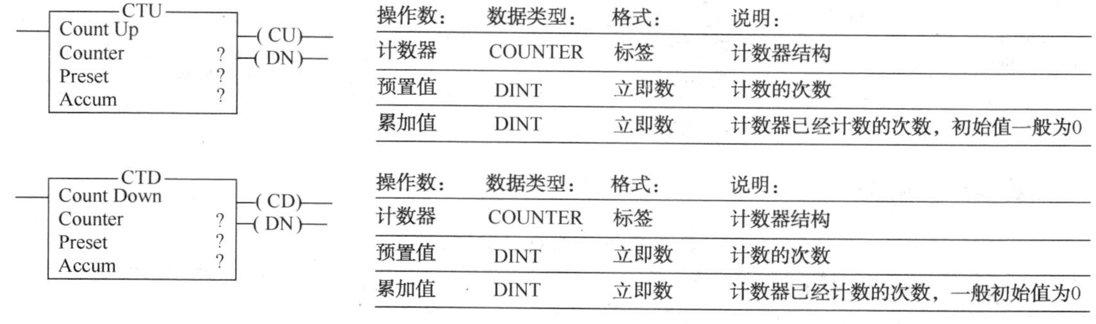

操作数:	数据类型:	格式:	说明:
计数器	COUNTER	标签	计数器结构
预置值	DINT	立即数	计数的次数
累加值	DINT	立即数	计数器已经计数的次数，初始值一般为0

操作数:	数据类型:	格式:	说明:
计数器	COUNTER	标签	计数器结构
预置值	DINT	立即数	计数的次数
累加值	DINT	立即数	计数器已经计数的次数，一般初始值为0

图 7-3-30　CTU 计数器指令说明

计数器结构见表 7-3-5。

表 7-3-5　CTU 计数器结构说明

助记符	数据类型	说　　明
. CU	BOOL	加计数使能位—标识 CTU 指令被使能
. DN	BOOL	完成位—标识累加值(. ACC)≥预置值(. PRE)
. OV	BOOL	溢出位—标识计数器超过上限值 2147483647。然后计数器返回到 -2147483648并再开始加计数

续表

助记符	数据类型	说　明
. PRE	DINT	预置值—指定在指令置位完成位(. DN)之前累加值所达到的值
. ACC	DINT	累加值—表示指令已经计数的梯级转换的次数

说明：CTU 指令向上计数。如果指令被使能时加计数器(. CU)使能位为清零状态，则 CTU 指令使计数器加 1。如果指指令被使能时加计数器(. CU)使能位为置位状态，或指令被禁止，CTU 指令保持他的累加值(. ACC)。其时序图如图 7-3-31 所示。

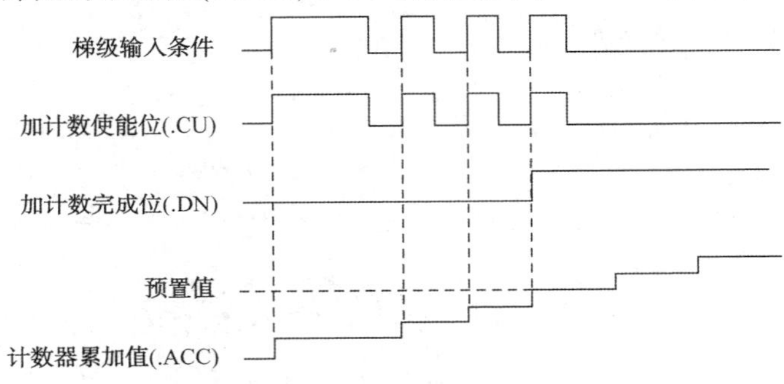

图 7-3-31　CTU 指令时序图

即使完成位(. DN)被置一之后，累加值也继续增加。如果要清零累加值，可以用一条引用同一计数器结构的 RES 指令，或写 0 值到计数器的累加值。

(2) CTD——减计数器指令。该指令为一输出指令，数据类型为 COUNTER。说明如图 7-3-32所示。

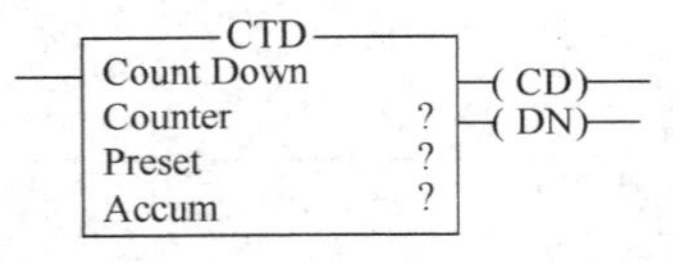

操作数：	数据类型：	格式：	说明：
计数器	COUNTER	标签	计数器结构
预置值	DINT	立即数	计数次数
累加值	DINT	立即数	计数器已经计数的次数，一般初始值为0

图 7-3-32　CTD 减计数器指令操作数说明

计数器结构见表 7-3-6。

表 7-3-6　CTD 计数器结构

助记符	数据类型	说　明
. CD	BOOL	减计数使能位—标识 CTD 指令被使能
. DN	BOOL	完成位—标识累加值(. ACC)[预置值(. PRE)]
. UN	BOOL	下溢出位—标识计数器超过下限值 -2147483648。然后计数器返回到 2147483647，再开始减计数
. PRE	DINT	预置值—指定在指令置位完成位(. DN)之前累加值所达到的值
. ACC	DINT	累加值—表示指令已经计数的梯级转换的次数

说明：CTD 指令向下计数。如果指令被使能时加计数器(. CD)使能位为清零状态，则 CTD 指令使计数器减 1。如果指指令被使能时加计数器(. CD)使能位为置位状态，或指令被禁止，CTD 指令保持他的累加值(. ACC)。其时序图如图 7-3-33 所示。

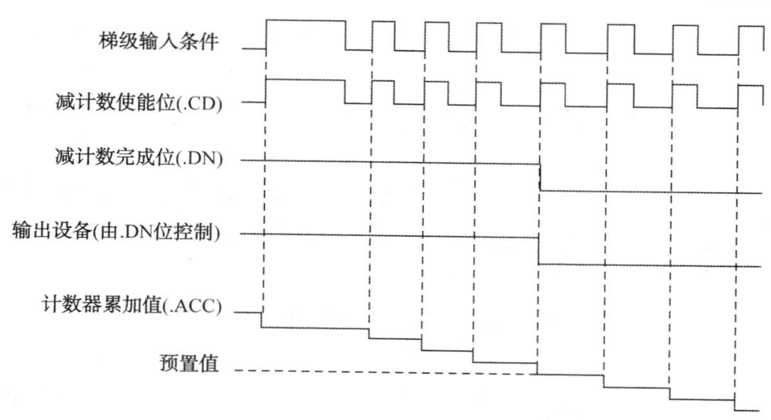

图 7-3-33　CTD 指令时序图

即使完成位(.DN)被置一之后，累加值也继续减少。如果要清零累加值，可以用一条引用同一计数器结构的 RES 指令，或写 0 值到计数器的累加值。

(3) RES——复位指令。RES 指令是一条输出指令。其数据类型为 TIMER，其操作数如图 7-3-34 所示。

?
——(RES)——

操作数：	数据类型：	格式：	说明：
结构：	TIMER CONTROL COUNTER	标签	复位的结构

图 7-3-34　RES 指令操作数说明

RES 指令能复位 TIMER，COUNTER 和 CONTROL 结构。当该指令被使能使能时，清零下列元素，见表 7-3-7。

表 7-3-7　RES 使能清零数据表

当 RES 指令用于	指 令 清 零
TIMER	累加值(.ACC) 控制状态位
COUNTER	累加值(.ACC) 控制状态位
CONTROL	位置值(.POS) 控制状态位

4. 比较指令

比较指令条如图 7-3-35 所示。

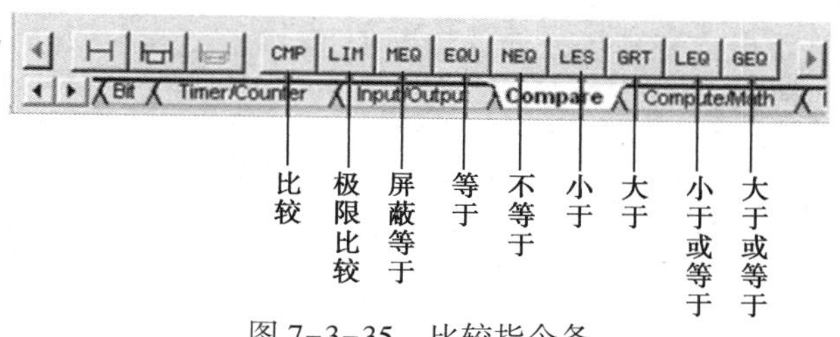

图 7-3-35　比较指令条

梯级的输入指令决定梯级条件。操作对象的数据类型限于 SINT，INT，DINT 和 DEAL。比较指令分类：

（1）单一比较指令。EQU，NEQ，GEQ，GRT，LEQ 和 LES 都是完成单一比较的指令，每条指令只对两个比较对象进行比较。

（2）表达式比较指令 CMP。比较对象可以是算术运算表达式，用比较连接符进行比较。

（3）屏蔽比较指令 MEQ。两个比较对象通过屏蔽代码位对位地进行比较，屏蔽代码可以是地址，也可以是立即数。

（4）范围比较的指令 LIM。测试数值落在范围内或落在范围外。

5. 算数运算指令

梯级的输出指令　梯级条件成立期间执行，亦可无条件执行。操作对象的数据类型限于 SINT，INT，DINT 和 DEAL。算数运算指令分类：

（1）完成单一运算的指令。如 ADD. SUB. MUL，DIV，MOD. NEG，ABS 和 SQR。

（2）完成表达式运算的指令 CPM，可用算术运算符连接的表达式进行运算。

每次运算结束，都会影响算数/逻辑运算标志位，其关键字为：

① S：V 溢出标志位，目标地址发生溢出，置位，且次要故障置位。

② S：Z 为零标志位，目标地址为零，置位。

③ S：N 符号标志位，目标地址为负，置位。

④ S：C 进位标志位，目标地址发生进位，置位。

五、离散量和模拟量模块组态

1. 术语解释

Multicast——多点传送。同时向所有的站点或模块发送数据，这是物理信号的实施过程。

Producer/Consumer Model——生产者/用户方式。一种通信模式，生产者产生的数据能被多个消费者接受，从而得到数据共享。这是因为基于多点传送方式，站点能同时接收信息而得以实现的通信模式。

Local（本地）——项目中运行的 I/O 点与控制器在同一框架中，通过框架背板传送数据。

Remote（远程）——项目中运行的 I/O 点与控制器不在同一框架，通过通信网络来传送数据，其传送速度受到网络的制约。

2. 离散量模块性能

离散量 I/O 模块具备如下性能：

（1）Producer/Consumer 的多点传送方式。

（2）RIUP 带电拔插在框架不关闭电源时，可将模块从框架上拔离或插入。

（3）模块级别的故障报告和现场方面的诊断信息。

（4）隔离、非隔离或诊断的选择。

（5）电子保险。

（6）8 点、16 点和 32 点的选择。

（7）时间标记数据。

（8）电子识别。

3. 模拟量模块性能

模拟量 I/O 模块：

（1）Producer/Consumer 的多点传送方式。

（2）RIUP 带电拔插在框架不关闭电源时，可将模块从框架上拔离或插入。

（3）在模块中设置工程定标。

（4）报警和限幅。

（5）诊断。

（6）带有时间下标的数据。

（7）32 位浮点或 16 位输入和 13~16 位输出整数数据格式，取决于模块。

（8）电子识别。

4. 模块参数说明

1）General

（1）Name：输入模块名称。

（2）Description：对模块的用途进行说明。

（3）Slot：指定模块所在的槽号。

（4）Comm Format：模块与控制器的通信形式，有两种选择：

① Full Diagnostics，控制器是该模块的拥有者，可以对模块进行组态，可获得输入数据、状态信息和诊断信息。

② Listen Only，控制器只是模块输入数据、状态信息和诊断信息的获得者。

（5）Revision：该模块的 Firmware 版本号，前为主版本号，后为次版本号。

（6）Electronic Keying：电子保险，用以防模块错插入，有三种选择：

① Compatible Moudule，兼容方式，主要版本必须符合，次要版本要大于等于。

② Disable Keying，任意方式，不加保险，任意模块可插入。

③ Exact Match，精确方式，主要版本和次要版本都必须符合。

2）Connection

（1）RPI：请求发送中断时间，定义模块对控制器交换信息的时间间隔，在本地机架中，最短可定义 0.2ms，最长可定义 750ms。

（2）☑ Inhibit Module：此项被选择，该模块被屏蔽，控制器与模块不建立任何通信。

（3）☑ Major Fault On Controller If Connection Fails While in Run Mode：此项被选择，控制器在运时，一旦模块与控制器的连接失败，即在控制器中产生一个主要故障，该故障将导致停机。

（4）Module Fault：模块的连接故障信息在此显示，此时，编程软件的 I/O Configuration 上该模块有黄色惊叹号标志，提醒用户进入检查。

3）Module info

（1）Identification：产品识别信息。

（2）Status：模块状态。

① Major Fault：模块的主要故障背板故障及无故障。

② Minor Fault：模块的次要故障背板故障及无故障。

③ Internal State：模块当前的运行状态。

④ Configured：模块是否已被拥有者（控制器）下载组态信息。

⑤ Owned：模块是否有拥有者（控制器）仍然与之连接。

⑥ Module ldentity：模块根据电子保险选项检测是否吻合。

（3）Coordinated System Time：协调系统时间。

① Timer Hardware：模块的系统时间计时器工作正常与否。

② Timer Sync'ed：模块的系统时间是否与主系统（控制器）时间同步。

（4）Refresh：点击后，将刷新模块数据。

（5）Reset Module：点击后，模块组态信息被复位，如同上电时的状态。

4）BackPlane

（1）ControlBus Status：显示背板状态，正常情况为 OK，非正常情况显示。

① 接受者未使能。

② 多点传送地址未使能。

③ RA/GR 误比较。

（2）ControlBus Parameters：参数的显示和设置。

① Multicast CRC Error Threshold：显示由于多点传送 CRC 错误而开始记入的故障状态。

② Transmit Retry Limit：设置当传送错误发生时，重试的次数限制，设置范围为 0~63。

（3）Error Counters：错误计数器。

① Receive：接受错误计数器。

② Transmit：传送错误计数器。

5. 离散量模块组态

1）离散量输入模块组态参数

（1）Enable Change of State：对每个回路定义，当输入信号的状态发生改变时，向外送出数据。

（2）Enable Diagnostics for：对每个回路定义，当信号回路断开时，发出开路诊断信息。

（3）Enable Diag Latching：对每个回路定义，即使回路已恢复正常，曾经发生过开路状态，仍然被锁存，除非进行复位的清除操作。

（4）Input Filter Time：选择回路的滤波时间常数，每 8 位共用一个定义。

2）离散量输出模块组态

（1）Output State During：组态以下两种情况下的输出状态，它们都有三种选择：打开、关闭和保持。

① Program Mode：对每一个点定义控制器转入编程状态时的输出状态。

② Fault Mode：对每一个点定义模块发生通信故障时的输出状态。

（2）Enable Diagnostics for：组态以下两种情况下的诊断使能：

① Output Verify：输出校验，校验当输出模块的相应点接收到 ON 的信息时，其真实的输出的确是 ON 的输出，注意，只有在接收到 ON 信息时才实施该诊断。

② No Load：空载测试，探测输出模块的相应点开路或失载，注意，只有在接收到 OFF 信息时才实施该诊断。

（3）Enable Diag. Latching：使能诊断锁定，当诊断信息发生后，即使回路已恢复正常，曾经发生过诊断状态，仍然被锁存，除非进行复位的清除操作。

6. 模拟量模块组态

1）模拟量输入模块组态

（1）Scaling。

① High Signal：输入信号的最大定标(单位：V/mA)。

② Low Signal：输入信号的最小定标(单位：V/mA)。

③ High Engineering：模/数转换后的数字的工程定标最大值，与建立模块时选择的数据形式有关。

④ Low Engineering：模/数转换后的数字的工程定标最小值，与建立模块时选择的数据形式有关。

（2）RTS：模块的采样时间，一个模块只有一个，不可各通道各自选择。RTS 应大于等于模块的 RPI。

（3）Input Range：输入类型(电流/电压)和范围的选择，对应标准的传感器信号。

（4）Sensor offset：设置传感器输入信号的偏移量。

（5）Notch Filter：模/数转换的内置特性，它的作用是削弱选定频率的信号，一般情况用于抑制交流信号的噪声干扰。

（6）Digital Filter：选择毫秒为单位的滤波常数，通过运算对模/数转换的数字结果进行数字滤波。

2）模拟量输入模块报警

（1）Process Alarms：过程报警。

① High High：报警高高值，通道数据到达此值时，数据文件中相应通道高高报警位置位。

② High：报警高值，通道数据到达此值时，数据文件中相应通道高报警位置位。

③ Low：报警低值，通道数据到达此值时，数据文件中相应通道低报警位置位。

④ Low Low：报警低低值，通道数据到达此值时，数据文件中相应通道低低报警位置位。

（2）Disable Alarm：选择此项时，免除报警。

（3）Latch Process Alarm：过程报警锁存，此项选择时，即使数据已脱离报警区域，相应报警项仍须点击 Unlatch 才能解除报警，数据文件中的报警位亦被复位。

（4）Latch Rate Alarm：变化率报警锁存，此项选择时，即使数据已脱离报警区域，仍须点击 Unlatch 才能解除报警，数据文件中的报警位亦被复位。

（5）Deadband：死区范围设定。

（6）Rate Alarm：设置引起报警的变化率。

3）模拟量输出模块组态

（1）Scaling。

① High Signal：输出信号的最大定标(单位：V/A)。

② Low Signal：输出信号的最小定标(单位：V/A)。

③ High Engineering：数/模转换前的数字的工程定标最大值，与建立模块时选择的数据形式有关。

④ Low Engineering：数/模转换前的数字的工程定标最小值，与建立模块时选择的数据形式有关。

（2）Sensor Offset：为输出信号校准偏移设置一个合适的偏移量。

☑ Hold for Initialization 被选择，当输出量在保持量全定标 0.1%之内时，输出信号保持不变。

4）模拟量输出模块限幅

（1）Limits：输出箝位，输入高限幅和低限幅的工程定标量值。

（2）Ramp in Run Mode：输出的最大变化率限量。

（3）Disable All Alarms：选择此项，解除本通道所有的限量报警。

（4）Latch Limit Alarms：选择此项，本通道限幅报警被锁存，即使输出量已脱离限幅值，相应报警项仍须点击 Unlatch 才能解除报警，数据文件中的报警位亦被复位。

（5）Latch Rate Alarm：选择此项，本通道变化率限量报警被锁存，即使变化率已脱离报警限量，仍须点击 Unlatch 才能解除报警，数据文件中的报警位亦被复位。

5）模拟量输出模块输出状态

（1）Output State in Program Mode：对每一个通道定义控制器转入编程状态时的输出量，有两种选择：

① 保持在最后状态。

② 用户自己定义，用户必须在右边的方框中输入一个在最高限量和最低限量之间的值，并选择(Ramp 也需要被定义)。

（2）Output State in Fault Mode：对每一个通道定义模块发生通信故障时的输出量，有两种选择：

① 保持在最后状态。

② 用户自己定义，用户必须在右边的方框中输入一个在最高限量和最低限量之间的值，并选择(Ramp 也需要被定义)。

六、建立一个工程

第一步：点击桌面 RSLogix 5000 图标，打开软件。

第二步：新建工程 New 点击

第三步：设置参数，如图 7-3-36 所示。

由上到下依次填入控制器类型、控制器固件的主要版本、控制器名称、控制器框架的大小、控制器的槽号和存储工程的文件夹后选择 OK，完成一个新工程的创建。

可以通过如图 7-3-37 所示方式修改控制器类型。

第四步：添加模块。

为了与系统中的 I/O 模块进行通信，用户必须在控制器的 I/O 组态文件夹中添加模块。具体添加方式如下：

在I/O组态文件夹处点击鼠标右键，选择新增模块(new module)，如图7-3-38所示。

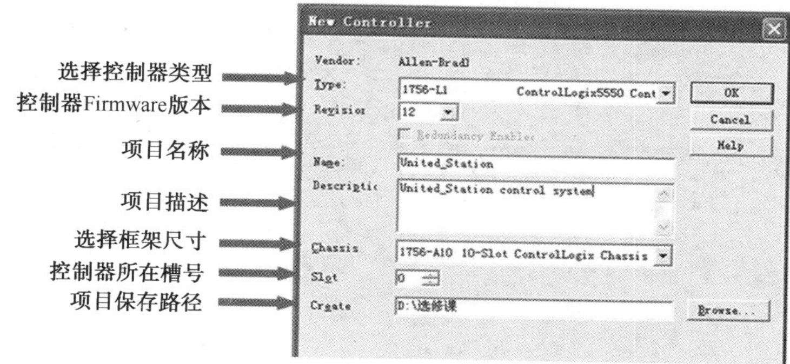

图7-3-36　控制器选型组态面板

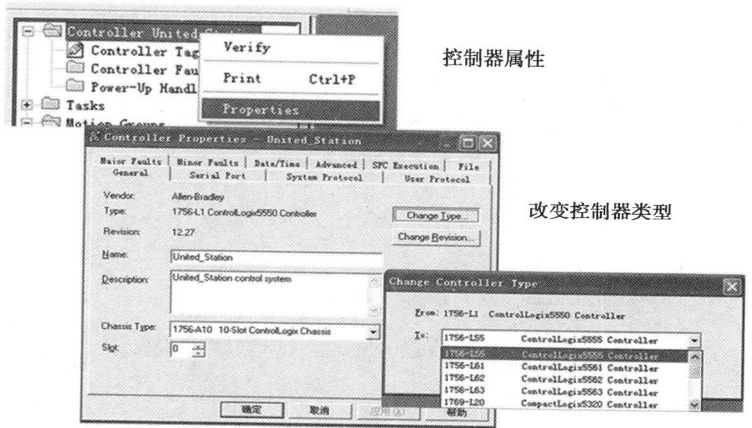

图7-3-37　修改控制器类型

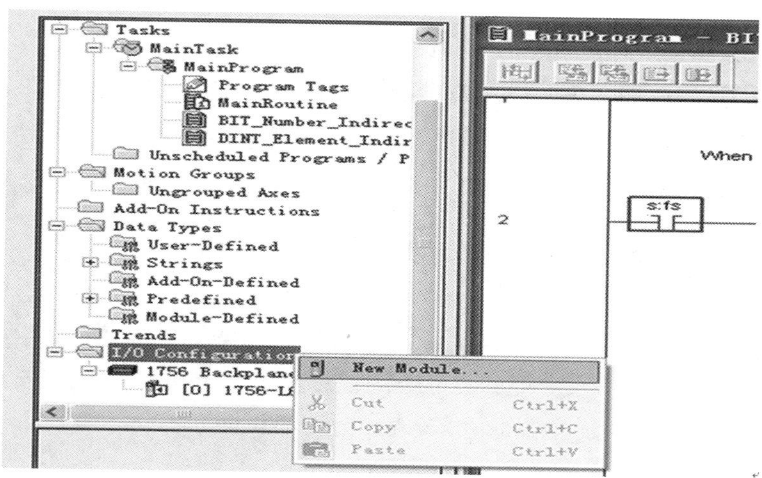

图7-3-38　选择新增模块画面

在弹出来的选择框下选择模块类型后点击OK，然后选择模块版本，点击OK，在弹出的新选择框内依次录入模块名称、模块在框架中的位置等信息，点击OK完成创建(图7-3-39)。

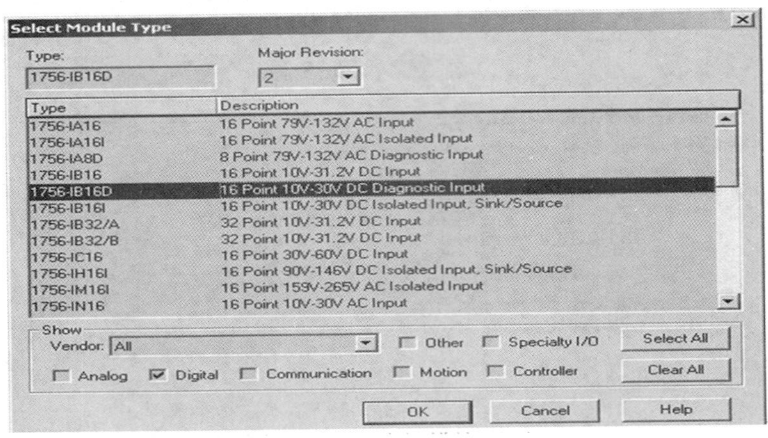

图 7-3-39　选择模块画面

单击 OK。按照上文中组态配置方法配置，如图 7-3-40 所示。

Module Properties - Local (1756-IB16D 2.1)

Type: 1756-IB16D 16 Point 10V-30V DC Diagnostic Input
Vendor: Allen-Bradley
Parent: Local
Name: input_0　Slot: 0
Description:
Comm Format: Full Diagnostics - Input Data
Revision: 2 1　Electronic Keying: Disable Keying

Cancel　< Back　Next >　Finish >>　Help

图 7-3-40　设置离散量参数模块一

选择完毕单击 Next，进入如图 7-3-41 所示画面。

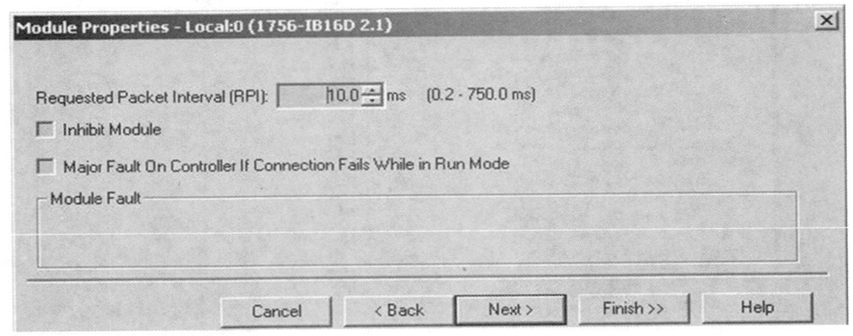

图 7-3-41　设置离散量参数模块二

点击 finish 结束配置。

右键点击 controller Tags 

，会出现如图 7-3-42 所示画面。

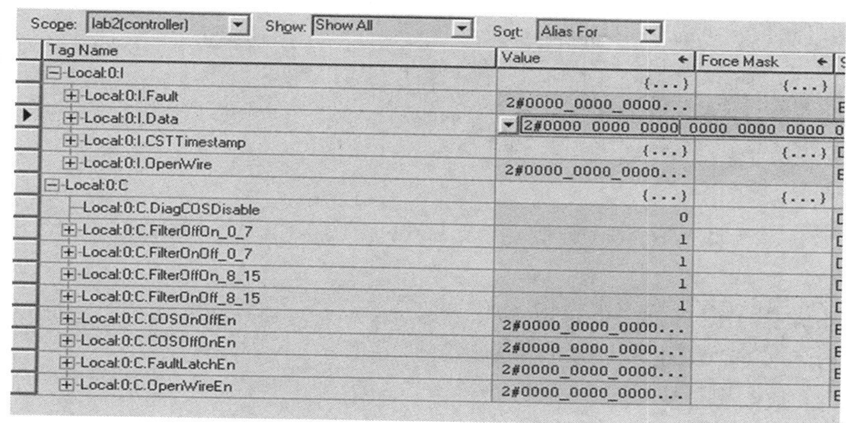

图 7-3-42 Controller Tags 标签画面

第三步配置完成后，系统会自动生成标签新消息，如图 7-3-42 所示。

七、程序的上载和下载

1. 上载(upload)

上载：将 PLC 程序下载到站控机或笔记本电脑中。

(1) 确认使用的计算机 IP 地址与 PLC 在同一个网段内且不与系统中其他设备地址冲突，如若不同，修改计算机 IP 地址。

(2) 将计算机接入 PLC 所在交换机中，打开计算机中的 RSLinx 进行以太网通信组态。

(3) 上载操作前，确认 PLC 控制器运行在“remote”模式或者“program”模式。

(4) 单击 RSLogix5000 软件中“communication”按钮，选择“RSwho”，在弹出的对话框中选择要上载的控制器，单击右侧“upload”按钮，在弹出的对话框中选择要存储的路径，程序将自动上载到选择的路径中。

2. 下载(download)

下载：将站控机或笔记本电脑中的程序下载到 PLC 中。

(1) 下载程序时，第一、第二和第三步与上载程序相同。

(2) 单击 RSLogix5000 软件中“communication”按钮，选择“RSwho”，在弹出的对话框中选择要下载的控制器，单击右侧“download”按钮，在弹出的对话框核对控制器信息，确认无误后，点击 download，程序将自动下载到选择的控制器中。

因下载过程程序将自动对相关点位进行复位处理，所以在进行操作前，要确认现场相关设备均处于就地状态，以避免造成设备误动作。

八、常用在线功能操作

在线工作时，如下一些功能是常用的。

1. 强制

可以如下方法对部分元件进行强制。

(1) 用翻转命令：

① 在左上角强制窗口下，下拉下箭头。

② 选择强制使能“Enable All I/O Forces”。

③ 用右键点击需要强制的元件，选择“toggle bit(位翻转)”。

④ 每选择一次，状态将翻转一次。

(2) 用强制标记：

① 鼠标左键选择指令。

② 用鼠标右键选择 Force on(强制通)及 Force off(强制断)，做出强制标记。此法可以对多点进行标记。

③ 在左上角强制窗口下，下拉下箭头。

④ 选择强制使能“Enable All I/O Forces”。

(3) 强制失效与删除：

① 在左上角强制窗口下，下拉下箭头。

② 选择 Disable All I/O Forces(所有 I/O 强制失效)。使强制失效，但强制标记不取消。

③ 如果要取消所有强制及标记，在强制窗口下拉命令中，选择对应命令“Remove All I/O Forces(删除所有 I/O 强制)”。注意强制后，要适时取消强制操作。

2. 搜索

(1) 搜索特定阶梯：

① 按 Ctrl+G。

② 在弹出的对话框左侧选择 Rung(阶梯)。

③ 在右侧方框内输入阶梯号。

④ 按“Go To”，直接显示到要搜索的阶梯。

(2) 搜索特定指令：

① 按 Ctrl+F。

② 在对话框中输入匹配条件。

③ 按“Go To”。显示到要搜索的阶梯。

(3) 搜索已知指令的其他所处位置：

① 光标放在要搜索的指令上。

② 按鼠标右键。

③ 选择“Go To Cross Reference For…”，双击。系统会列出所有搜索结果列表。

④ 在搜索结果列表中选择你要的阶梯，双击。程序切换到对应阶梯。注意，输出阶梯为 OTE，OTL 或 OTU 等。

3. 在线编辑

可以按照如下过程进行程序的在线编辑。

(1) 确认笔记本联机并处于程序在线联机方式。

(2) PLC 处于远程/编程方式。

(3) 程序画面工具栏位置应出现在线编辑工具条。如果没有，用鼠标左键双击阶梯前方，工具栏附近弹出在线编辑工具 e。

(4) 点工具条上按钮 e 表示该阶梯进入编辑状态。

(5) 在程序对应位置做修改。

(6) 修改结束后，在线编辑工具条上，一个带有对号的按钮被加强显示，点击它，按钮恢复灰度显示。

（7）工具条一个带有闪电符号的按钮被加强显示，点击它，并确定，按钮恢复灰度显示。

（8）工具条上，再次有一个带有对号的按钮被加强显示，点击它，按钮恢复灰度显示。此时，修改后的程序被自动存储到 PLC 中。

（9）退出编辑软件时，会提示你是否将改过的程序存储到硬盘，给定路径，确定后存盘。

4. 在线修改参数

如计数器、定时器和传输常数等，无须修改指令，在对应参数位置直接修改即可。

（1）使得笔记本对应程序处于和 PLC 联机状态。

（2）在要修改的参数位置双击鼠标左键。

（3）修改参数，回车。

（4）在线帮助。

在帮助项目下，可以提供帮助。软件下捆绑了常用的手册。在 I/O 配置下，具体模块条目上，用右键，选择属性，可以设置和诊断该模块。

九、常用离线功能操作

1. 搜索

（1）搜索特定阶梯：

① 按 Ctrl+G。

② 在弹出的对话框左侧选择 Rung（阶梯）。

③ 在右侧方框内输入阶梯号。

④ 按“Go To”，直接显示到要搜索的阶梯。

（2）搜索特定指令：

① 按 Ctrl+F。

② 在对话框中输入匹配条件。

③ 按“Go To”。显示到要搜索的阶梯。

（3）搜索已知指令的其他所处位置：

① 光标放在要搜索的指令上。

② 按鼠标右键。

③ 选择“Go To Cross Reference For…”，双击。系统会列出所有搜索结果。

④ 在搜索结果列表中选择你要的阶梯，双击。程序切换到对应阶梯。注意，输出阶梯为 OTE，OTL 或 OTU 等。

2. 编辑功能

（1）插入阶梯。

① 在要插入位置的前一阶梯前点击鼠标左键，选中该阶梯。

② 右键选择“增加指令”，在子项目中选择“Rung（阶梯）”。

（2）插入触点。

① 在要插入位置的前一触点处点击鼠标左键，选中该触点。

② 在上面的符号工具栏目用鼠标左键选择触点类型，确定。一个新触点被加到指定触点之后。

③ 点击程序中新增加的触点标签位置，写入标签。或者在出现的下拉框中选择已经存在的标签。

(3) 拷贝触点。

① 选中要拷贝的触点。

② 按 Ctrl+C，或鼠标右键选择“复制”。

③ 选种要插入拷贝触点的某位置。

④ 按 Ctrl+V，或鼠标右键选择“粘贴”。

(4) 拷贝阶梯。

① 选中要拷贝的阶梯前端。

② 按 Ctrl+C，或鼠标右键选择“复制”。

③ 选种要插入拷贝阶梯位置的前一阶梯。

④ 按 Ctrl+V，或鼠标右键选择“粘贴”。

(5) 离线编辑。

① 在梯形图中利用快捷符号工具条，可以直接编辑触点、输出等。

② 编辑每一个元件时，必须输入标签名。

③ 如果标签已经定义，则自动显示该标签的注释。如果编辑了没有定义的标签，则所编辑阶梯前面出现 e 标记。直到标签被添加到标签表中为止，e 标记自动消失。

(6) 编辑触点注释。

① 鼠标左键双击触点注释，弹出注释对话框。

② 编辑注释，确定。

(7) 编辑阶梯注释。

① 鼠标左键选中要编辑注释阶梯的前端。

② 鼠标右键选择修改阶梯注释选项。

③ 在弹出的注释对话框中编辑注释，确定。

3. 标签操作

(1) 添加标签。

方法有二：

① 在标签列表添加。在左侧目录树中，进入“Program Tags(程序标签)”，选择“编辑标签”卡。然后在尾部直接逐栏目输入标签名、数据类型、注释等。

② 在梯形图中添加。在梯形图中，用鼠标右键点击没有定义的触点标签位置，选择顶部“new tags(新标签)”，此时，在弹出的对话框中逐项添加，并确认。新标签即被加入到程序标签列表中。

(2) 导出、导入标签。

注意这个操作只能在离线(offline)状态下进行。

① 导出标签。即把程序标签表导出为 Excel 文件。可以选择“Tools/Export Tags(导出标签)”，给出路径和文件名，即可导出标签。

② 导入标签。把一个 Excel 标签文件导入另一程序中。可以选择“Tools/Import Tags(导

入标签)”，给出路径和文件名，即可导入标签。

由于 AB 软件在下载程序时是无标签注释的，我们可以利用这个方法，把有注释的程序标签表导出并导入到没有注释的程序中。即使标签表不同，这个操作不会影响被导入标签表的程序的标签定义，只导入注释。

第四节　施耐德可编程控制器模块的维护与管理

站场仪表自动化工程师负责本站场施耐德控制系统的管理，管理步骤如下：

(1) 收集本站场施耐德控制系统的硬件模块说明书、配置手册及 I/O 地址表。

(2) 对本站场施耐德控制系统进行日常巡检。

(3) 熟悉各模块指示灯含义，能够识别模块运行状态，发现问题及时上报。

(4) 配合维护单位完成系统的维护检修，并对结果进行验证。

施耐德 PLC 主要有原 Modicon 旗下的 Quantum，Compact 和 Momentum 等系列以及 TE 旗下的 Premium 和 Micro 系列。本节主要以施耐德 Premium 系列可编程控制器(图 7-4-1)为例，介绍相关模块的维护与管理。

Premium 系列可编程控制器硬件系统主要包括：CPU 模块、机架、电源模块、I/O 模块等部分。下面主要介绍 Premium 系列可编程控制器。

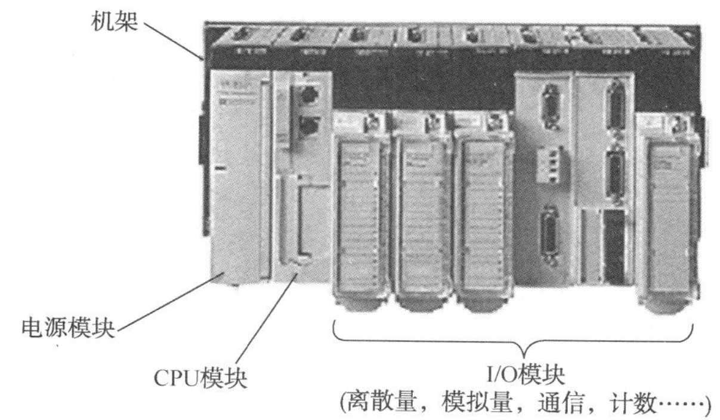

图 7-4-1　施耐德 Premium 系列可编程控制器

一、CPU 模块

施耐德 Premium TSX P57、pp4M、TSX P57 pp34M 和 TSX Hp4M 等系列 CPU 处理器管理着整个 PLC 站点，包括：离散量 I/O 模块、模拟量I/O模块、专用模块(计数、运动、称重、通信)等。

当 PLC 站点需要在一定范围内分散放置时，可对模块进行分布式配置，既可以放置在由 BusX 总线互联的多个背板上，也可以选用现场总线完成连接。

CPU 处理器按照存储容量，处理速度，所带 I/O 数量以及通信端口数量区分。根据型号不同可提供：1~16 个扩展背板(TSX RKY ppEX)，192~2040 个离散量 I/O，12~512 个模拟量 I/O，4~64 个专用通道，每个通道最多可配置 3 个回路。

根据型号不同，Premium 处理器可包括：一个 10BASE-T/100BASE-TX EtherNet TCP/IP 端口(RJ45 连接)；一个 1Mbit/s Fipio 总线管理器；利用 Uni-Telway 协议或字符模式(通常

是编程终端和 HMI 终端）通过 2 个终端口（TER 和 AUX）通信；一个 USB 型 TER 端口（用于连接编程终端）。

每个处理器有 2 个 PCMCIA 卡插槽：上面的插槽用于存储扩展卡[程序、符号、常量和（或）数据文件]；下面的插槽用于网卡（Fipway，Modbus Plus）或总线（CANopen，Fipio Agent，Modbus，Uni-Telway 和串行链路）。该插槽也可用于数据文件专用的存储扩展卡。安装 Premium 处理器时需要 Unity Pro Medium，Large 或 Extra Large 等编程软件。

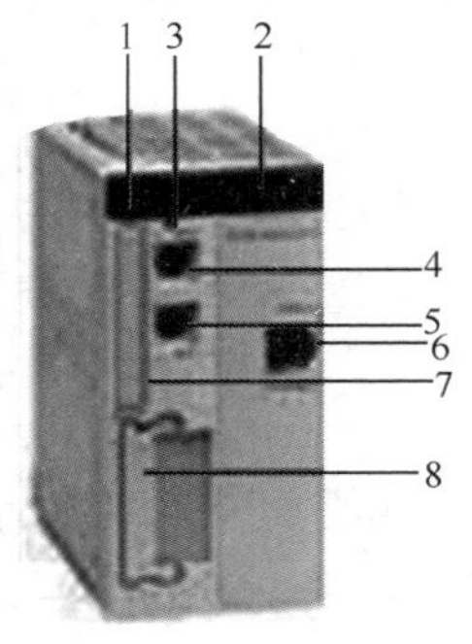

图 7-4-2　TSX 处理器

以带集成以太网 TCP/IP 端口的 TSX P57 1634/2634/3634M 双槽处理器为例（图 7-4-2），其前面板包括：

1—带有 5 个指示灯的显示块。

（1）RUN 灯（绿色）：处理器正在工作（程序执行）。

（2）ERR 灯（红色）：处理器及其插槽上的设备（PCMCIA 内存卡和 PCMCIA 通信卡）出现故障。

（3）I/O 灯（红色）：同站的其他模块出现故障或配置错误。

（4）TER 灯（黄色）：TER 或 AUX 端口正在通信。

2—带有 5 个指示灯并与集成 EtherNet 端口相关的显示块。

（1）RUN 灯（绿色）：EtherNet 端口准备好。

（2）ERR 灯（红色）：EtherNet 端口故障。

（3）COL 灯（红色）：冲突检测。

（4）STS 灯（黄色）：EtherNet 链路诊断。

（5）两个诊断灯 TX 和 RX（黄色）：发送/接收正在工作。

3—RESET 按钮导致运行状态下 PLC 的冷启动。

4—标有 TER 的 8 针孔型微型 DIN 连接器，用于连接编程或调试终端（RS485）。

5—标有 AUX 的 8 针孔型微型 DIN 连接器，用于连接编程或调试终端（RS485）。

6—一个 RJ45 连接器用于连接 10BASE-T/100BASE-TX EtherNet TCP/IP 网络。

7—插槽（No. 0）用于 PCMCIA 内存扩展卡。

8—插槽（No. 1）用于插入通信或数据内存扩展 PCMCIA 卡。

二、机架和风扇

TSX RKY ppp 机架构成 Premium 控制系统平台的基本单元，这些机架提供了以下功能：

（1）机械功能。用来安装 PLC 工作站所有模块（电源、处理器、离散量 I/O、模拟量 I/O、专用模块）。

（2）电气功能。具有总线（BUS X）连接功能，并提供以下两个分配：一是同一背板机架内每个模块所需电源的分配；二是由几个背板机架构成的整个 PLC 工作站的数据和服务信号的分配。

施耐德有多种类型的背板，用以组成 1 到最大数目为 16 个背板的 PLC 站，最大的 BUS X 的分布距离累计为 100m。

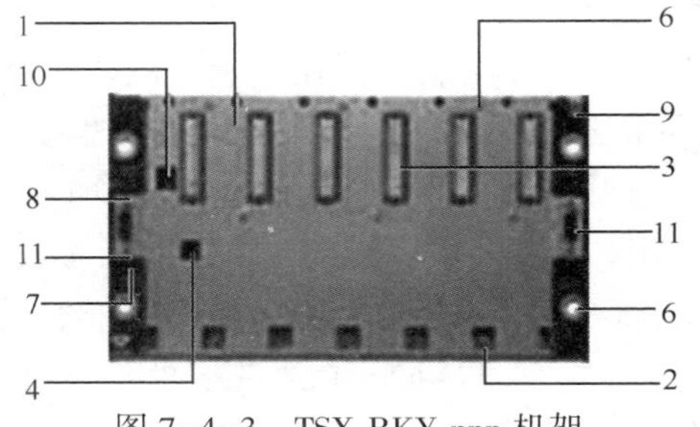

图 7-4-3　TSX RKY ppp 机架

（3）TSX RKY ppp 机架（图 7-4-3）包括：

1—金属框架。

2—连接模块插脚的插槽。

3—48 孔式 1/2 DIN 连接器，用于模块-背板机架连接(第一个连接器保留给电源模块)。

4—电源模块安装插槽。

5—固定模块使用的螺纹孔。

6—用于固定背板机架使用的 4 个固定孔。

7—背板机架地址标记的位置。

8—站网络地址标记的位置。

9—背板机架接地的两个接地端子。

10—用于对背板机架地址编码的微型开关(仅用于扩展机架)。

11—两个 9 孔式 SUB-D 连接器，用于连接远程 BUS X 到另一个机架上(可扩展机架上)。

标准机架包括 TSX RKY 4/6/8/12，仅用一个标准机架就可使用 Premium 处理器构成一台 PLC 工作站。扩展机架包括：TSX RKY 4EX/6EX/8EX/12EX。

扩展机架之间可通过 BUS X 扩展电缆互相连接在一起，电缆最长可达 100m。利用 TSXREY 200 远程 BUS X 模块，可将 BUS X 延长到最长为 2×350m。扩展电缆主要有 1m，3m，5m，12m，18m，28m，38m，50m，72m 和 100m 几种类型可选。

背板机架地址分配。

地址 0：该地址永远分配给装有处理器的机架。该机架可位于总线上任意位置。

地址 1 到地址 7：这些地址可按任意次序分配给工作站的所有其他扩展机架。

当 2 个、4 个、6 个或 8 个槽的两个背板机架组成一对，可以有相同的 BUS X 地址，位置数目可以按照如下方式确定：

① 机架 n“低位”：位置 00 到 xx(02，04 或 06)；机架 n“高位”：位置 08 到 yy(10，12 或 14)。

② 每个具有 12 个插槽的机架拥有一个地址(位置为 00 至 10)。

在地址为 0 的标准或可扩展机架上安装各种模块，地址为 0 的机架必须包含一个电源模块和处理器模块。对于具有两种电源类型(标准或双槽)的 Premium PLC，处理器的位置(标准或双槽)将取决于所用电源类型。

使用标准槽电源模块：

① 电源模块按系统要求占据位置 PS。

② 处理器模块必须安装在位置 00/01(00 用于 TSX P57 1p4M 处理器)。

③ 其他模块从位置 02 开始安装(01 用于 TSX P57 1p4M 处理器)。

使用双槽电源模块：

① 电源模块按系统要求占据位置 PS 和 00。

② 处理器模块必须安装在位置 01/02(01 用于 TSX P57 1p4M 处理器)。

③ 其他模块从位置 03 开始安装(02 用于 TSX P57 1p4M 处理器)。

在地址为1~7的可扩展机架上安装各种模块，每个机架必须具有一个标准槽或双槽电源模块。使用标准槽电源模块：

① 电源模块按系统要求占据位置PS。

② 其他模块从位置00开始安装。

使用双槽电源模块：

① 电源模块按系统要求占据位置PS和00。

② 其他模块从位置01开始安装。

Premium PLC机架上安装了TSX FAN ppp风扇模块，可提供强制空气流动，使机架内保持更均衡的环境温度，消除可能存在的过热点。

(4) TSX FAN ppp风扇模块(图7-4-4)包括：

1—用于风扇模块电源、内部温度传感器和相关LED或预执行器的连接端子。

2—接地端子。

3—固定风扇模块使用的两个固定孔。

4—百叶窗排气口。

图7-4-4　TSX FAN ppp风扇模块

三、电源模块

TSX PSYppp0M电源模块为每个机架和安装在机架上的模块提供电源。参数包括110V/240 V AC和24 V DC两种，具有短路、过载、24V传感器、电源失效信号等功能。可选择机架型或独立型两种类型的电源，机架型电源主要有TSX SUP 1011(1A)，SUP 1021(2A)和SUP 1051(5A)三种，独立型电源主要型号为TSX SUP 1101(10A)。

TSX PSYppp0M电源模块(图7-4-5)构成包括：

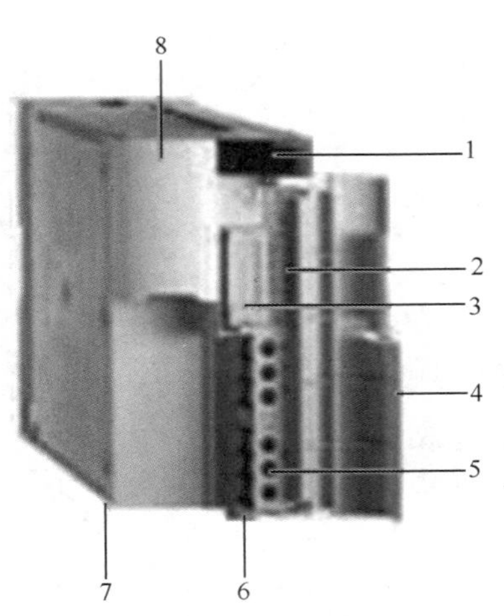

图7-4-5　TSX PSYppp0M电源模块

1—显示部件，包括：

(1) OK指示灯(绿色)，电压存在且正确时亮。

(2) BAT指示灯(红色)，电池故障或没有时亮。

(3) 24V指示灯(绿色)，传感器电压存在时亮(视型号而定)。

2—RESET铅笔头型按钮，用于应用的热启动。

3—电池插槽，保护处理器的内部RAM。

4—外壳，保护模块前面板的盖。

5—用于以下连接的螺钉接线端子块：

（1）主电源。

（2）报警继电器触点。

（3）传感器 AC 电源(视型号而定)。

6—用于电缆夹的窗孔。

7—位于模块下面的保险丝，用于保护 TSX PSY 3610 未隔离 DC 电源上的 24V 电压和其他电源的主电压。

8—110V/220V 电压选择器(取决于型号)。

四、I/O 模块

离散量 I/O 主要有 8 点、16 点、24(混合)点、32 点和 64 点等类型。模拟量 I/O 主要有 4 点、8 点和 16 点等类型。可根据公式：(20x 离散量点)+(150x 模拟量通道)+(500x 专用通道)≤74752 任意的分配离散量 I/O，模拟量 I/O 和专用模块。最大的离散量、模拟量和专用模块的限制不固定。如图 7-4-6 所示分配。

	Discrete	ANA	Expert	
Example 1	2048	200	7	74460
Example 2	617	256	48	74740
Example 3	2048	65	48	74710
Example 4	1372	172	43	74740

图 7-4-6　TSX PSYppp0M 电源模块

离散量 I/O 具体型号如图 7-4-7 所示。

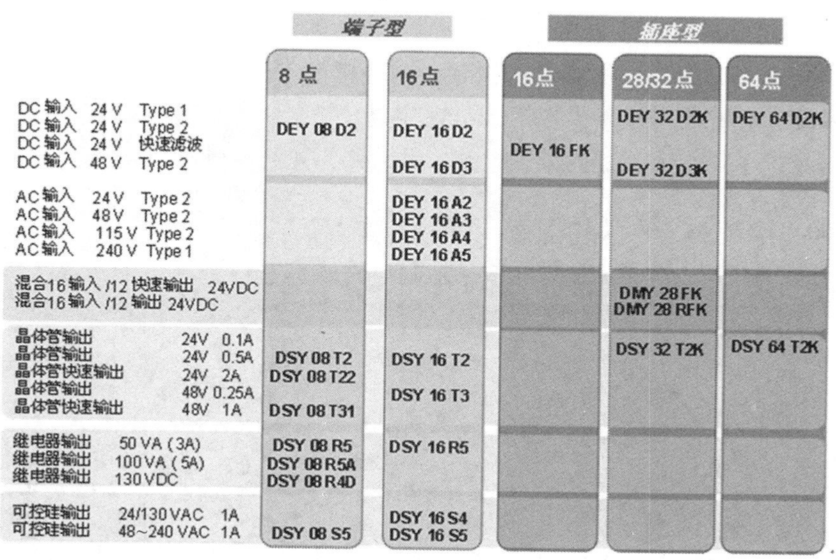

图 7-4-7　离散量 I/O 具体型号说明

模拟量输入模块具体型号如图 7-4-8 所示。

TSX...	AEY414	AEY420	AEY800	AEY810	AEY1600	AEY1614
Channels	4: isolated	4: Fast	8: non-isolated	8: isolated	16: non-isolated	16: isol=?
Ranges	±10V, 0..10V ±5V, 0..5V (0..20mA) 1..5V (4..20mA) -13..+16 mV 0..400 ohm 0..3850 ohm Temp probe Thermocouple	0..10V, ±10V 0..5V, 1..5V 0..20mA 4..20mA	0..10V, ±10V 0..5V, 1..5V 0..20mA 4..20mA	0..10V, ±10V 0..5V, 1..5V 0..20mA 4..20mA	0..10V, ±10V 0..5V, 1..5V 0..20mA 4..20mA	Temp probe Thermocouple ...?
Resolution	16 bit	16 bit	12 bit	16 bit	12 bit	16 bit

图 7-4-8　模拟量输入模块说明

模拟量输出模块具体型号如图 7-4-9 所示。

TSX...	ASY410	ASY800
Channels	4: isolated	8: non-isolated
Ranges	±10V 0..20mA 4..20mA	±10V 0..20mA 4..20mA
Resolution	11 bit + sign	12 bit

图 7-4-9　模拟量输出模块说明

第五节　Unity Pro 软件的使用

站场仪表自动化工程师负责本站场 Unity Pro 软件的管理，管理步骤如下：

(1) 收集 Unity Pro 软件的操作手册、安装软件及模块组态信息。

(2) 通过 Unity Pro 软件，查看模块配置信息及故障信息。

(3) 维修队仪表自动化工程师掌握 Unity Pro 程序的上传/下载及在线、离线各种功能的使用及注意事项，必要时对软件进行重新组态配置。

(4) 配合维护单位完成系统的维护检修，并对结果进行验证。

一、Unity Pro XL 编程界面

打开 Unity Pro XL 编程软件，界面显示如图 7-5-1 所示。

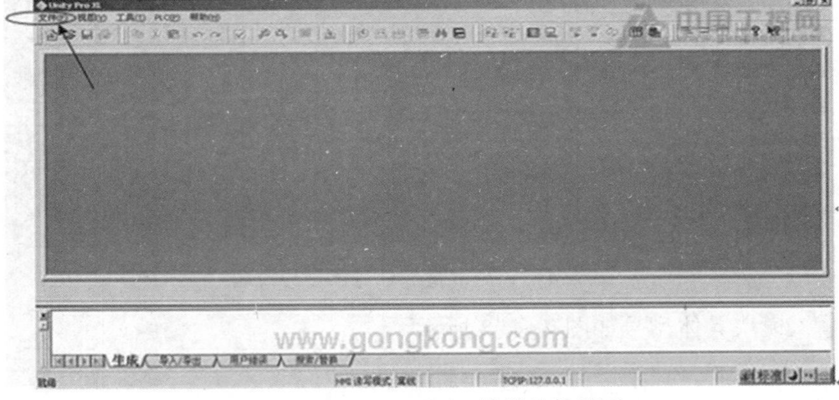

图 7-5-1　Unity Pro XL 编程软件界面

二、可编程界面的建立

鼠标点击图 7-5-1 箭头所指位置的“文件”，出现下拉菜单，选择“新建”即建立可编程界面，如图 7-5-2 所示。首先与图纸对照，正确选择 CPU 类型。如图纸设计的 CPU 类型为 BMX P340 2010，在图 7-5-2 所示选择列中用鼠标双击 BMX P340 2010，即完成可编程界面的建立。

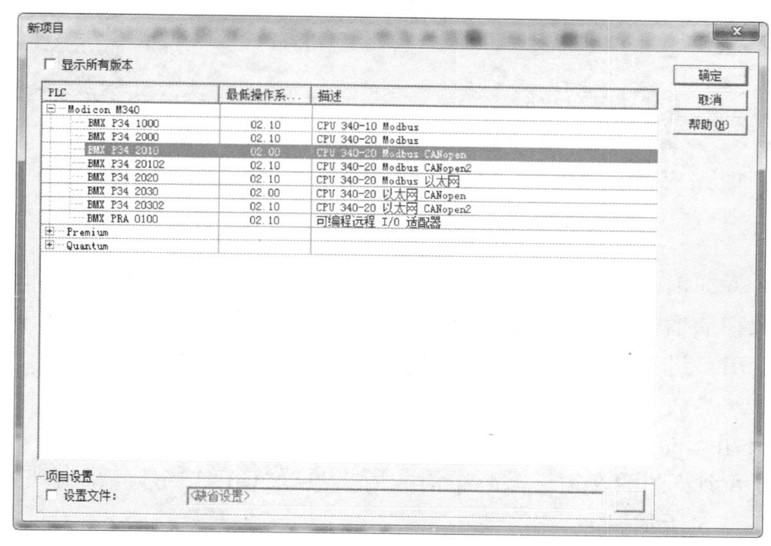

图 7-5-2 建立编程界面

三、硬件组态的建立

完成以上步骤后将出现图 7-5-3 所示界面，即可进行硬件组态、程序的建立等，首先进行硬件组态。

图 7-5-3 硬件组态总界面

1. 主站硬件组态的建立

鼠标双击图 7-5-3 的左边树型列中“PLC 总线”，操作位置见箭头所指，将出现主站硬件组态配置界面，如图 7-5-4 所示。

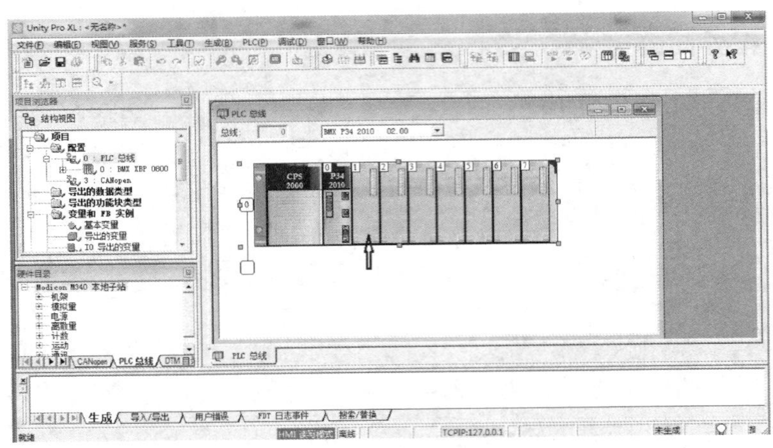

图 7-5-4　硬件组态界面

在图 7-5-4 界面箭头所指位置用鼠标双击或鼠标右键操作。参照项目图纸正确选择同型号 PLC 模块及在插槽中相对应的位置，最后完成的硬件组态必须与真实的 PLC 硬件配置相一致，否则与 PLC 进行通信调试时将出现硬件配置不一致的错误。

2. 从站硬件组态的建立及主站与从站的变量映射配置

1）从站硬件组态的建立

鼠标双击项目浏览图的左边树型列中箭头所指位置“CANopen”，将出现从站硬件组态配置界面，如图 7-5-5 所示。

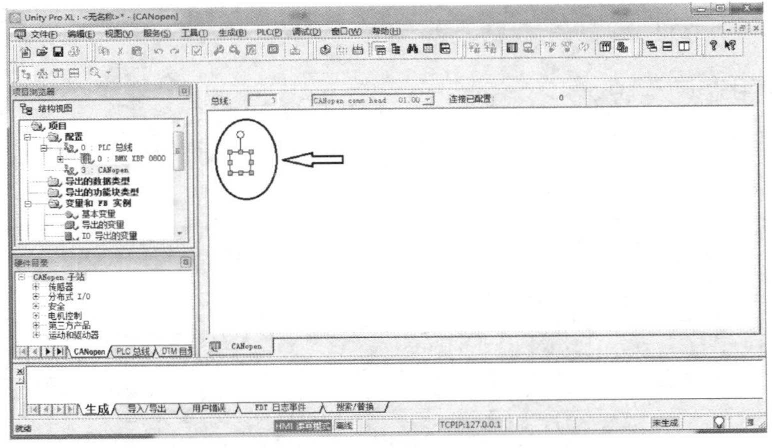

图 7-5-5　从站硬件组态界面

箭头所指位置为从站硬件组态及地址配置，鼠标双击将出现图 7-5-6 所示界面，在箭头所指位置进行正确选择需要配置的从站，从站与主站硬件组态的配置步骤基本一致。

2）从站中岛（OTB_ISLAND）的建立

当“CANopen”组建从站时，如果从站存在 OTB1 CODM9LP 连接的其他 I/O 模块时就需要组建一个岛，其组建需要通过两步来实现。首先，参照从站硬件组态建立的方法，见图 7-5-6箭头指向位置，“CANopen 子站”的下拉列中选择“分布式 I/O”，在“分布式 I/O”下拉列菜单中选中“OTB_ISLAND”，即完成“岛”的建立，如图 7-5-7 所示。

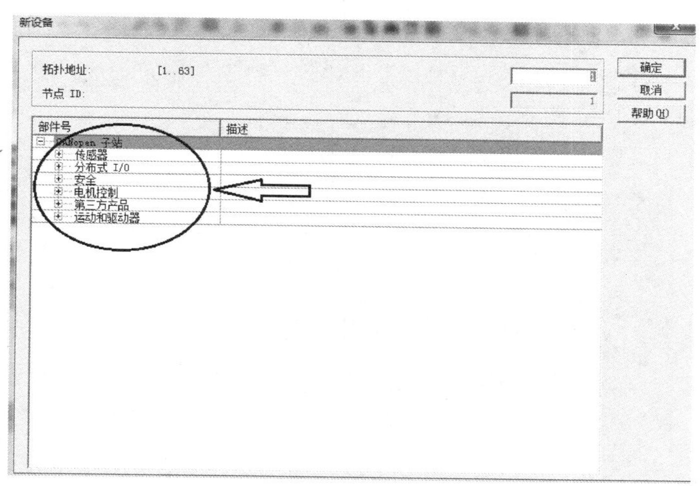

图 7-5-6 从站配置界面

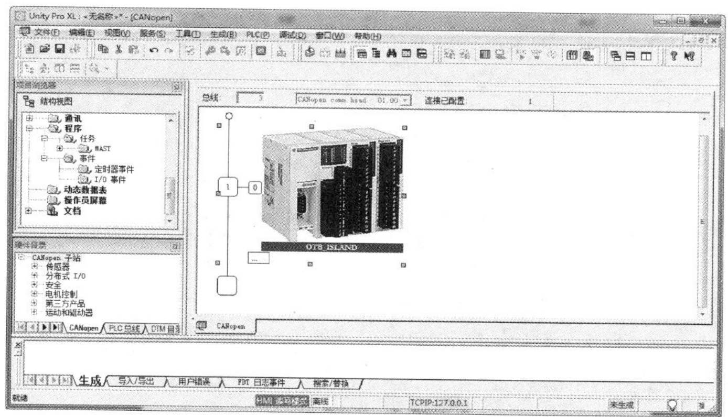

图 7-5-7 “岛”建立后的界面

图 7-5-7 表示的是“OTB_ISLAND”岛在“从站”中的地址为“1”。完成以上操作后还需要对“OTB_ISLAND”岛进行总站与从站中“OTB_ISLAND”岛的 I/O 映射配置，进行 I/O 映射配置需要使用“Advantys_2.0”软件进行实际的硬件组态配置，然后进行 PDO 导入方能完成对“OTB_ISLAND”岛的建立。完成“岛”的配置后如图 7-5-8 所示。

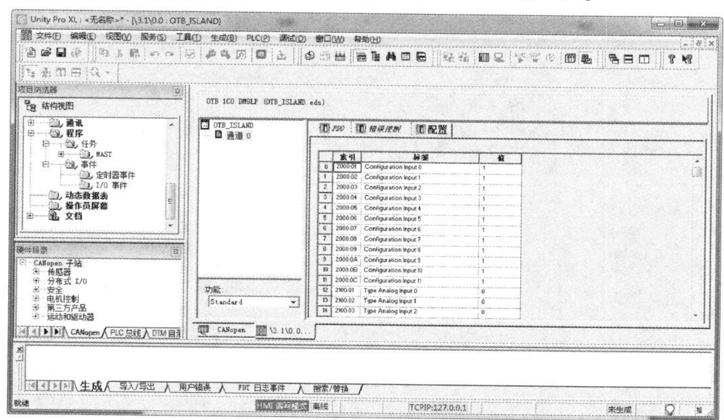

图 7-5-8 完成“岛”配置后的界面

3）Advantys_2. 0“岛”的配置

“Advantys_2. 0”软件才是真实的“OTB_ISLAND”岛硬件组态配置。首先，将“Advantys_2. 0”软件打开，如图 7-5-9 所示。

鼠标点击 FTM—OTB—FTB 按照图 7-5-10 箭头示意方向逐步进入硬件组态界面。

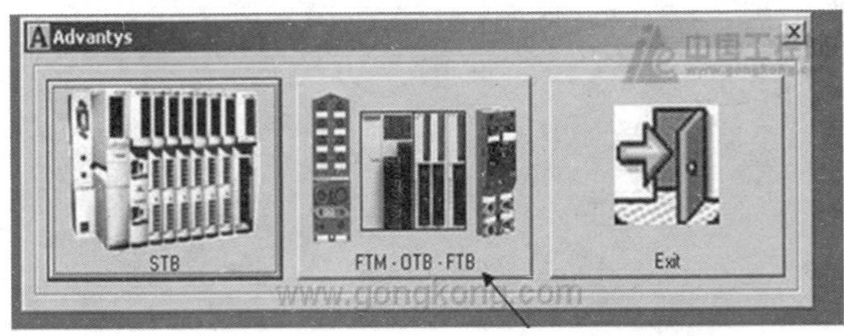

图 7-5-9　“Advantys_2. 0”软件操作界面

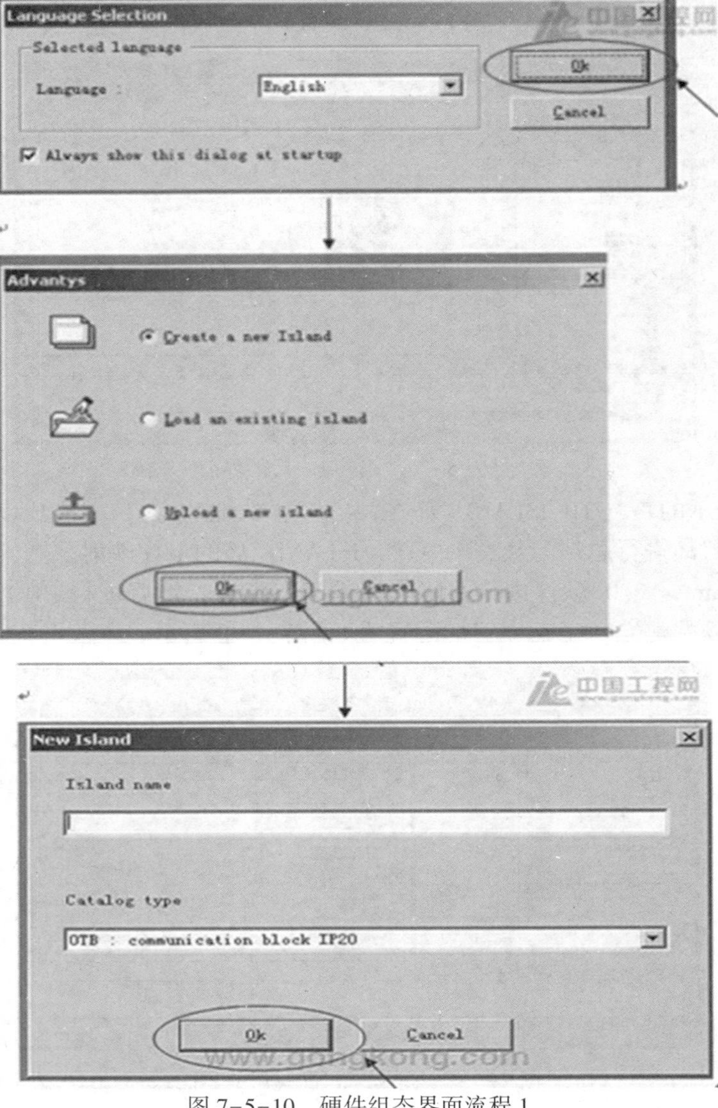

图 7-5-10　硬件组态界面流程 1

在“Island name”中自行建立一个文件名，如文件名为“aa”(图 7-5-11)。

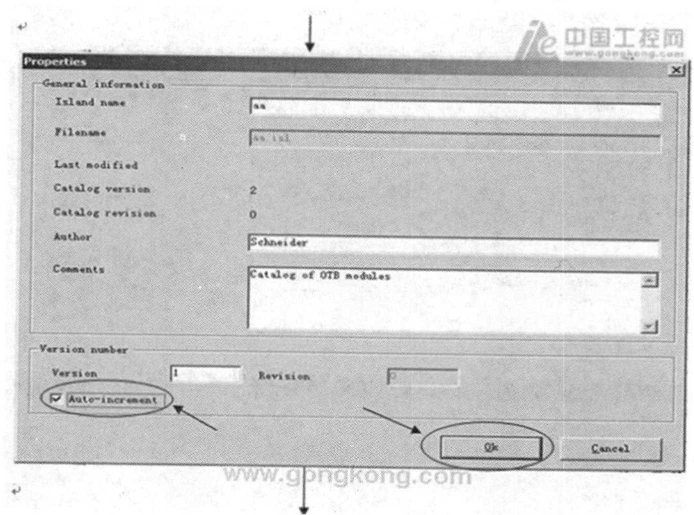

图 7-5-11　硬件组态界面流程 2

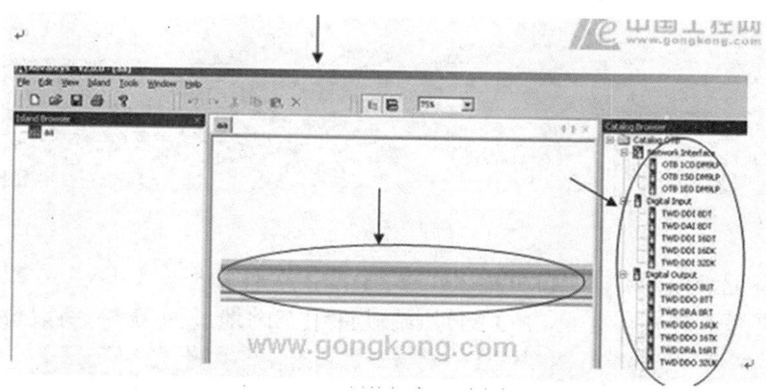

图 7-5-12　硬件组态界面流程 3

进行到此步时即完成进入 FTM—OTB—FTB 硬件组态界面。对应实际的硬件配置用鼠标把图 7-5-12 右侧的模块逐步拖入或双击需要配置的模块，置入到中间箭头指示位置进行硬件组态配置。配置完成后如图 7-5-13 所示。

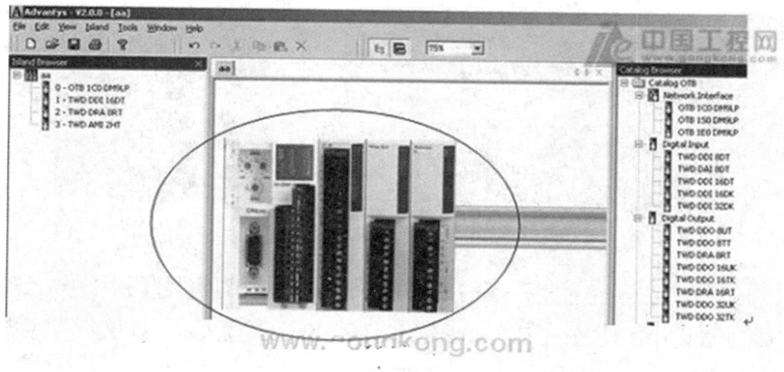

图 7-5-13　硬件配置完成后界面

对应图纸的实际硬件配置完成硬件组态配置后建立工程。在菜单栏中选择“Island”，在下拉列中选中“Build…”(图 7-5-14)。

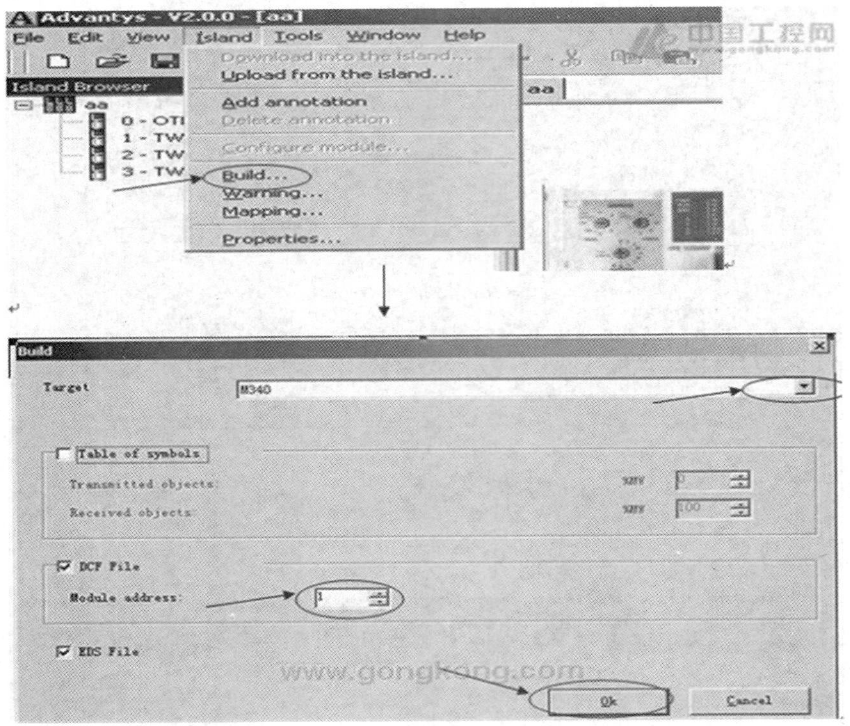

图 7-5-14 建立工程流程

在“Targe”中选择 M340，“Module address”复选框选择为岛在 Unity Pro XL 从站硬件组态中的地址，当前例子中岛在 Unity Pro XL 从站硬件组态的地址为“1”，所以设置为“1”。

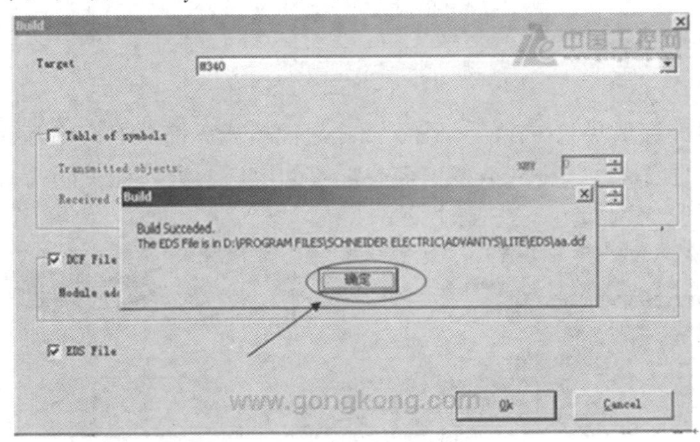

图 7-5-15 建立工程成功界面

此步操作只须鼠标连续点击图 7-5-15 中箭头所示的“确定”直到不再出现上面箭头所示的“确定”，说明此硬件组态建立完成，记住图中 7-5-16 箭头所示的文件存放地址，以便在 Unity Pro XL 中导入 PDO 变量映射导入该文件。

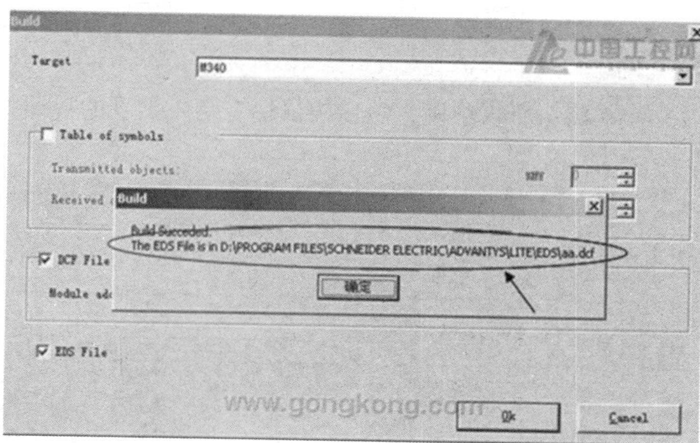

图 7-5-16 新建立工程存储地址

4）Unity Pro XL 的 PDO 导入

（1）OTB_ISLAND 的 PDO 导入。

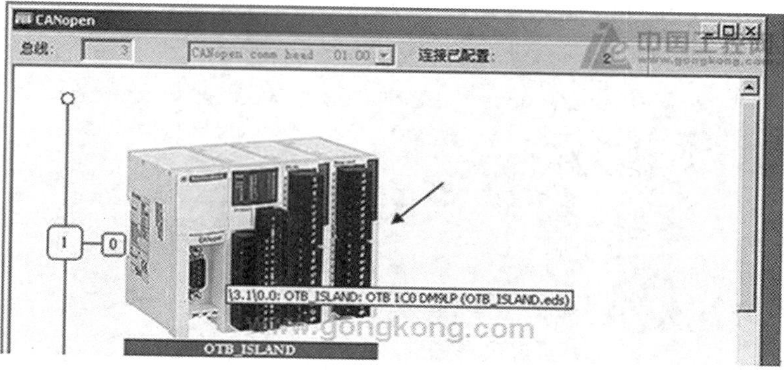

图 7-5-17 CANopen 界面

鼠标双击图 7-5-17 中 OTB_ISLAND 将直接进入 PDO 导入界面，如图 7-5-18 所示。

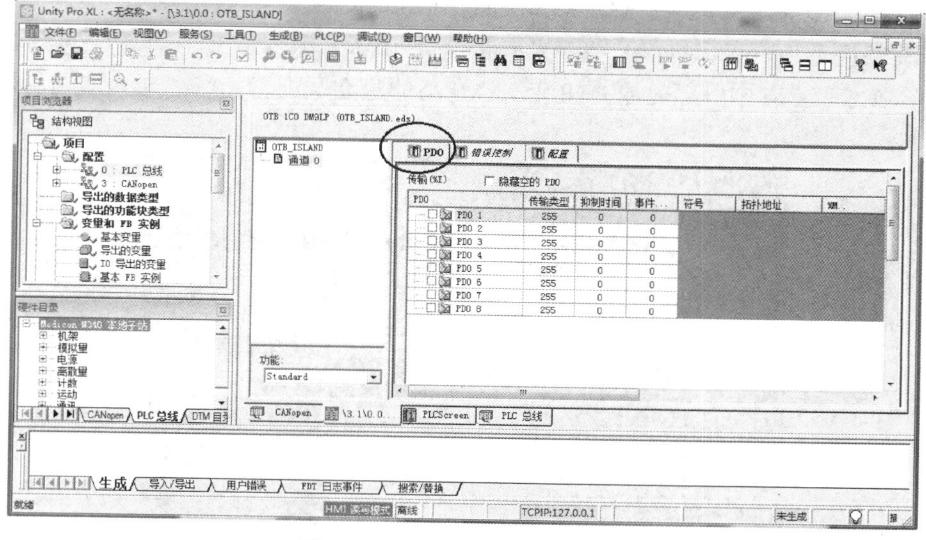

图 7-5-18 PDO 导入选择界面

鼠标点击图 7-5-18 箭头所指位置的 PDO 将出现图 7-5-19 所示 PDO 主站与从站的交互变量的导入。

将鼠标放入图 7-5-19 箭头所指位置，然后按鼠标右键，出现的界面如图 7-5-20 所示，点击“导入 DCF…”。

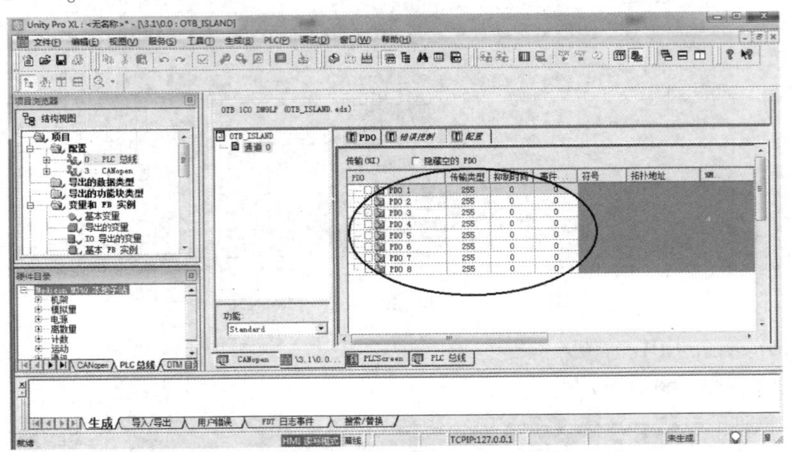

图 7-5-19　主站和从站交互变量界面

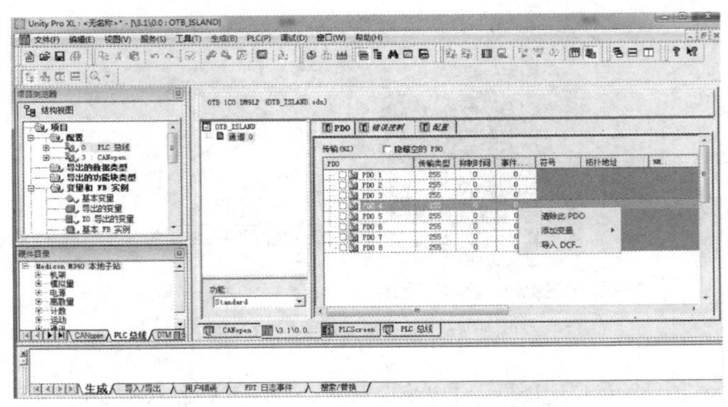

图 7-5-20　导入 DCF 选择界面

按照软件提示步骤逐步执行，找到 Advantys_2.0 岛的配置章节中建立好的“aa”硬件组态文件导入图 7-5-20 中，即完成 OTB_ISLAND 岛的建立及配置，“aa”导入成功后显示如图 7-5-21 所示。

传输(%I)　□ 隐藏空的 PDO

PDO	传输类型	抑制时间	事件...	符号	拓扑地址
PDO 1	255	0	0		
Read Inp...					%IW\3.1\0.
Read Inp...					%IW\3.1\0.
Read Inp...					%IW\3.1\0.
Read Inp...					%IW\3.1\0.
PDO 2	255	0	0		
Read Ana...					%IW\3.1\0.
Read Analog Input 1					%IW\3.1\0.
PDO 3	255	0	0		
PDO 4	255	0	0		
PDO 5	255	0	0		
PDO 6	255	0	0		
PDO 7	255	0	0		
PDO 8	255	0	0		

图 7-5-21　硬件组态导入成功后界面

完成硬件组态配置后需要进行项目生成操作，检查硬件组态过程中是否有错。

（2）基本功能块的导出如图 7-5-22 所示。

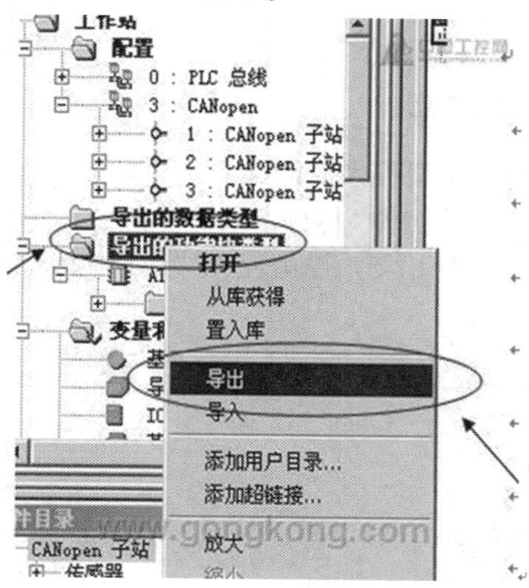

图 7-5-22　基本功能块导出示意图

四、项目生成

图 7-5-23 箭头所指为项目生成，只要 Unity Pro XL 编程界面内做过任何修改都需要进行一次项目生成，修改才能生效，同时也能自动检测出修改的部分是否有错。项目生成后，Unity Pro XL 将会自动进行检测，显示如图 7-5-24 所示。

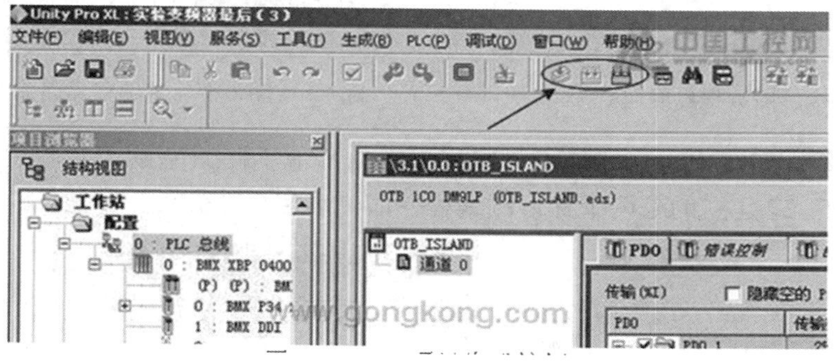

图 7-5-23　项目生成按钮

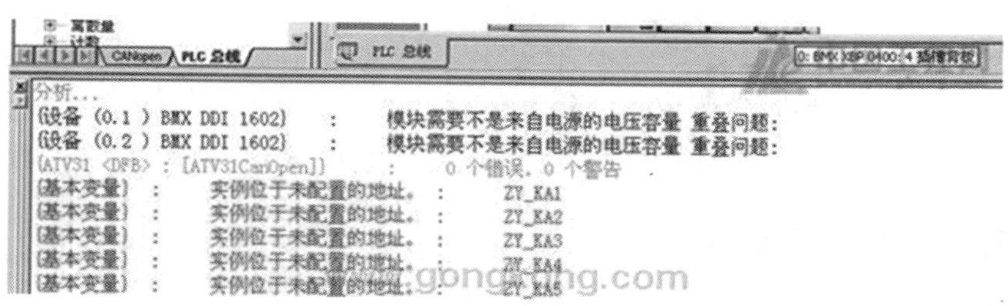

图 7-5-24　项目自动检测提示界面

当出现蓝色字体的警告提示，为非错误提示，不影响程序正常使用。当出现红色字体的警告提示，为更改出现错误，鼠标点击出现红色字体警告提示处，Unity Pro XL 能够自行转到出现错误的地方。修改完成后再次进行项目生成，直到不再出现红色字体警告提示，则说明本程序已经没有语法或配置错误。

五、梯形图编程界面的建立

图 7-5-25 箭头所指为梯形图编程界面的建立，鼠标右键即可出现下拉列，选中“新建段……”将出现图 7-5-26 所示，“名称”自行定义一个名字。“语言(L)”点击下拉列选择当前需要的编程环境界面，如当前使用梯形图编程，那么在“语言(L)”的下拉列中选中“LD”。

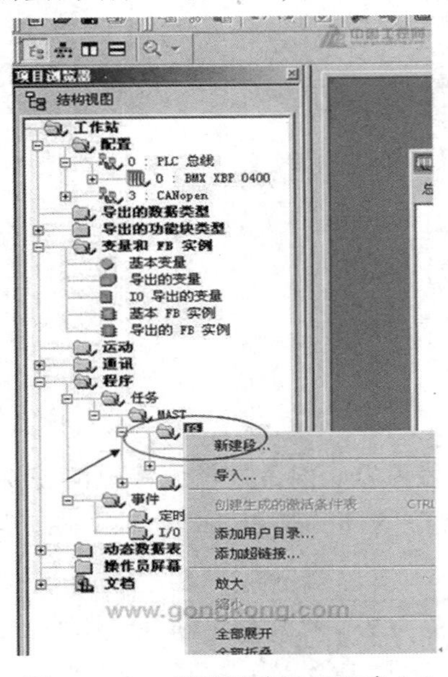

图 7-5-25 梯形图编程界面建立 1

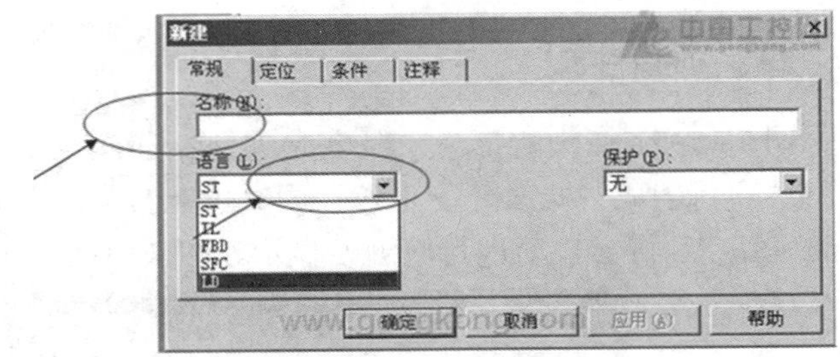

图 7-5-26 梯形图编程界面建立 2

点击“应用”即在段中建立好了一个编程界面，其他不同语法的编程界面的建立与上例相同。如图 7-5-27 建立的是两个梯形图编程界面，名字为“shiyan”和“CC”。

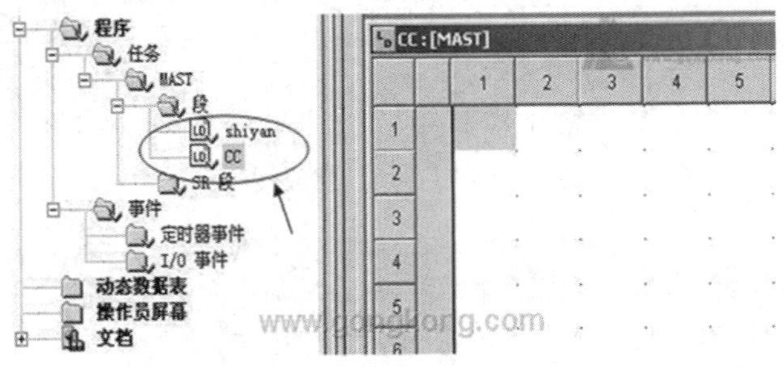

图 7-5-27 梯形图编程界面建立 3

六、调试 PLC 上传程序

1. PLC 程序上传

当 PLC 程序编辑完成后，接下来就是给 PLC 上传程序。给 PLC 传输程序需要保证将 PLC 程序生成为“标准”模式，如果程序的当前模式是“仿真”模式，在给 PLC 上传程序时需要更改成“标准”模式，记住修改后进行项目生成操作(图 7-5-28)。具体操作过程为“标准模式”“设置地址”“项目生成”“连接”“上传”。

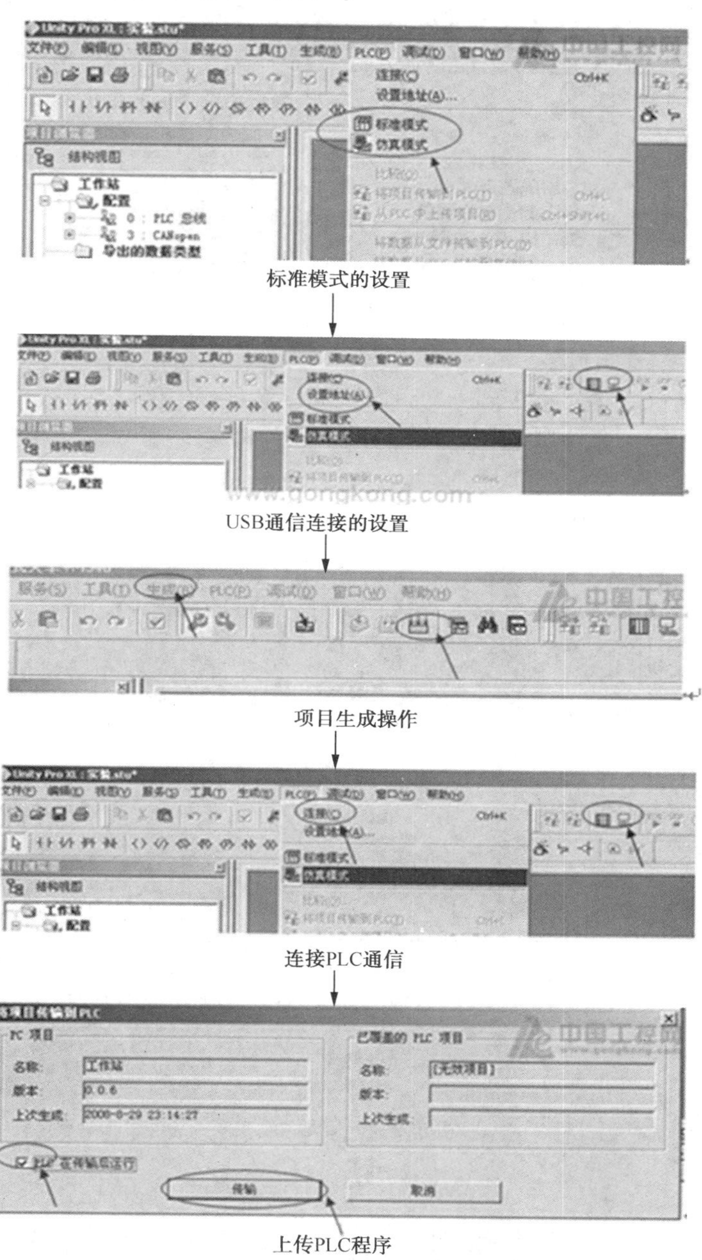

图 7-5-28　上传 PLC 程序流程图

M340 BMPX P34 2010 CPU 初次上传 PLC 程序时必须用 USB 编程电缆连接通信。目前，公司设备在现场调试完毕后上位机与 M340 PLC 最后使用的是 MODBUS 通信接口。所以在初次给 M340 上传 PLC 程序时，编辑好的 PLC 程序必须进行 MODBUS 通信参数设置。

2. PLC BMPX P34 2010 CPU 编辑程序的通信设置

如图 7-5-29 箭头所示，将已经编程好的 PLC 程序进行下列设置。

图 7-5-29　通信设置

1）MODBUS 通信参数设置

鼠标双击“0：PLC 总线”进入到参数设置，如图 7-5-30 和图 7-5-31 所示。

鼠标双击图 7-5-30 箭头所指位置出现图 7-5-32 参数配置界面，按照配置界面中参数设置进行设置。

2）主站与从站通信参数配置

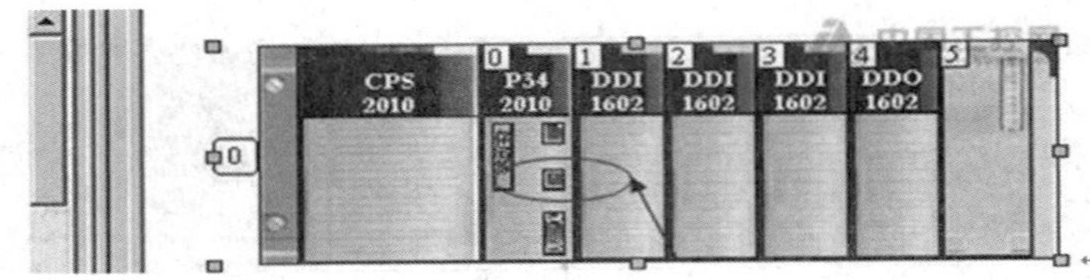

图 7-5-30　PLC 总线参数设置 1

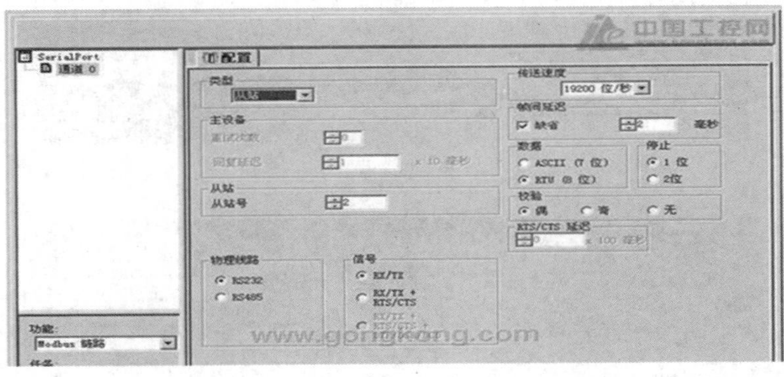

图 7-5-31　PLC 总线参数设置

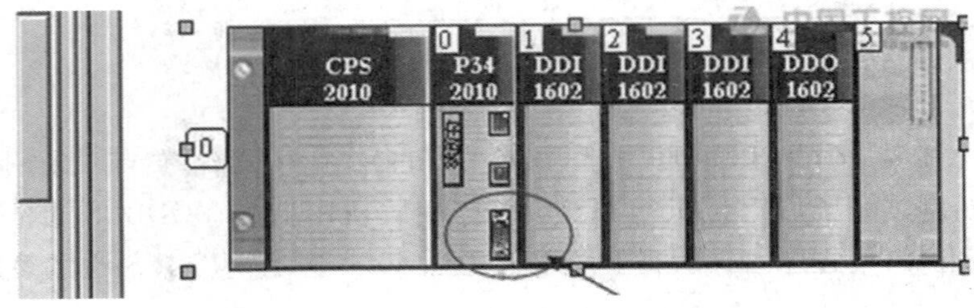

图 7-5-32　主站与从站通信参数设置 1

鼠标双击图 7-5-32 箭头所指位置，出现图 7-5-33 所示参数配置界面，配置界面中参数根据现场 OTB_ISLAND 及变频器现场调试人员当前对从站设备的波特率设置进行设置，必须保证参数配置与从站设备的波特率设置一致。如图 7-5-33 中波特率设置为 250，那么 OTB_ISLAND 及变频器的通信波特率都必须设置为 250。

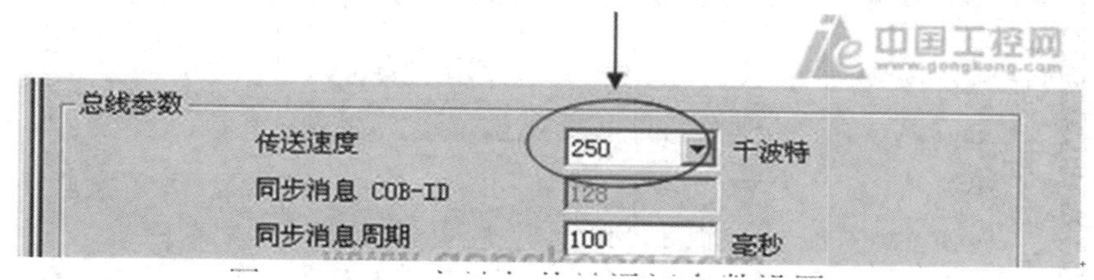

图 7-5-33　主站与从站通信参数设置 2

3）OTB_ISLAND 及变频器地址设定

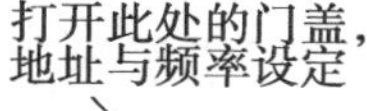

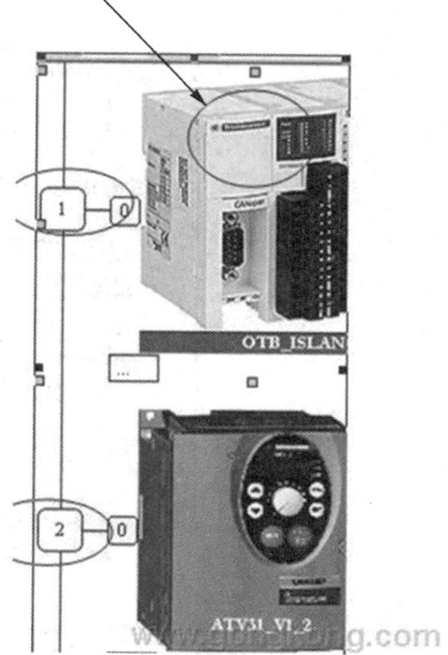

图 7-5-34　OTB_ISLAND 及变频器地址设定

OTB_ISLAND 及变频器地址设定必须保证与 PLC 程序中硬件组态的地址一致。当前 OTB_ISLAND 在从站中的地址为“1”，那么与”CANopen”对应硬件上的地址也必须设定为“1”。打开图 7-5-34 中箭头所指位置就能看到地址与波特率的设置旋钮，靠下的“AUTOBOT”为波特率设置旋钮，上面两个为地址设置旋钮。

注意：

（1）“CANopen”通信模块上的“TEN”调节钮，虽然当前 OTB_ISLAND 在从站中的地址为“1”，但也必须调到“0”位置。

（2）“CANopen”通信模块的设置地址及波特率必须在断电情况下设定才能生效。

（3）变频器设置完成后必须断电重新启动，否则设置不会在当前生效。

3. USB 或 Modbus 通信方式的转换设置

完成上节中的参数设置后，即可通过 USB 或 Modbus 通信方式与 PLC 进行通信连接，将程序上传到 PLC 内。

（1）USB 通信方式连接

参照“PLC 程序上传”的 USB 设置进行操作设定。

（2）Modbus 通信方式连接

打开通信驱动进行参数设置，步骤如图 7-5-35 至图 7-5-39所示。

按照图 7-5-35 路径找 PLC 的通信驱动“Drivers Manager”鼠标点击打开。

通信驱动“Drivers Manager”设置及通信测试界面，“Drivers”设置为 Modbus，然后选中“Modbus Test”进入参数设置、测试界面。

Modbus 通信参数设置按照图 7-5-37 设定，设定完成后选中“Modbus SERIAL Driver”。

鼠标点击“[1]Configuration”进入 COM 串口及波特率参数的配置界面。

“COM Port”根据现场电脑实际使用的串口进行配置。“Baud”是通信波特率的设定，该"Baud"的设定必须与 Modbus 通信参数"传输速度"的波特率保持一致，否则将导致使用 Modbus 通信时无法通信。

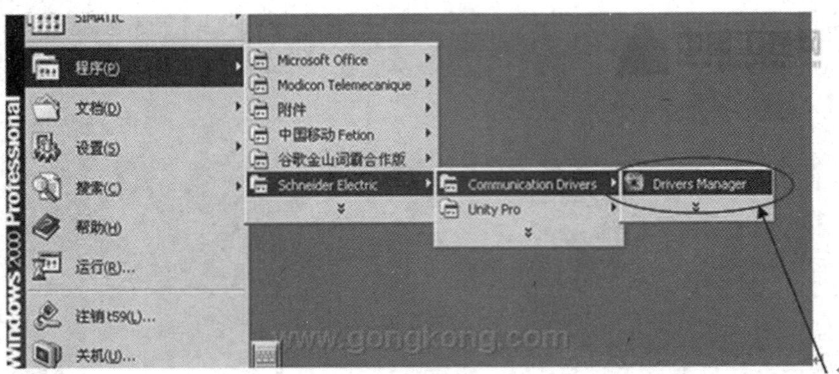

图 7-5-35　Modbus 通信连接步骤 1

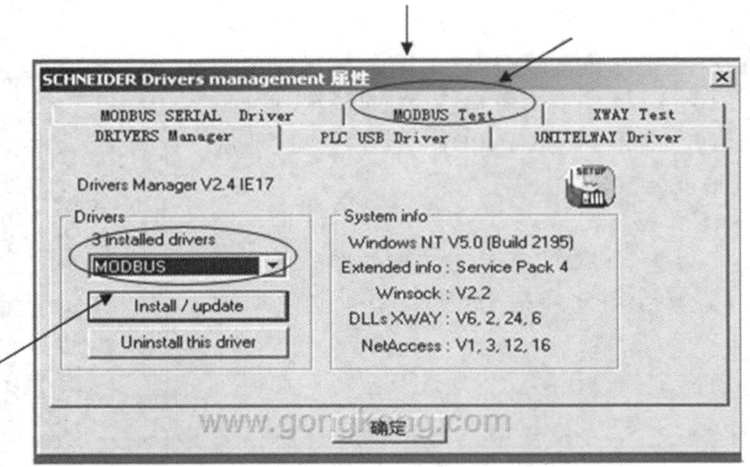

图 7-5-36　Modbus 通信连接步骤 2

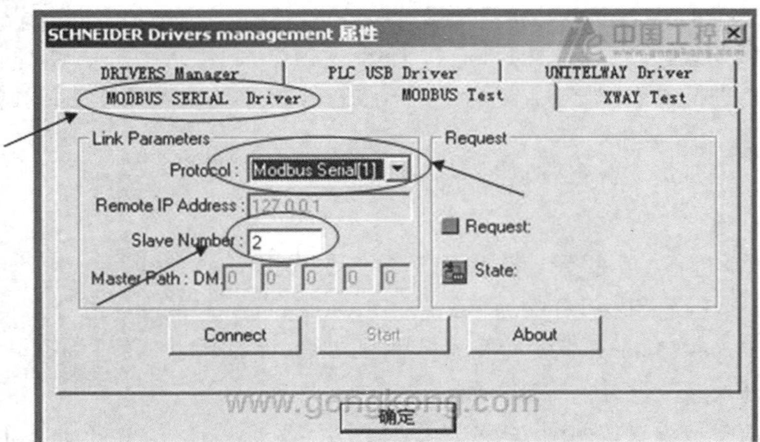

图 7-5-37　Modbus 通信连接步骤 3

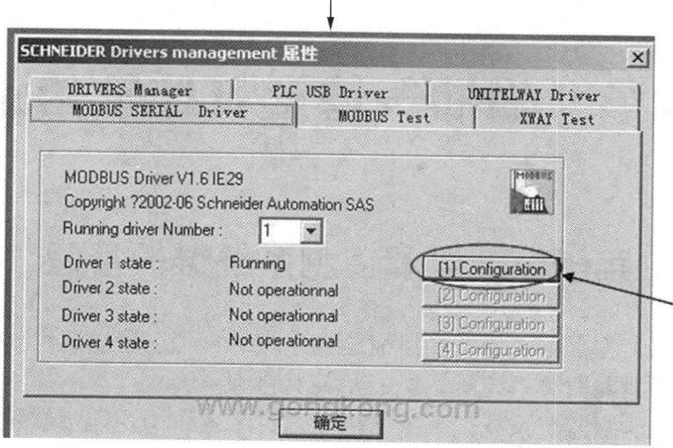

图 7-5-38 Modbus 通信连接步骤 4

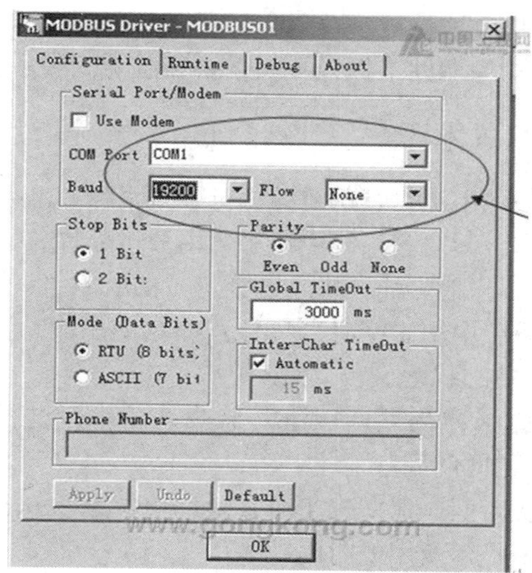

图 7-5-39 Modbus 通信连接步骤 5

第八章　输油气管道其他常用系统

第一节　泄漏监测系统维护管理

站场仪表自动化工程师负责本站场泄漏监测系统的管理，管理流程如下：

(1) 收集本站场泄漏监测系统子系统的相关资料。

(2) 绘制本站场泄漏监测系统子系统结构图，熟悉各结构功能及信号流向。

(3) 对本站场泄漏监测系统进行日常维护，收集整理系统运行情况，发现问题及时处理或上报。

(4) 结合SCADA系统的周期性维护，开展本站场泄漏监测系统现场仪表的周期性维护。

一、泄漏监测系统相关术语

(1) 泄漏监测系统。一种用于对管道泄漏进行及时报警和准确定位的系统。其主要由中心站和子站组成。中心站为泄漏监测系统中用于集中分析处理各子站上传的油品流动参数信号(压力、流量、温度等)，识别泄漏并进行报警定位的装置，一般安装在分公司调度控制中心或某站场；子站为该系统中用于实时采集各监测点油品流动参数信号(压力、流量、温度等)，并将其上传至中心站的装置。

(2) 泄漏监测系统数据采样周期。在泄漏监测系统中，过程变量(如压力、音波、流量……)相邻两次采样之间的时间间隔。

(3) 泄漏监测系统响应时间。泄漏发生时，泄漏监测系统从探测到过程变量发生异常，至确认泄漏发生并进行报警提示所用的时间。

(4) 定位精度。泄漏监测系统对泄漏的报警定位位置与实际泄漏位置之间的偏差，单位为m。

(5) 时间同步。泄漏监测系统中各监控子站及中心站设备在数据传输过程中系统时间的一致性。

(6) 传输延迟。泄漏监测数据信息从各子站上传到中心站所需经历的时间。

(7) 连通性。各泄漏监测子站与中心站相互发送和接收数据的能力。

二、管道泄漏检测原理

管道泄漏检测主要是根据管道泄漏前后的管道内部参数(如压力、流量、声音等)的变化或管道外部参数(如温度、振动、油气浓度等)的变化，来确定管道是否存在泄漏。检测可通过外部和内部两种方法实现。

1. *外部方法*

该方法通过检测泄漏引起的管道外部参数的变化来实现。主要包括：巡线观察法、示踪剂法、光纤传感法、激光吸收光谱技术等。

2. 内部方法

该方法依靠管道内流体流动参数(压力、流量、温度等)的变化来检测泄漏情况。主要包括：流量平衡法、实时模型法、统计法和压力波法。

在当前输油气管道泄漏监测系统中广泛应用的方法为压力波法。这里只对压力波法进行详细介绍，压力波法包括负压波法和音波法两种方法。

1) 负压波法

当管道发生泄漏时，由于流体迅速流失，在泄漏点处的压力迅速下降，形成沿管道传播的压力波(负压波)，压力波以声波的速度向两端传播，通过检测该压力波及其到达管段两端时间即可实现管道泄漏报警和定位。

采用瞬态负压波法对原油突发性泄漏事件进行监测与定位的原理是，当管道发生泄漏时，泄漏点的压力下降，其两边的液体由于压差而向泄漏点处补充。这一过程依次向上、下游传递，相当于泄漏点处产生了以一定速度传播的负压波。根据泄漏产生的负压波传播到上、下游的时间差和管内压力波的传播速度，就可以计算出泄漏点的位置。定位的原理如图 8-1-1 所示。

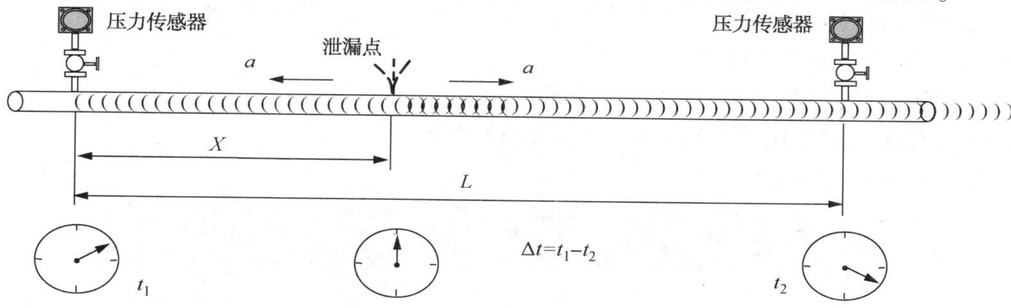

图 8-1-1　负压波管道泄漏定位示意图

图中 L 为管道长度，X 为泄漏点到上游站的距离，t_1 和 t_2 分别为负压波传播到上、下游站的时间，其中 a 为管输介质中压力波传播速度，Δt 为上、下游接到压力波的时间差。

$$X=at_1 \tag{8-1-1}$$

$$L-X=at_2 \tag{8-1-2}$$

由以上，推得计算公式：

$$X=\frac{L+a\Delta t}{2} \tag{8-1-3}$$

分析式(8-1-3)，影响泄漏点定位精度有两个关键数。

其一，压力波传播速度 a。它与液体的密度和管材的弹性系数等因素有关。而液体的密度是温度的函数，热油输送方式的管道必须把 a 作为变量来处理，否则将带来较大的定位误差。

其二，负压波传播到上、下游传感器的时间差Δt。它必须要求两点：一是系统时间的一致和时标的精细程度，即要求数据同步、均匀，且采集频率高，压力参数的采样频率每秒不小于 10 次；二是工业噪声背景下负压波相应拐点的准确捕捉，为此要求采集到的负压波序列附着的噪声越小越好。

负压波法的优点：精确、反应快，可仅利用管道上现有的压力变送器，该方法在国内原油管道上得到广泛应用。

负压波法的缺点：仅能检测突发性泄漏。

2）音波法

声波的强度一般用声压表示。声压是指在平均压力水平（在空气中就是大气压）的基础上随时间变化的这部分压力。0dB～20μPa，120dB～20Pa，60dB～0.02Pa（人大声说话60～70dB）。

音波泄漏检测方法原理如图8-1-2所示。

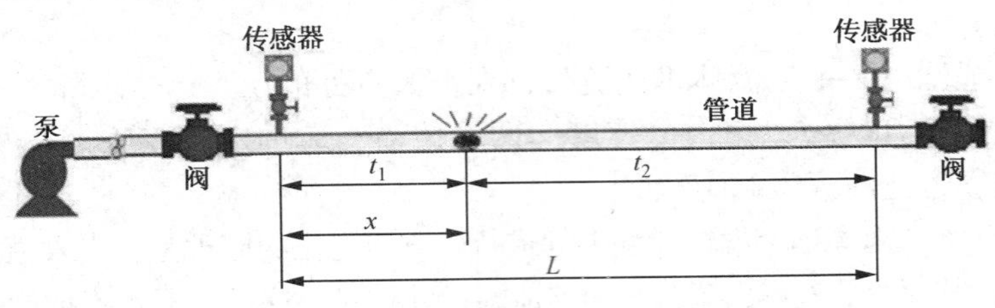

图8-1-2 音波检测示意图

采用能够实现低频声波动态测量的声波传感器替换负压波法中的压力传感器，接收由于泄漏引起介质瞬间物理扰动而产生的次声波，计算方法与负压波法相同。

3）负压波法与音波法的联系与区别

（1）负压波法使用压力变送器，测量绝对压力；

（2）音波法使用专用传感器，测量压力的相对变化量。

具体如图8-1-3所示。

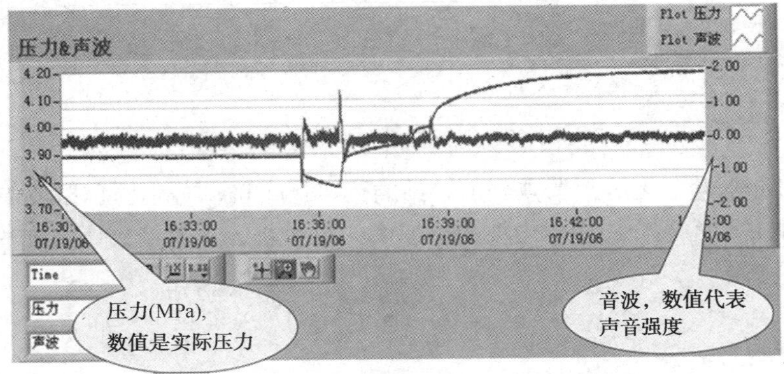

图8-1-3 负压波法与音波法的联系与区别

三、压力波法泄漏监测系统组成及功能

1. 系统组成

根据系统的组成特点，监测系统的软件分为子站和中心站两个部分。

1）子站

参数采集及通信系统。实时采集管道运行参数并向中心站传送采集到的数据。

2）中心站

泄漏检测及定位、通信系统、数据库及信号处理系统等。实时接收数据，监测压力数据序列的波形模式的变化，初步判断发生泄漏后，发出报警，进入自动定位程序或提示操作人员进入手动定位程序，进一步判断是否发生泄漏并计算泄漏点位置。

典型结构如图 8-1-4 所示。

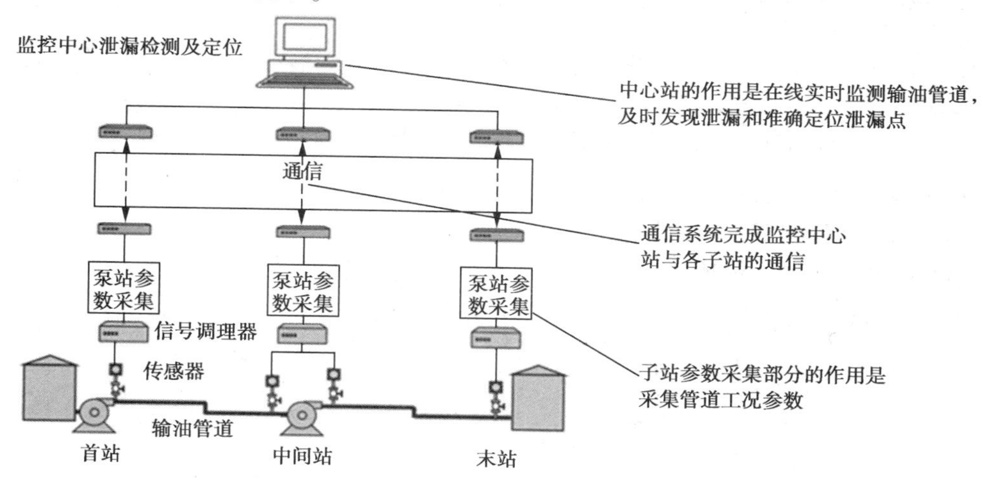

图 8-1-4　压力波法泄漏监测系统典型结构图

2. 压力波法泄漏监测系统的结构

根据管道的仪表自动化等特点，压力波法泄漏监测系统有以下两种方式：基于 SCADA 系统的泄漏监测及定位系统和独立的泄漏监测及定位系统。

1）基于 SCADA 系统的泄漏监测及定位系统

该系统数据采集主要是通过现有的 SCADA 系统，不再新增取压点或 PLC 设备，且中间站场无需增设子站工控机，中心工控机数据直接从中心 SCADA 服务器或 PLC 采集数据。结构图如图 8-1-5 所示。

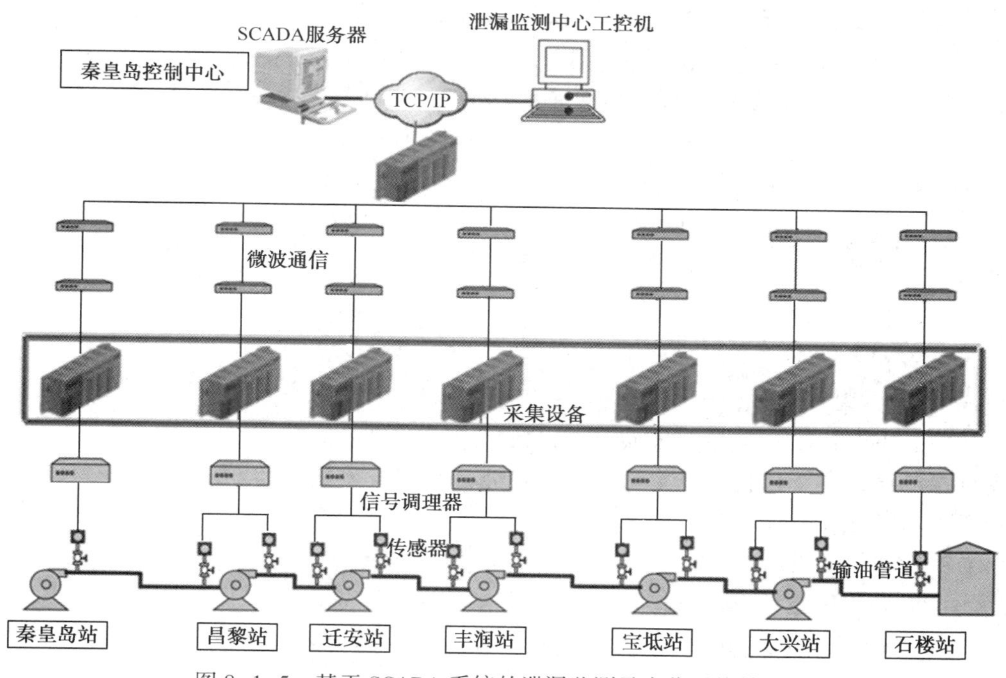

图 8-1-5　基于 SCADA 系统的泄漏监测及定位系统结构图

该系统数据采集方式如图 8-1-6 所示。

图 8-1-6　基于 SCADA 系统的泄漏监测及定位系统数据采集方式图

该系统特点为：节省投资，但是需要对现用 SCADA 系统进行修改。

2）独立的泄漏监测及定位系统

该系统需要设置独立的取压点和 PLC，且各中间站需新增子站工控机，中心工控机通过与各子站工控机通信采集数据。结构图如图 8-1-7 所示。

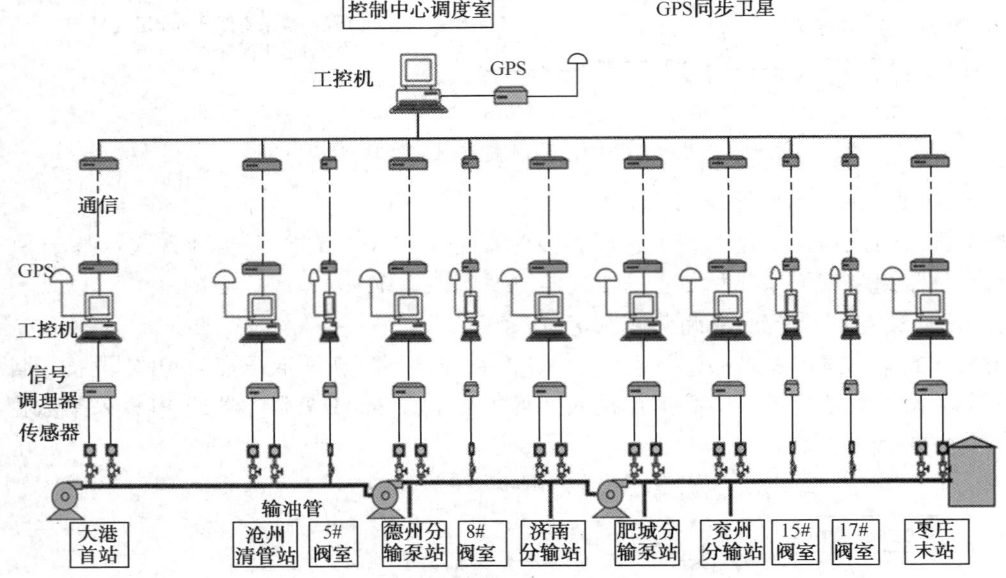

图 8-1-7　独立的泄漏检测及定位系统结构图

该系统数据采集方式如图 8-1-8 所示。

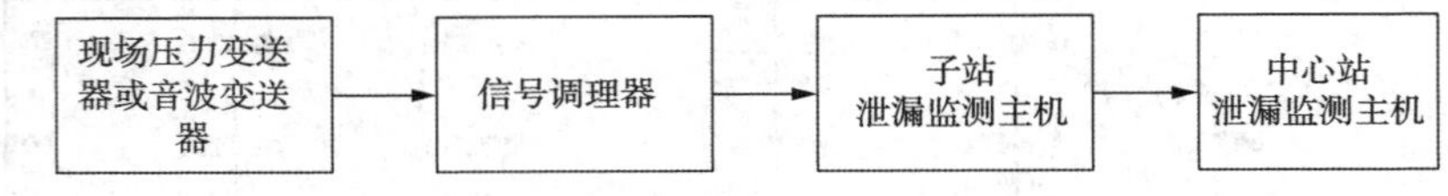

图 8-1-8　独立的泄漏检测及定位系统数据采集方式图

3）系统硬件组成

子站设备主要包括：信号调理器、工控机、显示器及通信设备。

现场检测设备主要包括：压力变送器、音波传感器、流量计等。

4）系统软件组成

(1) 子站软件。

功能：采集、传输、存储、显示。

① 采集：接收由现场的音波、压力等传感器变换来的信号，通过 A/D 转换将模拟信号转换成数字信号；流量信号也可通过软件方式从 PLC 中获得。

② 传输：将采集到的数据打包，经通信传送到中心站上位机。

③ 存储：将采集到的数据经一定规则保存，便于查询；也可经过一定算法，初步判断信号异常或是否有泄漏发生。

④ 显示：音波、压力和流量数据以数字或曲线方式进行显示，便于观察变化趋势。

子站泄漏监测系统软件典型画面如图 8-1-9 所示。

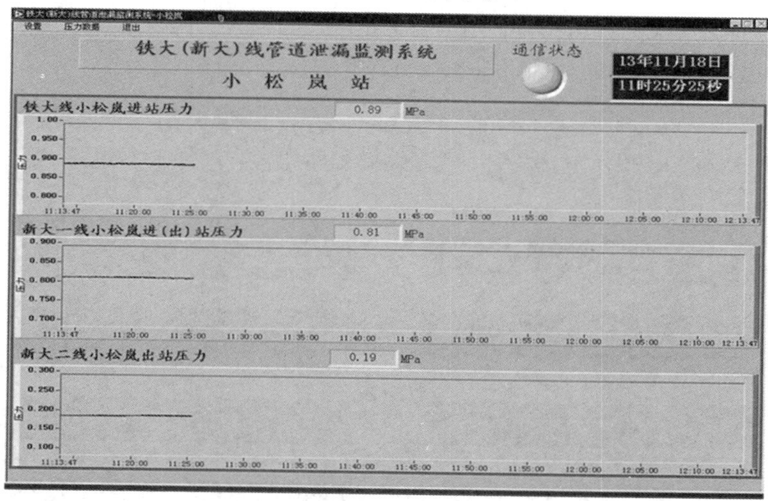

图 8-1-9　子站泄漏监测系统软件典型画面

（2）中心站软件。

中心站软件主要包括通信传输、界面显示、数据处理、报警处理、统计、数据库管理等模块。软件构成如图 8-1-10 所示。

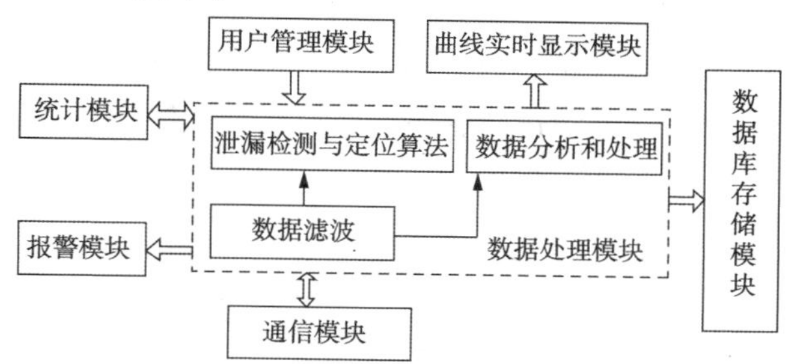

图 8-1-10　中心站泄漏监测系统软件构成

① 通信传输：数据通过网络等方式传送到各监控计算机中。

② 界面显示：将接收到的声波、压力、流量和温度等信号显示成实时曲线。

③ 数据分析处理：实时分析数据，对信号进行处理并判断管线是否正常工作。

④ 报警处理：接到报警标志以后，提供声音报警，系统会弹出相应的报警画面、显示报警数据。

⑤ 系统功能设定模块：为用户提供一个友好的接口，完成一些可以由用户设定的功能；用户可以对报警数据等进行列表查询，对报警时的声波、压力、流量等曲线进行查看等操作。

系统软件采用模块化和面向对象的设计方法和技术，具有灵活可靠的特点。先由通信模块接收各子站来的数据，将数据进行信号滤波，结合泄漏检测与定位算法进行分析和处理，发现泄漏和定位泄漏点；同时，将音波、压力和流量等数据进行实时曲线显示，并将这些数据存储在数据库中。还包括用户管理模块和统计模块进行管理和人机交互。

中心软件具备以下功能：

① 接收子站发送过来的数据包，解包后对数据进行数据的再处理，实时数据存盘；

② 分段综合管段两端的数据，对管道运行的情况进行监控，发现泄漏并定位泄漏点位置。

中心站泄漏监测系统软件画面如图 8-1-11 所示。

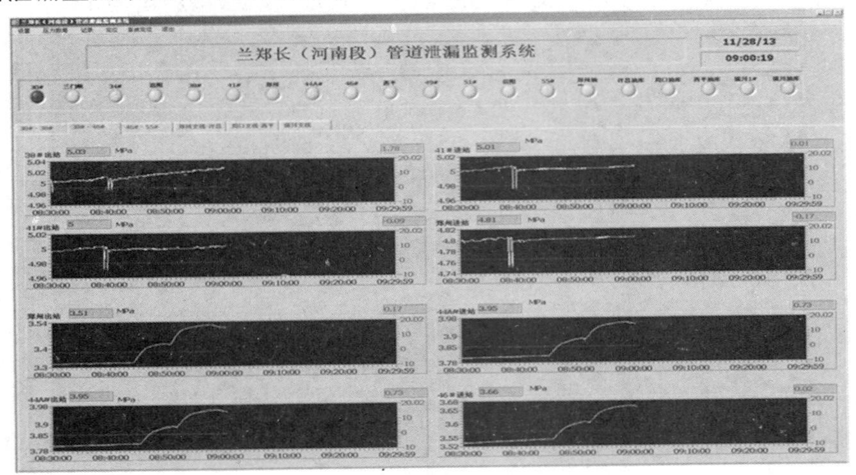

图 8-1-11 中心站泄漏监测系统软件画面

四、石兰线某站场泄漏检测系统的使用方法

本系统由中心站系统和子站系统组成，其中中心站系统设在分公司调度室，可对管道全线进行泄漏监测。子站系统设于管道沿线各站场，可对本站场与其上下游相邻站场之间的管道进行泄漏监测。中心站系统与子站系统的使用方法相同，下面以中心站系统软件为例详细讲解软件使用方法。

1. 中心站系统运行界面

图 8-1-12 所示为中心站系统运行界面。主界面左侧为管道泄漏监测系统名称和各子站通信状态，左上方为当前日期和时间。系统将自动跟踪压力变化，并将压力曲线显示在框图中。

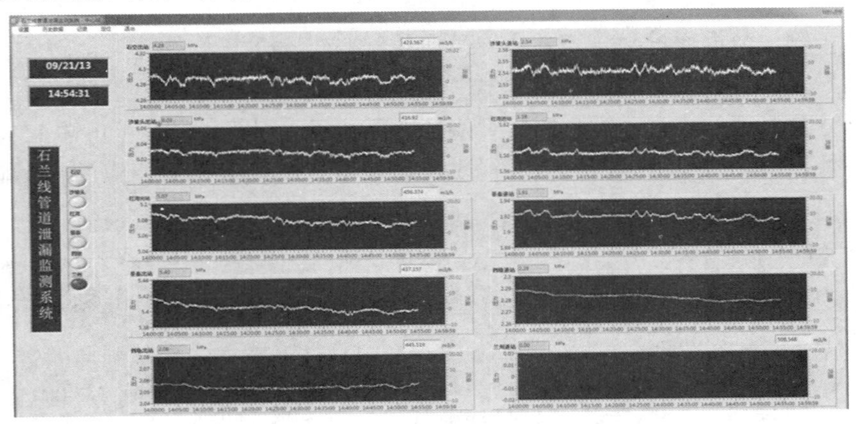

图 8-1-12 中心站系统运行界面

通信状态中，绿色表示通信线路已连通，红色表示通信线路没有连接上，出现通信故障。

图中白色曲线为当前小时的压力趋势图，站名右方显示压力的当前值，压力趋势图的上方为数字显示的压力值；曲线框图的右上方显示的为本站的流量数值。

2. 菜单操作

按照系统显示菜单为顺序进行介绍。

1）操作图示说明

在主站和子站查阅历史数据操作时，为了方便地对图形进行放大和缩小，该软件提供了一个工具板，如图：

两个自动尺度按钮分别控制 x 方向和 y 方向自动尺度的开启和关闭。

用左图所示的面板工具，按住鼠标左键可以拖动可视范围的波形。

按左图所示的缩放工具，会显示如下的下一级工具板：

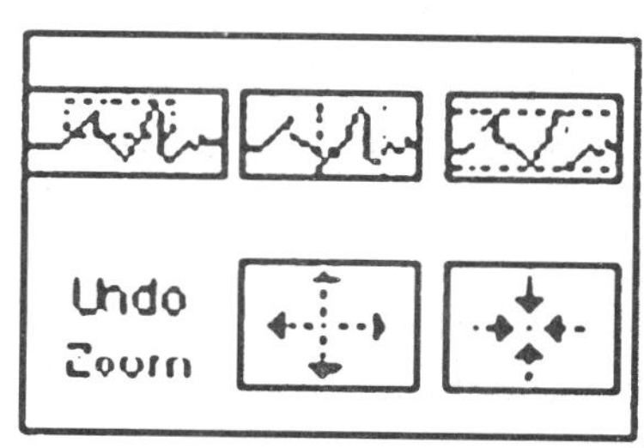

用鼠标拖动所确定的矩形框选择框内部分数据波形放大查看。

用鼠标横向拖动确定的矩形框选择框内部分横向放大查看，纵方向不放大。

用鼠标纵向拖动确定的矩形框选择框内部分纵向放大查看，横方向不放大。

Undo Zoom 撤销上一次放缩操作，恢复上一次数据波形的面貌。

按住鼠标左键，以该点为中心连续放大数据波形，直到放开鼠标。

按住鼠标左键，以该点为中心连续缩小数据波形，直到放开鼠标。

2）参数设置

用鼠标选择菜单“参数设置”项，会弹出如图 8-1-13 所示画面。

输入正确的参数设置密码后，用鼠标选择“确定”，则可显示可以设置的参数表，选择“取消”则退出参数设置。

密码正确输入后，即可进入 IP、端口和报警阈值设置(图 8-1-14)。

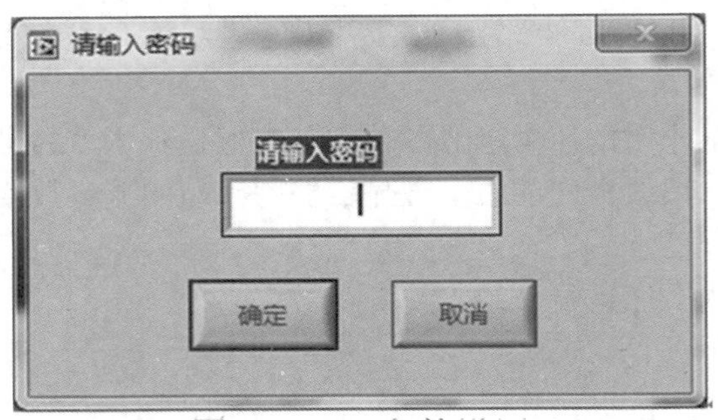

图 8-1-13　参数设置密码输入界面

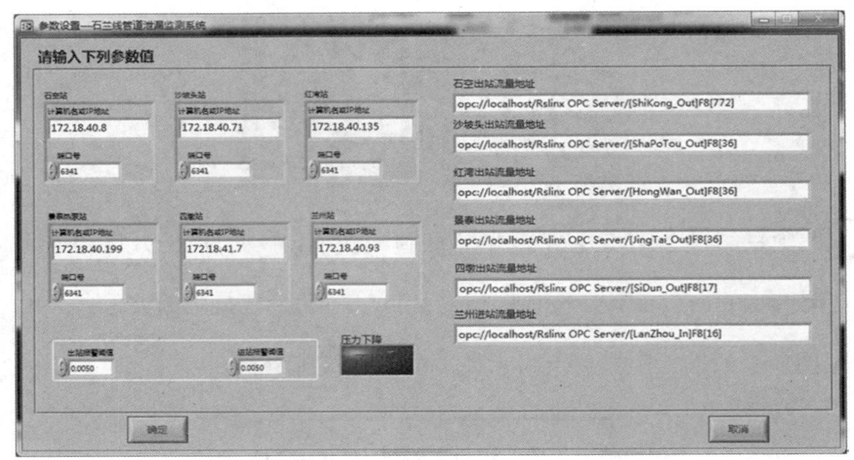

图 8-1-14　参数设置界面

3）查阅历史数据

历史数据是对以往压力记录的历史信息，方便查阅以往的数据。

点击主界面的“历史数据”菜单，菜单下含二项次级菜单，分别是：“单端压力”；“两端压力”；“单端流量”；“两端流量”。

（1）单端压力。显示某站的进或出站压力，在“站名选择”按钮选择要查看的站名，“年”“月”“日”按钮选择查看的数据的日期，“起始时间”按钮选择数据的起始时间，“持续时间”按钮选择要查看多少个小时的数据（持续时间最长为 24h），单击“确定”则在历史压力窗口显示所选择时间段的压力趋势图。要查看另一个时间段的压力数据，重新选择时间段后，单击“确定”则显示新的时间段的压力数据。单击“取消”退出此窗口。如图 8-1-15 所示。

（2）两端压力。用于综合观察管道两站的压力历史趋势。“年”“月”“日”“起始时间”“持续时间”“确定”“取消”的操作与单端压力一致，如图 8-1-16 所示。

（3）单端流量。显示某站的进站或出站流量，在“站名选择”按钮选择要查看的站名，“年”“月”“日”按钮选择查看的数据的日期，“起始时间”按钮选择数据的起始时间，“持续时间”按钮选择要查看多少个小时的数据（持续时间最长为 24h），单击“确定”则在历史流量窗口显示所选择时间段的流量趋势图。要查看另一个时间段的流量数据，重新选择时间段后，单击“确定”则显示新的时间段的流量数据。单击“取消”退出此窗口，如图 8-1-17 所示。

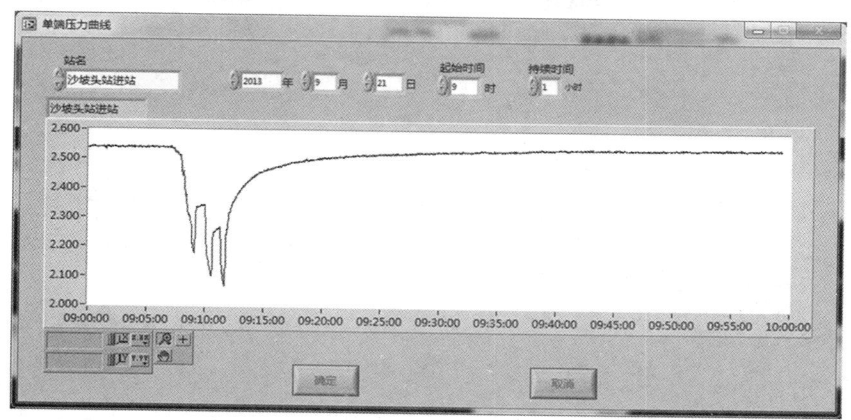

图 8-1-15　“单端压力”历史数据查阅界面

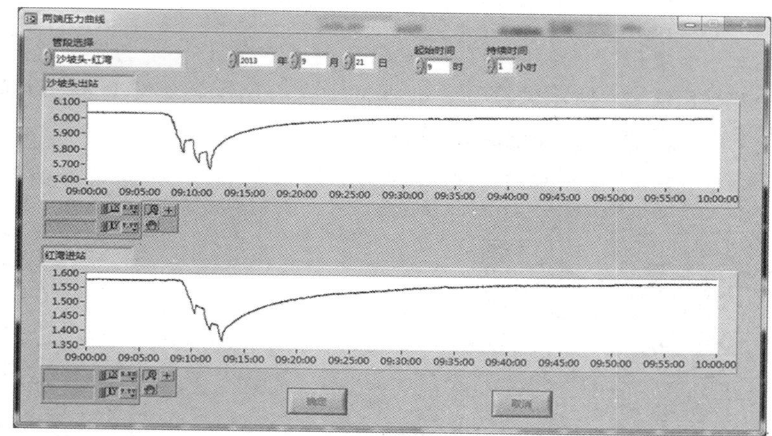

图 8-1-16　“两端压力”历史数据查阅界面

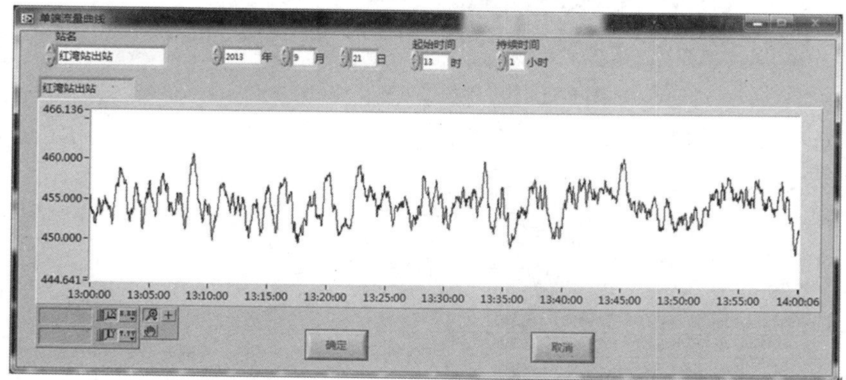

图 8-1-17　“单端流量”历史数据查阅界面

（4）两端流量。用于综合观察管道两站的流量历史趋势。“年”“月”“日”“起始时间”“持续时间”“确定”“取消”的操作与两端压力一致，如图 8-1-18 所示。

4）记录

记录是对以往压力报警记录的历史信息，方便查阅历史数据。

点击主界面的“记录”菜单，菜单下含二项次级菜单，分别是：“报警记录”；“定位记录”。

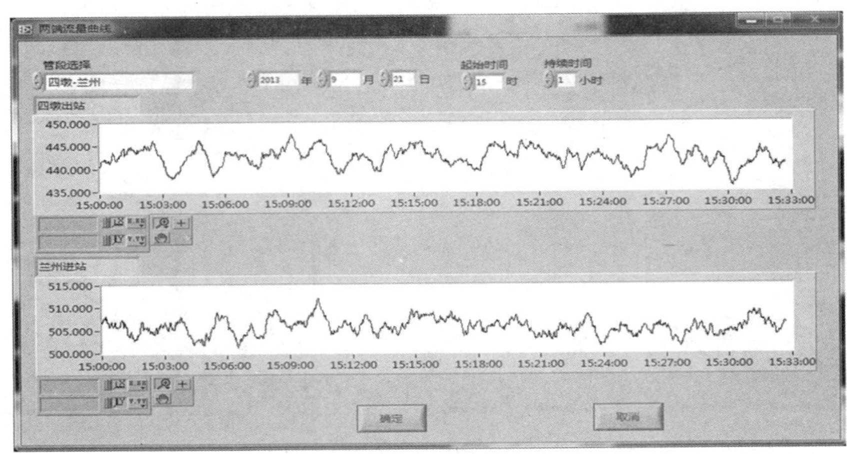

图 8-1-18 “两端流量”历史数据查阅界面

（1）报警记录。系统报警后会自动存储记录，在日常统计中方便调出数据资料，点击历史数据，会显示如图 8-1-19 所示数据框，数据框中含有历次报警的日期，时间和站名。

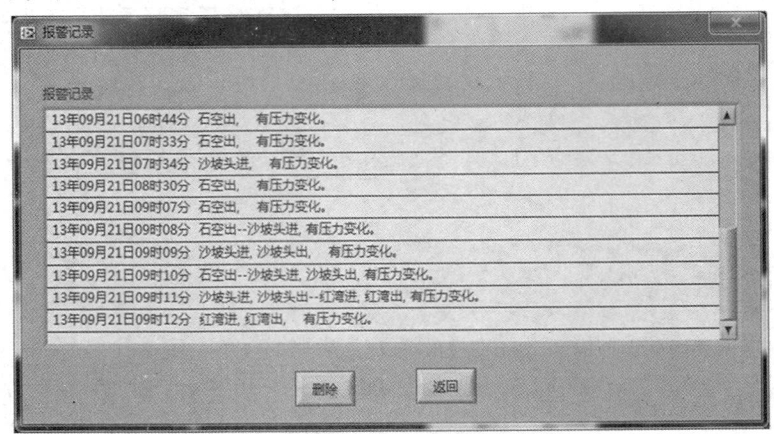

图 8-1-19 “报警记录”查阅界面

（2）定位记录。和报警记录一样，定位记录也会存储在系统当中，点击定位记录出现如图 8-1-20 所示数据框，数据框中含有历次泄漏的日期、时间和定位结果。

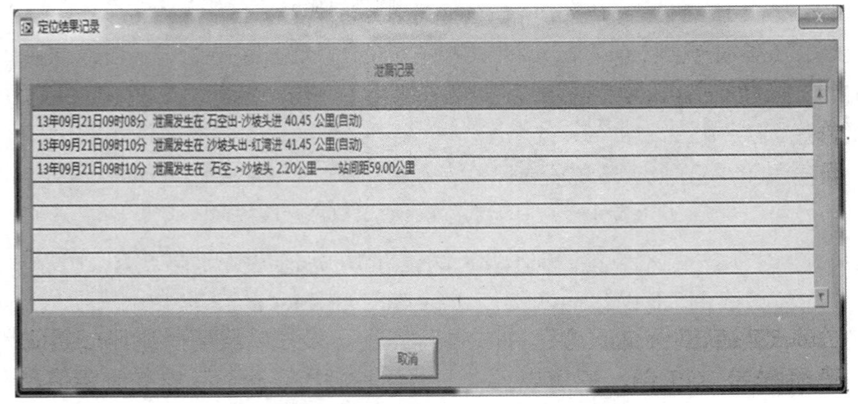

图 8-1-20 “定位记录”查阅界面

5）定位

菜单下含两项次级菜单，分别是两端定位和手动定位。

（1）两端定位。进入两端定位程序后，首先通过“管段选择按钮”选择管段，通过“年”“月”“日”“起始时间”“持续时间”按钮(操作同两端压力)选择包含压力变化的时间段单击“读数据”，压力波形则在趋势图中显示，如图 8-1-21 所示。

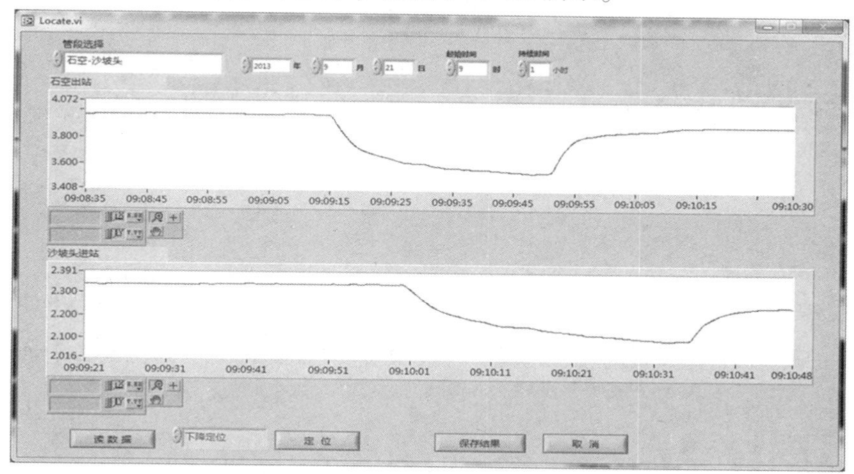

图 8-1-21　“两端定位”查阅界面

然后根据压力变化特点通过按钮选择是“下降定位”还是“上升定位”，下降定位对应压力波形的下降沿，上升定位对应压力波形的上升沿，缺省是下降定位。

利用工具板上的缩放工具在每个图中选定压力下降或上升的部分，要求上下图选择同一个对应的下降沿或者同一个上升沿，并尽量将下降沿缩小到一个小的范围。如图 8-1-22 所示，单击“定位”则自动计算并显示定位结果，单击“保存结果”将计算的定位结果保存到定位记录中，单击“取消”则退出两端定位程序。

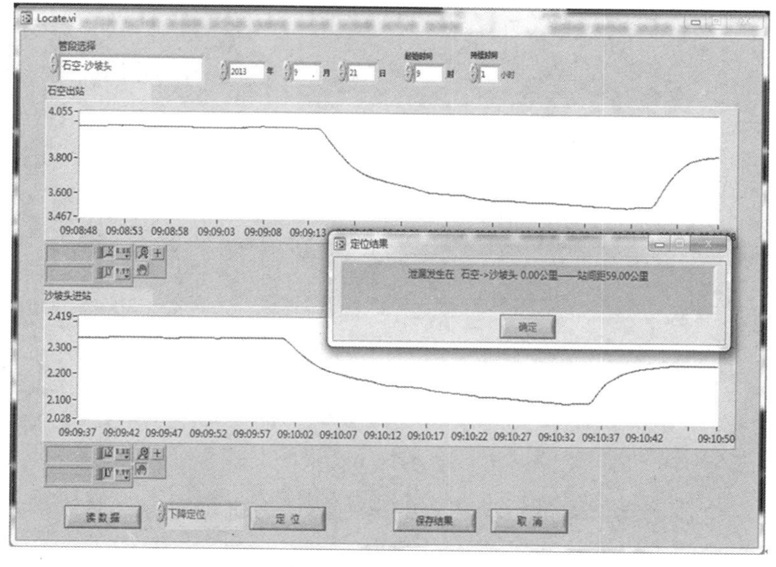

图 8-1-22　定位结果

（2）手动定位。与两端定位类似，通过“管段选择”按钮选择合适的管段，然后通过“年”“月”“日”“起始时间”“持续时间”按钮选择包含压力变化的时间段。单击“读数据”，压力波形则在趋势图中显示，如图 8-1-23 所示。

当每个数据波形显示后，用缩放工具选定各图中相应的压力下降或上升部分，如果曲线显示中未显示绿色的游标，则用鼠标右键单击键，并选择“置于中间”，绿色的游标可以显示在图形中。

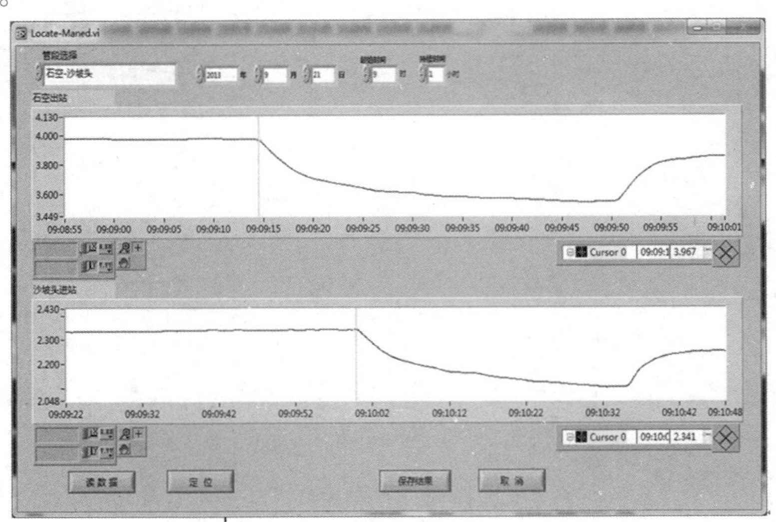

图 8-1-23　“手动定位”界面

移动游标至下降沿或上升沿的准确位置，两图游标都移到对应位置后，如图 8-1-24 所示，按“定位”，计算并显示定位结果。要求两图中的波形都是下降沿或者都是上升沿，不能一个为下降沿，一个为上升沿。单击“保存结果”将计算的定位结果保存到定位记录中，单击“取消”则退出手动定位程序。

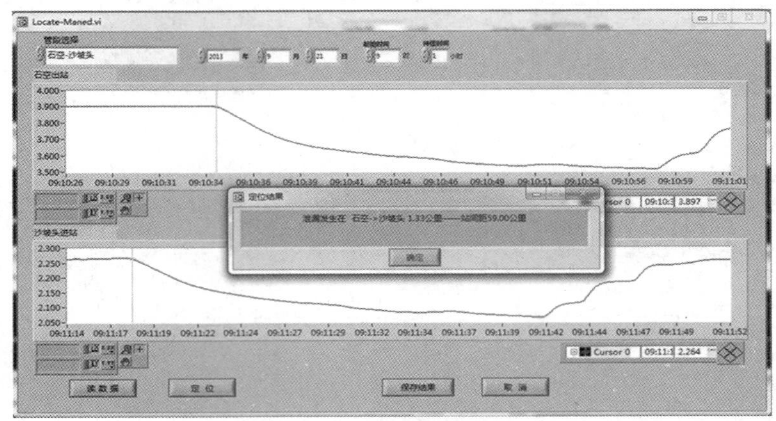

图 8-1-24　定位结果

注意：手动定位根据操作人员手动选定的压力波拐点进行定位，对操作人员的经验要求较高，建议优先采用两端定位，当操作人员积累了一定经验后，再用手动定位进行两端定位结果的验证。

6）系统退出

选择菜单中“退出程序”，出现如图8-1-25所示的界面。输入正确密码之后，按“确定”，则整个系统停止工作并退出；按“取消”则系统继续工作。只有正确输入密码后才能安全退出。

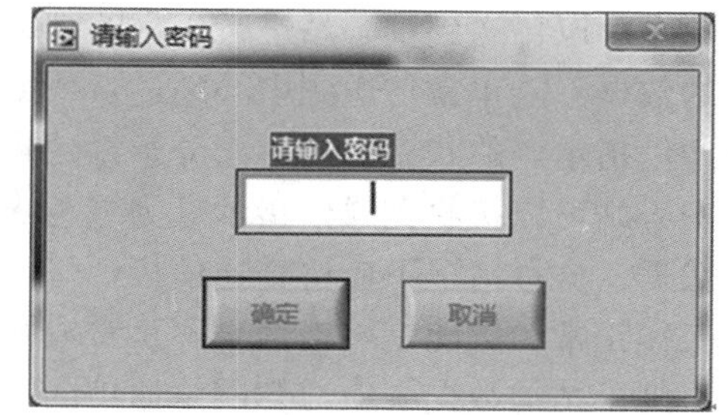

图8-1-25　系统退出界面

对以上菜单操作有以下两点说明：

① 用鼠标点击菜单部分之后，可以用键盘的左右箭头选择，按Enter键确定，按Esc键取消。

② 不能有两个或多个菜单对应的窗口同时打开，即要进行另一菜单操作，必须退出当前菜单。

3. 主站报警操作

（1）当系统检测到压力下降一定幅度，会自动弹出压力下降报警窗口，并发出声光报警信息，显示绿色灯和蓝色灯闪烁，并记录下此次报警时间，单击窗口上的“确定”，则此窗口消失，若没有操作，此窗口20s后自动消失。

（2）当系统监测到有泄漏发生，并计算出泄漏位置后会自动弹出泄漏报警模块，并发出声音报警，显示红色报警灯闪烁，并给出系统初步计算的泄漏位置(由于泄漏压力波形的复杂，这个计算位置一般误差相对较大)；单击窗口上的“确定”，则此窗口消失，若没有操作，此窗口90s后自动消失。

（3）有压力下降报警特别是泄漏报警后，值班人员应结合全线是否有操作造成压力变化，使用“两端定位”和“手动定位”功能复核泄漏发生位置，如果确认泄漏位置在管段中间，则应迅速处理。

报警后，对应记录会保存在报警记录中，方便查阅，详细操作请参考上一节报警记录。

注意：如果程序主界面长时间没有响应，则应退出程序并重新启动计算机。

五、系统维护

1. 工作条件

系统应安装在干燥、通风、清洁、无强电磁场干扰的地方。

2. 注意事项

压力表等传感器的量程以及各站的网络IP地址不要随便改动，否则会导致信号数值显示不正确和数据不能正确传送到中心站。

3. 人员要求

为保证系统采集压力等信息的准确，应及时发现系统故障，子站和中心站调度室值班操作人员应每隔一小时定时比对监控计算机采集的压力数值是否与实际的压力数据相符合。发现偏差大于0.1MPa以上时，要及时检查系统的硬件是否有故障以及判断故障原因，并通知仪表等专业人员进行检查维护。

六、常见问题排除

1. 主站网络检查

中心站和子站都有网络通信信号指示灯，该指示灯为绿色时，说明网络通信正常，子站的数据可以传送到中心站进行正常的判断和处理；指示灯为红色时，说明网络通信异常，子站的数据不能正常传送到中心站进行数据判断和处理。中心站调度室值班人员应经常观察网络通信指示灯的状态，如果部分子站的指示灯为绿色，部分子站的指示灯为红色，这种情况下中心站可以接收到通信指示灯为绿色的子站的数据，而不能收到通信指示灯为红色的子站的数据，这种情况下应检查通信指示灯为红色的子站的设备是否正常工作，如果子站的计算机工作正常，可能是网络信号不正常或网络通信设备出现故障，再观察一段时间，如果仍然收不到子站的数据，应通知网络通信的专业人员进行网络通信的检查和维修。

2. 子站网络检查

子站的计算机在上电后，如果界面上的时间和画面在1min内不更新，请重新启动计算机。子站的值班操作人员应经常观察子站通信指示灯的状态，如果长时间为红色，应及时通知中心站调度室值班操作人员，并重新启动计算机继续观察，如果重新启动计算机后，通信指示灯仍长时间为红色，应及时通知中心站调度室值班人员，以便通知网络通信人员进行网络通信的检查和维修。

3. 子站压力变化

子站计算机启动后，如果压力等信号显示不正确，请检查信号调理箱的电源是否打开，电源打开后，若压力信号显示的数值与现场实际数值仍然不符合(偏差超过0.1MPa以上)，请检查压力变送器传送到监控室的信号电缆是否断开(断开时，压力变送器现场无指示数值)；检查信号调理箱与工控机数据采集卡连接的电缆是否松动，若无松动但数值仍然不正常，应通知仪表专业人员进行检查维修。

4. 现场压力变送器无显示

可能原因是供电故障或变送器损坏，故障排除方法有：

(1) 检查接线是否松动；

(2) 检查供电是否正常，若供电正常，则变送器损坏；

(3) 检查浪涌保护器、保险管、供电电源是否正常；

(4) 更换损坏器件。

5. 现场压力变送器显示值错误

可能原因是变送器与管道未连通或变送器损坏，故障排除方法有：

(1) 检查变送器与管道之间阀门是否开启；

(2) 检查变送器与管道之间是否发生凝管；

(3) 检查供电是否正常；

(4) 更换变送器。

6. 子站系统显示压力值为NaN

可能原因是子站系统加载采集卡驱动失败，故障排除方法是退出泄漏监测系统子站软件，在开始→程序→启动菜单内单击快捷方式重新打开泄漏监测系统子站软件。

7. 子站系统与中心站系统无法通信

可能原因是通信系统或计算机(工控机、工作站)故障，故障排除方法有：

(1) 检查网线接口是否松动，测试网线是否正常；

(2) 重新启动计算机；

(3) 确认中心站系统与其他子站通信是否正常；

(4) 检查计算机网卡是否正常;
(5) 检查通信系统(交换机、光端机、光缆)是否正常。

8. 系统无法开机

可能原因是供电故障或计算机(工控机、工作站)损坏,故障排除方法有:
(1) 检查接线是否松动;
(2) 检查供电系统(开关电源、空开、保险管)是否正常;
(3) 排查计算机故障,包括电源、主板、内存和硬盘等;
(4) 维修或更换计算机。

9. 系统死机

可能原因是计算机(工控机、工作站)硬件故障或软件导致内存溢出,故障排除方法有:
(1) 重新启动计算机;
(2) 如果经常死机,排查计算机故障,包括电源、主板、内存和硬盘等;
(3) 清理计算机内部的灰尘。

10. 中心站系统与子站系统无法通信

可能原因是通信系统或计算机(工控机、工作站)故障,故障排除方法有:
(1) 检查网线接口是否松动,测试网线是否正常;
(2) 确认中心站系统与其他子站通信是否正常;
(3) 重新启动子站计算机;
(4) 检查子站计算机网卡是否正常;
(5) 检查通信系统(交换机、光端机、光缆)是否正常。

第二节　油库固定消防控制系统维护管理

站场仪表自动化工程师负责本站场油库固定消防控制系统的管理,步骤为:

(1) 收集本站场消防控制系统的相关资料。

(2) 绘制本站场消防控制系统结构图,熟悉各结构功能及信号流向。

(3) 对本站场消防控制系统进行日常巡检和维护,收集整理系统运行情况,发现问题及时处理或上报。

(4) 结合SCADA系统的周期性维护,开展本站场消防控制系统现场仪表的周期性维护。

各步骤实施及相关要求说明如下:石油是易燃易爆液体,具有燃烧速度快、火势凶猛、辐射热强、沸腾喷溅、扩散蔓延快等特点,火灾危险性极大,一旦发生火灾,会造成经济和政治上的损失和不良后果。为保证大型油罐和罐群的安全,将火灾扑灭在初期阶段,必须重视油库的消防自动控制系统。

一、系统概述

消防控制系统采用有效的检测手段采集现场仪表数据,并通过可编程控制器进行数据分析和处理,输出安全报警信息及现场设备状态信息。配合直观的上位组态画面进行现场设备状态机报警信息的实时画面显示。通过上位画面,也可对现场设备进行操作,从而保障石油储备系统的安全运行。

二、系统组成

消防控制系统由消防联动控制器、感温电缆火灾报警装置、可燃气体探测报警装置、火焰探测报警装置、手动报警按钮、消防水池液位装置、消防泵控制装置、阀的电动执行机构、消防警笛、信息计算机等组成。实现储油罐区火情信号采集、储油罐泡沫灭火/喷淋冷却、消防警报发出等消防功能。典型储罐消防控制系统，如图 8-2-1 所示。

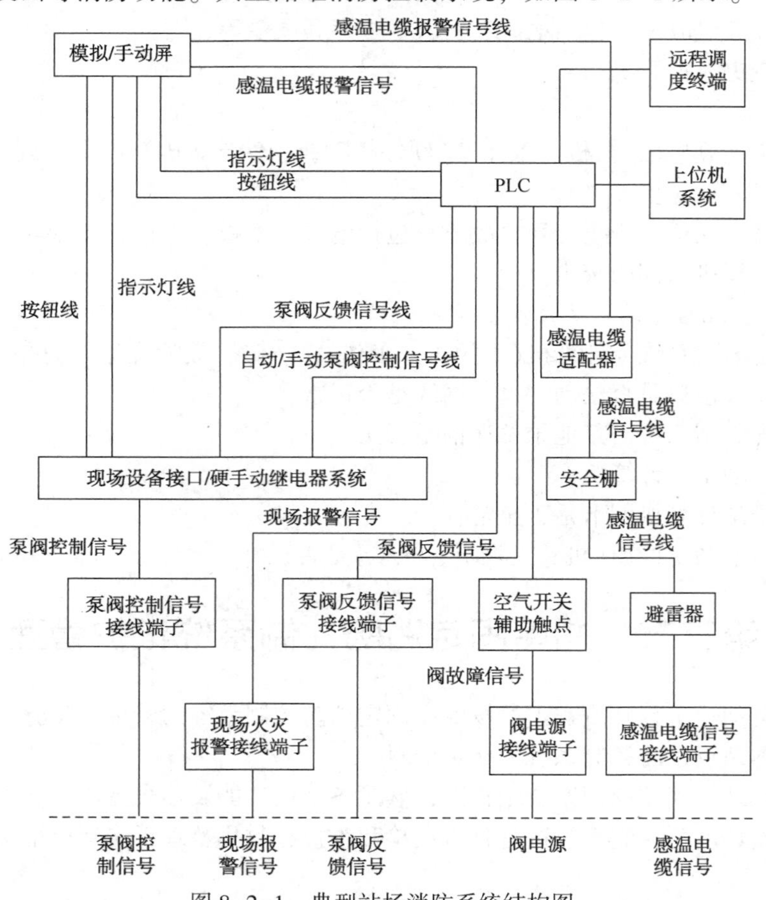

图 8-2-1　典型站场消防系统结构图

1. 感温电缆火灾报警装置

储油罐上布设的感温电缆感知储油罐的温度，当温度达到或超过预警阈值时，发出火警信号。

2. 可燃气体探测报警装置

罐区内安装可燃气体探测器探测罐区内可燃气体浓度，当罐区可燃气体浓度达到或超过预置报警值时，可燃气体控制器立即发出声光报警；同时，站控机发出报警信号，以提示及时采取安全措施。

3. 火焰探测报警装置

罐区罐顶安装的火焰探测器探测明火，当火焰探测器探测到明火出现，发出火警信号。

4. 手动报警按钮

手动报警按钮供巡检人员在现场发现火情时发出火警信号。

5. 消防水池液位装置

消防水池液位装置检测实际的水位并显示，可以设置液位高、液位低、液位超低等阈值，当液位达到、超过或低于阈值时，发出相应告警信息。

6. 消防警笛

消防警笛在火警时可以发出火警的声音警报。

7. 信息计算机

信息计算机提供消防控制系统的人机界面，操作员通过信息计算机的消防控制系统应用软件实现对消防设备的控制，存储和打印各种告警信息、操作记录。

8. 消防自动控制系统

消防自动控制器实现各种消防流程：人工启动或停止消防泵、开/关电动阀、自动消防流程，同时采集相关信息。

三、现场常用火灾探测器

1. 光纤光栅感温火灾探测器

光纤光栅感温火灾探测系统是以光纤作为信号的传输与传感媒体，常见的系统利用布喇格光栅的温度敏感性和光的反射原理，实时探测沿光纤光栅感温点的温度变化情况，超限时能声光报警。该产品检测灵敏度高；可进行分布测量，测量点可在 5km 范围内任意设置；现场无电检测，本质安全防爆，抗电磁干扰，防雷击；特别适合石油、天热气管道、化工、冶金、电力、消防、能源、仓储、军工、核工业等场所使用。

1）主要特点

（1）采用光栅进行信号检测、光纤进行信号传输，实现无电检测，本质安全防爆。

（2）使用先进的光纤光栅作为测量单元，技术先进，测量精度高。

（3）采用分布式测量方式，测量点多，方式灵活。

（4）使用成熟的光电元件，成本低，可靠性好。

（5）系统结构紧凑，安装简单，维护方便。

2）系统基本组成

光纤光栅感温火灾探测系统主要由光纤光栅感温火灾探测器和光纤光栅感温火灾探测信号处理器组成，如图 8-2-2 所示。

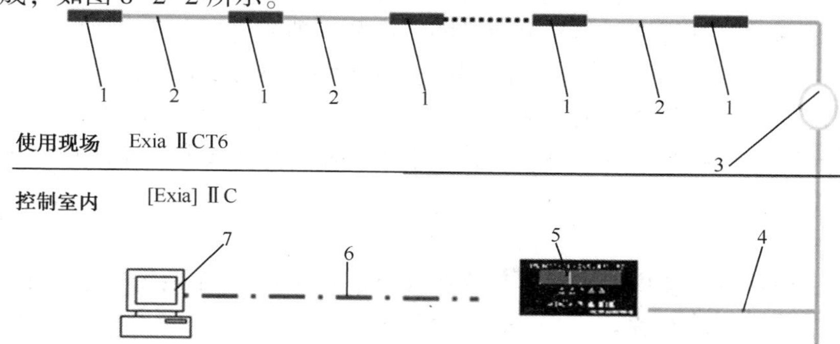

图 8-2-2　TGW-100C 型光纤光栅感温火灾探测系统结构示意图

1—感温传感器探头；2—连接光缆；3—光缆连接器；4—传输光缆；
5—信号处理器；6—电缆；7—报警控制器或系统计算机

（1）光纤光栅感温火灾探测器。由感温传感器探头、连接光缆、光缆连接器、传输光缆等部分组成。探头可置于危险区，信号处理器需置于安全区。

（2）光纤光栅感温火灾探测信号处理器。由调制解调器、信号转换处理电路和报警显示电路等部分组成。

（3）感温传感器探头。感温传感器探头是光纤光栅感温火灾探测器的核心部分，由测量光栅、导热感温元件(无电元件)等部分组成，其两端由不锈钢管同光缆连接。图 8-2-3 为感温传感器探头结构简图。

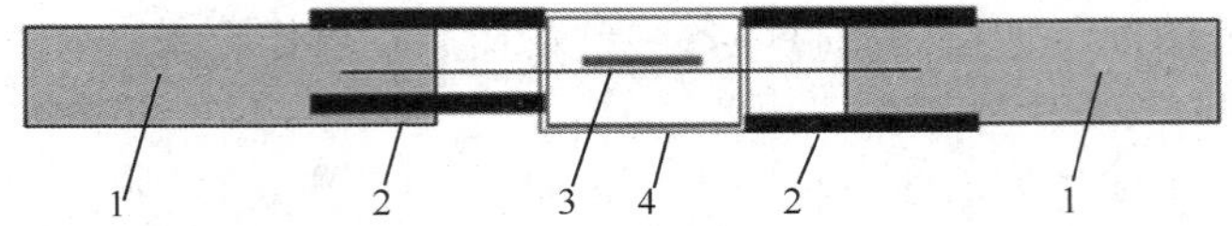

图 8-2-3　感温传感器探头结构简图

1—连接光缆；2—不锈钢连接管；3—测量光栅；4—导热感温元件

（4）光缆。光纤光栅感温火灾探测器使用单芯单模光缆进行信号的检测，检测光缆外径为 6.5mm；信号的传输采用 GYTZA-4B1 型光缆，传输光缆外径为 10mm，其信号传输距离不大于 10km。

（5）探测器分区示意。光纤光栅感温火灾探测器，在其探测范围内，可分为 8 个区探测温度。如布置在油罐上，其分区示意如图 8-2-4 所示。

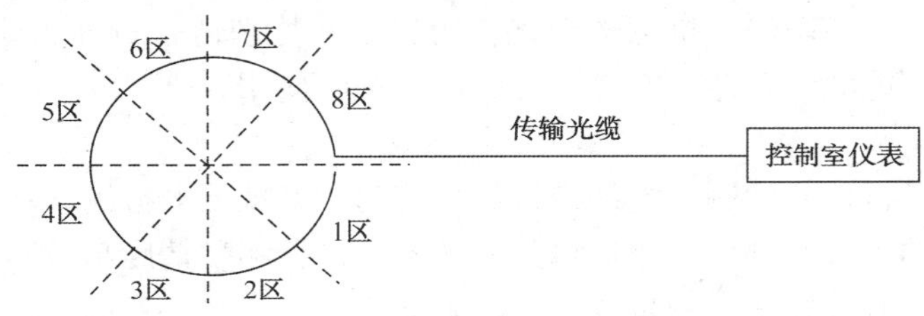

图 8-2-4　感温传感器探头分区示意图

（6）信号处理仪器。信号处理仪器内部有调制解调器、信号转换处理电路、温度实时显示、报警参数设置、报警显示功能。

调制解调器为光纤光栅温度感温传感器探头提供稳定的宽带光源，同时对系统中光栅返回的窄带光进行调制解调。根据系统的设定情况，实时接收来自光栅感温传感器探头的信号。信号转换处理电路进行探测和光电信号的转换和处理。

显示功能用于实时显示当前温度的最高值，并通过 RS422/485 输出给上位机。可由用户设置报警温度的上限和其他相关参数。

报警显示电路进行声光报警和显示，并能输出 8 路火灾报警和 1 路感温传感器探头自检无源触点信号。

3）系统安装方式

根据用户使用地点和使用要求不同，光纤光栅感温火灾探测系统可以采用不同的安装方式。常见的外浮顶罐上的安装如图 8-2-5 所示。

说明：

（1）感温传感器探头通常安装于油罐浮顶的密封橡皮和挡油板之间。

（2）感温传感器探头可采用导热胶或机械方式固定在油罐浮顶上。

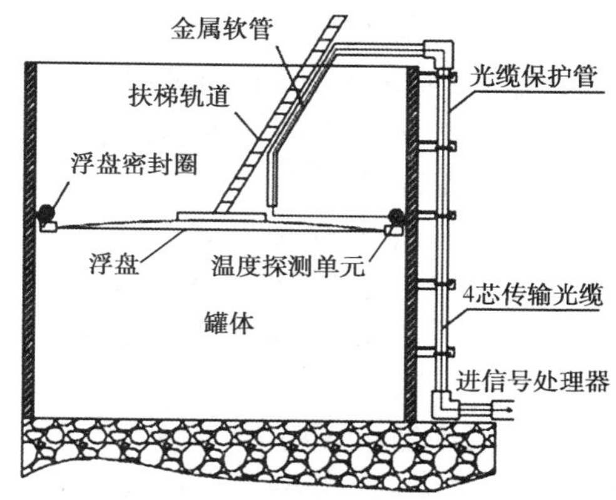

图 8-2-5　外浮顶罐光栅传感器外辐射示意图

（3）感温传感器探头及连接光缆固定后应避免与罐内介质直接接触。

（4）从油罐顶部到浮顶的传输光缆长度是可调的，安装时应保证其可调范围大于油罐高度。

（5）光缆连接器应由专业人员安装操作，并保证密封完好。

（6）传输光缆敷设时可采用管道或架空等方式进行保护。

（7）感温传感器探头及传输光缆安装时应认真仔细，避免受损。

（8）信号处理器电源 DC24V，由专配火灾报警控制器或 DC24V 直流不间断电源（UPS）提供，以保证火灾探测系统的不间断工作。

（9）仪器的有关参数出厂时已经经过严格调试，安装时，非专业人员不可打开仪器更改内部有关参数。不允许更换元器件或结构，以免影响防爆性能。

（10）安装完毕，由专业人员对产品进行检验。由于现场条件限制，常用开水浇淋，要求水温不得低于 90℃，由于不是沸水，浇淋时间不得低于 40s。如需检验温度测量精度，须用专门的恒温器对探头进行加热，待温度稳定后（5～10min），比对恒温器上显示温度与信号处理器的温度，可检验温度测量误差。

4）光纤光栅感温探测器的检测

（1）光纤光栅感温探测器信号强度测试，在信号处理器后面板取下光纤跳线接头，接到光纤光栅解调器上查看光纤光栅感温探测器的光衰减，光衰减应不大于-30dB；

（2）光纤光栅感温探测器精度校准，使用高精度数显温度计在储罐顶部校准探测器安装处测量环境温度，然后在系统软件上对该储罐的温度进行校准。校准完后，校准探头和其他探头的温度应符合实际温度，误差应达到运行要求±1.5℃。

2. 感温电缆感温火灾探测器

1）开关型感温电缆

一般，感温电缆内部是两根弹性钢丝，每根钢丝外面都包有一层感温且绝缘的材料，正常监视状态下，两根钢丝都处于绝缘状态，当周边环境温度上升到预定动作温度的时候，温度敏感材料将破裂，两根钢丝会产生短路，输入模块检查到短路信号后立即产生报警，属于“开关量”感温电缆。

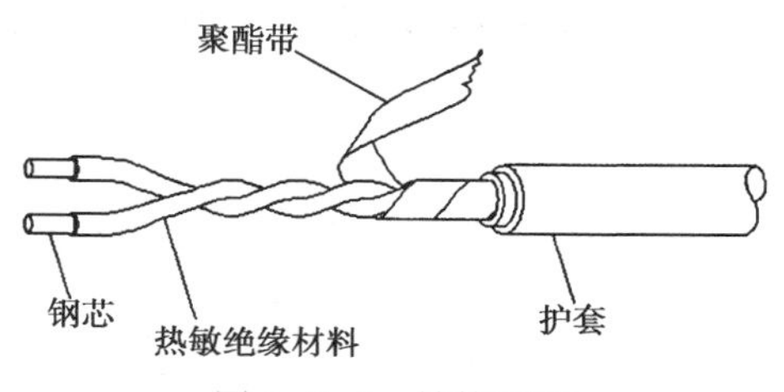

图 8-2-6　结构原理

2）模拟型感温电缆

然而，随着感温电缆应用领域的扩展，行业内对感温电缆的技术要求也不断加深，如今又出现“模拟量定温式”和“模拟量差定温式”感温电缆，其线芯数也由传统的两芯变为四芯。

四芯模拟量定温式感温电缆，由4根线芯组成，温度变化时，四芯导线间电阻发生变化，在电阻变化达到设定的报警阈值时，探测器发出火灾报警信号。

四芯模拟量差定温式感温电缆，由4根线芯组成，温度变化时，四芯导线间电阻发生变化，在电阻变化速率或变化量达到设定的报警阈值时，探测器发出差温火灾或定温火警报警信号。

常说的不可恢复式感温电缆属于“开关量”感温电缆，可恢复式感温电缆也叫“模拟量感温电缆”。可恢复式与不可恢复式只是对火灾报警探测设备的两种不同的测试方式，而不是工作方式。

感温电缆的敷设与光纤光栅感温火灾探测器敷设方式基本相同。

3）线型感温探测器的检测

（1）可恢复型线型感温探测器，在距离终端盒0.3m以外的部位，使用55～145℃热源加热，查看火灾报警控制器火警信号显示。

（2）不可恢复型线型感温探测器采用线路模拟的方式试验。

4）线型感温火灾探测系统测试

（1）确认线型感温火灾探测器与火灾报警控制器正确连接并接通电源，处于正常运行状态。

（2）在感温电缆终端盒处将感温电缆短路或断开，模拟故障状态，火灾报警控制器应显示故障报警，直至报警复位。

（3）用高温甲基硅油、温箱等工器具对距终端盒不小于0.3m以外的1m长的一段感温电缆加热，按照线型感温火灾探测器的分类，当加热温度达到报警值，或加热速率达到报警值时，在规定的响应时间内，火灾报警控制器应显示报警，直至报警复位。

3. 火焰探测器

火焰探测器又称感光式火灾探测器，它是用于响应火灾的光特性，即探测火焰燃烧的光照强度和火焰的闪烁频率的一种火灾探测器（图8-2-7）。

图8-2-7　火焰探测器

根据火焰的光特性，使用的火焰探测器有3种：第一种是对火焰中波长较短的紫外光辐射敏感的紫外探测器；第二种是对火焰中波长较长的红外光辐射敏感的红外探测器；第三种是同时探测火焰中波长较短的紫外线和波长较长的红外线的紫外/红外混合探测器。

具体根据探测波段可分为：单紫外、单红外、双红外、三重红外、红外/紫外、附加视频等火焰探测器。

根据防爆类型可分为：隔爆型和本安型。

1）火焰探测器工作原理

紫外火焰探测器工作原理如图8-2-8所示。

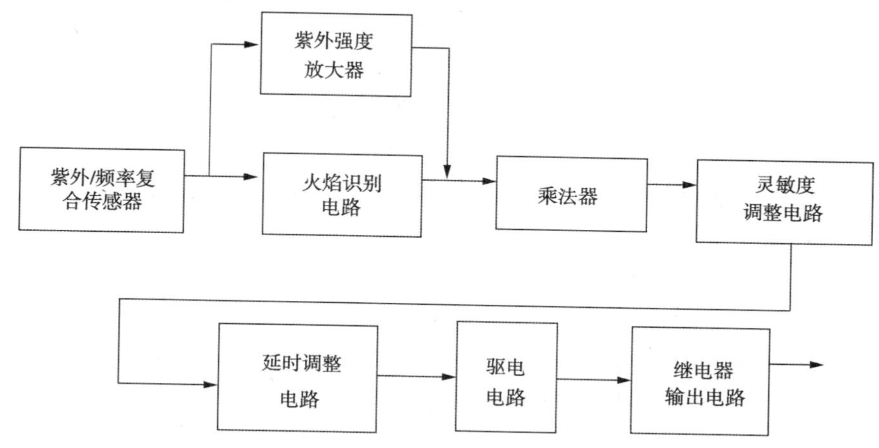

图 8-2-8　火焰探测器工作原理框图

紫外火焰检测器的紫外复合传感器接收到火焰信号后，通过光敏元件转换为电压信号及频率信号，经过放大等处理后，输出报警信号。

放大器放大信号，即检测器探头接收到电压和频率信号后，经放大器处理后驱动继电器动作，立刻输出报警信号，此信号作为自动消防系统的启动条件。由于采用了双项确认技术、特殊的电路设计和可调灵敏度的延时功能，火焰检测器拥有极强的抗干扰能力，误报率极低，工作非常可靠。

在各站输油泵房内设火焰探测器，火焰检测信号引入站控室仪表盘上的火焰报警控制器显示报警，并接入站控系统报警，当泵房发生火灾时站控系统报警并向现场发出声光报警，人工确认后触发站场 ESD 程序。

2）火焰探测器的检测

（1）在探测器监测视角范围内、距离探测器 0.55～1.00m 处，应在火焰探测器试验装置（测试灯）作用下，在规定的响应时间内动作，并向火灾报警控制器输出火警信号；具有报警确认灯的探测器应同时启动报警确认灯，并应在手动复位前予以保持。

（2）撤销测试灯后，查看探测器的复位功能。

（3）用磁棒进行灵敏度调试，联合设置自定义的敏感度和延迟时间。

（4）火焰探测器应每半年正确使用测试灯进行一次测试，建立定期的清洁时间表，清洁探测器的光学表面，以确保整个防火系统的安全。

3）火焰探测系统测试

（1）确认火焰探测器和报警控制器正确连接并处于正常运行状态。

（2）按下测试按钮，检查所有指示灯运行状态。

（3）使用测试工具模拟火焰信号，检查火焰探测器和报警控制器报警状态。

（4）去除模拟火焰信号，复位火焰报警控制器，并对报警保持功能进行确认。

四、维护管理

应每季度至少一次对火灾和可燃气体自动报警系统进行检查维护，维护内容主要包括：

（1）应对火焰探测器、可燃气体探测器窗口采用轻微浸润酒精的软布进行清洁，测试检查后再投入使用。

(2) 应对可燃气体探测器防尘罩进行清洁，清洁时防止水或其他液体进入仪器内部。清洗或修理时应关闭电源。

(3) 应对火灾报警控制器主、备电源进行自动切换试验，并对火灾报警控制器备用电池进行充电和放电试验。

(4) 用测试电压为500V的兆欧表测量每回路电缆绝缘电阻，阻值不应小于20MΩ。用接地电阻测试仪测试系统接地电阻，阻值应小于1Ω。

维护和维修不应影响正常的生产运行，作业前应根据情况对报警联动系统进行断开或屏蔽；屏蔽期间应采取可靠的替代探测方法，保证运行安全；作业完成应及时恢复系统运行。

维护人员的着装和使用工具等应满足现场防爆要求，在防爆区进行测试时应确保现场可燃气体浓度在安全范围内，维护过程中应遵守有关安全管理规定。

第三节　固定式可燃气体报警系统维护管理

站场仪表自动化工程师负责本站场油库固定消防控制系统的管理，步骤为：

(1) 收集本站场固定式可燃气体报警系统的相关资料。

(2) 绘制本站场可燃气体报警系统结构图，熟悉各结构功能及信号流向。

(3) 对本站场仪表维护人员可燃气体报警系统的日常巡检情况进行监督，收集整理系统运行情况，发现问题及时处理或上报。

(4) 组织或者配合完成可燃气报警系统的定期维护，包括季度校对和定期维护保养。

(5) 开展报警器的维修、停用和报废工作。

固定式可燃气体报警系统是当工业环境中可燃或有毒气体泄漏时，可燃气体检测器检测到气体浓度达到爆炸或中毒报警器设置的临界点时，输出信号给可燃气体报警器，报警器就会发出报警信号，以提醒操作人员采取安全措施。可燃气体报警系统，可驱动排风、切断、喷淋系统，防止发生爆炸、火灾或中毒事故，从而保障安全生产。典型可燃气体报警系统如图8-3-1所示。

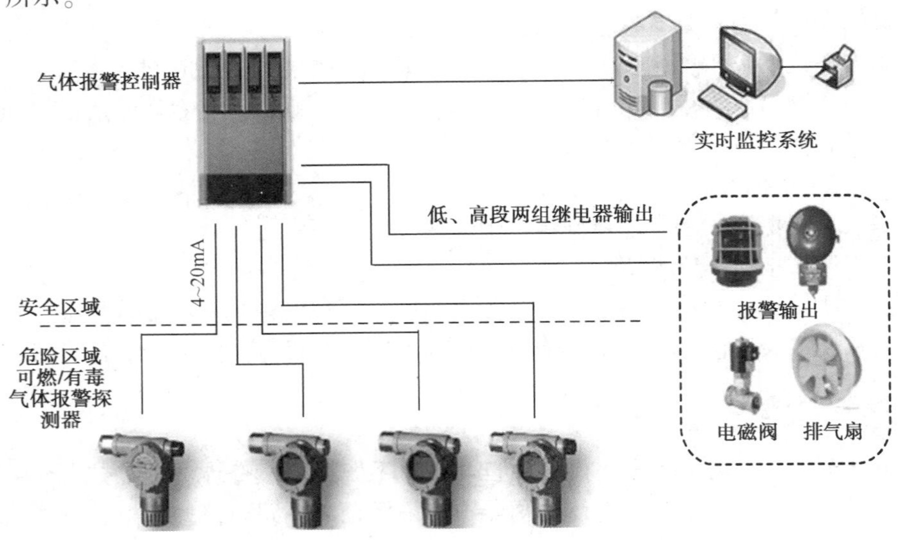

图8-3-1　典型可燃气体报警系统框图

一、可燃气体报警器分类

可燃气体报警器按照使用环境可以分为工业用气体报警器和家用燃气报警器。

按自身形态可分为固定式可燃气体报警器和便携式可燃气体报警器。

工业用固定式可燃气体报警器由报警控制器和探测器组成，控制器可放置于值班室内，主要对各监测点进行控制，探测器安装于可燃气体最易泄漏的地点，其核心部件为内置的可燃气体传感器，传感器检测空气中气体的浓度。探测器将传感器检测到的气体浓度转换成电信号，通过线缆传输到控制器，气体浓度越高，电信号越强，当气体浓度达到或超过报警控制器设置的报警点时，报警器发出报警信号，并可启动电磁阀、排气扇等外联设备，自动排除隐患。

便携式可燃气体报警器为手持式，工作人员可随身携带，检测不同地点的可燃气体浓度，便携式气体检测仪集控制器和探测器于一体，小巧灵活。与固定式气体报警器相比主要区别是便携式气体检测仪不能外联其他设备。

二、可燃气体探测器

可燃气体探测器是对单一或多种可燃气体浓度响应的探测器。可燃气体探测器有催化型、半导体型、红外光学型和电化学型4种类型。

1. 催化型可燃气体探测器

该类型探测器是利用难熔金属铂丝加热后的电阻变化来测定可燃气体浓度。当可燃气体进入探测器时，在铂丝表面引起氧化反应（无焰燃烧），其产生的热量使铂丝的温度升高，而铂丝的电阻率便发生变化。

催化燃烧式的传感器应用广泛并且价格便宜，但缺乏失效安全自检，很容易彻底中毒。如果暴露在有机硅、铅、硫和氯化物这些组分中，将失去对可燃气的作用，可产生烧结物，阻止了可燃气与传感器接触（也就是所谓的传感器中毒）。在某些环境下灵敏度会下降（特别是硫化氢和卤素），检测环境需要最少12%的氧气体积浓度，像在污油管沟氧气浓度不足情况下工作效率明显下降；如果暴露在可燃气体浓度过高的环境中，传感器铂丝线圈会被烧坏，灵敏度并随年限降低，传感器典型寿命最长3~4年。

2. 半导体型可燃气体探测器

半导体型可燃气体探测器利用半导体材料对空气中氧分子吸收和脱附引起半导体电势垒的变化。

3. 红外光学型可燃气体探测器

红外光学型可燃气体探测器是通过一个红外发生器产生红外光，穿过充有样气的气室，然后被各种气体的专用接收器接收，是利用不同元素对某个特定波长的吸收原理，可以在现场简单迅速地测定各种有毒有害气体的种类及含量。

红外光学型可燃气体探测器这些年发展速度很快，克服了以上催化燃烧的缺点，在检测碳氢化合物气体时提供了快速可信的结果，以及符合IEC61508安全标准，包含一个原子以上的气体能吸收红外光，这样碳氢化合物和一些气体（比如二氧化碳、一氧化碳）能通过这种方式被检测。红外光学型可燃气体探测器及仪器适用于监测各种易燃易爆、二氧化碳气体，具有精度高、选择性好、可靠性高、不中毒、不依赖于氧气、受环境干扰因素较小、寿命长等显著优点，但价格较高。红外光学型可燃气体探测器的输出信号非线性，并随环境温度改变(归因于光学部分热膨胀)。因此红外光学型可燃气体探测器使用尖端的软件运算线性化0~100%范围的目标气体，并不随温度漂移，对污染性气体的信号抗干扰强没有消耗部分，寿命一般为7~10年，减少维护成本，氧气高浓度气体下不会烧坏，保证不会有烧结，相应的问题也不会发生。

4. 电化学型可燃气体探测器

电化学型可燃气体探测器是利用传感器遇到气体产生化学反应的原理来进行检测。通过检测电流来检测气体的浓度，分为不需供电的原电池式以及需要供电的可控电位电解式，目前可以检测许多有毒气体和氧气。电化学型可燃气体探测器的主要优点是气体的高灵敏度以及良好的选择性，不足之处是气体选择性单一，长期暴露在使用环境中电解液挥发较快，寿命一般为一年左右，更换成本较高，蒸汽对其影响较大。

三、可燃气体报警系统相关要求

可燃气体报警系统的设计过程必须严格遵守 GB 50116—2013《火灾自动报警系统设计规范》和 SY/T 6503—2016《石油天然气工程可燃气体检测报警系统安全技术规范》的相关规定进行。针对油气管道系统，还应注意强调以下几点：

(1) 可燃气体检测器应采用经国家指定机构或其授权检验单位的计量器具制造认证、防爆性能认证和消防认证的产品。

(2) 石油天然气站场及储运设施内，易积聚比空气重的可燃气体的工艺阀井、地坑及排污沟等场所，应设检测器。

(3) 原油、成品油和液化天然气储罐防火堤内，应设可燃气体检测器。如果防火堤内有隔堤且隔堤高度高于检测器的安装高度时，隔堤分隔的区域内应设检测器，其安装高度应距地面 0. 3~0. 6m。

当可燃气体检测器位于释放源的最小频率风向的上风侧时，可燃气体检测器与释放源的距离不宜大于 15m。

当可燃气体检警器位于释放源的最小频率风向的下风侧时，可燃气体检测器与释放源的距离不宜大于 5m。

(4) 封闭场所内可燃气体检测器的设置原则：

① 存在原油、成品油、天然气、液化天然气或天然气凝液释放源。

② 可燃气体释放源处于封闭场所内，每隔 15m 可设 1 台检测器，且检测器距其所覆盖范围内的任一释放源不宜大于 7. 5m。

③ 可燃气体检测器的安装高度应根据可燃气体的密度而定。当气体密度大于 0. 97kg/m^3(标准状态下)时，其安装高度应距地面 0. 3~0. 6m；当气体密度小于或等于 0. 97kg/m^3(标准状态下)时，其安装高度应高出释放源 0. 5~2. 0m，且还应在场所内最高点易于积聚可燃气体处设置检测器。

(5) 原油、成品油和液化天然气的装卸设施，应在下列位置设可燃气体检测器：

① 小鹤管铁路装卸台，在地面上每隔一个车位宜设 1 台检测器，且检测器与装卸车口的水平距离不应大于 15m；大鹤管铁路装卸栈台，宜设 1 台检测器。

② 汽车装卸站的装卸车鹤位与检测器的水平距离不应大于 15m。

③ 可燃气体检测器的安装高度应距地面 0. 3~0. 6m。

(6) 压缩天然气装卸场所，应在装卸口上方可能滞留可燃气体处设置检测器，其安装高度宜距顶面0.5~1.0m，且不应妨碍车辆通行和其他作业。

(7) 原油、成品油、液化天然气装卸码头，距输油臂水平平面15m范围内，应设1台检测器。

(8) 可燃气体检测器的检测范围应为0~100%LEL(爆炸下限浓度)，检测误差不应大于±5%LEL(爆炸下限浓度)。检测系统宜采用两级报警。一级报警(高限)设定值小于或等于25%LEL(最低)。二级报警(高高限)设定值小于或等于50%LEL(爆炸下限浓度)。

(9) 可燃气体检测器的选型应符合下列规定：

① 烃类可燃气体宜选用催化燃烧型或红外吸收型气体检测器。

② 当使用场所的空气中含有能使催化燃烧型检测元件中毒的硫、磷、硅、铅、卤素化合物等介质时，应选用抗毒性催化燃烧型检测器或红外吸收型气体检测器。

③ 在缺氧或高腐蚀性等场所，宜选用红外吸收型气体检测器。

(10) 常用检测器的采样方式，宜采用扩散式。受安装条件和环境条件的限制，无法使用扩散式的场所，可采用吸入式。

(11) 可燃气体指示报警设备应具有以下基本功能：

① 能为检测器及所连接的其他部件供电。

② 能直接或间接地接收检测器及其他报警触发部件的报警信号，发出声光报警信号，并予以保持。声光报警信号应能手动消除，再次有报警信号输入时仍能发出报警。

③ 具有开关量输出功能。

④ 多点式指示报警设备应具有相对独立、互不影响的报警功能，并能区分和识别报警场所位号。

⑤ 指示报警设备发出报警后，即使安装场所被测气体浓度发生变化恢复到正常水平，仍应持续报警，只有经确认并采取措施后，才能停止报警。

⑥ 在下列情况下，指示报警设备应能发出与可燃气体浓度报警信号有明显区别的声、光故障报警信号：

a. 指示报警设备与检测器之间连线断路；

b. 检测器内部元件失效；

c. 指示报警设备内部故障；

d. 指示报警设备主电源欠压；

e. 指示报警设备与电源之间连接线路的短路与断路。

⑦ 具有以下记录功能：

a. 能记录报警时间，且日计时误差不超过30s；

b. 能显示当前报警点总数；

c. 能区分最先报警点。

三、可燃气体探测器和报警器的标定

1. 可燃气体探测器的标定

(1) 用专用磁棒、遥控器进行不同型号的可燃气体探测器的“标零”工作，将没有处于零点的探测器进行标定。

（2）向探测器释放对应的试验气体，观察报警响应时限内报警控制器的显示情况。

（3）原则上要采用经计量认证与被检测气体相匹配的标准样气。

（4）校验前，探头的周围环境应无可燃气体。如果有可燃气体，应先拆下防雨罩，充入一定量的洁净空气后，再连续通入样气，以保证校验的准确性。

（5）对探测器进行清洗和重新标定后，对整个控制系统的功能重新进行调试，使系统恢复到正常的监视工作状态。

2. 可燃气体报警控制器的标定

（1）触发自检键，面板上所有的指示灯、显示器和音响器件功能自检应符合出厂设置。

（2）切断主电源，查看备用直流电源自动投入和主、备电源的状态显示情况应正常。

（3）模拟可燃气体探测器断路故障，查看故障显示，恢复系统正常工作状态。

（4）向非故障回路的可燃气体探测器施加试验气体，查看报警信号及报警部位显示。

（5）触发消音键，查看报警信号显示。

（6）能直接地或间接地接收来自可燃气体探测器及其他报警触发器件的报警信号，发出声、光报警信号，指示报警部位并予以保持。声报警信号应能手动消除，再次有报警信号输入时，应能发出报警信号，系统复位，恢复到正常工作状态。

3. 可燃气体探测报警系统测试

（1）确认可燃气体探测器与可燃气体报警控制器正确连接并接通电源，处于正常运行状态。

（2）对点型可燃气体探测器探头安装标定集气罩，使用标气瓶向标定集气罩释放标准气体（浓度宜高出二级报警设置值10%LEL～30%LEL），确认可燃气体报警控制器先后发生一级和二级报警，可燃气体报警控制器面板最终显示值与标准气体浓度值之差在-5%LEL～5%LEL范围内，可燃气体探测器的报警灯亮并保持到复位。

（3）对远程开路对射式可燃气体探测器一对探测器间使用不透明物体进行阻挡测试，确认可燃气体报警控制器发生故障报警；使用配套测试片进行通路阻挡，确认报警信息与测试片符合；确认报警灯亮并保持到复位。

四、运行维护管理

（1）各输油站、维修队应配备与介质相符的标准样气，每季度采用标准气样对报警器进行校对，发现问题要及时报告或处理。

（2）各单位每年应组织对固定式可燃气体报警器和便携式报警器进行不少于两次的现场维护保养与校对，发现问题要及时处理。

（3）在雨后、雪后或风沙后，应用清水或者毛刷对现场检测器进行清理，不应让水或其他液体进入仪器内部。

（4）岗位人员应对现场安装的固定式可燃气体报警器进行日常巡检，内容包括：

① 检查现场探测器外观整洁，确保螺纹部分紧扣。

② 检查现场带显示的探测器，确保显示部位清洁，显示正常。

③ 检查报警控制器状态完好。

④ 对于设备的报警、误报和故障要及时记录，并汇总提交给指定维护单位进行分析与检修。

（5）报警器的维修、停用和报废。

① 报警器的维修由各单位负责。

② 各单位应根据报警器的运行情况及探头使用寿命，适当储备常用的备品备件，以便在报警器部件损坏时及时更换。

③ 因故需停用的报警器由基层单位技术人员填写“报警器停用申请”，经站队主管领导签字确认，上报所属各单位主管部门审批同意后，方可停用。使用单位应根据现场实际情况，制订并落实替代或其他安全控制措施。

④ 报警器维修后应按规定进行检定，并做好记录。

⑤ 报警器的报废执行《固定资产报废与处置管理规定》的相关要求。

五、常见故障处理

可燃气体报警系统常见故障处理见表 8–3–1。

表 8–3–1　可燃气体报警系统常见故障处理表

序号	故障现象	故障原因	排除方法
1	接通仪表电源工作灯不亮	没接通电源；保险丝断	接通电源；重接保险丝，如不行，则检查显示器内部电路
2	电源回路 DC12V 无输出	变压器整流二极管、三极管、启动电阻开路；开关、插接件接触不良	仔细检查直流电路，更换损坏元件，使其接触良好
3	故障指示灯亮，扬声器响声不断	检测器连线接错；检测器断线	正确接线；重新接好
4	用标准样气检测时不报警	烧结金属孔堵塞；元器件老化	换新过滤器；重新标定
5	浓度指示不回零	探测器周围有残余气体；零点漂移	吹净，在洁净空气下标定调整零位
6	数据管显示缺笔画	7107 接触不良；数码管管脚虚焊；数码管笔画损坏	重新使 7107 接触好；重新焊好；更换数码管
7	按试验按钮时无报警信号	按钮接触不良；报警点设置电位器设置不当	使按钮接触可靠；重新调整报警点
8	试验按钮有指示，但不报警	报警回路有故障	检查报警回路元件有损坏
9	浓度显示值偏差太大	传感器损坏；传感器工作点漂移	更换传感器；调整传感器工作点
10	报警失灵，用样气检查时报警单元无声光报警(黄色灯常亮)	传输电缆或传感器加热丝断线	修复或更换传感器
11	用样气检测时指示表指在标准气浓度值以下，调整量程电位器仍达不到样气浓度标准值	一般为检测器元件损坏	更换检测器或修复检测器
12	浓度显示值不稳定	周围电场干扰	排除干扰后重新复位

第四节　光纤式周界安防系统维护管理

站场仪表自动化工程师负责本站场周界安防系统的维护管理，步骤为：

（1）收集本站场周界安防系统的相关资料。

（2）对本站场仪表维护人员周界安防系统的日常巡检情况进行监督，收集整理系统运行情况，发现问题应及时处理或上报生产科。

(3) 每年结合 SCADA 系统年度检测对周界系统进行测试，并填写测试记录。

(4) 配合维护人员完成系统的维护检修工作。

一、系统概述

输油气站场光纤周界安防系统是针对站场的入侵事件进行预警的技术，该系统性能稳定，对非法入侵事件响应迅速、报警率高，适用于各种输油气站场的周界防范(图 8-4-1)。站场光纤周界安全监测系统提升了输油气站场的技防能力，保障了输油气生产的安全运行。

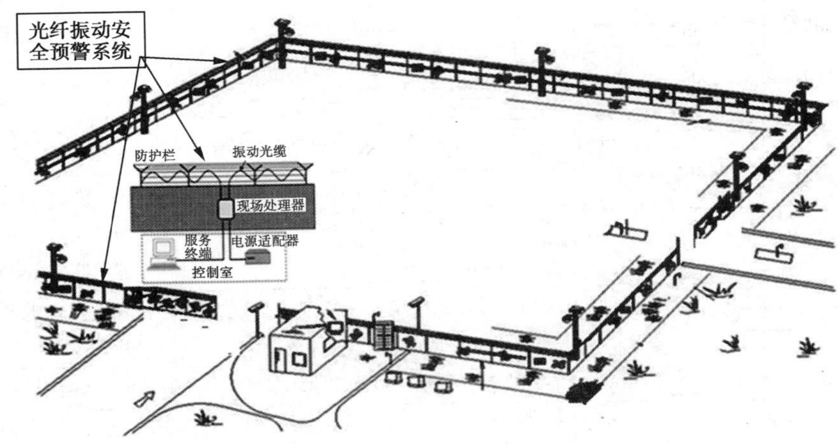

图 8-4-1 输油站场光纤周界安防系统示意图

二、系统原理

光纤周界安防系统是在所防护区域围墙的铁丝围网上敷设光缆，利用光缆构成分布式微振动传感器，当外界的振动信号作用到光纤上时，会对光纤产生应力应变，从而影响到光纤中光波的传输特性(如光波的偏振、散射以及相位)发生变化，通过检测光波传输特性的变化即可检测出外部振动信号(图 8-4-2)。

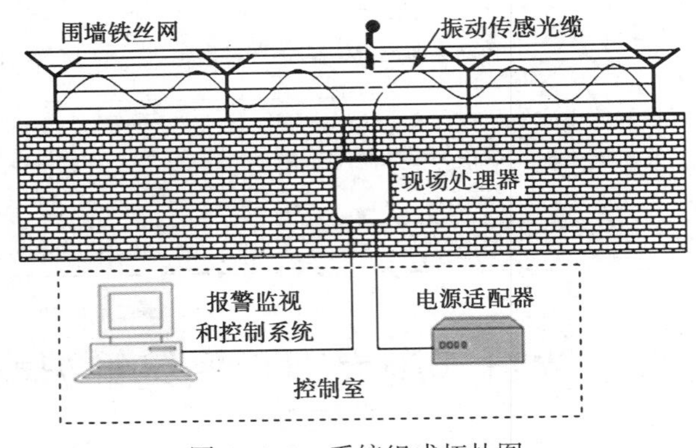

图 8-4-2 系统组成拓扑图

当有人员从围墙上方攀爬侵入时，引起围墙铁丝围网上光缆的振动，振动信号通过光缆传输到现场处理器进行分析和处理，判断是否是侵入事件。如果判断是侵入事件，将报警信息传到控制室的报警监视和控制系统，发出报警信号，并联动工业电视监控、声光报警信号灯，使值班人员能够及时查看和阻止外部人员侵入，为站区的安全提供有力的支持。

三、组成结构

1. 硬件组成

系统硬件主要由现场检测单元、中心控制单元、供电系统和通信系统组成，其系统组成如图 8-4-3 所示。其各组成部分功能如下：

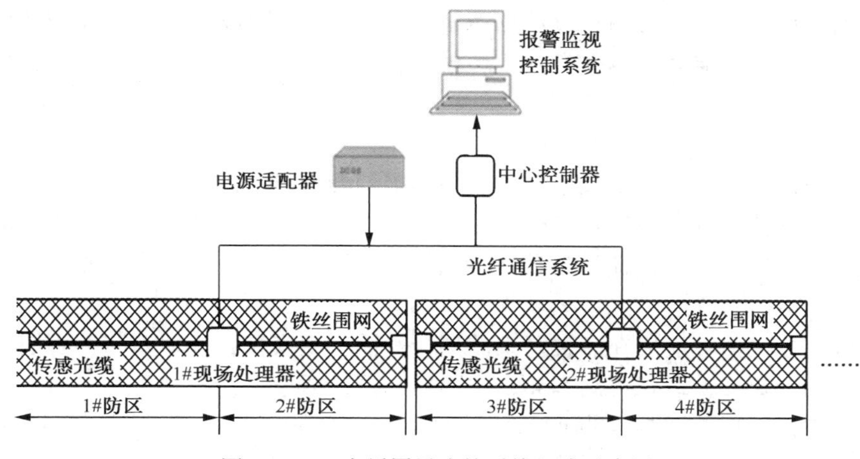

图 8-4-3　光纤周界防护系统组成示意图

（1）现场检测单元主要完成现场周界振动信号的检测、信号采集和判断以及数据传输等功能；

（2）中心控制单元主要完成振动信号的进一步判断、现场单元的控制、报警显示、参数设置等功能；

（3）通信系统主要采用光纤通信完成现场检测单元与中心控制单元的数据传输功能；

（4）供电系统为中心控制单元和现场检测单元提供电源以及电源保护。

2. 软件系统

软件系统主要包括现场检测软件系统和中心控制软件系统。

1）现场检测单元软件系统

现场检测单元软件系统主要完成振动信号的采集、判断以及报警信息的传输等功能，系统软件部分完成的主要如下：

（1）首先进行系统初始化，设定好系统各个参数，例如采集速率、缓冲区大小、采集范围等。

（2）随后触发 A/D 芯片实时地对分布式光纤振动传感器输出的电压信号进行模数转换。

（3）转换后的数据与振动信号阈值进行对比，判断防区内是否有振动信号，如果振动信号高于阈值，进行下一步信号的判别。否则，继续采集振动信号。

（4）将高于阈值的振动信号进行信号特征提取出，进入分类器进行模式识别，判断是否发生入侵事件，如果有入侵事件，将入侵信息通过光纤通信模块传输到中心控制器。

2）中心控制单元软件系统

中心控制单元软件系统主要包括参数设置模块、报警信息显示模块、数据查询模块和数据通信模块。

（1）参数设置模块。可以通过中心控制单元软件系统来实现对现场检测单元模块的参数设置。中心控制单元可对现场检测模块中的剪切、攀爬灵敏度和报警阈值等参数进行远程设置。

（2）数据查询模块、报警信息显示模块。报警监视和控制系统软件具有良好操作界面，报警记录模块可以方便查询报警记录信息，报警信息模块提供具体的防区报警信息，直观清晰，为站区的防护提供有力的支持。

（3）数据通信模块。中心站通过数据通信模块实现与现场处理器间的报警信息的传输，通过中心站与现场处理器间的数据交互实现报警、查询现场处理器状态、设置现场处理器参数等功能。

3. 系统特点

（1）具有高探测能力和低误报率。现场终端报警处理单元的每个通道有一个微处理器和两个数字信号处理器，分别对攀爬围栏行为和剪断围栏行为进行智能分析，传感信号是在时间域和频率域内实现处理，保证系统具有很强的识别能力，使用频率过滤器可以滤除大部分误报源。

（2）防区划分灵活。应用在多种复杂的场合：围栏上安装，埋地安装，围墙上安装，每个防区的传感光纤长度，最长可到5km，防区划分很灵活。

（3）有多种自动检测手段，保证系统可靠运行。现场终端报警处理器能够区分入侵报警、故障报警和防拆报警并通过通信设备将这些报警信号传给围界报警管理主机。由攀爬、剪断或者故意晃动围栏引起的报警被认为是入侵报警；由于电源故障、输入电压过低、光路故障(被剪断或由于接头脏使光能量损失过多)，故障报警和入侵报警区分开，打开报警控制器的机箱发出的报警是防拆报警，防拆报警和故障报警及入侵报警区分开，这样，整个系统可以实时检测系统的工作状况。

（4）可以对报警处理器进行独立编程，使之工作在最佳状态。报警处理单元有35个可配置参数，可以在控制室通过光纤通信网络对每一个防区进行独立调试，使每一个防区工作在最佳状态，通过对信号门限、信号频率、事件计数器、信号持续时间、时间窗、风处理软件参数以及频率过滤器等参数的设置，而不是仅仅靠信号门限区别信号类型，能达到某一个信号门限的振动很多，但是每一个信号的频率却完全不同，所以，频率可以唯一地识别某一个具体振动信号。通过对参数的调整可以使该模块工作在最适合本防区环境的状态下，误报率极低。

（5）可以在暴风雨等恶劣的环境下正常运行。动态环境补偿算法和风处理软件的运行，可以使安全防范系统在大风环境下正常运作，在暴风雨的环境中也能很好地工作，在一些特殊场合，系统可以选择接入风速计作为动态实时补偿。

（6）系统具有本质安全性。不受雷电干扰破坏，由于光纤本身不导电，所以它不会受到雷电的破坏。传感光纤不发射，也不接收以下信号：电磁信号，雷达信号，无线电信号，高压静电信号，在强电场和磁场环境能正常工作。

（7）系统适应在恶劣环境下工作。能够在高温和极寒冷的气候条件下稳定工作，系统具有防风沙、防雨雪、防尘土的功能。

四、系统维护

1. 室外光缆运行维护

（1）每月光缆线路巡检，暴风雨或外力影响可能造成线路隐患时，应立即巡查。

（2）每季度检查光缆接续盒是否发生老化、进水等问题，如发生应立即更换。

（3）维修队每年对传输光缆的损耗进行测试。

（4）每月检查安装支架是否存在松动、脱落等情况。如发现松动、脱落情况应立即处理。

（5）每季度巡视附近是否存在植物，在大风、雨等强对流天气情况下是否会碰触或影响周界安防系统，如存在应立即清理。

（6）每年定期巡视安装支架及金属网，防止发生锈蚀，并进行防锈处理。

2. 室外监控摄像机运行维护

（1）每月检查户外摄像机和支架的腐蚀、损坏情况；检查是否有遮挡摄像头的杂物，检查摄像机云台是否有松动、脱落现象。摄像机镜头应采用专业的镜头纸擦拭或吹风机定期清洁。

（2）每月检查摄像机与控制台之间线路是否有松动、破损现象；同时检查线路捆绑是否整齐，松紧适度，美观统一，是否存在标签脱落或字迹模糊现象，如果有应及时整理和更换标签。

（3）每月对机柜设备表面和控制平台设备表面清洁，可以直接使用吹风机或吸尘器，需要尽量避免接触设备连接线路，防止损伤线路或误断开接头。

（4）每月根据使用说明书的描述检查软件控制功能，包括云台转动、调整画面清晰程度和焦距等功能。

3. 系统主机运行维护要求

（1）每日检查机房温度、湿度并记录。

（2）每日检查应用服务器是否正常工作。应用服务器运行指示灯说明见表 8-4-1。

表 8-4-1 应用服务器运行指示灯说明

序号	检查项目	设备运行正常	故障显示
1	电源指示灯	常绿	常灭
2	激光发射指示灯	常亮	常灭
3	故障指示灯	常灭	常亮
4	报警指示灯	常灭	常亮
5	Rx 灯	常亮	常灭
6	Tx 灯	常亮	常灭
7	Daq 灯	常亮	常灭

（3）每季度定期清理设备灰尘，保持设备表面和机架清洁。

（4）每年度定期检查电源设备的可靠性。

（5）每日检查系统状态，监控端检查服务器运行指示灯说明见表 8-4-2。

表 8-4-2 监控端服务器运行指示灯说明

序号	检查项目	正常结果	故障显示
1	断纤指示灯	绿色	红色
2	系统指示灯	绿色	红色
3	告警指示灯	绿色	红色
4	磁盘空间指示灯	绿色	红色
5	报警音箱测试	声音正常	没有声音
6	设备状态	正常	故障
7	当前用户	值班员	

（6）每月对软件报警功能进行测试，其中包括声光报警、视频联动等，验证输出记录对应测试点的报警信息，并有声音提示信息和视频窗口展示入侵行为。

（7）每月校对监控端主机和视频设备的时间，确保设备时间一致。

（8）每日观察系统报警情况。

（9）每月导出报警记录表格，形成报表分析并存档。

（10）每季度对历史数据库进行备份并按照一定规则命名保存，命名规则为：年月日—数据库名称，如 20140203—Beta。

4. 主机及计算机软件系统故障识别及处置

系统故障信息及对应处理表参见表 8-4-3。

表 8-4-3 主机及计算机软件系统故障信息及对应处理表

<table>
<tr><th>位置</th><th>问题</th><th>可能原因</th><th>处理对策</th></tr>
<tr><td rowspan="6">主机设备</td><td rowspan="2">电源指示灯不亮</td><td>未供电</td><td>检查电源连接</td></tr>
<tr><td>设备故障</td><td>修理设备</td></tr>
<tr><td rowspan="3">通道指示灯不亮</td><td>未接入振动光缆</td><td>不需处理</td></tr>
<tr><td>通道传输电缆断纤</td><td>断纤接续</td></tr>
<tr><td>振动光缆断开</td><td>断纤接续</td></tr>
<tr><td>激光发射灯不亮</td><td>激光器未打开</td><td>检查激光器开关是否打开</td></tr>
<tr><td rowspan="9">监控端软件</td><td rowspan="3">振动光缆故障</td><td rowspan="2">损耗过大</td><td>抚平大弯折点</td></tr>
<tr><td>重新接续老化熔接点</td></tr>
<tr><td>断纤</td><td>断纤接续</td></tr>
<tr><td rowspan="2">传输光缆故障</td><td>损耗过大</td><td>抚平大弯折点</td></tr>
<tr><td>断纤</td><td>断纤接续</td></tr>
<tr><td>采集数据报错</td><td>激光不在可控的温度范围内</td><td>重启系统</td></tr>
<tr><td>严重的错误</td><td>通信错误</td><td>重启系统</td></tr>
<tr><td>没有接收到下位机的数据</td><td>界面显示通信未连接</td><td>运行 Ping 命令，确保网络连通</td></tr>
<tr><td>原始数据几乎为零</td><td>激光器未打开</td><td>检查激光器开关是否打开</td></tr>
</table>

续表

位置	问　　题	可 能 原 因	处 理 对 策
系统网络连接	网络中断	光缆线路异常	用 OTDR 测试光缆
		光接口板故障	维修或更换光接口板
		光端机以太网口故障	检查故障业务的数据配置，判断通信业务通断，找到原因后维修或更换光端机故障
周界安防系统软件客户端	客户端无法启动及登录异常	系统某文件丢失导致	从网络上下载此文件，放入相应目录，并重新启动计算机应该可以解决
		应用服务器未正常启动导致	需要正常启动服务器和服务器软件
		数据库连接异常	检查数据库配置，包括数据库名称、用户名、密码、数据库 IP 等

第五节　炉 控 系 统

站场仪表自动化工程师负责本站场炉控系统的维护管理，步骤为：

（1）收集本站场炉控系统的相关资料。

（2）对本站场仪表维护人员炉控系统的日常巡检情况进行监督，收集整理系统运行情况，发现问题及时处理或上报生产科。

（3）每年结合 SCADA 系统年度检测对炉控系统进行测试，填写测试记录。

（4）配合维护人员完成系统的维护检修工作。

管道系统常用加热炉主要有两种：直接式加热炉和间接式加热炉。其中，间接式加热炉也就是我们常说的热媒炉，在石油管道系统内部使用越来越少，本书只对直接式加热炉炉控系统进行介绍。

一、加热炉简介

直接式加热炉主要用于加热炉管内的原油，以达到原油输送温度要求，满足系统工艺要求。目前在用的加热炉主要为轻型快装管式结构，具有结构简单、拆装方便和集成化程度高等特点。由辐射室、对流室、烟囱、烟囱挡板及电动执行器、梯子平台、侧门吊车、转油线（带原油旁通）、燃烧器、燃烧系统等组成（图 8-5-1）。各大部件均在工厂制造，检验合格后运至现场组装。

加热炉辐射室为八角形，辐射炉管沿轴向水平蛇形布置，并沿圆周均匀排列；辐射室前、后墙弯头箱采用法兰式连接，便于检修和更换弯头。

对流室为立式矩形结构，位于辐射室上部，运至现场后与辐射室组装。对流管采用钉头管强化传热，因而减小了结构尺寸；且弯头箱、侧门也采用法兰式连接。

烟囱位于对流室上部，通过烟囱底座与对流室出口相连。

燃烧器采用燃烧器，常用的为威所、百得、意高等厂家的相关燃油、燃气或者油气两用的产品。燃烧器具有自动点火、自动关断、火焰监测、伴热等功能。对于燃油燃烧器，燃油

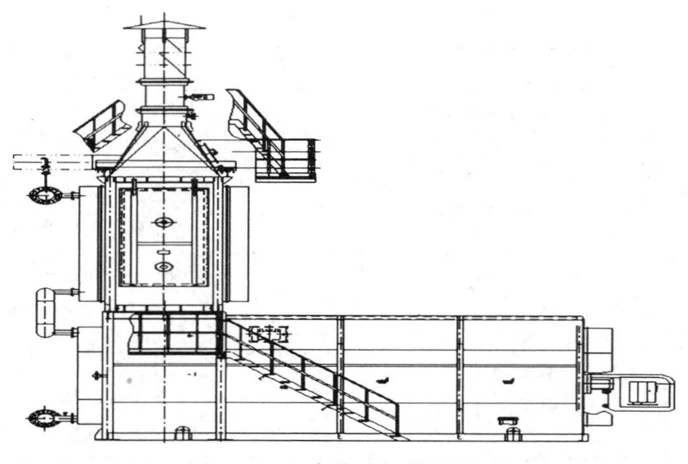

图 8-5-1　直接式加热炉简图

系统主要由来回油流量计、过滤器、双泵橇、电加热器、阀门、管线等组成。具有加热、过滤和计量等功能。

为防止对流管积灰，加热炉还常设置旋转式吹灰器，安装在对流室侧门上，由供气吹灰系统提供空气，定时对对流室换热面进行吹灰作业。

安全防护方面，加热炉设置了防爆门和氮气灭火口。

用于调节炉膛内负压的烟囱挡板采用电动执行器手动调节。

二、炉控系统

1. 炉控系统简介

直接式加热炉自控部分包括主机 PLC、控制柜、橇座内仪表、液晶显示器、电线电缆等。常采用的是以燃烧器时序控制与 PLC 控制相结合的多级控制系统，以 PLC（含 CPU 处理器、模块与机柜等）为核心，采用单炉独立仪表系统控制模式，具备控制柜和现场就地启、停功能。每台加热炉均有独立的控制柜（控制柜采用全封闭外壳，防护等级不应低于 IP55），并配备一台 9in 的液晶触摸显示屏，加热炉系统的所有运行参数、状态和报警信号等数据均接入控制柜并能在液晶显示屏上显示，并设置通信接口。

加热炉控制系统包括：流程显示、自动启/停加热炉、联锁停机等控制功能。同时，加热炉数据上传到 SCADA 系统[通过加热炉的 PLC 以太网口（冗余），通信协议采用 TCP/IP，由 SCADA 分配 IP 地址]（同时具有 RS-485 通信协议为 Modbus/RTU 将数据传送到站控 PLC）。SCADA 系统在调度员工作站上利用单独的页面对加热炉系统参数进行显示。

2. 炉控系统联锁保护功能

加热炉的操作过程主要是通过以可编程序控制器（PLC）为中心的仪表自动化控制系统进行自动控制和调节。对加热炉各项工艺保护参数（如压力、温度、原油进出炉差压）进行检测，任一保护参数越限即报警、停炉，并接受中心控制室的紧急停炉 ESD 信号。

自动调整风/油配比，使之围绕原油出炉温度设定值上下调整，满足管线的原油出炉温度。同时，为加强优化燃烧，提高炉效，设置了氧量调节功能。常见炉控系统故障报警及停炉功能见表 8-5-1。

表 8-5-1　直接式加热炉系统故障报警及停炉功能表

检　测　点	位　　置	显　示	控　制	报　警	联　锁
介质入炉温度	控制盘/就地	√			
介质出炉温度	控制盘/就地	√	√	√	√
介质入炉压力	控制盘/就地	√			
介质出炉压力	控制盘/就地	√		√	√
介质入、出炉压差	控制盘/就地	√	√	√	√
炉膛温度	控制盘	√		√	√
炉膛压力	控制盘	√		√	√
燃油(气)压力	控制盘/就地	√		√	√
燃油温度	控制盘/就地	√		√	√
燃油(气)耗量	就地	√			
烟气氧量	控制盘	√	√		
排烟温度	控制盘/就地	√		√	√
火焰故障	控制盘/就地	√		√	√
空气储罐压力高/低	控制盘/就地	√		√	
氮气瓶压力高/低	控制盘/就地	√		√	
其他报警	控制盘/就地	√		√	

常见控制系统安全保护功能说明如下：

（1）熄火保护。当炉子在运行中因某种原因使其火焰熄灭时，系统就会立即报警并停炉。

（2）被加热介质出入炉差压低保护。当介质在炉盘管内流速低或未流动而造成入出炉差压低时报警并不允许启炉。

（3）排烟温度过高保护。当系统检测到排烟温度超过允许值时，就会立即停炉并发出过高报警，提醒操作者进行适当的处理，以防止管泄漏。

（4）炉膛温度高保护。当检测到炉膛温度过高时，系统判断为发生火灾，此时报警停炉并投入氮气灭火。

（5）程序控制器报警保护。报警原因是燃烧器故障。对于燃气燃烧系统，可能存在的故障有检漏器报警保护、风压过低、燃气压力低、燃气压力高、未点着火、火焰检测未通过等原因；对于燃油燃烧系统，可能存在的故障有风压过低、燃油来油压力低、燃油回油压力高，燃油来油温度低、点火失败等原因。

（6）检漏器报警保护。主要检测主燃气电磁阀是否有泄漏，如有泄漏则不启炉。

第六节　输气站场压力控制系统

站场仪表自动化工程师负责本站场压力控制系统的维护管理，步骤为：

（1）收集本站场压力控制系统的相关资料。

（2）对本站场仪表维护人员压力控制系统的日常巡检情况进行监督，收集整理系统运行情况，发现问题及时处理或上报生产科。

（3）每年结合 SCADA 系统年度检测对压力控制系统进行测试，并填写测试记录。

（4）配合维护人员完成系统的维护检修工作。

一、系统概述

为确保下游长输管道和城市管网用户供气安全稳定，在输气站场设置有压力控制调节系统。常见的压力控制调节系统的配置方案是(根据工程实际要求，选择其中的一种或多种)：

（1）安全切断阀+监控调压阀+工作调压阀(图 8-6-1 和图 8-6-2)。

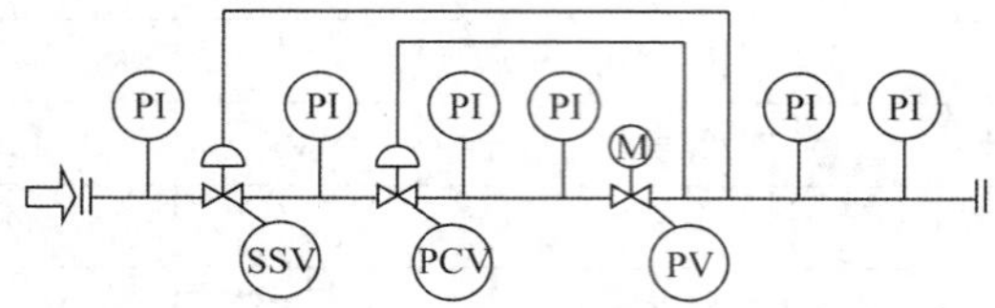

图 8-6-1　工作调压阀采用电动调节阀的系统配置一

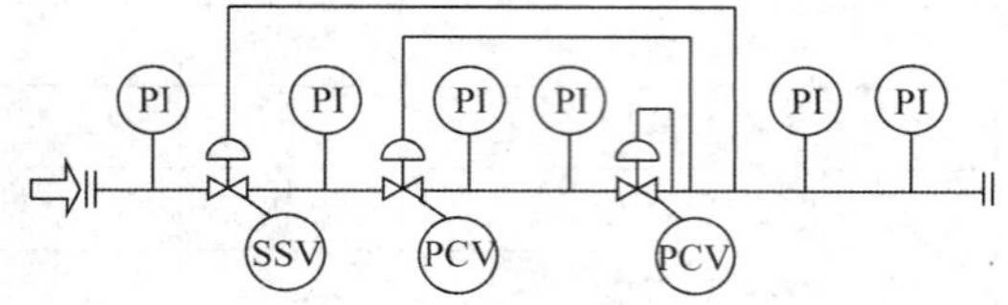

图 8-6-2　工作调压阀采用自力式调压阀的系统配置二

（2）安全切断阀+安全切断阀+工作调压阀(图 8-6-3 和图 8-6-4)。

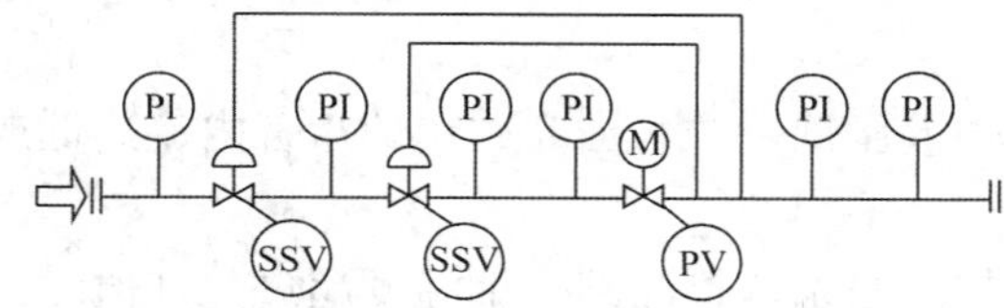

图 8-6-3　工作调压阀采用电动调节阀的系统配置一

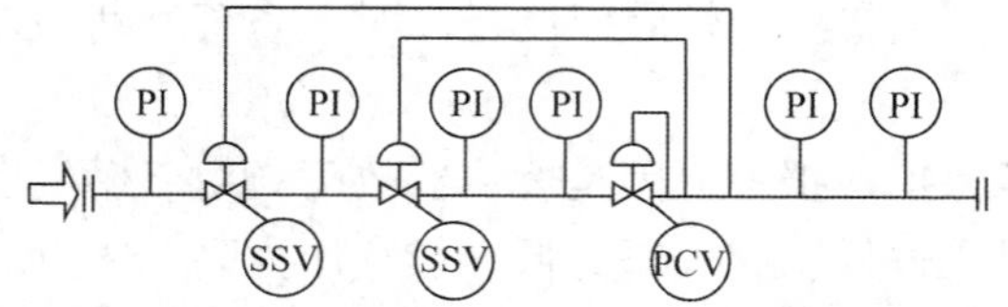

图 8-6-4　工作调压阀采用自力式调压阀的系统配置二

（3）安全切断阀+工作调压阀(图 8-6-5 和图 8-6-6)。

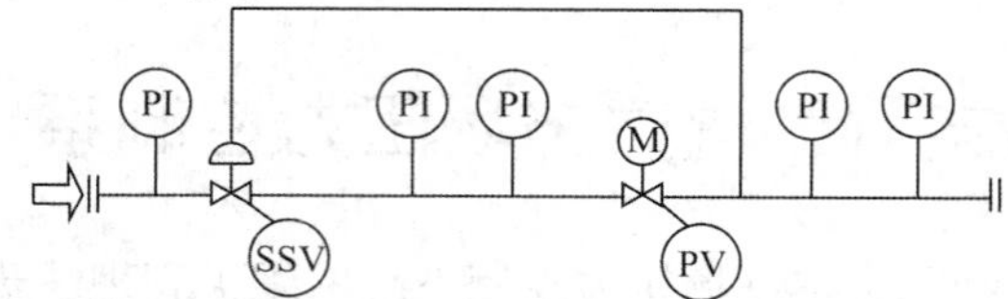

图 8-6-5　工作调压阀采用电动调节阀的系统配置一

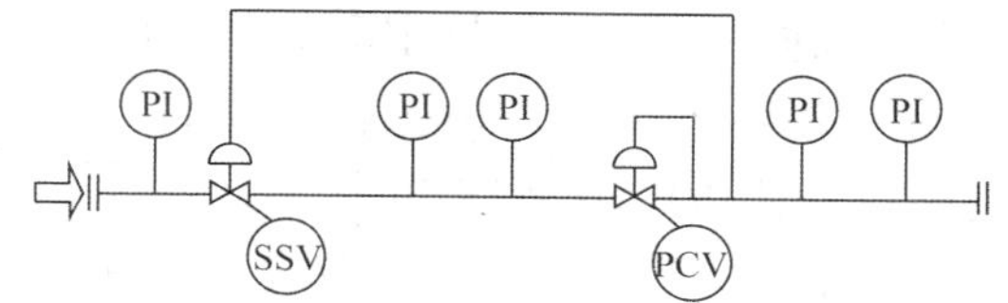

图 8-6-6　工作调压阀采用自力式调压阀的系统配置二

压力控制系统包括压力检测、压力调节、安全截断及相关的监视报警系统。安全截断系统中的安全截断阀应采用自力式结构。安全截断阀的选择应按照口径大小和压力等级，及进出口的压力比来选择。

以上阀门按照先安全切断阀后工作调压阀的顺序，从上游至下游串联组装在一起。安全切断阀、监控调压阀和工作调压阀应为相互独立的设备。

以上述第一种方案为例说明：压力控制系统是由安全切断阀、监控调压阀和工作调压阀按照从上游至下游的顺序串联在一起的安全、监控式调压系统。安全切断阀、监控调压阀、工作调压阀应为相互独立的设备。正常情况下，安全切断阀和监控调压阀处于全开位置，由工作调压阀对下游压力进行控制。当工作调压阀出现故障，无法控制下游压力时，监控调压阀开始工作，以维持下游压力的安全范围。若监控调压阀也出现故障，不能控制下游压力时，安全切断阀则自动切断气源，以保证下游管道和设备的安全。

1. 安全切断阀

安全切断阀作为压力控制系统中的安全装置，应采用独立于监控调压阀和工作调压阀的专用设备。安全切断阀在正常工作状态下为常开，一旦系统的压力达到设定值的上限或下限，它将自动切断供气管路。自动切断后，它不能远程自动打开，只能就地手动打开。安全切断阀应具备压力值重新设定的功能，能够根据要求自行判断压力进行关断保护。

2. 监控调压阀

监控调压阀应选用高可靠性的自力式调压阀，该自力式调压阀应为带有指挥器的调压阀。调压阀的指挥器应是带有负载级和控制级两级作用的指挥器，其中，第一级为压力可调的负载级，能够为控制级提供合适、稳定的压力；第二级为控制级，负责调压阀出口压力的调节。

3. 工作调压阀

工作调压阀可以采用电动调节阀或自力式调节阀。采用自力式调节阀作为工作调压阀时，其技术要求同监控调压阀。

为了提高压力控制系统的可靠性和稳定性，结合流量和压力等参数，对分输管路进行压力/流量控制。在正常的流量设定范围之内，压力控制系统处于压力调节状态，控制下游供气压力在规定的范围内。当供气流量超过设定值时，压力控制系统则切换到流量控制状态，进行分输流量的限流控制。压力控制系统具有远程修改设定值、手动操作的功能。

二、系统选用

针对下游长输管道和城市管网用户供气，需要提供两级安全保护的站场，若具有稳定的外供电保障，应采用“双安全紧急截断阀+电动调压阀”结构的调压系统。若不具有稳定外供电保障，宜采用“双安全紧急截断阀+可控自力式调压阀”结构的调压系统。

针对特定的工业用户供气，需要提供两级安全保护的站场，应采用“安全紧急截断阀+自力式监控调压阀+电动调压阀”结构的调压系统。

针对小型用户、下游管容小(比如背靠背站场，对方设有减压系统)和需要提供两级安全保护的站场，宜采用“双安全紧急截断阀+自力式调压阀”结构的调压系统。

对于需要提供一级安全保护的站场，应采用“安全紧急截断阀+调压阀”结构的调压系统。

第九章　SCADA 系统组态软件

新型的工业自动控制系统正以标准的工业计算机软、硬件平台构成的集成系统取代传统的封闭式系统，它们具有适应性强、开放性好、易于扩展、经济、开发周期短等鲜明优点。通常可以把这样的系统划分为控制层、监控层和管理层 3 个层次结构。

其中监控层对下连接控制层，对上连接管理层，它不但实现对现场的实时监测与控制，且常在自动控制系统中完成上传下达、组态开发的重要作用。监控层的硬件以工业级的微型计算机和工作站为主，目前更趋向于工业微机。

组态软件指一些数据采集与过程控制的专用软件，它们是在自动控制系统监控层一级的软件平台和开发环境，能以灵活多样的组态方式（而不是编程方式）提供良好的用户开发界面和简捷的使用方法，其预设置的各种软件模块可以非常容易地实现和完成监控层的各项功能，并能同时支持各种硬件厂家的计算机和 I/O 设备，与高可靠的工控计算机和网络系统结合，可向控制层和管理层提供软、硬件的全部接口，进行系统集成。

本章将针对输油气管道 SCADA 系统中常用的几种组态软件（主要为 OASyS，PKS 和 EpipeView 软件）做详细介绍。

第一节　OASyS 软件的维护和使用

站场仪表自动化工程师负责本站场上位机组态软件 OASyS 的管理，管理步骤为：

（1）收集 OASyS 软件的操作手册、安装软件及模块组态信息。

（2）通过 OASyS 软件，查看软件模块配置信息及故障信息，查看数据库信息。

（3）维修队仪表自动化工程师掌握 OASyS 程序的备份及恢复方法，及对画面简单修改的方法，必要时对软件进行重新组态配置。

（4）配合维护单位完成系统的维护检修，并对结果进行验证。

具体操作及注意事项说明如下。

一、系统概述

OASyS 系统由 3 个子系统组成：CMX，XIS 和 XOS。CMX 是实时数据库和程序包；XIS 是存放历史数据的关系数据库；XOS 是图形用户界面，用于显示系统的状态和提供操作控制功能。

二、用户登录与注销

为使用 OASyS 的 XOS 人机界面，系统管理员需为每名用户分配一个账号，包括用户名和口令。系统管理员可设置该账号所拥有的权限，使得不同级别的用户拥有不同的操作权限，以保证责任到人以及系统的安全性，系统管理员缺省用户名和口令为“valmet”。

1. 登录

启动 XOS 后，将显示一个登录对话框，如图 9-1-1 所示。

图 9-1-1　登录窗口

在“用户名”后的对话框中输入缺省用户名“valmet”，在“口令”后的对话框中输入缺省口令“valmet”，口令是以加密方式显示的，然后点击“登录”按钮登录进 XOS。

2. 注销

如图 9-1-2 所示，点击“注销”按钮后，弹出对话框如图 9-1-3 所示。

图 9-1-2　系统工具条

按提示完成注销或取消注销，确认注销后，系统将关闭所有 XOS 窗口，然后弹出如图 9-1-1所示的登录窗口，用户可重新登录。

退出时的信息包括日期、时间、用户名，会被打印到“事件打印机”程序中。当工作站处于退出状态时，所有的命令都是不可用的，直到下一次成功登录。

3. 退出

点击系统工具条中的关闭 XOS 按钮后，弹出关闭对话框如图 9-1-4 所示。

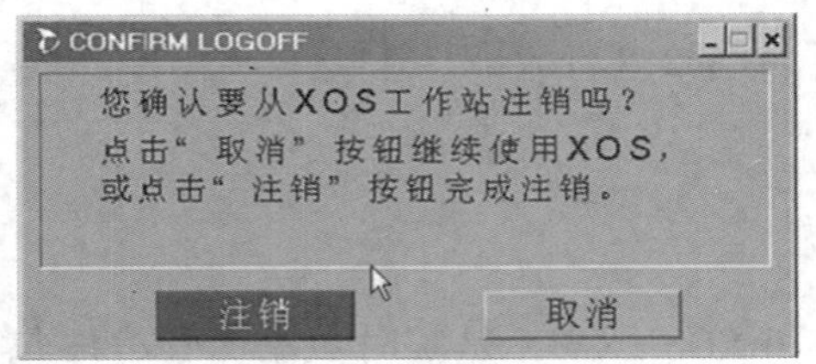

图 9-1-3　注销对话框

图 9-1-4　关闭对话框

按提示完成关闭或取消关闭，确认关闭后，系统将关闭所有 XOS 窗口，并停止 XOS 系统的运行。

三、XOS 桌面

在用户完成登录过程后，就进入了 XOS 桌面。该桌面由多个窗口组成，系统管理员可定制每个用户桌面上的初始窗口，以完成不同的功能。一般来说，XOS 桌面上有 4 个基本窗口：系统工具条、系统信息条、实时报警、流程图。

1. 系统工具条

如图 9-1-2 所示，系统工具条上有一排图标按钮，每个按钮的功能如下(小技巧：将鼠标放于按钮上，1~2s 后，会出现一个小文本框，提示该按钮的功能)。

流程图：显示该厂站的主流程图。

数据库总览：弹出另一菜单，从该菜单中用户可选择 SCADA 数据库，数据以表格的方式显示并实时刷新，操作员并可从表格方便地选择相应现场设备进行操作。

拷屏和打印功能。

停止报警器声音：报警器报警后，通过该按钮停止其报警。

数据库管理：系统管理员通过该按钮进入数据库管理界面，可对系统所有数据库进行管理，包括增加/删除数据点，设置用户权限等。一般操作员没有使用该功能的权限。

历史数据编辑：弹出历史数据编辑窗口，用户可根据需要对历史数据进行添加、修改和删除等操作，但普通操作员只限于查询。

AutoCAD：调用 AutoCAD 画面编辑器。XOS 使用 AutoCAD 作为其画面的编辑工具。系统管理员可通过“数据库管理”工具设置是否允许某一工作站编辑画面。

Excel：启动 Excel。

动态漫游或缩放：点击该按钮后，当前画面就进入了动态漫游/缩放状态，按住鼠标左键可进行漫游，按住鼠标右键可进行缩放，再次点击该按钮则退出动态漫游/缩放状态。

静态漫游或缩放：点击该按钮后，当前画面就进入了静态漫游/缩放状态，按住鼠标左键可进行漫游，按住鼠标右键可进行缩放，再次点击该按钮则退出静态漫游/缩放状态。

修改口令：点击该按钮后，弹出如图 9-1-5 所示对话框。

为修改口令，用户需首先输入旧口令用于验证，并输入两遍新口令，点击“提交”确认。

在线用户指南：将调出用户手册，主要包括操作手册、数据库参考手册、系统组态管理手册、用户界面设计手册、OBEL 手册等。

换班。

注销。

关闭。

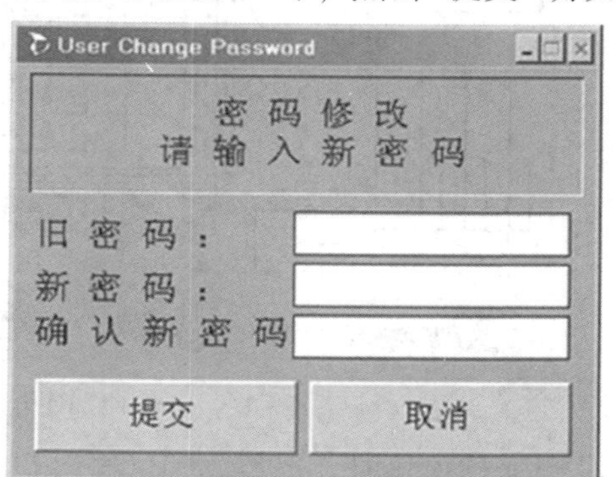

图 9-1-5 修改密码对话框

2. 系统信息条

如图 9-1-6 系统信息条中所示，“系统消息”

文本框中显示非报警的提示信息，例如“正在启动 AutoCAD”等。

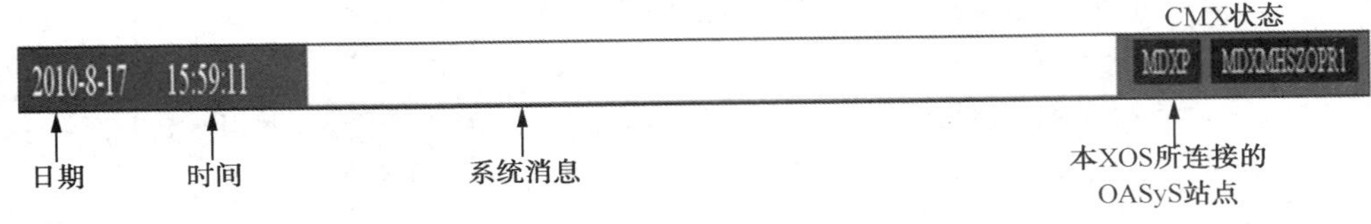

图 9-1-6 系统信息条

3. 实时报警

图 9-1-7 所示实时报警窗口中列出当前还未被确认的报警，每条报警包括：报警产生的时间、产生报警的数据点的描述、报警信息、数据点名称、所属 RTU、报警类别、数据点所属数据库(例如模拟量 analog、状态量 status 等)和产生报警的字段。

图 9-1-7 实时报警

用户点击左边的小按钮可确认该行报警，被确认的报警将从实时报警中删除并保存至历史数据库中。用户可通过“历史事件”查询界面查询历史报警信息。

4. 主索引画面

点击工具条的第一个按钮将弹出本站的主流程图画面，如图 9-1-8 所示。

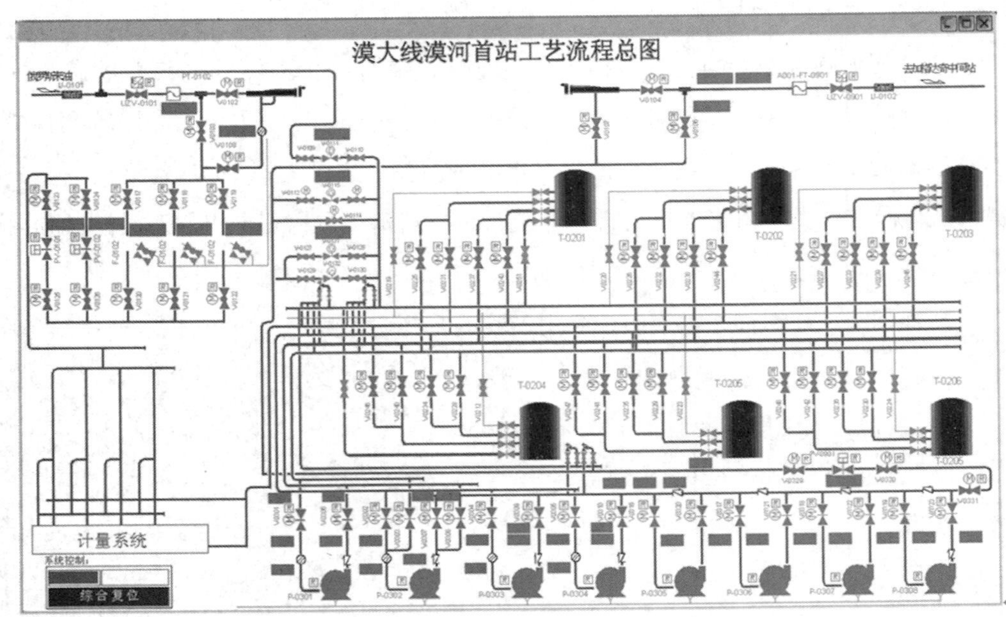

图 9-1-8 主流程图画面

当通信连接时，远控阀门、泵等设备都将会按实时的颜色显示，模拟量也会是实时采集。点击设备会弹出相应的控制面板。

5. 模拟量控制面板

模拟量控制面板如图 9-1-9 所示，当前值中显示该模拟量的当前实时值，正常数据采集时，该值的背景色为黑色、前景色为绿色，数据采集中断时，背景色为绿色、前景色为黑色。当前值下方的图标表示该点的数据质量和标示。关于数据质量共有 5 种图标：

人工置数状态。

非实时采集状态。

数据不刷新状态。

错误状态。

报警被禁止状态。

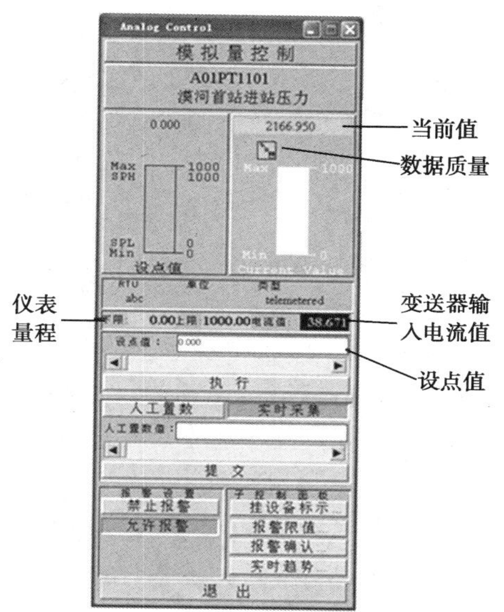

图 9-1-9　模拟量控制面板

如果该点处于越限等报警状态，会出现轻度报警、中度报警和严重报警 3 种报警图标之一：

轻度报警。

中度报警。

严重报警标示共有以下 7 种：

警告。

禁止程序发命令。

禁止操作员发命令。

禁止“开”类型命令。

禁止“关”类型命令。

禁止任何命令。

命令执行中。

在图标下面是用柱状图表示的实时值，当实时值越限时，柱状图用不同颜色表示。

左边是设点值的当前值和柱状图。

在柱状图下面是相关信息，包括该点所属 RTU、工程单位和数据输入类型(包括 telemetered 测量值、calculated 计算值和 manualentry 人工输入值)。

再下面的设点值子控制面板中有供操作员输入设点值的文本框和滚动条，操作员输入目标值后，点击“执行”，该值将会被下发至 RTU 中。再下面是“数据采集子控制面板”，点击“实时采集”，该点数据将来自实际采集的数据，如果点击“人工置数”，则系统将停止直接采集该点数据，而由操作员直接手工输入数据替代实际数据。操作员通过文本框或滚动条输入数据，点击“提交”按钮，数据被替代。

通过控制面板最下面左边的两个按钮，操作员可选择是否允许该点产生报警，如果禁止报警产生，则该点的越限、设备失败等报警将不会产生。右边是其他一些相关子控制面板，包括：挂设备标示、设置报警限值(单击后弹出“报警限值”设置面板)、报警确认、实时趋势。

6. 报警限值设置面板

通过报警限值设置面板如图 9-1-10 所示，操作员可设置各类报警限值，例如“高/低报警限”；如原来在“禁止”状态，单击“允许”按钮。输入报警限值，如果该值在报警限值附近经常跳变，可设置一合适的死区。单击“提交”即可。

7. 状态量控制面板

状态量控制面板(图 9-1-11)的布局和模拟量控制面板类似，其中相关状态子面板用于在显示和控制阀门开关状态时，显示和其相关的另外两个状态量：遥控/就地状态和运行/故障状态。

图 9-1-10 报警限值设置面板

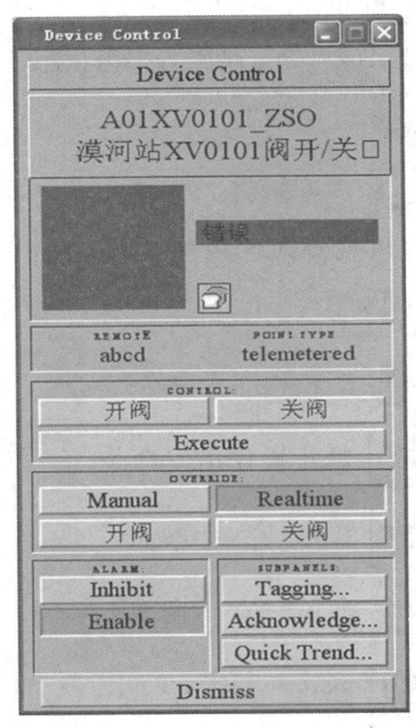

图 9-1-11 状态量控制面板

如果该状态量是输出量，遥控子面板将被激活，操作员可点击“开”或“关”按钮，然后点击“执行”，下达控制命令。

四、数据库总览

单击图 9-1-2 系统工具条上的“数据库总览”按钮后，弹出系统总览对话框，如图 9-1-12 所示。

用户可选择任一类数据进行浏览。所有数据均以表格方式列出。如果数据超过一页，用户可翻页查看，或使用过滤器查看所要的数据。

1. 模拟量总览

模拟量总览如图 9-1-13 所示，列出系统中所有模拟量，包括点名、描述、当前状态和当前值，其中，当前状态包括：正常、越上限、越下限、越上上限、越下下限、变化率越限等。操作员还可通过设置过滤器选择感兴趣的点，或通过“控制面板”对该点数据对应设备进行遥调等操作。

“控制面板”按钮：点击列表左边的一排小按钮可弹出该行对应模拟量的“控制面板”画面，如图 9-1-9 所示。

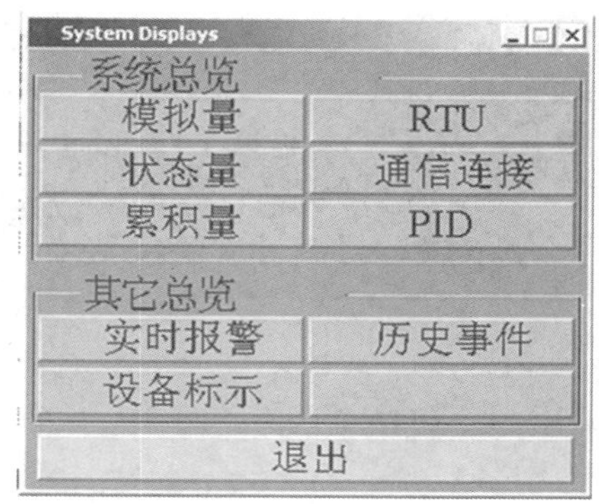

图 9-1-12　系统总览对话框

图 9-1-13　模拟量总览

“相关数据”菜单：点击列表中任一行数据可弹出与该模拟量的相关数据菜单如图 9-1-14 所示。

查找设备：打开第一个包含该模拟量的流程图并找到该点放大显示。显示报警：弹出“点报警窗口”，列出仅和该点相关的实时报警。如图 9-1-15所示。

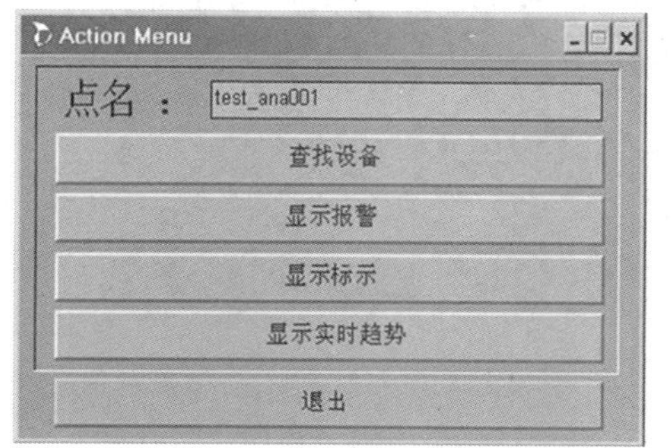

图 9-1-14　相关数据菜单

用户点击左边小按钮确认单个报警和点击上边的“整页确认”按钮确认整页报警。

2. 状态量总览

状态量总览和模拟量总览类似，操作步骤也类似。该总览中显示状态量的点名、描述和当前状态。其中，当前状态根据状态量的性质显示不同信息，例如，阀门开关状态：开(绿色)、关(红色)；设备遥控/就地状态：遥控(绿色)、就地

图 9-1-15　点报警窗口

(红色)；设备运行/故障状态：运行(绿色)、故障(红色)。如图 9-1-16 所示。

图 9-1-16　状态量总览

3. RTU 总览

RTU 总览如图 9-1-17 所示。

图 9-1-17　RTU 总览

4. 连接总览

连接总览如图 9-1-18 所示。

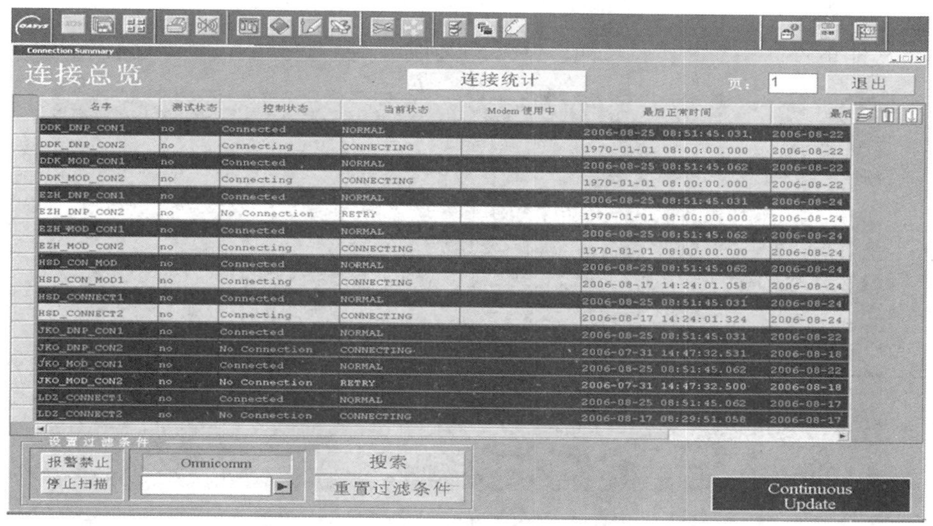

图 9-1-18　连接总览

5. 实时报警总览

实时报警总览如图 9-1-19 所示，操作员可点击“整页确认”按钮确认本页显示的所有报警，也可点击左边的小按钮逐个确认。

图 9-1-19　实时报警总览

6. 历史事件总览

历史事件总览如图 9-1-20 所示，列出最近的最多 500 个按时间顺序发生的事件，缺省的起始和结束时间为当天的起始和结束时间。显示内容包括事件发生的时间、毫秒时标、产生事件的数据点名、所属 RTU、事件信息。事件的类别包括：

alarm(报警)——即实时报警经操作员确认后归档入历史库产生的历史事件。

control(控制)——操作员下达的命令。

soe(事件序列)——从 RTU 中采集的带时标的事件。

event(其他事件)——除以上 3 种事件外的其他事件，如操作员登录、注销等。

图 9-1-20　历史事件总览

五、数据库管理

单击“组态菜单”按钮，可进入各数据库的组态画面，如图 9-1-21 所示。

1. 通信菜单

在图 9-1-21 中单击“通信…”按钮，可进入“通信组态”子菜单，如图 9-1-22 所示。

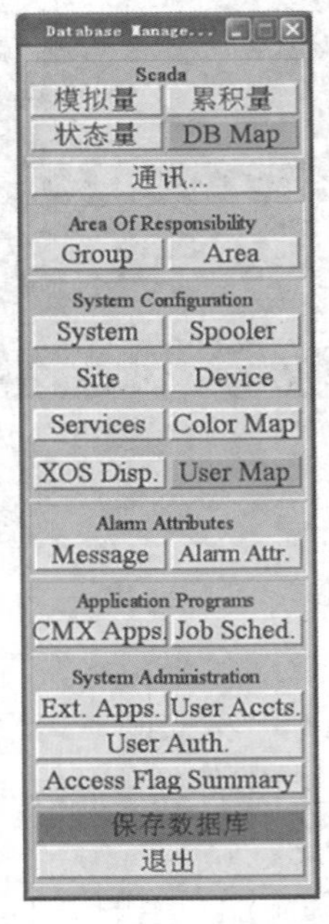

图 9-1-21　数据库组态画面

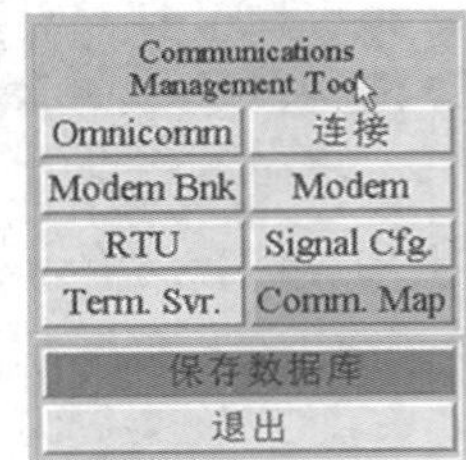

图 9-1-22　通信组态子菜单

1）数据采集进程（omnicomm）

作用说明：omnicomm 数据库用于定义 OASyS 站控系统的数据采集任务。每个记录对应了一个实际运行的进程。

OASyS 在系统启动时根据该数据库的定义自动启动相应的数据采集任务。一般建议采集 RTU 用一个单独的 omnicomm 进程，例如“omni_rtu1”；采集其他设备用另一个进程，例如“omni_rtu2”。

2）连接（connection）

作用说明：OASyS 的数据采集是基于网络方式的，其基本采集方式是通过多端口的终端服务器连接现场设备，例如 RTU，而 omnicomm 则通过网络连接终端服务器的相应端口采集数据。所以，首先需配置连接数据库。单击图 9-1-22 中的“连接”按钮，会弹出连接组态画面，如图 9-1-23 所示。

其中，需定义 Omnicomm 进程，请选择相应记录填入相应的选择框中。

单击图 9-1-23 中“物理…”按钮，弹出物理连接配置画面，如图 9-1-24 所示。

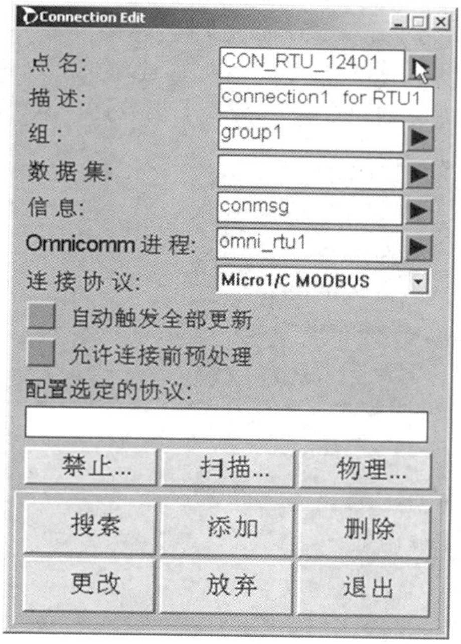

图 9-1-23　连接组态画面

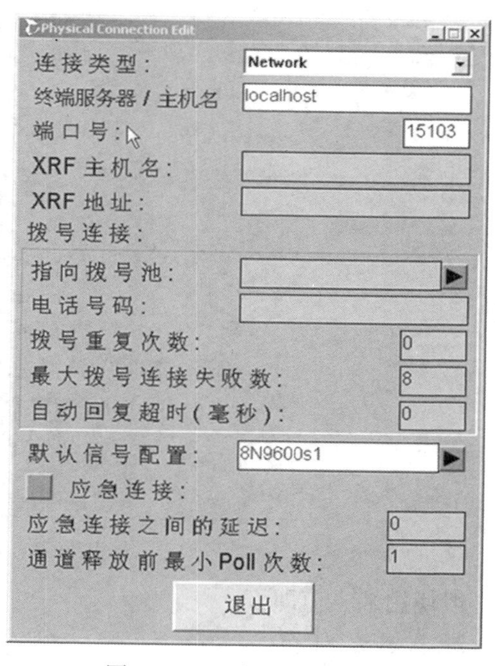

图 9-1-24　物理连接配置

配置如下：

（1）连接类型为 Network。

（2）终端服务器/主机名。对于终端服务器连接的设备，输入该终端服务器的网络设备名，对于串口连接的设备，输入“localhost”。

（3）端口号。对于终端服务器连接的设备，输入其逻辑端口号。对于串口连接的设备，输入 15100+串口号，例如，如果是用 com3 连接，则输入 15103。

3）RTU（remote）

作用说明：remote 数据库用于定义现场采集的设备，例如 RTU、PLC 流量计等。

Remote Edit
点 名: RTU_12401
描 述: RTU 1
组: group1
信 息: rtu
通 信 设 置:
RTU 协 议: Micro1/C MODBUS
地 址: 1
是否为双机: no
参 数: 扫描… 连接…
禁止… 任务表… 历史…
搜索 添加 删除
更改 放弃 退出

图 9-1-25 remote 配置画面

调用画面方法：单击通信菜单中的"RTU"按钮，弹出该数据库的编辑画面，如图 9-1-25 所示：

在图 9-1-25 中主要需配置的为：

（1）RTU 协议：对于 SAGE2100 RTU，请选择 Micro1/C MODBUS，对于其他设备，选取相对应的通信协议。

（2）地址：根据现场设备设置定义，特别注意在设备通过 485 串联，共享一个连接时，该地址不能和其他串联设备冲突。

（3）是否为双机：对于双 RTU 站置为"yes"，否则置为"no"。

单击 remote 编辑画面上的"连接…"，弹出连接画面，如图 9-1-26 所示。

该画面用于定义该 remote 所属连接，每个 remote 可定义两个连接，在主连接失败时，omnicomm 会自动通过备用连接采集数据。其他参数一般使用缺省值即可。

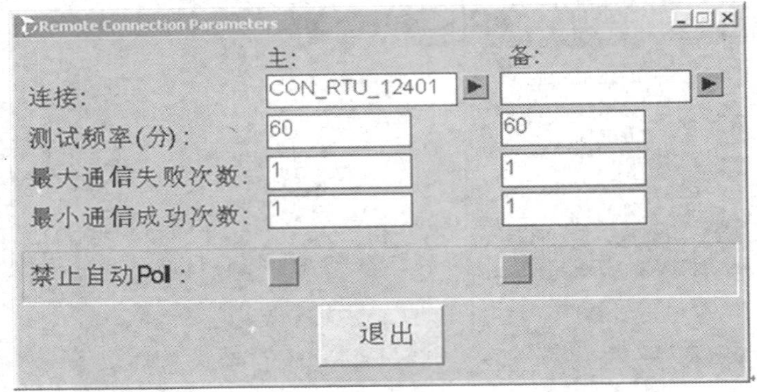

图 9-1-26 remote 中的连接画面

2. 状态量（status）

作用说明：状态量用于定义离散数据，例如阀门开关状态，也可用于遥控远程设备进行离散式动作。

调用画面方法：单击数据库管理菜单上的"状态量"按钮，弹出状态量组态子画面，如图 9-1-27 所示。

3. 模拟量（Analog）

作用说明：模拟量用于表示系统中连续变化的数据。

调用画面方法：单击数据库管理工具菜单上的"模拟量"按钮，弹出模拟量组态子画面，如图 9-1-28 所示。

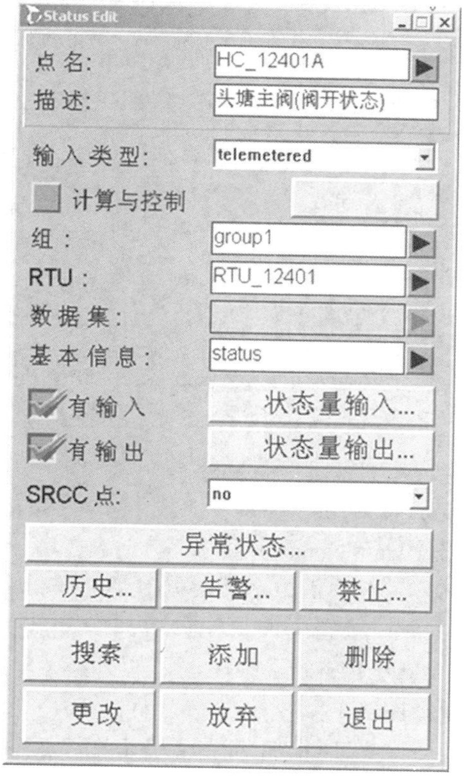

图 9-1-27　状态量组态子画面

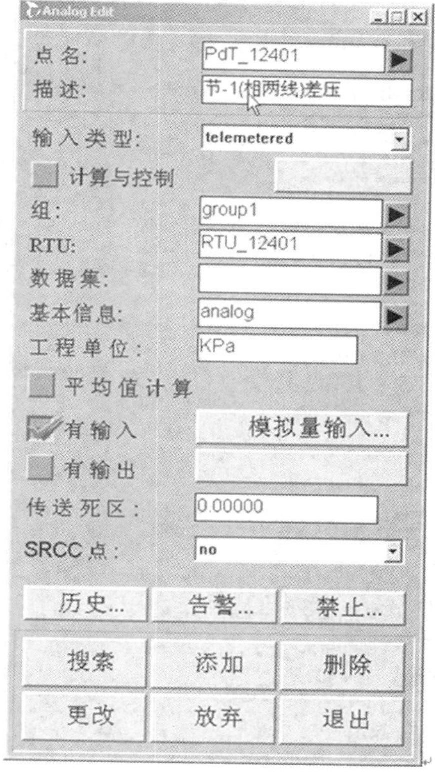

图 9-1-28　模拟量组态子画面

六、系统配置

1. 创建 Group

在图 9-1-21 中点击“Group”弹出组编辑画面，如图 9-1-29 所示。

在 Name 中填入要创建的 Group，如 LZC_GROUP，点击“添加”。

2. 创建 Area

在图 9-1-21 数据库组态画面中点击“Area”弹出域编辑画面，如图 9-1-30 所示。

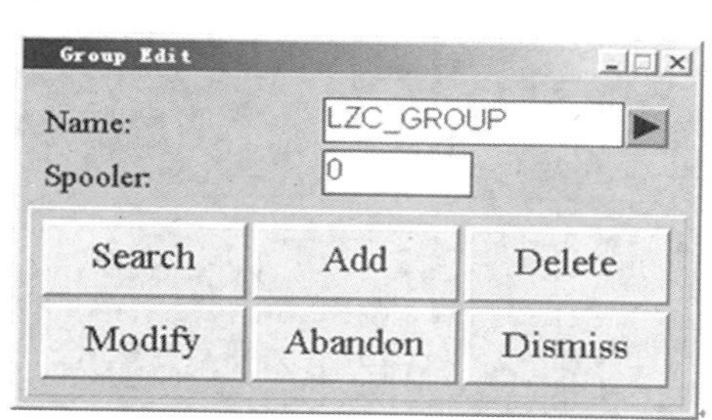

图 9-1-29　组编辑画面

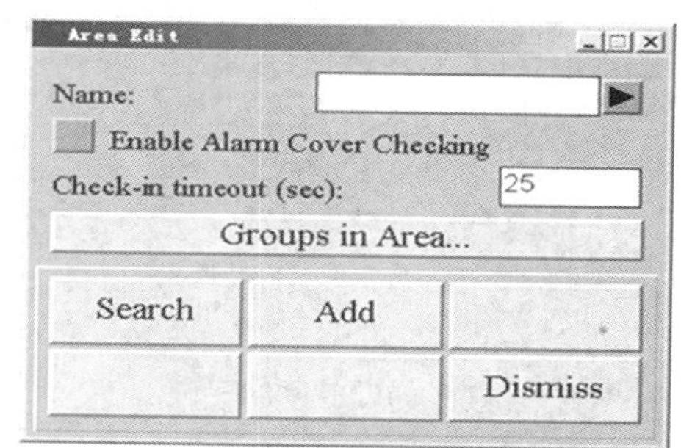

图 9-1-30　域编辑画面

在 Name 中填入要创建的 Area。点击“Add”添加。例如兰郑长成品油管道项目中 Area 定义为 LZC_AREA，则在 Name 中输入 LZC_AREA。点击“Groups in Area”弹出 Area Element 画

面，在第一个对话框里面点三角选择相应的组，如 LZC_GROUP，配置后如图 9-1-31 所示。

点击 Dismiss，退至编辑后的域画面，如图 9-1-32 所示，点击 Modify，进行修改确认。

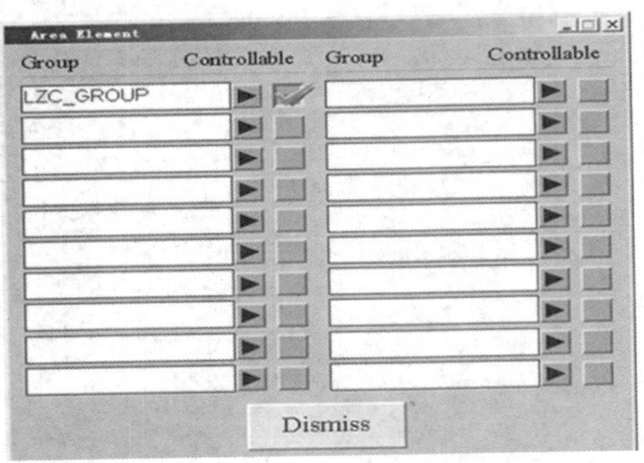

图 9-1-31 Area Element 画面

图 9-1-32 编辑后的域画面

3. 配置通信

1）配置 Omnicomm

在图 9-1-22 通信组态子菜单中点击 Omnicomm，弹出 Omnicomm 组态画面，配置后如图 9-1-33 所示。选择 Add 添加并确认。

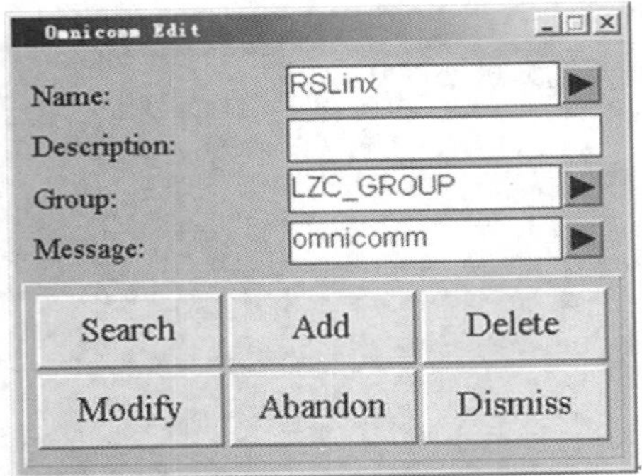

图 9-1-33 Omnicomm 组态画面

2）配置连接

在图 9-1-22 通信组态子菜单中点击连接，弹出连接组态画面，在点名中填入该上位机所在站场的 RTU，以兰州站为例，配置好如图 9-1-34 所示。

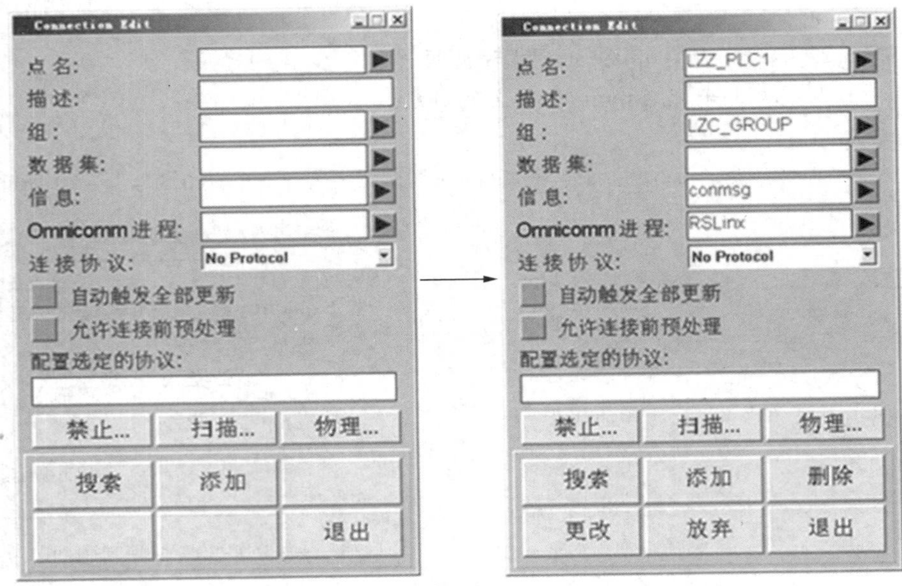

图 9-1-34 连接组态画面

Omnicomm 进程为开始时在配置 Omnicomm 时建立的 Omnicomm 进程名称，在连接组态画面中点击“物理”，物理连接配置，如图 9-1-35 所示。

3）配置 RTU

在图 9-1-22 通信组态子菜单中点击 RTU，弹出 RTU 组态画面，进行编辑。Name 中填写该上位机所在站场的 RTU，以兰州站为例，配置好如图 9-1-36 所示。同时会弹出 PLC 寄存器地址组态画面，如图 9-1-37 所示。可以暂时不配置，在同 PLC 连接上后再进行配置。

该图是配置 PLC 的寄存器地址，可以暂时不配置，再同 PLC 连接上后再进行配置。

在图 9-1-36RTU 组态画面中点击 Connection，弹出 Remote Connection Parameters 组态画面，如图 9-1-38 所示。填写需要连接的 PLC，一般 PLC 为 2 台，互为备份，填入 PLC 名称，添加确认。返回到通信组态子菜单，点击“保存数据库”，退出系统，重新登录。

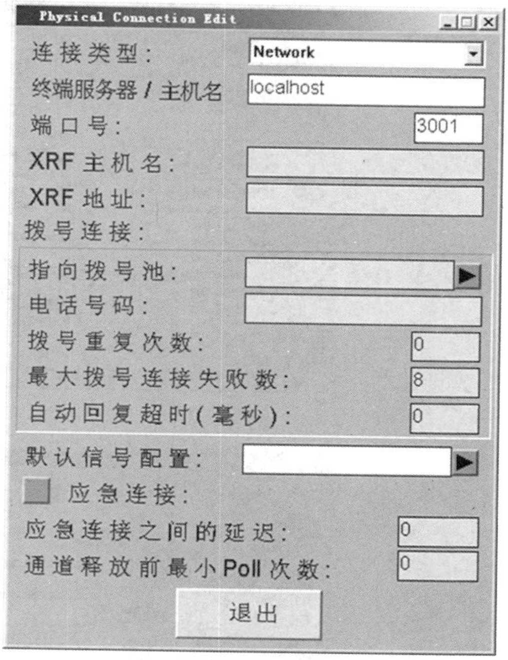

图 9-1-35　物理连接配置

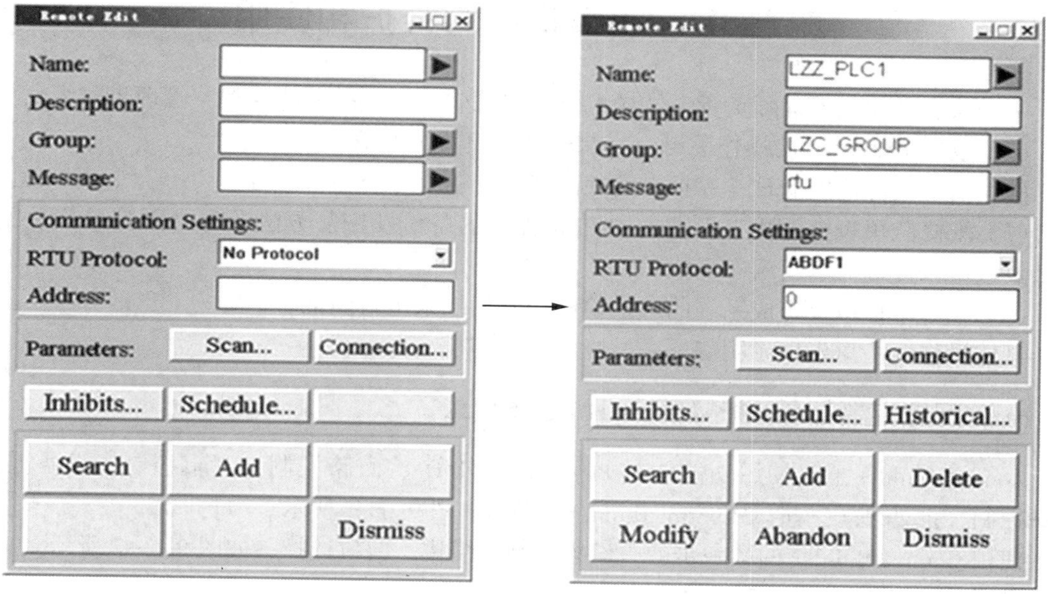

图 9-1-36　RTU 组态画面

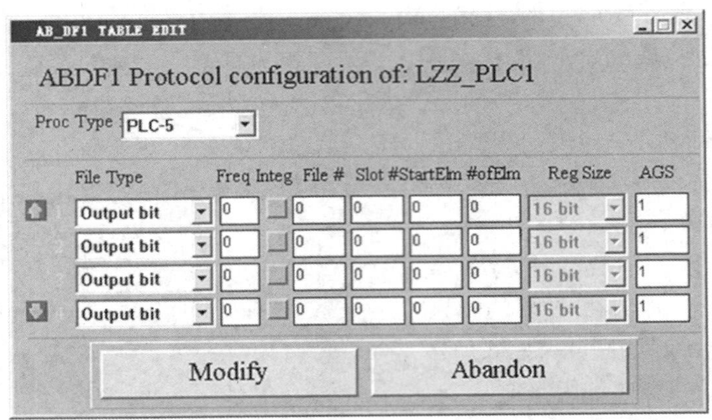

图 9-1-37　PLC 寄存器地址组态画面

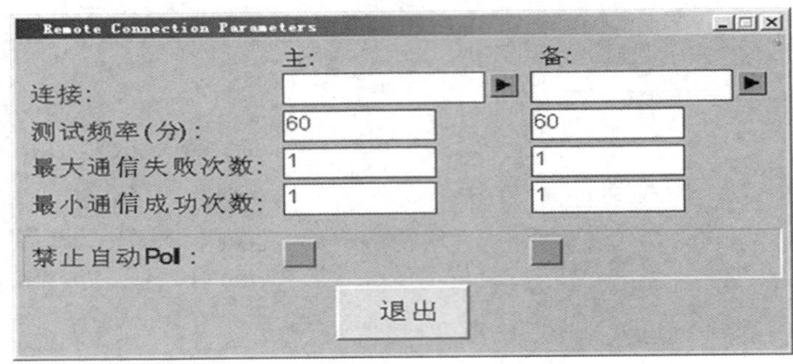

图 9-1-38　Remote Connection Parameters 组态画面

第二节　PKS 软件的维护和使用

站场仪表自动化工程师负责本站场上位机组态软件——PKS 的管理，管理步骤为：

(1) 收集 PKS 软件的操作手册、安装软件及模块组态信息。

(2) 负责软件使用的日常巡护，发现问题及时上报分公司生产科。

(3) 维修队仪表自动化工程师掌握 PKS 程序的备份及恢复方法及对画面简单修改的方法必要时对软件进行重新组态配置。

(4) 配合维护单位完成系统的维护检修，并对结果进行验证。

具体操作及注意事项说明如下。

一、配置控制器块 CPM(Hardware Block)

Control Builder 通过使用功能块(FBs)库组态 I/O 、回路控制、逻辑控制、设备控制、顺序控制、批处理等。进入 Control Builder，界面如图 9-2-1 所示。

使用 Control Builder 的第一步就是设置控制器模块，窗口选择，如图 9-2-2 所示。

设置参数，如图 9-2-3 所示。

在 CPM/CEE Operations 标签内，填入 Name，Network Type，Driver Name 以及 CPM Slot Number，Uplink MAC Address 和 CEE Name。对于 C200 控制器，Network Type 和 Driver Name 是系统默认的。

图 9-2-1　Control Builder 界面

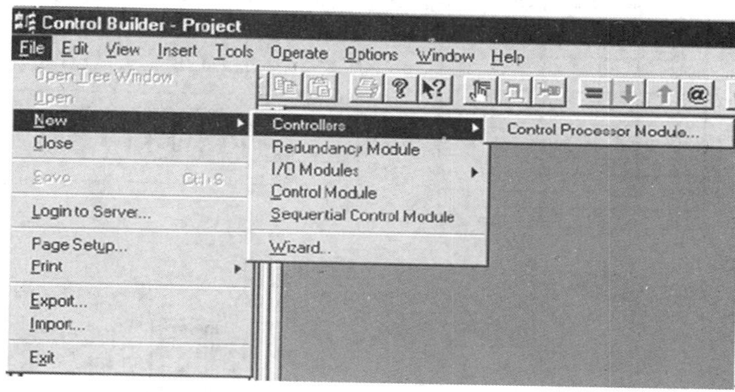

图 9-2-2　控制器模块选择窗口

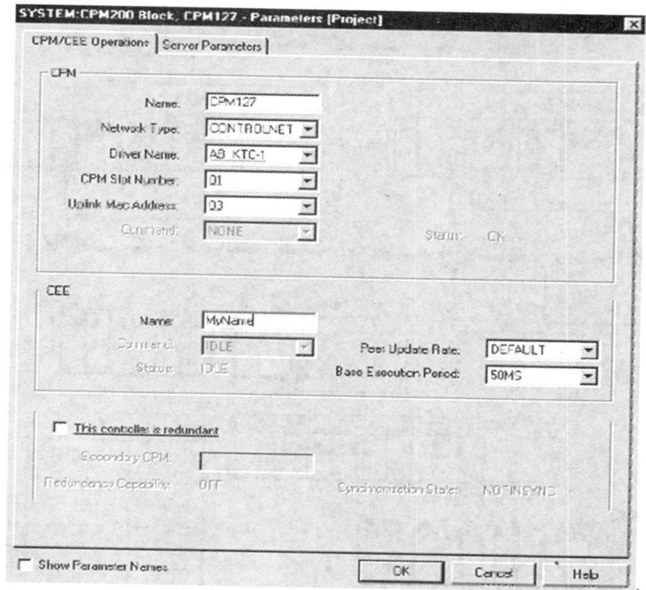

图 9-2-3　设置参数

（1）CPM Slot Number 是模块在机架的插槽号。Uplink MAC Address 如图 9-2-4 和 9-2-5所示。

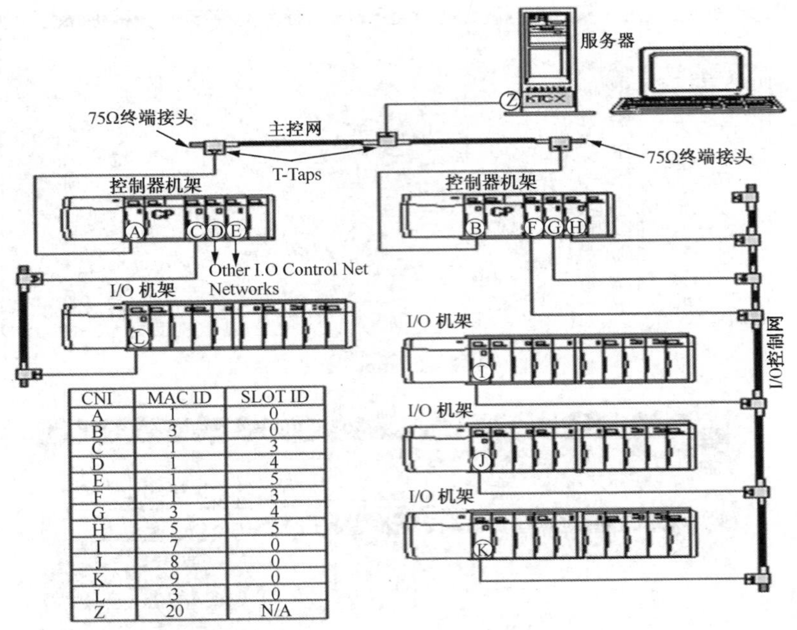

CNI	MAC ID	SLOT ID
A	1	0
B	3	0
C	1	3
D	1	4
E	1	5
F	1	3
G	3	4
H	5	5
I	7	0
J	8	0
K	9	0
L	3	0
Z	20	N/A

图 9-2-4　冗余系统的地址一

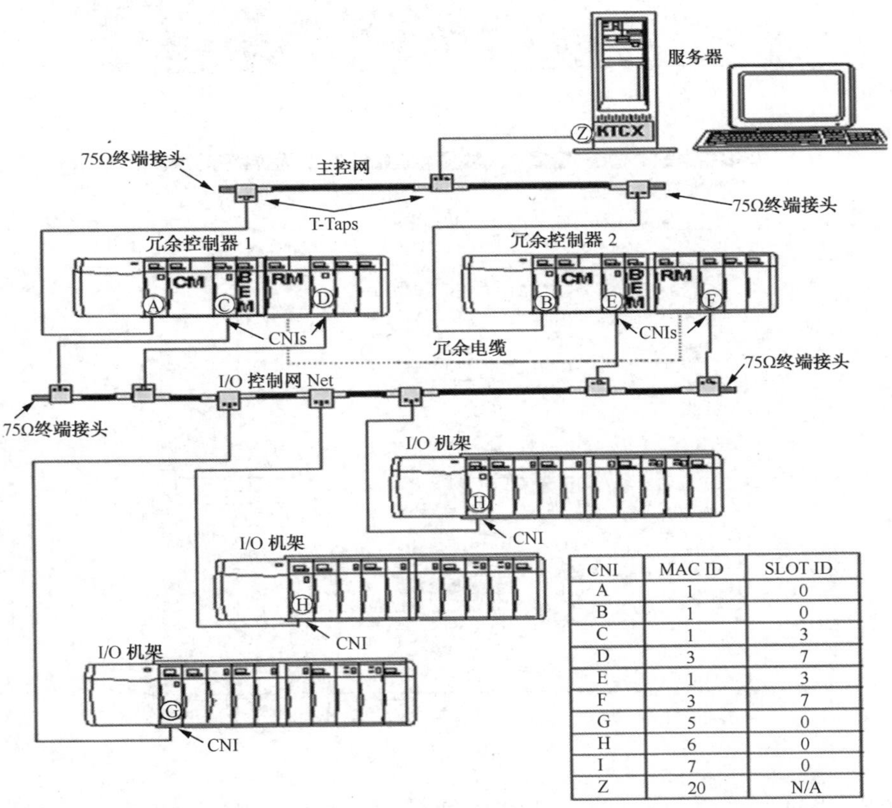

CNI	MAC ID	SLOT ID
A	1	0
B	1	0
C	1	3
D	3	7
E	1	3
F	3	7
G	5	0
H	6	0
I	7	0
Z	20	N/A

图 9-2-5　冗余系统的地址二

（2）在非冗余系统和在冗余系统，地址号是不一样的。要注意区别。冗余系统在设置了CPM 后，还要配置冗余模块 RM，非冗余系统在设置好 CPM 后进行 I/O 模块的配置了。

二、配置 I/O 模块

I/O 模块的配置是根据控制器机架和 I/O 模块机架上实际安装的模块来进行的，通过NTOOLS 程序可以看到模块实际的插槽位置。根据插槽位置(Slot Number)可以填写参数。

（1）设置方法有两种，从菜单中选择和在 Library 窗口中选择，如图 9-2-6 所示。

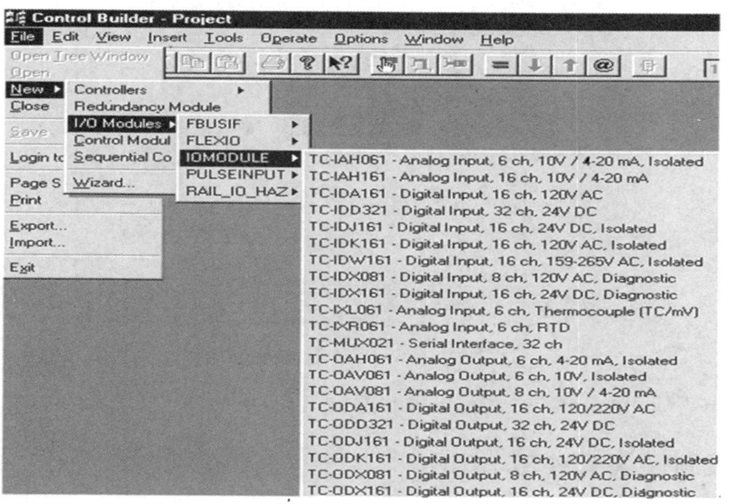

图 9-2-6　用菜单选择

（2）选择了以后，在 Project 窗口中就会出现该模块的标签——IOM13，如图 9-2-7所示。

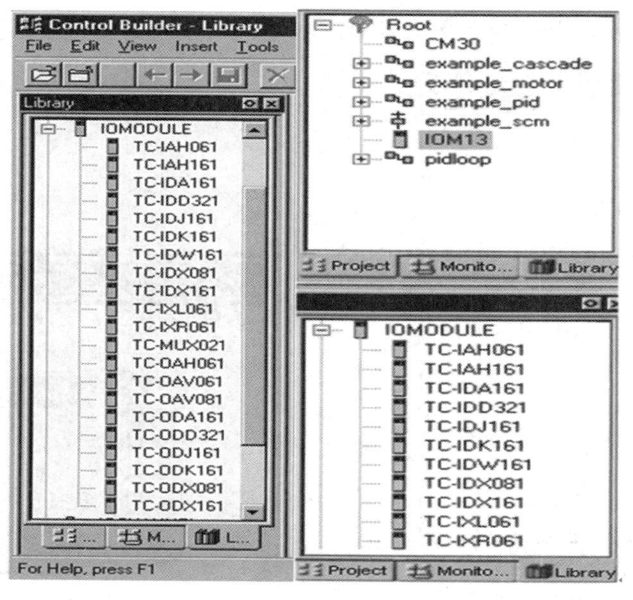

图 9-2-7　Library 选择窗口

三、给具体模块设置参数

（1）在 Project 窗口中，选中 I/O 模块，按鼠标右键，选 Configure Param：

其中，Remote IO Chassis MAC Address 是插 I/O 模块的机架地址，CNI Slot Number 是连接到插 I/O 模块机架的 ControlNet 模块的插槽号(通常是插在处理器所在的机架上)(图 9-2-8)。

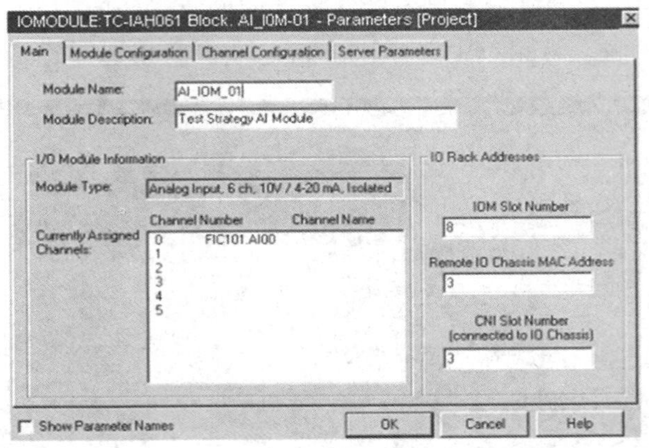

图 9-2-8　I/O 配置界面

（2）在 Channel Configuration 标签里，设置信号种类。

四、创建控制模块 CM 或 SCM

根据对象测控的需要，需要创建若干个控制模块或顺序控制模块。每一个 CM 或 SCM 都是一个控制方案，实现某些功能的功能块就是放在 CM 或 SCM 里。

创建可通过菜单：File→New→Control Module 进行。创建完在 Project 窗口里可以看到 Root 有一个新的控制模块，例如 CM30。选中 CM30，在鼠标右键菜单中选择 Configure Param 进行模块参数设置(图 9-2-9 和图 9-2-10)。

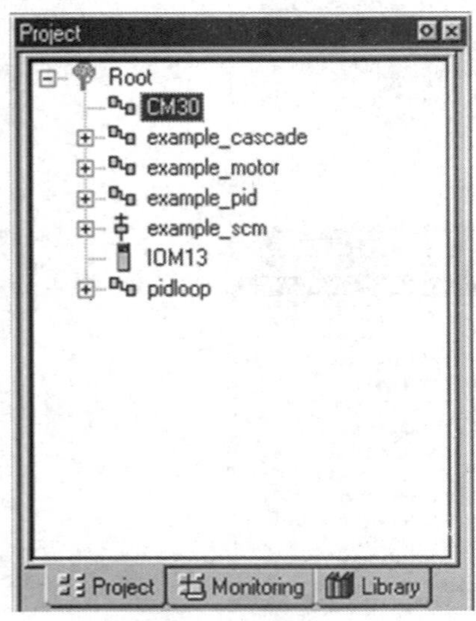

图 9-2-9　选择模块界面

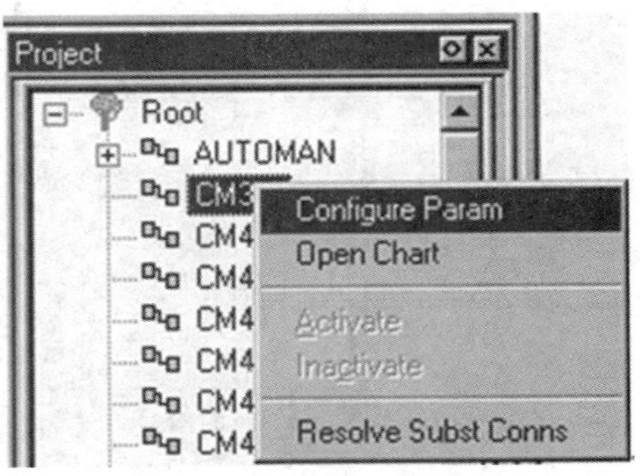

图 9-2-10　0 选择模块配置界面

五、组态控制策略(组态功能块)

(1) 双击在 Project 窗口里 Root 下的控制模块(例如 CM30)，在主窗口出现组态窗口。初始窗口里是空的。

(2) 在 Library 窗口里，可以选择各种所需的功能块，将它拖至组态窗口。

(3) 用工具条上的连线图标连接功能块。

(4) 双击各功能块，设置参数、设置 I/O 通道等。完成组态。

组态完的控制模块，如图 9-2-11 所示。

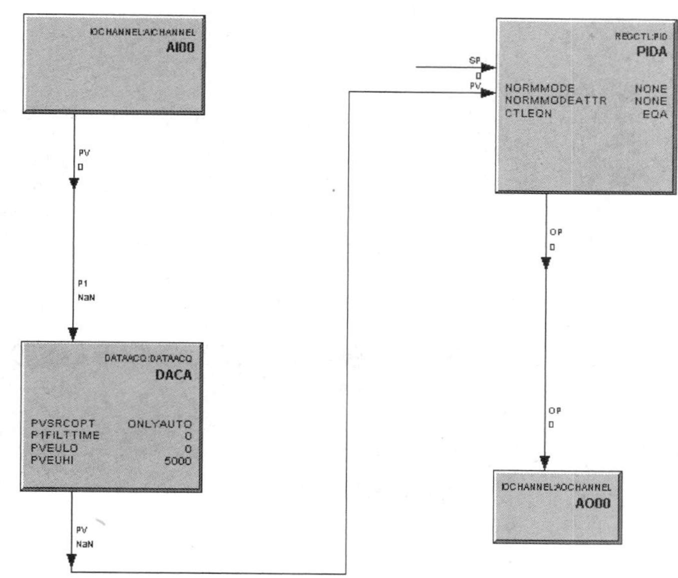

图 9-2-11　组态界面

六、设置系统联结

完成了所有的 CM 后，要将 CM、IOMs 联结到 CEE。点击工具条上的图标，出现 Controller Assignments 窗口，在该窗口里有 3 个部分：Available Modules，Select a CEE 和 Assigned Modules。

Available Modules 里有 IOMs 和 CMs/SCMs 两个标签，你设置的所有 I/O 模块和 CM、SCM 模块都出现在该部分。Select a CEE 里有建立 CPM 时的 CEE 名。Assigned Modules 目前是空的。

(1) 在 Available Modules 里选中 IOMs 或 CMs/SCMs，点 Assign→键，在 Assigned Modules 里就出现了选中的 IOMs 或 CMs/SCMs 名，同时名字前面出现=，将所需要下装到控制器的 IOMs 和 CMs/SCMs 全部 Assign 到左边，如图 9-2-12 所示。

(2) 选中 CEE，再在 Assigned Modules 窗口里选中一个模块，右下角的 Load 按钮就会呈现，按下该键，如控制器是在运行的，通信连接也没有问题，下装成功。重复进行，选中另一个模块，直到将所有的模块 Load，如图 9-2-13 所示。

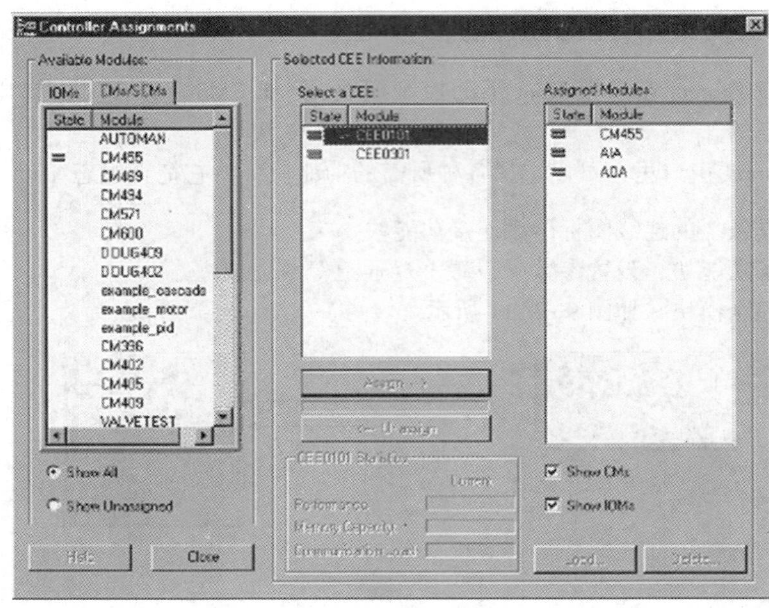

图 9-2-12　下装控制器选择界面

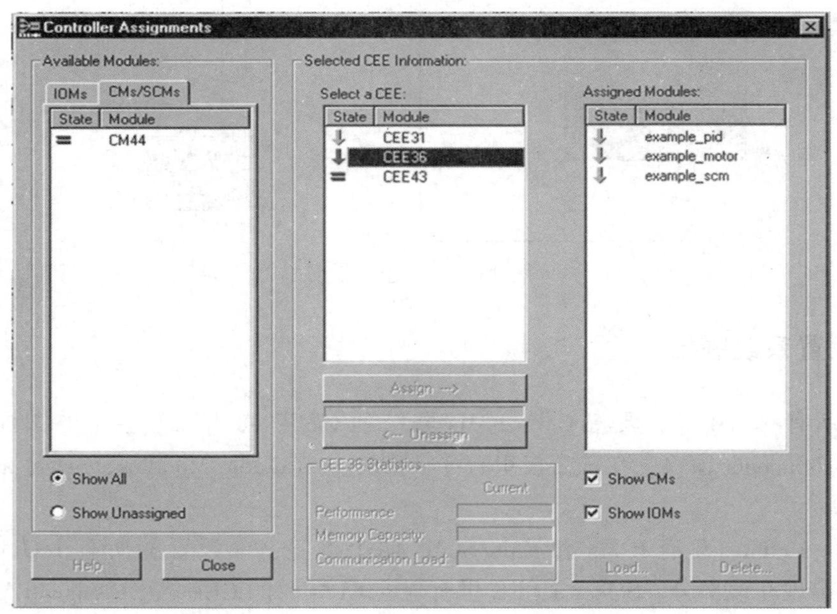

图 9-2-13　下装控制器界面

已经下装过的模块=变成。这样，就完成了组态过程。

(3) 系统数据库管理软件：Quick Builder 一般用于建立和管理第三方控制器数据库，进入 Quick Builder，如图 9-2-14 所示。

(4) 对话框里有两项选项：建立新的项目(New Project)和调已建好的项目(Existing Project)。用 New Project，要给项目起一个名字，按 OK 键后，出现如图 9-2-15 所示对话框。

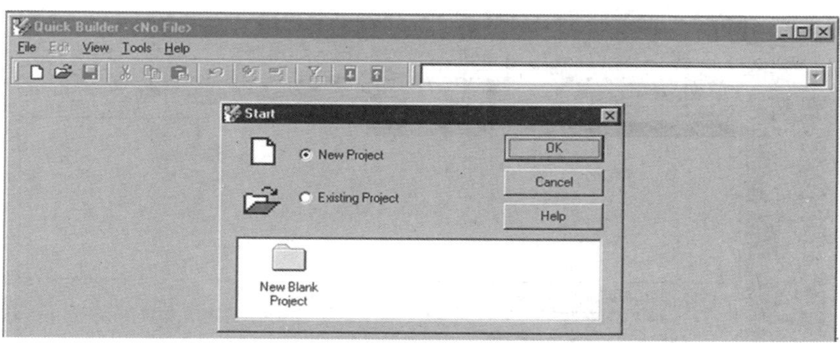

图 9-2-14　Quick Builder 界面

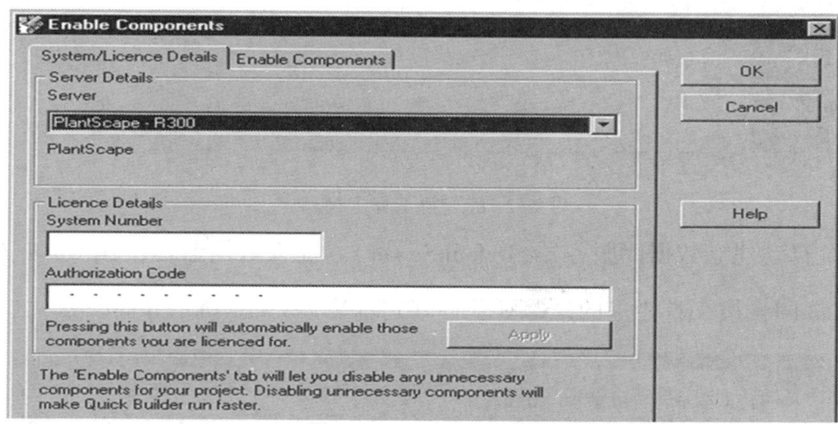

图 9-2-15　建立新项目

（5）在 Server 下拉框里选择服务器类型。如果选了 PlantScaps R300 或 PKS R200，在按 OK 键后分别出现的主窗口，如图 9-2-16 和图 9-2-17 所示。

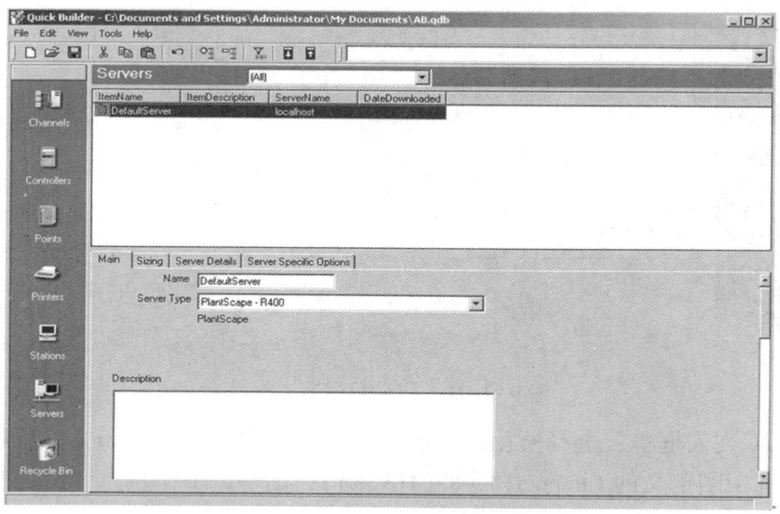

图 9-2-16　新工程主窗口一

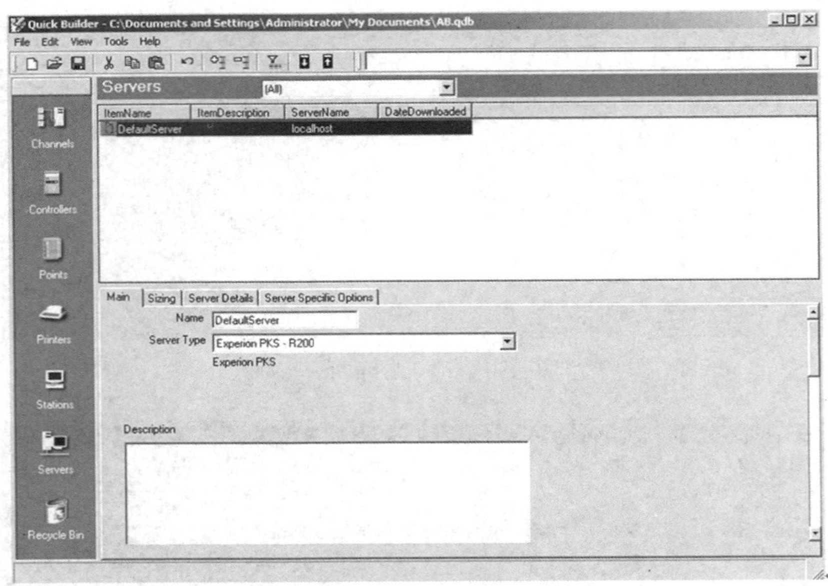

图 9-2-17　新工程主窗口二

（6）系统自动建立数据库服务器(DefaultServer)。定义数据通道：在 Quick Builder 的主画面选中 Channel，按工具栏里的图标，弹出如图 9-2-18 所示界面。

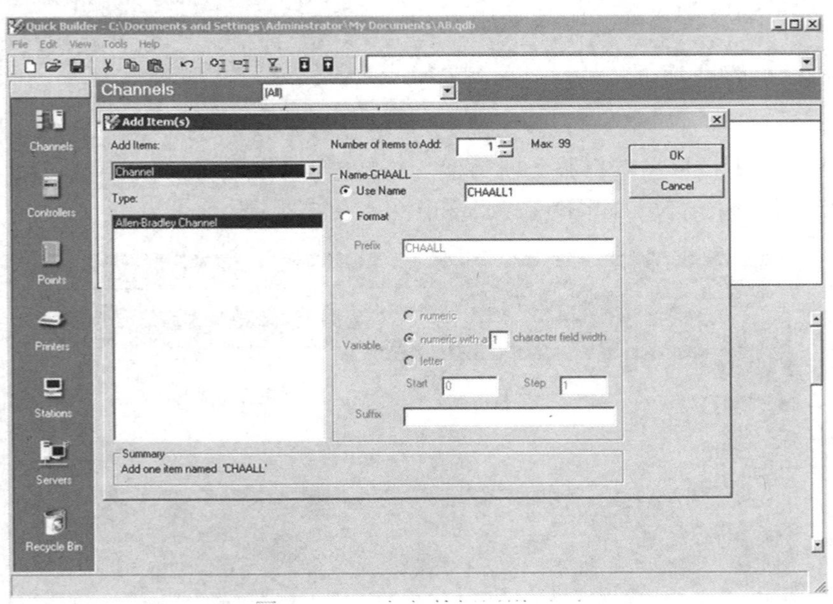

图 9-2-18　定义数据通道界面

（7）在 Type 列表框里，选择所用的控制器类型，修改用户名(Name)也可用缺省，设置参数。然后，选中刚定义的 Channel(例如 CHASE1)(图 9-2-19)。

（8）点工具栏中的 Download 图标，下装成功，出现对话框如图 9-2-20 所示。

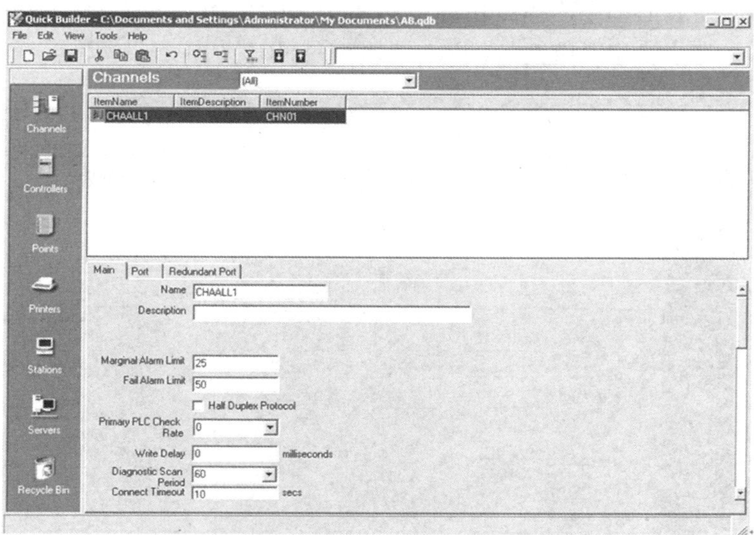

图 9-2-19 Channel 选择界面

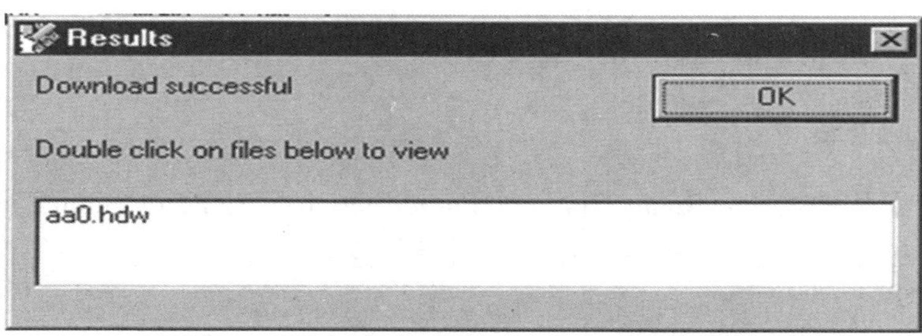

图 9-2-20 下装成功界面

（9）在 Quick Builder 的主画面，选中 Controllers，按工具栏里的图标，弹出窗口如图 9-2-21 所示。

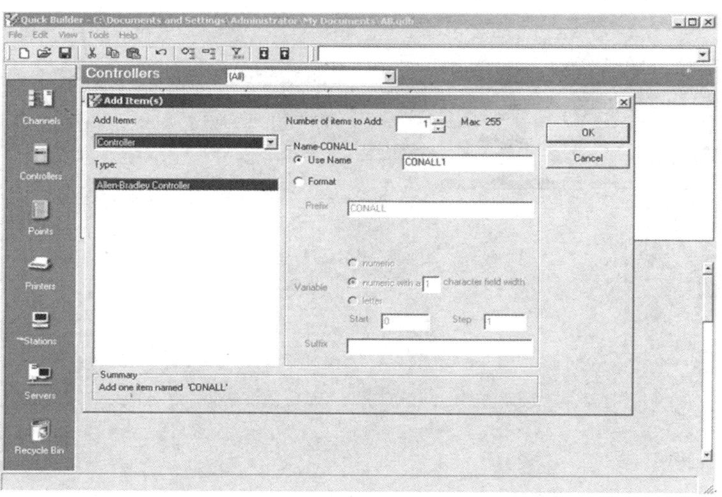

图 9-2-21 添加主题界面

(10) 在 Type 列表框里，选择所用的控制器类型，修改用户名(Name)，也可用缺省，设置参数。然后，选中刚定义的 Controller(例如 CONSIE1)(图 9-2-22)。

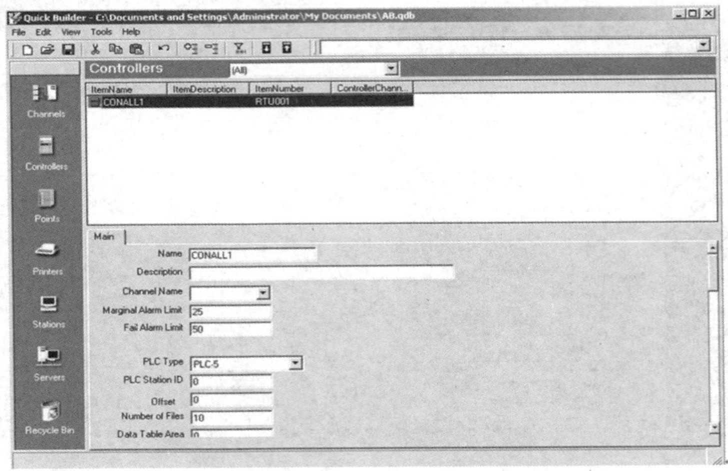

图 9-2-22 控制器选择界面

(11) 点工具栏中的 Download 图标下装。

七、定义工作站

工作站有如下几种类型：Rotary Station，Static Station 和 Console Station。

(1) Rotary Station：循环工作站。用于经过网络连接但不进行现场操作而监察管理的工作站。

(2) Static Station：本地工作站。经网络连接，一般和服务器装在同一个机器内，也可以装在单独的机器里。

(3) Console Station：控制台工作站。

(4) 在 Quick Builder 的主画面选中 Stations，弹出如图 9-2-23 所示窗口。

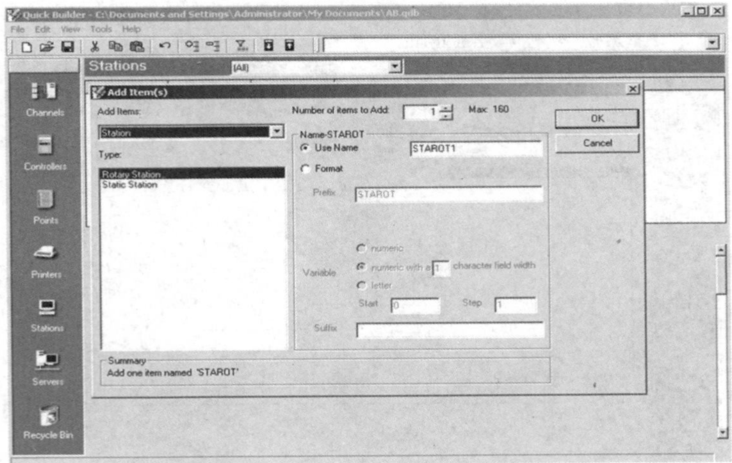

图 9-2-23 添加主题界面

在 Type：内，选择 Static Station，修改 Name（或用其缺省名）后，按 OK 按钮完成定义。再点工具栏中的 Download 图标下装。

定义 Point 及组态，不同的控制器 Point 的地址定义是不一样的，要根据实际控制器来进行设置。上传和下载：在工具条里选择和即可。

八、用户画面生成软件为 DISPLAY BUILDER

1. 基本画法

（1）打开 DISPLAY BUILDER 主画面，如图 9-2-24 所示。

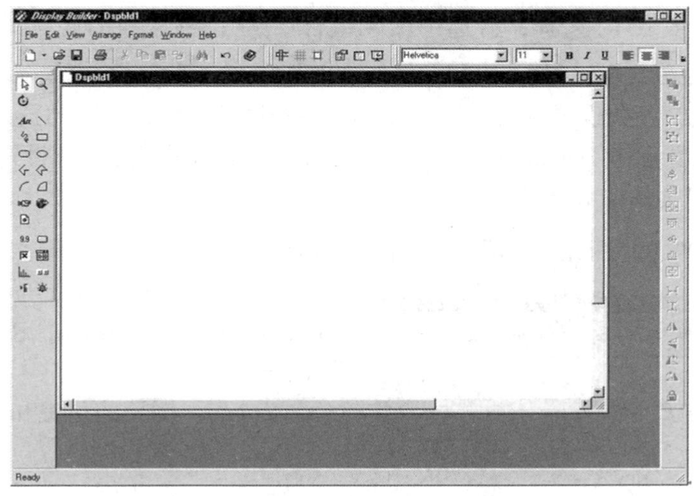

图 9-2-24　DISPLAY BUILDER 主画面

Display Builder 是用于绘制用户流程图、连接显示数据、组态数据及图形参数的工具，它的基本图素为图元，图元可以缩放、移动，可定位在画面的任意位置。多种图元可以组合成一个图元。

（2）左边是基本作图工具，菜单下的工具条提供编辑工具，通过菜单提供丰富的工具，满足作画需要。

各种工具图标如下：

① 工具条部分图标含义：

② View 工具条部分图标含义：

③ Arrange 工具条部分图标含义：

将选中图元置最底下：；将选中图元组合：；将选中图元置最前面：。锁定图元位置：；取消组合：；使图元转向 90°或 180°：。

（3）数据连接与参数设置。每一个图元都有一个属性参数，不同的图元又有不同的属性参数。详细参数设置参考 Display Builder 电子文档，这里列举部分参数设置。

2. “数据连接”属性参数设置

（1）选中“9999. 99”图元，按，弹出属性窗口，如图 9-2-25 所示。

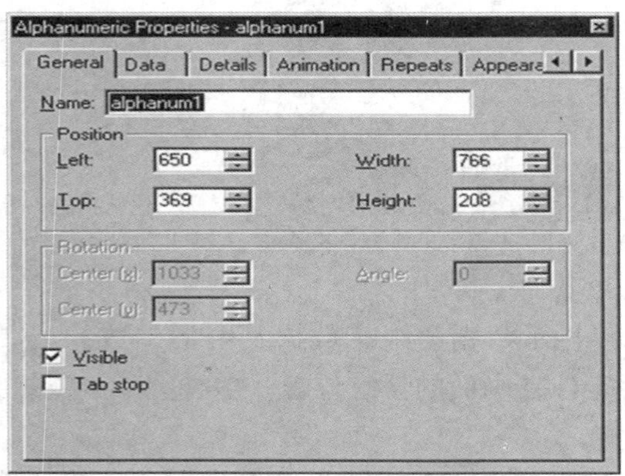

图 9-2-25　属性窗口

（2）对话框中有 7 个标签，General，Data，Details，Animation，Repeats，Appearance 和 Font。

General：图元的位置和尺寸。

Data：数据连接。

在 Type of database 下拉框内有 2 项：Point/Parameter 和 Database file。前者连接 point 和它的参数，后者连接数据库文件中的一个记录。如图 9-2-26 和图 9-2-27 所示。

一般选 Point/Parameter，在 Point 下拉框内选择参数。最后，选中 Data entry allow 选择框。

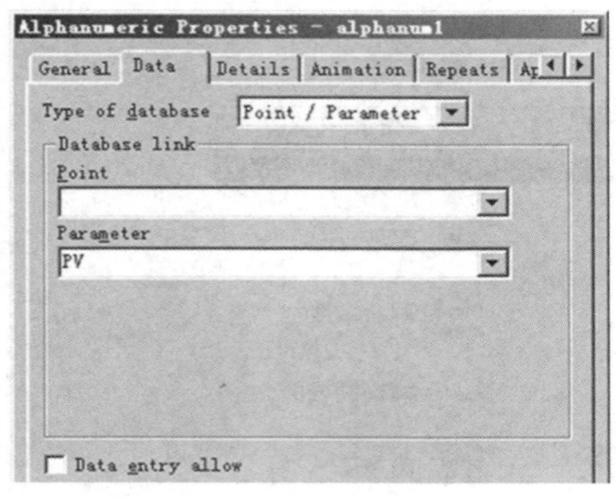

图 9-2-26　Point/Parameter

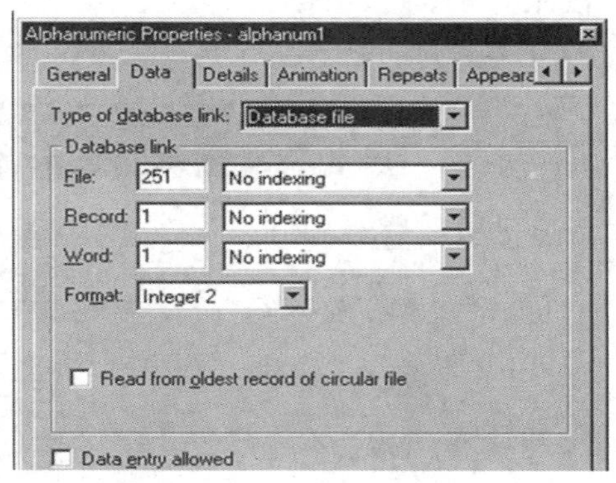

图 9-2-27　Database file

Details 标签内定义数据的小数点位置和数据位数。

Font 标签内定义数字字体及大小和其他参数。

Animation 可以实现数据显示报警(图 9-2-28)。

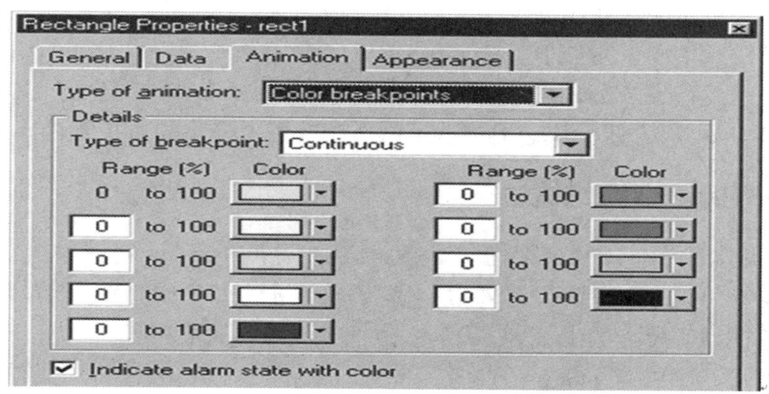

图 9-2-28　属性菜单

(3) 在 Range 内可输入下下限、下限、上限、上上限报警的刻度(%)，在 Color 内可改变报警时数据改变的颜色。

3. 操作站软件：STATION

(1) 联结和设置。

联结的前提：PlantScape System 服务已经启动。连接参数设置窗口如图 9-2-29 所示。

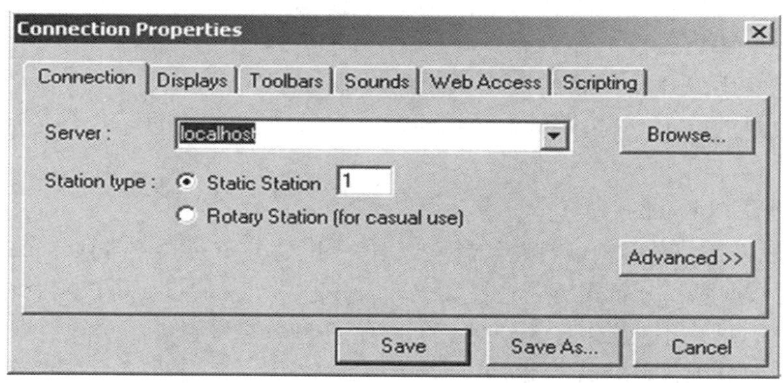

图 9-2-29　连接参数设置窗口

(2) 在 Server 设置中，如果是本地工作站，默认 Localhost。如果是其他的工作站，根据连接方式可以选择 Network [TCP/IP] 或 RS232。其他设置，在一般的使用中都采用默认状态。当然在 User Menu…中，也可以自定义。

第三节　EpipeView 3.3 软件的维护和使用

站场仪表自动化工程师负责本站场上位机组态软件——EpipeView 软件的管理，管理步骤为：

(1) 收集 EpipeView 软件的操作手册、安装软件及模块组态信息。

（2）负责软件使用的日常巡护，发现问题及时上报分公司生产科。

（3）维修队仪表自动化工程师掌握 EpipeView 程序的备份及恢复方法及对画面简单修改的方法，必要时对软件进行重新组态配置。

（4）配合维护单位完成系统的维护检修，并对结果进行验证。

具体操作及注意事项说明如下：EpipeView 软件由中油龙慧自动化工程有限公司北京科技分公司研发，是运行在 Windows2000/2003/XP/Windows 7 操作系统上的一种组态软件。使用 EpipeView，用户可以方便、快速地构造不同需求的数据采集与监控系统。

一、EpipeView3. 3 系统概述

EpipeView 是具有分布式冗余架构、单服务器 10 万点、支持多协议并发（OPC. Modbus，CIP 和 IEC-104 等协议）的高效数据采集、多数据源通用客户端、Web 功能、历史数据回填、天然气管道模型等特点的工控 SCADA 软件。主要具有如下功能。

1. 工程管理器（LHProExplorer）

工程管理器是整个系统的管理器，主要作用是用户集中管理本机上的所有 EpipeView 工程。主要功能包括：新建工程、删除工程，修改工程属性，工程的备份、恢复，引入已经存在的工程，切换到 EpipeView 软件的开发和运行环境等。

2. 开发系统（LHDraw）

开发系统是 EpipeView 软件的一个重要组成部分，它将图形画面、命令语言、设备驱动程序、报警、趋势曲线等工程元素集中管理。通过开发环境可以进行系统的配置、组态，用户可以根据需要和工程的实际情况来建立自己的应用系统。

3. 运行系统（LHView）

运行系统是将用户开发出来的应用系统的动画效果进行展示，可以与最终用户进行交互。提供动画效果的展示、实时/历史趋势展示、实时/历史报警展示、报表等多种数据表现方式。

4. 分布式系统（CommServer）

EpipeView 软件是一种客户端/服务器模式软件，支持分布式服务器和分布式客户端，同时支持分布式历史数据库和分布式历史报警系统。服务器端定义的点，可以同时在多个客户端工程中进行引用，减少了组态工作量的同时，也避免了客户端与服务器端的数据不一致的情况。可以运行在基于 TCP/IP 网络协议的网上，使用户能够实现上、下位机之间的联网。

5. 冗余系统（Redundancy）

EpipeView 提供了双机热备功能，使用两台服务器通过 TCP/IP 网络连接，共同执行同一任务，工程运行过程中，处于主机状态的机器出现故障时，处于备机状态的机器代替主机，完全实现主机的功能，从而在不需要人工干预的情况下，自动保证系统能够持续运行。

6. 实时数据库系统（DBTOOL&DB）

实时数据库系统组态程序是建立实时数据库的组态工具，可以定义实时数据库的结构、数据来源、数据连接、数据类型及相关的各种参数。系统运行环境下，实时数据库执行预定的各种数据计算、数据处理任务。历史数据的查询、检索、报警的管理都是在实时数据库系统运行程序中完成的。对历史数据的存储，采用第三方数据库 MySQL 进行存储，针对实时数据特点进行了多次数据压缩处理，有效地节约了存贮空间。

7. 图库系统

EpipeView 软件中提供了已制作成型的图素组合，如阀门、泵、管道和仪表等，使用系统提供的图素，可以缩短开发周期。用户也可以根据需要，自定义生成图库元素。

8. 动作脚本系统

EpipeView 软件中脚本语言是一种在语法上类似 C 语言的程序，支持多种触发形式的脚本，如窗口动作、键操作、数值变化和鼠标点击等。具备丰富的操作符号、系统函数、数学函数、操作函数、字符串函数、端口函数和其他函数。

9. I/O 驱动程序

I/O 驱动是 EpipeView 软件与现场设备进行通信的中介，它负责把现场设备数据采集到数据库，并将控制命令下达到现场的物理设备。EpipeView 软件提供了常用的 I/O 驱动，包括 PLC 和 OPC 等常用的设备。

10. 安全管理系统

在 EpipeView 软件中，可以对开发系统进行加密，工程进入开发系统时，只有输入正确的密码才能进入。对不同的变量的操作，只有具有相应权限的用户才可以访问。

二、简单工程制作

1. 服务器端工程制作

1）启动 EpipeView 软件的工程管理器(LHProExplorer)

(1) 选择“文件/新建”或单击“建立新项目”按钮，弹出如图 9-3-1 所示对话框。

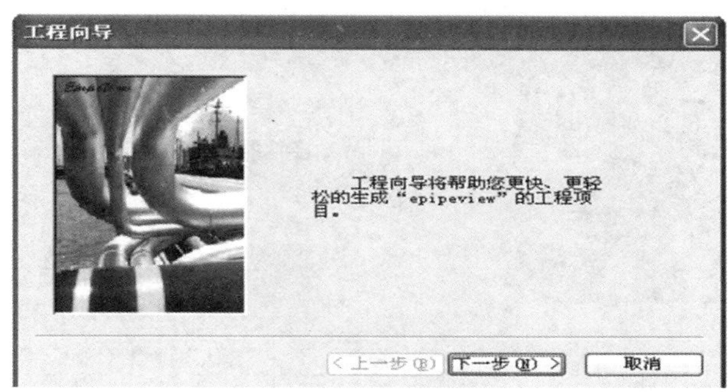

图 9-3-1 工程向导开始界面

(2) 单击“下一步”，弹出“工程向导”对话框，如图 9-3-2 所示。

图 9-3-2 选择工程项目路径界面

(3) 在工程项目路径文本框中输入一个有效的工程路径，或单击“浏览”按钮，在弹出的路径选择对话框中选择一个有效的路径。单击“下一步”，弹出“工程向导”对话框，如图 9-3-3 所示。

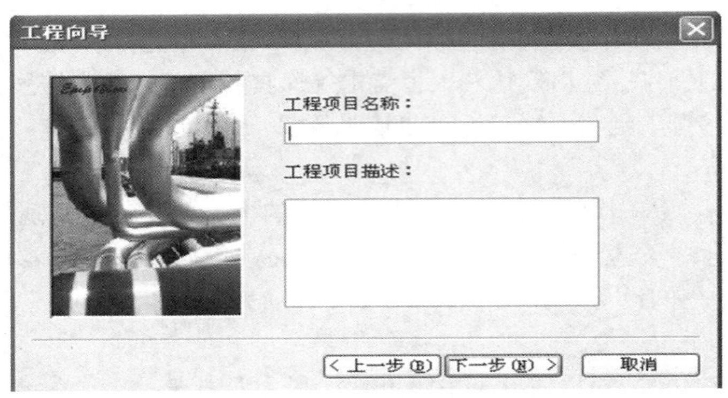

图 9-3-3　建立工程项目名称界面

(4)在工程项目名称文本框中输入工程名称，在工程项目描述文本框中输入对工程的描述信息，工程项目的描述项内容可以不填入任何描述信息。但必须有工程项目名称。单击“下一步”，弹出如图 9-3-4 所示的对话框。

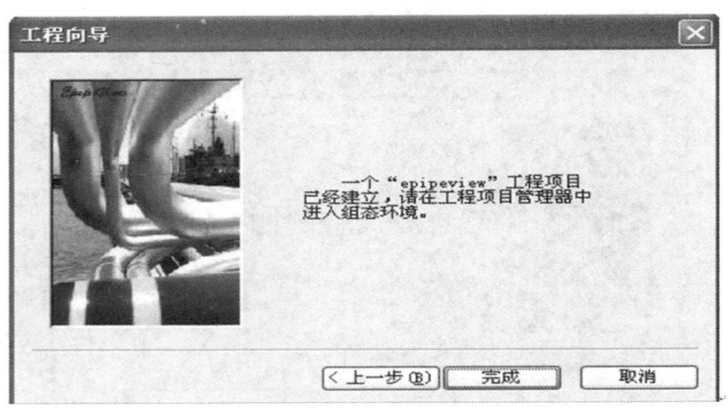

图 9-3-4　工程项目创建完成界面

(5)点击“完成”，新建的工程会出现在工程管理器的信息表中，点击“上一步”返回上一级对话框，点击“取消”按钮，取消对工程的创建。

2）开发系统创建画面

(1) 双击工程管理器中创建的工程或单击“打开组态环境”按钮或选择“文件/组态环境”，进入开发系统。在开发系统中，双击左侧“管理器/画面管理”或“文件/新建”或右键画面管理“新建”，弹出如图 9-3-5 对话框。

(2) 在“窗口名字”处输入新的画面的名称，如主界面，其他属性暂时不做修改，使用默认设置。点击“确认”按钮。新创建的画面在开发系统中显示。如图 9-3-6 所示。

(3) 在开发系统中，从“工具箱”中选择要在画面中添加的图类型。如选择“矩形”和“文本”图标，在主界面的画面上分别绘制矩形对象和文本对象。如图 9-3-7 所示。

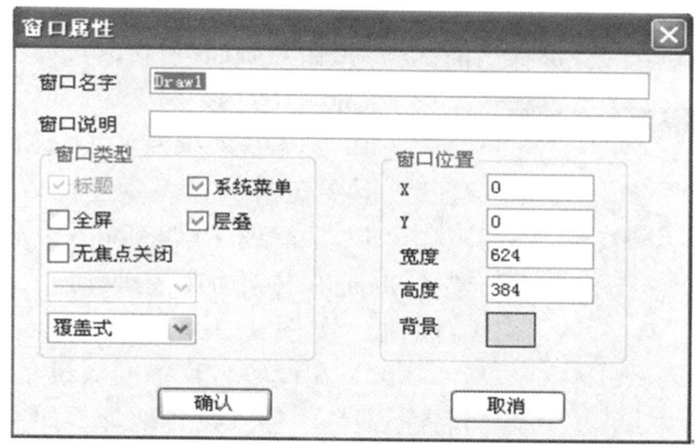

图 9-3-5　创建画面窗口

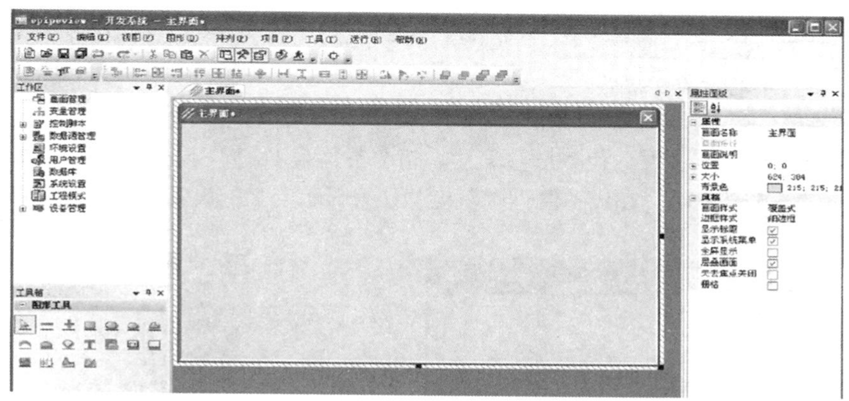

图 9-3-6　开发系统主界面

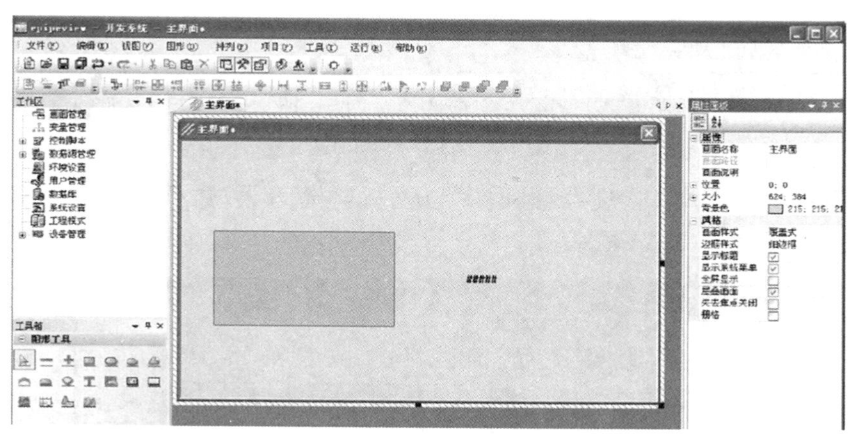

图 9-3-7　添加工具界面

(4) 选择工具箱中的矩形，当鼠标变成“+”形状，在画面上拖动鼠标画一个矩形。通过右键矩形，选择“属性”项或在属性面板里，可以修改矩形的填充色、线颜色等属性。

(5) 选择工具箱中的文本，当鼠标变成“I”形状，在画面上单击鼠标左键，输入“#####”文本。通过右键“#####”文本，选择“属性”项或在属性面版里，可以修改文本内容、文本颜色及文本字体等属性。

（6）选择“文件/保存”或“保存当前文档”按钮对画面进行保存。

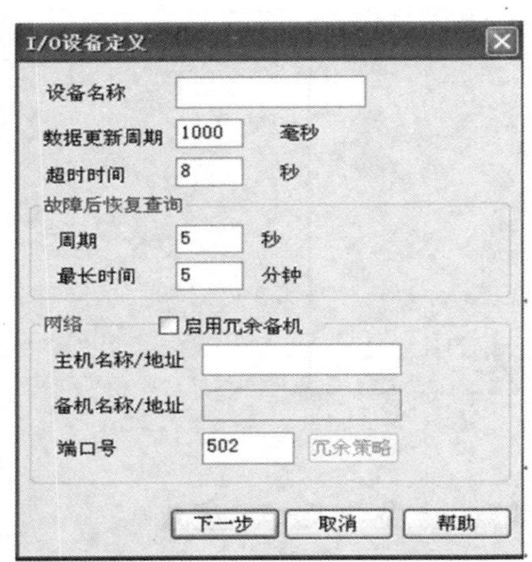

图 9-3-8　I/O 设备定义界面

3）定义 I/O 设备

（1）在开发系统左侧的管理器中，选择“设备管理”项下要定义的设备类型。以 PLC 设备定义为例。双击“设备管理/PLC/Modicon/Modbus_TCP”或右键“Modbus_TCP/添加设备驱动”，弹出“I/O 设备定义”对话框，如图 9-3-8 所示。

（2）在设备名称中输入设备名，如 plc1，在主机名称/地址中输入设备地址，如 192.168.0.1，如果设备为冗余设备，需要先选择“启用冗余备机”选项，在备机名称/地址中输入备设备的 IP 地址。此工程以非冗余设备为例。在端口号项下输入设备的端口号，如 502。点击“下一步”，弹出“Modbus[TCP/IP]设备定义”对话框，如图 9-3-9 所示。

（3）输入设备号、异步发送包数量等信息。如设备号为 1，异步发送包数量为默认值。点击“确定”按钮，设备定义成功。在设备管理中对应的位置显示定义的设备，如图 9-3-10 所示。

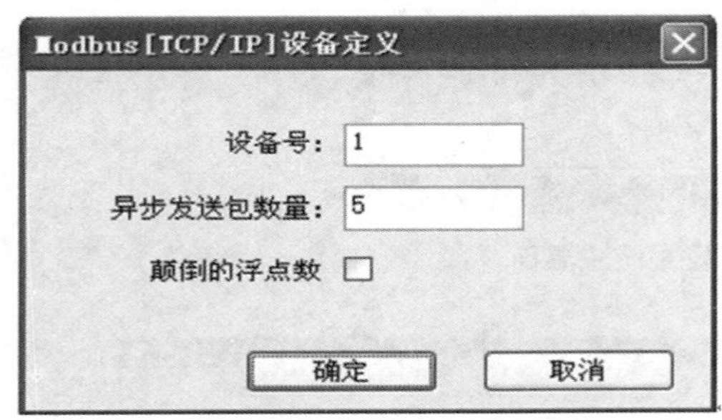

图 9-3-9　“Modbus[TCP/IP]设备定义”对话框

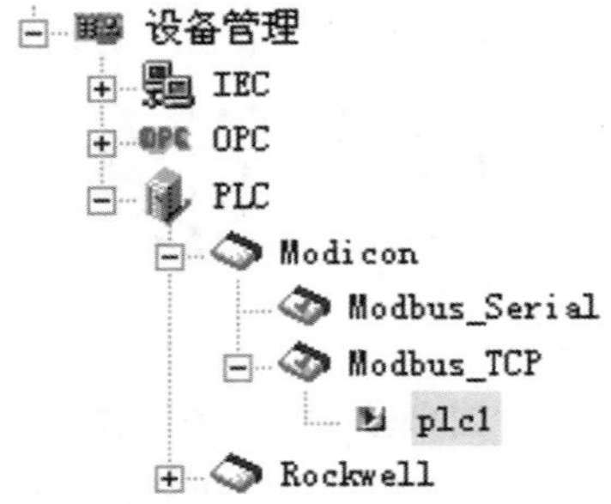

图 9-3-10　设备管理器树形结构图

4）定义数据库点

（1）双击开发系统中“管理器/数据库”或右键“管理器/数据库”，弹出“epipeview-DbTool”对话框，如图 9-3-11 所示。

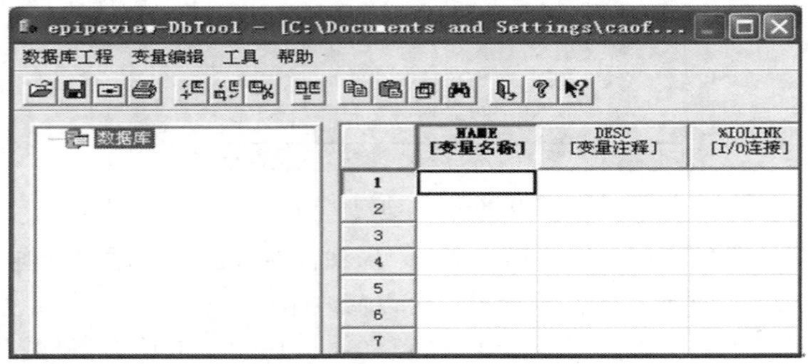

图 9-3-11　数据库点表定义窗口

（2）在此对话框中可以对变量进行定义、修改等操作。右键点击“数据库/新建…”或单击“新建变量”按钮。弹出“选择变量类型”对话框。如图 9-3-12 所示。

（3）此处可以选择定义的变量类型和变量所在的数据区，以定义模拟量为例，数据区选择 0 区，点击“继续”按钮，弹出“新增”变量对话框，如图 9-3-13 所示。

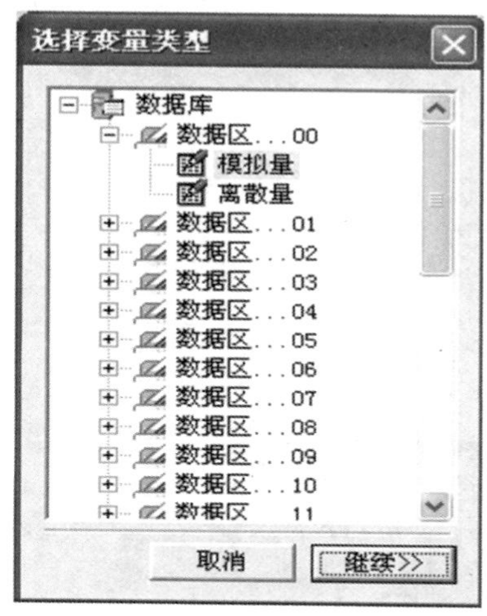

图 9-3-12　选择变量类型对话框

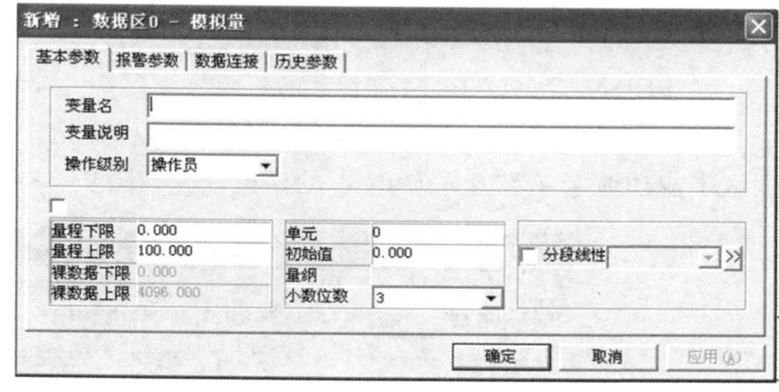

图 9-3-13　新增变量对话框

（4）在“变量名”中输入变量名，如 INT1，其他属性为默认设置，暂时不做更改。单击“数据连接”按键，出现如图 9-3-14 所示对话框。

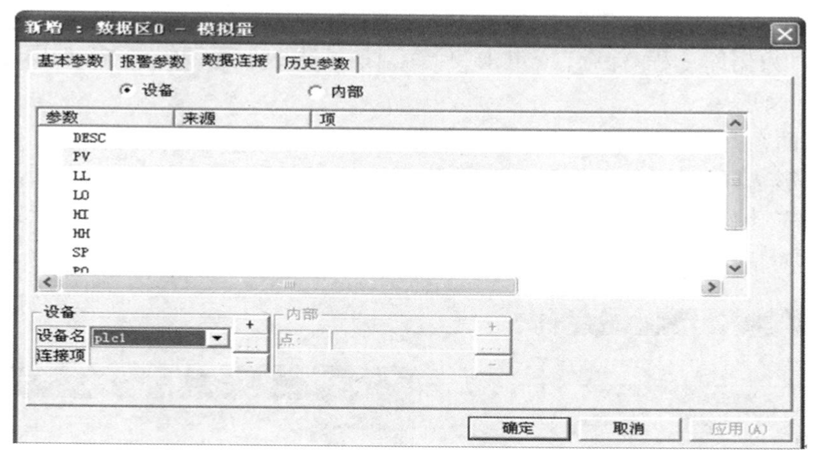

图 9-3-14　设置数据连接对话框

（5）在“设备名”处选择定义的 plc1 设备，关联的域为默认的 PV 域。点击“+”，弹出“数据连接”对话框，如图 9-3-15 所示。

（6）在“存储器类型”中选择定义变量的存储器类型，前面定义的为模拟量，选择“保存寄存器”项，在“数据类型”中，选择定义变量连接的设备上的数据类型。前面定义的为模拟量，此处选择“INT16”，“起始地址”项中输入对应 plc1 设备上的地址。单击“确定”按钮，出现图 9-3-16 所示的对话框。

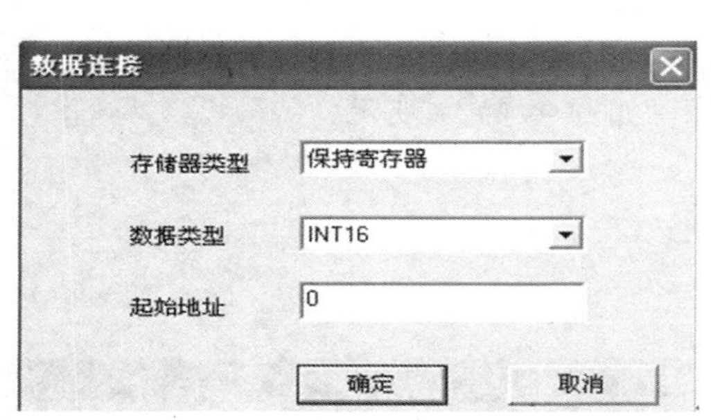

图 9-3-15　设置存储器属性框

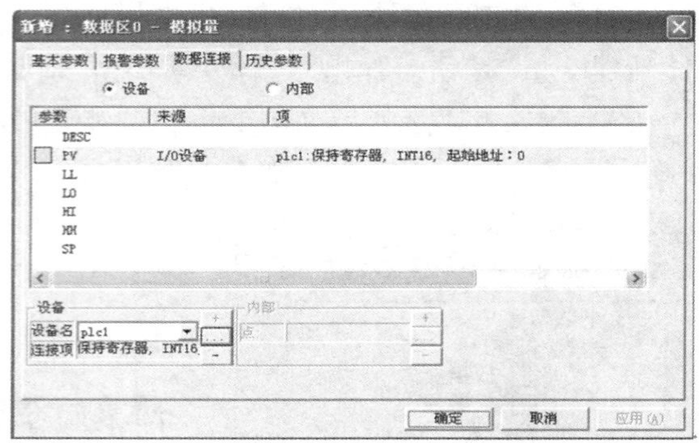

图 9-3-16　选择模拟量 I/O 设备

（7）此对话框将连接的 plc1 设备的信息进行显示。点击“确定”按钮，在数据库的 0 数据区中成功地定义了名称为 INT1 的模拟量，如图 9-3-17 所示。

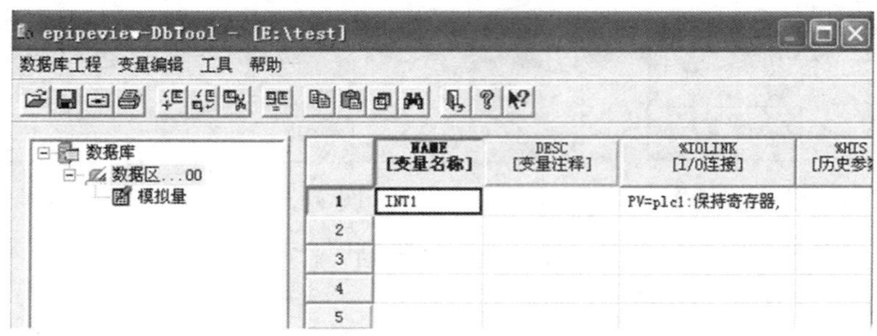

图 9-3-17　PLC 设备信息显示窗口

（8）点击“数据库工程/保存”或点击“保存当前工程数据库”项，对数据库进行保存。

5）建立动画连接

（1）将前面在开发系统中创建的画面打开，即打开“主界面”，双击画面上的矩形或右键画面上的矩形选择“动画特性”项，弹出“动画连接”对话框，如图 9-3-18 所示。

（2）以填充/缩放动画效果为例，鼠标点击“填充/缩放”效果下的“垂直填充”按钮，弹出“垂直填充”对话框，如图 9-3-19 所示。

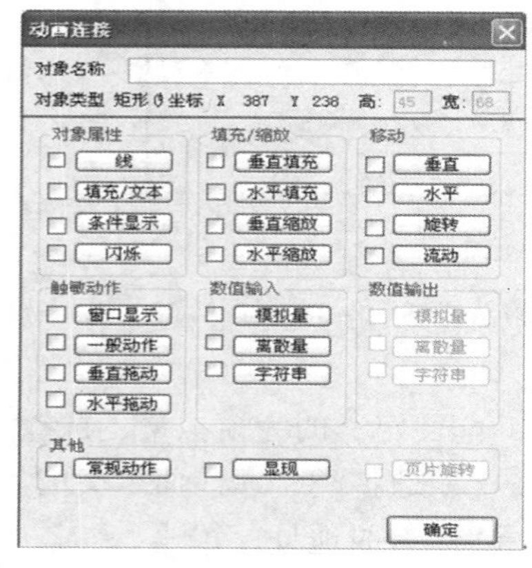

图 9-3-18　动画连接对话框

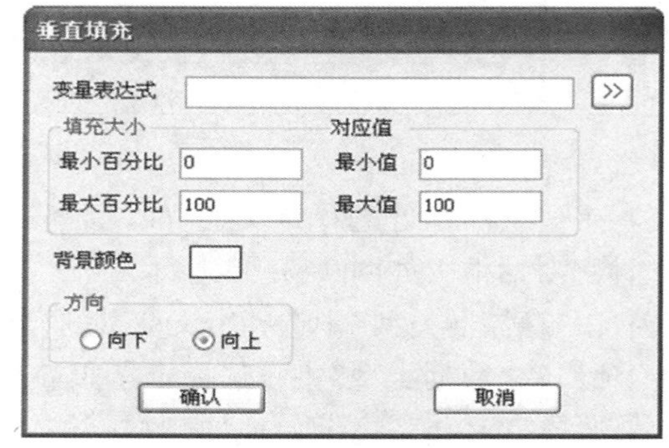

图 9-3-19　垂直填充对话框

(3) 在“变量表达式”处，输入“INT1. PV”，或点击“>>”按钮，弹出“变量选择”对话框，如图 9-3-20 所示。

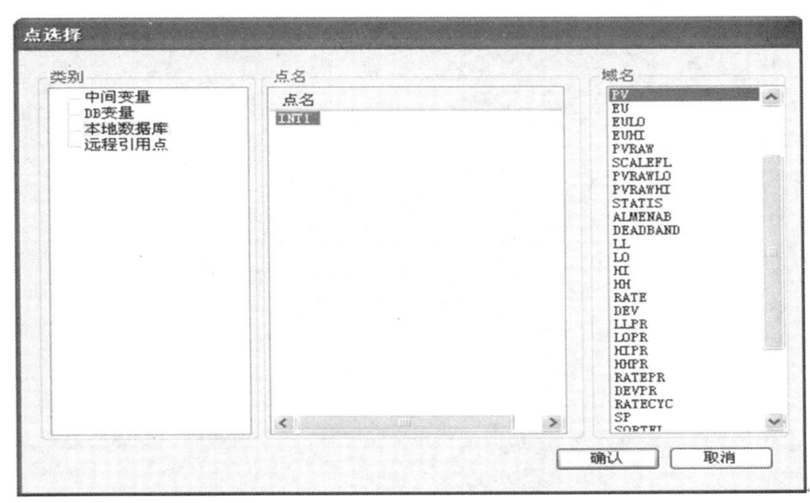

图 9-3-20　动画变量选择窗口

(4) 在“变量选择”对话框中，类别下选择“本地数据库”，点名中选择刚定义的 INT1 变量，域名中选择 PV 域。点击“确定”按钮。在“垂直填充”对话框的“变量表达式”中，显示输入或通过选择按钮“>>”关联的变量，点击“确认”按钮，“动画连接”对话框的“填充/缩放”动画效果下的“垂直填充”项前的选框有“　”，则表示设置动画效果成功。点击“动画连接”对话框的“确定”按钮，完成矩形的动画效果的设置。

(5) 对文本“#####”的动画效果设置和矩形的动画效果设置的步骤相同，对文本设置动画效果为“数值输出”动画效果。点击“数值输出/模拟量”，在弹出的“模拟量输出”文本框中按照对矩形的变量表达式设置的方式，在“变量表达式”中输入变量 INT1. PV，点击“确定”按钮，完成文本的动画效果的设置。

6) 服务器的设置

(1) 在开发系统中，双击“管理器/双机冗余”，弹出“双机冗余设置”对话框。

(2) 在工程模式中选择服务器的模式，如果服务器为单机服务器，在工程模式中选择“单机服务”，在历史数据库配置中配置历史数据存储信息(图 9-3-2)。“IP 地址”项中输入 MySQL 数据库所在机器的 IP 地址，“用户名”处输入 MySQL 数据库的默认用户名 root，在“密码”处输入安装 MySQL 数据库时设置的密码。“表名”处输入在 MySQL 数据库中存储历史数据对应的表的名称。端口号默认为 0。点击“确定”按钮，工程被设置为单机服务器工程。

(3) 如果服务器工程为冗余模式，在工程模式中选择“冗余服务”项，出现如图 9-3-22 所示窗口。

(4) 选择“冗余服务”项后，本机 IP 地址自动被选中，勾选“冗余 IP”项前的选框，输入对应的冗余机的 IP 地址。对历史数据库配置项的设置与“单机”服务器工程设置相同，不再赘述。点击“确定”按钮，工程被设置为冗余服务器工程。

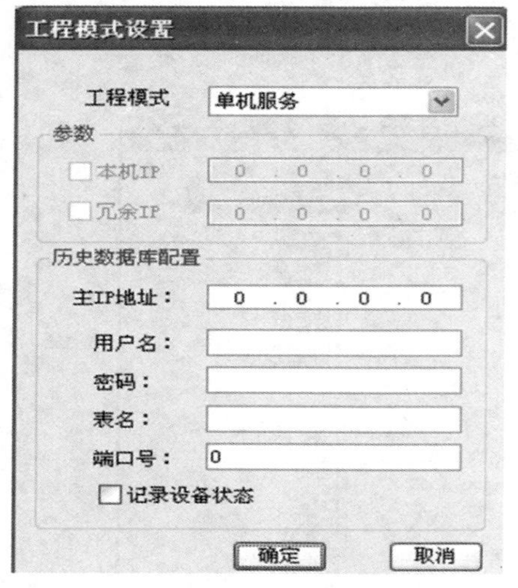

图 9-3-21　工程模式设置窗口(1)

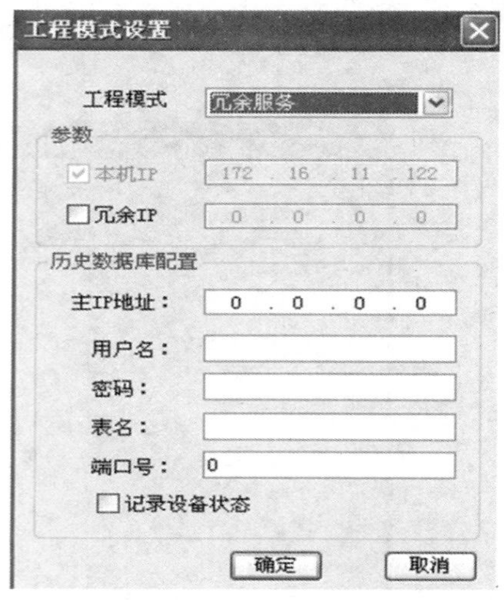

图 9-3-22　工程模式设置窗口(2)

7）运行工程

在开发系统中，点击“运行”菜单项下的“进入运行”命令，或单击“运行”按钮，工程进入运行系统，在运行系统中选择“画面/打开”命令，在弹出的“画面选择”对话框中，选择“主界面”画面。在运行系统中显示出主界面的运行状态画面，通过运行画面可以看到矩形和文本的动态变化情况。如图 9-3-23 所示。

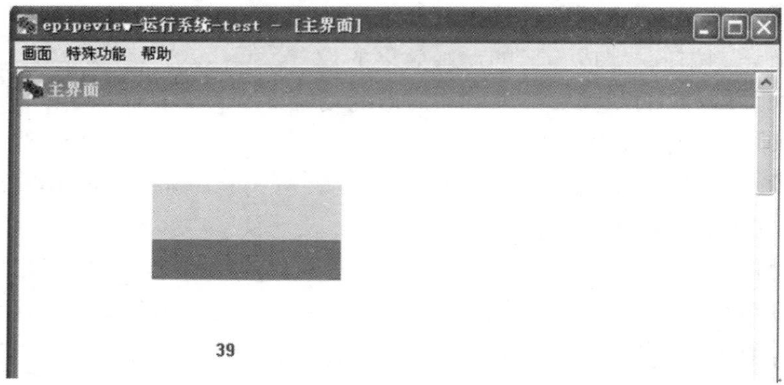

图 9-3-23　工程运行主界面

2. 客户端工程制作

1）工程管理器中创建工程

在工程管理器中创建一个客户端工程，步骤与服务器端工程制作的步骤相同。

2）开发系统创建画面

打开客户端工程，在开发系统中创建画面，在画面上分别添加一个“矩形”和“文本”，步骤与服务器端工程制作步骤相同。

3）定义数据源

(1) 在开发系统中，双击“管理器/数据源管理”或右键“管理器/数据源管理”选择“定义”，弹出如图 9-3-24 所示的对话框。

（2）点击"添加"按钮，弹出"数据源定义"对话框，如图 9-3-25 所示。

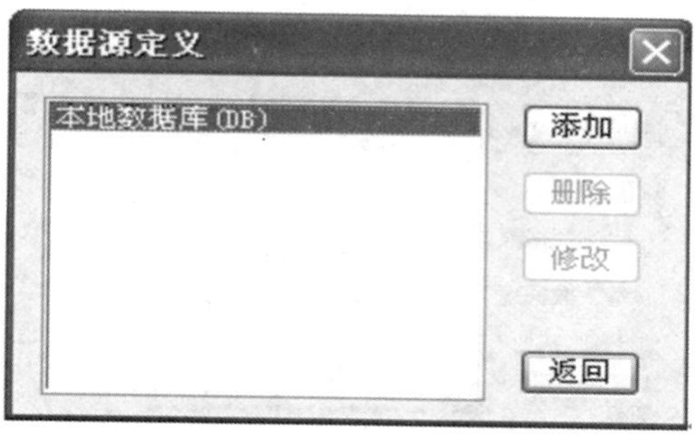

图 9-3-24　数据源定义对话框(1)

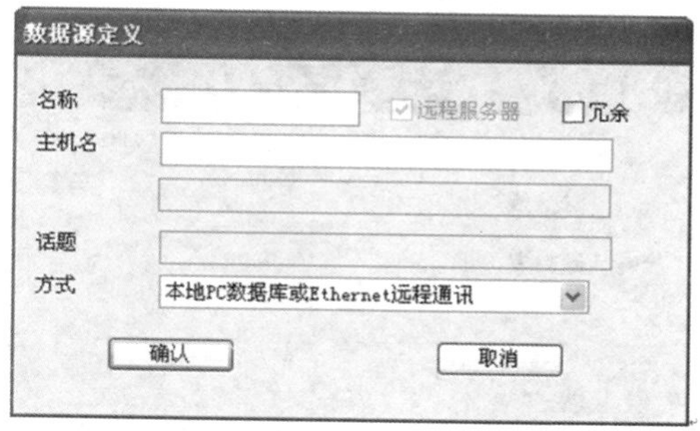

图 9-3-25　数据源定义对话框(2)

（3）此处设置有两种情况：一种是连接的服务器为单机服务器情况；另一种是连接的服务器为冗余服务器情况。如果远程服务器为单机服务器，在"数据源定义"的"名称"项中输入定义的数据源名，如：s1。不需要选择"冗余"项，在"主机名"中输入远程服务器的主机名称或 IP 地址。设置后如图 9-3-26 所示。

（4）点击"确定"按钮，连接单机服务器的数据源定义成功(图 9-3-27)。

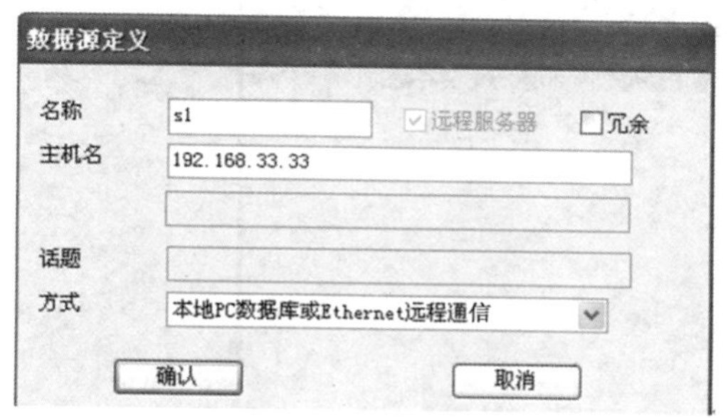

图 9-3-26　数据源定义窗口(1)

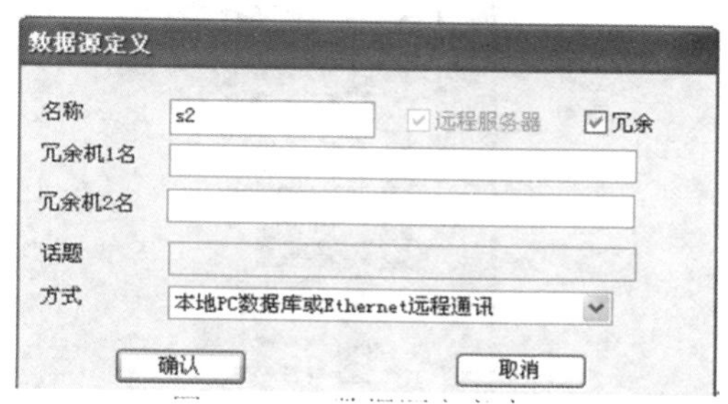

图 9-3-27　数据源定义窗口(2)

（5）如果远程的服务器为冗余服务器，则在图 9-3-28 中的"数据源定义"对话框的"名称"项中，输入数据源名称，如 s2，将"冗余"选框选中。如图 9-3-27 所示。

（6）在"冗余机 1 名"和"冗余机 2 名"中分别输入远程冗余机的主机名或 IP 地址。如图 9-3-28 所示。

（7）点击"确定"按钮，连接冗余服务器的数据源定义成功。

4）引入远程变量

（1）在开发系统中，点击"文件/引入远程点"(注：此项选择需要在没有画面打开时进行)。出现如图 9-3-29 所示对话框。

（2）在"数据源"的下拉选项中，选择定义的数据源，点击"导入数据表"后面的选择按钮，选择服务器端导出的数据库表(注：在执行选择导入数据表前，首先要将服务器端的数

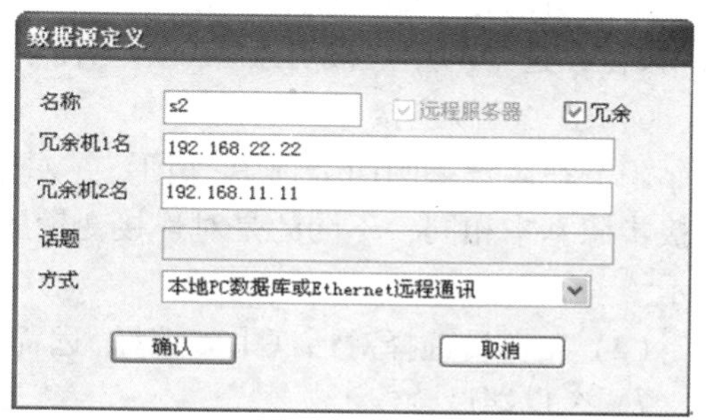

图 9-3-28　数据源定义窗口(3)

据库点执行导出点操作，具体操作请参考实时数据库章节）。点击“开始导入”按钮，执行数据表的导入。数据导入完成时，会弹出“导入结束”的提示信息。如图 9-3-30 所示。

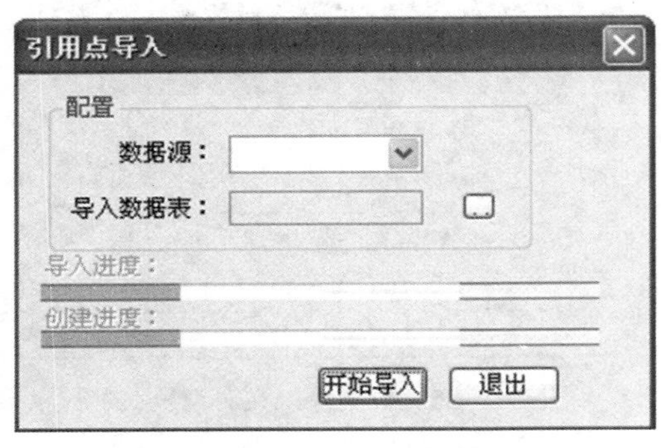

图 9-3-29　引入点导入对话框

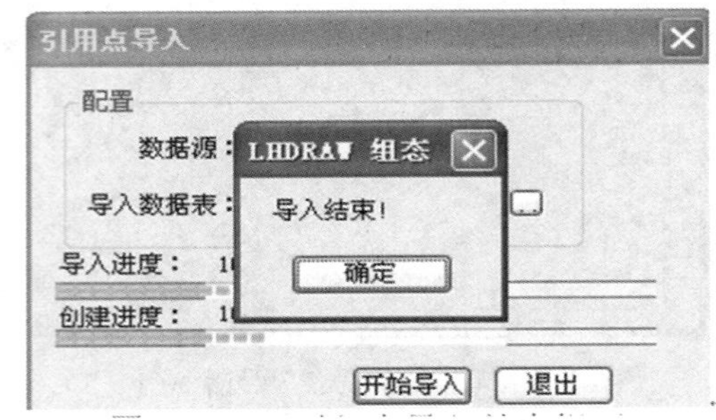

图 9-3-30　引入点导入结束提示

（3）点击“确定”按钮后，点击“退出”按钮，服务器端的点成功导入客户端工程中。

5）引入用户信息

（1）选择开发系统的“文件/引入工程”，弹出如图 9-3-31 所示的引入工程对话框。

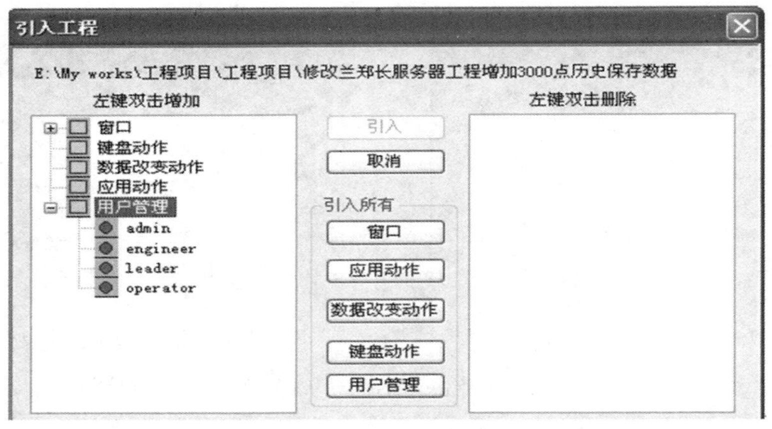

图 9-3-31　引入工程对话框

（2）双击引入工程“用户管理”项下的用户，选中的用户出现在右侧的窗口中。如果将用户全部引入客户端工程中，则选中“引入所有”项下的“用户管理”即可全部引入。点击“引入”按钮，选中的用户被引入客户端工程中。

6）建立动画连接

（1）在客户端画面上选中“矩形”，对矩形做垂直填充动画效果，步骤与服务器端动画连接步骤基本相同，不同的是对连接变量的应该选择“远程引用点”进行连接。如图 9-3-32 所示。

（2）在变量选择对话框中，选择“远程引用点”下的变量进行动画关联。

7）客户端设置

（1）在开发系统中，选择“管理器/双机冗余”项，弹出的“双机冗余设置”对话框，在“工程模式”的下拉框中选择“客户端”项。如图 9-3-33 所示。

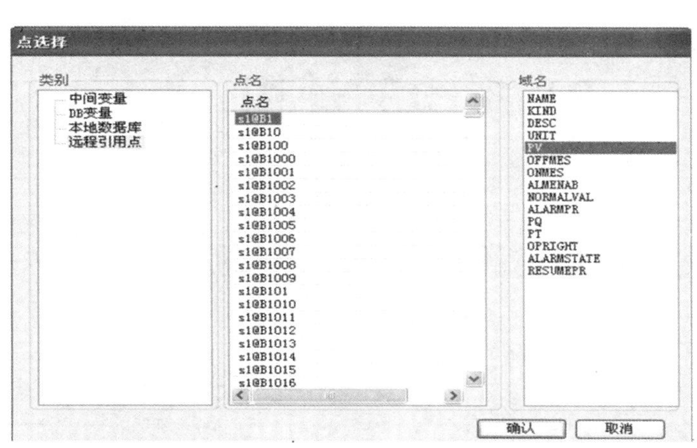

图 9-3-32　连接“远程引用点”对话框

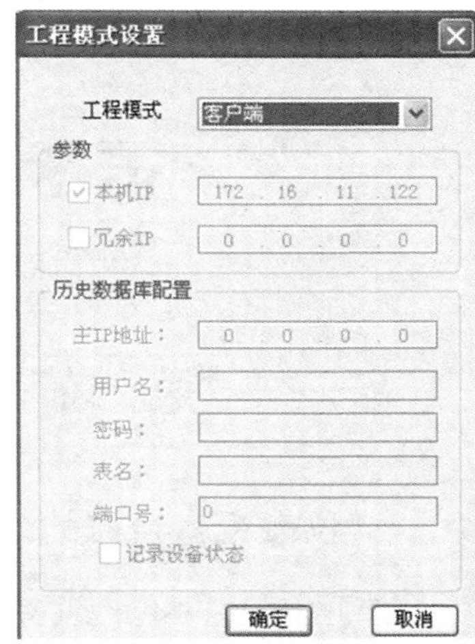

图 9-3-33　客户端设置画面

(2) 在客户端设置中，“参数”和“历史数据库配置”项都默认为不可修改状态。

8) 运行工程

在开发系统中，点击“运行”菜单项下的“进入运行”命令，或单击“运行”按钮，工程进入运行系统，在运行系统中选择“画面/打开”命令，在弹出的“画面选择”对话框中，选择客户端创建的画面。在运行系统中显示出客户端画面的运行状态，通过运行画面可以看到矩形和文本的动态变化情况。如图 9-3-34 所示。

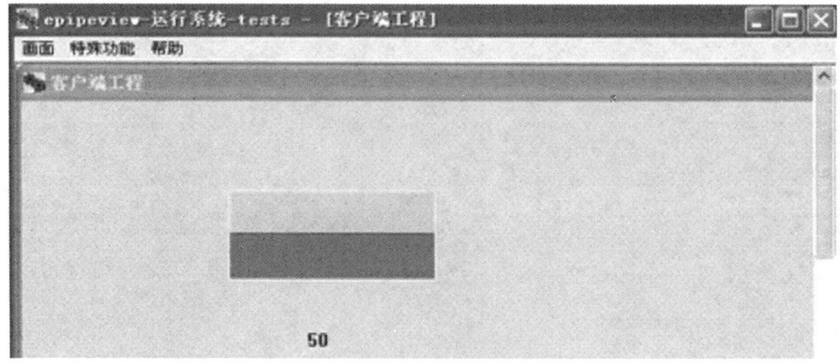

图 9-3-34　客户端工程运行主界面

第十章　ERP 系统的使用

第一节　仪表设备台账的录入和查询

一、仪表设备台账的录入

本部分内容主要包括设备主数据的创建和查询。

1. 设备主数据创建

操作步骤 1：填写事务代码。如图 10-1-1 所示。

图 10-1-1　输入事务代码界面一

操作或检查说明：在　　处输入 IE01 回车或点　进入下一个界面，如图 10-1-1 所示，也可以在 SAP 菜单，展开后勤→工厂维护→技术对象管理→设备→创建，双击“IE01-创建”。

操作步骤 2：填写设备种类。

操作或检查说明：系统中定义了 3 种设备种类：车辆(C)、关注区域类设备(G)和通用设备(Z)，一般只有两种种类，车辆和通用设备，在此填写的是通用设备的种类(图 10-1-2)。

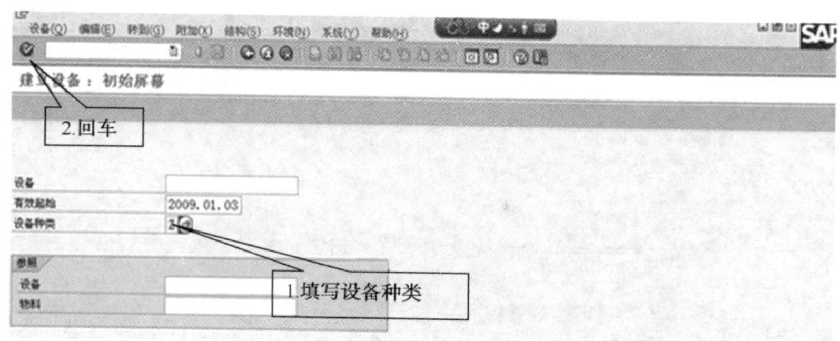

图 10-1-2　填写设备种类

操作步骤 3：填写设备相关信息。如图 10-1-3 至图 10-1-9 所示。

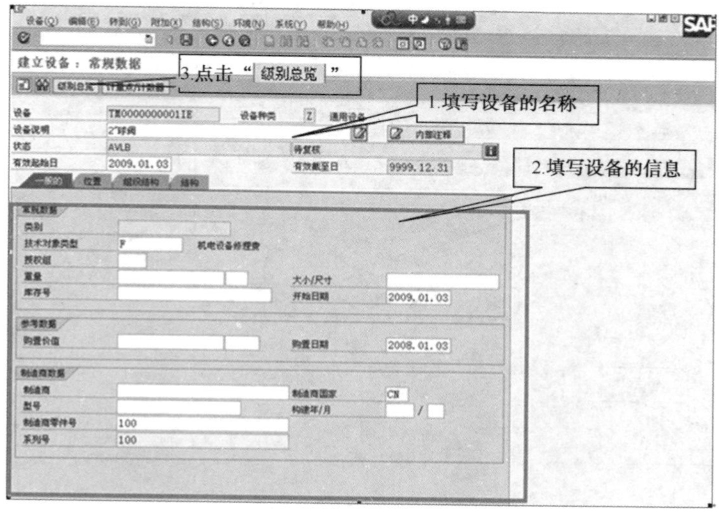

图 10-1-3　填写设备一般信息

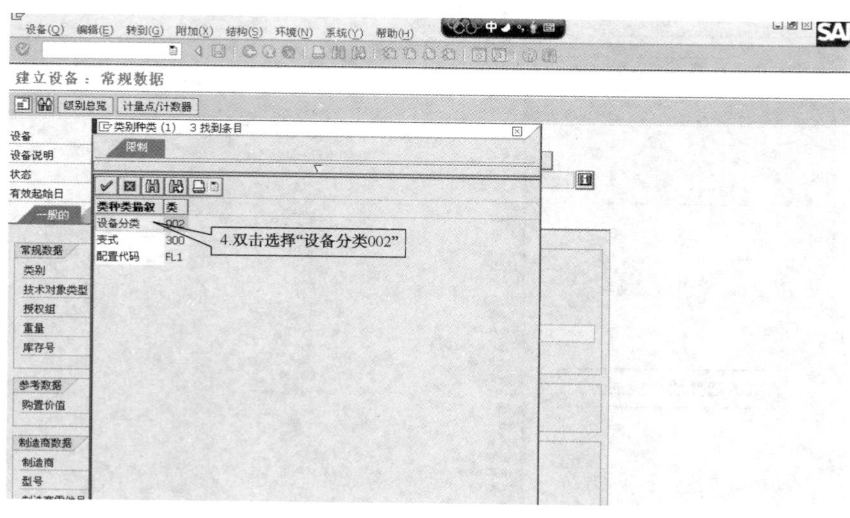

图 10-1-4　选择设备分类界面(1)

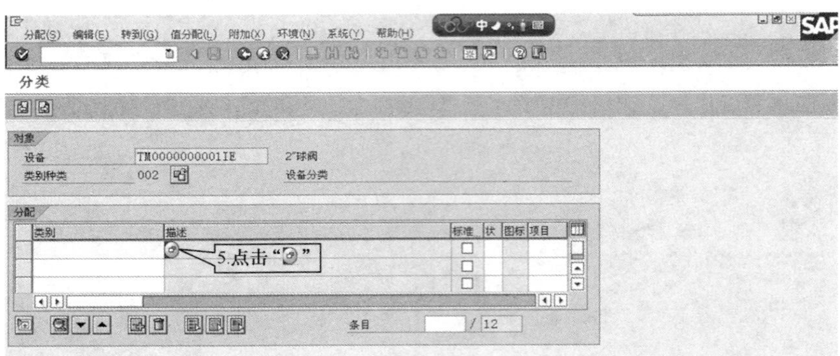

图 10-1-5　选择设备分类界面(2)

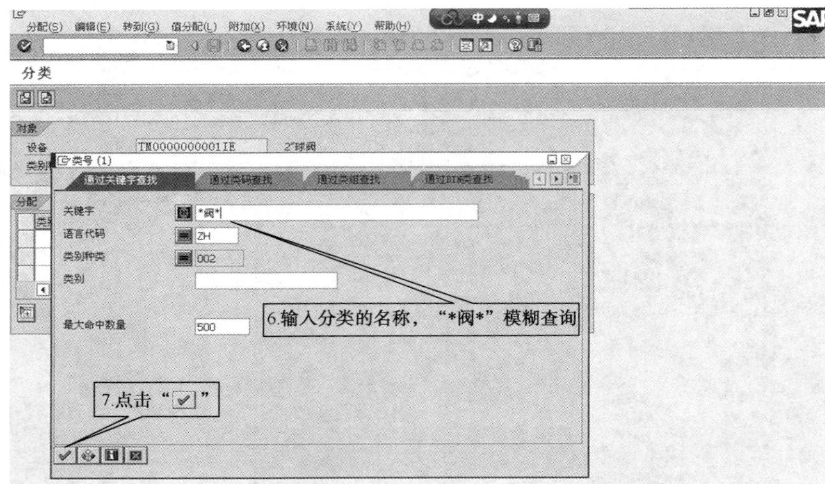

图 10-1-6　选择设备分类界面(3)

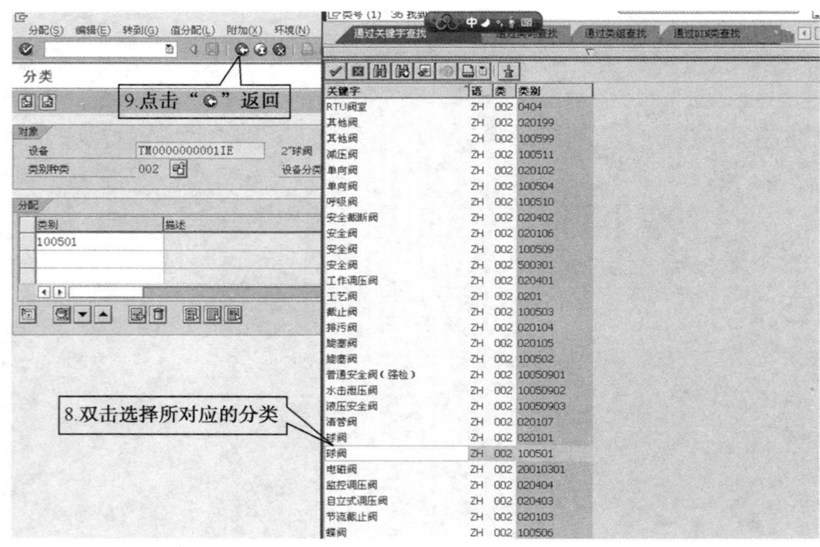

图 10-1-7　选择设备分类界面(4)

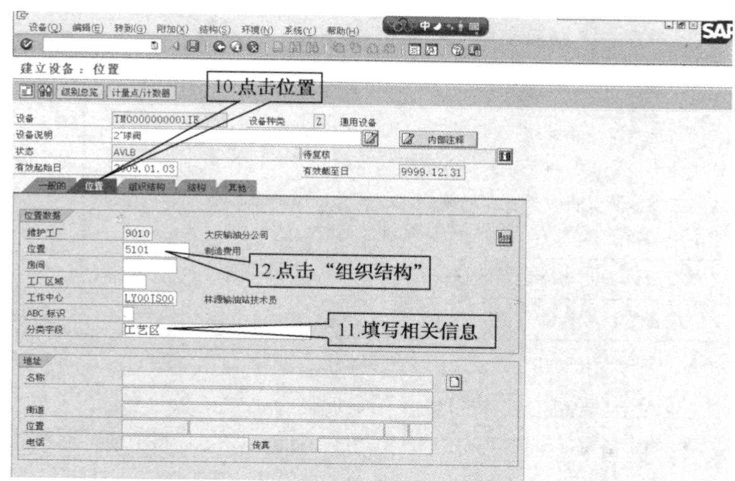

图 10-1-8　填写设备位置

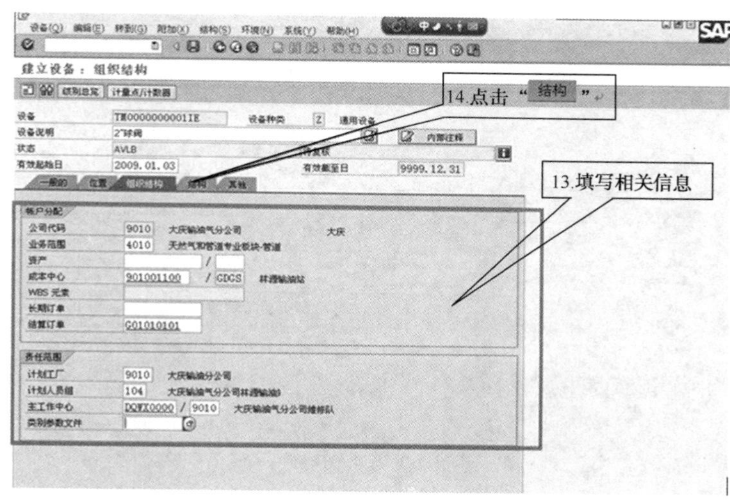

图 10-1-9　填写组织机构信息

操作或检查说明：“维护工厂”是指此创建设备所在分公司的编码，例如，9010 指大庆输油气分公司，“位置”填写的是和财务系统维修费用科目大类相关，除了计量设备所在的功能位置填写销售费用之外，其他的都填写制造费用；工作中心填写功能位置的管理单位或组织，一般场站的填写自己场站的技术员，机关科室填写相对应的自己的工作中心；“分类字段”是指设备在现实情况中时间安装的具体位置信息。

操作步骤 4：填写组织结构信息。组织机构信息填写规范见表 10-1-1。

表 10-1-1　组织机构信息填写规范

字段名称	描述	R/O/C①	用户操作/数值	注释
业务范围	管道板块的业务范围统一填写 4010	R	4010	
成本中心	填写场站或机关科室对应的成本中心，对设备进行成本考核，费用归结的单位	R	901001100	

续表

字段名称	描述	R/O/C[①]	用户操作/数值	注释
结算订单	财务科目中的分线核算号，标示设备属于哪个线路进行核算，场站是两条线路的交点时，场站下属的功能位置选择公共分线，不是交点，就是选择管线的管输编号；分公司有多条线路或维修队负责多条线路的维修时，机关科室及维修队功能位置选择公共分线，否则选择对应线路的管输编号	R	G01010101	
计划人员组	定义有权限维护此功能位置的单位	R	104	
主工作中心	此功能位置执行维修的单位	R	DQWX0000	

① R—必填，O—可选，C—视条件而定。

操作步骤 5：填写结构信息。如图 10-1-10 所示。

操作或检查说明：设备不是独立的，每个系统中创建的设备必须要填写它所在的功能位置，所以在创建设备的时候必须填写它所在的功能位置，举例说明：功能位置填写的 0053001Z00-GYQ0，说明此创建的 2#球阀处在 0053001Z00-GYQ0 下。

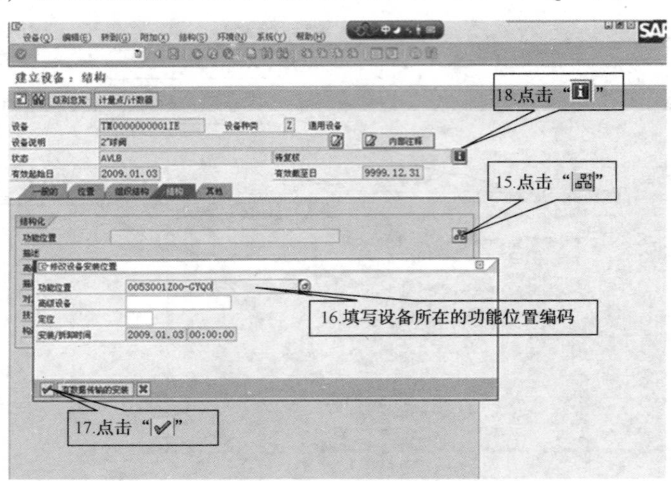

图 10-1-10　填写结构信息

操作步骤 6：修改设备状态。如图 10-1-11 所示。

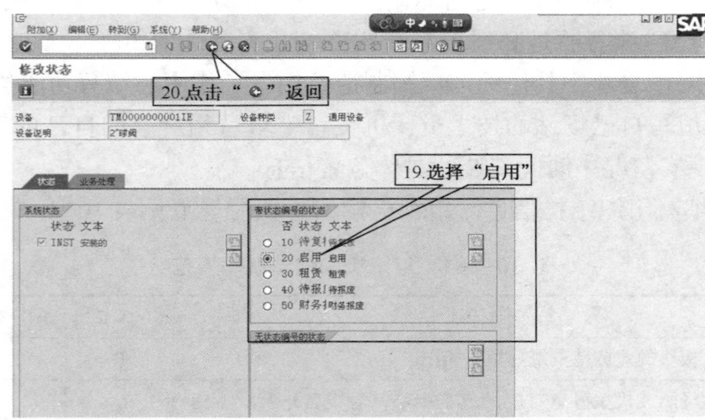

图 10-1-11　修改设备状态

操作或检查说明：设备有五种状态：待复核、启用、租赁、待报废、财务报废；刚创建设备时系统默认是“待复核”状态，在此状态下，只能对设备的本身的属性信息进行修改，例如：名称，维护工厂，工作中心，计划人员组，功能位置等，但是不能进行业务操作，例如：创建通知单，作业单；设备改成“启用”状态，该设备只能进行业务操作，不能对它的自身的属性信息进行修改，只有把此设备的状态改成“待复核”状态才能修改。

操作步骤 7：保存。如图 10-1-12 所示。

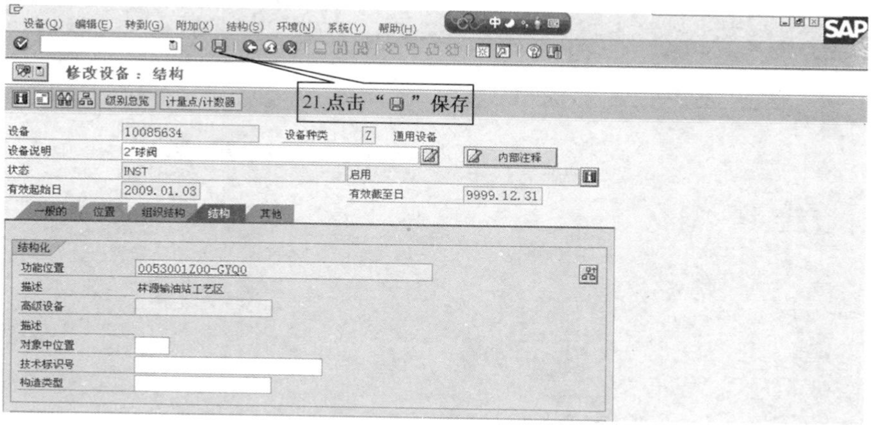

图 10-1-12　保存

操作或检查说明：所有信息都填写完成之后，点击“ ”按钮，保存所创建的设备，此时在屏幕的左下方出现 根据号 10085634 所建立的设备 ，说明此设备创建完成，系统自动生成的流水号是：10085634，即此设备的在系统中的设备编码。

2. 设备主数据查询

操作步骤 1：填写事务代码。如图 10-1-13 所示。

图 10-1-13　输入事务代码界面二

操作或检查说明：在［输入框］处输入 IH08 回车或点［确认］进入下一个界面，如图 10-1-13 所示，也可以在 SAP 菜单，展开后勤→工厂维护→技术对象管理→设备→列表编辑，双击“IH08-显示”。

操作步骤 2：输入查询条件。如图 10-1-14 至图 10-1-16 所示。

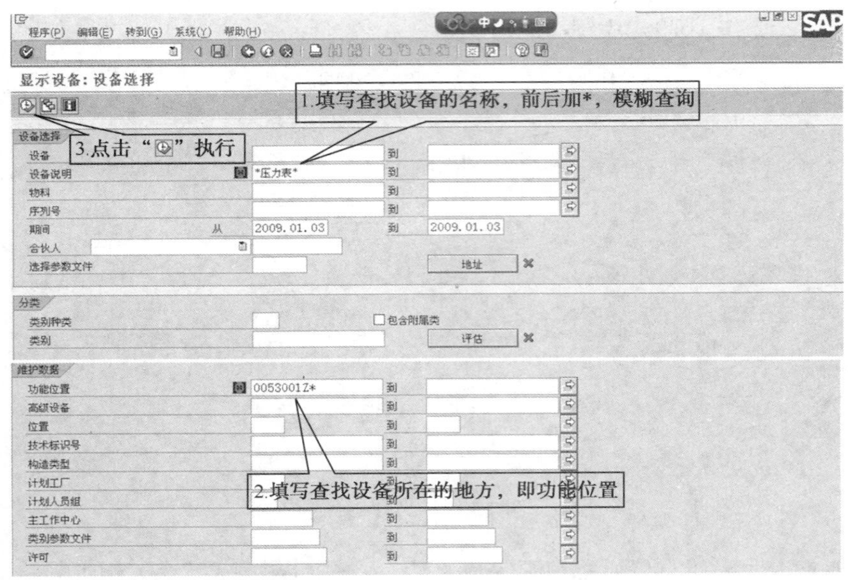

图 10-1-14　输入查询条件界面

清单(L) 编辑(E) 转到(G) 结构(T) 环境(N) 设置(S) 系统(Y) 帮助(H)

显示设备：设备清单

设备	房间	工作中心	高级设备	技术对象说明	技术标识号	PG	分类字段	维护中心	更改日期	维护工厂	功能位置描述	功能位
10046736	10050	LY00JS00		电接点压力表		104	阀组间	DQWX000	2008.11.24	9010	林源输油站阀组间	0053
10046803	10050	LY00JS00		排污压力表		104	清蜡间	DQWX000	2008.11.24	9010	林源输油站清蜡间	0053
10048032	10050	LY00JS00	10046823	伴热蒸汽压力表		104	罐区	DQWX000	2008.11.24	9010	林源输油站罐区	0053
10048038	10050	LY00JS00	10046824	伴热蒸汽压力表		104	罐区	DQWX000	2008.11.24	9010	林源输油站罐区	0053
10048044	10050	LY00JS00	10046825	伴热蒸汽压力表		104	罐区	DQWX000	2008.11.24	9010	林源输油站罐区	0053
10048052	10050	LY00JS00	10046826	伴热蒸汽压力表		104	罐区	DQWX000	2008.11.24	9010	林源输油站罐区	0053
10048058	10050	LY00JS00	10046827	伴热蒸汽压力表		104	罐区	DQWX000	2008.11.24	9010	林源输油站罐区	0053
10048066	10050	LY00JS00	10046828	伴热蒸汽压力表		104	罐区	DQWX000	2008.11.24	9010	林源输油站罐区	0053
10048074	10050	LY00JS00	10046829	伴热蒸汽压力表		104	罐区	DQWX000	2008.11.24	9010	林源输油站罐区	0053
10048082	10050	LY00JS00	10046830	伴热蒸汽压力表		104	罐区	DQWX000	2008.11.24	9010	林源输油站罐区	0053
10048090	10050	LY00JS00	10046831	伴热蒸汽压力表		104	罐区	DQWX000	2008.11.24	9010	林源输油站罐区	0053

图 10-1-15　设备清单

操作或检查说明：输入事务代码回车后，显示清单查询设备的选择界面，里面很多字段，可以根据实际查询情况填写限制字段，如“设备”对应着设备的流水号，如填写 10002273 到 10002280，点击［执行］后则会显示流水号为以下范围的设备清单。

“设备说明”对应设备的模糊名称查询，用＊号取代模糊字段，输入＊压力表＊执行点击［执行］后则显示名称中含有温度变送器字样的设备清单。

“功能位置”对应想查找设备所安装的功能位置，填写“0053001z＊”是指查找林源站所有压力表相关的设备数据。

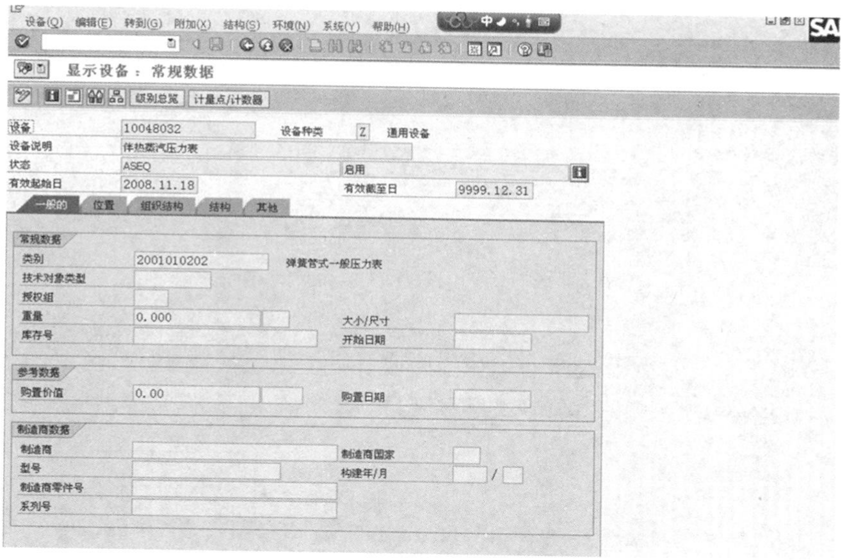

设备(Q) 编辑(E) 转到(G) 附加(X) 结构(S) 环境(N) 系统(Y) 帮助(H)

显示设备：常规数据

级别总览 计量点/计数器

设备 10048032 设备种类 Z 通用设备
设备说明 伴热蒸汽压力表
状态 ASEQ 启用
有效起始日 2008.11.18 有效截至日 9999.12.31

一般的 位置 组织结构 结构 其他

常规数据
类别 2001010202 弹簧管式一般压力表
技术对象类型
授权组
重量 0.000 大小/尺寸
库存号 开始日期

参考数据
购置价值 0.00 购置日期

制造商数据
制造商 制造商国家
型号 构建年/月 /
制造商零件号
系列号

图 10-1-16 显示设备常规数据

其他字段都代表相应含义，根据实际需要查询。显示所查询设备清单后，双击设备号查看设备的详细信息，例如双击 10048032 流水号的设备。

二、巡检结果的录入和查询

1. 巡检结果的录入

操作步骤 1：巡检结果录入。如图 10-1-17 至图 10-1-19 所示。巡检录入数据见表 10-1-2。

图 10-1-17 点击进入巡检结果录入界面一

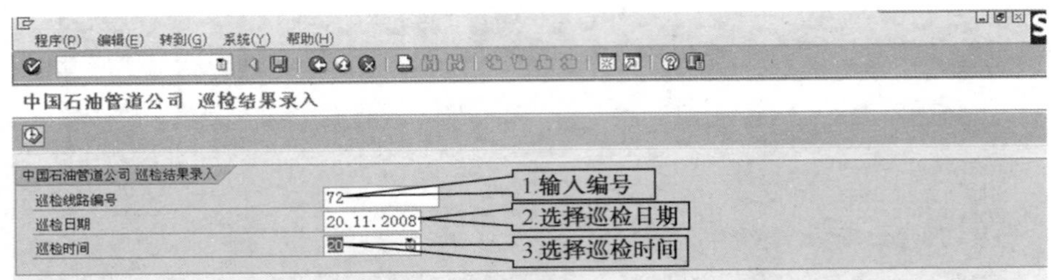

图 10-1-18 输入编号、日期和时间界面一

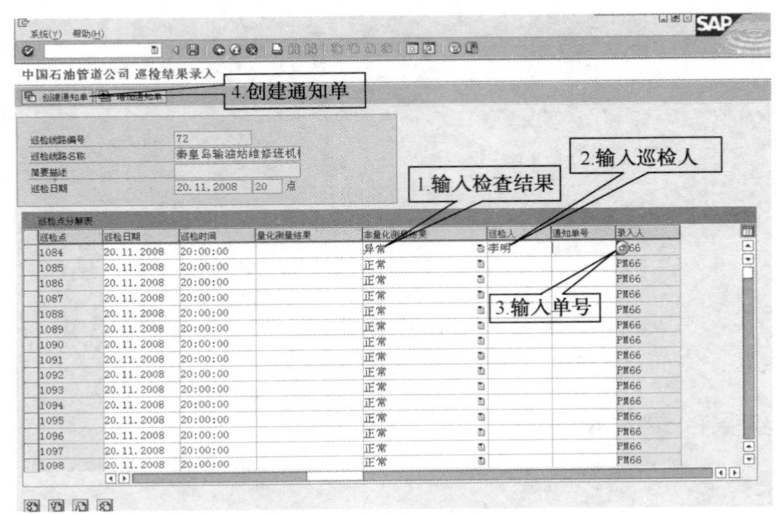

图 10-1-19 巡检结果录入界面

表 10-1-2 巡检录入数据表

字段名称	描述	R/O/C①	用户操作/数值	注释
巡检结果录入		R	ZR8PMDG001C	
巡检线路编号		R	输入对应编号	
巡检日期		R	输入日期	
巡检时间		R	输入时间	
巡检结果		R	根据实际情况选择	
巡检人		R	根据实际情况输入	
通知单号		C	选择单号	
创建通知单		C	根据实际情况创建	

①R—必填，O—可选，C—视条件而定。

操作或检查说明：在巡检结果录入的时候，如果是量化的结果，就在量化测量结果中录入；非量化的结果，则在非量化测量结果中录入，两者不能填写错误；如果在巡检的时候发现异常，就创建通知单，按如图 10-1-19 所示操作。

2. 巡检结果的查询

巡检结果查询如图 10-1-20 至图 10-1-22 所示。

图 10-1-20　点击进入巡检结果查询界面二

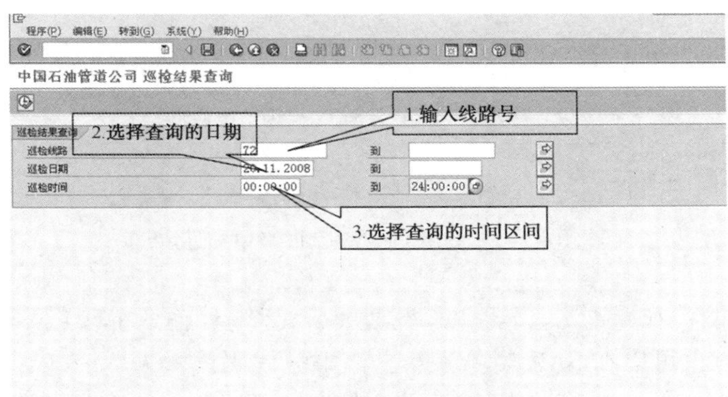

列表(L)　编辑(E)　转到(G)　设置(S)　系统(Y)　帮助(H)

中国石油管道公司　巡检结果查询

查看巡检结果

巡检时刻	序号	计量点	计量单位	巡检内容	文本	周期	计量凭证	通知单号	录入时间	巡检人	量化测量结果
20	1	1084	LE	维修间－机加	是否正常		0000000000		20081120 20	李明	0.000
20	2	1085	LE	维修间－备用	是否整齐		0000000000		20081120 20	李明	1.000
20	3	1086	LE	维修间－维修	是否制定		0000000000		20081120 20	李明	1.000
20	4	1087	LE	维修间－室内	是否正常		0000000000		20081120 20	李明	1.000
20	5	1088	LE	维修间－携带	是否执行		0000000000		20081120 20	李明	1.000
20	6	1089	LE	罐区阀室、总	是否正常		0000000000		20081120 20	李明	1.000
20	7	1090	LE	罐区阀室、总	是否正常		0000000000		20081120 20	李明	1.000
20	8	1091	LE	罐区阀室、总	是否正常		0000000000		20081120 20	李明	1.000
20	9	1092	LE	罐区阀室、总	是否正常		0000000000		20081120 20	李明	1.000
20	10	1093	LE	收、发球装置	是否正常		0000000000		20081120 20	李明	1.000
20	11	1094	LE	收、发球装置	是否正常		0000000000		20081120 20	李明	1.000
20	12	1095	LE	收、发球装置	是否正常		0000000000		20081120 20	李明	1.000
20	13	1096	LE	外输装船流量	是否正常		0000000000		20081120 20	李明	1.000
20	14	1097	LE	外输装船流量	是否正常		0000000000		20081120 20	李明	1.000
20	15	1098	LE	外输装船流量	是否正常		0000000000		20081120 20	李明	1.000

图 10-1-22　查看巡检结果界面

第二节　自行处理业务处理流程

当场站设备发生故障时，站员无须上报分公司，但必须马上上报站长，站员创建自行处理作业单，由站长审批之后进行故障处理。

一、站队技术员创建报修单及工单

操作步骤 1：进入创建故障报修单初始界面(图 10-2-1)。

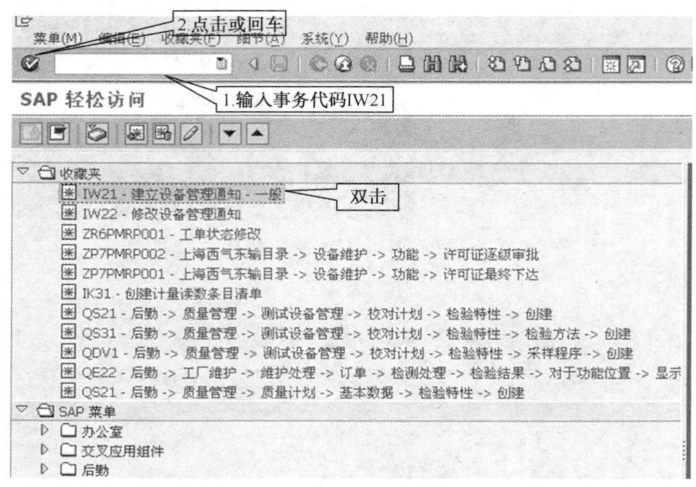

图 10-2-1　进入创建故障报修单初始界面

操作或检查说明：在处输入 IW21 回车或点进入建立 PM 通知初始屏幕；也可以在 SAP 菜单，双击该事务代码。

操作步骤 2：进入创建非线路类故障报修单界面(图 10-2-2 和图 10-2-3)。

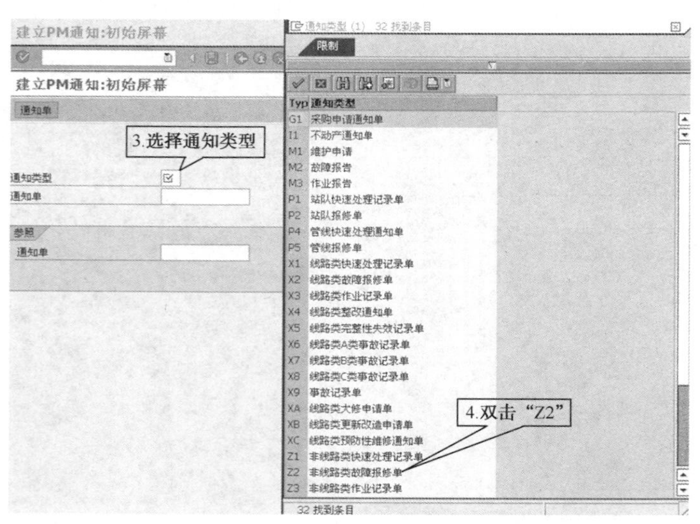

图 10-2-2　选择通知类型界面一

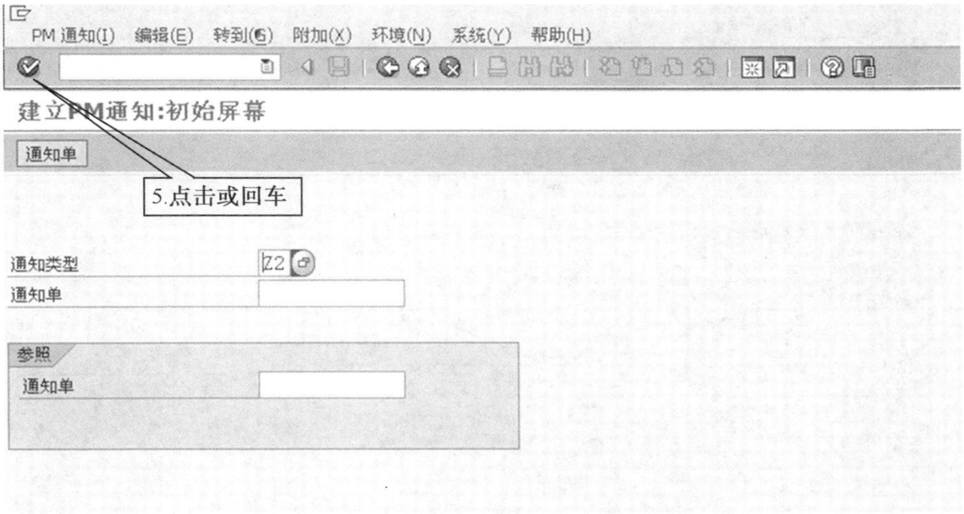

图 10-2-3　选择通知类型界面二

操作步骤 3：输入项目相关数据(图 10-2-4)。

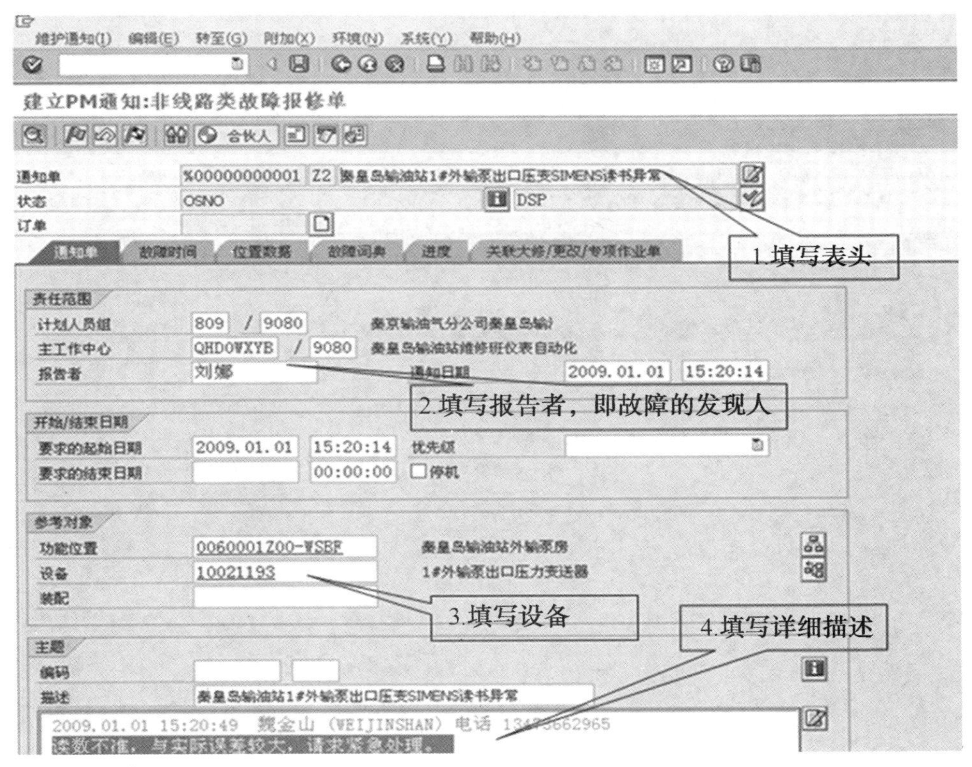

图 10-2-4　输入项目相关数据界面

操作或检查说明：表头格式为＊＊＊站+设备编号+设备名称+简单设备故障描述。报告者：报告者是发现问题的人，不一定是填写报修单的人。

操作步骤 4：填写维修故障要求的时间(图 10-2-5 和图 10-2-6)。

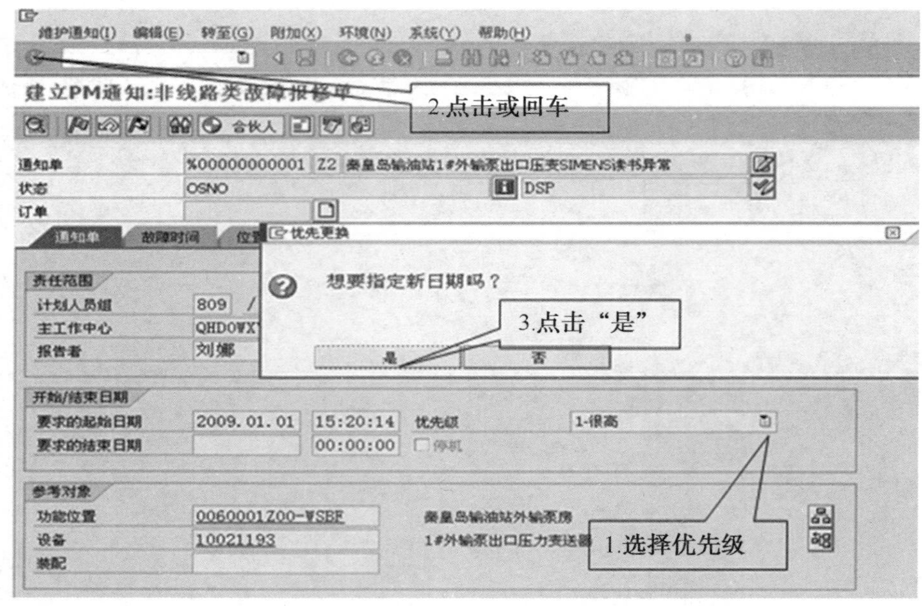

图 10-2-5　填写维修故障要求的时间界面一

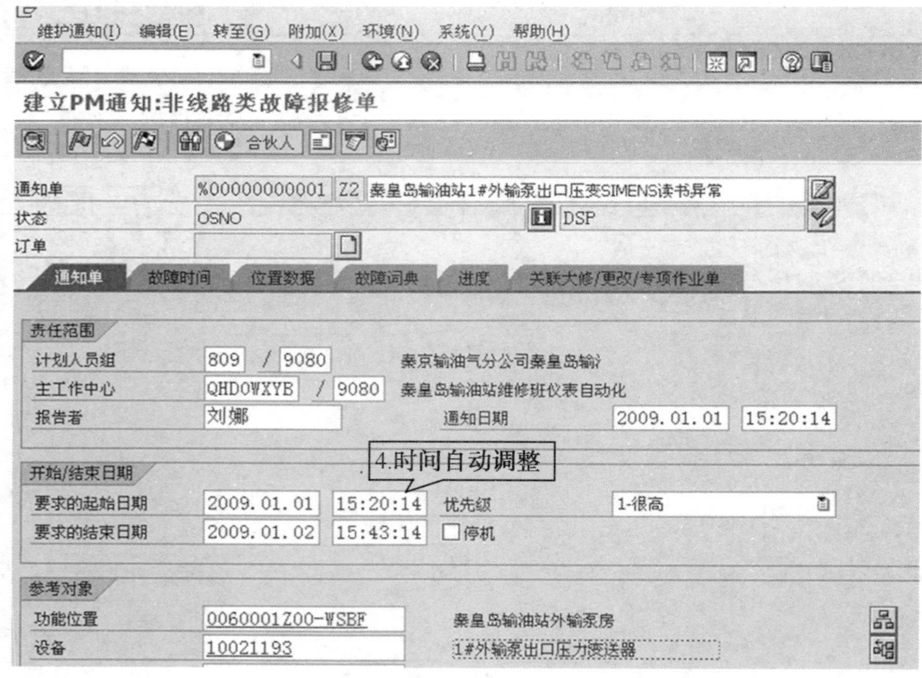

图 10-2-6　填写维修故障要求的时间界面二

操作或检查说明：故障维修的开始/结束日期的选择有两种方法。(1)选择优先级，点击“是”后系统会自动根据系统的时间计算出“要求结束的日期”。(2)直接在“要求的起始日期”、“要求的结束日期”中按自己的经验填写时间。

操作步骤 5：关联创建自行处理作业单(图 10-2-7 至图 10-2-10)。

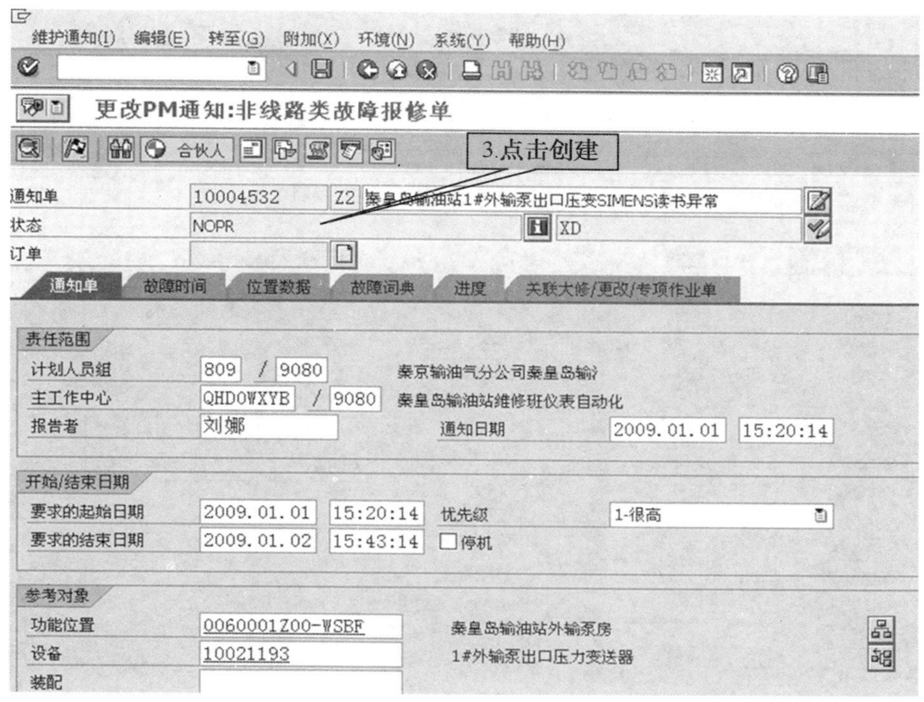

图 10-2-7 创建自行处理作业单界面一

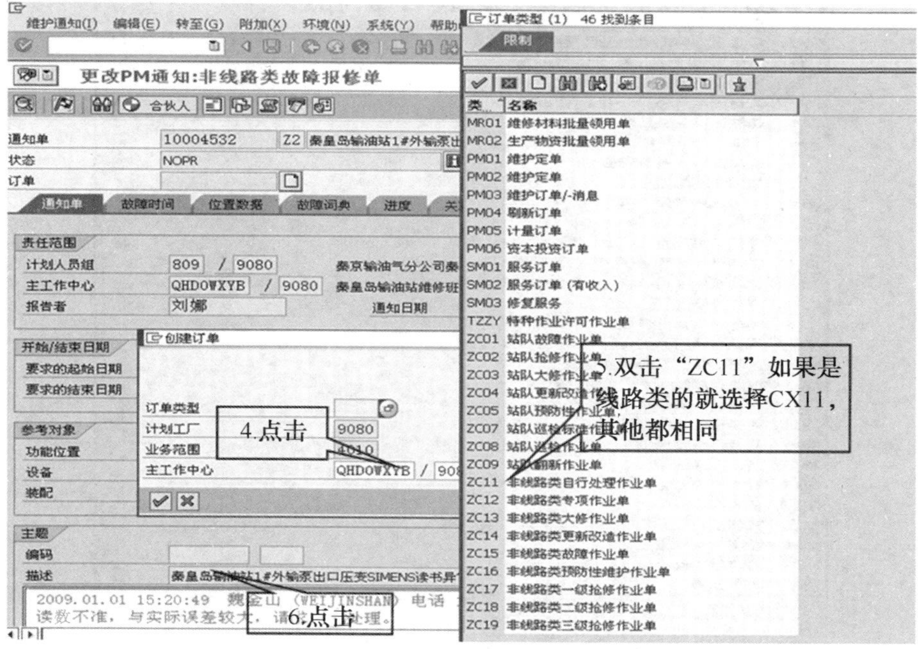

图 10-2-8 创建自行处理作业单界面二

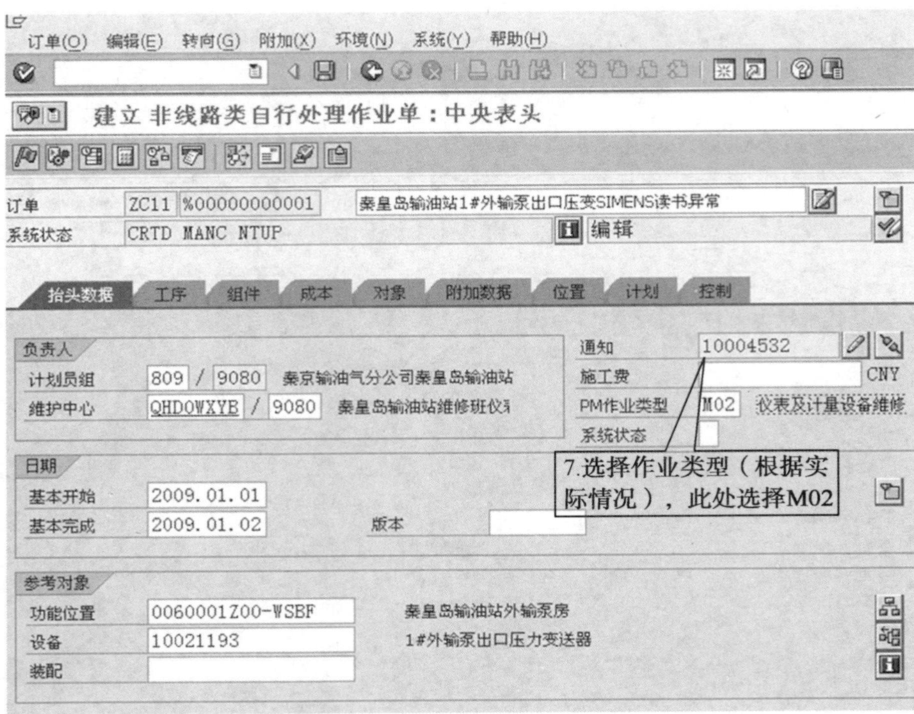

图 10-2-9 创建自行处理作业单界面三

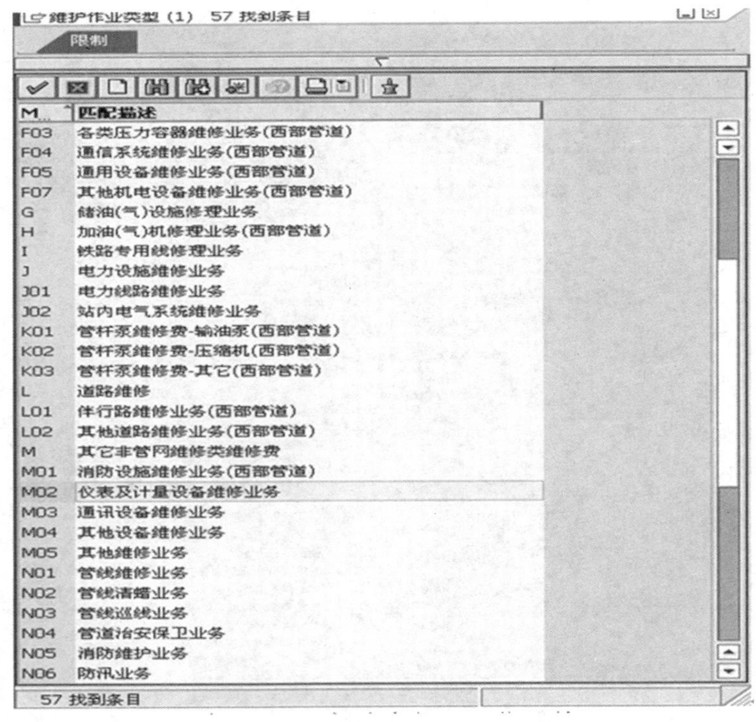

图 10-2-10 创建自行处理作业单界面四

操作或检查说明：PM 作业类型要根据实际情况选择。

操作步骤 6：填写工序(图 10-2-11)。

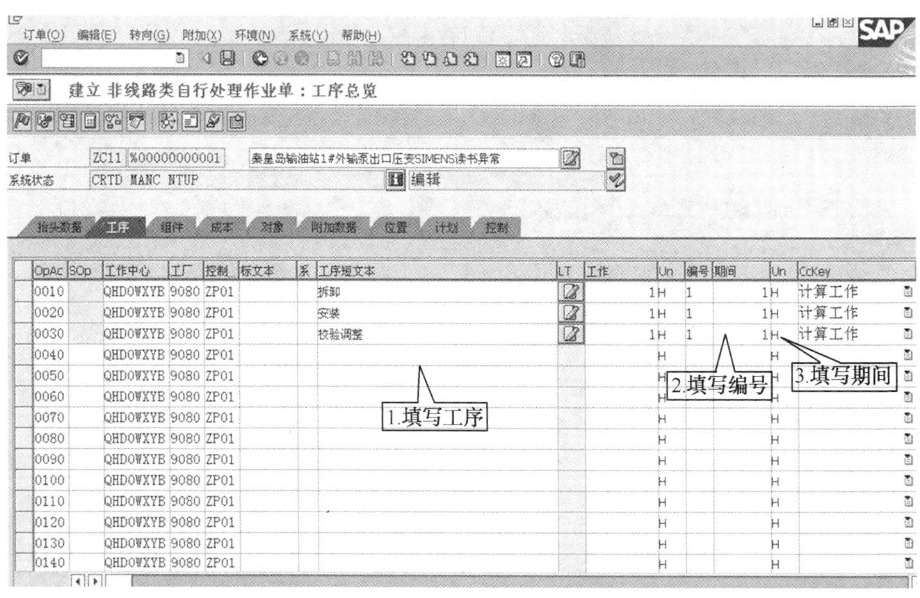

图 10-2-11　填写工序界面

操作或检查说明：图 10-2-11 中的"工作"、"编号"、"期间"解释如下："工作"是"编号"×"期间"，指的是几个人总共工作了多长时间，是总工时；"编号"是指几个人；"期间"是"编号"中每个人对应的时间。

操作步骤 7：添加组件(图 10-2-12 至图 10-2-16)。

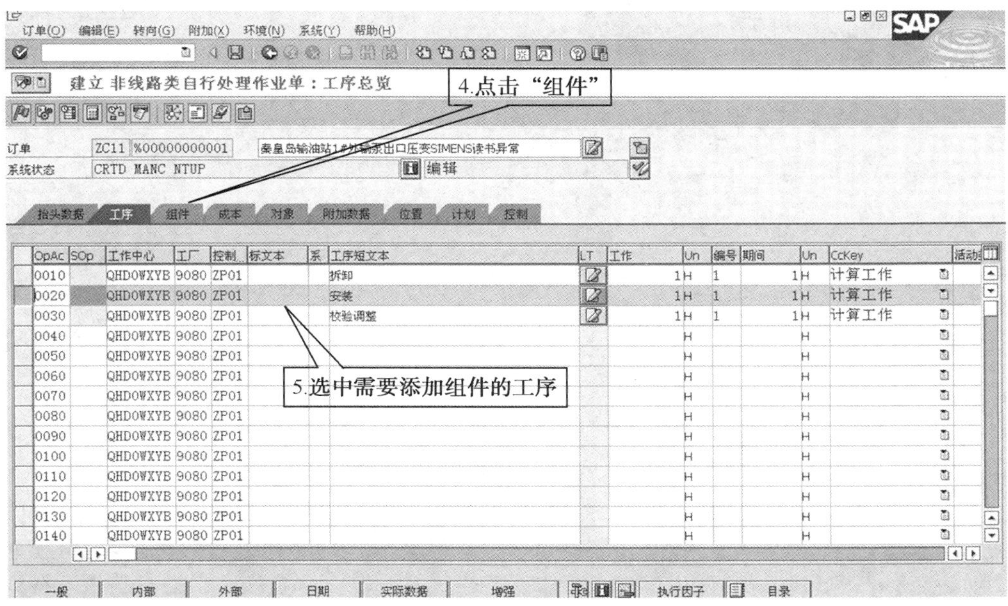

图 10-2-12　添加组件界面一

图 10-2-13 添加组件界面二

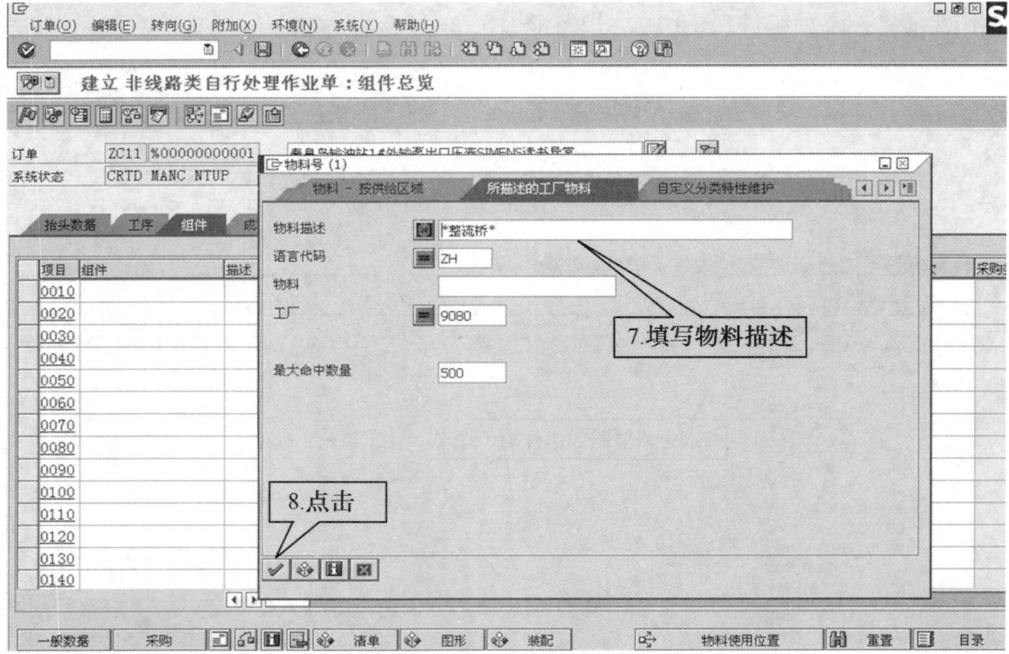

图 10-2-14 添加组件界面三

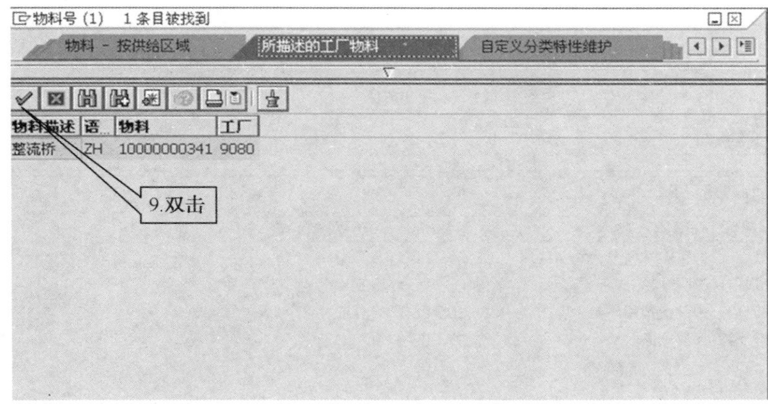

图 10-2-15　添加组件界面四

操作或检查说明：填写物料描述使用通配符＊＊，如＊整流桥＊。

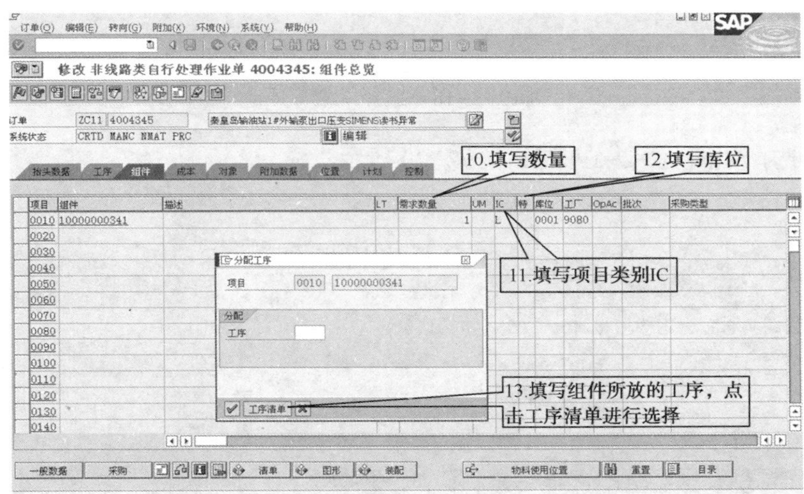

图 10-2-16　添加组件界面五

操作或检查说明：项目类别 IC 选择如图 10-2-17 所示。

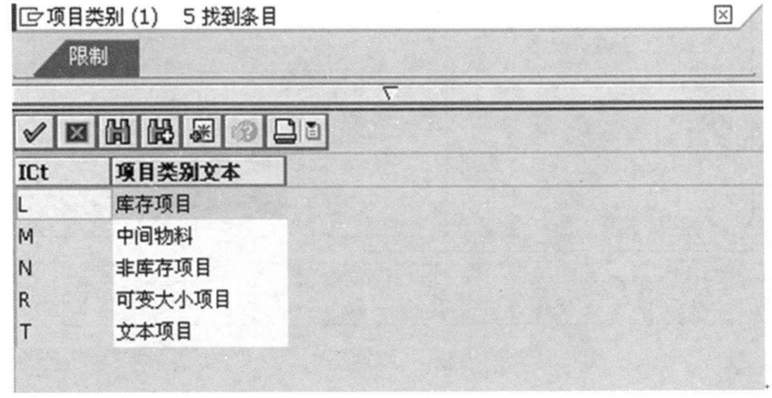

图 10-2-17　选择项目类别界面

库位选择如图 10-2-18 所示。

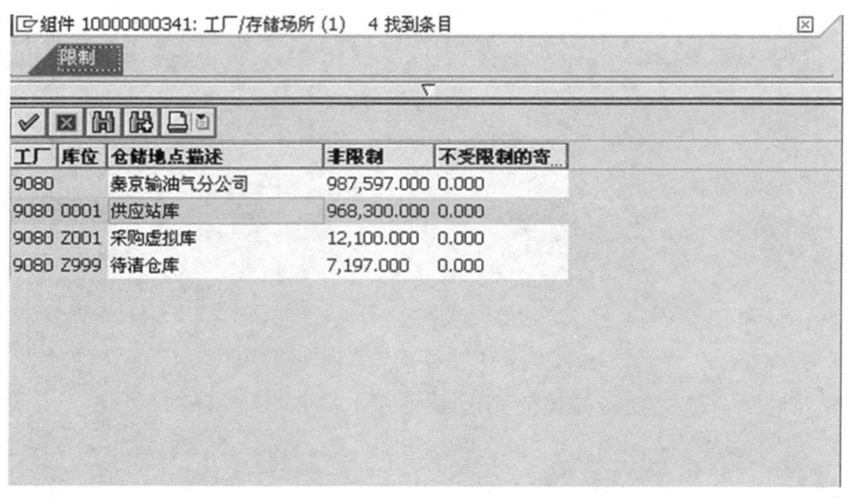

图 10-2-18　选择库位界面

工序清单选择如图 10-2-19 和图 10-2-20 所示。

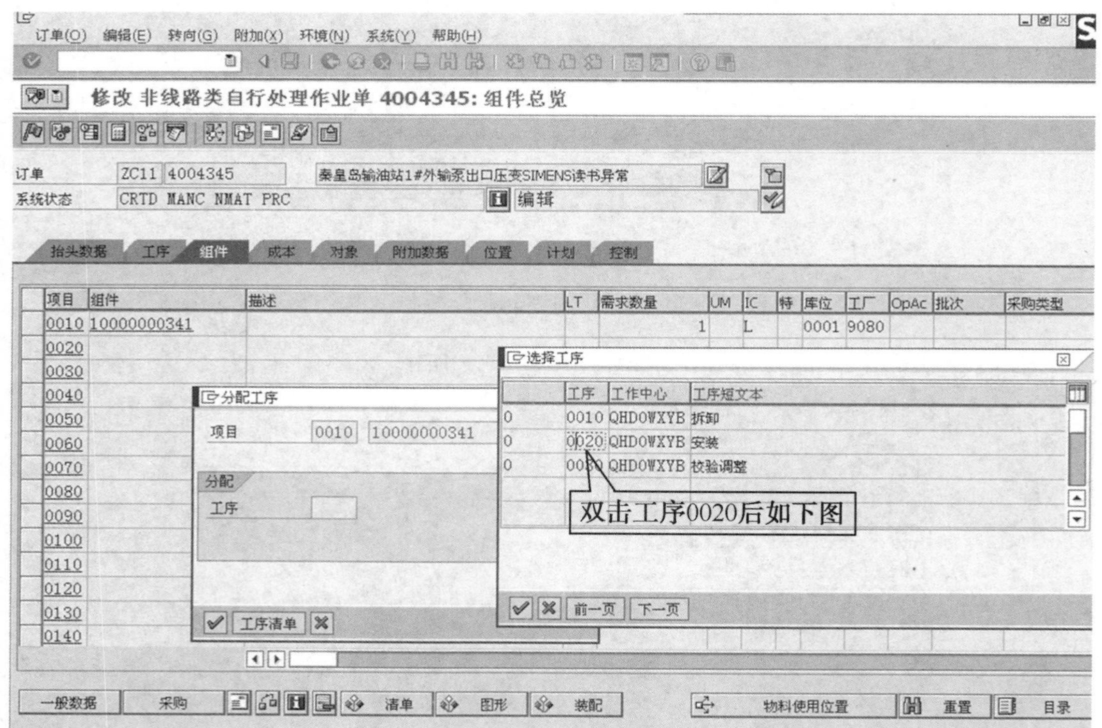

图 10-2-19　选择工序界面

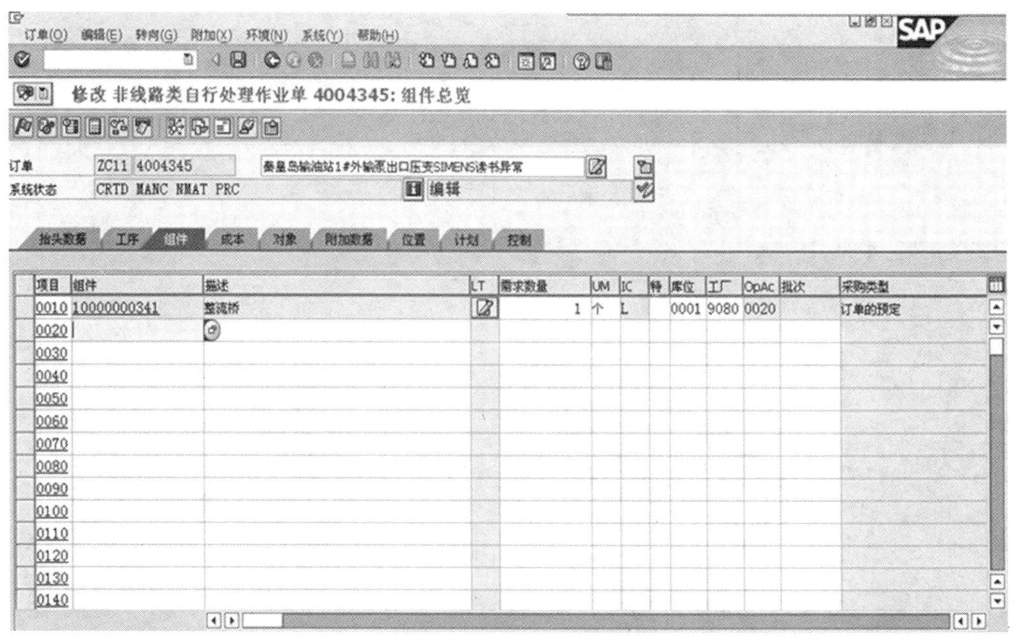

图 10-2-20　组件添加完毕

操作步骤 8：添加 WBS 计划号(图 10-2-21 和图 10-2-22)。

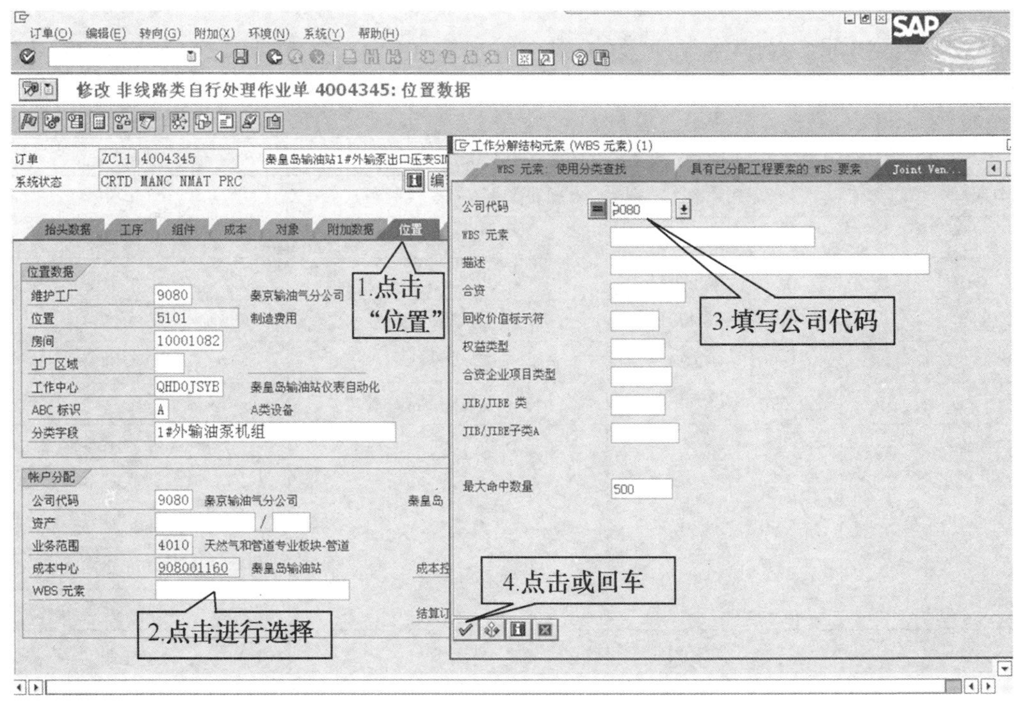

图 10-2-21　添加 WBS 计划号界面一

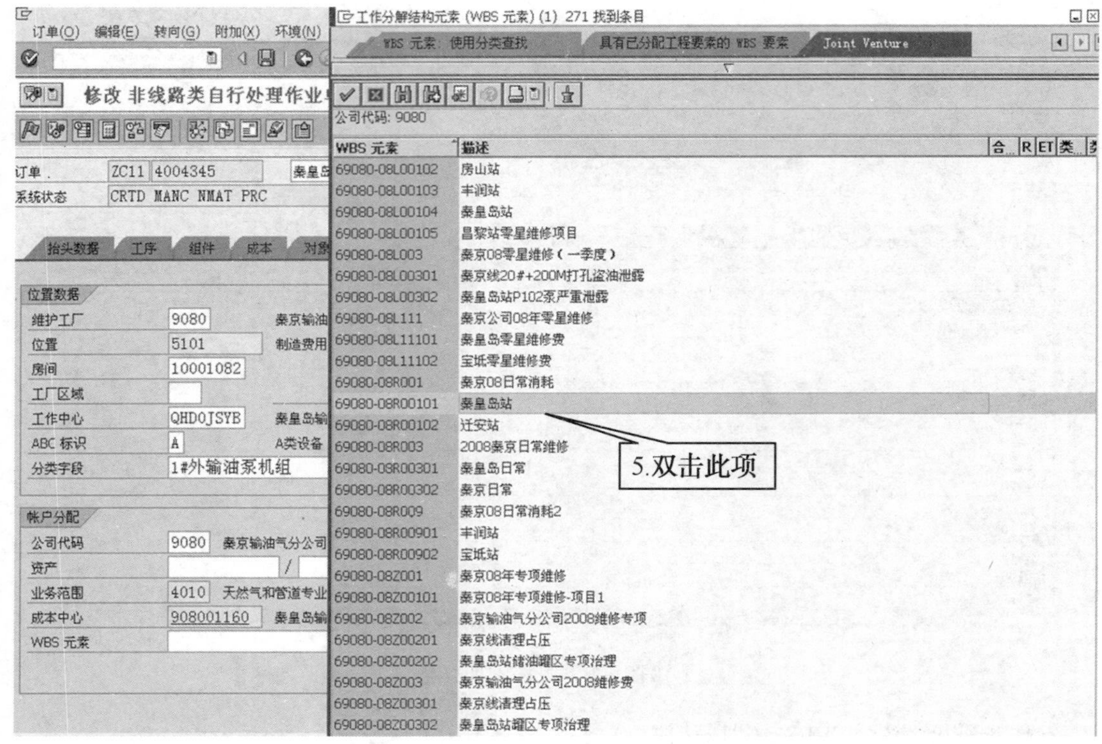

图 10-2-22　添加 WBS 计划号界面二

操作或检查说明：WBS 选择见表 10-2-1 和图 10-2-23，根据工单类型选择相应的 WBS 号。

表 10-2-1　WBS 元素选择表

项目分类	项目举例	项目类型(预算控制模式)	工单类型
J	690G0-08J001	基本建设	N/A
G	69070-08G001	更改项目	更改
D	69070-08D001	大修项目	大修
Z	69070-08Z001	专项维修	专项维修
Q	69070-08Q001	抢修(不进行预算控制)	抢修
R	69070-08R001	日常零星维修	一般故障维修
			一般预防性维修
			自行购置维修费
			自行处理
			批量物资领用
K	690Y0-08K001	科研项目	N/A
F	69070-08FXX1/2	财务专用	N/A

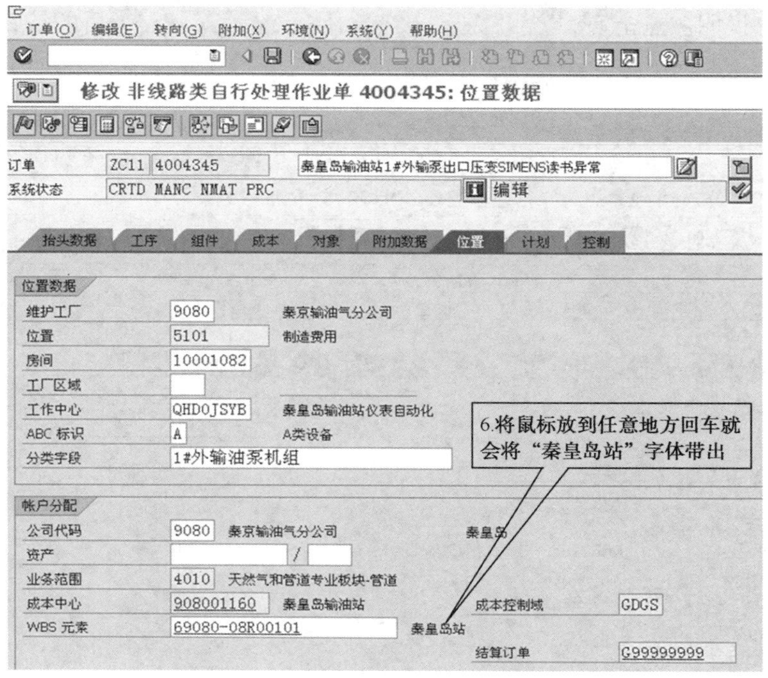

图 10-2-23　添加 WBS 计划号界面三

操作步骤 9：将作业单的用户状态手动从“编辑”改为“待审批”并保存工单(图 10-2-24 至图 10-2-26)。

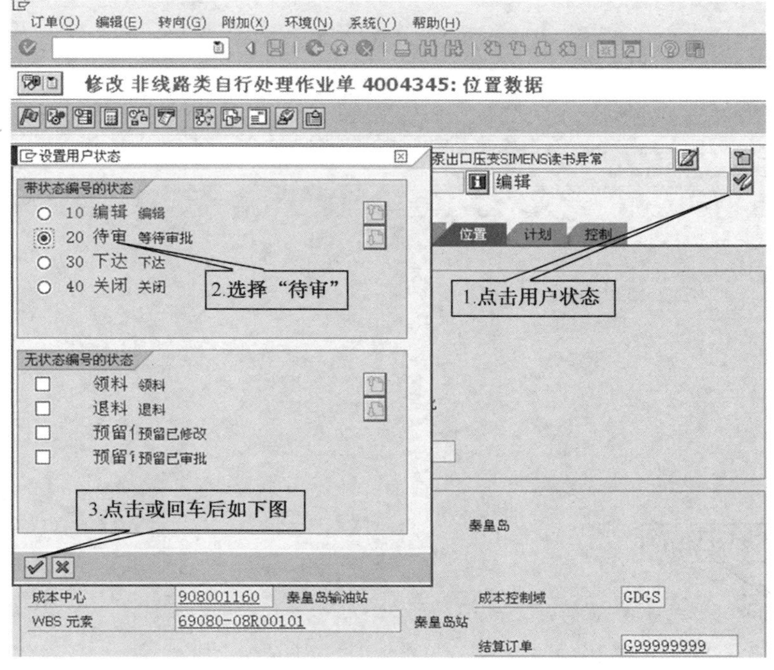

图 10-2-24　修改订单状态界面

操作或检查说明：点击编辑后的按钮，选择“20 待审”。

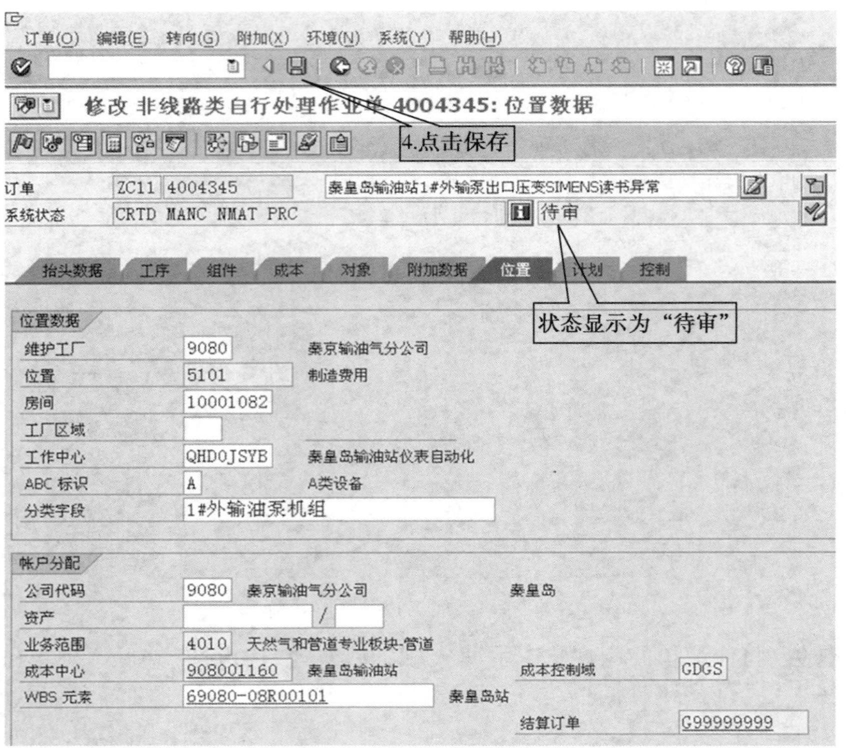

图 10-2-25　保存工单界面一

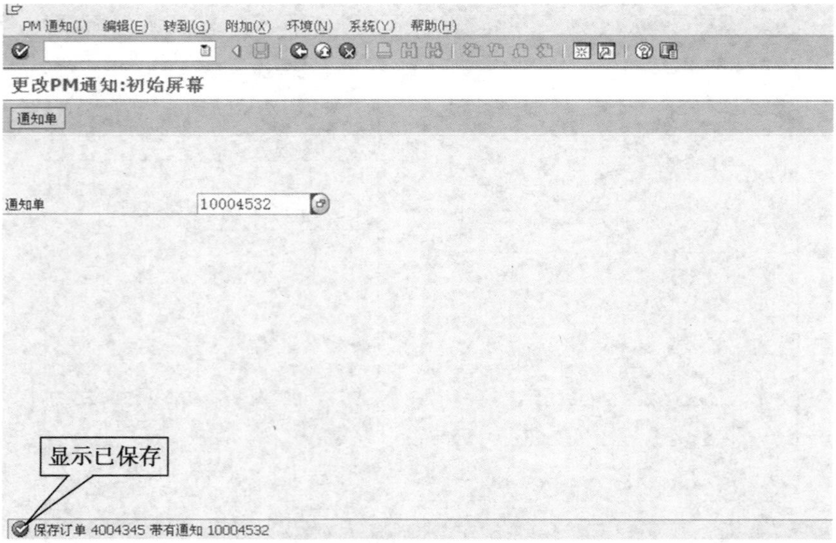

图 10-2-26　保存工单界面二(工单保存成功)

二、站队技术员进行失效信息的填写和完工确认

操作步骤 1：在维修任务完成后，填写失效信息和完工确认（图 10－2－27 至图 10－2－32）。

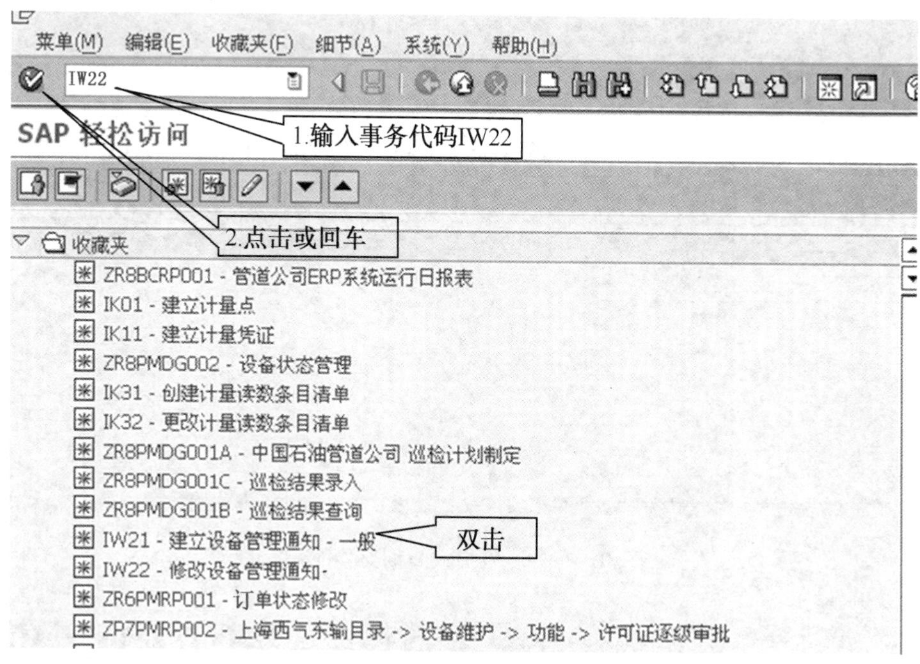

图 10-2-27　进入修改设备管理通知界面

操作或检查说明：在［输入框］处输入 IW22 回车或点［确认图标］进入修改 PM 通知屏幕，也可以在 SAP 菜单，双击该事务代码。

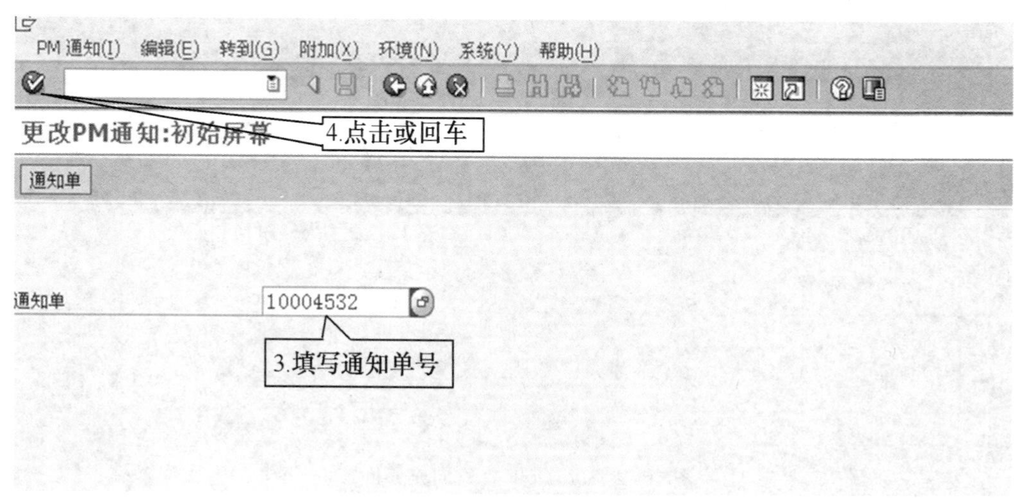

图 10-2-28　填写通知单号界面

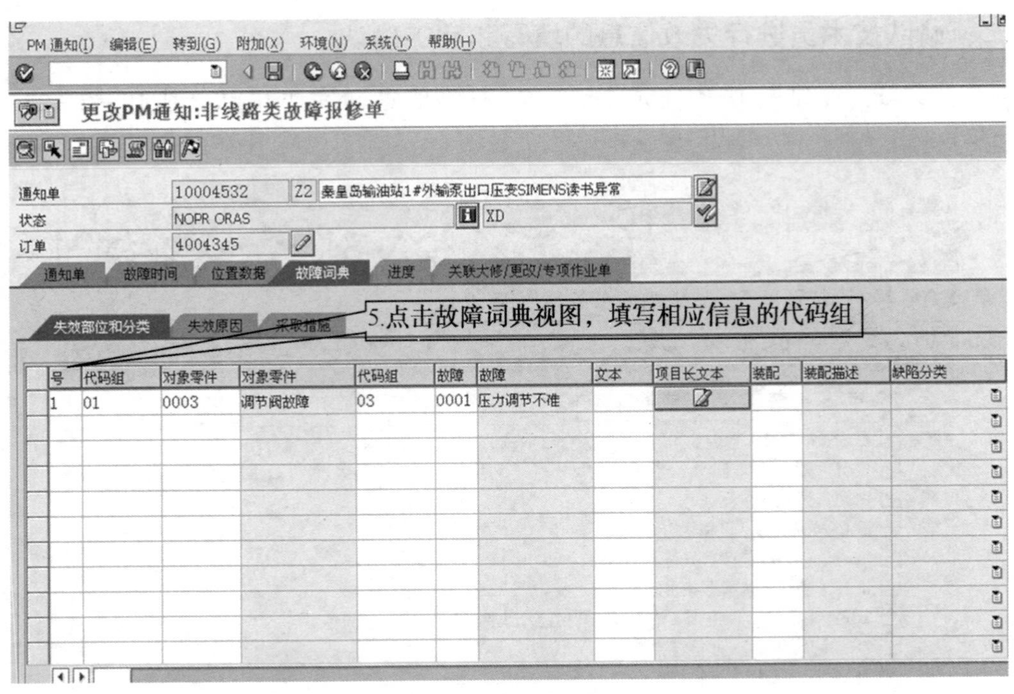

图 10-2-29 维护故障词典界面一

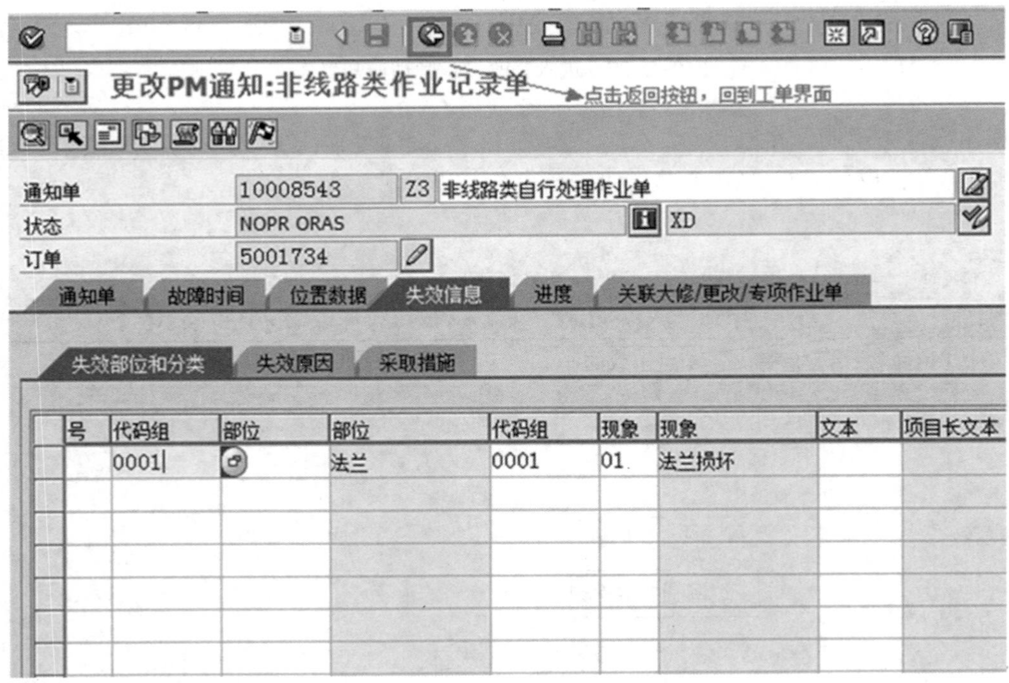

图 10-2-30 维护故障词典界面二

操作或检查说明：注意代码组的选择。

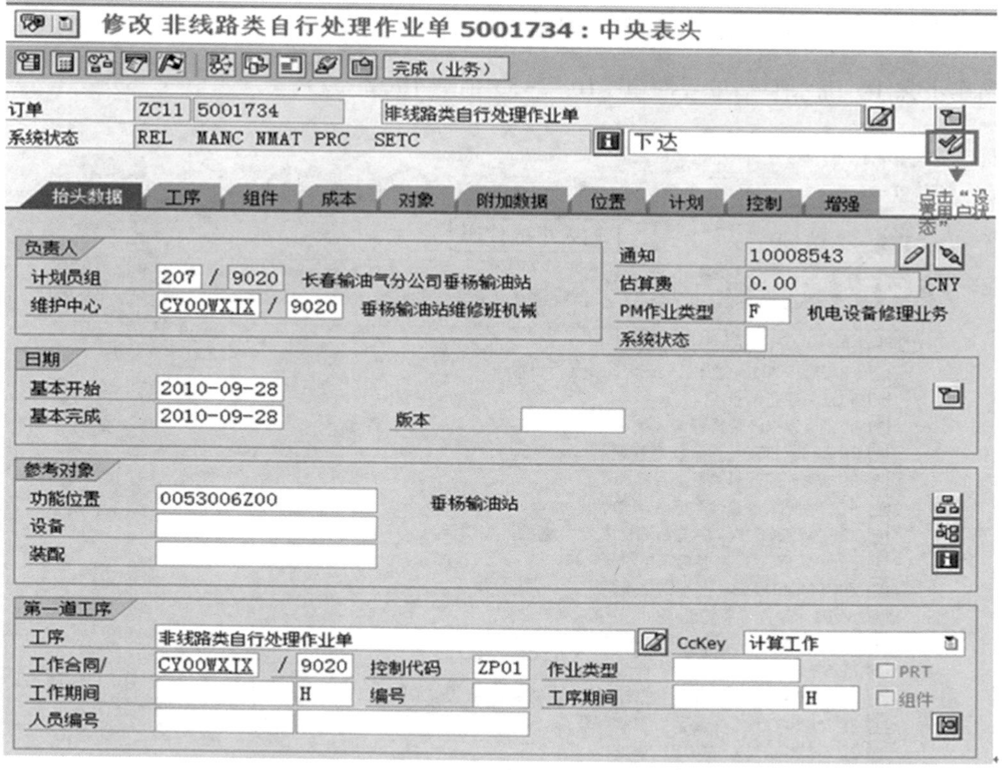

图 10-2-31　修改用户状态界面

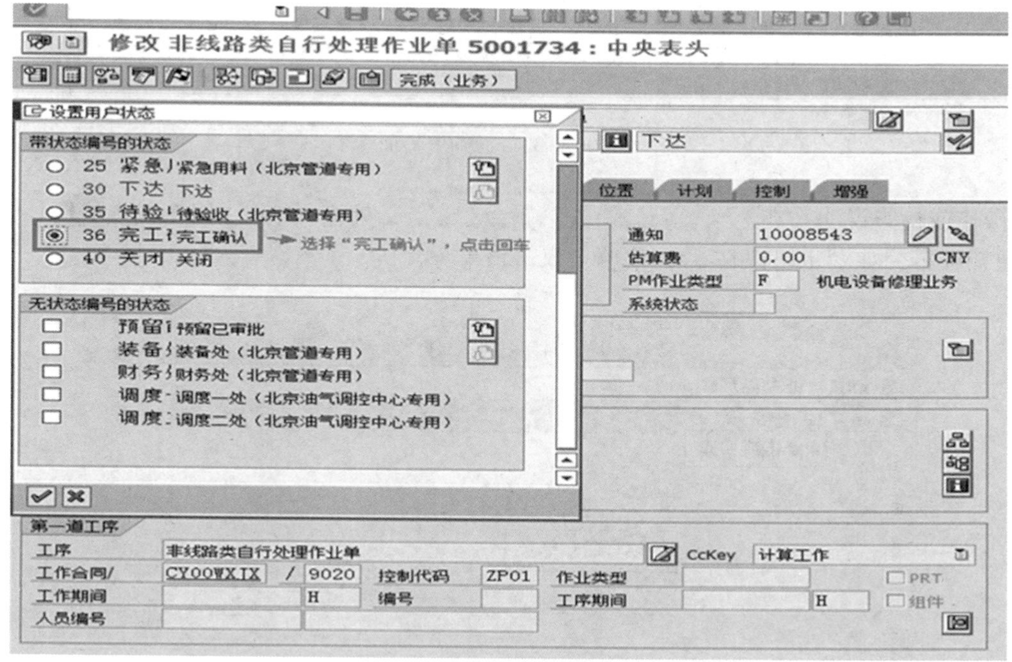

图 10-2-32　完工确认界面

三、站队技术员关闭工单和通知单

操作步骤1：进入通知单界面(图10-2-33至图10-2-37)。

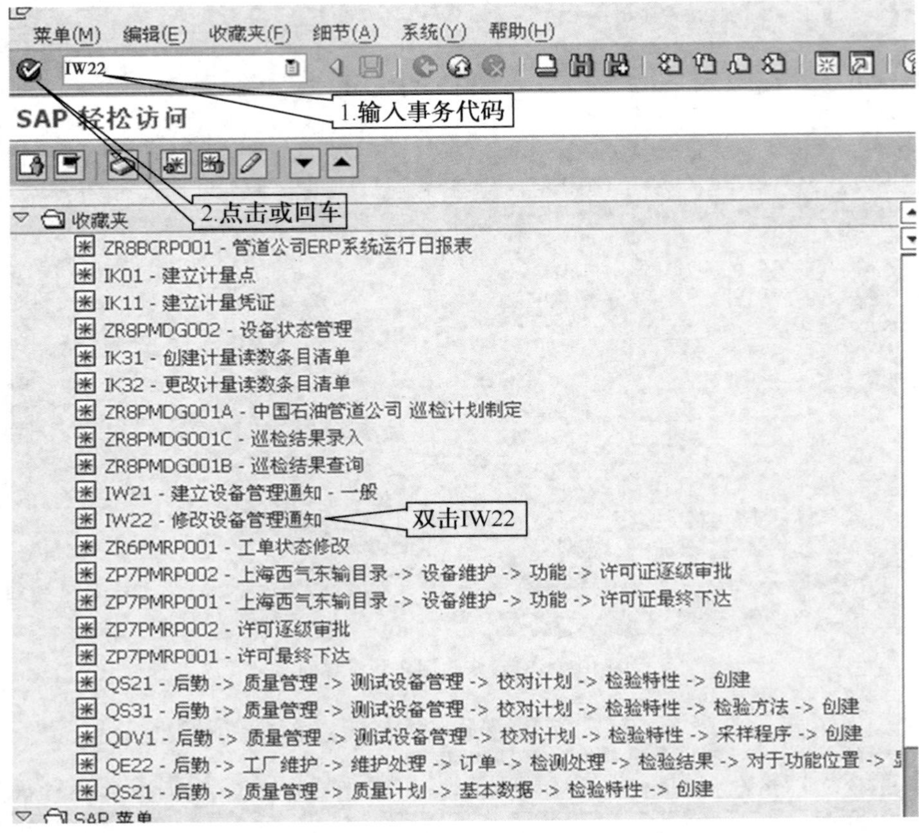

图10-2-33　通知单界面

操作或检查说明：在　处输入IW22回车或点　进入修改PM通知屏幕，如图也可以在SAP菜单，双击该事务代码。

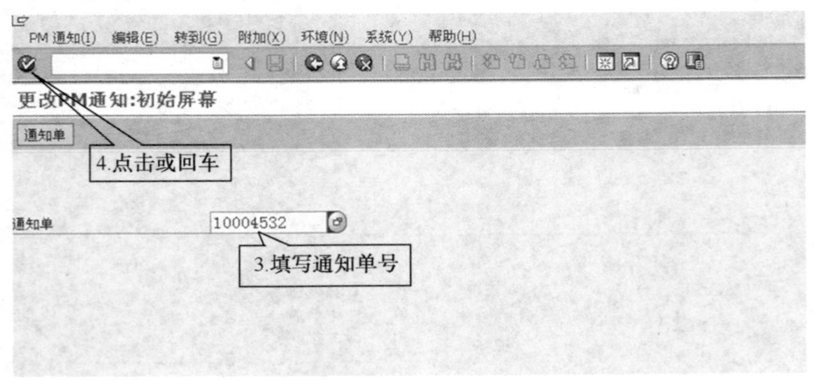

图10-2-34　填写指定通知单号

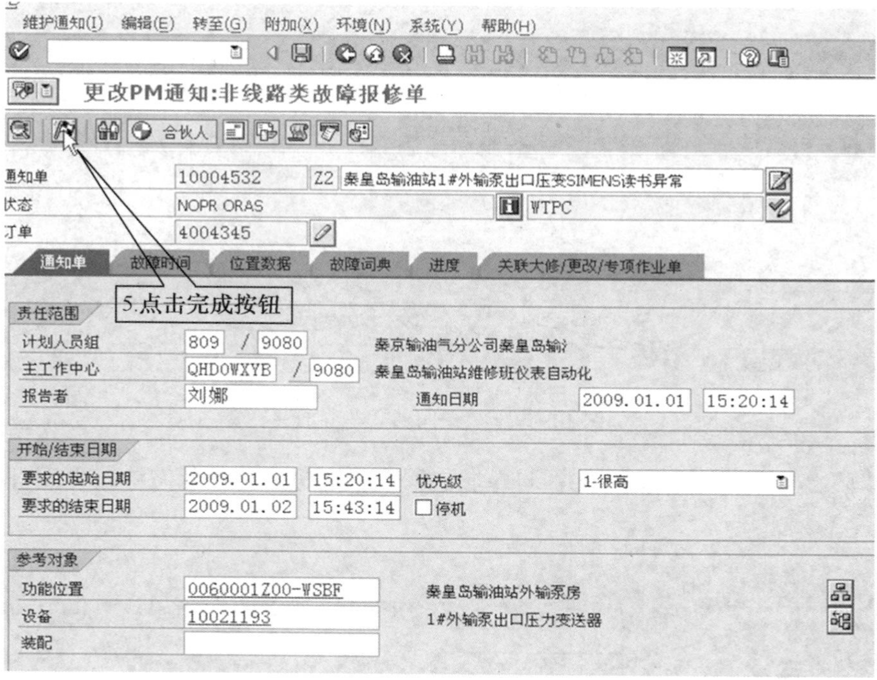

图 10-2-35　关闭通知单界面一

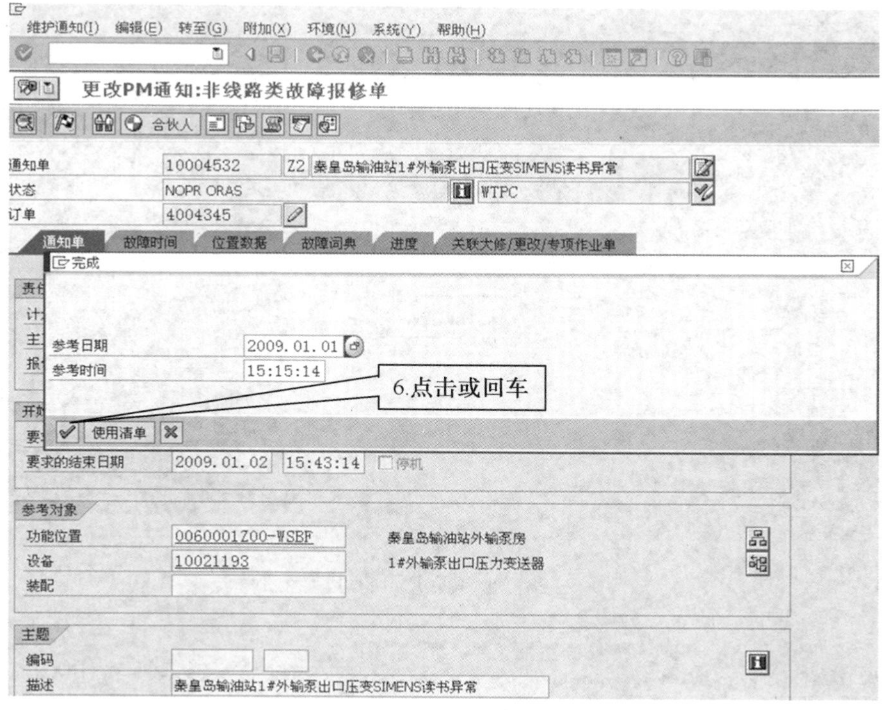

图 10-2-36　关闭通知单界面二

操作或检查说明：此步的参考时间可以根据实际情况进行修改。

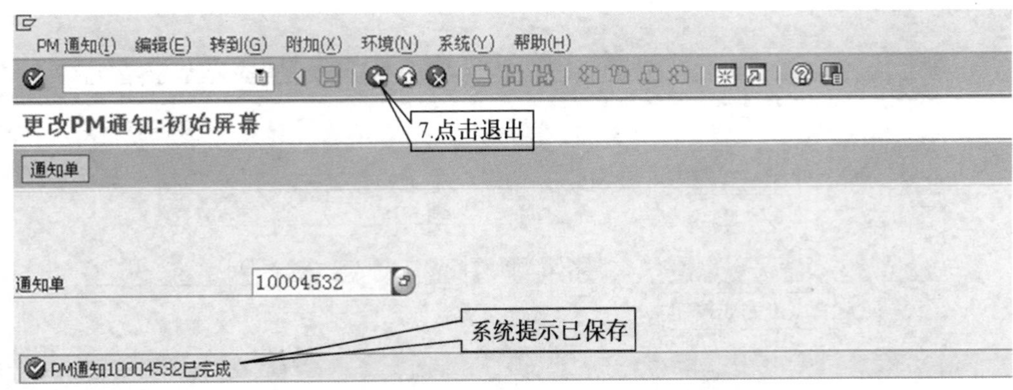

图 10-2-37 关闭通知单界面三

操作步骤 2：使用 ZR6PMRP001-订单状态修改代码进入订单状态修改界面(图 10-2-38 至图 10-2-43)。

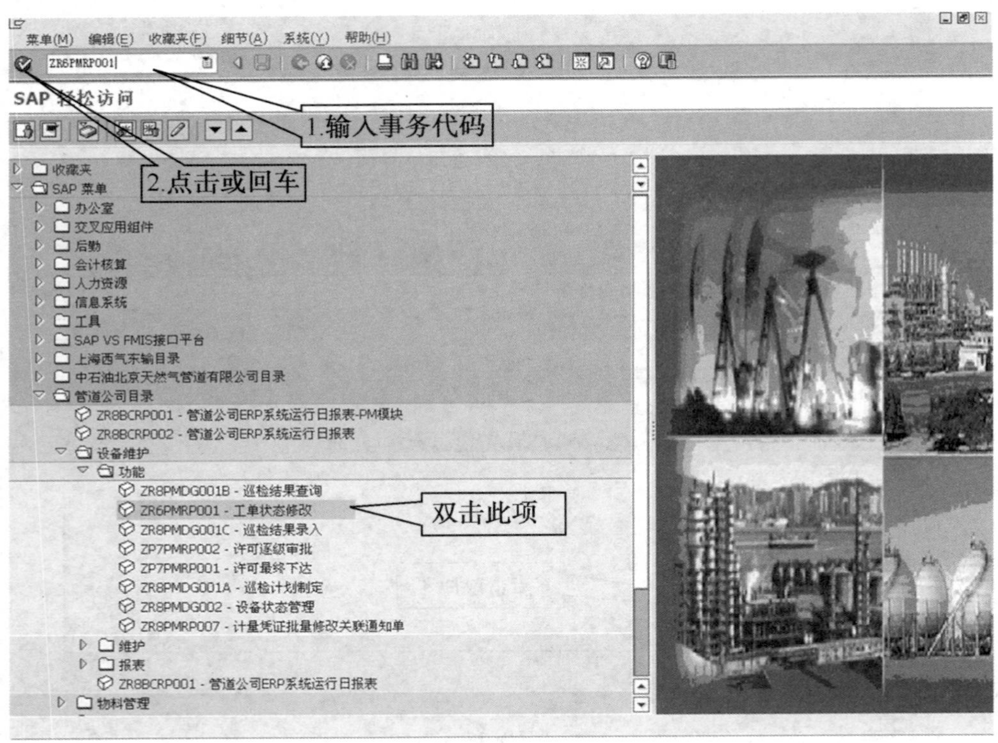

图 10-2-38 选择要关闭的订单界面一

操作或检查说明：在 处输入 ZR6PMRP001，回车或点 进入订单状态修改屏幕，也可以在 SAP 菜单中双击该事务代码。

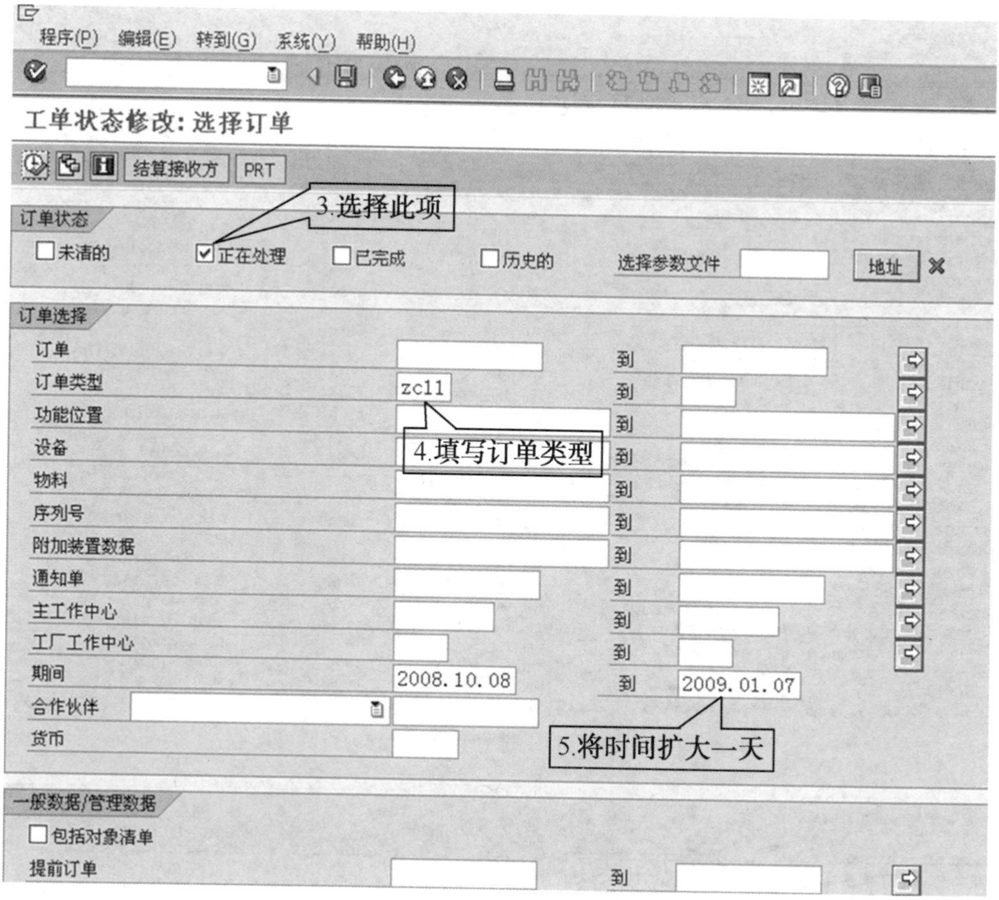

程序(P)　编辑(E)　转到(G)　系统(Y)　帮助(H)

工单状态修改：选择订单

结算接收方　PRT

3.选择此项

订单状态

☐未清的　☑正在处理　☐已完成　☐历史的　选择参数文件　地址

订单选择

订单		到	
订单类型	zc11	到	
功能位置		到	
设备		到	
物料		到	
序列号		到	
附加装置数据		到	
通知单		到	
主工作中心		到	
工厂工作中心		到	
期间	2008.10.08	到	2009.01.07
合作伙伴			
货币			

4.填写订单类型

5.将时间扩大一天

一般数据/管理数据

☐包括对象清单

提前订单　到

图 10-2-39　选择要关闭的订单界面二

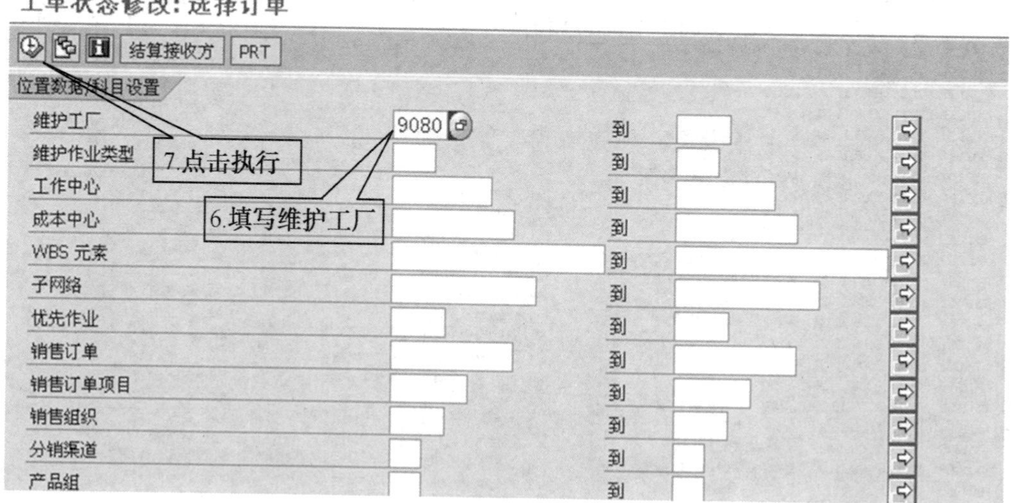

图 10-2-40　选择要关闭的订单界面三

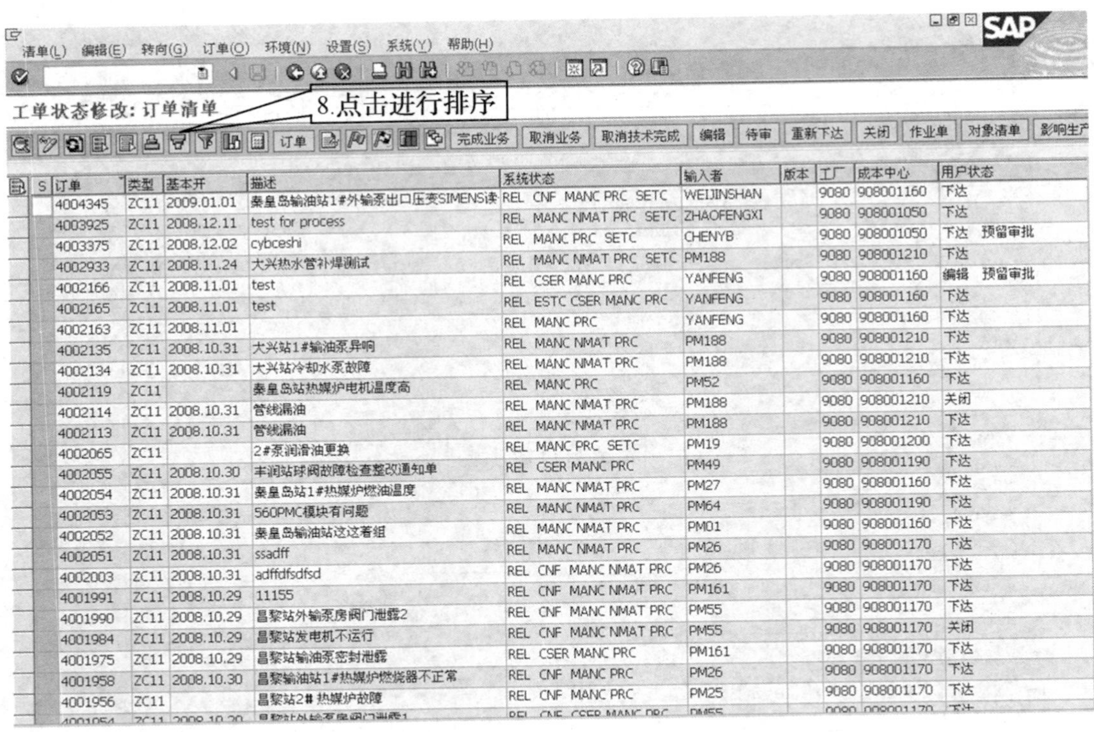

图 10-2-41　选择订单进行排序

图 10-2-42　选择需要的订单进行关闭

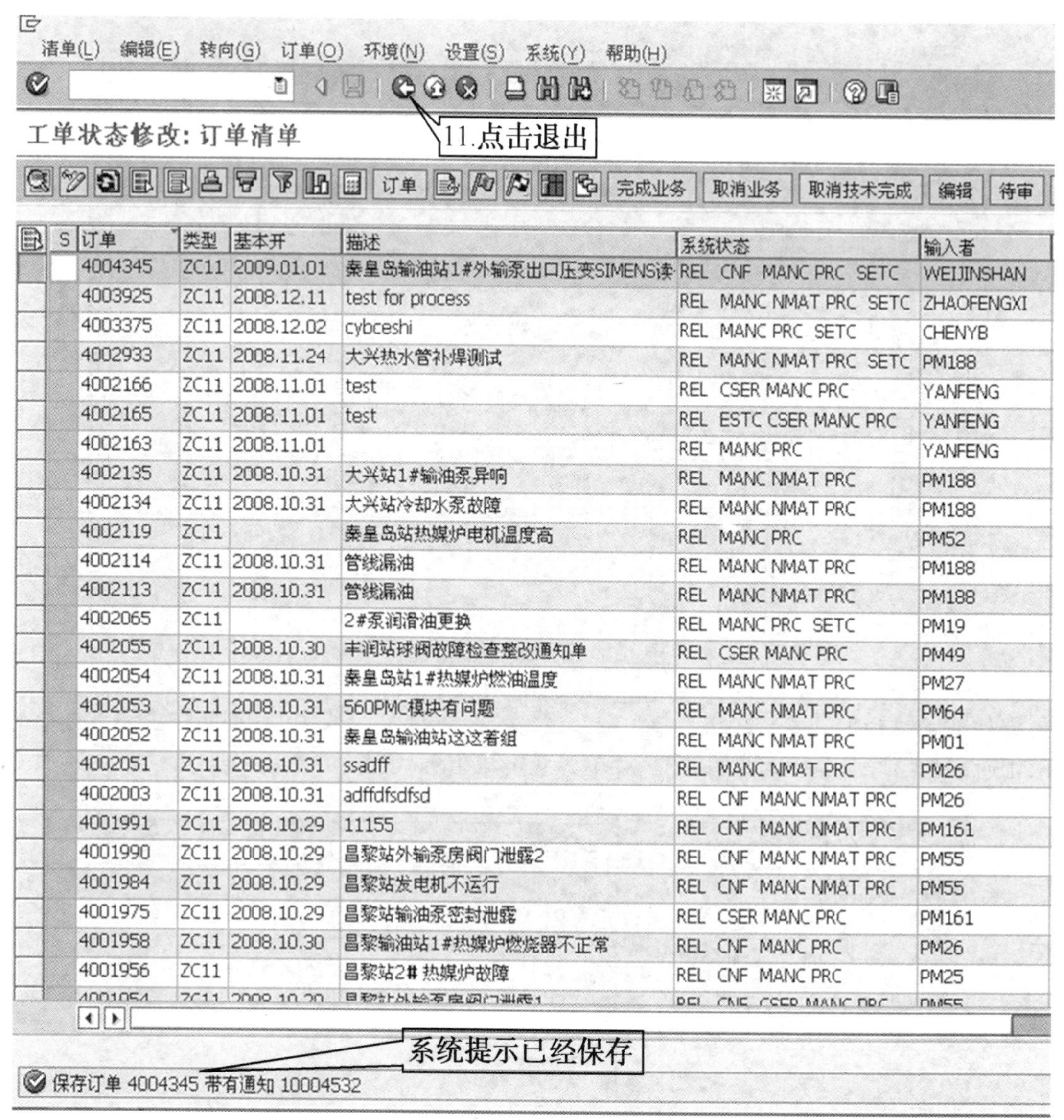

图 10-2-43　保存后退出

第三节　一般故障维修业务处理流程

当场站设备发生故障时，站员马上上报站长，由站长审批报修单，之后由二级单位相关科室创建故障作业单，同时二级单位科室人员判断故障是由谁进行处理。

一、站员创建一般故障报修单

操作步骤 1：进入创建一般故障报修单（图 10-3-1 至图 10-3-3）。

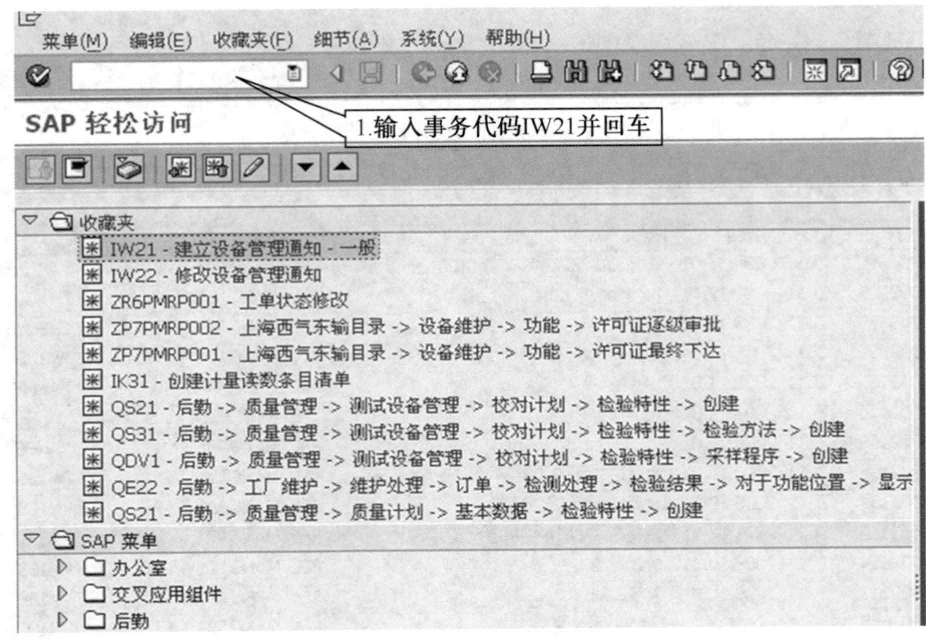

图 10-3-1　输入事务代码

操作或检查说明：在　　　　处输入 IW21，回车或点　进入建立 PM 通知初始屏幕，也可以在 SAP 菜单，双击该事务代码。

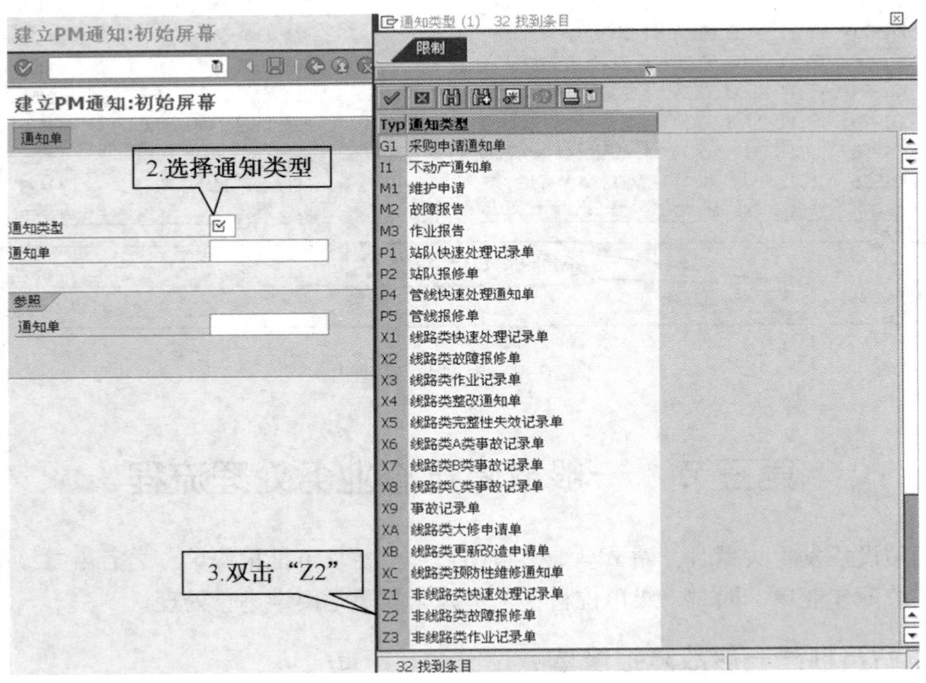

图 10-3-2　选择通知单类型

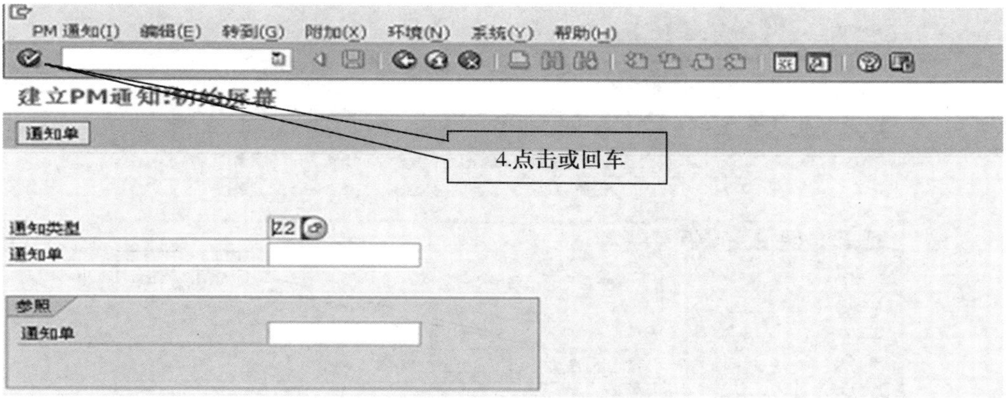

图 10-3-3　进入通知单界面

操作步骤 2：输入项目相关数据(图 10-3-4)。

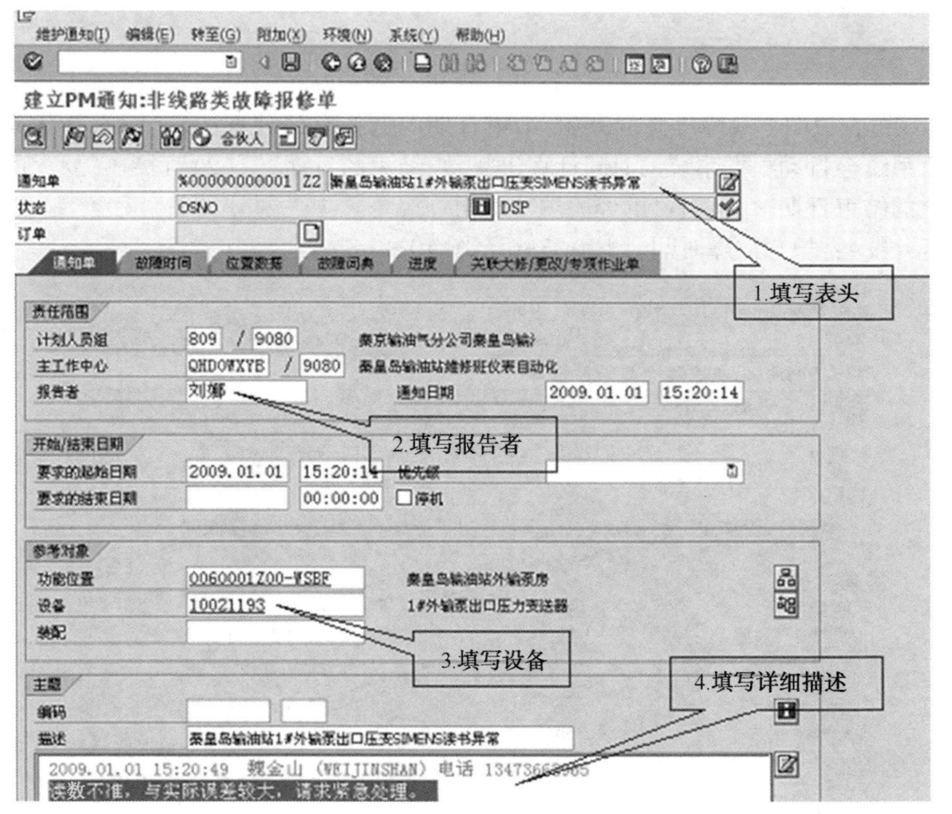

图 10-3-4　填写通知单内容界面一

操作或检查说明：表头格式为＊＊＊站+设备编号+设备名称+简单设备故障描述。报告者：报告者是发现问题的人，不一定是填写报修单的人。

操作步骤 3：填写维修故障要求的时间(图 10-3-5)。

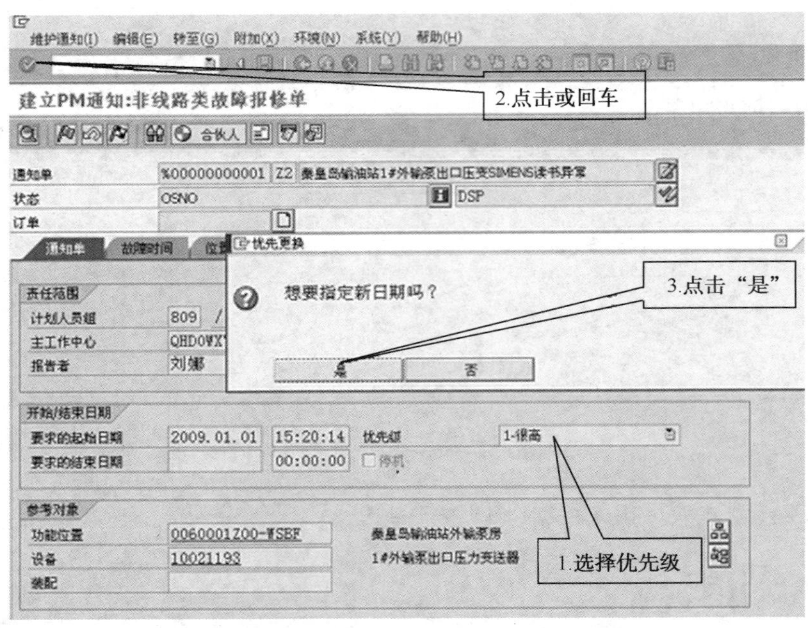

图 10-3-5 填写通知单内容界面二

操作或检查说明：故障维修的开始/结束日期的选择有两种方法。(1)选择优先级，点击“是”后系统会自动根据系统的时间计算出“要求结束的日期”。(2)直接在“要求的起始日期”“要求的结束日期”中按自己的经验填写时间。

操作步骤4：填写故障时间(图 10-3-6 至图 10-3-8)。

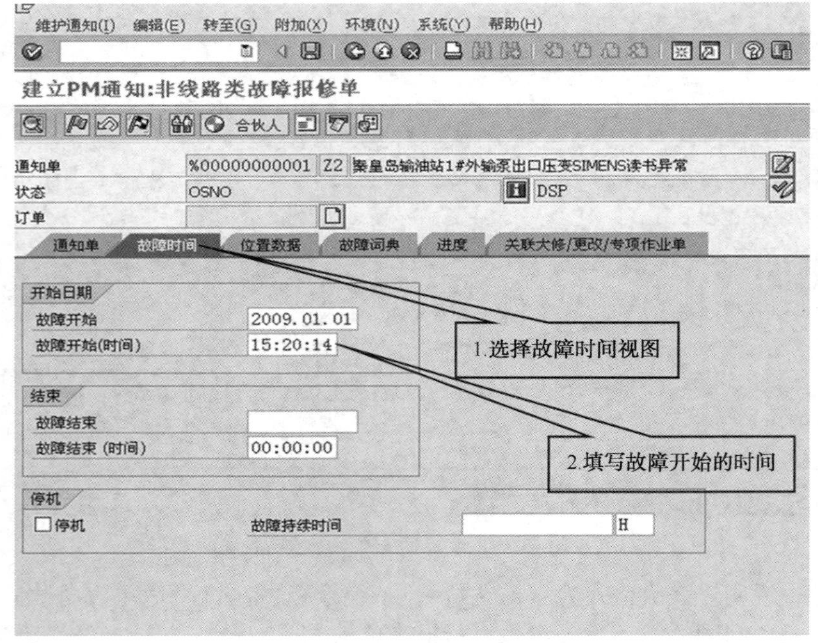

图 10-3-6 填写故障时间

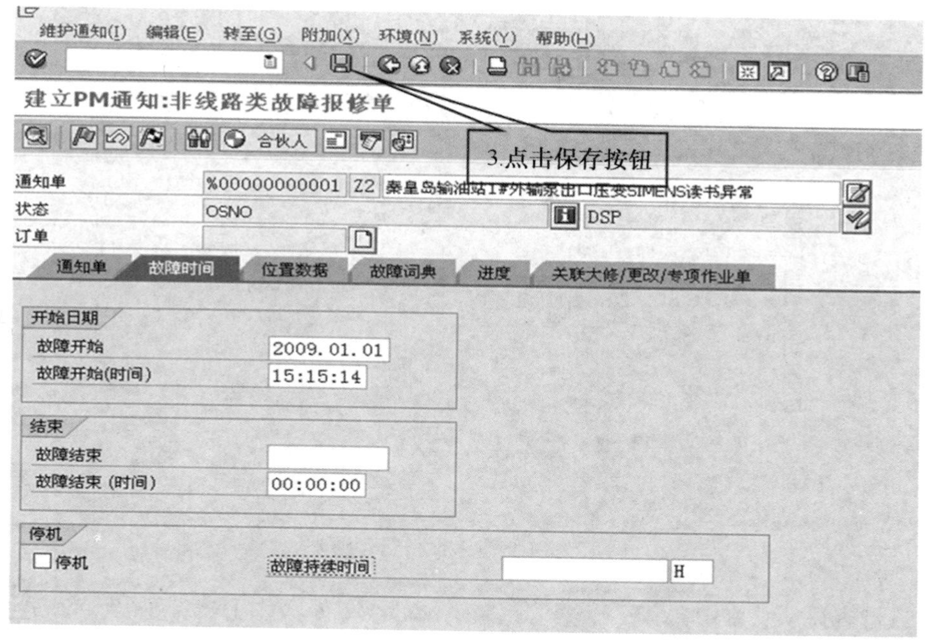

图 10-3-7　保存界面一

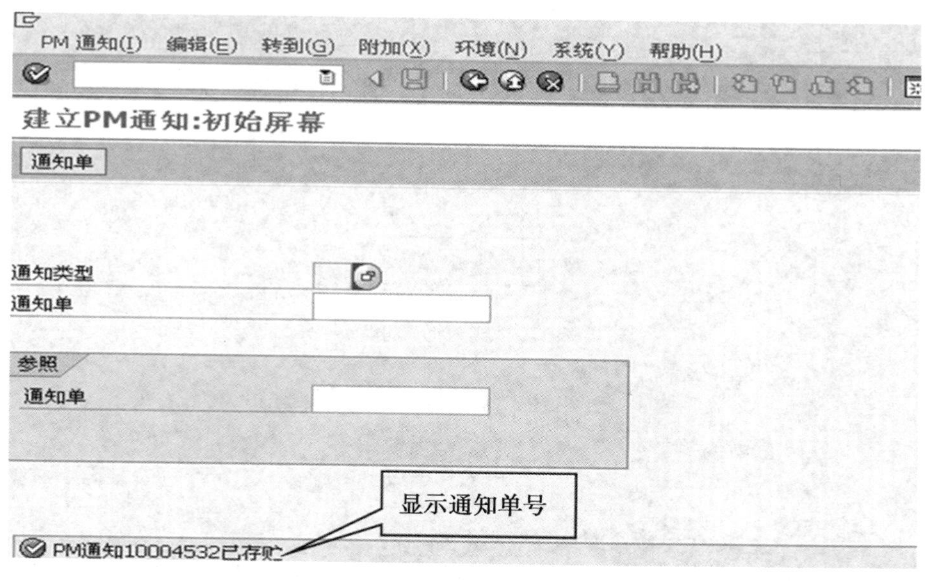

图 10-3-8　保存界面二

二、打印订单、领料、实际施工、验收[系统外]

该步骤主要包括打印订单、领料、实际施工和验收，主要由维抢修队员完成。

三、维修队填写失效信息及完工确认

操作步骤 1：填写失效信息(图 10-3-9 至图 10-3-11)。

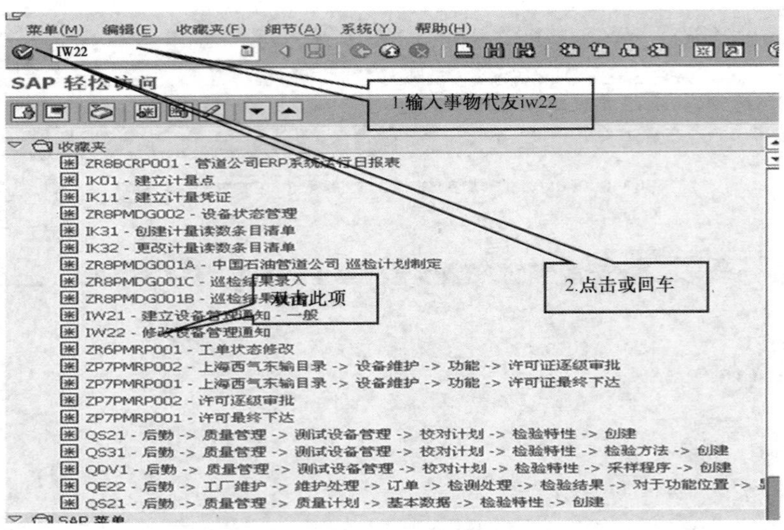

图 10-3-9 进入设备管理通知

操作或检查说明：在处输入 IW22，回车或点进入修改 PM 通知屏幕，也可以在 SAP 菜单，双击该事务代码。

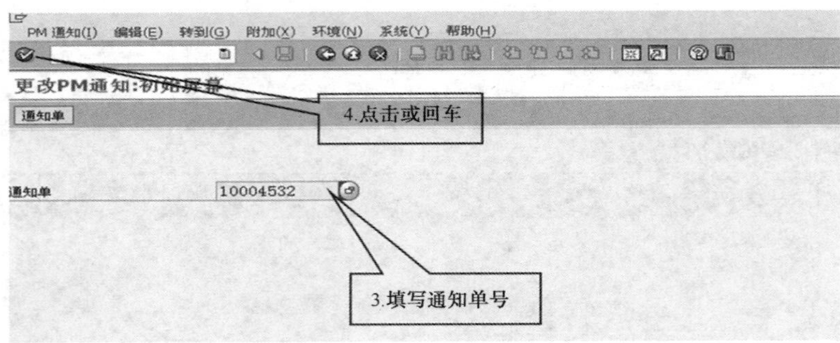

图 10-3-10 输入通知单号进入

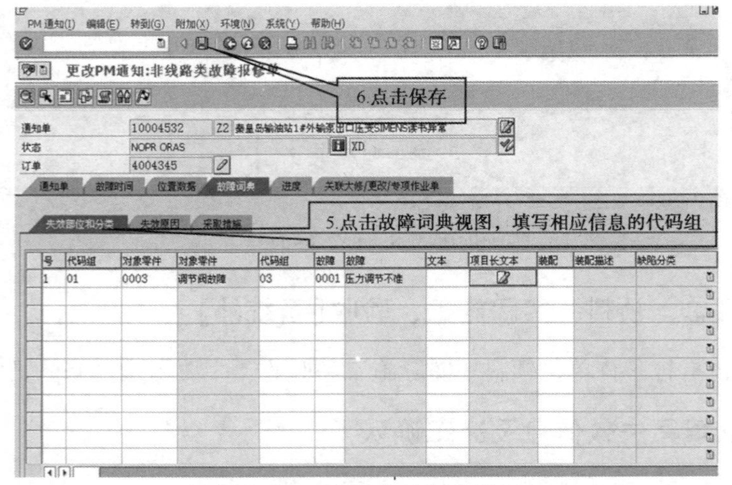

图 10-3-11 维护故障词典界面三

操作或检查说明：注意代码组的选择。

操作步骤 2：点击通知单上的工单单号处进入工单，在设置用户状态处选择“完工确认”（图 10-3-12 至图 10-3-14）。

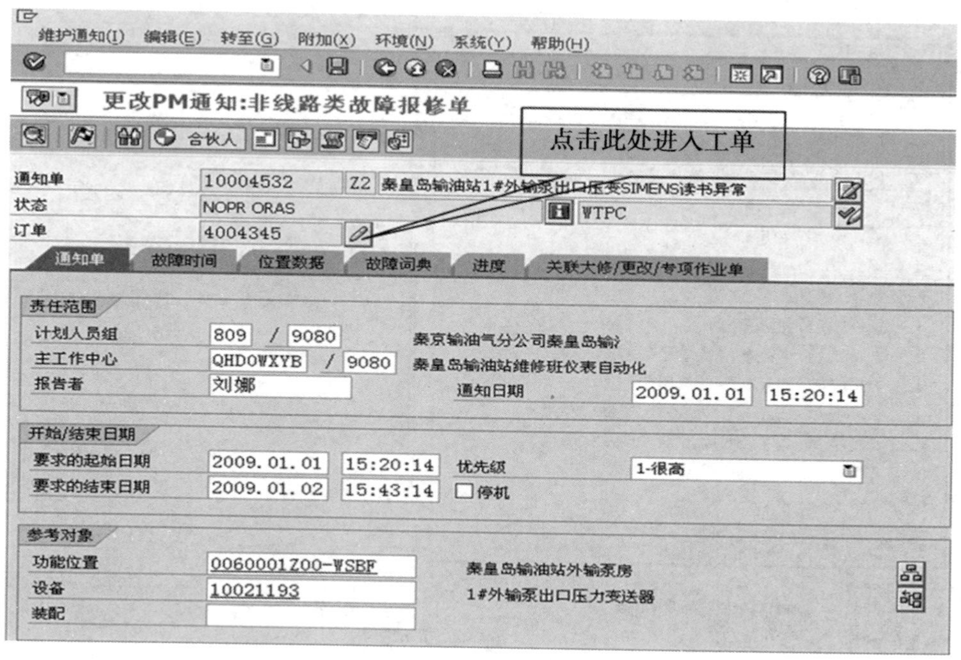

图 10-3-12 进入工单进行完工确认界面

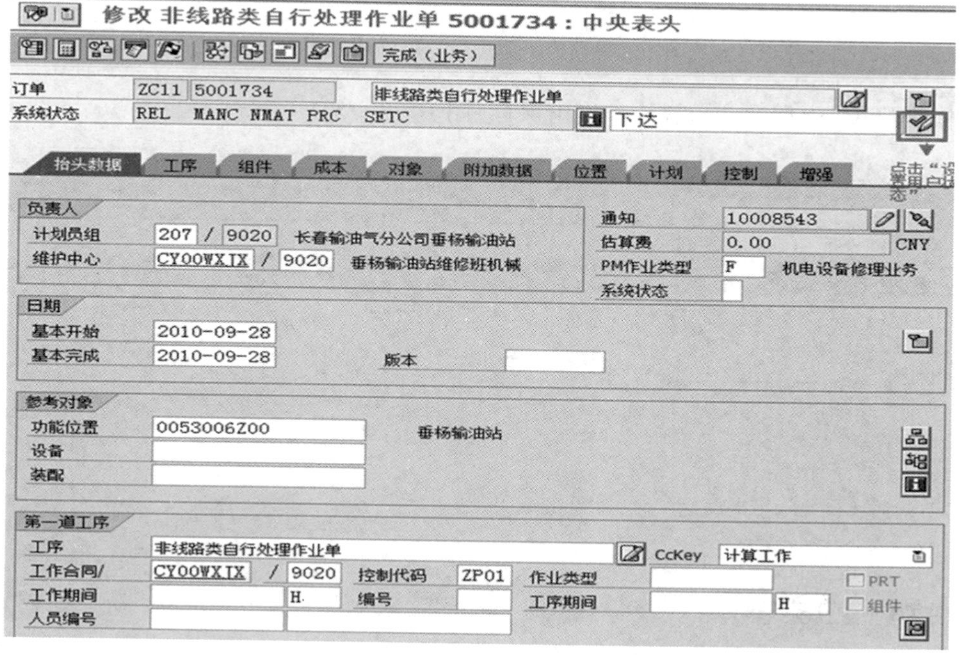

图 10-3-13 工单进行完工确认界面一

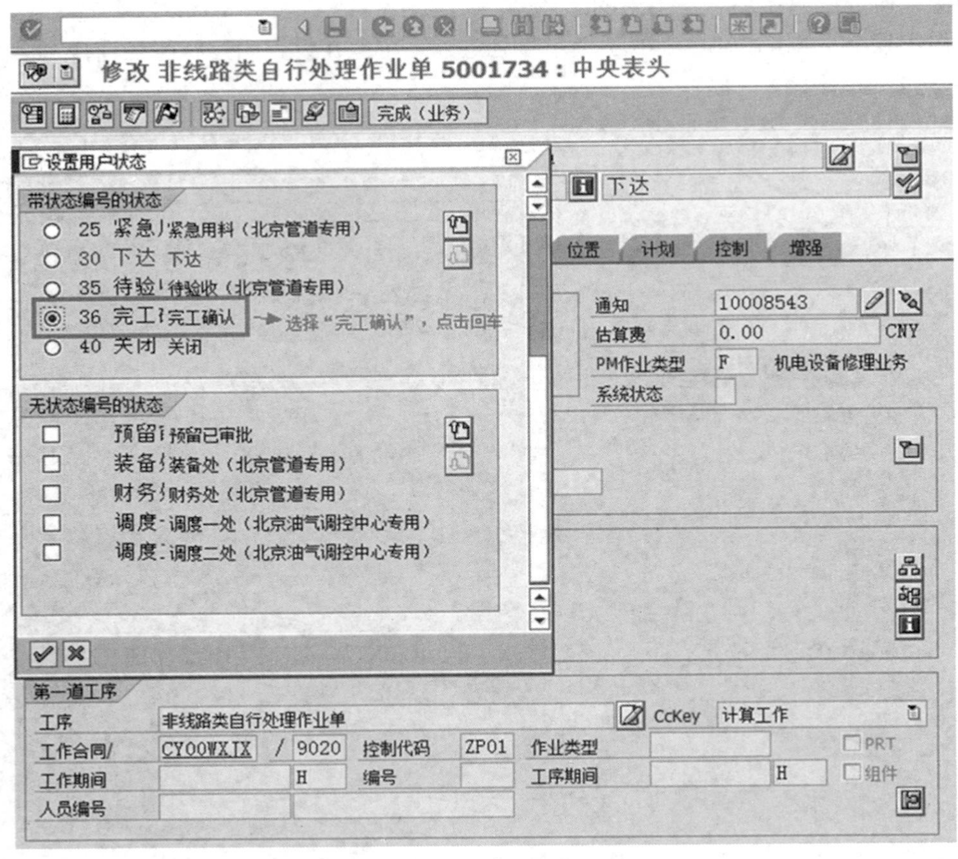

图 10-3-14　工单进行完工确认界面二

操作步骤 3：返回通知单界面，点击保存(图 10-3-15)。

PM 通知(I)　编辑(E)　转到(G)　附加(X)　环境(N)　系统(Y)　帮助(H)

更改PM通知:初始屏幕

通知单

通知单　10004532

PM通知10004532已存储

图 10-3-15　返回通知单保存

四、站员关闭一般故障报修单

操作步骤如图 10-3-16 至图 10-3-20 所示。

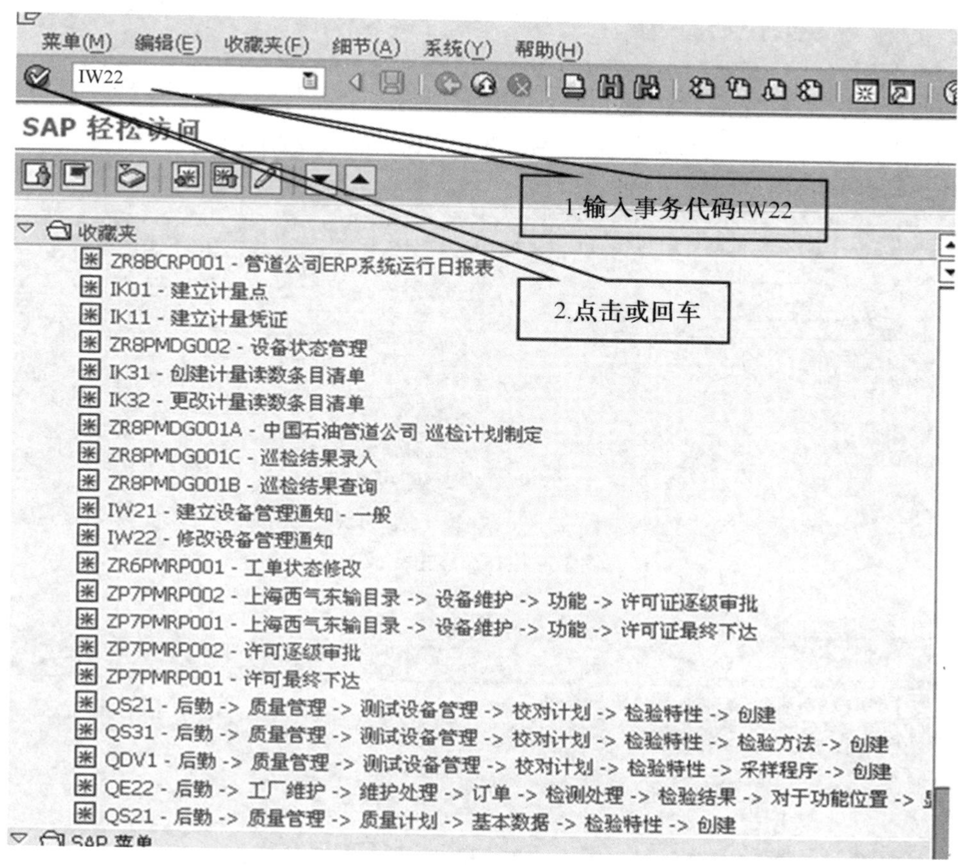

图 10-3-16　进入通知单界面

操作或检查说明：在处输入 IW22，回车或点进入修改 PM 通知屏幕，也可以在 SAP 菜单，双击该事务代码。

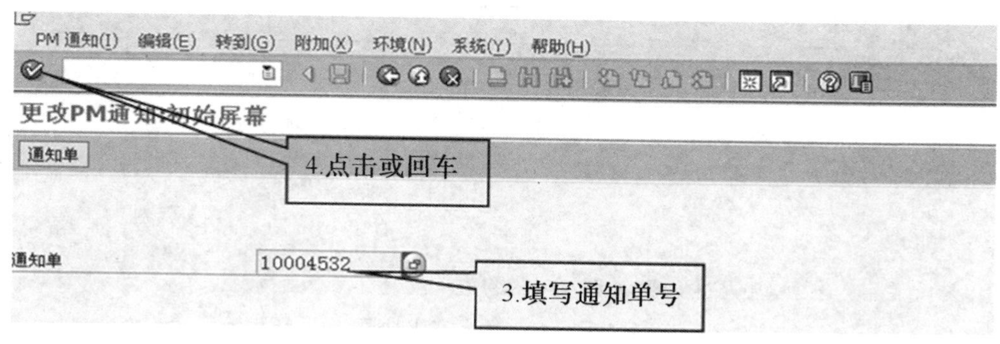

图 10-3-17　填写对应通知单号

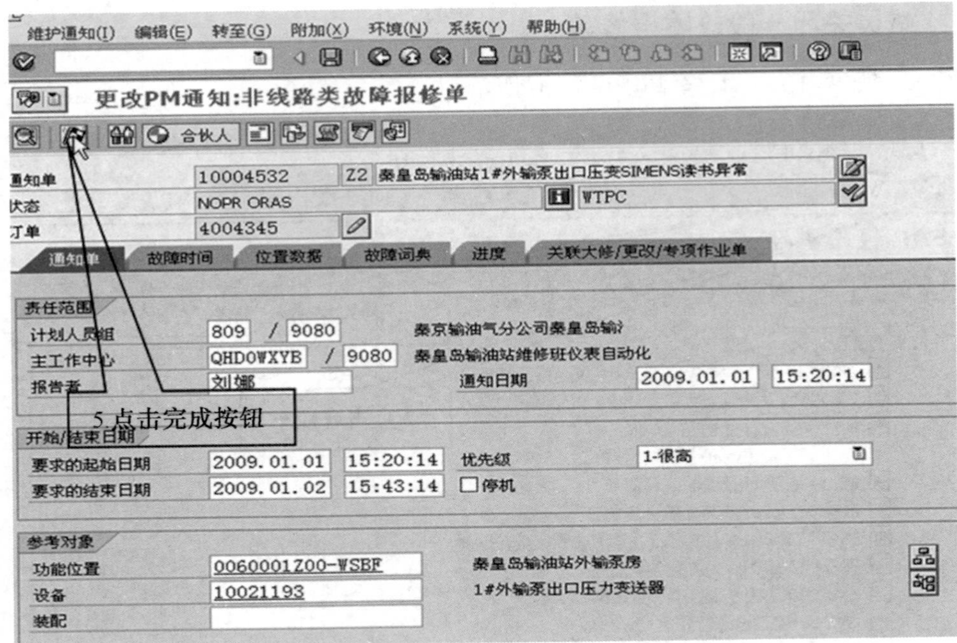

图 10-3-18　点击完成

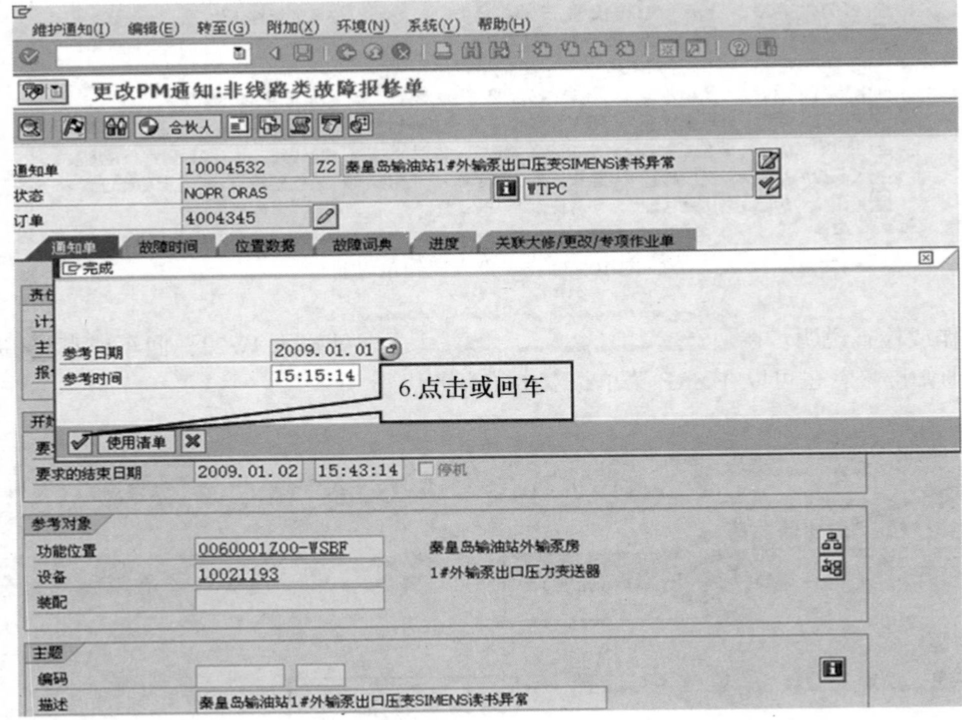

图 10-3-19　输入完成时间

操作或检查说明：此步的参考时间可以根据实际情况进行修改。

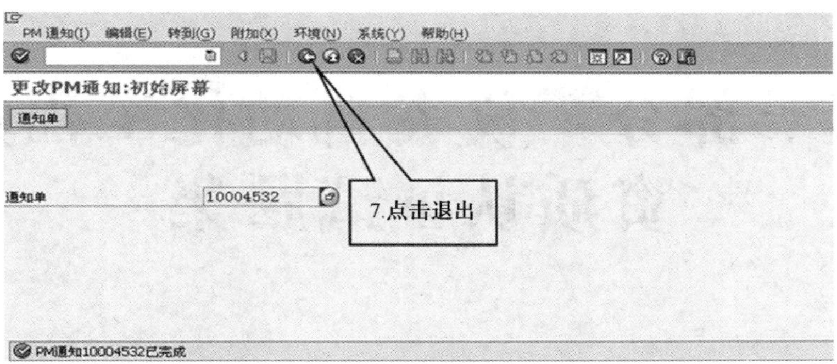
PM 通知(I)　编辑(E)　转到(G)　附加(X)　环境(N)　系统(Y)　帮助(H)
更改PM通知:初始屏幕
通知单
通知单
10004532
7.点击退出
PM通知10004532已完成

图 10-3-20　保存退出

第三部分　仪表自动化工程师资质认证试题集

初级资质理论认证

初级资质理论认证要素细目表

行为领域	代码	认证范围	编号	认证要点
基础知识A	A	管道仪表流程图基础知识	01	管道仪表流程图(P&ID)的常用图例符号
			02	管道仪表流程图(P&ID)绘制和识图
	B	网络基础知识	01	网络概述
			02	IP 地址及 Ping 命令
	C	仪表防护防爆等级基础知识	01	仪器仪表防护等级
			02	防爆等级划分标准
	D	自动化基础知识	01	SCADA 系统基础知识
			02	SCADA 常用软硬件介绍
			03	安全仪表系统
			04	控制逻辑图识图
			05	第三方通信
专业知识B	A	仪表自动化基础管理	01	基础资料管理
			02	仪表计量检定的管理
			03	备品备件管理
			04	仪表自控设施变更管理
	B	SCADA 系统维护	01	SCADA 系统维护
			02	仪表自动化年度检测
			03	站控系统故障分析及处理
	C	可编程控制器	01	Controllogix I/O 模块的维护管理
			02	RSLinx 软件的使用
			03	RSLogix5000 软件维护和使用
			04	施耐德可编程控制器模块的维护与管理
			05	Unity Pro 软件的使用

续表

行为领域	代码	认证范围	编号	认证要点
专业知识B	D	输油气管道其他常用系统	01	泄漏监测系统维护管理
			02	油库固定消防控制系统维护管理
			03	固定式可燃气体报警系统维护管理
			04	光纤式周界安防系统维护管理
			05	炉控系统
			06	输气站场压力控制系统
	E	SCADA 系统组态软件	01	OASyS 软件的维护和使用
			02	PKS 软件的维护和使用
			03	EpipeView3. 3 软件的维护和使用
	F	ERP 系统的使用	01	仪表设备台账的录入和查询
			02	自行处理业务处理流程
			03	一般故障维修业务处理流程

初级资质理论认证试题

一、单项选择题(每题 4 个选项，将正确的选项号填入括号内)

第一部分　基础知识

管道仪表流程图基础知识部分

1. AA01 工艺流程图是用来表达化工生产工艺流程的设计文件，以下哪一种不属于工艺流程图(　　)。

A. 方案流程图　　B. 物料流程图　　C. 施工流程图　　D. 电气控制原理图

2. AA01 P&ID 图是指(　　)。

A. 方案流程图　　B. 物料流程图　　C. 施工流程图　　D. 电气控制原理图

3. AA01 P&ID 图又称(　　)。

A. 管道仪表流程图　　B. 方案流程图　　C. 物料流程图　　D. 电气控制原理图

4. AA01 某液位控制系统中的控制阀，其功能标志应为(　　)。

A. FV　　B. LV　　C. CV　　D. SV

5. AA01 仪表位号字母组合“LSLL”含义是(　　)。

A. 液面低报警　　B. 液面低低联锁　　C. 液面低低报警　　D. 液面低联锁

6. AA01 ——(M)——表示(　　)。

A. 电动板阀　　B. 电动蝶阀　　C. 电动球阀　　D. 调节阀

7. AA01 ————表示(　　)。

A. 电动板阀　　B. 电动蝶阀　　C. 电动球阀　　D. 调节阀

8. AA01 [图形]表示(　　)。

A. 电动板阀　　B. 电动蝶阀　　C. 电动球阀　　D. 调节阀

9. AA01 仪表功能标志的首位字母 P 后面加 D 表示(　　)。

A. 微压　　B. 差压　　C. 绝压　　D. 表压

10. AA01 功能标志 PAH 中的 A 表示(　　)。

A. 分析　　B. 氧量　　C. 报警　　D. 表压

11. AA01 功能标志 PAH 中的 P 表示(　　)。

A. 打印　　B. 位置　　C. 保护　　D. 压力

12. AA01 功能标志 PAH 中的 H 表示(　　)。

A. 高　　B. 手动　　C. 保持　　D. 记录

13. AA01 现场盘装常规仪表图形为(　　)。

A. 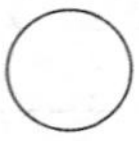　　B. 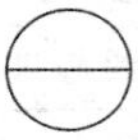　　C. 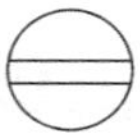　　D.

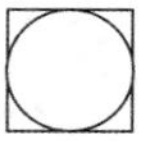

14. AA01 控制室安装 DCS 仪表图形为(　　)。

A. 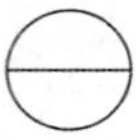　　B. 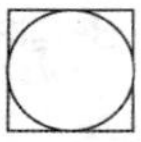　　C. 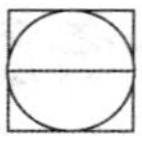　　D.

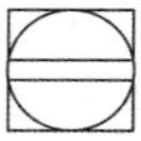

15. AA01 现场安装控制计算机图形为(　　)。

A. 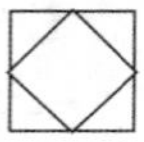　　B. 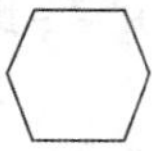　　C. 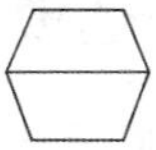　　D.

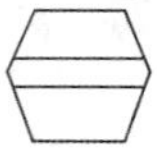

16. AA01 控制室安装可编程序逻辑控制器图形为(　　)。

A. 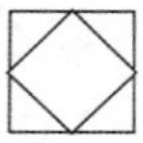　　B. 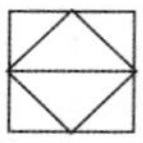　　C. 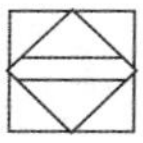　　D.

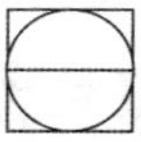

17. AA01 盘后安装仪表图例为(　　)。

A. 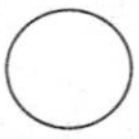　　B. 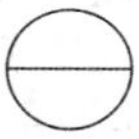　　C. 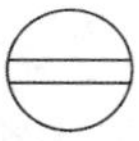　　D.

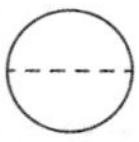

18. AA01 不与 DCS 进行通信连接的 PLC (　　)。

A. 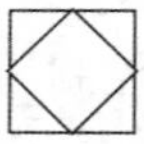　　B. 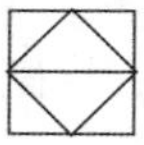　　C. 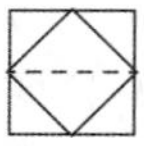　　D.

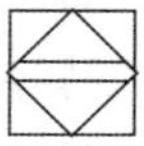

19. AA01 [图形 M]代表(　　)的图例。

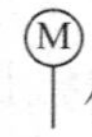

A. 电动执行机构　　B. 电磁执行机构

C. 数字执行机构　　D. 带弹簧的薄膜执行机构

20. AA01 [图形 S]代表(　　)的图例。

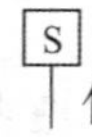

A. 电动执行机构　　B. 电磁执行机构

C. 数字执行机构　　D. 带弹簧的薄膜执行机构

21. AA01 [图形]代表(　　)的图例。

A. 截止阀　　B. 闸阀　　C. 旋塞阀　　D. 球阀

22. AA01 ◯代表(　　)的图例。

A. 圆桶　　B. 锥顶罐　　C. 浮顶罐　　D. 球罐

23. AA01 Ⓐ——⋈——Ⓐ代表(　　)的图例。

A. 截止阀　　B. 闸阀　　C. 旋塞阀　　D. 球阀

24. AA01 Ⓐ——⋈——Ⓐ代表(　　)的图例。

A. 截止阀　　B. 闸阀　　C. 旋塞阀　　D. 球阀

25. AA01 Ⓐ——⋈——Ⓐ代表(　　)的图例。

A. 截止阀　　B. 闸阀　　C. 旋塞阀　　D. 球阀

26. AA01 仪表位号 FIC-2 中 C 表示(　　)。

A. 电流　　B. 调节　　C. 安全栅　　D. 变送

27. AA01 P&ID 图中的横向管道，应标注在管道的(　　)。

A. 上方　　B. 下方　　C. 左侧　　D. 右侧

28. AA01 P&ID 图中的竖向管道，应标注在管道的(　　)。

A. 上方　　B. 下方　　C. 左侧　　D. 右侧

29. AA01 公制管管径以(　　)为单位，标注时不注明单位符号。

A. m　　B. cm　　C. mm　　D. in

30. AA01 仪表位号 TRC-1234 中，字母"T"的含义是(　　)。

A. 被测变量是温度　　B. 表示温度变送器

C. 变送器　　D. 表示某一工艺设备

31. AA01 仪表位号组成中，第 1 位字母表示(　　)。

A. 功能字母代号　　B. 工序号　　C. 顺序　　D. 被测变量字母代号

32. AA01 仪表位号由(　　)组成。

A. 字母代号　　B. 回路编号

C. 功能字母和回路编号　　D. 字母代号组合和回路编号两部分

33. AA01 仪表位号不包括(　　)。

A. 仪表功能标志　　B. 工序号　　C. 顺序号　　D. 出厂编号

34. AA01 仪表位号 FIC-2 中 2 表示(　　)。

A. 仪表功能标志　　B. 工序号　　C. 顺序号　　D. 出厂编号

35. AA01 仪表位号 FIC-2 中 I 表示(　　)。

A. 电流　　B. 指示　　C. 控制　　D. 物位

36. AA01 仪表位号 FIC-2 中 F 表示(　　)。

A. 流量　　B. 阀位　　C. 火焰　　D. 物位

37. AA01 继电器执行联锁的图形符号为(　　)。

A. I　　B. I　　C. I　　D. I

38. AA01 PLC 执行联锁的图形符号为(　　)。

A. I　　B. I　　C. I　　D. I

39. AA01 DCS 执行联锁的图形符号为(　　)。

A. 

B. 

C. 

D. 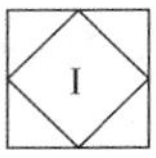

40. AA01 管道标注内容不包括以下哪一项(　　)。

A. 管道号　　B. 管径　　C. 管道等级　　D. 管壁厚度

41. AA02 用(　　)画出设备、机器的简略外形和内部特征。一般不画管口，需要时可用单线画出。

A. 细实线　　B. 粗实线　　C. 细虚线　　D. 点划线

42. AA02 在管道仪表流程图中，应画出全部(　　)，对辅助管道、公用系统管道，可只绘出与设备(或工艺管道)相连的一小段，并标注物料代号及所在流程图号。

A. 物料管道　　B. 伴热管道　　C. 设备形状　　D. 控制流程

43. AA02 流程图中的管道应用(　　)画出，尽量避免斜线。

A. 圆形　　B. 锐角　　C. 水平或垂直　　D. 钝角

44. AA02 在绘制管道图时，应尽量(　　)管道穿过设备或交叉管道在图上相交。

A. 避免　　B. 增加　　C. 促进　　D. 选择

45. AA02 绘制流程图时，当表示交叉管道相交时，一般应将(　　)管道断开。

A. 纵向　　B. 横向　　C. 斜向　　D. 粗线

46. AA02 流程图中，管道转弯处，一般应画成(　　)。

A. 直角　　B. 圆弧　　C. 60°角　　D. 45°角

网络基础知识部分

47. AB01 物理层的协议数据单元(PDU)是(　　)。

A. 数据位(bit)　　B. 数据帧(frame)　　C. 数据包(packet)　　D. 数据段(segment)

48. AB01 数据链路层的协议数据单元(PDU)是(　　)。

A. 数据位(bit)　　B. 数据帧(frame)　　C. 数据包(packet)　　D. 数据段(segment)

49. AB01 网络层的协议数据单元(PDU)是(　　)。

A. 数据位(bit)　　B. 数据帧(frame)　　C. 数据包(packet)　　D. 数据段(segment)

50. AB01 传输层的协议数据单元(PDU)是(　　)。

A. 数据位(bit)　　B. 数据帧(frame)　　C. 数据包(packet)　　D. 数据段(segment)

51. AB01 (　　)不是局域网常用的拓扑结构。

A. 总线型结构　　B. 环型结构　　C. 叠套型结构　　D. 星型结构

52. AB01 (　　)不是总线型结构的优点。

A. 可靠性较强　　B. 连接简单　　C. 易于维护　　D. 成本费用低

53. AB01 (　　)不是总线型结构的缺点。

A. 传送数据的速度缓慢　　B. 可靠性较差

C. 费用高　　D. 不易于维护

54. AB01 (　　)不是环型结构的优点。

A. 单次传输延迟固定　　B. 传输控制机制简单

C. 实时性强　　D. 可靠性较高

55. AB01 (　　)不是环型结构的缺点。
A. 可靠性较差　B. 增加节点难度大
C. 传输控制机制复杂　D. 受故障影响的设备范围大

56. AB01 (　　)不是星型结构的优点。
A. 结构简单　B. 建网容易
C. 控制相对简单　D. 通信线路利用率高

57. AB01 (　　)不是星型结构的缺点。
A. 结构复杂　B. 主节点负载过重
C. 使用的电缆多　D. 通信线路利用率低

58. AB01 应用层的作用是(　　)。
A. 提供应用程序间通信　B. 处理数据格式，数据加密等
C. 建立、维护和管理会话　D. 建立主机端到端连接

59. AB01 表示层的作用是(　　)。
A. 提供应用程序间通信　B. 处理数据格式，数据加密等
C. 建立、维护和管理会话　D. 建立主机端到端连接

60. AB01 会话层的作用是(　　)。
A. 提供应用程序间通信　B. 处理数据格式，数据加密等
C. 建立、维护和管理会话　D. 建立主机端到端连接

61. AB01 传输层的作用是(　　)。
A. 提供应用程序间通信　B. 处理数据格式，数据加密等
C. 建立、维护和管理会话　D. 建立主机端到端连接

62. AB01 网络层的作用是(　　)。
A. 提供应用程序间通信　B. 寻址和路由选择
C. 建立、维护和管理会话　D. 建立主机端到端连接

63. AB01 数据链路层的作用是(　　)。
A. 提供介质访问，链路管理等　B. 处理数据格式，数据加密等
C. 建立、维护和管理会话　D. 建立主机端到端连接

64. AB01 物理层的作用是(　　)。
A. 提供应用程序间通信　B. 比特流传输
C. 建立、维护和管理会话　D. 建立主机端到端连接

65. AB01 网络协议的组成不包括(　　)。
A. 应用层　B. 传输层　C. 网络接口层　D. 应用层

66. AB01 常用的网络操作系统不包括(　　)。
A. NetWare　B. Windows 2000 Server
C. Unix　D. IOS

67. AB01 常用的线缆类型不包括(　　)。
A. 2 类双绞线　B. 3 类双绞线　C. 4 类双绞线　D. 5 类双绞线

68. AB01 尾纤连接器不包括(　　)类型。
A. FT　B. FC/PC　C. ST　D. SC/PC

69. AB02 IP 地址的组成包括(　　)。

A. 网关　　B. 主机地址　　C. MAC 地址　　D. 子网掩码

70. AB02 IP 地址分为 A 类、B 类、C 类、D 类、E 类，其中 A 类地址用于(　　)。

A. 大型网络　　B. 中型网络　　C. 小规模网络　　D. 多目的地址发送

71. AB02 IP 地址分为 A 类、B 类、C 类、D 类、E 类，其中 B 类地址用于(　　)。

A. 大型网络　　B. 中型网络　　C. 小规模网络　　D. 多目的地址发送

72. AB02 IP 地址分为 A 类、B 类、C 类、D 类、E 类，其中 C 类地址用于(　　)。

A. 大型网络　　B. 中型网络　　C. 小规模网络　　D. 多目的地址发送

73. AB02 IP 地址分为 A 类、B 类、C 类、D 类、E 类，其中 D 类地址用于(　　)。

A. 大型网络　　B. 中型网络　　C. 小规模网络　　D. 多目的地址发送

74. AB02 IP 地址分为 A 类、B 类、C 类、D 类、E 类，其中 E 类地址用于(　　)。

A. 大型网络　　B. 中型网络　　C. 小规模网络　　D. 实验和测试

75. AB02 IP 地址分为 A 类、B 类、C 类、D 类、E 类，其中 E 类地址用于(　　)。

A. 大型网络　　B. 中型网络　　C. 小规模网络　　D. 实验和测试

76. AB02 在 Ping 一个 IP 时，返回“Request timed out”表示(　　)。

A. 网络不通或网络状态恶劣　　B. 连接正常

C. 目标主机无法到达　　D. 传输失败

77. AB02 在 Ping 一个 IP 时，返回“Reply from X. X. X. X：bytes=32 time<1ms TTL=255”表示(　　)。

A. 网络不通或网络状态恶劣　　B. 连接正常

C. 目标主机无法到达　　D. 传输失败

78. AB02 在 Ping 一个 IP 时，返回“Destination host unreachable”表示(　　)。

A. 网络不通或网络状态恶劣　　B. 连接正常

C. 目标主机无法到达　　D. 传输失败

79. AB02 在 Ping 一个 IP 时，返回“PING：transmit failed，error code XXXXX”表示(　　)。

A. 网络不通或网络状态恶劣　　B. 连接正常

C. 目标主机无法到达　　D. 传输失败

仪表防护防爆等级基础知识部分

80. AC01 IP 防护等级的第一个数字为(　　)表示防止>2. 5mm 的固体物体侵入，防止>2. 5mm 的细小外物接触到电器内部的零件。

A. 1　　B. 2　　C. 3　　D. 4

81. AC01 IP 防护等级的第一个数字为(　　)表示防止>50mm 的固体物体侵入，防止人体(手掌)因意外而接触到电器内部的零件，防止>50mm 的外物侵入。

A. 1　　B. 2　　C. 3　　D. 4

82. AC01 IP 防护等级的第一个数字为(　　)表示防止>12mm 的固体物体侵入，防止人体(手指)因意外而接触到电器内部的零件，防止>12mm 的外物侵入。

A. 1　　B. 2　　C. 3　　D. 4

83. AC01 IP 防护等级的第一个数字为(　　)表示防止>1.0mm 的固体物体侵入，防止>1.0mm的微小外物接触到电器内部的零件。

A. 1　　B. 2　　C. 3　　D. 4

84. AC01 IP 防护等级的第一个数字为(　　)表示没有防护，对外界的人或物无特殊防护。

A. 0　　B. 5　　C. 6　　D. 7

85. AC01 IP 防护等级的第一个数字为(　　)表示防尘，完全防止外物侵入，且侵入的灰尘量不会影响电器的正常工作。

A. 0　　B. 5　　C. 6　　D. 7

86. AC01 IP 防护等级的第一个数字为(　　)表示防尘，完全防止外物侵入，且可完全防止灰尘侵入。

A. 0　　B. 5　　C. 6　　D. 7

87. AC01 IP 防护等级的第二个数字为(　　)表示防止喷射的水侵入，防止各方向喷射的水侵入仪器仪表造成损坏。

A. 5　　B. 6　　C. 7　　D. 8

88. AC01 IP 防护等级的第二个数字为(　　)表示防止沉没时水的侵入，仪器仪表和电器无限期地沉没在一定标准的水压下，能确保仪器仪表不因进水而造成损坏。

A. 5　　B. 6　　C. 7　　D. 8

89. AC01 IP 防护等级的第二个数字为(　　)表示防止大浪侵入，防止大浪侵入对安装在甲板上的仪器仪表和电器造成损坏。

A. 5　　B. 6　　C. 7　　D. 8

90. AC01 IP 防护等级的第二个数字为(　　)表示防止浸水时水的侵入，仪器仪表和电器浸在水中一定时间或在一定标准的水压下，能确保仪器仪表和电器不因进水而造成损坏。

A. 5　　B. 6　　C. 7　　D. 8

91. AC02 以下关于防爆系统的维护说法不正确的是(　　)。

A. 本安回路中安全栅可以不进行接地

B. 防爆仪表外壳各部位的紧固件、密封件(如密封胶圈)应齐全完整

C. 防爆仪表外壳应完好无损(无裂纹、机械变形和腐蚀现象)，有损防爆性能时应予以更换

D. 防爆仪表导线的引入装置与防爆挠性管和隔离密封接头的连接应紧密牢固、密封良好

92. AC02 防爆等级中 T1 要求物体的表面温度不能高于(　　)。

A. 450℃　　B. 300℃　　C. 200℃　　D. 135℃

93. AC02 防爆等级中 T2 要求物体的表面温度不能高于(　　)。

A. 450℃　　B. 300℃　　C. 200℃　　D. 135℃

94. AC02 防爆等级中 T3 要求物体的表面温度不能高于(　　)。

A. 450℃　　B. 300℃　　C. 200℃　　D. 135℃

95. AC02 防爆等级中 T4 要求物体的表面温度不能高于(　　)。

A. 450℃　　B. 300℃　　C. 200℃　　D. 135℃

96. AC02 Ⅰ级爆炸性危险气体代表性气体是(　　)。

A. 丙烷　　B. 乙烯　　C. 甲烷　　D. 氢气

97. AC02 ⅡA 级爆炸性危险气体代表性气体是(　　)。

A. 丙烷　　B. 乙烯　　C. 甲烷　　D. 氢气

98. AC02 ⅡB 级爆炸性危险气体代表性气体是(　　)。

A. 丙烷　　B. 乙烯　　C. 甲烷　　D. 氢气

99. AC02 ⅡC 级爆炸性危险气体代表性气体是(　　)。

A. 丙烷　　B. 乙烯　　C. 甲烷　　D. 氢气

100. AC02 Ⅰ级爆炸性危险气体最小引爆火花能量为(　　)。

A. 0. 019mJ　　B. 0. 280mJ　　C. 0. 180mJ　　D. 0. 060mJ

101. AC02 ⅡA 级爆炸性危险气体最小引爆火花能量为(　　)。

A. 0. 019mJ　　B. 0. 280mJ　　C. 0. 180mJ　　D. 0. 060mJ

102. AC02 ⅡB 级爆炸性危险气体最小引爆火花能量为(　　)。

A. 0. 019mJ　　B. 0. 280mJ　　C. 0. 180mJ　　D. 0. 060mJ

103. AC02 ⅡC 级爆炸性危险气体最小引爆火花能量为(　　)。

A. 0. 019mJ　　B. 0. 280mJ　　C. 0. 180mJ　　D. 0. 060mJ

104. AC02 (　　)防爆方法常用于变压器。

A. 本安型　　B. 正压型　　C. 充油型　　D. 隔爆型

105. AC02 (　　)型的防爆仪表可以安装在 0 区。

A. 本安型 ia　　B. 增安型 e　　C. 充油型 o　　D. 隔爆型 d

自动化基础知识部分

106. AD01 上位机系统通常包括 SCADA 服务器、(　　)、操作员站、WEB 服务器等。

A. SCS 系统　　B. 工程师站　　C. RTU 远程终端　　D. DCC 系统

107. AD01 SCADA 系统具有控制分散、管理集中的(　　)的特征。

A. SCS 顺序控制系统　　B. 电气控制系统

C. MCS 模拟控制系统　　D. 集散控制系统

108. AD01 串行通信的接口有：RS-232C 接口、RS-485、(　　)。

A. RJ-45 接口　　B. RJ-11 接口　　C. RS422 接口　　D. RS-212 接口

109. AD01 网络传输中有线传输介质：(　　)、同轴电缆和光纤。

A. 双绞线　　B. 微波设备　　C. 卫星　　D. 光端机

110. AD01 在站控系统中，调节阀的控制，常见的包括(　　)、末站进站调节阀、分输调节阀控制、换热器调节阀控制。

A. 出站调节阀控制　　B. 压力调节　　C. 温度调节　　D. 流量调节

111. AD01 站控系统采集电动阀的基本状态有全开、全关、远控、(　　)等。

A. 运行　　B. 失电　　C. 延时　　D. 故障

112. AD01 SCADA 系统中监控的参数按照数据类型可以分为模拟量、数字量和(　　)等。

A. 开关量　　B. 脉冲量　　C. 流量　　D. 速度量

113. AD01 执行器按动力类型可分为气动、液动、电动、(　　)等几类。

A. 直行程　B. 角行程　C. 电液联动　D. 回转型

114. AD01 执行器按运动形式可分为(　　)、角行程、回转型等几类。

A. 直行程　B. 气动　C. 电液联动　D. 电动

115. AD01 连接上、下位机的通信形式更是多样，既有有线通信，也有(　　)通信，有些系统还有微波通信、卫星等通信方式。

A. 无线　B. 同轴电缆　C. 光纤　D. 双绞线

116. AD01 在管道大部分工艺站场安装的 PLC 主要以 AB 公司的(　　)和施耐德公司的 Quantum 系列为主。

A. CQM1H 系列　B. ControlLogix 系列　C. LOGO 系列　D. FX1N 系列

117. AD01 SCADA 系统各站点之间通过广域网连接，通信媒介采用(　　)、电信公网的 DDN 以及微波。

A. 无线　B. 同轴电缆　C. 光缆　D. 双绞线

118. AD01 全线水力系统主要采取(　　)控制模式，对各站进出站压力进行控制。

A. 压力　B. 温度　C. 流量　D. 振动

119. AD01 模拟量包括(　　)、压力、物位、流量等典型过程参数。

A. 阀门全开　B. 阀门全关　C. 中间状态　D. 温度

120. AD01 SCADA 系统中监控的参数数字量包括设备的(　　)属于数字量。

A. 温度　B. 压力　C. 启/停状态　D. 振动

121. AD01 RTU 阀室的主要功能数据采集和处理、信息显示、(　　)、过程控制、逻辑控制与控制中心通信。

A. 监控截断阀状态　B. 数据存储及处理　C. 压力控制　D. 压力调节

122. AD01 出站调节阀一般有两个参数对其进行控制，即(　　)和出站压力。

A. 泵入口汇管压力　B. 泵出口汇管压力　C. 压力控制　D. 压力调节

123. AD01 调节阀与变频器保护的相互关系是(　　)、同时在线调节。

A. 相辅相成　B. 相对独立　C. 相互调节　D. 压力调节

124. AD01 变频器控制方式有两种，即远程控制和(　　)。

A. 压力控制　B. 转速控制　C. 就地控制　D. 压力调节

125. AD01 SCADA 系统主要由调控中心、备用调控中心和位于沿线各工艺站场的站控系统、远控线路阀室的(　　)组成。

A. HMI　B. RTU　C. SCS　D. PLC

126. AD01 自控系统主要完成主要工艺参数、设备的监控和保护、进出站压力调节、全线水击超前保护、(　　)等功能。

A. CCS　B. SCS　C. MCS　D. ESD

127. AD01 SCADA 系统中监控的参数按照数据类型可以分为模拟量、数字量和(　　)等。

A. 流量　B. 开关量　C. 脉冲量　D. 变量

128. AD01 长输管道常采用分度号 Pt100 的铂电阻，测温范围是(　　)。

A. 0～100℃　B. −200～500℃　C. −200～850℃　D. −200～2800℃

129. AD01 典型站控系统软件部分主要包括：操作系统、(　　)、运行维护软件。

A. 桌面管理软件　B. 站控系统软件　C. 杀毒软件　D. 办公软件

130. AD02 下列各家公司中不生产 PLC 的是(　　)。

A. 泰尔文特　B. 施耐德　C. 西门子　D. 罗斯蒙特

131. AD02 下列不是 ControlLogix 控制器优点的是(　　)。

A. 与 NetLinx 公共网络体系的互联　B. 通用的编程环境和 Logix 控制引擎

C. 采用 3 种 IEC 编程语言　D. 可以执行多个控制任务

132. AD02 (　　)采用基于 TCP/IP 通信协议的工业以太网(EtherNet/IP)作为网络媒介，网络传输速率为 10/100Mbit/s。

A. 信息层的网络　B. 控制层的网络　C. 设备层的网络

133. AD02 ControlLogix 系统的 DeviceNet 设备网不支持(　　)传输速率。

A. 125kbit/s　B. 250kbit/s　C. 500kbit/s　D. 1000kbit/s

134. AD02 ControlLogix 系统进行冗余时，需要使用(　　)将系统冗余模块连接起来。

A. 同轴电缆　B. 专用光纤　C. 网线　D. 背板

135. AD02 施耐德 PLC 将 Unity Pro 软件作为未来中高端 PLC 的统一平台，支持大部分系列但是不支持(　　)。

A. Quantum　B. Momentum　C. Premium　D. M340

136. AD02 下列软件中(　　)支持目前所有施耐德出品的 PLC。

A. Unity Pro XLS　B. Unity Pro L　C. Unity Pro M　D. Unity Pro S

137. AD02 下列用于施耐德 PLC 编程软件是(　　)。

A. RSLogix5000　B. ConMaker　C. Unity Pro　D. STEP7

138. AD02 上位软件 OASyS 是(　　)公司开发的监控和数据采集(SCADA)系统。

A. 西门子　B. 泰尔文特　C. 霍尼韦尔　D. 横河

139. AD02 下列上位机软件是国产的是(　　)。

A. OASyS　B. EpipeView　C. Wincc7. 0　D. PKS

140. AD03 ESD 系统主要由站控上位机、PLC. RTU 系统、通信设备、(　　)、ESD 控制设备和 UPS 等组成。

A. SCS 系统　B. 工程师站　C. RTU 远程终端　D. ESD 按钮

141. AD03 ESD 系统划分主要分为(　　)和站场 ESD。

A. 设备 ESD　B. 站控 ESD　C. 远控 ESD　D. ESD 按钮

142. AD03 PLC 由(　　)、内存和输入输出模块组成。

A. I/O 模块　B. CPU　C. HMI　D. 存储器

143. AD03 安全评价常用的方法有：保护层分析法、(　　)、风险图法。

A. 风险矩阵分析法　B. 图表法　C. 案例分析法　D. 树形分析法

144. AD03 对于新建、改建、扩建项目，应在已开展过危险与风险分析评估、已确定要求的保护层之后，开展安全仪表系统的完整性等级评价工作。当设计发生变化时，(　　)。

A. 可沿用之前的评估结果

B. 应对发生变化的部分和变化所有可能影响到的部分，再次开展该工作

C. 要对全部的安全仪表系统重新开展评估工作

D. 根据工作需要，可做评估也可不做评估

145. AD03 SIS 紧急故障时运行维护人员(　　)到达现场，(　　)解决故障。

A. 24/48 B. 12/24 C. 6/12 D. 4/8

146. AD03 安全仪表功能回路包括：受控设备、触发对象、( )、执行元件及动作。

A. 输入输出单元 B. 逻辑处理器 C. 逻辑编辑器 D. 远程控制终端

147. AD03 水击保护 PLC 主要控制的内容有( )、水击保护程序。

A. 采集参数 B. 全线的启输和停输

C. 站控 ESD D. 设备控制

148. AD03 火气消防系统现场有火焰探测器、感烟探头、感温探头、( )、灭火系统、可燃气探测器、毒气探测器等。

A. 手动火灾报警按钮 B. ESD 按钮

C. 消防栓 D. 探测器

149. AD03 安全仪表系统包括过程工业中的紧急停车系统、( )、火气系统和高完整性压力保护系统等，以安全保护和抑制减轻灾害为目的的自动化安全保护系统。

A. 燃烧管理系统 B. 站控系统 C. 现场仪表系统 D. 远程控制系统

150. AD03 ESD 系统主要由站控上位机、PLC(RTU)系统、( )、ESD 按钮、ESD 控制设备和 UPS 等组成。

A. PLC 机柜 B. 通信设备 C. 防浪涌设备 D. 报警设备

151. AD03 评价方法的选择应根据标准、工艺过程的复杂程度、风险特性和降低风险的方法、( )等确定。

A. 人员经验 B. 工作需要 C. 经济需求 D. 环境需求

152. AD03 SIL 的确定方法有( )两类方法。

A. 定性分析和基于频率的定量分析 B. 风险矩阵法和风险图法

C. 基于频率的定量分析和风险图法 D. 风险矩阵法和保护层分析法

153. AD03 SIL 的确定方法中的定性分析方法包括( )。

A. 定性分析和基于频率的定量分析 B. 风险矩阵法和风险图法

C. 基于频率的定量分析和风险图法 D. 风险矩阵法和保护层分析法

154. AD03 SIL 的确定方法中的定量分析方法包括( )。

A. 定性分析法 B. 风险矩阵法 C. 风险图法 D. 保护层分析法

155. AD03 在安全仪表系统的评价中，可以使用( )。

A. 只能用一种方法 B. 必须用两种方法 C. 不止一种方法 D. 三种方法结合

156. AD03 开展危险分析和风险评估不包括( )的内容。

A. 确定过程及其相关设备的危险和危险事件

B. 确定导致危险事件的事件序列

C. 确定与危险事件相关联的过程风险

D. 不需要确定风险降低的任何要求

157. AD03 开展危险分析和风险评估常用的定性方法不包括( )。

A. 安全复审 B. 检查表 C. 假设分析 D. HAZOP 分析

158. AD03 安全仪表功能(SIF)回路不包括( )。

A. 受控设备(保护对象) B. 触发事件(传感器)

C. 逻辑处理器 D. 值班人员

159. AD03 IS 周期性维护分为(　　)、6 个月和 12 个月。

A. 1 个月　　B. 2 个月　　C. 3 个月　　D. 4 个月

160. AD03 系统维护工作分为日常维护和(　　)。

A. 月度维护　　B. 季度维护　　C. 年度维护　　D. 周期性维护

161. AD04 控制逻辑图由三部分组成：输入部分、(　　)、输出部分。

A. 逻辑单元部分　　B. 运算部分　　C. 分析部分　　D. 连接部分

162. AD04 信号的流向用(　　)表示从左至右、从上至下的流向。

A. 细实线　　B. 粗实线　　C. 点划线　　D. 直线束

163. AD04 与命令输出的图形表示是(　　)。

A. 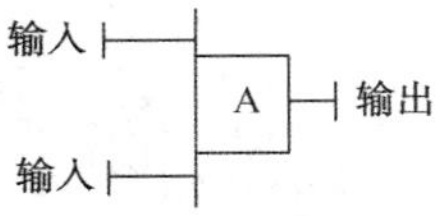 输入 输入 A 输出　　B. 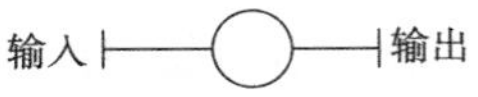 输入 输出

C. 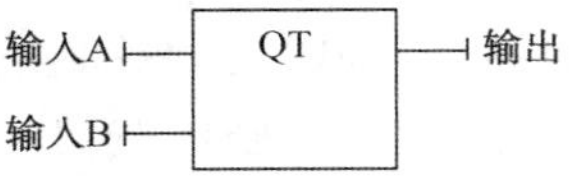 输入A 输入B QT 输出　　D. 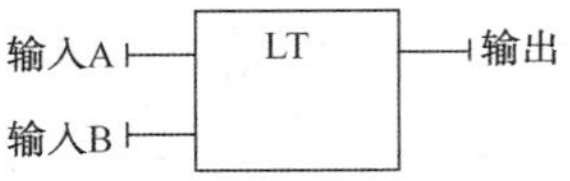 输入A 输入B LT 输出

164. AD04 大于与命令输出的图形表示是(　　)。

A. 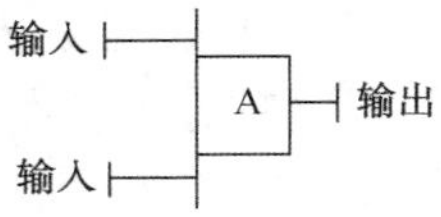 输入 输入 A 输出　　B. 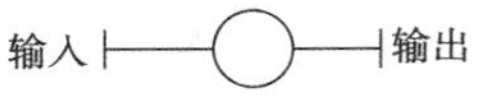 输入 输出

C. 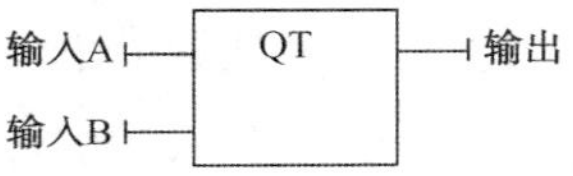 输入A 输入B QT 输出　　D. 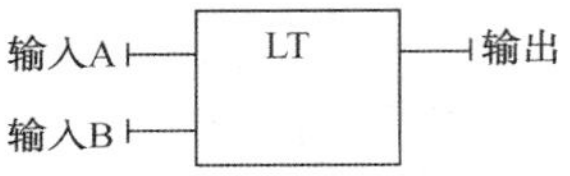 输入A 输入B LT 输出

165. AD04 上升沿延时触发器的图形表示是(　　)。

A. 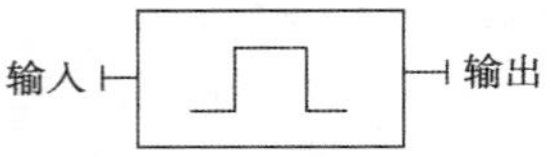 输入 输出　　B. 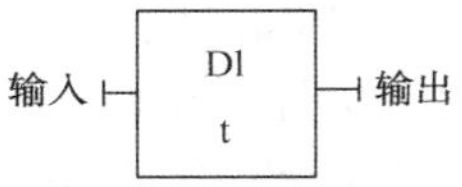 输入 DI t 输出

C. 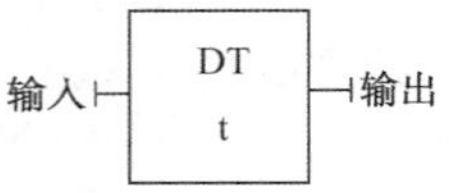 输入 DT t 输出　　D. 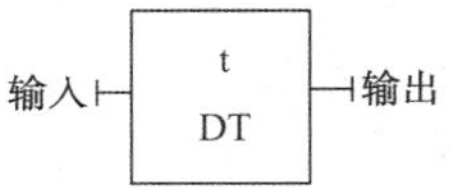 输入 t DT 输出

166. AD05 下列中属于应用层协议的是(　　)。

A. UDP　　B. HTTP　　C. ICMP　　D. RARP

167. AD05 TCP/IP 参考模型和 OSI 的 7 层协议比较，TCP/IP 参考模型中没有(　　)和表示层。

A. 会话层　　B. 应用层　　C. 传输层　　D. 物理层

168. AD05 (　　)是一个通用的，面向对象的协议，在 Internet 上进行信息传输时广泛使用。

A. FTP　　B. HTTP　　C. Telnet　　D. SMTP

169. AD05 Modbus 协议需要对数据进行校验，串行协议中除有奇偶校验外，ASCII 模式采用(　　)校验。

A. MD5　　B. BCC　　C. CRC　　D. LRC

170. AD05 Modbus 协议需要对数据进行校验，串行协议中除有奇偶校验外，RTU 模式采用(　　)校验。

A. MD5　　B. BCC　　C. CRC　　D. LRC

171. AD05 Modbus 协议中一般采用以太网口的是(　　)。

A. ASCII　　B. RTU　　C. TCP

172. AD05 不属于第三方通信模块的是(　　)。

A. Prosoft　　B. Woodhead SST　　C. S7-300　　D. MVI56-MCM

173. AD05 IEC 104 协议使用的端口号为(　　)，并且此端口号已经得到互联网地址分配机构 IANA(InternetAssigned Numbers Authority)的确认。

A. 80　　B. 2404　　C. 8080　　D. 502

174. AD05 被 DeviceNet，ControllNet 和 EtherNet/IP 三种网络所广泛采用的协议是(　　)。

A. CIP　　B. IEC 104　　C. Modbus　　D. Profibus

175. AD05 ProfiBus 最常用的一种传输技术是(　　)传输。

A. 工业以太网　　B. RS-485　　C. RS-232　　D. RS-422

第二部分　专业知识

仪表自动化基础管理部分

176. BA01 SCADA 系统可用率应不低于(　　)。

A. 98%　　B. 98. 75%　　C. 99%　　D. 99. 75%

177. BA01 故障影响评价指标管道公司得分不低于(　　)分。

A. 95　　B. 96　　C. 97　　D. 98

178. BA01 二级单位因故障影响正常输油气生产的事件每次扣(　　)分，扣完为止。

A. 2　　B. 3　　C. 5　　D. 10

179. BA01 自动化系统维护评价指标中设备受检率应达到(　　)。

A. 95%　　B. 98%　　C. 99%　　D. 100%

180. BA01 自动化系统维护评价指标设备完好率要求不低于(　　)。

A. 98%　　B. 98. 5%　　C. 99%　　D. 99. 5%

181. BA01 自动化综合评价指标中标准器具的合格率应达到(　　)。

A. 95%　　B. 98%　　C. 99%　　D. 100%

182. BA01 基层各站队应在(　　)底填写完成《仪表自动化设备管理指标汇总表》，报所在分公司生产科。

A. 每周　　B. 每月　　C. 每季　　D. 每年

183. BA01 (　　)是指用于量值传递的标准器具。

A. 强检仪表　　B. 非强检仪表　　C. 标准计量器具　　D. 计量器具

184. BA02 计量标准是计量标准器具的简称，是指准确度(　　)计量基准的，用于检定其他计量标准工作的计量器具。

A. 高于　　B. 等于　　C. 低于　　D. 类似于

185. BA02 温度变送器的检定周期为(　　)。

A. 半年　　B. 一年　　C. 两年　　D. 三年

186. BA02 压力变送器的检定周期为(　　)。

A. 半年　B. 一年　C. 两年　D. 三年

187. BA02 弹簧管式一般压力表的检定周期为(　　)。

A. 半年　B. 一年　C. 两年　D. 三年

188. BA02 弹簧管式精密压力表的检定周期为(　　)。

A. 半年　B. 一年　C. 两年　D. 三年

189. BA02 双金属温度计的检定周期为(　　)。

A. 半年　B. 一年　C. 两年　D. 三年

190. BA02 气体容积式流量计的检定周期为(　　)。

A. 半年　B. 一年　C. 两年　D. 三年

191. BA02 可燃气体检测报警器的检定周期为(　　)。

A. 半年　B. 一年　C. 两年　D. 三年

192. BA02 工业铂电阻(优于 0.5 级)的检定周期为(　　)。

A. 半年　B. 一年　C. 两年　D. 三年

193. BA02 工作用廉金属热电偶的检定周期为(　　)。

A. 半年　B. 一年　C. 两年　D. 三年

194. BA04 以下 4 项哪一个不属于仪表自控设施变更管理的范畴(　　)。

A. 软件变更　B. 硬件变更　C. 人员变更　D. 数据变更

195. BA04 以下哪一项不属于重大变更(　　)。

A. 现场显示仪表的变更　B. 程序的变更

C. 定值的变更　D. 控制方式的变更

196. BA04 以下哪一项不属于变更(　　)。

A. 更换某个损坏的 PLC 模拟量板块　B. 更改泵机组保护定值

C. 更改 PLC 程序　D. 更换为不同厂家的路由器

197. BA04 一般变更由(　　)主管领导审批。

A. 站队　B. 生产科　C. 分公司　D. 生产处

SCADA 系统维护部分

198. BB01 SCADA 系统维护工作分为日常维护和(　　)。

A. 周期性维护　B. 阶段性维护　C. 必要性维护　D. 强制性维护

199. BB01 周期性维护指以(　　)为周期对系统进行检查和维护。

A. 固定时间　B. 厂家建议时间　C. 一段时间　D. 运行时间

200. BB01 不属于周期性维护的周期划分的是(　　)。

A. 1 个月维护　B. 6 个月维护　C. 9 个月维护　D. 12 个月维护

201. BB01 输油气站场 SCADA 系统 1 个月维护内容，由分公司(　　)完成。

A. 运行人员　B. 维护人员　C. 调度人员　D. 抢修人员

202. BB01 操作员工作站用户权限一般分为三级，下面不属于其中级别的是(　　)。

A. 程序员　B. 浏览者　C. 操作员　D. 管理员

203. BB02 下列哪一项不属于春检前工作内容(　　)。

A. 日常巡检　　B. 标准仪器送检

C. 标准培训及理论考试　　D. 材料上报

204. BB02 SCADA 系统检测周期一般规定为(　　)。

A. 半年　　B. 一年　　C. 两年　　D. 三年

205. BB02 春秋检工作负责人做好沟通协调工作，提前(　　)将检定计划报输油气站场相关负责人。

A. 一小时　　B. 一天　　C. 一周　　D. 一月

206. BB02 仪表自动化工程师待调度中心批复后，检查确认(　　)将春秋检系统的设备、设施达到离线或安全检修状态。

A. 调度人员　　B. 检定人员　　C. 运行人员　　D. 站队长

207. BB02 对参与保护相关设备进行校准检测前，仪表自动化工程师根据工作内容办理(　　)。

A. 维检修工作票　　B. 检定方案　　C. 进厂许可证　　D. 施工许可证

208. BB02 春秋检技术负责人在春秋检工作结束后(　　)个工作日内完成春秋检工作总结。

A. 3　　B. 7　　C. 10　　D. 15

209. BB03 上位机画面某压力参数显示为负值，以下哪种原因不会造成(　　)。

A. 现场设备断电　　B. 数据库设置错误　　C. 通信中断　　D. 现场设备保温不好

210. BB03 网络测试中，经常用(　　)命令来测试网络情况。

A. Ping　　B. Telnet　　C. cmd　　D. IPConfig

可编程控制器部分

211. BC01 PLC 的中文名字叫(　　)。

A. 可编程序控制器　　B. 可编程序逻辑控制器

C. 可编逻辑控制器　　D. 以上都对

212. BC01 可编程序逻辑控制器的基本组成部分包括：中央处理器、存储器及扩展存储器、(　　)、电源模块。

A. 扩展接口　　B. 功能模块　　C. CPU　　D. I/O 模块

213. BC01 对于 AB PLC 系统的 ControlLogix 处理器，CPU 模块上指示灯(　　)亮表示 CPU 处于运行状态。

A. SF　　B. DC5V　　C. RUN　　D. STOP

214. BC01 对于 AB PLC 系统的 ControlLogix 处理器，CPU 模块上指示灯(　　)亮表示强制作业有效。

A. SF　　B. FRCE　　C. RUN　　D. STOP

215. BC01 需要接收铂电阻输入信号时，应选择(　　)模块。

A. 1756-OF4　　B. 1756-RM　　C. 1756-IR6I　　D. 1756-IF16

216. BC01 PLC 系统中 DO 表示：(　　)。

A. 模拟输入　　B. 模拟输出　　C. 开关量输出　　D. 电阻模块

217. BC02 使用 RSLink 软件可以建立以太网通信、RS232 串口通信以及建立(　　)。

A. OPC 服务器　　B. 工程师站　　C. 无线连接　　D. 网络通信

218. BC03 RSLogix5000 是支持 ControlLogix 结构体系，特别针对(　　)控制器的编程软件。

A. ControlLogix　　B. Compact　　C. SLC500　　D. PLC5

219. BC03 利用 RSLogix5000 不可以组态(　　)。

A. ControlLogix I/O　　B. RSLinx　　C. RSNetWorxii　　D. PLC5

220. BC03 RSLogix5000 编程软件必须运行在(　　)系统下。

A. UNIX　　B. Foxpro　　C. Windows　　D. C++

221. BC03 不属于 RSLogix5000 编程软件特点的是(　　)。

A. 配置容易　　B. 数据库编辑灵便

C. 复杂的 I/O 地址模式　　D. 强大的诊断功能

222. BC03 RSLogix5000 程序中不是基本数据类型的为(　　)。

A. 自定义类型　　B. DINT　　C. INT　　D. REAL

223. BC03 RSLogix5000 程序中数组的维数没有(　　)。

A. 1 维　　B. 2 维　　C. 3 维　　D. 4 维

224. BC04 以下哪项不是施耐德 Premium 的 I/O 模块(　　)。

A. 离散量模块　　B. 模拟量模块　　C. CPU 模块　　D. 通信模块

225. BC04 每个 Premium 处理器有(　　)个 PCMCIA 卡插槽。

A. 1　　B. 2　　C. 3　　D. 4

226. BC04 CPU 面板上表示处理器程序正在执行的是(　　)灯。

A. RUN　　B. ERR　　C. I/O　　D. TER

227. BC04 CPU 面板上表示处理器及其插槽上的设备(PCMCIA 内存卡和 PCMCIA 通信卡)出现故障是(　　)灯。

A. RUN　　B. ERR　　C. I/O　　D. TER

228. BC04 CPU 面板上表示处理器同站的其他模块出现故障或配置错误是(　　)灯。

A. RUN　　B. ERR　　C. I/O　　D. TER

229. BC04 一根扩展电缆最长可达(　　)。

A. 50m　　B. 100m　　C. 200m　　D. 350m

230. BC04 TSX SUP 1101 为容量为(　　)的电池。

A. 1A　　B. 2A　　C. 5A　　D. 10A

输油气管道其他常用系统部分

231. BD01 泄漏监测系统应安装在干燥、通风、清洁、(　　)的地方。

A. 无强电磁场干扰　　B. 恒温　　C. 机房　　D. 低压

232. BD01 泄漏检测可通过(　　)和内部两种方法实现。

A. 外部　　B. 压力监测　　C. 流量监测　　D. 温度监测

233. BD01 外部泄漏检测的方法主要包括：巡线观察法、(　　)、光纤传感法、激光吸收光谱技术等。

A. 流量监测法　　B. 温度监测法　　C. 压力监测法　　D. 示踪剂法

234. BD01 内部泄漏检测的方法主要包括：流量平衡法、(　　)、统计法和压力波法。

A. 流量监测法　　B. 温度监测法　　C. 压力监测法　　D. 实时模型法

235. BD01 中心站软件主要包括通信传输、(　　)、数据处理、报警处理、统计、数据库管理等模块。

A. 界面显示　　B. 信号调理　　C. 流量检测量　　D. 参数检测

236. BD02 消防系统信号处理仪器内部有调制解调器、(　　)、温度实时显示、报警参数设置、报警显示功能。

A. 感温火灾探测器　　B. 感烟火灾探测器　　C. 光缆连接器　　D. 信号转换处理电路

237. BD02 光纤光栅感温火灾探测器由感温传感器探头、连接光缆、(　　)、传输光缆等部分组成。

A. 感温火灾探测器　　B. 感烟火灾探测器　　C. 光缆连接器　　D. 调制解调器

238. BD03 可燃气体报警器按照使用环境可以分为工业用气体报警器和(　　)燃气报警器。

A. 乡村用　　B. 城市用　　C. 户外用　　D. 家用

239. BD03 按自身形态可分为(　　)可燃气体报警器和便携式可燃气体报警器。

A. 固定式　　B. 扩散式　　C. 泵吸式　　D. 含氧量检测器

240. BD03 可燃气体探测器有催化型、(　　)型、红外光学型和电化学型 4 种类型。

A. 导体　　B. 半导体　　C. 紫外光学　　D. 固定式

241. BD04 周界安防系统硬件主要由现场检测单元、中心控制单元、(　　)和通信系统组成。

A. OPC 服务器　　B. 供电系统　　C. 站控系统　　D. 探测器

242. BD04 周界安防系统软件系统主要包括现场检测软件系统和(　　)。

A. 站控系统软件　　B. 电气系统软件

C. 通信系统软件　　D. 中心控制软件系统

243. BD04 现场检测单元软件系统主要完成振动信号的采集、判断以及(　　)功能。

A. 报警信息的传输　　B. 现场监测　　C. 现场控制　　D. 显示功能

244. BD05 对于燃气燃烧系统，可能存在的故障有检漏器报警保护、(　　)、燃气压力低、燃气压力高、未点着火、火焰检测未通过等原因。

A. 风压过低　　B. 燃油来油温度低　　C. 燃油回油压力高　　D. 燃油来油温度高

245. BD05 对于燃油燃烧系统，可能存在的故障有风压过低、燃油来油压力低、(　　)、燃油来油温度低、点火失败等原因。

A. 燃油回油压力高　　B. 火焰检测未通过　　C. 检漏器报警　　D. 燃油回油压力低

246. BD05 加热炉控制系统包括：流程显示、自动启/停加热炉、(　　)等控制功能。

A. 火焰检测　　B. 油压检测　　C. 联锁停机　　D. 流量检测

247. BD05 加热炉燃烧器具有自动点火、(　　)、火焰监测、伴热等功能。

A. 温度检测　　B. 自动关断　　C. 压力检测　　D. 含氧量检测

248. BD05 燃油系统主要由来回油流量计、过滤器、(　　)、电加热器、阀门、管线等组成。

A. 温度计　　B. 止回阀　　C. 双泵橇　　D. 压力表

249. BD06 常见的压力控制调节系统的配置方案是：安全切断阀+监控调压阀+工作调压阀、安全切断阀+安全切断阀+工作调压阀(　　)。

A. 安全切断阀+工作调压阀　　B. 安全切断阀+安全切断阀

C. 安全切断阀+工作调压阀　　D. 安全切断阀+监控调压阀

250. BD06 压力控制系统包括压力检测、(　　)、安全截断及相关的监视报警系统。

A. 温度检测　　B. 压力调节　　C. 流量调节　　D. 流量检测

SCADA 系统组态软件部分

251. BE01 下列(　　)不属于 OASyS 系统的子系统。

A. CMX　　B. XIS　　C. XOS　　D. SCADA

252. BE01 (　　)是实时数据库和程序包。

A. CMX　　B. XIS　　C. XOS　　D. SCADA

253. BE01 (　　)是存放历史数据的关系数据库。

A. CMX　　B. XIS　　C. XOS　　D. SCADA

254. BE01 (　　)是图形用户界面，用于显示系统的状态和提供操作控制功能。

A. CMX　　B. XIS　　C. XOS　　D. SCADA

255. BE02 PKS 有 3 种不同的类型，不包括以下哪种(　　)：

A. PKS Vista　　B. PKS SCADA　　C. PKS Process　　D. PKS Windows

256. BE02 PKS Vista：适用于比较小的系统，(　　)个检测点，用于 Honeywell UDC 系列(数字式控制器)、UMC(多回路控制器)或类似的控制器。

A. 90~100　　B. 50~60　　C. 70~80　　D. 100~110

257. BE02 PKS SCADA：工作于比较大复杂的系统，约(　　)个检测点，适用于 Honeywell 提供的各系列控制器和第三方控制器及 PLC 系列。

A. 2000　　B. 3000　　C. 3500　　D. 1500

258. BE02 PKS Process：同 SCADA，不同的是可以采用完全的混合控制器。含有(　　)个服务器(可有冗余服务器)、若干个工作站、若干网络控制器。

A. 4　　B. 3　　C. 2　　D. 1

259. BE03 EpipeView 中的工程管理器没有(　　)的功能。

A. 新建工程　　B. 删除工程　　C. 修改工程属性　　D. 进行系统组态

260. BE03 EpipeView 中的开发系统具有(　　)的功能。

A. 新建工程　　B. 删除工程　　C. 修改工程属性　　D. 进行系统组态

261. BE03 EpipeView 软件是一种客户端/服务器模式软件，支持(　　)服务器和(　　)客户端。

A. 分布式、分布式　　B. 集中式、分布式　　C. 分布式、集中式　　D. 集中式、集中式

262. BE03 EpipeView 提供了双机热备功能，使用两台服务器通过(　　)网络连接。

A. TCP/IP　　B. Modbus　　C. CIP　　D. IEC-104

263. BE03 EpipeView 软件中脚本语言是一种在语法上类似(　　)的程序。

A. J2SE　　B. JSP　　C. C 语言　　D. J2EE

ERP 系统的使用部分

264. BF01 是设备主数据创建代码是(　　)。

A. IE00　　B. IE01　　C. IE02　　D. IE03

265. BF01 “维护工厂”是指此创建设备(　　)的编码。

A. 所在分公司　　B. 所在站场　　C. 安装位置　　D. 维修队

266. BF01 ERP 创建设备过程中，设备不是独立的，每个系统中创建的设备必须要填写它所在的(　　)。

A. 归属单位　　B. 安装位置　　C. 功能位置　　D. 地理位置

267. BF01 设备主数据查询代码(　　)。

A. IH08　　B. IE02　　C. IW21　　D. IW22

268. 在巡检结果录入的时候，如果是量化的结果，就在量化测量结果中录入，非量化的结果，则在非量化测量结果中录入，两者不能填写错误；如果在巡检的时候发现异常，就创建(　　)。

A. 通知单　　B. 工单　　C. 报修单　　D. 抢修单

269. BF02 自行处理业务的维修工单由(　　)创建。

A. 站长　　B. 技术员　　C. 生产科专业主管　　D. 副站长

270. BF02 自行处理业务的维修工单由(　　)关闭。

A. 站长　　B. 技术员　　C. 生产科专业主管　　D. ERP 项目组

271. BF03 一般故障报修单由(　　)负责创建。

A. 站长　　B. 技术员　　C. 生产科专业主管　　D. 副站长

272. BF03 一般故障维修作业单由(　　)负责创建。

A. 站长　　B. 技术员　　C. 生产科专业主管　　D. 副站长

273. BF03 一般故障报修单由(　　)负责审批。

A. 站长　　B. 技术员　　C. 生产科专业主管　　D. 副站长

二、判断题(对的画“√”，错的画“×”)

第一部分　基础知识

管道仪表流程图基础知识部分

(　　)1. AA01 P&ID 图就是仪表安装图，包含了所有仪表设备。

(　　)2. AA01 仪表位号是用几个大写英文字母的组合表示对某个变量的操作要求。

(　　)3. AA01 仪表功能标志表示仪表的功能和结构。

(　　)4. AA01 功能标志的首位字母选择应与被处理变量相对应，可以不与被测变量或引发变量相符。

(　　)5. AA01 仪表位号中不能有重复的字母出现。

(　　)6. AA01 仪表位号后继字母中代表修饰词的修饰字母在工艺控制流程图或系统图中应标注在仪表圆圈外右上方。

(　　)7. AA01 字母组合“FO”标注在工艺管路的图例时，“FO”的含义是限流孔板的意思。

(　　)8. AA01 仪表位号中，后继字母“I”具有读出功能，字母“C”具有输出功能。

(　　)9. AA01 仪表位号由仪表功能标志和仪表回路编号两部分组成。

(　　)10. AA01 仪表回路编号可以由工序号和出厂编号组成。

(　　)11. AA01 同一厂区所有被测变量的仪表位号要连续编号。

(　　)12. AA01 若同一仪表回路中有两个以上功能相同的仪表，可在仪表位号后附加尾缀(大写英文字母)以区别。

(　　)13. AA01 处理两个或多个变量，或处理一个变量但有多个功能的复式仪表(同一壳体仪表)时，可用相切的仪表圆圈表示。

(　　)14. AA01 两个测量点引到一台复式仪表上，而两个测量点在图纸上距离较远或不在同一张图纸上时，则分别用两个相切的实线圆圈和虚线圆圈表示。

(　　)15. AA01 设备阀门代号中 XV 代表电动阀。

(　　)16. AA01 设备阀门代号中 PSV 代表安全阀。

(　　)17. AA01 设备阀门代号中 P 代表泵。

(　　)18. AA01 设备阀门代号中 F 代表罐。

(　　)19. AA01 仪表专用代号中 PI 代表压力表。

(　　)20. AA01 仪表专用代号中 PT 代表压力变送器。

(　　)21. AA01 图例 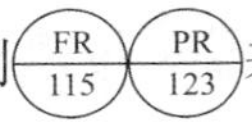 FR 115 PR 123 表示的是一个压力记录仪表和一个流量记录共用一台记录仪表。

(　　)22. AA01 仪表专用代号中 PS 代表压力开关。

(　　)23. AA01 仪表专用代号中 TT 代表温度变送器。

(　　)24. AA01 仪表专用代号中 TE 代表铂电阻。

(　　)25. AA01 仪表专用代号中 BDV 代表紧急泄放阀。

(　　)26. AA01 仪表专用代号中 FV 代表流量调节阀。

(　　)27. AA01 仪表专用代号中 YS 代表压力开关。

(　　)28. AA01 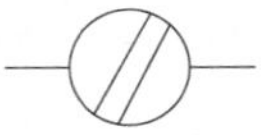 代表过滤器。

(　　)29. AA01 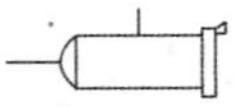 代表过滤器。

(　　)30. AA01 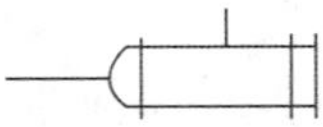 代表过滤器。

(　　)31. AA02 方案流程图的图面主要包括工艺设备和工艺流程线。

(　　)32. AA02 管道仪表流程图中不同流程图之间相衔接的管道，应在始(或末)端注明其接线图的图号及来自(或去)的设备位号或管段号。一般来向画在右侧，去向画在左侧。

(　　)33. AA02 管道仪表流程图中英制管以 in 表示，标注时在数字后面不用注出单位符号。

(　　)34. AA02 管道仪表流程图中仪表控制点应以细实线在相应的管道上用代号、符号画出，并应大致符合安装位置。

(　　)35. AA02 管道仪表流程图中管道上应画出箭头，以表示物料流向。

网络基础知识部分

(　　)36. AB01 局域网常用的拓扑结构有：总线型结构、环型结构、星型结构。

(　　)37. AB01 环型结构是将各台连网的计算机用通信线路连接成一个开放的环。

(　　)38. AB01 在环型结构的网络中，信息流动方向不固定。

(　　)39. AB01 环型拓扑是一个点到区域的环型结构。

(　　)40. AB01 环型拓扑受故障影响的设备范围大，在单环系统上出现的任何错误，都会影响网上的所有设备。

(　　)41. AB01 星型结构是以一个节点为中心的处理系统，各种类型的入网机器均与该中心节点有物理链路直接相连。

(　　)42. AB01 一个星型拓扑不可以隐在另一个星型拓扑里。

(　　)43. AB01 应用层用于提供应用程序间通信。

(　　)44. AB01 表示层用于提供应用程序间通信。

(　　)45. AB01 会话层用于建立、维护和管理会话。

(　　)46. AB01 传输层用于建立、维护和管理会话。

(　　)47. AB01 网络层用于寻址和路由选择。

(　　)48. AB01 数据链路层用于寻址和路由选择。

(　　)49. AB01 物理层用于比特流传输。

(　　)50. AB01 TCP/IP 是 Internet 所用的协议，它是一个协议栈，由一系列小而专的协议组成。

(　　)51. AB01 OSI 制定的 ISO 模型，即著名的开放系统互联基本参考模型。

(　　)52. AB01 物理层的 PDU 是数据包(packet)。

(　　)53. AB01 数据链路层的 PDU 是数据帧(frame)。

(　　)54. AB01 网络层的 PDU 是数据位(bit)。

(　　)55. AB01 传输层的 PDU 是数据段(segment)。

(　　)56. AB01 同一网络上可以有两个相同 IP 的设备。

(　　)57. AB01 DNS 是由解析器和域名服务器组成的。

(　　)58. AB01 线缆类型大致可以分为 3 类双绞线、4 类双绞线、5 类双绞线、超 5 类双绞线、6 类双绞线。

(　　)59. AB02 目前使用中的 IP 地址是 32 位的八进制数。

(　　)60. AB02 IP 地址由两个部分组成：一部分为网络号，另一部分为主机地址。

(　　)61. AB02 网络号用来区分在同一网络上的不同主机。

(　　)62. AB02 主机地址用来区分互联网上互连的各个网络。

(　　)63. AB02 A 类 IP 地址用于大型网络。

(　　)64. AB02 B 类 IP 地址用于中型网络。

(　　)65. AB02 C 类用于多目的地址发送。

(　　)66. AB02 D 类 IP 地址用于小规模网络。

(　　)67. AB02 E 类则为实验和测试保留。

( )68. AB02 一个 A 类 IP 地址由 1 字节(每个字节是 8 位)的网络地址和 3 个字节主机地址组成。

( )69. AB02 一个 B 类 IP 地址由 3 个字节的网络地址和 1 个字节的主机地址组成。

( )70. AB02 一个 C 类地址是由 2 个字节的网络地址和 2 个字节的主机地址组成。

( )71. AB02 只有在安装 TCP/IP 协议之后才能使用 IPNG 命令。

( )72. AB02 如果能够成功校验 IP 地址却不能成功校验计算机名，则说明名称解析存在问题。

仪表防护防爆等级基础知识部分

( )73. AC01 IP 防护等级数字越小表示其防护等级越高。

( )74. AC01 IP 防护等级中第 1 个数字表示仪器仪表和电器防湿气、防水侵入的密闭程度。

( )75. AC01 IP 防护等级中的第 2 个数字表示仪器仪表和电器防湿气、防水侵入的密闭程度。

( )76. AC01 IP 防护等级的第二个数字为 0 表示没有防护。

( )77. AC01 IP 防护等级的第二个数字为 1 表示防止滴水侵入，垂直滴下的水滴不会对电器造成有害影响。

( )78. AC01 IP 防护等级的第二个数字为 2 表示倾斜 15°时仍可以防止滴水侵入，仪器仪表和电器倾斜 15°时滴水不会对电器造成有害影响。

( )79. AC01 IP 防护等级的第二个数字为 3 表示防止喷洒的水侵入，防雨或防止与垂直<60°方向锁喷洒的水侵入仪器仪表和电器造成损坏。

( )80. AC01 IP 防护等级的第二个数字为 4 表示防止飞溅的水侵入，防止各方向的飞溅的水侵入仪器仪表和电器造成损坏。

( )81. AC01 防爆等级中 T5 要求物体的表面温度不能高于 100℃。

( )82. AC01 防爆等级中 T6 要求物体的表面温度不能高于 100℃。

( )83. AC02 正压型防爆方法是向外壳里输送洁净的压缩空气，使壳内维持正压，周围易燃易爆气体不能进入，从而防止它与电路直接接触的原理。

( )84. AC02 增安型的防爆措施是限制点火源的能量。

( )85. AC02 按照危险性划分 0 区危险场所的危险性低于 1 区。

( )86. AC02 除隔爆方法外，其他防爆方法用在危险 0 区都有可能发生爆炸。

( )87. AC02 按照我国国家标准，本安型电气设备按安全程度和使用场所不同，分为 ia 和 ib 两个等级。ia 等级安全程度低于 ib 等级。

( )88. AC02 本质安全型仪表适用于所有爆炸危险场所。

( )89. AC02 现场没有火花、电弧或过热，爆炸物达到爆炸界限也会爆炸。

( )90. AC02 本质安全型仪表又叫安全火花型仪表。

( )91. AC02 本质安全型仪表的特点是在正常状态下或故障状态下，电路、系统产生的火花和达到的能量会引起爆炸混合物发生爆炸。

( )92. AC02 隔爆型仪表的主要特点是将仪表中可能产生火花、电弧的部分放在一个或分放在几个具有一定强度并起隔离作用的外壳中，引爆时，外壳不致被炸坏。

(　　)93. AC02 控制爆炸范围的方法是人为地将爆炸局限在一个有限的范围内，使该范围内的爆炸不至于引起更大范围的爆炸。

自动化基础知识部分

(　　)94. AD01 自动控制系统包括计算机控制系统和检测控制仪表系统，它可以对现场的运行设备进行监视和控制。

(　　)95. AD01 SCADA 系统是以计算机为基础的生产过程控制与调度自动化系统。

(　　)96. AD01 SCADA 系统在结构上体现为上位机、下位机的结构。

(　　)97. AD01 上位机完成设备的直接控制，而下位机侧重于信息集中管理。

(　　)98. AD01 上位机系统不可以实现冗余。

(　　)99. AD01 孔板流量计是根据流体的流量和流速存在一个函数关系，通过测量流速来测量流量。

(　　)100. AD01 椭圆齿轮流量计又称奥巴尔流量计，它的测量部分是由壳体和两个相互啮合的椭圆形齿轮 3 个部分组成。

(　　)101. AD01 DCE 是指可以通过网络传输或接收模拟数据或数字数据的任意一个设备，最常用的就是调制解调器。

(　　)102. AD01 上位机系统通常包括 SCADA 服务器、工程师站、操作员站、Web 服务器等。

(　　)103. AD01 上位机系统的主要设备常采用以串口联网。

(　　)104. AD01 上位机接收下位机的监控，并且向下位机传输各种现场数据。

(　　)105. AD01 在物理层 DTE 可以是终端、微机、打印机、传真机等其他设备。

(　　)106. AD01 线路 RTU 阀室达到无人值守、由调控中心或站控系统远程操作的控制水平。

(　　)107. AD01 调控中心对全线进行远程监控、统一调度管理，实现全线紧急停车、水击超前保护等功能。

(　　)108. AD01 PID 手动模式中站控/中心上位机不能设定阀门的开度值。

(　　)109. AD01 出站调节阀一般只对一个参数进行控制，即泵入口汇管压力。

(　　)110. AD01 PID 自动模式中站控/中心上位机只设定泵入口汇管压力设定值、出站压力设定值、流量设定值即可，PLC 实现 PID 运算及输出。

(　　)111. AD01 振动变送器是将振动速度信号转换成 4～20mA 标准信号，再传送至 PLC。

(　　)112. AD01 雷达传感器的天线以波束的形式发射电磁波信号，发射波在被测物料表面产生反射，反射回来的回波信号仍由天线接收。

(　　)113. AD01 热电阻主要用于测量高温，最高可测 2800°C。

(　　)114. AD01 压力变送器把压力信号转换成 4～20mA 直流信号，用于远传，PLC AI 模块将相应的电流值转换为对应的压力值，供 SCADA 系统显示和控制。

(　　)115. AD01 超声波流量计只需要在流体流动的反时针方发射一个声波，通过测量声波来测量流体流速。

(　　)116. AD01 执行器主要是对一些设备和装置进行自动操作，控制其开关和调节，代替人工作业。

(　　)117. AD01 静压式液位计与压力变送器原理相同，根据液体不同高度产生的压力不同测量液位。

(　　)118. AD01 热电偶是采用两种不同材料的导线制成，由于不同材料的导线在温度场中电势不同，两根导线之间形成电压，热电偶是根据电压变化测量温度的。

(　　)119. AD01 长输管道常采用分度号 Pt100 的铂电阻，测温范围-200~850℃。

(　　)120. AD01 PLC 的 RTD 模块可将电阻值转换为对应的温度值。

(　　)121. AD01 站内的现场操作为第一级控制，对工艺单体或设备进行就地控制。

(　　)122. AD01 调控中心和各站站控系统均能获得控制权限，控制权限由各站确定。

(　　)123. AD01 PLC 程序实现出站调节阀控制：采用 PID 控制块实现。

(　　)124. AD01 站控/中心上位机只设定泵入口汇管压力设定值、出站压力设定值即可。

(　　)125. AD01 出站调节阀(变频调速泵)具有自动调节功能，可以根据输油泵入口汇管压力和出站压力进行自动调节。

(　　)126. AD01 任何情况下，出站调节阀优先选择开(变频调速泵优先选择提高转速)。

(　　)127. AD01 进站调节阀是对阀前压力进行控制，正常情况下调节阀运行保证阀前实际(测量)压力低于阀前压力设定值。PID 调节为反作用。

(　　)128. AD01 换热器调节也就是温度调节，是对原油换热器出口温度进行控制。

(　　)129. AD01 PLC 通过数字或模拟式输入/输出控制各种类型的机械或生产过程。

(　　)130. AD01 RTU 是安装在远程现场的电子设备，一般在管道线路阀室应用较多，主要用来监视和测量安装在远程现场的传感器和设备。

(　　)131. AD01 连接上、下位机的通信形式比较单一，只能通过有线通信链接。

(　　)132. AD01 在 SCADA 系统中，以太网通信广泛存在于许多现场控制设备与上位机之间。

(　　)133. AD01 有线传输介质：无线电传播、微波传输和卫星传输。

(　　)134. AD02 ControlLogix 控制器中多个周期性的任务不可以在不同的时刻触发。

(　　)135. AD02 ControlLogix 控制器可以执行多个控制任务。

(　　)136. AD02 ControlLogix 系统不可以在 RS-232，Contro1Net，EtherNet 和 DeviceNet 网络之间组态一个网关来桥接和传送控制数据及信息数据。

(　　)137. AD02 ControlLogix 系统在生产调度层(信息层)采用基于 TCP/IP 通信协议的工业以太网(EtherNet/IP)作为网络媒介，网络传输速率为 10/100Mbit/s。

(　　)138. AD02 ControlLogix 控制器采用了模块化的设计，无源数据总线背板结构。

(　　)139. AD02 一个最小的 ControlLogix 控制系统仅需要一个处理器模块和一个 I/O 模块组成。

(　　)140. AD02 施耐德 PLC 主要有原 Modicon 旗下的 Quantum 和 Momentum 等系列，TE 旗下的 Premium，Micro 和 Compact 系列。

(　　)141. AD02 S7 系列 PLC 产品可分为微型 PLC(如 S7-200)，小规模性能要求的 PLC(如 S7-300)和中、高性能要求的 PLC(如 S7-400)等。

(　　)142. AD02 Unity Pro 是支持 IEC61131-3 全部 5 种语言的应用编制、程序调试和

诊断操作的软件套装工具。

(　　)143. AD02 Step7 Micro 为受限制的 Step7 版本，仅可以使用该版本组态本地机架，不可组态网络。

(　　)144. AD03 站场 ESD 指令发出时，ESD 系统将按预定程序使输油泵机组停车，加热炉系统停运，并关闭进出站 ESD 阀。

(　　)145. AD03 管道安全联锁保护系统也称水击超前保护系统，采用了停泵和保护调节的方法进行超前保护，以保护全线相对薄弱地段的管道，一般首站设置前置水击保护 PLC 实施水击保护。

(　　)146. AD03 火气系统是用于监控火灾和可燃气及毒气泄漏事故并具备报警和一定灭火功能的安全控制系统。

(　　)147. AD03 在正常情况下，ESD 系统是处于静态的，不需要人为干预。

(　　)148. AD03 ESD 系统作为安全保护系统，不能凌驾于生产过程控制之上。

(　　)149. AD03 安全仪表安全完整性等级越高，应执行所要求的仪表安全功能的概率也越低。

(　　)150. AD03 仪表安全功能的安全完整性等级分成 5 个等级。

(　　)151. AD03 SIL 4 是安全完整性的最低等级，SIL 1 为高低等级。

(　　)152. AD03 禁止 SIS 网络与公共网络进行互联。

(　　)153. AD03 可以设置 SIS 网络无限连接。

(　　)154. AD03 SIS 专用软件、工程文件、工程数据等文件至少每半年进行一次详细备份。

(　　)155. AD03 SIS 的模块、电路板可以带电插拔，在插拔电路板前应做好静电防护。

(　　)156. AD03 当有外来人员进入油气管道生产现场进行施工时，站场人员应做好 SIS 的安全保护工作，根据现场实际情况判断是否需要对 SIS 功能进行屏蔽或旁路。

(　　)157. AD03 周期性维护指以一段时间为周期对系统进行检查和测试。周期性维护分为 1 个月、6 个月和 12 个月。

(　　)158. AD03 SIS 一般故障运行维护人员 24h 到达现场，48h 解决故障。

(　　)159. AD03 SIS 重大故障运行维护人员 4h 到达现场，8h 解决故障。

(　　)160. AD03 一般末站设置前置水击保护 PLC 实施水击保护。

(　　)161. AD03 当输入模块接收到自动或手动 ESD 触发命令后，PLC 即刻通过输出模块控制现场设备的动作，完成联锁保护的功能。

(　　)162. AD03 任何高级别的 ESD 控制动作时同时要求联锁执行低级别的 ESD 功能，如站场触发 ESD 保护时，同时区域 ESD 和设备 ESD 也联锁动作。

(　　)163. AD03 任何低级别的 ESD 控制动作时要求联锁执行高级别的 ESD 功能，如设备触发 ESD 保护时，即刻触发区域 ESD 或站场 ESD 联锁动作。

(　　)164. AD03 安全仪表系统只的就是 ESD 系统。

(　　)165. AD03 站场内具有 ESD 功能的设备主要指输油泵机组、加热炉系统。

(　　)166. AD03 上位机监视现场工艺设备的运行情况，接收报警信息，并对运行过程进行记录。

(　　)167. AD03 需要拆、装或调试与 SIS 有关的仪表设备时，应填写重要设备操作申请表，得到主管部门批准后方可进行。

(　　)168. AD04 纯逻辑图是既表示功能又涉及实现方法的逻辑图。

(　　)169. AD04 画出电路图的目的是便于详细理解作用原理、分析和计算电路特性。

(　　)170. AD04 一个逻辑图的详细程度随其使用的目的而定。

(　　)171. AD04 一个逻辑信号的存在，取决于硬件系统的形式和所设计的电路结构原理。

(　　)172. AD05 FTP(File Transfer Protocol，文件传输协议)，是一个通用的，面向对象的协议，在 Internet 上进行信息传输时广泛使用。

(　　)173. AD05 常见的应用层协议有：HTTP，FTP，Telnet，SMTP 和 Gopher 等。

(　　)174. AD05 Master 设只能单独和 Slave 设备通信，不能以广播方式和所有 Slave 设备通信。

(　　)175. AD05 Modbus 协议需要对数据进行校验，串行协议中除有奇偶校验外，ASCII 模式采用 LRC 校验，RTU 模式采用 16 位 CRC 校验，TCP 模式采用 MD5 校验。

(　　)176. AD05 ProfiBus 是属于单元级、现场级的 SIMITAC 网络，适用于传输中、小量的数据。

(　　)177. AD05 CIP(Commmon Industrail Protocol，通用工业协议)是一种为工业应用开发的应用层协议，被 DeviceNet，ControllNet 和 EtherNet/IP 三种网络所采用，因此这三种网络相应地统称为 CIP 网络。

(　　)178. AD05 EtherNet/IP 是一种基于控制器局域网(CAN)的网络，除了其物理层的传输介质、收发器等是自己定义的以外，物理层的其他部分和数据链路都采用 CAN 协议。

(　　)179. AD05 IEC 60870-5-104 规定本标准使用的端口号为 2404，并且此端口号已经得到互联网地址分配机构 IANA (InternetAssigned Numbers Authority)的确认。

(　　)180. AD05 MVI56-MCM 模块是西门子公司推出的在 AB 通用框架上的 Modbus 通信接口模块。

(　　)181. AD05 SST 以太网和串行通信模块包括一个以太网端口和两个串行端口，用于同时运行协议，这个模块可以用作两个通信端口之间的独立式网关。

第二部分　专业知识

仪表自动化基础管理部分

(　　)182. BA01 SCADA 系统运行评价指标应不低于 98 分。

(　　)183. BA01 故障影响评价指标各分公司得分应为 100 分。

(　　)184. BA01 设备受检率评价指标得分=50+设备受检率×50。

(　　)185. BA01 检定人员必须经过公司培训机构培训并持有有效的上岗证，才具有检定资质。

(　　)186. BA01 强检仪表是指计量法规定的用于贸易结算、安全防护、环境监测等方面的工作仪表。

(　　)187. BA01 用于检定的标准计量器具必须具有合格证书并在有效期内；其精度等级等技术指标应满足受检仪表检定规程规定的量值传递要求。

(　　)188. BA01 开展检定的机构必须通过法定计量管理部门的建标并取得授权。

(　　)189. BA01 标准器具在送检时，应遵循“就地、就近和经济合理”的原则。

(　　)190. BA01 标准器具未按照规定进行检定、超周期或者检定不合格的，均不得使用。

(　　)191. BA01 强检仪表未按照规定进行检定、超周期或者检定不合格的，均不得使用。

(　　)192. BA01 仪表检定时在当日和所有检定工作完成后，应确保站场仪表、设备及系统恢复到原来正常工作状态，并告知现场运行人员和管道调度人员。

(　　)193. BA02 计量标准是指准确度低于计量基准，按国家计量检定系统表规定的准确度等级，用于检定较低等级计量器具(含工作计量器具)的计量器具。

(　　)194. BA02 为了保证量值的准确可靠，建立本单位使用的各项最高计量标准，须经与企业、事业单位的主管部门同级的政府计量行政部门组织考核合格后，发给计量标准证书，才能在本单位内开展非强制检定。

(　　)195. BA03 设备换下的配件，凡是可以修复的，均应妥善保管，积极组织修复，降低成本。

(　　)196. BA04 站场仪表自控设施发生故障而需要进行临时变更时，所属各站队可不履行变更手续。

(　　)197. BA04 站场仪表自控设施临时变更必须有明确的临时变更时间期限，临时变更期限结束前必须将自控设施恢复到原来状态。

(　　)198. BA04 生产科负责自控设施的一般变更风险评估工作。

(　　)199. BA04 变更是指仪表、自动化硬件设备的更换及软件系统的改变。

(　　)200. BA04 自控设施变更工作完成后应及时进行培训或告知工作。

SCADA 系统维护部分

(　　)201. BB01 输油气站场操作员工作站 CPU 平均使用率应小于 30%，最大使用率应小于 80%。

(　　)202. BB01 输油气站场操作员工作站内存平均使用率应小 50%，最大使用率应小于 80%。

(　　)203. BB01 输油气站场操作员工作站磁盘空间使用率应小于 70%。

(　　)204. BB01 输油气站场 SCADA 系统 6 个月维护内容，由分公司维护人员完成。

(　　)205. BB01 从事仪表自动化设备的维护工作应严格执行有关应急操作规程。

(　　)206. BB01 防爆场所进行电动仪表维护应采取有效的防爆措施(如检测现场可燃气体的浓度)。

(　　)207. BB02 为了保证春秋检工作中使用的标准器具合格率为 100%，输油气站队检定室负责人(仪表自动化工程师)应组织仪表工提前完成标准器具的自检工作。

(　　)208. BB02 由于仪表自动化设备的检定周期都是半年，所以公司规定定期开展仪表自动化春秋检工作。

(　　)209. BB02 二级单位接到上级单位下发的春秋检工作通知的函后，应编制春秋检检定方案并上报，待批复同意后组织实施。

(　　)210. BB02 如果本单位仪表工都是高级工，并且春检前工作任务繁重，可不进行春检前培训。

(　　)211. BB02 春秋检前，站队仪表自动化工程师对所辖输油气站场及阀室仪表自动化设备进行全面检查，对需要在春秋检中处理的问题进行汇总并提出整改建议，进行上报。

可编程控制器部分

(　　)212. BC01 ControlLogix 数字量输入模块上有通道的状态指示灯，如果某通道接通，相应的通道指示灯就会常亮。

(　　)213. BC01 PLC 输入输出系统接线图设计内容在供电系统图内。

(　　)214. BC01 在 PLC 系统设计中，一般要求采用干接点(干触点)信号作为数字量输入信号。

(　　)215. BC02 RSLinx 是 Rockwell 为用户提供的通信管理软件，为 AB 的可编程控制器与各种 Rockwell Software 及 AB 应用软件建立起通信联系。

(　　)216. BC02 建立以太网通信时只要用网线将笔记本电脑连在一起就可以了。

(　　)217. BC03 RSLogix5000 不支持 ControlLogix 结构体系。

(　　)218. BC03 利用 RSLogix5000 不可以组态 ControlLogix I/O。

(　　)219. BC03 利用 RSLogix5000 可以组态 RSNetWorx。

(　　)220. BC03 利用 RSLogix5000 可以组态 RSLinx。

(　　)221. BC03 RSLogix5000 控制器在远程编程模式下，控制器不执行程序，可对项目进行编辑，输出点按模块设置的状态输出。

(　　)222. BC03 RSLogix5000 控制器在远程测试模式下，控制器执行程序，可对项目进行某些编辑，输出点按模块设置的状态输出。

(　　)223. BC03 每个程序都拥有一个独立的数据库，在这个数据库建立的数据标签可被所有程序的子程序引用，且都是内部数据。

(　　)224. BC04 施耐德可编程控制器硬件包括 CPU 模块、机架、电源模块、I/O 模块等。

(　　)225. BC04 当 PLC 站点需要在一定范围内分散放置时，可对模块进行分布式配置，既可以放置在由 BusX 总线互联的多个背板上，也可以选用以太网线完成连接。

(　　)226. BC04 使用一个可扩展机架就可使 Premium 处理器构成一台 PLC 工作站。

(　　)227. BC04 利用 TSXREY 200 远程 BUS X 模块可将 BUS X 延长到最长为 100m。

(　　)228. BC04 背板机架地址 0 只分配给装有处理器的机架。

(　　)229. BC04 在地址为 0 的标准或可扩展机架上，标准槽电源模块安装在 00 槽位。

(　　)230. BC04 电源模块上的 RESET 铅笔头型按钮主要用于应用的热启动。

输油气管道其他常用系统部分

(　　)231. BD01 泄漏监测系统是一种用于对管道泄漏进行及时报警和准确定位的系统。

(　　)232. BD01 泄漏监测系统中用于集中分析处理各子站上传的油品流动参数信号(压力、流量、温度等)，识别泄漏并进行报警定位的装置。

(　　)233. BD01 泄漏监测系统中不用实时采集参数，只需阶段性扫描各监测点油品流动参数信号，并将其上传至中心站的装置。

(　　)234. BD01 泄漏监测系统中各监控子站及中心站设备在数据传输过程中系统时间是同步的。

(　　)235. BD01 负压波检测的缺点是不能检测突发性泄漏。

(　　)236. BD01 泄漏发生时，泄漏监测系统从探测到过程变量发生异常，至确认泄漏发生并进行报警提示所用的时间，为系统的响应时间。

(　　)237. BD02 消防系统采用有效的检测手段采集现场仪表数据，并通过可编程控制器进行数据分析和处理，输出安全报警信息及现场设备状态信息。

(　　)238. BD02 消防系统通过上位画面，监控现场设备状态，不能对现场设备进行操作，及时发现问题，及时现场处理。

(　　)239. BD02 在各站输油泵房内设火焰探测器，火焰检测信号引入站控室仪表盘上的火焰报警控制器显示报警，不接入站控系统报警。

(　　)240. BD03 催化型可燃气体探测器是利用难熔金属铂丝加热后的电阻变化来测定可燃气体浓度。

(　　)241. BD03 电化学型可燃气探测器是利用传感器遇到气体产生化学反应原理检测。

(　　)242. BD03 红外光学型可燃气体探测器是利用红外传感器通过红外线光源的吸收原理来检测现场环境的碳氢类可燃气体。

(　　)243. BD03 电化学型可燃气探测器被誉为“挑剔的传感器”，对于烷烃类及非烷烃类可燃气体反应不灵敏。

(　　)244. BD03 半导体性是利用半导体材料对空气中氧分子吸收和脱附引起半导体电势垒的变化。

(　　)245. BD04 周界安防系统现场检测单元主要完成现场围界振动信号的检测、信号采集和判断以及数据传输等功能。

(　　)246. BD04 周界安防系统中心控制单元主要完成振动信号的进一步判断、现场单元的控制、报警显示、参数设置等功能。

(　　)247. BD04 周界安防系统通信系统主要采用光纤通信完成现场检测单元与中心控制单元的数据传输功能。

(　　)248. BD04 周界安防系统供电系统为中心控制单元和现场检测单元提供电源以及电源保护。

(　　)249. BD04 周界安防系统中心控制单元不能对现场检测模块中的剪切、攀爬灵敏度、报警阈值等参数进行远程设置，只能在现场检测模块中设置。

(　　)250. BD04 周界安防系统报警记录模块可以方便查询报警记录信息，报警信息模块提供具体的防区报警信息。

(　　)251. BD04 周界安防系统报警处理单元不可以在控制室通过光纤通信网络对每一个防区进行独立调试。

(　　)252. BD05 当加热炉在运行中因某种原因使其火焰熄灭时，系统就会立即报警并停炉。

(　　)253. BD05 加热炉数据上传到 SCADA 系统，通信协议采用 TCP/IP。

(　　)254. BD05 用于调节炉膛内负压的烟囱挡板采用手动调节。

(　　)255. BD06 安全截断系统中的安全截断阀应采用自力式结构。

(　　)256. BD06 安全截断阀的选择只需按照口径大小和压力等级来选择。

(　　)257. BD06 安全切断阀、监控调压阀、工作调压阀应为相互独立的设备。

(　　)258. BD06 压力控制系统阀门按照先安全切断阀后工作调压阀的顺序，从上游至下游并联组装在一起。

(　　)259. BD06 正常情况下，安全切断阀和监控调压阀处于全开位置，由工作调压阀对下游压力进行控制。

(　　)260. BD06 当工作调压阀出现故障，无法控制下游压力时，安全切断阀则自动切断气源，以保证下游管道和设备的安全。

SCADA 系统组态软件部分

(　　)261. BE01 在 OASyS 系统实时报警中，用户点击左边的小按钮可确认该行报警，被确认的报警将从实时报警中删除并保存至历史数据库中。

(　　)262. BE03 EpipeView 是具有分布式冗余架构、单服务器 10 万点、支持多协议并发(OPC. Modbus，CIP，IEC-104 等协议)的高效数据采集、多数据源通用客户端、Web 功能、历史数据回填、天然气管道模型等特点的工控 SCADA 软件。

(　　)263. BE03 工程管理器是整个系统的管理器，它将图形画面、命令语言、设备驱动程序、报警、趋势曲线等工程元素集中管理。

(　　)264. BE03 EpipeView 软件是一种客户端/服务器模式软件，支持集中式服务器和分布式客户端。

(　　)265. BE03 EpipeView 提供了双机热备功能，工程运行过程中，处于主机状态的机器出现故障时，处于备机状态的机器可以代替主机。

ERP 系统的使用部分

(　　)266. BF01 刚创建设备时系统默认是“待复核”状态，在此状态下，只能对设备的本身的属性信息进行修改。

(　　)267. BF02 当场站设备发生故障时，能够自行处理的，站队技术员不需上报分公司，但必须马上上报站长，站员创建自行处理作业单，由站长审批之后进行故障处理。

(　　)268. BF02 工单关闭前必须做完工确认。

(　　)269. BF02 维修工作完成后只要关闭工单就可以了。

(　　)270. BF03 当场站设备发生故障时，站员马上上报站长，由站长创建报修单，之后由二级单位相关科室创建故障作业单。

三、简答题

第一部分　基础知识

管道仪表流程图基础知识部分

1. AA01 P&ID 图主要内容有哪些?

2. AA01 请说出 P&ID 图管道代号标注 PL-01A002-800-AIA-H 中 5 部分分别代表的

含义?

网络基础知识部分

3. AB01 局域网常用的拓扑结构有哪些?
4. AB01 总线型结构有哪些优点?
5. AB01 总线型结构有哪些缺点?
6. AB01 七层模型分为哪 7 层，都有哪些功能?
7. AB01 ProtocolDataUnit 指的是什么?
8. AB01 常见光纤连接器有哪些?
9. AB02 IP 地址分为哪 5 类，分别用于什么范围?
10. AB03 如何测试本地机 TCP/IP 协议是否正常工作?

仪表防护防爆等级基础知识部分

11. AC01 简述 IP 防护等级的两个数字表示的含义。
12. AC02 爆炸必须具备的 3 个条件是什么。
13. AC02 危险场所按照危险性可以划分为哪几个等级?
14. AC02 简述充油型防爆方法的工作原理及应用。
15. AC02 简述隔爆型防爆方法的工作原理。

自动化基础知识部分

16. AD01 上位机有哪些功能?
17. AD01 下位机的功能有哪些?
18. AD01 SCADA 系统中，通常包括几种数据通信过程?
19. AD01 SCADA 系统主要具有哪些功能?
20. AD01 简述泵机组主要控制参数。
21. AD01 试答出站调节阀的调节方法。
22. AD01 在站控系统中，如果主要控制压力进行了两个或三个冗余配置，PLC 程序实现二选一或三选一的功能，主控和从控设置原则是怎样的?
23. AD01 设备 ESD 触发的条件有哪些?
24. AD01 试答信号必选中如何进行压力有效值选择(二选一高选)?
25. AD01 试答信号必选中如何进行压力有效值选择(三选一高选)?
26. AD01 试答信号必选中如何进行压力有效值选择(二选一低选)?
27. AD01 试答信号必选中如何进行压力有效值选择(三选一低选)?
28. AD03 什么是 ESD 系统?
29. AD03 简述安全评价的目的。
30. AD03 简述安全仪表系统评价流程。
31. AD03 简述安全仪表系统评价程序。
32. AD03 简述 SIS 操作人员的培训内容。
33. AD03 简述 SIS 维护人员培训内容。

34. AD03 简述 SIS 实际工作测试的流程。
35. AD03 简述 SIS 故障处理流程。
36. AD03 简述安全仪表系统运行维护中对环境的要求。
37. AD03 简述 SIS 功能测试要求。
38. AD04 简述逻辑图和电路图的区别。

第二部分　专业知识

仪表自动化基础管理部分

39. BA01 仪表台账主要包括哪些内容?
40. BA02 什么叫做计量标准?
41. BA02 计量标准实验室中必须执行的管理制度有哪些?
42. BA02 按照计量送检分类，仪表分为哪几类?
43. BA02 强检仪表除了部门和企业、事业单位使用的最高计量标准器具外，还包括哪 4 类仪表?
44. BA02 简述强检计量仪表检定要求。
45. BA02 在线检定或拆卸计量仪表离线检定时，必须做到哪些事项?
46. BA03 设备的备品备件分为哪几类?
47. BA04 重大变更包括哪些内容?
48. BA04 简述仪表自动化变更范围。

SCADA 系统维护部分

49. BB01 SCADA 系统维护要求中关于安全保护的要求有哪些?
50. BB02 简述仪表春秋检主要工作流程?
51. BB02 春秋检检定方案主要包括哪些内容?

可编程控制器部分

52. BC03 ControlLogix 控制器用钥匙分别切换远程运行、远程编程、远程测试模式如何操作?
53. BC03 RSLogix5000 编程软件的特点有哪些?
54. BC03 RSLogix5000 软件有哪 4 种编程形式?
55. BC03 RSLogix5000 程序的基本数据类型有哪些?
56. BC03 RSLogix5000 程序使用梯形图编程的 3 个步骤是什么?
57. BC04 施耐德 Premium 可编程控制器硬件组成有哪些?

输油气管道其他常用系统部分

58. BD01 简述管道泄漏负压波检测原理。
59. BD01 简述泄漏监测系统维护中的一些要求。
60. BD02 简述火气消防系统执行原则。

61. BD02 简述消防自动化系统的组成。
62. BD03 可燃气体指示报警设备应具有哪些基本功能？
63. BD04 简述光纤周界安防系统的工作原理。
64. BD05 炉控系统常见安全保护功能有哪些？
65. BD05 直接式加热炉炉控系统简介。
66. BD06 简述安全切断阀在压力控制系统中的保护功能。
67. BD06 如何合理选择调压系统？

SCADA 系统组态软件部分

68. BE01 XOS 桌面上由哪 4 个基本窗口组成？
69. BE01 模拟量报警限值设置面板中可以使用哪些报警？
70. BE02 PKS 有哪 3 种不同的类型？
71. BE02 PKS 软件由哪几部分构成？
72. BE03 EpipeView 具有哪些功能？

四、计算题

第二部分 专业知识

仪表自动化基础管理部分

1. BA01 某输油气站有两套 SCADA 系统，某年 1 月份两套 SCADA 系统的通信各中断 1 次，中断时长分别是 0.5h 和 1h，请计算该输油气站 1 月份的 SCADA 系统可用率、SCADA 系统运行评价指标，并根据计算结果判断该站场 1 月份是否满足管道公司 SCADA 系统运行评价指标要求。

2. BA01 某输油气站某月设备运行总时长应为 1080000h，设备故障总时长为 5508h，请计算该输油气站本月的仪表自动化设备完好率，并分析是否满足设备完好率评价指标。

3. BA01 某分公司某年度仪表自动化设备完好率为 99.79%，试计算该分公司该年度设备完好率评价指标的最终得分。

初级资质理论认证试题答案

一、单项选择题答案

1. D	2. C	3. A	4. B	5. B	6. C	7. D	8. A	9. B	10. C
11. D	12. A	13. C	14. C	15. B	16. B	17. D	18. C	19. A	20. B
21. A	22. D	23. B	24. C	25. D	26. B	27. A	28. C	29. C	30. A
31. A	32. D	33. D	34. C	35. B	36. A	37. A	38. B	39. C	40. D

41. A　42. A　43. C　44. A　45. B　46. A　47. A　48. B　49. C　50. D
51. C　52. A　53. C　54. D　55. C　56. D　57. A　58. A　59. B　60. C
61. D　62. B　63. A　64. B　65. A　66. D　67. A　68. A　69. B　70. A
71. B　72. C　73. D　74. D　75. D　76. A　77. B　78. C　79. D　80. C
81. A　82. B　83. D　84. A　85. B　86. C　87. A　88. D　89. B　90. C
91. A　92. A　93. B　94. C　95. D　96. C　97. A　98. B　99. D　100. B
101. C　102. D　103. A　104. C　105. A　106. B　107. D　108. C　109. A　110. A
111. D　112. B　113. C　114. A　115. A　116. B　117. C　118. A　119. D　120. C
121. B　122. A　123. C　124. C　125. C　126. D　127. C　128. C　129. B　130. D
131. C　132. A　133. D　134. B　135. B　136. A　137. C　138. B　139. B　140. D
141. A　142. B　143. A　144. B　145. D　146. B　147. B　148. A　149. A　150. B
151. A　152. A　153. B　154. D　155. C　156. D　157. B　158. D　159. A　160. D
161. A　162. A　163. A　164. C　165. B　166. B　167. A　168. B　169. D　170. C
171. C　172. C　173. B　174. A　175. B　176. D　177. A　178. C　179. D　180. D
181. D　182. B　183. C　184. C　185. B　186. B　187. A　188. B　189. B　190. C
191. B　192. B　193. A　194. C　195. A　196. A　197. C　198. A　199. C　200. C
201. B　202. A　203. A　204. D　205. B　206. C　207. A　208. C　209. D　210. A
211. B　212. D　213. C　214. B　215. C　216. C　217. A　218. A　219. D　220. C
221. C　222. A　223. D　224. C　225. B　226. A　227. B　228. C　229. B　230. D
231. A　232. A　233. D　234. D　235. A　236. D　237. C　238. D　239. A　240. B
241. B　242. D　243. A　244. A　245. A　246. C　247. B　248. C　249. C　250. B
251. D　252. A　253. B　254. C　255. D　256. C　257. A　258. D　259. D　260. D
261. A　262. A　263. C　264. B　265. A　266. C　267. A　268. A　269. B　270. B
271. B　272. C　273. A

二、判断题答案

1. ×P&ID 图就是管道仪表流程图，包含了所有设备和全部管路。　2. ×仪表功能标志是用几个大写英文字母的组合表示对某个变量的操作要求。　3. ×功能标志只表示仪表的功能，不表示仪表结构。　4. ×功能标志的首位字母选择应与被测变量或引发变量相对应，可以不与被处理变量相符。　5. ×仪表位号中允许有重复的字母出现。　6. √　7. √　8. √　9. √　10. ×仪表回路编号可以由工序号和顺序号组成。

11. ×仪表位号按不同的被测变量分类，同有装置同类被测变量的仪表位号中顺序号可以连续，也可以不连续。不同被测变量的仪表位号不能连续编号。　12. √　13. √　14. √

15. √　16. √　17. √　18. ×设备阀门代号中 F 代表过滤器。　19. √　20. √

21. ×图例 FR 115 PR 123 表示的是位号为 FR-115、PR-123 的流量和压力双笔记录仪。22. √　23. √　24. √　25. √　26. √　27. ×仪表专用代号中 YS 代表通球指示器。　28. √　29. √　30. × 代表换热器。

31. √　32. ×管道仪表流程图中不同流程图之间相衔接的管道，应在始(或末)端注明其接线图的图号及来自(或去)的设备位号或管段号。一般来向画在左侧，去向画在右侧。33. ×管道仪表流程图中英制管以 in 表示，并在数字后面要注出单位符号。　34. √　35. √　36. √　37. ×环型结构是将各台连网的计算机用通信线路连接成一个闭合的环。　38. ×在环型结构的网络中，信息按固定方向流动，或顺时针方向，或逆时针方向。　39. ×环型拓扑是一个点到点的环型结构。　40. √

41. √　42. ×一个星型拓扑可以隐在另一个星型拓扑里而形成一个树型或层次型网络拓扑结构。　43. √　44. ×表示层用于处理数据格式，数据加密等。　45. √　46. ×传输层用于建立主机端到端连接。　47. √　48. ×数据链路层用于提供介质访问，链路管理等。49. √　50. √

51. ×国际标准化组织(ISO)制定的 OSI 模型，即著名的开放系统互联基本参考模型。52. ×物理层的 PDU 是数据位(bit)。　53. √　54. ×网络层的 PDU 是数据包(packet)。55. √　56. ×网络上的每一台设备为了与网络上的其他设备区别，都必须有自己唯一的 IP 地址。　57. √　58. √　59. ×目前使用中的 IP 地址是 32 位的二进制数。　60. √

61. ×网络号用来区分在互联网上互连的各个网络。　62. ×主机地址用来区分同一网络上的不同主机。　63. √　64. √　65. ×C 类用于小规模网络。　66. ×D 类 IP 地址用于多目的地址发送。　67. √　68. √　69. ×一个 B 类 IP 地址由 2 个字节的网络地址和 2 个字节的主机地址组成。　70. ×一个 C 类地址是由 3 个字节的网络地址和 1 个字节的主机地址组成。

71. √　72. √　73. ×IP 防护等级数字越大表示其防护等级越高。　74. ×IP 防护等级中的第 1 个数字表示仪器仪表和电器离尘、防止外物侵入的等级。　75. √　76. √　77. √　78. √　79. √　80. √

81. √　82. ×防爆等级中 T6 要求物体的表面温度不能高于 85℃。　83. √　84. ×增安型的防爆措施是设法防止产生点火源；本安型的防爆措施是限制点火源的能量。　85. ×按照危险性划分 0 区危险场所的危险性高于 1 区。　86. ×除本安方法外其他防爆方法用在危险 0 区都有可能发生爆炸。　87. ×按照我国国家标准，本安型电气设备按安全程度和使用场所不同，分为 ia 和 ib 两个等级。ia 等级安全程度高于 ib 等级。　88. √　89. ×现场没有火花、电弧或过热，爆炸物达到爆炸界限不会爆炸。　90. √

91. ×本质安全型仪表的特点是在正常状态下或故障状态下，电路、系统产生的火花和达到的能量不会引起爆炸混合物发生爆炸。　92. √　93. √　94. √　95. √　96. √　97. ×下位机完成设备的直接控制，而上位机侧重于信息集中管理。　98. ×上位机系统可以实现冗余。　99. ×流体流过孔板时要在孔板前后产生压差，流体的流量和压差存在一个函数关系，通过测量压差来测量流量。　100. √

101. √　102. √　103. ×上位机系统的主要设备常采用以太网联网。　104. ×下位机接收上位机的监控，并且向上位机传输各种现场数据。　105. √　106. √　107. √　108. ×

PID 手动模式站控/中心上位机只设定阀门的开度值即可，PLC 实现输出。 109. ×出站调节阀一般有两个参数对其进行控制，即泵入口汇管压力和出站压力。 110. √

111. √ 112. √ 113. ×热电偶主要用于测量高温，最高可测 2800°C。 114. √ 115. ×超声波流量计需要在流体流动的顺时针和逆时针方向各发射一个声波，通过测量声波的差异测量流体流速。 116. √ 117. √ 118. √ 119. √ 120. √

121. ×站内的现场操作为第三级控制，对工艺单体或设备进行就地控制。 122. ×调控中心和各站站控系统均能获得控制权限，控制权限由调控中心确定。 123. √ 124. ×站控/中心上位机只设定泵入口汇管压力设定值、出站压力设定值、流量设定值即可，PLC 实现 PID 运算及输出。 125. ×出站调节阀(变频调速泵)具有手动和自动调节功能，可以给定开度(转速)或根据输油泵入口汇管压力和出站压力进行自动调节。 126. ×任何情况下，出站调节阀优先选择关(变频调速泵优先选择降低转速)。 127. ×进站调节阀是对阀后压力进行控制，正常情况下调节阀运行保证阀后实际(测量)压力低于阀后压力设定值。PID 调节为反作用。 128. √ 129. √ 130. √

131. ×连接上、下位机的通信形式更是多样，既有有线通信，也有无线通信，有些系统还有微波通信、卫星等通信方式。132. ×在 SCADA 系统中，串行通信广泛存在于许多现场控制设备与上位机之间。 133. ×无线传输介质：无线电传播、微波传输和卫星传输。 134. √ 135. √ 136. √ 137. √ 138. √ 139. √ 140. √

141. √ 142. √ 143. √ 144. √ 145. √ 146. √ 147. √ 148. ×ESD 系统作为安全保护系统，凌驾于生产过程控制之上，实时在线监测装置的安全性。 149. ×安全仪表安全完整性等级越高，应执行所要求的仪表安全功能的概率也越高。 150. ×仪表安全功能的安全完整性等级分成 4 个等级。

151. ×SIL 4 是安全完整性的最高等级，SIL 1 为最低等级。 152. √ 153. ×禁止设置 SIS 网络无限连接。 154. √ 155. ×SIS 的模块、电路板不应带电插拔(有带电插拔保护功能的除外)，在插拔电路板前应做好静电防护。 156. √ 157. √ 158. √ 159. ×SIS 紧急故障运行维护人员 4h 到达现场，8h 解决故障。 160. ×一般首站设置前置水击保护 PLC 实施水击保护。

161. ×当输入模块接收到自动或手动 ESD 触发命令后，在 PLC 存储器中的程序，根据设定好的逻辑顺序，通过输出模块控制现场设备的动作，完成联锁保护的功能。 162. √ 163. ×任何低级别的 ESD 控制动作时不能要求联锁执行高级别的 ESD 功能，如设备触发 ESD 保护时，不能触发区域 ESD 或站场 ESD 联锁动作。 164. ×安全仪表系统范围包括 ESD 系统、安全联锁保护系统和火气消防系统。 165. √ 166. √ 167. √ 168. ×纯逻辑图是只表示功能而不涉及实现方法的逻辑图。 169. √ 170. √

171. √ 172. √ 173. √ 174. √ 175. √ 176. √ 177. √ 178. √ 179. √ 180. √

181. √ 182. ×SCADA 系统运行评价指标应不低于 95 分。 183. √ 184. ×设备受检率评价指标得分=设备受检率×50，指标总分计为 50 分。 185. ×检定人员必须经过地方法定计量部门检定员培训并持有有效的检定员证，才具有检定资质。 186. √ 187. √ 188. √ 189. √ 190. √

191. √ 192. √ 193. √ 194. √ 195. √ 196. ×站场仪表自控设施发生故障而需要

进行临时变更时，所属各站队按照正常变更的流程进行申请、批复、实施、资料更新、培训或告知工作。　197. √　198. ×所属各站队负责自控设施的一般变更风险评估工作。　199. ×变更是指不同于原有的仪表、自动化硬件设备更换及软件系统改变。　200. √

201. √　202. √　203. √　204. √　205. ×从事仪表自动化设备的维护工作应严格执行有关安全操作规程。　206. √　207. ×为了保证春秋检工作中使用的标准器具合格率为100%，输油气站队检定室负责人(仪表自动化工程师)应组织仪表工提前完成标准器具的送检工作。　208. ×提高公司站场仪表自动化的可靠性，最大限度确保站场仪表自动化数据的准确，公司规定定期开展仪表自动化春秋检工作，春检与秋检工作内容重点不同。　209. √　210. ×为了提高仪表工的检定技能，确保春秋检工作的安全顺利进行，由春秋检技术负责人(仪表自动化工程师)提前组织春秋检标准培训工作，并对检定人员进行理论或实际操作技能方面的考试。

211. √　212. √　213. ×PLC 有单独的输入输出系统接线图设计内容。　214. √　215. √　216. ×建立以太网通信时，要确认 PLC 以太网模块 IP 地址，并将笔记本电脑 IP 与 PLC 设置在同一个网段。　217. ×RSLogix5000 支持 ControlLogix 结构体系。　218. ×利用 RSLogix5000 可以组态 ControlLogix I/O。　219. √　220. √

221. √　222. √　223. ×每个程序都拥有一个独立的数据库，在这个数据库建立的数据标签只能被本程序内的子程序引用，且都是内部数据。　224. √　225. ×当 PLC 站点需要在一定范围内分散放置时，可对模块进行分布式配置，既可以放置在由 BUS X 总线互联的多个背板上，也可以选用现场总线完成连接。　226. ×使用一个标准机架就可使 Premium 处理器构成一台 PLC 工作站。　227. ×利用 TSXREY 200 远程 BUS X 模块可将 BUS X 延长到最长为 2×350m。　228. √　229. ×在地址为 0 的标准或可扩展机架上，标准槽电源模块安装在 PS 槽位。　230. √

231. √　232. √　233. ×泄漏监测系统实时采集各监测点油品流动参数信号(压力、流量、温度等)，并将其上传至中心站的装置。　234. √　235. ×负压波检测的缺点是仅能检测突发性泄漏。　236. √　237. √　238. ×通过上位画面，也可对现场设备进行操作，从而保障石油储备系统的安全运行。　239. ×在各站输油泵房内设火焰探测器，火焰检测信号引入站控室仪表盘上的火焰报警控制器显示报警，并接入站控系统报警。　240. √

241. √　242. √　243. ×电化学型可燃气探测器，被誉为“不挑剔的传感器”，对于烷烃类及非烷烃类可燃气体均有较好的反应。　244. √　245. √　246. √　247. √　248. √　249. ×周界安防系统中心控制单元可对现场检测模块中的剪切、攀爬灵敏度、报警阈值等参数进行远程设置。　250. √

251. ×周界安防系统报警处理单元可以在控制室通过光纤通信网络对每一个防区进行独立调试，使每一个防区工作在最佳状态。　252. √　253. √　254. ×用于调节炉膛内负压的烟囱挡板采用电动执行器手动调节。　255. √　256. ×安全截断阀的选择应按照口径大小和压力等级，及进出口的压力比来选择。　257. √　258. ×压力控制系统阀门按照先安全切断阀后工作调压阀的顺序，从上游至下游串联组装在一起。　259. √　260. ×当工作调压阀出现故障，无法控制下游压力时，监控调压阀开始工作，以维持下游压力的安全范围。

261. √　262. √　263. ×工程管理器是整个系统的管理器，主要作用是用户集中管理本机上的所有 EpipeView 工程。　264. ×EpipeView 软件是一种客户端/服务器模式软件，支持分布式服务器和分布式客户端。 265. √ 266. √ 267. √ 268. √ 269. ×工单关闭的同时也要关闭对应的通知单。 270. ×当场站设备发生故障时，站员马上上报站长，由站长审批报修单，之后由二级单位相关科室创建故障作业单，同时二级单位科室人员判断故障是由谁进行处理。

三、简答题答案

1. AA01 P&ID 图主要内容有哪些？

答：①设备示意图；②管路流程线；③标注；④图例；⑤标题栏。

评分标准：答对①~⑤各占 20%。

2. AA01 请说出 P&ID 图管道代号标注 PL-01A002-800-AIA-H 中 5 部分分别代表的含义？

答：①PL 代表物料代号；②01A001 代表道编号；③100 代表管道的公称通径；④AIA 代表管道等级；⑤H 代表隔热、保温、防火和隔声代号。

评分标准：答对①~⑤各占 20%。

3. AB01 局域网常用的拓扑结构有哪些？

答：①总线型结构；②环型结构；③星型结构。

评分标准：答对①②各占 30%，答对③占 40%。

4. AB01 总线型结构有哪些优点？

答：①连接简单；②易于维护；③成本费用低。

评分标准：答对①②各占 30%，答对③占 40%。

5. AB01 总线型结构有哪些缺点？

答：①传送数据的速度缓慢；②可靠性较差。

评分标准：答对①②各占 50%。

6. AB01 七层模型分为哪 7 层，都有哪些功能？

答：①应用层：提供应用程序间通信；②表示层：处理数据格式，数据加密等；③会话层：建立，维护和管理会话；④传输层：建立主机端到端连接；⑤网络层：寻址和路由选择；⑥数据链路层：提供介质访问，链路管理等；⑦物理层：比特流传输。

评分标准：答对①~⑥各占 15%，答对⑦占 10%。

7. AB01 ProtocolDataUnit 指的是什么？

答：ProtocolDataUnit 指的是协议数据单元。

评分标准：答对占 100%。

8. AB01 常见光纤连接器有哪些？

答：①FC/PC：FC，圆头尾纤连接器，陶瓷截面为平面；②SC/PC：SC，方头尾纤连接器，陶瓷截面为平面；③FC/APC：FC，同上，以截面中心为圆心，向外倾斜 80°。

评分标准：答对①②各占 30%，答对③占 40%。

9. AB02 IP 地址分为哪 5 类，分别用于什么范围？

答：①A 类 IP 地址用于大型网络；②B 类 IP 地址用于中型网络；③C 类用于小规模网络；④D 类 IP 地址用于多目的地址发送；⑤E 类则为实验和测试保留。

评分标准：答对①~⑤各占 20%。

10. AB03 如何测试本地机 TCP/IP 协议是否正常工作?

答：①Ping 127.0.0.1。

评分标准：答对占 100%。

11. AC01 简述 IP 防护等级的两个数字表示的含义。

答：①IP 防护等级是由两个数字所组成，第 1 个数字表示仪器仪表和电器离尘、防止外物侵入的等级；②第 2 个数字表示仪器仪表和电器防湿气、防水侵入的密闭程度，数字越大表示其防护等级越高。

评分标准：答对①②各占 50%。

12. AC02 爆炸必须具备的 3 个条件是什么?

答：①爆炸性物质；②氧气；③点燃源。

评分标准：答对①②各占 30%，答对③占 40%。

13. AC02 危险场所按照危险性可以划分为哪几个等级?

答：①0 区；②1 区；③2 区；④10 区；⑤11 区

评分标准：答对①~⑤各占 20%。

14. AC02 简述充油型防爆方法的工作原理及应用。

答：①外壳里充油，电路浸没在油里；②其热量被油带走，火花被油所熄灭，也起了电路和周围气体隔离的作用；③高压电路的油开关就是靠油熄灭电弧的，常用于变压器；④此类设备不能带电维护。

评分标准：答对①~④各占 25%。

15. AC02 简述隔爆型防爆方法的工作原理。

答：①采用严密的外壳，符合规定的螺纹和高质量的密封垫，并且在导线引出口上采用特殊结构的密封接口；②隔爆型设备在正常运行时，能产生火花电弧的部件置于隔爆外壳体，隔爆外壳能承受内部的爆炸压力而不导致损坏，并能防止爆炸传播到壳外。

评分标准：答对①②各占 50%。

16. AD01 上位机有哪些功能?

答：①数据采集和状态显示；②远程监控；③报警和报警处理；④事故追忆和趋势分析；⑤与其他应用系统的结合。

评分标准：答对①~⑤各占 20%。

17. AD01 下位机的功能有哪些?

答：①下位机的功能就是数据采集和控制；②下位机通过配置的各种输入设备(DI 和 AI 模块)进行数据采集；③控制下位机配置的各种输出设备(DO 和 AO 模块等)对现场设备进行控制；④下位机接收上位机的监控，并且向上位机传输各种现场数据。

评分标准：答对①~④各占 25%。

18. AD01 SCADA 系统中，通常包括几种数据通信过程?

答：①现场总线测控站点仪表、执行机构与下位机的通信；②下位机系统与 SCADA 服务器(上位机)的远程通信；③监控中心不同功能计算机之间的通信；④监控中心 WEB 服务器与远程客户端的通信。

评分标准：答对①~④各占 25%。

19. AD01 SCADA 系统主要具有哪些功能?

答：①提供人机对话的窗口，实现数据采集和处理；②报警和事件信息数据查询；③逻辑控制及联锁保护；④紧急停车；⑤打印生产报表；⑥与控制中心通信。

评分标准：答对①~⑥各占17%。

20. AD01 简述泵机组主要控制参数。

答：①泵壳体温度检测、远传、高报警、高高报警并保护停泵；②机泵轴瓦温度检测、远传、高报警、高高报警并保护停泵；③电动机三相绕组温度检测、远传、高报警、高高报警并保护停泵；④机泵轴瓦振动检测、远传、高报警、高高报警并保护停泵；⑤泵机械密封泄漏检测、远传、高报警、高高报警并保护停泵；⑥泵机械密封测温检测、远传、高报警、高高报警并保护停泵；⑦泵机械密封冲洗回路流量检测、远传、低报警、低低报警；⑧电动机冷空气入口、热空气出口温度检测、远传、高报警、高高报警。

评分标准：答对①~④各占15%，答对⑤~⑧各占10%。

21. AD01 试答出站调节阀的调节方法。

答：假定出站调节阀(变频调速泵)的出站压力调节设定值为 p_{S2}，输油泵入口汇管压力调节设定值为 p_{S1}，出站压力为 p_2，输油泵入口汇管压力为 p_1。压力调节如下：①当 $p_2<p_{S2}$ 时，开调节阀(变频调速泵提高转速)；②当 $p_2>p_{S2}$ 时，关调节阀(变频调速泵降低转速)；③当 $p_1>p_{S1}$ 时，开调节阀(变频调速泵提高转速)；④当 $p_1<p_{S1}$ 时，关调节阀(变频调速泵降低转速)。

评分标准：答对①~④各占25%。

22. AD01 在站控系统中，如果主要控制压力进行了两个或三个冗余配置，PLC 程序实现二选一或三选一的功能，主控和从控设置原则是怎样的？

答：①参与压力超高保护的冗余压变：测量值大者作主控，测量值小者作监视变送器；②参与压力超低保护的冗余压变：测量值小者作主控，测量值大者作监视变送器；③两个冗余的压变当其测量值超过正常值或差值超过允许值时，应报警；④两个冗余的压力变送器为应选用同一类型、同一精度等级的压力变送器。

评分标准：答对①~④各占25%。

23. AD01 设备 ESD 触发的条件有哪些？

答：站场内具有 ESD 功能的设备主要指输油泵机组、加热炉系统，触发条件包括：①设备就地 ESD 按钮触发；②输油泵机组自保护触发的 ESD；③接到调控中心或站控系统的 ESD 指令触发。

其中输油泵机组自保护触发的 ESD 包括：④泵轴承温度超高保护；⑤泵轴承振动超高保护；⑥泵机械密封温度超高保护；⑦泵机械密封泄漏超高保护；⑧电机轴承温度超高保护；⑨电机轴承振动超高保护；⑩电机定子温度超高保护；⑪ 泵壳温度超高保护。

评分标准：答对①~③各占20%，答对④~⑪各占5%。

24. AD01 试答信号必选中如何进行压力有效值选择(二选一高选)？

答：①人工可对压力 1 或压力 2 进行不可用的设置及复位；②压力 1 或压力 2 超出设定的压力范围后(低于 0 或高于自定值)，自动将该压力设置为不可用；③压力 1 或压力 2 都在设定的压力范围内，如果两者差的绝对值大于压力差设定值，则报警压力检测不一致；④压力 1 或压力 2 都可用，并且无阀隔离压力检测，取两者中较高的作为压力有效值；⑤若压力 1 可用同时压力 2 不可用，或压力 1 及压力 2 同时不可用并且无阀隔离压力检测，则取压力

1 作为压力有效值；⑥若压力 1 不可用同时压力 2 可用并且无阀隔离压力检测，则取压力 2 作为压力有效值。

评分标准：答对①②各占 10%，答对③～⑥各占 20%。

25. AD01 试答信号必选中如何进行压力有效值选择（三选一高选）？

答：①人工可对压力 1 或压力 2 或压力 3 进行不可用的设置及复位；②压力 1 或压力 2 或压力 3 超出设定的压力范围后（低于 0 或高于自定值），自动将该压力设置为不可用；③压力 1 或压力 2 或压力 3 都在设定的压力范围内，如果任意两者相差的绝对值大于压力差设定值，则报警压力检测不一致；④若无阀隔离压力检测，并且压力 1 或压力 2 或压力 3 都可用，取三者中最高的值作为压力有效值；⑤若无阀隔离压力检测，并且压力 1 或压力 2 或压力 3 中有任意 2 个可用，取两者中最高的值作为压力有效值；⑥若无阀隔离压力检测，并且压力 1 或压力 2 或压力 3 中有任意 1 个可用，取该值作为压力有效值；⑦若有阀隔离压力检测，并且压力 2 或压力 3 都可用，取两者中最高的值作为压力有效值；⑧若有阀隔离压力检测，并且压力 2 或压力 3 中有任意 1 个可用，取该值作为压力有效值；⑨若无阀隔离压力检测并且压力 1 或压力 2 或压力 3 都不可用，或若有阀隔离压力检测并且压力 2 或压力 3 都不可用，则压力有效值为 0。

评分标准：答对①～⑦各占 10%，答对⑧⑨各占 15%。

26. AD01 试答信号必选中如何进行压力有效值选择（二选一低选）？

① 人工可对压力 1 或压力 2 进行不可用的设置及复位；

② 压力 1 或压力 2 超出设定的压力范围后（低于 0 或高于自定值），自动将该压力设置为不可用；

③ 压力标记为不可用以后，程序将其检测值自动设置为 99；

④ 取压力 1 与压力 2 中检测值较低的作为压力有效值参与压力监视、控制、报警与超压保护，如果两者检测值差值的绝对值大于压力差设定值（宜为该冗余压力变送器校验精度的 2 倍数值），则报警压力检测不一致，但仍按低值进行有效值选取。

评分标准：答对①②各占 20%，答对③④各占 30%。

27. AD01 试答信号必选中如何进行压力有效值选择（三选一低选）？

① 人工可对压力 1 或压力 2 或压力 3 进行不可用的设置及复位；

② 压力 1 或压力 2 或压力 3 超出设定的压力范围后（低于 0 或高于自定值）或量程范围后，自动将该压力设置为不可用；

③ 压力标记为不可用以后，程序将其检测值自动设置为 99；

④ 取压力 1 压力 2 与压力 3 中检测值最低的作为压力有效值参与压力监视、控制、报警与超压保护；

⑤ 压力 1 或压力 2 或压力 3 都可用时，如果任意两者的检测值差值的绝对值大于压力差设定值（宜为该冗余压力变送器校验精度的 2 倍数值），则报警压力检测不一致。

评分标准：答对①～⑤各占 20%

28. AD03 什么是 ESD 系统？

答：①ESD（Emergency Shutdown Device）系统，指的是管道、系统或设备紧急关闭或停运，是为站场及管道安全运行而设置的逻辑控制系统；②在正常情况下，ESD 系统是处于静态的，不需要人为干预；③作为安全保护系统，凌驾于生产过程控制之上，实时在线监测装置的安全性；④只有当生产装置出现紧急情况时，如出现原油或天然气泄漏、火灾、自然灾害等意外情况时，直接由ESD发出保护联锁信号，对现场设备进行安全保护，避免危险扩散造成巨大损失，最大程度地保障人员安全。

评分标准：答对①~④各占25%。

29. AD03 简述安全评价的目的。

答：①评价安全仪表系统中的每个安全仪表功能的安全完整性等级；②确认安全仪表功能设置合理性；③确认安全仪表功能能够正确完成、降低不可避免灾害的风险；④确保风险降低到可接受的范围内。

评分标准：答对①~④各占25%。

30. AD03 简述安全仪表系统评价流程。

答：①危险分析和风险评估：划分系统并确定分析对象，对受保护的过程原始风险进行危险分析和风险分析；②安全仪表功能辨识：分析各保护层所要执行或实现的安全保护功能，确定安全仪表系统(SIS)中的安全仪表功能(SIF)；③安全功能要求分配：分析导致安全仪表功能(SIF)动作的原因及其失效的后果，确定每个安全仪表功能(SIF)应具有的风险降低水平要求；④安全完整性等级确定：确定每个安全仪表功能(SIF)的目标安全完整性等级(SIL)。

评分标准：答对①~④各占25%。

31. AD03 简述安全仪表系统评价程序。

答：应在以下阶段开展安全仪表系统的完整性等级确定活动：①对于新建、改建、扩建项目，应在已开展过危险与风险分析评估、已确定要求的保护层之后，开展安全仪表系统的完整性等级评价工作。当设计发生变化时，应对发生变化的部分和变化所有可能影响到的部分，再次开展此项工作；②对于在役站场，当系统发生变更前，应对变更影响范围内的部分开展安全仪表系统的SIL确定工作；③对以往没开展过的在役站场，根据公司生产需求，按照新建项目，开展安全仪表系统的SIL确定工作。

评分标准：答对①占50%，答对②③各占25%。

32. AD03 简述SIS操作人员的培训内容。

答：①安全功能回路动作设定值及动作执行；②安全仪表功能能够预防的危险；③旁路操作及使用条件；④补偿措施的使用；⑤紧急按钮操作及使用条件；⑥系统复位或重启；⑦SIS诊断或系统报警应采取的措施。

评分标准：答对①~⑤各占16%，答对⑥⑦各占10%。

33. AD03 简述SIS维护人员培训内容。

答：①安全功能回路安全完整性等级确定原则；②SIS触发方式、触发后系统和现场设备的响应；③SIS触发后的检查、复位与恢复的方法；④SIS硬件特性及软件使用方法；⑤SIS接线图及接线原理；⑥SIS报警含义及需要采取的措施；⑦SIS诊断和功能测试的方法及步骤；⑧SIS旁路的设置及恢复；⑨SIS补偿措施的设置及恢复。

评分标准：答对①~⑤各占12%，答对⑥~⑨各占10%。

34. AD03 简述SIS实际工作测试的流程。

答：①向相关部门通报即将进行的测试及所需时间；②对工艺及设备情况进行现场确认；③关闭自动放空/泄压阀门前(或后)的手动放空/泄压阀，防止测试期间造成油气损失；

④将压缩机组、输油泵等大型设备进行卸载；⑤选择任一 ESD 按钮触发紧急关断程序，观察现场设备是否按照程序设定要求进行动作，报警功能是否完整，ESD 逻辑功能执行是否准确无误；⑥不进行现场设备及工艺恢复，逐次测试其他 ESD 按钮及远控触发 ESD 等触发条件是否能触发紧急关断程序；⑦测试完毕并确认无误后，恢复现场设备及工艺；⑧向相关部门通报测试完毕。

评分标准：答对①~④各占 15%，答对⑤~⑧各占 10%。

35. AD03 简述 SIS 故障处理流程。

答：①故障处理前应向主管部门汇报，获得主管部门。授权后，开始故障处理工作。故障处理过程中在 ERP 系统中填写相应的工单，紧急故障可 先处理在补充记录。②故障排除时应按照相关安全要求、程序、作业指导书和维护依据，分析故障原因，逐级处理、排除。③故障处理过程中的重要操作，应实行一人操作、一人复核的双人执行原则。④故障处理结束后，应对故障产生的原因进行深入分析。

评分标准：答对①~④各占 25%。

36. AD03 简述安全仪表系统运行维护中对环境的要求。

答：①温度控制：机柜间温度应控制在(22±2)℃，变化率<5℃/h。②湿度控制：机柜间相对湿度应保持在 40%~85%且不得结露。当空调系统无湿度控制能力时，应设分立的加湿器或干燥器，以达到湿度要求。③电磁干扰控制：机柜间应远离强磁场，使周围不存在对机柜间电子仪表产生大于 400A/m 的持续电磁干扰。④振动控制：机柜间应远离振动设备，不存在对地面产生振幅为 0. 1mm，频率为 25Hz 以上的连续性振源。⑤粉尘控制：空气净化度应控制在尘埃少于 0. 2mg/m^3(粒径<μm)，$H_2S<10\times10^{-9}$，$SO_2<50\times10^{-9}$，$Cl_2<1\times10^{-9}$。

评分标准：答对①~⑤各占 20%。

37. AD03 简述 SIS 功能测试要求。

答：①对整个系统(包括传感器、逻辑解算器和终端元件以及各项安全联锁逻辑)进行测试以检测隐性故障应编制功能测试程序；②应用逻辑的任何变更都需要完整的功能测试，除非已进行过检查和部分试验保证 SIL 没有降低；③对每个 SIS，应提供描述所要进行的每一步骤的具体功能测试程序；④功能测试中发现的任何缺陷应及时修正。

评分标准：答对①~④各占 25%。

38. AD04 简述逻辑图和电路图的区别。

答：①逻辑图：主要用二进制逻辑(与、或、异或等)单元图形符号绘制的一种简图，其中只表示功能而不涉及实现方法的逻辑图叫纯逻辑图。②电路图：用图形符号并按工作顺序排列，详细表示电路、设备或成套装置的全部组成和连接关系，而不考虑其实际位置的一种简图。目的是便于详细理解作用原理、分析和计算电路特性。

评分标准：答对①②各占 50%。

39. BA01 仪表台账主要包括哪些内容？

答：仪表台账主要包括：①仪表名称；②型号规格；③量程范围；④精度等级；⑤制造厂商；⑥出厂编号；⑦安装位置；⑧检定周期；⑨末次检定日期；⑩检定单位等信息。

评分标准：答对①~⑩各占 10%。

40. BA02 什么叫做计量标准？

答：①为了定义、实现、保持或复现量的单位或一个或多个量值，用作参考的；②实物量具；③测量仪器；④参考(标准)物质或测量系统，统称为计量标准。

评分标准：答对①~④各占25%。

41. BA02 计量标准实验室中必须执行的管理制度有哪些？

答：①实验室岗位管理制度；②计量标准使用维护管理制度；③量值溯源管理制度；④计量实验室环境条件及设施管理制度；⑤计量检定规程或技术规范管理制度；⑥原始记录及证书管理制度；⑦事故分析报告制度；⑧计量标准文件及管理制度。

评分标准：答对①~⑧各占12.5%。

42. BA02 按照计量送检分类，仪表分为哪几类？

答：①标准计量器具：是指用于量值传递的标准器具；②强检仪表：部门和企业、事业单位使用的最高计量标准器具，以及用于贸易结算、安全防护、医疗卫生、环境监测方面的列入强制检定目录的工作计量器具，实行强制检定；③非强检仪表：是指用于过程测量、对量值有一定准确度要求或对测量准确度要求不高、计量性能不易发生变化的低值易损的工作仪表。

评分标准：答对①占30%，答对②占40%，答对③占30%。

43. BA02 强检仪表除了部门和企业、事业单位使用的最高计量标准器具外，还包括哪4类仪表？

答：用于①贸易结算；②安全防护；③医疗卫生；④环境监测方面的列入强制检定目录的工作计量器具。

评分标准：答对①~④各占25%。

44. BA02 简述强检计量仪表检定要求。

答：①各基层站队专(兼)职管理人员将本站队强检计量仪表送至政府计量行政部门指定的计量检定机构进行检定；②强检仪表在送检时，应遵循“就地、就近和经济合理”的原则；③强检仪表的检定周期和检定指标应严格遵循强制检定计量器具管理规定中的检定周期和检定指标的有关要求；④强检仪表未按照规定进行检定、超周期或者检定不合格的，均不得使用。

评分标准：答对①~④各占25%。

45. BA02 在线检定或拆卸计量仪表离线检定时，必须做到哪些事项？

答：①必须对作业可能导致的风险进行作业前安全分析；②并采取必要的削减和控制风险的措施；③降低因检定或拆卸带来潜在的风险，避免导致事故。

评分标准：答对①占40%，答对②占40%，答对③占20%。

46. BA03 设备的备品备件分为哪几类？

答：①储备类备品备件；②易耗类备品备件。

评分标准：答对①占50%，答对②占50%。

47. BA04 重大变更包括哪些内容？

答：①保护系统的变更；②具有控制功能的仪表变更；③PLC 程序变更；④上位机软件及系统变更；⑤PID 调节参数变更；⑥保护定值变更；⑦控制方式及控制内容的变更。

评分标准：答对①~⑥各占15%，答对⑦占10%。

48. BA04 简述仪表自动化变更范围。

答：①硬件变更：包括站控机、PLC 路由器、交换机等硬件的非同类型的更换、更新工作。②软件变更：包括 PLC 站控机、路由器、交换机等软件系统的升级、组态、配置变化等。包括控制功能、联锁的改变。③数据变更：包括数据的增加、删除和修改等。包括控制、保护设定值的调整，PID 参数的调整。

评分标准：答对①②各占 30%，答对③占 40%。

49. BB01 SCADA 系统维护要求中关于安全保护的要求有哪些？

答：①不应拆除或短路本质安全仪表系统中的安全栅；②不应拆除或短路仪表防雷系统中的电涌保护器；③电子设备的电路板不应带电插拔(有带电插拔保护功能的除外)，在进行插拔电路板前应佩带防静电肘，继续 30s 后方可进行操作；④不应擅自取消或更改安全联锁保护回路中的设施和设定值，如需要变更，应征得上级主管部门同意后方可进行。

评分标准：答对①②各占 20%，答对③④占 30%。

50. BB02 简述仪表春秋检主要工作流程。

答：①输油气站场及阀室仪表自动化问题摸底；②春秋检材料上报；③标准仪器送检工作；④春秋检标准培训；⑤春秋检检定方案编制；⑥组织实施；⑦问题整改；⑧春秋检工作总结。

评分标准：答对①~⑧中全部得满分，每少答一项扣 12.5%。

51. BB02 春秋检检定方案主要包括哪些内容？

答：①组织机构；②时间及检定校准工作内容安排、③检定校准工作要求；④现存问题；⑤预防措施；⑥安全要求；⑦风险预测；⑧应急措施。

评分标准：答对①~⑧中全部得满分，每少答一项扣 12.5%。

52. BC03 ControlLogix 控制器用钥匙分别切换远程运行、远程编程、远程测试模式如何操作？

答：①选择 Remote Run 模式将钥匙打到 RUN 后再打到 REM；②选择 Remote Program 模式将钥匙打到 PROG 后再打到 REM；③选择 Remote Test 模式将钥匙打到 REM 后在线通过编程软件选择 Test 模式。

评分标准：答对①占 40%，答对②③各占 30%。

53. BC03 RSLogix5000 编程软件的特点有哪些？

答：①配置容易；②数据库编辑灵便，可轻松为梯形图指令指定地址或符号；③简洁的 I/O 地址模式，通过简单的拖放操作将它们组态到相应的插槽；④强大的诊断功能。

评分标准：答对①~④各占 25%。

54. BC03 RSLogix5000 软件有哪 4 种编程形式？

答：①梯形图——LD；②顺序功能流程图——SFC；③文本编程——ST；④功能块——FB。

评分标准：答对①~④各占 25%。

55. BC03 RSLogix5000 程序的基本数据类型有哪些？

答：①BOOL——布尔数；②SINT——短整数；③INT——整数；④DINT——长整数；⑤REAL——实数。

评分标准：答对①~⑤各占 20%。

56. BC03 RSLogix5000 程序使用梯形图编程的 3 个步骤是什么？

答：①梯形图结构的建立；②指令和地址的输入；③梯级被接收的过程。

评分标准：答对①~③各占33%。

57. BC04 施耐德 Premium 可编程控制器硬件组成有哪些？

答：①CPU 模块；②机架；③电源模块；④模块等。

评分标准：答对①~④各占25%。

58. BD01 简述管道泄漏负压波检测原理？

答：①泄漏管道监测系统以负压波原理为基础，能够实时监测管道发生的突发性泄漏，并计算泄漏点位置；②当管道发生泄漏时，由于流体迅速流失，在泄漏点处的压力迅速下降，形成沿管道传播的压力波(负压波)，压力波以声波的速度向两端传播，通过检测该压力波及其到达管段两端时间即可实现管道泄漏报警和定位；③常见系统一般采用瞬态负压波的方法实现管道的泄漏检测和定位。

评分标准：答对①②各占40%，答对③占20%。

59. BD01 简述泄漏监测系统维护中的一些要求。

答：①工作条件：系统应安装在干燥、通风、清洁、无强电磁场干扰的地方。②注意事项：压力表等传感器的量程以及各站的网络 IP 地址不要随便改动，否则会导致信号数值显示不正确和数据不能正确传送到中心站。③人员要求：为保证系统采集压力等信息的准确，及时发现系统故障，子站和中心站调度室值班操作人员应每隔一小时定时比对监控计算机采集的压力数值是否与实际的压力数据相符合。发现偏差大于 0.1 MPa 以上时，及时检查系统的硬件是否有故障，以及判断故障原因，通知仪表等专业人员进行检查维护。

评分标准：答对①占20%，答对②③各占40%。

60. BD02 简述火气消防系统执行原则。

答：①任何站场发生火灾时，必须执行站场级 ESD 功能和启动消防系统；②任何气体站场压缩机厂房发生气体泄漏时，必须触发站区域级 ESD 功能(如压缩机厂房内停机和放空)；③火气系统和 ESD 系统以及消防系统的联锁触发方式须进行专项分析，制定原则要求；④如果火气系统联锁自动触发 ESD 和消防系统，须考虑延时触发要求和生产可用性要求；⑤如果火气系统和 ESD 系统及消防系统没有联锁和自动触发功能，须考虑人为确认和 ESD 及消防系统执行的操作规程。

评分标准：答对①~⑤各占20%。

61. BD02 简述消防自动化系统的组成。

答：消防自动化系统由①消防联动控制器；②感温电缆火灾报警装置；③可燃气体探测报警装置；④火焰探测报警装置；⑤手动报警按钮；⑥消防水池液位装置、消防警笛、消防泵控制装置；⑦阀的电动执行机构；⑧信息计算机等组成。

实现储油罐区火情信号采集、储油罐泡沫灭火/喷淋冷却、消防警报发出等消防功能。

评分标准：答对①~④各占15%，答对⑤~⑧占10%。

62. BD03 可燃气体指示报警设备应具有哪些基本功能？

答：①能为检测器及所连接的其他部件供电，具有开关量输出功能。②能直接或间接地接收检测器及其他报警触发部件的报警信号，发出声光报警信号，并予以保持。声光报警信号应能手动消除，再次有报警信号输入时仍能发出报警。③多点式指示报警设备应具有相对独立、互不影响的报警功能，并能区分和识别报警场所位号。④指示报警设备发出报警后，即使安装场所被测气体浓度发生变化恢复到正常水平，仍应持续报警，只有经确认并采取措施后，才能停止报警。⑤在下列情况下，指示报警设备应能发出与可燃气体浓度报警信号有明显区别的声、光故障报警信号：a. 指示报警设备与检测器之间连线断路；b. 检测器内部元件失效；c. 指示报警设备内部故障；d. 指示报警设备主电源欠压；e. 指示报警设备与电源之间连接线路的短路与断路。⑥具有以下记录功能：a. 能记录报警时间，且日计时误差不超过 30 s；b. 能显示当前报警点总数；c. 能区分最先报警点。

评分标准：答对①~④各占 10%，答对⑤~⑥各占 30%。

63. BD04 简述光纤周界安防系统的工作原理？

答：①光纤周界安防系统是在所防护区域围墙的铁丝围网上敷设光缆，利用光缆构成分布式微振动传感器；②当外界的振动信号作用到光纤上时，会对光纤产生应力应变，从而影响到光纤中光波的传输特性(如光波的偏振、散射以及相位)发生变化，通过检测光波传输特性的变化即可检测出外部振动信号。

评分标准：答对①②各占 50%。

64. BD05 炉控系统常见安全保护功能有哪些？

答：①熄火保护：当炉子在运行中因某种原因使其火焰熄灭时，系统就会立即报警并停炉。②被加热介质出入炉差压低保护：当介质在炉盘管内流速低或未流动而造成入出炉差压低时报警并不允许启炉。③排烟温度过高保护：当系统检测到排烟温度超过允许值时，就会立即停炉并发出过高报警，提醒操作者进行适当的处理，以防止管泄漏。④炉膛温度高保护：当检测到炉膛温度过高时，系统判断为发生火灾，此时报警停炉并投入氮气灭火。⑤程序控制器报警保护：报警原因是燃烧器故障。对于燃气燃烧系统，可能存在的故障有检漏器报警保护、风压过低、燃气压力低、燃气压力高、未点着火、火焰检测未通过等原因；对于燃油燃烧系统，可能存在的故障有风压过低、燃油来油压力低、燃油回油压力高，燃油来油温度低、点火失败等原因。⑥检漏器报警保护：主要检测主燃气电磁阀是否有泄漏，如有泄漏则不启炉。

评分标准：答对①~④⑥各占 16%，答对⑤占 20%。

65. BD05 简述直接式加热炉炉控系统简介。

答：①直接式加热炉自控部分包括主机 PLC 控制柜、橇座内仪表、液晶显示器、电线电缆等。②常采用的是以燃烧器时序控制与 PLC 控制相结合的多级控制系统，以 PLC(含 CPU 处理器、模块与机柜等)为核心，采用单炉独立仪表系统控制模式，具备控制柜和现场就地启、停功能。③每台加热炉均有独立的控制柜(控制柜采用全封闭外壳，防护等级不应低于 IP55)，并配备一台 9in 的液晶触摸显示屏，加热炉系统的所有运行参数、状态、报警信号等数据均接入控制柜并能在液晶显示屏上显示，并设置通信接口。

评分标准：答对①占 30%，答对②③各占 35%。

66. BD06 简述安全切断阀在压力控制系统中的保护功能。

答：①安全切断阀作为压力控制系统中的安全装置，应采用独立于监控调压阀和工作调压阀的专用设备。②安全切断阀在正常工作状态下为常开，一旦系统的压力达到设定值的上限或下限，它将自动切断供气管路。③自动切断后，它不能远程自动打开，只能就地手动打开。④安全切断阀应具备压力值重新设定的功能，能够根据要求自行判断压力进行关断保护。

评分标准：答对①~④各占 25%。

67. BD06 如何合理选择调压系统？

答：①针对下游长输管道和城市管网用户供气，需要提供两级安全保护的站场，若具有稳定的外供电保障，应采用“双安全紧急截断阀+电动调压阀”结构的调压系统。②若不具有稳定外供电保障，宜采用“双安全紧急截断阀+可控自力式调压阀”结构的调压系统。③针对特定的工业用户供气，需要提供两级安全保护的站场，应采用“安全紧急截断阀+自力式监控调压阀+电动调压阀”结构的调压系统。④针对小型用户、下游管容小(比如背靠背站场，对方设有减压系统)、需要提供两级安全保护的站场，宜采用“双安全紧急截断阀+自力式调压阀”结构的调压系统。⑤对于需要提供一级安全保护的站场，应采用“安全紧急截断阀+调压阀”结构的调压系统。

评分标准：答对①~⑤各占20%。

68. BE01 XOS 桌面上由哪 4 个基本窗口组成？

答：①系统工具条；②系统信息条；③实时报警；④流程图。

评分标准：答对①~④各占25%。

69. BE01 模拟量报警限值设置面板中可以使用哪些报警？

答：①高/低报警；②高高/低低报警；③变化率报警；④缓慢报警；⑤设备故障报警。

评分标准：答对①~⑤各占20%。

70. BE02 PKS 有哪 3 种不同的类型？

答：①PKS Vista：适用于比较小的系统，70~80 个检测点，用于 Honeywell UDC 系列(数字式控制器)、UMC(多回路控制器)或类似的控制器。含有 1 个服务器，若干个 UDC 或 DPR 3000。②PKS SCADA：工作于比较大复杂的系统，约2000 个检测点，适用于 Honeywell 提供的各系列控制器和第三方控制器及 PLC 系列。含有 1 个服务器(可有冗余服务器)，若干个本地、一个远程工作站(总 5 个)，Honeywell 控制器或 PLC。③PKS Process：同 SCADA，不同的是可以采用完全的混合控制器。含有 1 个服务器(可有冗余服务器)，若干个工作站，若干网络控制器。

评分标准：答对①②各占40%，答对③占20%。

71. BE02 PKS 软件由哪几部分构成？

答：①控制方案组态软件：Cotrol Builder；②系统数据库管理软件：Quick Builder；③用户画面生成软件：Display Builder；④操作站软件：Station。

评分标准：答对①~④各占25%。

72. BE03 EpipeView 具有哪些功能？

答：①工程管理器(LHProExplorer)；②开发系统(LHDraw)；③运行系统(LHView)；④分布式系统(CommServer)；⑤冗余系统(Redundancy)；⑥实时数据库系统(DBTOOL&DB)；⑦图库系统；⑧动作脚本系统；⑨I/O 驱动程序；⑩安全管理系统。

评分标准：答对 5 项即得满分。

四、计算题答案

1. BA01 某输油气站有两套 SCADA 系统，某年 1 月份两套 SCADA 系统的通信各中断 1 次，中断时长分别是 0.5h 和 1h，请计算该输油气站 1 月份的 SCADA 系统可用率、SCADA 系统运行评价指标，并根据计算结果判断该站场 1 月份是否满足管道公司 SCADA 系统运行评价指标要求。

解：① 已知 SCADA 系统应用总时长 = 24×31×2 = 1488h。

② SCADA 系统数据中断时长 = 0.5+1 = 1.5h。

③ SCADA 系统可用率：

$$AI=\left(1-\frac{\text{SCADA 系统数据中断时长}}{\text{SCADA 系统应用总时长}}\right)\times100\%=(2-8.5/1488)\times100\%=99.899\%$$

④ SCADA 系统运行评价指标：

$$BI=60+(AI-98\%)\times20\times100=60+(99.899\%-98\%)\times20\times100=97.98\text{ 分}$$

⑤因为管道公司 SCADA 系统可用率应不低于 99.75%，SCADA 系统运行评价指标应不低于 95 分。

⑥99.899%>99.75%，97.98 分>95 分。

所以该输油气站今年 1 月份 SCADA 系统运行指标满足管道公司 SCADA 系统运行评价指标要求。

⑦答：该输油气站 1 月份的 SCADA 系统可用率为 99.899%，SCADA 系统运行评价指标为 97.98 分，满足管道公司 SCADA 系统运行评价指标要求。

评分标准：答对①②⑥⑦各占 5%；答对③④各占 35%，答对⑤占 10%，计算部分有公式、过程结果也对得该部分的满分，只有公式没有结果得该部分分数的一半，没有公式只有结果不得分。

2. BA01 某输油气站某月设备运行总时长应为 1080000h，设备故障总时长为 5508h，请计算该输油气站本月的仪表自动化设备完好率，并分析是否满足设备完好率评价指标。

答：①已知：设备故障总时长 = 5508h，设备应运行总时长 = 1080000h。

$$\text{设备完好率}=\left(1-\frac{\text{设备故障总时长}}{\text{设备应运行总时长}}\right)\times100\%=(1-5508/1080000)\times100\%=99.49\%$$

②管道公司设备完好率要求不低于 99.5%，99.49%<99.5%，所以该站设备完好率不满足管道公司评价指标。

答：该输油气站本月的仪表自动化设备完好率为 99.49%，不满足管道公司评价指标。

评分标准：答对①占 80%；答对②占 20%；答对①中有公式、过程，结果也对得该部分的满分，只有公式没有结果得该部分分数的一半，没有公式只有结果不得分；②中评价标准与结果各占该部分分数的一半。

3. BA01 某分公司某年度仪表自动化设备完好率为 99.79%，试计算该分公司该年度设备完好率评价指标的最终得分。

答：设备完好率评价指标得分 = 30+(设备完好率−98%)×20×50 = 30+(99.79%−98%)×20×50 = 47.9 分。

答：该分公司该年度设备完好率评价指标得分是 47.9。

评分标准：公式、过程各占 40%，结果占 20%。

初级资质工作任务认证

初级资质工作任务认证要素细目表

模块	代码	工作任务	认证要点	认证形式
一、仪表自动化基础管理	S/W-YB-01-C01	基础资料管理	基础资料管理流程	步骤描述
	S/W-YB-01-C02	仪表计量检定的管理	仪表计量检定的管理流程	步骤描述
	S/W-YB-01-C03	备品备件管理	备品备件的管理流程	步骤描述
	S/W-YB-01-C04	仪表自控设施变更管理	仪表自控设施的变更管理流程	步骤描述
二、SCADA 系统维护	S/W-YB-02-C01	SCADA 系统维护	SCADA 系统维护工作的管理流程	步骤描述
	S/W-YB-02-C02	仪表自动化年度检测	仪表自动化年度检测工作流程	流程描述
	S/W-YB-02-C03	站控系统故障分析及处理	站控系统故障分析及处理流程	流程描述
三、可编程控制器	S/W-YB-03-C01	ControlLogix I/O 模块的维护管理	ControlLogix 控制系统硬件部分管理流程	流程描述
	S/W-YB-03-C02	RSLinx 软件的维护管理	RSlinx 软件使用维护管理流程	流程描述
	S/W-YB-03-C03	RSLogix5000 软件的维护管理	RSLogix5000 软件的使用维护管理流程	流程描述
	S/W-YB-03-C04	施耐德可编程控制器模块的维护管理	施耐德可编程控制器模块的维护管理流程	流程描述
	S/W-YB-03-C05	Unity Pro 软件的使用	Unity Pro 软件的维护管理流程	流程描述
四、输油气管道其他常用系统	S/W-YB-04-C01	泄漏监测系统的维护管理	泄漏监测系统的维护管理流程	流程描述
	S/W-YB-04-C02	油库固定消防控制系统的维护管理	油库固定消防控制系统的维护管理流程	流程描述
	S/W-YB-04-C03	固定式可燃气体报警系统的维护管理	固定式可燃气体报警系统的维护管理流程	流程描述
	S/W-YB-04-C04	光纤周界安防系统的维护管理	光纤式周界安防系统的维护管理流程	流程描述
	S/W-YB-04-C05	炉控系统	炉控系统的维护管理流程	流程描述
	S/W-YB-04-C06	输气站场压力控制系统	压力控制系统的维护管理流程	流程描述
五、SCADA 系统组态软件	S/W-YB-05-C01	OASyS 软件的使用维护管理	OASyS 软件的使用维护管理流程	流程描述
	S/W-YB-05-C02	PKS 软件的使用维护管理	PKS 软件的使用维护管理流程	流程描述
	S/W-YB-05-C03	EpipeView 软件的使用维护管理	EpipeView 软件的使用维护管理流程	流程描述
六、ERP 系统的使用	S/W-YB-06-C01	设备台账录入和查询	设备台账录入和查询	技能操作
	S/W-YB-06-C02	自行处理业务处理流程	自行处理业务处理流程	技能操作
	S/W-YB-06-C03	一般故障维修业务处理流程	一般故障维修业务处理流程	技能操作

初级资质工作任务认证试题

一、S/W-YB-01-C01 基础资料管理流程

1. 考核时间：10 min。
2. 考核方式：步骤描述。
3. 考核评分表。

考生姓名：＿＿＿＿＿＿＿＿ 单位：＿＿＿＿＿＿＿＿

序号	工作步骤	工作标准	配分	评分标准	扣分	得分	考核结果
1	建立仪表台账	① 分析本站场仪表自动化系统设备情况，收集汇总设备铭牌、说明书、图纸等资料，建立本站场仪表自动化台账； ② 同时将台账录入到 ERP 系统中； ③ 并依据仪表使用变更情况进行更新	30	答错①扣 10 分；答错②扣 10 分；答错③扣 10 分；顺序答错该项不得分			
2	管理报表的填报	① 汇总站场仪表自动化系统的运行情况，每月 26 日应填写完成《仪表自动化设备管理指标汇总表》； ② 报所在分公司生产科	50	答错①扣 25 分；答错②扣 25 分			
3	资料的汇总、收集和管理	① 针对站场仪表自动化系统，收集整理说明书、软件、图纸等相关资料； ② 并登记管理	20	答错①扣 10 分；答错②扣 10 分			
合计			100				

考评员 年 月 日

二、S/W-YB-01-C02 仪表计量检定的管理流程

1. 考核时间：10 min。
2. 考核方式：步骤描述。
3. 考核评分表。

考生姓名：＿＿＿＿＿＿＿＿ 单位：＿＿＿＿＿＿＿＿

序号	工作步骤	工作标准	配分	评分标准	扣分	得分	考核结果
1	编制周检计划表	① 收集本单位仪表计量设备的数据资料，编制本单位仪表自动化设备《周期检定计划表》； ② 并依据检定情况及时更新	30	答错①扣 15 分；答错②扣 15 分			

续表

序号	工作步骤	工作标准	配分	评分标准	扣分	得分	考核结果
2	按期送检计量器具	① 按照周期检定计划； ② 依据仪表分类完成本单位计量标准器具的检定和送检	30	答错①扣 15 分；答错②扣 15 分			
3	汇总检定情况分析上报	① 收集汇总仪表计量器具的检定情况； ② 将结果上报分公司生产科	20	答错①扣 10 分；答错②扣 10 分			
4	配合完成检定室的管理	维修队仪表仪表自动化工程师负责配合分公司生产科完成分公司建标室的管理	20	答错扣 20 分			
合计			100				

考评员　　　　　　　　　　　　　　　　　　　　　　年　　月　　日

三、S/W-YB-01-C03 备品备件的管理流程

1. 考核时间：5min。
2. 考核方式：步骤描述。
3. 考核评分表。

考生姓名：________　　　　　　　　　　单位：________

序号	工作步骤	工作标准	配分	评分标准	扣分	得分	考核结果
1	建立备品备件台账	① 收集本单位仪表计量设备备品备件的数据资料； ②建立本单位备品备件台账； ③并依据使用情况及时更新	30	答错①扣 10 分；答错②扣 10 分；答错③扣 10 分；顺序答错该项不得分			
2	提出备品备件需求	① 依据备品备件使用情况，及时提出备品备件需求； ② 上报分公司生产科	40	答错①扣 20 分；答错②扣 20 分			
3	提出备品备件购置建议	① 分析备品备件的使用情况，依据故障率和稳定性筛选备品备件厂家、型号，提出备品备件购置建议； ② 上报分公司生产科	30	答错①扣 15 分；答错②扣 15 分			
合计			100				

考评员　　　　　　　　　　　　　　　　　　　　　　年　　月　　日

四、S/W-YB-01-C04 仪表自控设施的变更管理流程

1. 考核时间：5min。
2. 考核方式：步骤描述。
3. 考核评分表。

考生姓名：＿＿＿＿＿＿＿　　　　　　　　　　　　　　　　　　　　　单位：＿＿＿＿＿＿＿

序号	工作步骤	工作标准	配分	评分标准	扣分	得分	考核结果
1	识别变更，判断级别	① 依据站场自控设施的运行情况，识别本单位自控设施是否需要进行变更； ② 判断变更级别	30	答错①扣 15 分；答错②扣 15 分			
2	参与变更前的风险评估	参与本站场需要进行变更工作的风险评估	20	未参与扣 20 分			
3	提交变更申请	① 提出一般变更申请，站领导审批后； ② 上报分公司生产科	30	答错①扣 15 分；答错②扣 15 分			
4	配合完成变更	变更申请批复后配合完成本单位变更工作的实施	20	答错扣 20 分			
合计			100				

考评员　　　　　　　　　　　　　　　　　　　　　　　　　　　　　年　　月　　日

五、S/W-YB-02-C01 SCADA 系统维护管理流程

1. 考核时间：5min。
2. 考核方式：步骤描述。
3. 考核评分表。

考生姓名：＿＿＿＿＿＿＿　　　　　　　　　　　　　　　　　　　　　单位：＿＿＿＿＿＿＿

序号	工作步骤	工作标准	配分	评分标准	扣分	得分	考核结果
1	开展日常维护并监督	① 开展本站场 SCADA 系统的日常维护工作； ② 对维护人员的工作进行监督	30	答错①扣 15 分；答错②扣 15 分			
2	配合开展周期性维护	① 配合分公司维护人员开展站场 SCADA 系统的 1 个月、6 个月、12 个月的周期维护工作； ② 对维护结果进行监督	30	答错①扣 15 分；答错②扣 15 分			
3	自主运维单位周期性维护由维修队负责	① 自主运维的维修队仪表自动化工程师负责本单位各站场 SCADA 系统的 1 个月、6 个月、12 个月的周期维护工作； ② 站内仪表自动化工程师负责配合监督	20	答错①扣 10 分；答错②扣 10 分			
4	代维单位周期性维护，站内配合完成	① 代维单位的维修队仪表自动化工程师配合代维人员完成本单位各站场 SCADA 系统的 1 个月、6 个月、12 个月的周期维护工作； ② 对维护结果进行监督验证	20	答错①扣 10 分；答错②扣 10 分			
合计			100				

考评员　　　　　　　　　　　　　　　　　　　　　　　　　　　　　年　　月　　日

六、S/W-YB-02-C02 仪表自动化年度检测工作流程

1. 考核时限：20min。
2. 考核方式：流程描述。
3. 考核评分表。

考生姓名：________________ 单位：________________

序号	工作步骤	工作标准	配分	评分标准	扣分	得分	考核结果
1	问题摸底	① 对所辖输油气站场及阀室仪表自动化设备进行全面检查； ② 对需要在年度检测中处理的问题进行汇总并提出整改建议； ③ 上报分公司生产科	10	答错①②各扣 4 分，答错③扣 2 分，无③扣 10 分			
2	材料上报	① 年度检测前，由输油气站队仪表自动化工程师按照 SCADA 系统定期维护内容识别本站需要在年度检测中进行检定、校准、维护的工作内容； ② 结合检测过程中需要的工器具及备品备件需求，一并汇总，上报分公司生产科	10	答错①②各扣 5 分			
3	标准仪器送检	① 组织仪表工提前完成标准器具的送检工作； ② 在仪表周期检定计划表中填写标准器具送检情况； ③ 收集归档保管所辖标准器具最近两年的检定证书	10	答错①扣 2 分；答错②③各扣 4 分			
4	标准培训	① 提前组织年度检测标准培训工作，主要培训内容包括仪表自动化设备检定规程规范、SCADA 控制系统测试规程、输油气站场工艺操作原则、HSE 安全危害因素及年度检测管理规定等内容； ② 并对检定人员进行理论或实际操作技能方面的考试	10	答错①②各扣 5 分，①中缺少一项扣 2 分，扣完为止			
5	方案编制	① 根据仪表检定周期及年度检测待整改问题，编制年度检测检定方案； ② 合理安排工作内容	10	答错①②各扣 5 分			
6	组织实施	① 根据批复后的年度检测检定方案组织实施相关工作内容，主要包括现场仪表设备的检定校准、SCADA 系统各项性能指标的检测等工作； ② 做好技术指导及安全监督工作	15	答错①扣 10 分；答错②扣 5 分			

续表

序号	工作步骤	工作标准	配分	评分标准	扣分	得分	考核结果
7	问题整改	① 组织检定人员对已发现问题进行整改； ② 整改完成后及时完善《故障处理记录》； ③ 对于不能得到及时整改的问题要向上级主管领导汇报并说明原因	15	答错①②③各扣 5 分			
8	工作总结	① 在年度检测工作结束后 10 个工作日内完成年度检测工作总结； ② 报主管站队长审批后上报生产科； ③ 内容包括：完成工作内容、未完成的内容、原有问题处理情况、发现并处理的问题、遗留问题、年度检测仪表检验单	20	答错①②各扣 5 分，③中缺少一项扣 2 分，扣完为止			
	合计		100				

考评员　　　　　　　　　　　　　　　　年　　月　　日

七、S/W-YB-02-C03 站控系统故障分析及处理流程

1. 考核时限：20min。
2. 考核方式：流程描述。
3. 考核评分表。

考生姓名：____________　　　　　　　　单位：____________

序号	工作步骤	工作标准	配分	评分标准	扣分	得分	考核结果
1	故障判断	分析故障现象，初步判断原因	10	答错扣 10 分			
2	自行处理或上报	① 能够处理的，按照 ERP 系统自行处理流程自行进行处理； ② 不能处理的，按照故障报修流程上报分公司生产科； ③ 上报时说明故障现象及影响	30	答错①②③各扣 10 分			
3	制订控制措施	① 维修人员到达现场前，针对故障可能造成的影响制订相应的控制措施； ② 并告知相关人员	20	答错①②各扣 10 分			
4	配合处理并验证	① 维修人员到达后，配合维修人员进行维修工作； ② 对维修结果进行验证	20	答错①②各扣 10 分			
5	完善处理记录	① 填写故障处理记录； ② 将相关维修情况录入到 ERP 系统中	20	答错①②各扣 10 分			
	合计		100				

考评员　　　　　　　　　　　　　　　　年　　月　　日

八、S/W-YB-03-C01 ControlLogix 控制系统硬件部分管理流程

1. 考核时限：20min。
2. 考核方式：流程描述。
3. 考核评分表。

考生姓名：________________　　单位：________________

序号	工作步骤	工作标准	配分	评分标准	扣分	得分	考核结果
1	资料收集，熟悉功能	收集本站场 ControlLogix 控制系统的①硬件模块说明书；②配置手册及地址表	20	答错①扣 10 分；答错②扣 10 分			
2	进行日常维护，处理问题	① 对本站场 ControlLogix 控制系统进行日常巡检；② 发现问题及时处理上报	30	答错①扣 15 分；答错②扣 15 分			
3	熟悉模块运行状态，发现问题及时上报	① 熟悉各模块指示灯含义，能够识别模块运行状态；② 发现问题及时上报	30	答错①扣 15 分；答错②扣 15 分			
4	配合维护检修工作	① 配合维护单位完成系统的维护检修；② 对结果进行验证	20	答错①扣 10 分；答错②扣 10 分			
合计			100				

考评员　　　　年　　月　　日

九、S/W-YB-03-C02 RSlinx 软件使用维护管理流程

1. 考核时限：20min。
2. 考核方式：流程描述。
3. 考核评分表。

考生姓名：________________　　单位：________________

序号	工作步骤	工作标准	配分	评分标准	扣分	得分	考核结果
1	资料收集，熟悉功能	收集 RSLinx 软件的操作手册、安装软件及相关设备 IP 地址分配表	20	答错扣 20 分			
2	查看系统配置信息	日常维护中，通过 RSLinx 查看系统配置信息	20	答错扣 20 分			
3	通信组态	① 维修队仪表自动化工程师掌握 RSLinx 软件以太网通信、RS232 通信和 OPC 数据库的组态方法；② 必要时对软件进行重新组态配置	30	答错①扣 15 分；答错②扣 15 分			
4	配合维护检修工作	① 配合维护单位完成系统的维护检修；② 对结果进行验证	30	答错①扣 15 分；答错②扣 15 分			
合计			100				

考评员　　　　年　　月　　日

十、S/W-YB-03-C03 RSLogix5000 软件使用维护管理流程

1. 考核时限：20min。
2. 考核方式：流程描述。
3. 考核评分表。

考生姓名：________　　　　单位：________

序号	工作步骤	工作标准	配分	评分标准	扣分	得分	考核结果
1	资料收集，熟悉功能	收集 RSLogix5000 软件的操作手册、安装软件及模块组态信息	20	答错扣 20 分			
2	查看系统配置信息	通过 RSLogix5000 软件，查看模块配置信息及故障信息	20	答错扣 20 分			
3	熟悉常用操作	① 维修队仪表自动化工程师掌握 RSLogix5000 程序的上传/下载及在线、离线各种功能的使用及注意事项； ② 必要时对软件进行重新组态配置	30	答错①扣 15 分；答错②扣 15 分			
4	配合维护检修工作	① 配合维护单位完成系统的维护检修； ② 对结果进行验证	30	答错①扣 15 分；答错②扣 15 分			
合计			100				

考评员　　　　年　月　日

十一、S/W-YB-03-C04 施耐德可编程控制器模块的维护管理流程

1. 考核时限：20min。
2. 考核方式：流程描述。
3. 考核评分表。

考生姓名：________　　　　单位：________

序号	工作步骤	工作标准	配分	评分标准	扣分	得分	考核结果
1	资料收集，熟悉功能；	收集本站场 C 施耐德控制系统的①硬件模块说明书；②配置手册及地址表	20	答错①扣 10 分；答错②扣 10 分			
2	进行日常维护，处理问题	① 对本站场施耐德控制系统进行日常巡检； ② 发现问题及时处理上报	30	答错①扣 15 分；答错②扣 15 分			
3	熟悉模块运行状态，发现问题及时上报	① 熟悉各模块指示灯含义，能够识别模块运行状态； ② 发现问题及时上报	30	答错①扣 15 分；答错②扣 15 分			

续表

序号	工作步骤	工作标准	配分	评分标准	扣分	得分	考核结果
4	配合维护检修工作	① 配合维护单位完成系统的维护检修； ② 对结果进行验证	20	答错①扣 10 分；答错②扣 10 分			
	合计		100				

考评员　　　　年　月　日

十二、S/W-YB-03-C05 Unity Pro 软件的维护管理流程

1. 考核时限：20min。
2. 考核方式：流程描述。
3. 考核评分表。

考生姓名：________　　　　单位：________

序号	工作步骤	工作标准	配分	评分标准	扣分	得分	考核结果
1	资料收集，熟悉功能	收集 Unity Pro 软件的操作手册、安装软件及模块组态信息	20	答错扣 20 分			
2	查看系统配置信息	通过 Unity Pro 软件，查看模块配置信息及故障信息	20	答错扣 20 分			
3	熟悉常用操作	① 维修队仪表自动化工程师掌握 Unity Pro 程序的上传/下载及在线、离线各种功能的使用及注意事项； ② 必要时对软件进行重新组态配置	30	答错①扣 15 分；答错②扣 15 分			
4	配合维护检修工作	① 配合维护单位完成系统的维护检修； ② 对结果进行验证	30	答错①扣 15 分；答错②扣 15 分			
	合计		100				

考评员　　　　年　月　日

十三、S/W-YB-04-C01 泄漏监测系统的管理流程

1. 考核时限：20min。
2. 考核方式：流程描述。
3. 考核评分表。

考生姓名：________　　　　单位：________

序号	工作步骤	工作标准	配分	评分标准	扣分	得分	考核结果
1	资料收集，熟悉功能	收集本站场泄漏监测系统子系统的相关资料	20	答错扣 20 分			

续表

序号	工作步骤	工作标准	配分	评分标准	扣分	得分	考核结果
2	绘制结构图，掌握信号流向	① 绘制本站场泄漏监测系统子系统结构图； ② 熟悉各结构功能及信号流向	30	答错①扣 15 分；答错②扣 15 分			
3	进行日常维护，处理问题	① 对本站场泄漏监测系统进行日常维护； ② 收集整理系统运行情况，发现问题及时处理或上报	30	答错①扣 15 分；答错②扣 15 分			
4	开展周期性维护	① 结合 SCADA 系统的周期性维护； ② 开展本站场泄漏监测系统现场仪表的周期性维护	20	答错①扣 10 分；答错②扣 10 分			
合计			100				

考评员　　　　　　　　　　　　　　　　　　　　　　年　　月　　日

十四、S/W-YB-04-C02 油库固定消防控制系统管理流程

1. 考核时限：20min。
2. 考核方式：流程描述。
3. 考核评分表。

考生姓名：________　　　　　　　　　　单位：________

序号	工作步骤	工作标准	配分	评分标准	扣分	得分	考核结果
1	资料收集，熟悉功能	收集本站场消防控制系统的相关资料	20	答错扣 20 分			
2	绘制结构图，掌握信号流向	① 绘制本站场消防控制系统结构图； ② 熟悉各结构功能及信号流向	30	答错①扣 15 分；答错②扣 15 分			
3	进行日常维护，处理问题	① 对本站场消防控制系统进行日常巡检、维护； ② 收集整理系统运行情况，发现问题及时处理或上报	30	答错①扣 15 分；答错②扣 15 分			
4	开展周期性维护	① 结合 SCADA 系统的周期性维护； ② 开展本站场消防控制系统现场仪表的周期性维护	20	答错①扣 10 分；答错②扣 10 分			
合计			100				

考评员　　　　　　　　　　　　　　　　　　　　　　年　　月　　日

十五、S/W-YB-04-C03 固定式可燃气体报警系统管理流程

1. 考核时限：20min。
2. 考核方式：流程描述。
3. 考核评分表。

考生姓名：＿＿＿＿＿＿　　　　单位：＿＿＿＿＿＿

序号	工作步骤	工作标准	配分	评分标准	扣分	得分	考核结果
1	资料收集，熟悉功能	收集本站场固定式可燃气体报警系统的相关资料	20	答错扣 20 分			
2	绘制结构图，掌握信号流向	① 绘制本站场可燃气体报警系统结构图； ② 熟悉各结构功能及信号流向	20	答错①扣 10 分；答错②扣 10 分			
3	进行日常维护，处理问题	① 对本站场仪表维护人员可燃气体报警系统的日常巡检情况进行监督； ② 收集整理系统运行情况，发现问题及时处理或上报	20	答错①扣 10 分；答错②扣 10 分			
4	开展周期性维护	① 组织或者配合完成可燃气报警系统过得定期维护，包括： ② 季度校对和定期维护保养	20	答错①扣 10 分；答错②扣 10 分			
5	报修、报废管理	开展报警器的①维修； ② 停用和报废工作	20	答错①扣 10 分；答错②扣 10 分			
合计			100				

考评员　　　　年　　月　　日

十六、S/W-YB-04-C04 光纤式周界安防系统管理流程

1. 考核时限：20min。
2. 考核方式：流程描述。
3. 考核评分表。

考生姓名：＿＿＿＿＿＿　　　　单位：＿＿＿＿＿＿

序号	工作步骤	工作标准	配分	评分标准	扣分	得分	考核结果
1	资料收集，熟悉功能	收集本站场周界安防系统的相关资料	20	答错扣 20 分			
2	进行日常维护，处理问题	① 对本站场仪表维护人员周界安防系统的日常巡检情况进行监督； ② 收集整理系统运行情况，发现问题及时处理或上报生产科	30	答错①扣 15 分；答错②扣 15 分			

续表

序号	工作步骤	工作标准	配分	评分标准	扣分	得分	考核结果
3	开展周期性维护	① 每年结合 SCADA 系统年度检测对周界系统进行测试； ② 填写测试记录	30	答错①扣 15 分；答错②扣 15 分			
4	配合维护检修工作	① 配合维护人员完成系统的维护检修工作； ② 对检修结果进行验证	20	答错①扣 10 分；答错②扣 10 分			
合计			100				

考评员　　　　　　　　　　　　　　　　　　　　年　　月　　日

十七、S/W-YB-04-C05 炉控系统管理流程

1. 考核时限：20min。
2. 考核方式：流程描述。
3. 考核评分表。

考生姓名：________　　　　　　　　单位：________

序号	工作步骤	工作标准	配分	评分标准	扣分	得分	考核结果
1	资料收集，熟悉功能	收集本站场炉控系统的相关资料	20	答错扣 20 分			
2	进行日常维护，处理问题	① 对本站场仪表维护人员炉控系统的日常巡检情况进行监督； ② 收集整理系统运行情况，发现问题及时处理或上报生产科	30	答错①扣 15 分；答错②扣 15 分			
3	开展周期性维护	① 每年结合 SCADA 系统年度检测对炉控系统进行测试； ② 填写测试记录	30	答错①扣 15 分；答错②扣 15 分			
4	配合维护检修工作	① 配合维护人员完成系统的维护检修工作； ② 对检修结果进行验证	20	答错①扣 10 分；答错②扣 10 分			
合计			100				

考评员　　　　　　　　　　　　　　　　　　　　年　　月　　日

十八、S/W-YB-04-C06 输气站场压力控制系统管理流程

1. 考核时限：20min。
2. 考核方式：流程描述。
3. 考核评分表。

考生姓名：＿＿＿＿＿＿＿＿　　　　单位：＿＿＿＿＿＿＿＿

序号	工作步骤	工作标准	配分	评分标准	扣分	得分	考核结果
1	资料收集，熟悉功能	收集本站场压力控制系统的相关资料	20	答错扣 20 分			
2	进行日常维护，处理问题	① 对本站场仪表维护人员对压力控制系统的日常巡检情况进行监督； ② 收集整理系统运行情况，发现问题及时处理或上报生产科	30	答错①扣 15 分；答错②扣 15 分			
3	开展周期性维护	① 每年结合 SCADA 系统年度检测对压力控制系统进行测试； ② 填写测试记录	30	答错①扣 15 分；答错②扣 15 分			
4	配合维护检修工作	① 配合维护人员完成系统的维护检修工作； ② 对检修结果进行验证	20	答错①扣 10 分；答错②扣 10 分			
合计			100				

考评员　　　　　　　　　　年　　月　　日

十九、S/W-YB-05-C01 OASyS 软件使用维护管理流程

1. 考核时限：20min。
2. 考核方式：流程描述。
3. 考核评分表。

考生姓名：＿＿＿＿＿＿＿＿　　　　单位：＿＿＿＿＿＿＿＿

序号	工作步骤	工作标准	配分	评分标准	扣分	得分	考核结果
1	资料收集，熟悉功能	收集 OASyS 软件的操作手册、安装软件及模块组态信息	20	答错扣 20 分			
2	查看系统配置信息	通过 OASyS 软件，查看软件模块配置信息及故障信息，查看数据库信息	20	答错扣 20 分			
3	熟悉常用操作	① 维修队仪表自动化工程师掌握 OASyS 程序的备份及恢复方法，及对画面简单修改的方法； ② 必要时对软件进行重新组态配置	30	答错①扣 15 分；答错②扣 15 分			
4	配合维护检修工作	① 配合维护单位完成系统的维护检修； ② 对结果进行验证	30	答错①扣 15 分；答错②扣 15 分			
合计			100				

考评员　　　　　　　　　　年　　月　　日

二十、S/W-YB-05-C02 PKS 软件使用维护管理流程

1. 考核时限：20min。
2. 考核方式：流程描述。
3. 考核评分表。

考生姓名：________　　　　单位：________

序号	工作步骤	工作标准	配分	评分标准	扣分	得分	考核结果
1	资料收集，熟悉功能	收集 PKS 软件的操作手册、安装软件及模块组态信息	20	答错扣 20 分			
2	日常巡护，问题上报	完成 PKS 软件使用情况的日常巡护，发现问题及时上报分公司生产科	20	答错扣 20 分			
3	熟悉常用操作	① 维修队仪表自动化工程师掌握 PKS 程序的备份及恢复方法及对画面简单修改的方法； ② 必要时对软件进行重新组态配置	30	答错①扣 15 分；答错②扣 15 分			
4	配合维护检修工作	① 配合维护单位完成系统的维护检修； ② 并对结果进行验证	30	答错①扣 15 分；答错②扣 15 分			
合计			100				

考评员　　　　年　月　日

二十一、S/W-YB-05-C03 EpipeView 软件使用维护管理流程

1. 考核时限：20min。
2. 考核方式：流程描述。
3. 考核评分表。

考生姓名：________　　　　单位：________

序号	工作步骤	工作标准	配分	评分标准	扣分	得分	考核结果
1	资料收集，熟悉功能	收集 EpipeView 软件的操作手册、安装软件及模块组态信息	20	答错扣 20 分			
2	日常巡护，问题上报	完成 EpipeView 软件使用情况的日常巡护，发现问题及时上报分公司生产科	20	答错扣 20 分			
3	熟悉常用操作	① 维修队仪表自动化工程师掌握 EpipeView 程序的备份及恢复方法及对画面简单修改的方法； ② 必要时对软件进行重新组态配置	30	答错①扣 15 分；答错②扣 15 分			

续表

序号	工作步骤	工作标准	配分	评分标准	扣分	得分	考核结果
4	配合维护检修工作	① 配合维护单位完成系统的维护检修； ② 对结果进行验证	30	答错①扣 15 分；答错②扣 15 分			
合计			100				

考评员　　　　　　　　　　　　　　年　　月　　日

二十二、S/W-YB-06-C01 设备台账录入和查询流程

1. 考核时限：20min。
2. 考核方式：流程描述。
3. 考核评分表。

考生姓名：________　　　　　　单位：________

序号	工作步骤	工作标准	配分	评分标准	扣分	得分	考核结果
1	设备主数据录入步骤1：填写事务代码	在代码输入框内输入 IE01 回车，可以在 SAP 菜单，展开后勤→工厂维护→技术对象管理→设备→创建，双击“IE01-创建”	10	找不到进入窗口或不知道如何输入代码扣 10 分			
2	设备主数据录入步骤2：填写设备种类	在此填写的是通用设备的种类；选择通用设备(Z)	10	设备种类选择错误扣 10 分			
3	设备主数据录入步骤3：填写设备相关信息	按照对话框中“一般的”“位置”，填写设备相关信息	20	设备信息漏填一处扣 5 分，扣完为止			
4	设备主数据录入步骤4：填写组织结构信息	主要包括：业务范围、成本中心、结算订单、主工作中心	20	组织结构信息漏填一项扣 5 分，扣完为止			
5	设备主数据录入步骤5：填写结构信息	按照设备情况，正确填写所在的功能位置、状态，填写完成后点击保存按钮，创建设备	15	结构信息漏填一项扣 5 分，扣完为止			
6	设备查询步骤1：填写事务代码	在代码输入框处输入 IH08，回车或点进入下一个界面，可以在 SAP 菜单，展开后勤→工厂维护→技术对象管理→设备→列表编辑，双击“IH08-显示”	10	找不到进入窗口或不知道如何输入代码扣 10 分			
7	设备查询步骤2：输入查询条件	正确输入“设备说明”“功能位置”，正确使用“ * ”进行模糊查询	15	不会使用“ * ”进行模糊查询，扣 15 分			
合计			100				

考评员　　　　　　　　　　　　　　年　　月　　日

二十三、S/W-YB-06-C02 ERP 自行处理业务处理流程

1. 考核时限：20min。
2. 考核方式：流程描述。
3. 考核评分表。

考生姓名：________________ 单位：________________

序号	工作步骤	工作标准	配分	评分标准	扣分	得分	考核结果
1	自行处理业务处理流程	当场站设备发生故障时，站员无须上报分公司，但必须马上上报站长，站员创建自行处理作业单，由站长审批之后进行故障处理	15	流程错误扣 15 分			
2	进入创建故障报修单初始界面	在代码输入框输入 IW21，回车或点☑进入建立 PM 通知初始屏幕，也可以在 SAP 菜单，双击该事务代码	5	找不到进入窗口或不知道如何输入代码扣 5 分			
3	选择保修单类型	进入创建非线路类故障报修单界面，或直接输入 Z2 代码	5	找不到进入窗口或不知道如何输入代码扣 5 分			
4	输入项目相关数据	表头格式：＊＊＊站+设备编号+设备名称+简单设备故障描述。报告者：报告者是发现问题的人，不一定是填写报修单的人	10	填写错误一项扣 5 分，扣完为止			
5	填写维修故障要求的时间	故障维修的开始/结束日期的选择有两种方法：选择优先级，点击“是”后系统会自动根据系统的时间计算出“要求结束的日期”。直接在“要求的起始日期”“要求的结束日期”中按自己的经验填写时间	10	填写错误一项扣 5 分，扣完为止			
6	关联工单	关联创建自行处理作业单，正确选择工单类型	10	不会关联作业单，扣 10 分			
7	填写工单工序	正确填写“工序”“编号”“期间”	10	缺少一项扣 5 分，扣完为止			
8	添加组件	按照情况，正确查找组件物料代码	10	不会填写扣 10 分			
9	添加 WBS 计划号	根据工单类型选择相应的 WBS 号	5	选择错误扣 5 分			
10	修改作业单到待审状态	将作业单的用户状态手动从“编辑”改为“待审批”，保存工单	5	不会修改扣 5 分			

续表

序号	工作步骤	工作标准	配分	评分标准	扣分	得分	考核结果
11	工作完成后，对工单进行完工确认	进入工单状态修改页面，将工单状态改为“完工确认”状态	10	不做完工确认就关闭工单扣10分			
12	关闭工单	在工单状态修改页面，选择待关闭工单，选择“技术关闭”按钮，关闭工单	5	不会关闭扣5分			
		合计	100				

考评员　　　　　　　　　　　　　　　　年　　月　　日

二十四、S/W-YB-06-C03 一般故障维修业务处理流程

1. 考核时限：20min。
2. 考核方式：流程描述。
3. 考核评分表。

考生姓名：____________　　　　单位：____________

序号	工作步骤	工作标准	配分	评分标准	扣分	得分	考核结果
1	一般故障维修业务处理流程	当场站设备发生故障时，站员马上上报站长，由站长审批报修单，之后由二级单位相关科室创建故障作业单，同时二级单位科室人员判断故障是由谁进行处理	25	流程描述错误扣25分			
2	进入创建一般故障报修单	操作或检查说明在代码输入框内输入IW21，回车或点✔进入建立PM通知初始屏幕，也可以在SAP菜单，双击该事务代码	15	找不到进入窗口或不知道如何输入代码扣15分			
3	输入项目相关数据	主要包括：表头、报告者、设备及故障详细描述。 表头格式：＊＊＊站+设备编号+设备名称+简单设备故障描述。报告者：报告者是发现问题的人，不一定是填写报修单的人	15	数据填写错误一项扣5分，扣完为止			
4	填写维修故障要求的时间	故障维修的开始/结束日期的选择有两种方法：选择优先级，点击“是”后系统会自动根据系统的时间计算出“要求结束的日期”。直接在“要求的起始日期”“要求的结束日期”中按自己的经验填写时间	15	时间填写错误扣15分			

续表

序号	工作步骤	工作标准	配分	评分标准	扣分	得分	考核结果
5	填写故障时间	选择故障时间视图，填写故障开始时间后点击保存	15	时间填写错误扣 15 分			
6	关闭报修单	故障处理完成后，待关联作业单关闭后，关闭报修单	15	不关闭保修单扣 15 分			
合计			100				

考评员　　　　　　　　　　　　　　　　　　　　　　　　　　年　　月　　日

中级资质理论认证

中级资质理论认证要素细目表

行为领域	代码	认证范围	编号	认证要点
专业知识B	B	SCADA 系统维护	01	SCADA 系统维护
			02	仪表自动化年度检测
			03	站控系统故障分析及处理
	C	可编程控制器	01	ControlLogix I/O 模块的维护管理
			02	RSLinx 软件的使用
			03	RSLogix5000 软件维护和使用
			04	施耐德可编程控制器模块的维护与管理
			05	Unity Pro 软件的使用
	D	输油气管道其他常用系统	01	泄漏监测系统维护管理
			02	油库固定消防控制系统维护管理
			03	固定式可燃气体报警系统维护管理
			04	光纤式周界安防系统维护管理
			05	炉控系统
			06	输气站场压力控制系统
	E	SCADA 系统组态软件	01	OASyS 软件的维护和使用

中级资质理论认证试题

一、单项选择题(每题 4 个选项，将正确的选项号填入括号内)

第二部分　专业知识

SCADA 系统维护部分

1. BB01 日常维护指每日一次检查系统的(　　)。
A. 故障状态　　B. 响应状态　　C. 维护状态　　D. 运行状态
2. BB01 每(　　)应对 SCADA 系统进行一次检测与评估。
A. 1 年　　B. 2 年　　C. 3 年　　D. 4 年

3. BB01 防爆场所进行电动仪表维护应采取有效的(　　)。

A. 防爆措施　　B. 防火措施　　C. 防电击措施　　D. 防雷措施

4. BB01 在 SCADA 系统维护时不应拆除或短路本质安全仪表系统中的(　　)。

A. 避雷针　　B. 安全栅　　C. 防雷器　　D. 安全阀

5. BB01 在 SCADA 系统维护时不应拆除或短路仪表防雷系统中的(　　)。

A. 信号线　　B. 电源　　C. 保险　　D. 电涌保护器

6. BB01 电子设备的电路板不应带电插拔(有带电插拔保护功能的除外)，在进行插拔电路板前应佩带防静电肘，继续(　　)后方可进行操作。

A. 10s　　B. 30s　　C. 40s　　D. 60s

7. BB01 在 SCADA 系统维护时下列哪项说法是错误的(　　)。

A. 不应擅自取消安全联锁保护回路中的设定值，但可根据需要更改

B. 不应擅自更改 SCADA 系统操作员工作站的时间

C. 不应将非专用移动存储设备连接到 SCADA 系统中使用

D. 不应在 SCADA 系统网络上进行与运行无关的操作

8. BB01 SCADA 系统应严格执行用户操作权限管理，系统管理宜设置专职系统管理员，下面与其无关的是(　　)。

A. 专职系统管理员的用户名应备份

B. 专职系统管理员的密码应备份

C. 专职系统管理员的用户名及密码应保密存放

D. 专职系统管理员可随时更换

9. BB01 关于输油气站场操作员工作站的指标描述错误的是(　　)。

A. CPU 平均使用率应小于 30%　　B. CPU 最大使用率应小于 80%

C. 内存平均使用率应小 50%　　D. 内存最大使用率应小于 70%

10. BB01 环境温度和湿度检测时应在设备前方(　　)处进行测量。

A. 0. 4m　　B. 0. 5m　　C. 0. 6m　　D. 0. 7m

11. BB01 环境温度和湿度检测时应在地板以上(　　)处进行测量。

A. 1m　　B. 2m　　C. 2. 5m　　D. 3m

12. BB01 当输油气站场操作员工作站磁盘空间使用率大于(　　)时，应对存储文件进行转移或更换更大存储空间的磁盘。

A. 50%　　B. 60%　　C. 70%　　D. 80%

13. BB01 对操作员工作站进行手动备份，并将备份文件用专用的移动存储设备拷贝出来，文件保存时间应不小于(　　)。

A. 3 个月　　B. 6 个月　　C. 9 个月　　D. 12 个月

14. BB03 加热炉监控画面中，炉膛温度参数显示为满量程，是以下哪种原因造成(　　)。

A. 热电偶外壳接地　　B. 现场 24V 电源线接反

C. 热电偶接线接反　　D. 仪表电缆断缆

15. BB03 以下哪种原因不会造成加热炉炉膛温度波动(　　)。

A. 火焰过长，舔舐热电偶套管　　B. 线路附近有大功率电气设备，有干扰

C. 通信中断　　D. 热电偶套管内积灰过多

16. BB03 现场压力仪表表头无显示，以下说法正确的是(　　)。

A. 若上位机画面显示数据正常，则为现场表的表头问题，检修表头即可

B. 若上位机画面显示数据不正常，则检查现场表 24V 电源情况

C. 无显示就是由 24V 电源故障问题造成，需更换 24V 电源

D. 现场表的表头无显示，表明现场表已损坏

17. BB03 站控系统 SCADA 系统监控主机后网线接头松动，会造成以下什么现象(　　)。

A. 监控软件自动退出　　B. 部分参数显示异常

C. 全部参数显示异常　　D. 系统自动关机

可编程控制器部分

18. BC01 ControlLogix 系统的核心是 Logix5550 控制器，其处理速度为(　　)。

A. 0. 08ms/K　　B. 0. 10ms/K　　C. 0. 05ms/K　　D. 0. 15ms/K

19. BC01 1756 系列 ControlLogix 模块框架没有以下哪种框架(　　)。

A. 1756-A4　　B. 1756-A7　　C. 1756-A10　　D. 1756-A14

20. BC01 1756-PA75R/A 为 ControlLogix (　　)模块。

A. 冗余电源　　B. 模拟量输入　　C. 模拟量输出　　D. 控制网模块

21. BC01 冗余电源模块正常工作状态下为(　　)。

A. Power-solid 指示绿色闪烁，同时 Non-red 指示灯熄灭

B. Power-solid 指示绿色常亮，同时 Non-red 指示灯熄闪烁

C. Power-solid 指示绿色常亮，同时 Non-red 指示灯熄灭

D. Power-solid 指示绿色常亮，同时 Non-red 指示灯黄色

22. BC01 如果工作过程中其中一块电源模块 Power-solid 指示灯显示绿色，Non-red 指示灯显示黄色，另外一块模块电源 Power-solid 指示灯无显示，Non-red 指示灯显示黄色，表示(　　)。

A. 系统正常

B. 冗余电源模块冗余状态尚未启用，只是单电源供电

C. 表示冗余电源模块处于关闭状态

D. 系统故障

23. BC01 如果工作过程中冗余电源模块 Power-solid 指示灯全部无显示，Non-red 指示灯显示黄色，表示(　　)。

A. 系统正常　　B. 系统故障

C. 冗余电源模块开关处于关闭状态　　D. 表示冗余电源模块处于关闭状态

24. BC01 如果工作过程中冗余电源模块 Power-soliD. Non-red 指示灯全部熄灭，以下哪种原因不会造成(　　)。

A. 模块供电电源掉电　　B. 输入电压不在指定范围内

C. 输入模块电源电压不正常　　D. 控制器模块故障

25. BC01 1756-BA1 或 1756-BA2 为(　　)型号。

A. 电池　　B. 电源　　C. 模拟量输入　　D. 数字量输入

26. BC01 ControlLogix 处理器需放置在框架的(　　)。

A. 任一槽中　　B. 第一槽　　C. 最后一槽　　D. 单独的框架中

27. BC01 在同一框架中可安装(　　)ControlLogix 处理器。

A. 只能一个　　B. 最多两个　　C. 多个　　D. 最多三个

28. BC01 以下哪种模式不属于 ControlLogix 控制器(　　)。

A. RUN　　B. REMOT　　C. PROGRAM　　D. ERR

29. BC02 使用 RSLink 软件建立以太网通信时首先要确定 PLC 电源模块、(　　)、通信模块、I/O 模块均正常无故障。

A. 服务器　　B. 处理器模块　　C. 站控系统　　D. 网络设备

30. BC02 在网络通信树状浏览窗口中，可以通过选择"模块组态"，查看或修改以太网通信模块的(　　)、子网掩码和网关地址。

A. 属性　　B. 设备状态　　C. IP 地址　　D. 网络状态

31. BC03 下面(　　)不属于 RSLogix5000 编程软件的主窗口组成。

A. 主要错误　　B. 工具栏

C. 控制器项目管理器　　D. 梯形图或功能块

32. BC03 RSLogix5000 编程软件中控制器运行模式包括(　　)。

A. 运行模式　　B. 手动模式　　C. 维护模式　　D. 故障模式

33. BC03 RSLogix5000 编程软件中控制器运行模式包括(　　)。

A. 手动模式　　B. 编程模式　　C. 维护模式　　D. 故障模式

34. BC03 RSLogix5000 编程软件中控制器运行模式包括(　　)。

A. 手动模式　　B. 维护模式　　C. 远程模式　　D. 故障模式

35. BC03 RSLogix5000 项目文件存盘为 . L5K 文件格式时，文件为(　　)。

A. CAD 文件　　B. 图像文件　　C. 多媒体文件　　D. ACⅡ码文件

36. BC03 RSLogix5000 项目文件存盘为 . ACD 文件格式时，文件为(　　)。

A. 文档文件　　B. 常规格式文件　　C. 多媒体文件　　D. ACⅡ码文件

37. BC03 RSLogix5000 项目文件存盘为文件格式时，文件为(　　)。

A. L5K　　B. ACD　　C. TXT　　D. DAT

38. BC03 RSLogix5000 项目文件存盘为文件格式时，文件为(　　)。

A. L5K　　B. ACD　　C. TXT　　D. DAT

39. BC03 RSLogix5000 项目文件存盘为 . L5K 文件格式时，其特点为(　　)。

A. 占空间大　　B. 不能编辑和下载　　C. 可编辑　　D. 可组态

40. BC03 RSLogix5000 项目文件存盘为 . ACD 文件格式时，其特点为(　　)。

A. 占空间小　　B. 不能编辑和下载　　C. 可编辑和下载　　D. 不可组态

41. BC03 以下不属于 RSLogix5000 程序元素的命名规则的是(　　)。

A. 只能使用字母、数字和下划线(_)　　B. 必须以字母或下划线开头

C. 小于等于 20 个字符　　D. 不区分大小写

42. BC03 RSLogix5000 程序包括的程序种类中没有(　　)。

A. 任务　　B. 程序　　C. 子程序　　D. 公式

43. BC03 RSLogix5000 程序每一个项目(或控制器)最多可以定义(　　)个任务。

A. 8　　B. 16　　C. 32　　D. 64

44. BC03 RSLogix5000 程序的任务不包括(　　)。

A. 连续型任务　　B. 周期型任务　　C. 指定型任务　　D. 事件触发型任务

45. BC03 RSLogix5000 程序每一个项目允许定义(　　)个连续型任务。

A. 4　　B. 3　　C. 2　　D. 1

46. BC03 RSLogix5000 删除任务的中最先删除(　　)。

A. 子程序　　B. 程序

C. 子程序的所有的执行代码　　D. 程序区域的所有的标签

47. BC03 RSLogix5000 程序中断优先级别共有(　　)个。

A. 15　　B. 14　　C. 13　　D. 12

48. BC03 RSLogix5000 程序中关于中断优先级的描述不正确的是(　　)。

A. 所有的周期型任务和事件触发型任务都可以中断连续型任务

B. 高优先权任务中断所有的低优先权任务

C. 高优先权任务不能多次中断低优先权任务

D. 同等级优先权的任务同时触发时各轮流执行 1ms，交互进行

49. BC03 RSLogix5000 程序中以下为正确的数据区域的是(　　)。

A. 计划数据区域　　B. 部分数据区域　　C. 限制数据区域　　D. 全局数据区域

50. BC03 RSLogix5000 程序中以下为正确的数据区域的是(　　)。

A. 计划数据区域　　B. 程序数据区域　　C. 限制数据区域　　D. 部分数据区域

51. BC03 RSLogix5000 程序中不是基本数据类型的为(　　)。

A. BOOL　　B. SINT　　C. INT　　D. FLOAT

输油气管道其他常用部分

52. BD01 压力波法包括负压波法和(　　)法两种方法。

A. 微波　　B. 光波　　C. 音波　　D. 声波

53. BD01 负压波的优点：精确、(　　)、可仅利用管道上现有的压力变送器。

A. 有声音报警　　B. 反应快　　C. 参数趋势可查　　D. 可以定位

54. BD01 管道泄漏中心站系统菜单主要包括参数设置、阅历史数据、定位记录、(　　)系统退出。

A. 单端定位　　B. 定位　　C. 两端定位　　D. 保存结果

55. BD01 压力参数的采样频率每秒不小于(　　)。

A. 1 次　　B. 5 次　　C. 10 次　　D. 15 次

56. BD01 负压波法检测，影响泄漏点定位精度有两个关键数：(　　)、负压波传播到上、下游传感器的时间差 Δt。

A. 压力波传播速度　　B. 泄漏量的大小　　C. 流体的速度　　D. 泄漏的时间长度

57. BD01 子站软件功能：(　　)、传输、存储、显示。

A. 采集　　B. 发送　　C. 计量　　D. 检测

58. BD01 点击泄漏监测系统主界面的“历史数据”菜单包含二项次级菜单，分别是：单端压力、两端压力、单端流量、(　　)。

A. 历史数据　　B. 两端流量　　C. 实时参数　　D. 定位记录

59. BD01 泄漏监测系统点击主界面的“记录”菜单，菜单下含二项次级菜单，分别是：报警记录、(　　)。

A. 历史数据　　B. 参数趋势　　C. 实时参数　　D. 定位记录

60. BD01 根据管道的仪表自动化等特点，压力波法泄漏监测系统有基于 SCADA 系统的泄漏检测及定位系统和(　　)及定位系统两种方式。

A. 负压波检测　　B. 独立的泄漏检测　　C. 音波检测　　D. 流量检测

61. BD01 子站设备主要包括：(　　)、工控机、显示器及通信设备。

A. 压力变送器　　B. 音波传感器　　C. 信号调理器　　D. 流量计

62. BD01 现场检测设备主要包括：压力变送器、音波传感器、(　　)等。

A. 信号调理器　　B. 显示器　　C. 工控机　　D. 流量计

63. BD02 消防系统信号处理仪器显示功能用于实时显示当前温度的最高值，并通过(　　)输出给上位机。

A. RJ-45 接口　　B. RJ-11 接口　　C. RS422/485 接口　　D. RS-212 接口

64. BD02 火焰探测器由于其结构紧凑、(　　)、性能超群、误报率低等优点，特别适合于工业场合的罐区消防安全、综合自动化控制的特殊要求。

A. 安全高效　　B. 节能环保　　C. 灵敏度高　　D. 防雷防静电

65. BD02 可燃气体报警系统，可驱动(　　)、切断、喷淋系统，防止发生爆炸、火灾、中毒事故，从而保障安全生产。

A. 排风　　B. 排烟　　C. 排水　　D. 防爆

66. BD02 石油是易燃易爆液体，具有(　　)、火势凶猛、辐射热强、沸腾喷溅、扩散蔓延快等特点。

A. 含蜡　　B. 燃烧速度快　　C. 含水　　D. 易凝

67. BD02 光纤光栅感温火灾探测系统主要由光纤光栅(　　)和光纤光栅感温火灾探测信号处理器组成。

A. 感温火灾探测器　　B. 感烟火灾探测器　　C. 红外火灾探测器　　D. 感温电缆

68. BD03 石油天然气站场及储运设施内，易积聚比空气重的可燃气体的工艺阀井、(　　)及排污沟等场所，应设检测器。

A. 地坑　　B. 户外　　C. 场站　　D. 生活区

69. BD03 可燃气体检测器的检测范围应为爆炸下限浓度的 0~100%LEL，检测误差不应大于爆炸下限浓度(　　)。

A. ±5% LEL　　B. ±10% LEL　　C. ±15% LEL　　D. ±20% LEL

70. BD03 一级报警设定值小于或等于(　　)，二级报警设定值小于或等于 50%LEL。

A. 10% LEL　　B. 15% LEL　　C. 20% LEL　　D. 25% LEL

71. BD03 如果防火堤内有隔堤且隔堤高度高于检测器的安装高度时，隔堤分隔的区域内应设检测器，其安装高度应距地面(　　)。

A. 0. 1~0. 6m　　B. 0. 2~0. 6m　　C. 0. 3~0. 6m　　D. 0. 4~0. 6m

72. BD03 当可燃气体检测器位于释放源的最小频率风向的上风侧时，可燃气体检测器与释放源的距离不宜大于(　　)。

A. 1m　　B. 5m　　C. 10m　　D. 15m

73. BD04 周界安防系统现场终端报警处理单元的每个通道有一个微处理器和(　　)数字信号处理器。

A. 1 个　　B. 2 个　　C. 3 个　　D. 4 个

74. BD04 周界安防系统每个防区的传感光纤长度，最长可到(　　)，防区划分很灵活。

A. 1km　　B. 5km　　C. 10km　　D. 15km

75. BD04 光纤周界安防系统是在所防护区域围墙的铁丝围网上敷设(　　)。

A. 光缆　　B. 电缆　　C. 铁丝网　　D. 电网

76. BD04 周界安防系统防区安装范围主要有围栏上安装、(　　)、围墙上安装。

A. 下水道安装　　B. 埋地安装　　C. 电缆沟安装　　D. 屋顶安装

77. BD04 周界安防系统现场终端报警处理器能够区分(　　)、故障报警、防拆报警并通过通信设备将这些报警信号传给围界报警管理主机。

A. 误报警　　B. 振动报警　　C. 入侵报警　　D. 防盗报警

78. BD04 周界安防系统报警处理单元有(　　)可配置参数。

A. 32 个　　B. 33 个　　C. 34 个　　D. 35 个

79. BD04 周界安防系统报警处理单元(　　)参数，可以唯一地识别某一个具体振动信号。

A. 光线　　B. 振动　　C. 速率　　D. 频率

SCADA 系统组态软件部分

80. BE01 OASyS 系统管理员缺省用户名和口令为(　　)。

A. Valmet　　B. Viewer　　C. Operator　　D. Administrator

81. BE01 OASyS 系统工具条中代表(　　)功能。

A. 流程图　　B. 数据库总览　　C. 数据库管理　　D. 关闭

82. BE01 OASyS 系统工具条中代表(　　)功能。

A. 流程图　　B. 数据库总览　　C. 数据库管理　　D. 关闭

83. BE01 OASyS 系统工具条中代表(　　)功能。

A. 流程图　　B. 数据库总览　　C. 数据库管理　　D. 关闭

84. BE01 OASyS 系统工具条中代表(　　)功能。

A. 流程图　　B. 数据库总览　　C. 数据库管理　　D. 关闭

二、判断题(对的画"√"，错的画"×")

第二部分　专业知识

SCADA 系统维护部分

(　　)1. BB01 环境温度和湿度检测时应在设备前方 0.6m 处进行测量。

(　　)2. BB01 环境温度和湿度检测时应在地板以上 2m 处进行测量。

(　　)3. BB01 操作员工作站一般分为浏览者、操作员和管理员三级。

(　　)4. BB01 进行清灰操作前，确定设备已完全断电。

(　　)5. BB01 输油气站场 3 年测试内容，由分公司维护人员完成。

(　　)6. BB01 模拟量输出值测量，应至少包括量程 0，25%，50%，75%和 100%五个点。

(　　)7. BB01 输油气站对所管辖的 RTU 阀室和清管站每三个月进行一次巡检。

(　　)8. BB01 分公司维护人员每一个月对 RTU 阀室和清管站进行一次维护。

(　　)9. BB01 RTU 的数字量测试根据 I/O 地址表，操作现场设备由现场设备直接给出“0”和“1”的信号。

(　　)10. BB01 SCADA 系统维护工作分为日常维护和周期性维护。

(　　)11. BB01 日常维护指每日一次检查系统维护状态。

(　　)12. BB01 周期性维护指以维护时间为周期对系统进行检查和维护。

(　　)13. BB01 周期性维护分为 1 个月维护、6 个月维护和 12 个月维护。

(　　)14. BB01 每年应对 SCADA 系统进行一次检测与评估。

(　　)15. BB01 在拆、装或调试现场运行仪表设备前，应了解工艺流程和设备运行状况，并征得领导干部同意后方可进行。

可编程控制器部分

(　　)16. BC01 ControlLogix 数字量输出模块上有通道的状态指示灯，如果某通道有命令输出，则该通道的指示灯常亮。

(　　)17. BC01 ControlLogi 系列 I/O 模块是指数字量输入模块、数字量输出模块、模拟量输入模块和模拟量输出模块。

(　　)18. BC02 RSLinx 支持通过以太网通信，用于处理器与 MMI 和组件软件之间进行通信，不可以与其他用户定制的 DDE、OPC 应用软件通信。

(　　)19. BC02 不能通过 RSLinx 对远程站点进行监控、组态、程序下载。

(　　)20. BC03 利用 RSLogix5000 不可以组态 SLC500。

(　　)21. BC03 RSLogix5000 编程软件必须运行在 Windows 系统下。

(　　)22. BC03 RSLogix5000 编程软件的特点是配置容易：图形化的配置方式，轻松将控制器、I/O 模块、适配器等配置入网络。

(　　)23. BC03 RSLogix5000 编程软件的特点是数据库编辑灵便，可轻松为梯形图指令指定地址或符号。

(　　)24. BC03 RSLogix5000 编程软件的特点是简洁的 I/O 地址模式，从多个模块的完整列表中挑出模块，通过简单的拖放操作将它们组态到相应的插槽。

(　　)25. BC03 RSLogix5000 编程软件的特点是强大的诊断功能，可对程序出错的地方准确定位，可方便查找并替换地址和描述文本，亦可直接访问 I/O 组态、程序文件、数据表文件和其他信息。

(　　)26. BC03 RSLogix5000 编程软件梯形图或者功能块窗口可以分开显示同一程序的两部分或者同时显示不同的窗口。

(　　)27. BC03 控制器项目管理器是用于组织个别工程的树形结构，它显示了工程所有主要的区域和部件。

(　　)28. BC03 通过快速属性窗口窗口可以快速查看选择模块或指令的属性信息。

(　　)29. BC03 通过界面切换按钮可以快速地在已打开的梯形图或功能块窗口间切换。

(　　)30. BC03 RSLogix5000 项目文件存盘为 . ACD 文件格式时，为常规的存档形式，包括标签、注释、梯形图等，占较大空间，可编辑和下载。

(　　)31. BC03 RSLogix5000 项目文件存盘为 . L5K 文件格式时，为文档文件，以 ASCII 码的形式存放，占较小空间，通常用于导入/导出程序，不能编辑和下载。

(　　)32. BC03 程序是任务下的组织结构，由一个数据库和多个子程序组成。

(　　)33. BC03 RSLogix5000 程序里当连续型任务完成全部扫描时，立即重新开始新的一轮扫描。

(　　)34. BC03 RSLogix5000 程序中 BOOL 属于基本数据类型。

(　　)35. BC03 RSLogix5000 程序中的结构数据类型分为系统预定义结构数据类型和用户自定义结构数据类型。

(　　)36. BC03 RSLogix5000 程序中的数组是同一数据类型的连续分布的集合，可由基本数据类型和结构数据类型构成。

(　　)37. BC03 RSLogix5000 程序中梯级编号临时被改成正常的顺序，但不意味着下面这个梯级可以被编辑，它只是起参考作用。

(　　)38. BC03 RSLogix5000 运行编辑程序不经过测试阶段就会被接受。

(　　)39. BC03 RSLogix5000 软件中 Producer/Consumer Model 是指生产者/用户方式，一种通信模式，生产者产生的数据能被多个消费者接受，从而得到数据共享。这是因为基于多点传送方式，站点能同时接收信息而得以实现的通信模式。

(　　)40. BC03 ControlLogix 系列 PLC 离散量 I/O 模块支持 RIUP 带电拔插，在框架不关闭电源时，可将模块从框架上拔离或插入。

(　　)41. BC03 结果窗口将显示搜索或程序编译后的结果和信息。

(　　)42. BC03 RSLogix5000 在运行模式下，控制器进入完全地 I/O 控制，可对项目进行编辑。

(　　)43. BC03 RSLogix5000 在编程模式下，控制器不执行程序，可对项目进行编辑，输出点按模块设置的状态输出。

(　　)44. BC03 RSLogix5000 控制器在远程运行模式下，控制器进入完全地 I/O 控制，不可以在线对项目进行编辑。

输油气管道其他常用系统部分

(　　)45. BD01 根据系统的组成特点，监测系统只需一个中心站即可。

(　　)46. BD01 在当前输油气管道泄漏监测系统中广泛应用的方法为：压力波法。

(　　)47. BD01 压力波传播速度与液体的密度和管材的弹性系数等因素无关。

(　　)48. BD01 采集到的负压波序列附着的噪声越大越好。

(　　)49. BD01 声波的强度一般用声压表示。

(　　)50. BD01 两端压力用于综合观察管道两站的压力历史趋势。

(　　)51. BD01 单端压力显示某站的进站或出站压力。

(　　)52. BD01 单端流量显示某站的进站或出站流量。

(　　)53. BD01 两端流量用于综合观察管道两站的流量历史趋势。

(　　)54. BD01 中心站和子站都有网络通信信号指示灯，该指示灯为红色时，说明网络通信正常。

(　　)55. BD01 基于 SCADA 系统的泄漏检测及定位系统，该系统需要设置独立的取压点和 PLC，且各中间站需新增子站工控机，中心工控机通过与各子站工控机通信采集数据。

(　　)56. BD01 中心站界面显示的功能是将接收到的声波、压力、流量、温度等信号显示成实时曲线。

(　　)57. BD01 中心站系统软件采用模块化和面向对象的设计方法和技术，具有灵活可靠的特点。

(　　)58. BD01 下降定位对应压力波形的下降沿，上升定位对应压力波形的上升沿，缺省是上升沿定位。

(　　)59. BD01 泄漏监测系统对泄漏的报警定位位置与实际泄漏位置之间的偏差，单位为 cm。

(　　)60. BD02 周界安防系统现场检测单元主要完成现场围界振动信号的检测、信号采集和判断以及数据传输等功能。

(　　)61. BD02 储油罐上布设的感温电缆感知储油罐的温度，当温度达到或超过预警阈值时，发出火警信号。

(　　)62. BD02 消防水池液位装置检测实际的水位并显示，其高、低液位是恒定不可重新设置的。

(　　)63. BD02 调制解调器为光纤光栅温度感温传感器探头只对系统中光栅返回的窄带光进行调制解调。

(　　)64. BD02 感温传感器探头通常安装于油罐浮顶部。

(　　)65. BD02 感温传感器探头只能用机械方式固定在油罐浮顶上。

(　　)66. BD03 当可燃气体检警器位于释放源的最小频率风向的下风侧时，可燃气体检测器与释放源的距离不宜大于 5m。

(　　)67. BD03 当可燃气体检测器位于释放源的最小频率风向的上风侧时，可燃气体检测器与释放源的距离不宜大于 5m。

(　　)68. BD03 在缺氧或高腐蚀性等场所，宜选用固定式气体检测器。

(　　)69. BD03 汽车装卸站的装卸车鹤位与检测器的水平距离不应小于 15m。

(　　)70. BD04 周界安防系统现场终端报警处理器无法区分入侵报警、故障报警、防拆报警并通过通信设备将这些报警信号传给周界报警管理主机。

(　　)71. BD04 周界安防系统的报警处理器不能独立编程。

(　　)72. BD04 周界安防系统由于光纤本身易导电，所以它会受到雷电的破坏。

(　　)73. BD04 输油气站场光纤周界安防系统是针对站场的入侵事件进行预警的技术。

(　　)74. BD04 周界安防系统现场检测单元的 A/D 芯片实时地对分布式光纤振动传感器输出的电压信号进行模数转换。

(　　)75. BD04 如果有入侵事件，周界安防系统将入侵信息通过光纤通信模块传输到中心控制器。

SCADA 系统组态软件部分

(　　)76. BE01 在 OASyS 系统工具条中[icon]的功能是在线用户指南。

三、简答题

第二部分　专业知识

SCADA 系统维护部分

1. BB01 SCADA 系统维护要求中关于站控机和网络的要求有哪些？
2. BB01 SCADA 系统 1 个月维护内容中，检查和测试机柜包含哪些具体内容？
3. BB01 检查和测试网络设备，应包含哪些内容？
4. BB01 检查和测试 PLC 系统，应包含哪些内容？
5. BB01 检查和测试机柜，应包含哪些内容？
6. BB03 若子站系统与中心站系统无法通信，该如何排查？
7. BB03 现场仪表设备故障常造成上位机监视画面哪些现象？

可编程控制器部分

8. BE01 如果工作过程中冗余电源模块 Power-soliD. Non-red 指示灯全部熄灭，可能由哪几种原因造成？
9. BE01 输入输出模块的“OK”指示灯有哪几种状态，分别代表什么含义？
10. BE03 ControlLogix5000 控制器分哪几种运行模式？
11. BE03 项目文件存盘存在以下哪两种格式？各有什么特点？

输油气管道其他常用系统部分

12. BD01 简述中心站系统软件的特点以及其功能。
13. BD02 简述光纤光栅感温火灾探测器的特点。
14. BD03 原油、成品油、液化天然气储罐防火堤内，设置可燃气体检测器有何要求？
15. BD03 简述封闭场所内可燃气体检测器的设置原则。
16. BD03 岗位人员应对现场安装的固定式可燃气体报警器进行日常巡检，内容包括哪些？
17. BD03 可燃气体报警器的维修、停用和报废有哪些要求？
18. BD04 简述周界安防系统现场检测单元软件系统的功能。

中级资质理论认证试题答案

一、单项选择题答案

1. D　2. C　3. A　4. B　5. D　6. B　7. A　8. D　9. D　10. A

11. B　12. C　13. D　14. C　15. C　16. A　17. C　18. A　19. D　20. A
21. C　22. B　23. C　24. D　25. A　26. A　27. C　28. D　29. B　30. C
31. A　32. A　33. B　34. C　35. D　36. B　37. B　38. A　39. B　40. C
41. C　42. D　43. C　44. C　45. D　46. C　47. A　48. C　49. D　50. B
51. D　52. C　53. B　54. B　55. C　56. A　57. A　58. B　59. D　60. B
61. C　62. D　63. C　64. C　65. A　66. B　67. A　68. A　69. A　70. D
71. C　72. D　73. B　74. B　75. A　76. B　77. C　78. D　79. D　80. A
81. D　82. A　83. C　84. B

二、判断题答案

1. ×环境温度和湿度检测时应在设备前方 0.4m 处进行测量。　2. √　3. √　4. √　5. ×输油气站场 3 年测试内容，由公司专业技术人员完成。　6. √　7. ×输油气站对所管辖的 RTU 阀室和清管站每半月进行一次巡检。　8. √　9. √　10. √

11. ×日常维护指每日一次检查系统运行状态。　12. ×周期性维护指以一段时间为周期对系统进行检查和维护。　13. √　14. ×每 3 年应对 SCADA 系统进行一次检测与评估。　15. ×在拆、装或调试现场运行仪表设备前，应了解工艺流程和设备运行状况，并征得控制中心人员同意后方可进行。　16. √　17. √　18. ×RSLinx 支持 DDE、OPC 通信，可用于处理器与 MMI 和组件软件之间进行通信，也可以与相关兼容软件和其他用户定制的 DDE、OPC 应用软件通信。　19. ×通过 RSLinx 可实现对远程站点的监控、组态、程序下载。　20. √

21. √　22. √　23. √　24. ×RSLogix5000 编程软件的特点是简洁的 I/O 地址模式，从一个模块的完整列表中挑出模块，通过简单的拖放操作将它们组态到相应的插槽。　25. √　26. √　27. ×控制器项目管理器是用于组织整个工程的树形结构，它显示了工程所有主要的区域和部件。　28. √　29. ×RSLogix5000 在运行模式下，控制器进入完全地 I/O 控制，不可对项目进行编辑。　30. √

31. √　32. √　33. √　34. √　35. √　36. √　37. √　38. ×RSLogix5000 运行编辑程序一定要经过测试阶段才会被接受。　39. √　40. √

41. √　42. ×　43. √　44. ×RSLogix5000 控制器在远程运行模式下，控制器进入完全地 I/O 控制，可以在线对项目进行编辑，但要经过测试。　45. ×根据系统的组成特点，监测系统的软件分为子站和中心站两个部分。　46. √　47. ×压力波传播速度与液体的密度和管材的弹性系数等因素无关。　48. ×采集到的负压波序列附着的噪声越小越好。　49. √　50. √

51. √　52. √　53. √　54. ×中心站和子站都有网络通信信号指示灯，该指示灯为绿色时，说明网络通信正常。　55. ×基于 SCADA 系统的泄漏检测及定位系统，该系统数据采集主要是通过现有的 SCADA 系统，不再新增取压点或 PLC 设备，且中间站场无需增设子站工控机，中心工控机数据直接从中心 SCADA 服务器或 PLC 采集数据。　56. √　57. √　58. ×下降定位对应压力波形的下降沿，上升定位对应压力波形的上升沿，缺省是下降沿定位。　59. ×泄漏监测系统对泄漏的报警定位位置与实际泄漏位置之间的偏差，单位为 m。　60. √

61. √　62. ×消防水池液位装置检测实际的水位并显示，可以设置液位高、液位低、液位超低等阈值，当液位达到、超过或低于阈值时，发出相应告警信息。　63. ×调制解调器为光纤光栅温度感温传感器探头提供稳定的宽带光源，同时对系统中光栅返回的窄带光进行调制解调。　64. ×感温传感器探头通常安装于油罐浮顶的密封橡皮和挡油板之间。　65. ×感温传感器探头可采用导热胶或机械方式固定在油罐浮顶上。　66. √　67. ×当可燃气体检测器位于释放源的最小频率风向的上风侧时，可燃气体检测器与释放源的距离不宜大于15m。　68. ×在缺氧或高腐蚀性等场所，宜选用红外吸收型气体检测器。　69. ×汽车装卸站的装卸车鹤位与检测器的水平距离不应大于 15 m。　70. ×周界安防系统现场终端报警处理器能够区分入侵报警、故障报警、防拆报警并通过通信设备将这些报警信号传给围界报警管理主机。

71. ×周界安防系统的报警处理器进行独立编程，使之工作在最佳状态。　72. ×周界安防系统不受雷电干扰破坏，由于光纤本身不导电，所以它不会受到雷电的破坏。　73. √　74. √　75. √　76. ×在 OASyS 系统工具条中的功能是历史数据编辑。

三、简答题答案

1. BB01 SCADA 系统维护要求中关于站控机和网络的要求有哪些？

答：①不应擅自更改 SCADA 系统操作员工作站的时间；② 不应将非专用移动存储设备连接到 SCADA 系统中使用；③ 不应在 SCADA 系统网络上进行与运行无关的操作；④ 不应将 SCADA 系统网络与办公信息网络联网。

评分标准：答对①～④各占 25%。

2. BB01 SCADA 系统 1 个月维护内容中，检查和测试机柜包含哪些具体内容？

答：①检查机柜风扇运转是否正常；② 检查机柜照明；③ 检查机柜温控开关功能的正确性；④ 检查机柜门的开关性能；⑤ 清除机柜内灰尘。

评分标准：答对①～⑤各占 20%。

3. BB01 检查和测试网络设备，应包含哪些内容？

答：①查看网络设备的配置信息应配置正确；② 查看网络设备的运行日志应无严重错误；③ 对网络设备进行重启操作，网络设备重启后，检查网络设备的运行状态；④ 对冗余配置的设备进行冗余功能测试；⑤ 用专业工具对网络设备进行彻底的清灰处理；⑥ 备份网络设备的配置信息，并用专门的移动存储设备拷贝出来，文件保存应不小于 12 个月。

评分标准：答对①～⑤各占 15%，答对⑥占 25%。

4. BB01 检查和测试 PLC 系统，应包含哪些内容？

答：①检查控制网络各连接节点的牢固性；② 测试冗余配置 CPU 的冗余功能；③ 测试冗余电源模块的冗余功能；④ 检查 PLC 系统的配置信息；⑤ 检查 PLC 程序的扫描周期，最长扫描周期应不大于 100ms；⑥ 查看 CPU 的运行信息，CPU 运行信息应无严重错误；⑦检查 PLC 内存的利用率；⑧检查和测试第三方通信；⑨根据通信点表，在编程器或 HMI 上检查第三方数据的数值和描述是否正确；⑩测试系统网络内设备两两之间进行连通性。

评分标准：答对①～⑩各占 10%。

5. BB01 检查和测试机柜，应包含哪些内容？

答：①检查机柜内带有状态指示灯的保险端子和继电器，状态显示应正常；② 检查机柜内线号、电缆挂牌、器件标志牌、螺栓、线槽盖、地沟盖板和配线图应齐全，若有缺失处应补齐；③ 轻轻拽动机柜内非弹簧端子的接线，确保紧固；④ 检查机柜内布线应整齐和无临时接线；⑤ 检查柜内与户外电缆沟的密封性，确保其完全隔离；⑥ 检测机柜工作接地和保护接地电阻值。

评分标准：答对①③~⑥各占15%，答对②占25%。

6. BB03 若子站系统与中心站系统无法通信，该如何排查？

答：①检查网线接口是否松动，测试网线是否正常；② 重新启动计算机；③ 确认中心站系统与其他子站通信是否正常；④ 检查计算机网卡是否正常；⑤ 检查通信系统(交换机、光端机、光缆)是否正常。

评分标准：答对①~⑤各占20%。

7. BB03 现场仪表设备故障常造成上位机监视画面哪些现象？

答：①上位机画面显示某参数为负值、零或满量程；② 上位机画面某参数数值保持不变；③ 某参数显示波动异常等。

评分标准：答对①②各占35%，答对③占30%。

8. BE01 如果工作过程中冗余电源模块Power-soliD. Non-red指示灯全部熄灭，可能由哪几种原因造成？

答：①模块供电电源掉电；② 输入电压不在指定范围内；③ 输入模块电源电压不正常。

评分标准：答对①占40%，答对②③各占30%。

9. BE01 输入输出模块的"OK"指示灯有哪几种状态，分别代表什么含义？

答：① 绿色：输入正多点传送、正常工作状态；② 绿色闪：模块通过内部诊断但未被控制；③ 红色闪：预先建立的通信超时；④ 红色：模块必须更换。

评分标准：答对①~④各占25%。

10. BE03 ControlLogix5000控制器分哪几种运行模式？

答：①一共3种。分别为：② 运行模式；③ 编程模式；④ 远程模式。

评分标准：答对①~④各占25%。

11. BE03 项目文件存盘存在以下哪两种格式？各有什么特点？

答：①ACD文件：常规的存档形式；② 包括标签、注释、梯形图等，占较大空间，可编辑和下载；③ L5K文件：文档文件；④ 以ASCII码的形式存放，占较小空间，通常用于导入/导出程序，不能编辑和下载。

评分标准：答对①~④各占25%。

12. BD01 简述中心站系统软件的特点以及其功能。

答：①系统软件的特点采用模块化和面向对象的设计方法和技术，具有灵活可靠的特点；② 首先由通信模块接收各子站来的数据，将数据进行信号滤波，结合泄漏检测与定位算法进行分析和处理，发现泄漏和定位泄漏点；③ 同时将音波、压力、流量等数据进行实时曲线显示，并将这些数据存储在数据库中。还包括用户管理模块和统计模块进行管理和人机交互。

中心软件具备以下功能：④ 接收子站发送过来的数据包，解包后对数据进行数据的再处理，实时数据存盘；⑤ 分段综合管段两端的数据，对管道运行的情况进行监控，发现泄漏并定位泄漏点位置。

评分标准：答对①~③各占20%，答对④⑤各占20%。

13. BD02 简述光纤光栅感温火灾探测器的特点。

答：①采用光栅进行信号检测、光纤进行信号传输，实现无电检测，本质安全防爆；② 使用先进的光纤光栅作为测量单元，技术先进，测量精度高；③ 采用分布式测量方式，测量点多，方式灵活；④ 使用成熟的光电元件，成本低，可靠性好；⑤ 系统结构紧凑，安装简单，维护方便。

评分标准：答对①~⑤各占20%。

14. BD03 原油、成品油、液化天然气储罐防火堤内，设置可燃气体检测器有何要求？

答：①如果防火堤内有隔堤且隔堤高度高于检测器的安装高度时，隔堤分隔的区域内应设检测器，其安装高度应距地面0.3~0.6m；② 可燃气体检测器位于释放源的最小频率风向的上风侧时，可燃气体检测器与释放源的距离不宜大于15m；③ 当可燃气体检警器位于释放源的最小频率风向的下风侧时，可燃气体检测器与释放源的距离不宜大于5m。

评分标准：答对①占20%，答对②③各占40%。

15. BD03 简述封闭场所内可燃气体检测器的设置原则。

答：①存在原油、成品油、天然气、液化天然气、天然气凝液释放源。②可燃气体释放源处于封闭场所内，每隔15 m可设1台检测器，且检测器距其所覆盖范围内的任一释放源不宜大于7.5 m。③可燃气体检测器的安装高度应根据可燃气体的密度而定。当气体密度大于0.97 kg/m^3(标准状态下)时，其安装高度应距地面0.3~0.6 m；当气体密度小于或等于0.97 kg/m^3(标准状态下)时，其安装高度应高出释放源0.5~2.0 m，且还应在场所内最高点易于积聚可燃气体处设置检测器。

评分标准：答对①占20%，答对②③各占40%。

16. BD03 岗位人员应对现场安装的固定式可燃气体报警器进行日常巡检，内容包括哪些？

答：①检查现场探测器外观整洁，确保螺纹部分紧扣；② 检查现场带显示的探测器，确保显示部位清洁，显示正常；③ 检查报警控制器状态完好；④ 对于设备的报警、误报、故障要及时记录，并汇总提交指定维护单位进行分析与检修。

评分标准：答对①~④各占25%。

17. BD03 可燃气体报警器的维修、停用和报废有哪些要求？

答：①报警器的维修由各单位负责。② 各单位应根据报警器的运行情况及探头使用寿命，适当储备常用的备品备件，以便在报警器部件损坏时及时更换。③ 因故需停用的报警器由基层单位技术人员填写“报警器停用申请”，经站队主管领导签字确认，上报所属各单位主管部门审批同意后，方可停用。使用单位应根据现场实际情况，制订并落实替代或其他安全控制措施。④ 报警器维修后应按规定进行检定，并做好记录。⑤ 报警器的报废执行《固定资产报废与处置管理规定》的相关要求。

评分标准：答对①~⑤各占20%。

18. BD04 简述周界安防系统现场检测单元软件系统的功能。

答：现场检测单元软件系统主要完成振动信号的采集、判断以及报警信息的传输等功能，系统软件部分完成的主要如下：① 首先进行系统初始化，设定好系统各个参数，例如采集速率、缓冲区大小、采集范围等。② 随后触发 A/D 芯片实时地对分布式光纤振动传感器输出的电压信号进行模数转换。③ 转换后的数据与振动信号阈值进行对比，判断防区内是否有振动信号，如果振动信号高于阈值，进行下一步信号的判别。否则，继续采集振动信号。④ 将高于阈值的振动信号进行信号特征提取出，进入分类器进行模式识别，判断是否发生入侵事件，如果有入侵事件，将入侵信息通过光纤通信模块传输到中心控制器。

评分标准：答对①~④各占 25%。

中级资质工作任务认证

中级资质工作任务认证要素细目表

模块	代码	工作任务	认证要点	认证形式
二、SCADA系统维护	S/W-YB-02-Z01-01	SCADA系统6个月维护	网络设备的检查和测试	技能操作
	S/W-YB-02-Z01-02		操作员工作站的检查和测试	技能操作
	S/W-YB-02-Z01-03		PLC系统的检查和测试	技能操作
	S/W-YB-02-Z01-04		PLC系统的通信检查和测试	技能操作
	S/W-YB-02-Z01-05		PLC系统机柜的检查和测试	技能操作
	S/W-YB-02-Z03	站控系统故障分析及处理	使用Ping命令判断网络故障	技能操作
三、可编程控制器	W-YB-03-Z01	ControlLogix系统模块的维护管理	自动化工程设计及接线	步骤描述
	S/W-YB-03-Z02-01	Rslinx软件的使用	使用RSLinx建立以太网通信	技能操作
	S/W-YB-03-Z02-02		使用RSLinx组态RS232串口通信	技能操作
	W-YB-03-Z03-01	RSLogix5000软件的维护和使用	RSLogix5000软件建立工程	技能操作
	S/W-YB-03-Z03-02		PLC程序的上传和下载	
	S/W-YB-03-Z03-03		搜索功能	技能操作
	S/W-YB-03-Z03-04		离线编辑程序	技能操作
	S/W-YB-03-Z03-05		离线标签操作	技能操作
	W-YB-03-Z05	Unity Pro XL软件的使用	组态硬件配置	技能操作
四、输油气管道其他常用系统	S/W-YB-04-Z01	泄漏监测系统维护管理	泄漏监测系统常见故障处理	步骤描述
	S/W-YB-04-Z02-01	油库固定消防控制系统的维护管理	火焰探测器的测试	步骤描述
	S/W-YB-04-Z02-02		线型感温探测器的检测	步骤描述
	S/W-YB-04-Z02-03		光纤光栅感温探测器的检测	步骤描述
	S/W-YB-04-Z03-01	固定式可燃气体报警系统的维护管理	可燃气体探测器的标定	技能操作
	S/W-YB-04-Z03-02		可燃气体报警控制器的测试	技能操作
五、SCADA系统组态软件	S/W-YB-05-Z01-01	OASyS软件的维护和使用	站控机OASyS系统启停操作	技能操作
	S/W-YB-05-Z01-02		登录OASyS状态量组态子画面的操作	技能操作
	S/W-YB-05-Z01-03		登录OASyS模拟量组态子画面的操作	技能操作

中级资质工作任务认证试题

一、S/W-YB-02-Z01-01　SCADA 系统 6 个月维护——网络设备的检查和测试

1. 考核时限：30min。
2. 考核方式：技能操作。
3. 考核评分表。

考生姓名：________　　　　单位：________

序号	工作步骤	工作标准	配分	评分标准	扣分	得分	考核结果
1	检查配置信息	①查看网络设备的配置信息； ② 应配置正确	15	答错① 扣 10 分，答错② 扣 5 分，不会操作扣 15 分			
2	检查运行日志	①查看网络设备的运行日志； ② 应无严重错误	15	答错① 扣 10 分，答错② 扣 5 分，不会操作扣 15 分			
3	备份网络设备配置信息	①备份网络设备的配置信息； ② 并用专门的移动存储设备拷贝出来； ③ 文件保存应不小于 12 个月	20	答错① 扣 5 分，答错② 扣 10 分，答错③ 扣 5 分，② 项错误整题不得分			
4	重启操作	①对网络设备进行重启操作； ② 网络设备重启后，检查网络设备的运行状态	15	答错① 扣 5 分，答错② 扣 10 分，不会操作扣 15 分			
5	冗余测试	对冗余配置的设备进行冗余功能测试	20	操作完成 20 分，不会操作扣 20 分			
6	清灰处理	① 用专业工具对网络设备进行； ② 彻底的清灰处理	15	①不选专用工具不得分，答错①扣 10 分，答错② 扣 5 分。不会操作扣 15 分			
合计			100				

考评员　　　　　　　　　　年　月　日

二、S/W-YB-02-Z01-02 SCADA 系统 6 个月维护——操作员工作站的检查和测试

1. 考核时限：30 min。
2. 考核方式：技能操作。

3. 考核评分表。

考生姓名：________________　　　　　　　　　　　　单位：________________

序号	工作步骤	工作标准	配分	评分标准	扣分	得分	考核结果
1	工作站备份	①对操作员工作站进行手动备份，并将备份文件用专用的移动存储设备拷贝出来；② 文件保存时间应不小于12个月	10	答错① 扣5分，答错② 扣5分，不会操作扣10分			
2	检查HMI画面显示	检查操作员工作站① 工艺流程图；② 历史趋势图；③ 实时趋势图；④ 主要参数一览表；⑤ 报警信息表和事件信息表等HMI画面显示的正确性	10	答错①②③④⑤分别扣2分，不会操作扣10分			
3	重启操作	①对操作员工作站进行重启操作；② 并检查重启后操作员工作站运行状态	10	答错① 扣5分，答错② 扣5分，不会操作扣10分			
4	冗余测试	对冗余配置的操作员工作站，进行冗余功能测试	10	不会操作扣10分			
5	权限测试	测试操作员工作站的权限管理功能	10	不会操作扣10分			
6	报警测试	测试操作员工作站事件报警功能	10	不会操作扣10分			
7	趋势测试	测试操作员工作站历史趋势绘制功能	10	不会操作扣10分			
8	读取功能测试	测试历史数据读取功能	10	不会操作扣10分			
9	时钟同步检查	①检查操作员工作站系统时间；② 应与调控中心基准时间保持一致	10	答错① 扣5分，答错② 扣5分，不会操作扣10分			
10	清灰操作	①利用专业工具，对操作员工作站进行彻底清灰处理；② 进行清灰操作前，确定设备已完全断电	10	答错① 扣5分，答错② 扣5分，带电操作扣10分			
合计			100				

考评员　　　　　　　　　　　　　　　　　　　　　　　年　　月　　日

三、S/W-YB-02-Z01-03 SCADA系统6个月维护——PLC系统的检查和测试

1. 考核时限：30 min。
2. 考核方式：技能操作。
3. 考核评分表。

考生姓名：________________　　　　　　　　　　　　单位：________________

序号	工作步骤	工作标准	配分	评分标准	扣分	得分	考核结果
1	检查节点	检查控制网络各连接节点的牢固性	10	漏检查1个节点扣2分，扣完为止			

续表

序号	工作步骤	工作标准	配分	评分标准	扣分	得分	考核结果
2	测试冗余 CPU	①关闭主 CPU 电源，观察备 CPU 切换过程，备用 CPU 应无扰动切换；②打开主 CPU 电源，主 CPU 自动切换为备用	20	不会操作扣 20 分			
3	测试冗余电源	①关闭主电源，观察备用电源切换过程，应无扰动切换；②打开主电源，主电影自动切换为备用	20	不会操作扣 20 分			
4	检查配置信息	①检查 PLC 系统的配置信息；②配置应正确	10	错误操作① 扣 5 分，错误操作② 扣 5 分			
5	检查扫描周期	①检查 PLC 程序的扫描周期；②最长扫描周期应不大于 100ms	20	①②漏检查一项扣 10 分			
6	检查运行日志	①查看 CPU 的运行信息；② CPU 运行信息应无严重错误	10	①②漏检查一项扣 10 分			
7	检查内存利用率	检查 PLC 内存的利用率	10	不会操作扣 10 分			
合计			100				

考评员　　　　　　　　　　　　　　　　　　　　年　　月　　日

四、S/W-YB-02-Z01-04 SCADA 系统 6 个月维护——PLC 系统的通信检查和测试

1. 考核时限：30min。
2. 考核方式：技能操作。
3. 考核评分表。

考生姓名：________　　　　　　　　　　　　单位：________

序号	工作步骤	工作标准	配分	评分标准	扣分	得分	考核结果
1	检查通信接口配置信息	检查通信接口的① 通信协议、② 通信速率和③ 奇偶校验位等配置是否正确	25	漏检查一项扣 10 分，扣完为止，不会操作扣 25 分			
	检查第三方数据正确性	根据通信点表，在编程器或 HMI 上检查第三方数据的① 数值和② 描述是否正确	25	漏检查一项扣 10 分，扣完为止，不会操作扣 25 分			
2	执行 Ping 命令	在被测试的两台设备中选择一台设备执行“Ping”指令	25	不会操作扣 25 分			
	查看反馈信息	①查看“Ping”指令执行完全后，显示信息，两设备之间通信连接应正常，② 时间延时满足技术要求	25	漏检查一项扣 10 分，扣完为止，不会操作扣 25 分			
合计			100				

考评员　　　　　　　　　　　　　　　　　　　　年　　月　　日

五、S/W-YB-02-Z01-05　SCADA 系统 6 个月维护——PLC 系统机柜的检查和测试

1. 考核时限：30min。
2. 考核方式：技能操作。
3. 考核评分表。

考生姓名：________________　　　　单位：________________

序号	工作步骤	工作标准	配分	评分标准	扣分	得分	考核结果
1	检查机柜内指示灯、继电器	检查机柜内带有状态指示灯的保险端子和继电器，状态显示应正常	25	漏查一项扣 10 分，扣完为止，不会操作扣 25 分			
2	检查线号、标牌等标识	①检查机柜内线号、电缆挂牌、器件标志牌、螺栓、线槽盖、地沟盖板和配线图应齐全；② 若有缺失处应补齐	25	漏查一项扣 10 分，扣完为止，不会操作扣 25 分			
3	检查端子接线、布线	①轻轻拽动机柜内非弹簧端子的接线，确保紧固；② 检查机柜内布线应整齐和无临时接线	25	漏查一项扣 10 分，扣完为止，不会操作扣 25 分			
4	检查电缆沟、接地	①检查柜内与户外电缆沟的密封性，确保其完全隔离；② 检测机柜工作接地和保护接地电阻值	25	漏查一项扣 10 分，扣完为止，不会操作扣 25 分			
合计			100				

考评员　　　　年　　月　　日

六、S/W-YB-02-Z03 站控系统常见故障及处理——使用 Ping 命令判断网络故障

1. 考核时限：30min。
2. 考核方式：技能操作。
3. 考核评分表。

考生姓名：________________　　　　单位：________________

序号	工作步骤	工作标准	配分	评分标准	扣分	得分	考核结果
1	查看本机网络配置	①打开本机 MS-DOS 窗口；② 输入 IPConfig，查看本机网络配置情况	25	此步骤不会整体不得分			
2	Ping 本机 IP	①在 MS-DOS 方式下执行此命令 Ping 本机 IP，如果网卡安装配置没有问题，则显示丢包率为 0；若本机网卡有问题，显示内容为：Request timed out；② 将网线断开再次执行此命令，如果显示正常，则说明本机使用的 IP 地址可能与另一台正在使用的机器 IP 地址重复了；③ 如果仍然不正常，则表明本机网卡安装或配置有问题，需继续检查相关网络配置	45	① ② ③ 漏一项扣 15 分			

续表

序号	工作步骤	工作标准	配分	评分标准	扣分	得分	考核结果
3	Ping 网关 IP	①在 MS-DOS 方式下执行此命令"Ping 网关 IP 地址"，如果配置没有问题，则显示丢包率为 0；②若本机配置有问题，显示内容为：Request timed out	30	①②漏一项扣 15 分			
	合计		100				

考评员　　　　　　　　　　　　　　　　年　　月　　日

七、W-YB-03-Z01 Contrologix I/O 模块维护管理——自动化工程设计及接线

1. 考核时限：30min。
2. 考核方式：技能操作。
3. 考核评分表。

考生姓名：________　　　　　　　　　　　　单位：________

序号	工作步骤	工作标准	配分	评分标准	扣分	得分	考核结果
1	根据设计要求选择 PLC 模块	根据设计要求确定背板型号	5	选型错误扣 5 分			
		根据设计要求确定 AI 模块型号及数量	5	选型错误扣 5 分			
		根据设计要求确定 DI 模块型号及数量	5	选型错误扣 5 分			
		根据设计要求确定 AO 模块型号及数量	5	选型错误扣 5 分			
		根据设计要求确定 DO 模块型号及数量	5	选型错误扣 5 分			
		根据设计要求确定通信模块	5	选型错误扣 5 分			
2	组装 PLC 模块，并进行接线	为 I/O 模块正确接线	15	错误一处扣 1 分			
		制作通信线并检测，检测好用后进行连接	10	检测不通扣 5 分，连接不当扣 5 分			
		为电源模块正确接线	10	错误接线扣 10 分			
		组装并接线完毕后检查	10	未检查扣 10 分			
3	判断 PLC 运行情况	向考评员请示后上电	5	未请示扣 5 分			
		观察模块，并说出每个模块运行状态	15	错误一处扣 1 分			
		设备下电	5	设备未下电扣 5 分			
	合计		100				

考评员　　　　　　　　　　　　　　　　年　　月　　日

八、S/W-YB-03-Z02-01 RSLinx 软件的使用——使用 RSLinx 建立以太网通信

1. 考核时限：30min。
2. 考核方式：技能操作。
3. 考核评分表。

考生姓名：＿＿＿＿＿＿＿＿　　　　单位：＿＿＿＿＿＿＿＿

序号	工作步骤	工作标准	配分	评分标准	扣分	得分	考核结果
1	组态前硬件检查	检查确认① PLC 电源模块、② 处理器模块、③ 通信模块等三模块均正常无故障	15	漏检一项扣 5 分，扣完为止			
2	IP 地址规划	确认 PLC 以太网模块 IP 地址，并将笔记本电脑 IP 与 PLC 设置在同一个网段	20	不检查此项扣 20 分			
3	连接设备	将网线一端接入笔记本电脑，另一端接入 PLC 以太网模块接口或上级交换机	15	连接错误扣 15 分			
4	启动启动 RSLinx 进行以太网组态	①启动 RSLinx 软件	10	不会操作扣 10 分			
		②配置添加以太网设备	15	不会操作扣 15 分			
		③进入网络和设备的浏览窗口，展开树形图，查看所有模块信息，检查是否连接正常，完成系统通信组态	15	不会操作扣 15 分			
5	完成以太网组态	恢复现场	10	不恢复现场扣 10 分			
合计			100				

考评员　　　　年　　月　　日

九、S/W-YB-03-Z02-02 RSLinx 软件的使用——使用 RSLinx 建立 RS232 串口通信

1. 考核时限：30min。
2. 考核方式：技能操作。
3. 考核评分表。

考生姓名：＿＿＿＿＿＿＿＿　　　　单位：＿＿＿＿＿＿＿＿

序号	工作步骤	工作标准	配分	评分标准	扣分	得分	考核结果
1	组态前的准备	检查确认① PLC 电源模块；② 处理器模块；③ 通信模块；④ 模块均正常无故障	15	漏检一项扣 5 分，扣完为止			

续表

序号	工作步骤	工作标准	配分	评分标准	扣分	得分	考核结果
2	IP 地址规划	确认 PLC 以太网模块 IP 地址，并将笔记本电脑 IP 与 PLC 设置在同一个网段	20	不检查此项扣 20 分			
3	使用笔记本电脑连接设备	RS232 串口线连接好 CPU 与 PC 机	15	连接错误扣 15 分			
4	启动启动 RSLinx 进行以太网组态	①启动 RSLinx 软件	10	不会操作扣 10 分			
		② 选择串口驱动类型	15	不会操作扣 15 分			
		③ 进入网络和设备的浏览窗口，展开树形图，查看所有模块信息，检查是否连接正常，完成系统通信组态	15	不会操作扣 15 分			
5	完成 RS232 串口通信组态	恢复现场	10	不恢复现场扣 10 分			
合计			100				

考评员　　　　　　　　　　　　　　　　　　　　　　　　年　　月　　日

十、W-YB-03-Z03-01 RSLogix5000 软件的维护和使用——RSLogix5000 软件建立工程

1. 考核时限：30min。
2. 考核方式：技能操作。
3. 考核评分表。

考生姓名：________________　　　　　　　　　　　　单位：________________

序号	工作步骤	工作标准	配分	评分标准	扣分	得分	考核结果
1	打开软件	双击桌面 RSLogix5000 图标，打开软件	10	找不到图标，不会打开本题不得分			
2	新建工程	点击软件中新建工程按钮	10	找不到按钮，不会操作本题不得分			
3	配置控制器参数	在弹出对话框中由上到下依次填入① 控制器类型；② 控制器固件的主要版本；③ 控制器名称；④ 控制器框架的大小；⑤ 控制器的槽号和存储工程的文件夹后选择 OK，完成一个新工程的创建	40	①~⑤每填错一项扣 8 分			

续表

序号	工作步骤	工作标准	配分	评分标准	扣分	得分	考核结果
4	添加模块	①在 I/O 组态文件夹处点击鼠标右键，选择新增模块（new module）；②在弹出来的选择框下选择模块类型后点击 OK；③然后选择模块版本，点击 OK；④在弹出的新选择框内依次录入模块名称、模块在框架中的位置等信息，点击 OK 完成创建	40	①~④每填错一项扣 10 分			
合计			100				

考评员　　　　　　　　　　　　　　　　年　　月　　日

十一、S/W-YB-03-Z03-02　RSLogix5000 软件的维护和使用——使用 RSL ogix5000软件的对 PLC 进行程序上载与下装

1. 考核时限：30min。
2. 考核方式：技能操作。
3. 考核评分表。

考生姓名：____________　　　　　　　　单位：____________

序号	工作步骤	工作标准	配分	评分标准	扣分	得分	考核结果
1	上载 PLC 程序	笔记本电脑 IP 地址的配置到同一网段且不能和现有设备地址冲突	10	未配置 IP 扣 10 分			
		RSLinx 以太网组态	10	未组态扣 10 分			
		将控制器上的钥匙开关旋到 Program（编程）模式	10	未旋转按钮扣 10 分			
		单击“communication”选择 RSWho 按钮	10	未找到按钮扣 10 分			
		单击 Go online（上线）按钮	10	未找到按钮扣 10 分			
		点击 Select file（选择文件）按钮	10	未找到按钮扣 10 分			
		输入要保存的路径	5	未找到按钮扣 5 分			
2	下载 PLC 程序	单击 RSWho 按钮	10	未找到按钮扣 10 分			
		选择控制器，然后单击 Set Project Path（设置工程路径）	5	未找到按钮扣 5 分			
		单击 Download（下载）	10	未找到按钮扣 10 分			
		单击 Download（下载），将程序下载到控制器	10	未找正确输入位置扣 10 分			
合计			100				

考评员　　　　　　　　　　　　　　　　年　　月　　日

十二、S/W-YB-03-Z03-03 RSLogix5000 软件的维护和使用——使用 RSLogix5000 软件的搜索功能

1. 考核时限：30min。
2. 考核方式：技能操作。
3. 考核评分表。

考生姓名：________　　　　单位：________

序号	工作步骤	工作标准	配分	评分标准	扣分	得分	考核结果
1	搜索特定阶梯	按 Ctrl+G	5	未正确使用组合键扣 5 分			
		在弹出的对话框左侧选择 Rung(阶梯)	10	未找到按钮扣 10 分			
		在右侧方框内输入阶梯号	10	未成功输入扣 10 分			
		按"Go To"，直接显示到要搜索的阶梯	10	未找到按钮扣 10 分			
2	搜索特定指令	按 Ctrl+F	5	未正确使用组合键扣 5 分			
		在对话框中输入匹配条件	10	未找到按钮扣 10 分			
		按"Go To"。显示到要搜索的阶梯	10	未找到按钮扣 10 分			
3	搜索已知指令的其他所处位置	光标放在要搜索的指令上	10	未找到按钮扣 10 分			
		按鼠标右键	10	未找到按钮扣 10 分			
		"Go To Cross Reference For…"，双击	10	未找到按钮扣 10 分			
		在搜索结果列表中选择你要的阶梯，双击	10	未找到按钮扣 10 分			
合计			100				

考评员　　　　年　月　日

十三、S/W-YB-03-Z03-04 RSLogix5000 软件的维护和使用——使用 RSLogix5000 软件进行离线编辑程序

1. 考核时限：30min。
2. 考核方式：技能操作。
3. 考核评分表。

考生姓名：________　　　　单位：________

序号	工作步骤	工作标准	配分	评分标准	扣分	得分	考核结果
1	插入阶梯	在要插入位置的前一阶梯前点击鼠标左键，选中该阶梯	5	未选中扣 5 分			

续表

序号	工作步骤	工作标准	配分	评分标准	扣分	得分	考核结果
1	插入阶梯	右键选择“增加指令”，在子项目中选择“Rung(阶梯)”	5	未找到按钮扣5分			
2	插入触点	在要插入位置的前一触点处点鼠标左键，选中该触点	5	未选中扣5分			
		在上面的符号工具栏目用鼠标左键选择触点类型，确定。一个新触点被加到指定触点之后	5	未找到按钮扣5分			
		点击程序中新增加的触点标签位置，写入标签。或者在出现的下拉框中选择已经存在的标签	5	未找到位置扣5分			
3	拷贝触点	选中要拷贝的触点	5	未选中扣5分			
		按 Ctrl+C，或鼠标右键选择“复制”	5	未找到按钮扣5分			
		选种要插入拷贝触点的某位置	5	未找到位置扣5分			
		按 Ctrl+V，或鼠标右键选择“粘贴”	5	未找到按钮扣5分			
4	拷贝阶梯	选中要拷贝的阶梯前端	5	未选中扣5分			
		按 Ctrl+C，或鼠标右键选择“复制”	5	未找到按钮扣5分			
		选种要插入拷贝阶梯位置的前一阶梯	5	未找到位置扣5分			
		按 Ctrl+V，或鼠标右键选择“粘贴”	5	未找到按钮扣5分			
5	离线编辑	在梯形图中利用快捷符号工具条，直接编辑触点、输出等	5	未找到按钮扣5分			
		编辑每一个元件时，必须输入标签名	5	未输入标签名扣5分			
	编辑触点注释	鼠标左键双击触点注释，弹出注释对话框	5	未找到按钮扣5分			
		编辑注释，确定	5	未编辑扣5分			
7	编辑阶梯注释	鼠标左键选中要编辑注释阶梯的前端	5	未选中扣5分			
		鼠标右键选择修改阶梯注释选项	5	未找到按钮扣5分			
		在弹出的注释对话框中编辑注释，确定	5	未编辑扣5分			
		合计	100				

考评员　　　　　　　　　　　　　　　　　　　　　　年　　月　　日

十四、S/W-YB-03-Z03-05 RSLogix5000 软件的维护和使用——使用 RSLogix5000 软件进行离线标签操作。

1. 考核时限：30min。
2. 考核方式：技能操作。
3. 考核评分表。

考生姓名：________ 单位：________

序号	工作步骤	工作标准	配分	评分标准	扣分	得分	考核结果
1	标签列表添加标签	左侧目录树中，进入“Program Tags(程序标签)”	10	未找到位置扣 10 分			
		选择“编辑标签”卡	10	未找到按钮扣 10 分			
		在尾部直接逐栏目输入标签名、数据类型、注释	10	未成功输入扣 10 分			
2	在梯形图中添加标签	鼠标右键点击没有定义的触点标签位置	10	未找到位置扣 10 分			
		选择顶部“new tags(新标签)”	10	未找到按钮扣 10 分			
		在弹出的对话框中逐项添加，并确认	10	未成功输入扣 10 分			
3	导出标签	确认在离线(offline)状态下	5	未确认扣 5 分			
		选择“Tools/Export Tags(导出标签)”	10	未找到按钮扣 10 分			
		输入路径和文件名	5	未输入准确扣 5 分			
4	导入标签	确认在离线(offline)状态下	5	未确认扣 5 分			
		选择“Tools/Import Tags(导入标签)”	10	未找到按钮扣 10 分			
		找到标签文件	5	未输入准确扣 5 分			
合计			100				

考评员 年 月 日

十五、W-YB-03-Z05 Unity Pro XL 软件的使用——组态硬件配置

1. 考核时限：45min；
2. 考核方式：技能操作。
3. 按照要求组态硬件配置。
4. 编程题目。在软件中，用定时器指令实现报警灯的交替闪烁，闪烁间隔时间为 2s，报警灯用位指令来代替。编写完成后，下载到 PLC 中进行验证。
5. 考核评分表。

考生姓名：________________ 单位：________________

序号	工作步骤	工作标准	配分	评分标准	扣分	得分	考核结果
1	硬件组态	按照要求组态硬件配置	30	每错误组态一处扣 10 分，扣完为止			
2	程序编写	正确输入定时器指令	10	不会输入扣 10 分			
		按照要求对定时器进行设置	10	设置错误扣 10 分			
		应用定时器指令，编制脉冲输出逻辑	20	逻辑正确不扣分，逻辑错误一处扣 5 分，扣完为止			
3	程序编译	程序编制完成后，点击软件中编译按钮，完成程序编译	10	未进行程序编译，扣 10 分			
4	程序下载	生成标准模式，将程序下载到 PLC 中，PLC 切换到运行模式	20	未生成标准模式扣 5 分，不会下载程序，扣 10 分，不会切换 PLC 运行模式，扣 5 分			
合计			100				

考评员 年 月 日

十六、S/W-YB-04-Z01 泄漏监测系统维护管理——泄漏监测系统常见故障处理流程

1. 考核时限：30min。
2. 考核方式：流程描述。
3. 考核评分表。

考生姓名：________________ 单位：________________

序号	工作步骤	工作标准	配分	评分标准	扣分	得分	考核结果
1	检查中心站系统与子站系统通信是否正常	①检查网线接口是否松动，测试网线是否正常； ② 确认中心站系统与其他子站通信是否正常； ③ 重新启动子站计算机； ④ 检查子站计算机网卡是否正常； ⑤ 检查通信系统(交换机、光端机、光缆)是否正常	40	①②③④⑤ 每缺一项扣 8 分			
2	子站系统显示压力值为 NaN	①可能原因是子站系统加载采集卡驱动失败，故障排除方法是退出泄漏监测系统子站软件；② 在开始→程序→启动菜单内单击快捷方式重新打开泄漏监测系统子站软件	40	① ② 每缺一项扣 20 分			

续表

序号	工作步骤	工作标准	配分	评分标准	扣分	得分	考核结果
3	系统死机	①可能原因是计算机（工控机、工作站）硬件故障或软件导致内存溢出，故障排除方法有：②重新启动计算机；③如果经常死机，排查计算机故障，包括电源、主板、内存和硬盘等；④清理计算机内部的灰尘	20	①②③④每缺一项扣5分			
合计			100				

考评员　　　　　　　　　　　　　　　　　　　　　　　年　　月　　日

十七、S/W-YB-04-Z02-01 油库固定消防控制系统维护管理——火焰探测器的测试

1. 考核时限：30min。
2. 考核方式：技能操作。
3. 考核评分表。

考生姓名：________　　　　　　　　　　　　　　单位：________

序号	工作步骤	工作标准	配分	评分标准	扣分	得分	考核结果
1	给定标准信号	①在探测器监测视角范围内、距离探测器0.55~1.00m处；②应在火焰探测器试验装置（测试灯）作用下，在规定的响应时间内动作，并向火灾报警控制器输出火警信号；③具有报警确认灯的探测器应同时启动报警确认灯，并应在手动复位前予以保持	30	未能按照相应要求准确地向火灾报警控制器输出火警信号扣15分；对具有报警确认灯的探测器，未能及时启动报警确认灯扣15分			
2	查看探测器复位功能	撤销测试灯后，查看探测器的复位功能	20	未进行撤销测试灯并查看其复位功能扣20分			
3	调试灵敏度	用磁棒进行灵敏度调试，联合设置自定义的敏感度和延迟时间	30	不能正确使用磁棒对灵敏度进行调试扣30分			
4	定期测试	①火焰探测器应每半年正确使用测试灯进行一次测试，②建立定期的清洁时间表，清洁探测器的光学表面，以确保整个防火系统的安全	20	①错误扣10分；②错误扣10分			
合计			100				

考评员　　　　　　　　　　　　　　　　　　　　　　　年　　月　　日

十八、S/W-YB-04-Z02-02 油库固定消防控制系统维护管理——线型感温探测器的检测

1. 考核时限：30min。
2. 考核方式：技能操作。
3. 考核评分表。

考生姓名：______________　　　　　　　　　　　　　　单位：______________

序号	工作步骤	工作标准	配分	评分标准	扣分	得分	考核结果
1	使用热源触发探测器火警信号(针对可恢复型线型感温探测器)	可恢复型线型感温探测器，在距离终端盒 0.3m 以外的部位，使用 55~145℃的热源加热，查看火灾报警控制器火警信号显示	50	不能按照正确要求使用加热热源扣 25 分；未查看火警信号显示扣 25 分			
2	线路模拟方式试验(针对不可恢复型线型感温探测器)	不可恢复型线型感温探测器，采用线路模拟的方式试验	50	未能采用线路模拟方式对感温探测器进行测试试验扣 50 分			
合计			100				

考评员　　　　　　　　　　　　　　　　　　　　　　　　　　年　　月　　日

十九、S/W-YB-04-Z02-03 油库固定消防控制系统维护管理——光纤光栅感温探测器的检测

1. 考核时限：30min。
2. 考核方式：技能操作。
3. 考核评分表。

考生姓名：______________　　　　　　　　　　　　　　单位：______________

序号	工作步骤	工作标准	配分	评分标准	扣分	得分	考核结果
1	观察光纤光栅感温探测器的光衰减	光纤光栅感温探测器信号强度测试，在信号处理器后面板取下光纤跳线接头，接到光纤光栅解调器上查看光纤光栅感温探测器的光衰减，光衰减应小于等于-30dB	50	不能正确取下光纤跳线接头并接到光纤光栅解调器上扣 25 分；不能准确查看并说出光衰减数值扣 25 分			
2	测量环境温度并与系统中显示温度进行校准；校准探头温度	光纤光栅感温探测器精度校准，使用高精度数显温度计在储罐顶部校准探测器安装处测量环境温度，然后在系统软件上对该储罐的温度进行校准。校准完后，校准探头和其他探头的温度应符合实际温度，误差应达到运行要求±1.5 ℃	50	不能正确使用高精度数显温度计测试环境温度扣 25 分；未能在系统软件上正确校准储罐的温度，扣 20 分；不能正确校准探头，且误差超出±1.5℃扣 25 分			
合计			100				

考评员　　　　　　　　　　　　　　　　　　　　　　　　　　年　　月　　日

二十、S/W-YB-04-Z03-01 固定式可燃气体报警系统维护管理——可燃气体探测器的标定

1. 考核时限：30min。
2. 考核方式：技能操作。
3. 考核评分表。

考生姓名：＿＿＿＿＿＿＿　　　　单位：＿＿＿＿＿＿＿

序号	工作步骤	工作标准	配分	评分标准	扣分	得分	考核结果
1	可燃气体探测器“标零”	用专用磁棒、遥控器进行不同型号的可燃气体探测器的“标零”工作，将没有处于零点的探测器进行标定	20	不能够正确使用专用磁棒、遥控器扣10分； 探测器未处于零点扣10分			
2	检查探测器周围环境	校验前，探头的周围环境应无可燃气体。如果有可燃气体，应先拆下防雨罩，充入一定量的洁净空气后，再连续通入样气，以保证校验的准确性	15	未检查探测器周围环境是否存在可燃气体扣15分			
3	向探测器释放试验气体	采用经计量认证与被检测气体相匹配的标准样气，向探测器释放对应的试验气体，观察报警响应时限内报警控制器的显示情况	40	未选择经计量认证与被检测气体相匹配的标准样气扣20分； 不能准确观察到报警响应时限内报警控制器的显示情况扣20分			
4	校验完成，恢复系统正常监视工作状态	对探测器进行清洗和重新标定后，对整个控制系统的功能重新进行调试，使系统恢复到正常的监视工作状态	25	未将系统恢复到正常监视工作状态扣25分			
合计			100				

考评员　　　　　　　　　　年　　月　　日

二十一、S/W-YB-04-Z03-02 固定式可燃气体报警系统维护管理——可燃气体报警控制器的测试

1. 考核时限：30min。
2. 考核方式：技能操作。
3. 考核评分表。

考生姓名：＿＿＿＿＿＿＿　　　　单位：＿＿＿＿＿＿＿

序号	工作步骤	工作标准	配分	评分标准	扣分	得分	考核结果
1	进行自检	触发自检键，面板上所有的指示灯、显示器和音响器件功能自检应符合出厂设置	15	未触发自检键扣15分			

续表

序号	工作步骤	工作标准	配分	评分标准	扣分	得分	考核结果
2	切断主电源	切断主电源，查看备用直流电源自动投入和主、备电源的状态显示情况应正常	20	未切断主电源扣10分；不能准确查看备用直流电源是否自动投入及其状态显示情况扣10分			
3	模拟探测器断路故障	模拟可燃气体探测器断路故障，查看故障显示，恢复系统正常工作状态	20	不能够正确模拟探测器断路故障扣20分			
4	施加试验气体测试报警	向非故障回路的可燃气体探测器施加试验气体，查看报警信号及报警部位显示	20	未能将试验气体准确施加给非故障回路的可燃气体探测器扣20分			
5	触发消音键	触发消音键，查看报警信号显示	20	未触发消音键按钮扣20分			
6	警报识别	在标定期间，可燃气体报警控制器应能直接或间接地接收来自可燃气体探测器及其他报警触发器件的报警信号，发出声、光报警信号，指示报警部位并予以保持	5	未能及时准确对报警信号进行识别扣5分			
合计			100				

考评员　　　　　　　　　　　　　　　　　　　　　　　　年　　月　　日

二十二、S/W－YB－06－Z01－01 OASyS软件的维护和使用——站控机OASyS启停操作

1. 考核时限：30min。
2. 考核方式：技能操作。
3. 考核评分表。

考生姓名：________　　　　　　　　　　　　单位：________

序号	工作步骤	工作标准	配分	评分标准	扣分	得分	考核结果
1	站控机的启动	检查主机及显示器的电源线、信号线连接完好	15	检查并口述设备名称，每少检查一项扣2分，扣完15分为止			
		打开显示器开关，打开主机电源开关。准备进行OASyS系统登录	15	每少打开一个电源扣2分，扣完4分为止。操作完成后未进入OASyS系统登录界面扣15分			
2	系统登录	在弹出登录窗口的用户名和口令栏中依次输入用户名和口令，然后用鼠标左键点击【登录】按钮，便可出现本站主菜单画面。用户名和口令缺省值都是：valmet	20	不清楚用户名及密码扣20分			

续表

序号	工作步骤	工作标准	配分	评分标准	扣分	得分	考核结果
3	关机	鼠标点击屏幕右上角的系统退出按钮，关闭 OASyS 系统	30	未找到图标无法退出主菜单画面或点击注销按钮退出主菜单画面，扣 30 分			
		鼠标左键点击屏幕左下角的【开始】按钮，点击【关闭计算机】，在随后出现的提示窗口中，点击【关闭】	20	操作不当扣 20 分			
合计			100				

考评员　　　　　　　　　　　　　　　　　　　　年　　月　　日

二十三、S/W-YB-06-Z01-02 OASyS 软件的维护和使用——登录 OASyS 状态量组态子画面的操作

1. 考核时限：30min。
2. 考核方式：技能操作。
3. 考核评分表。

考生姓名：________　　　　　　　　　　单位：________

序号	工作步骤	工作标准	配分	评分标准	扣分	得分	考核结果
1	登录 OAS YS 状态量组态子画面的操作	在 XOS 桌面上找出系统工具条并口述	15	未指明系统工具条所在位置该项扣 15 分			
		在系统工具条中找出“组态菜单”按钮并口述	15	未指明“组态菜单”按钮该项扣 15 分			
		单击“组态菜单”按钮，可进入各数据库的组态画面	35	操作不当扣 35 分			
		单击数据库管理菜单上的“状态量”按钮	35	操作不当扣 35 分			
合计			100				

考评员　　　　　　　　　　　　　　　　　　　　年　　月　　日

二十四、S/W-YB-06-Z01-03 OASYS 软件的维护和使用——登录 OASyS 模拟量组态子画面的操作

1. 考核时限：30min。
2. 考核方式：技能操作。
3. 考核评分表。

考生姓名：________________ 单位：________________

序号	工作步骤	工作标准	配分	评分标准	扣分	得分	考核结果
1	登录 OAS YS 模拟量组态子画面的操作	在 XOS 桌面上找出系统工具条并口述	15	未指明系统工具条所在位置该项扣 15 分			
		在系统工具条中找出“组态菜单”按钮并口述	15	未指明“组态菜单”按钮该项扣 15 分			
		单击“组态菜单”按钮，可进入各数据库的组态画面	35	操作不当扣 35 分			
		单击数据库管理菜单上的“模拟量”按钮	35	操作不当扣 35 分			
合计			100				

考评员 年 月 日

高级资质理论认证

高级资质理论认证要素细目表

行为领域	代码	认证范围	编号	认证要点
专业知识B	B	SCADA 系统维护	01	SCADA 系统维护
			02	站控系统故障分析及处理
	C	可编程控制器	01	ControlLogix I/O 模块的维护管理
			02	RSLinx 软件的使用
			03	RSLogix5000 软件维护和使用
			04	施耐德可编程控制器模块的维护与管理
			05	Unity Pro 软件的使用
	D	输油气管道其他常用系统	01	泄漏监测系统维护管理
			02	油库固定消防控制系统维护管理
			03	固定式可燃气体报警系统维护管理
	E	SCADA 系统组态软件	01	OASyS 软件的维护和使用

高级资质理论认证试题

一、单项选择题(每题 4 个选项，将正确的选项号填入括号内)

第二部分　专业知识

SCADA 系统维护部分

1. BB01 输油气站 PLC 程序的扫描周期，最长扫描周期应不大于(　　)。
A. 50ms　　B. 100ms　　C. 150ms　　D. 200ms

2. BB01 测试系统网络内设备两两之间进行连通性，测试方法有(　　)。
A. 使用“read”指令　　B. 使用“Ping”指令
C. 使用“write”指令　　D. 使用“create”指令

3. BB01 下列不是机柜维护检查内容的是(　　)。
A. 人机界面　　B. 电缆挂牌　　C. 配线图　　D. 线槽盖

4. BB01 输油气站场(　　)测试内容，由公司专业技术人员完成。
A. 1 个月　　B. 6 个月　　C. 12 个月　　D. 3 年

5. BB01 测试模拟量输出回路应至少包括量程点中没有以下(　　)。

A. 0　　B. 25%　　C. 50%　　D. 90%

6. BB01 下面不属于 RTU 阀室和清管站月维护时的外观检查的内容是(　　)。

A. 查看设备外观应无变形及机械性损伤

B. 查看设备铭牌应清晰，附件应齐全

C. 查看设备状态指示灯应显示正常

D. 查看第三方通信接口应连接牢固可靠

7. BB01 RTU 阀室和清管站测试冗余配置系统的冗余功能不包括(　　)。

A. RTU 电源冗余功能　　B. RTU I/O 模块冗余功能

C. RTU 控制器冗余功能　　D. RTU 控制网络冗余功能

8. BB01 模拟量输入信号测试点可不包括(　　)。

A. 0　　B. 25%　　C. 50%　　D. 100%

9. BB01 RTU 阀室和清管站 6 个月维护中，检查和测试 RTU 系统，不包含以下(　　)。

A. 查看 CPU 的运行信息，CPU 运行信息应无严重错误

B. 查看 CPU 利用率，应低于 50%

C. 检查 CPU、I/O、通信和冗余等模块的系统时间，应与基准时间一致

D. 测试机柜间的静电电位

10. BB01 RTU 阀室 6 个月维护时，RTU 的 CPU 利用率应低于(　　)。

A. 20%　　B. 25%　　C. 50%　　D. 60%

11. BB01 RTU 阀室 6 个月维护时，RTU 程序扫描时间，应小于(　　)。

A. 20ms　　B. 50ms　　C. 100ms　　D. 200ms

12. BB01 RTU 阀室和清管站不属于第三方通信接口检查内容的是(　　)。

A. 通信协议　　B. 通信速率　　C. 数据数值　　D. 专用工具

13. BB03 若仪表传输线路中有干扰，以下哪种方法不能解决此问题(　　)。

A. PLC 中对应通道加入数字滤波　　B. 更换屏蔽电缆

C. 传输环节中增加滤波模块　　D. 现场仪表安装屏蔽外罩

14. BB03 系统完全不能启动，见不到电源指示灯亮，也听不到冷却风扇的声音。这时，基本可以认定是(　　)部分故障。

A. 电源部分　　B. 内存部分　　C. 硬盘部分　　D. 主板部分

15. BB03 电源指示灯亮，风扇转，但没有明显的系统动作。常由(　　)造成。

A. 硬盘故障　　B. 主板供电不好

C. 电源故障或者内存接触不好　　D. 系统文件损坏

16. BB03 电源指示灯亮，系统能启动，但系统在初始化时停住了，而且可以听到喇叭的鸣叫声(没有视频)：根据(　　)可以判断出故障的部位。

A. 电源动静　　B. 蜂鸣代码　　C. 显示器显示代码　　D. 硬盘指示灯

可编程控制器部分

17. BC01 正常工作时[OK]为绿色；[A#24]滚动显示模块的状态“OK”及网络地址；B 或 A

为绿色。当B或A为红色闪烁或关掉时，表明(　　)。

A. 设备模块故障　　B. 电缆短路

C. 通信电缆没有连接好　　D. 模块掉电

18. BC01 在 ControlLogix 冗余系统中使用一对(　　)模块来实现主、从机架之间的通信，无须编程。

A. 1756-ENET　　B. 1756-IB　　C. 1756-IF　　D. 1756-RM

19. BC01 1756-RM 指示器上显示 DISQ 表示：(　　)。

A. 冗余系统中主、从机架尚未同步运行

B. 冗余系统中主、从机架同步运行

C. 该模块所在的机架处在主机架运行状态

D. 冗余系统存在严重错误

20. BC01 1756-RM 指示器上显示 SYNC 表示：(　　)。

A. 冗余系统中主、从机架尚未同步运行

B. 冗余系统中主、从机架同步运行

C. 该模块所在的机架处在主机架运行状态

D. 冗余系统存在严重错误

21. BC01 1756-RM 指示器上显示 PRIM 表示：(　　)。

A. 冗余系统中主、从机架尚未同步运行

B. 冗余系统中主、从机架同步运行

C. 该模块所在的机架处在主机架运行状态

D. 冗余系统存在严重错误

22. BC01 1756-RM 指示器上显示 EXXX 表示：(　　)。

A. 冗余系统中主、从机架尚未同步运行

B. 冗余系统中主、从机架同步运行

C. 该模块所在的机架处在主机架运行状态

D. 冗余系统存在严重错误

23. BC01 控制网冗余模块 1756-RM 显示器下 LED 指示灯 OK 绿色常亮状态表示：(　　)。

A. 模块运行正常

B. 模块尚未供电

C. 模块有严重的错误或者是开始启动时模块自检状态

D. 模块组态不正确；模块中存在次要错误；模块存在 NVS 更新

24. BC01 控制网冗余模块 1756-RM 显示器下 LED 指示灯 OK 熄灭状态表示：(　　)。

A. 模块运行正常

B. 模块尚未供电

C. 模块有严重的错误或者是开始启动时模块自检状态

D. 模块组态不正确；模块中存在次要错误；模块存在 NVS 更新

25. BC01 控制网冗余模块 1756-RM 显示器下 LED 指示灯 OK 红色表示：（　　）。

A. 模块运行正常

B. 模块尚未供电

C. 模块有严重的错误或者是开始启动时模块自检状态

D. 模块组态不正确；模块中存在次要错误；模块存在 NVS 更新

26. BC01 控制网冗余模块 1756-RM 显示器下 LED 指示灯 OK 红色闪烁状态表示：（　　）。

A. 模块运行正常

B. 模块尚未供电

C. 模块有严重的错误或者是开始启动时模块自检状态

D. 模块组态不正确；模块中存在次要错误；模块存在 NVS 更新

27. BC01 控制网冗余模块 1756-RM 显示器下 LED 指示灯 COM 绿色闪烁状态表示：（　　）。

A. 主、从机架通信正常

B. 模块在通信过程中存在严重的错误

C. 模块尚未供电；主、从机架中模块通信丢失

D. 模块与 CPU 通信故障

28. BC01 控制网冗余模块 1756-RM 显示器下 LED 指示灯 COM 红色状态表示：（　　）。

A. 主、从机架通信正常

B. 模块在通信过程中存在严重的错误

C. 模块尚未供电；主、从机架中模块通信丢失

D. 模块与 CPU 通信故障

29. BC01 控制网冗余模块 1756-RM 显示器下 LED 指示灯 COM 熄灭状态表示：（　　）。

A. 主、从机架通信正常

B. 模块在通信过程中存在严重的错误

C. 模块尚未供电；主、从机架中模块通信丢失

D. 模块与 CPU 通信故障

30. BC01 控制网冗余模块 1756-RM 显示器下 LED 指示灯 PRI 绿色闪烁状态表示：（　　）。

A. 模块所在的机架为主机架

B. 模块在通信过程中存在一般故障的错误

C. 模块尚未供电；模块所在的机架为从机架或者错误状态

D. 模块在通信过程中存在严重的错误

31. BC01 控制网冗余模块 1756-RM 显示器下 LED 指示灯 PRI 红色状态表示：（　　）。

A. 模块所在的机架为主机架

B. 模块在通信过程中存在一般故障的错误

C. 模块尚未供电；模块所在的机架为从机架或者错误状态

D. 模块在通信过程中存在严重的错误

32. BC01 控制网冗余模块 1756-RM 显示器下 LED 指示灯 PRI 熄灭状态表示：（　　）。

A. 模块所在的机架为主机架
B. 模块在通信过程中存在一般故障的错误
C. 模块尚未供电；模块所在的机架为从机架或者错误状态
D. 模块在通信过程中存在严重的错误

33. BC01 1756-IF16 单端输入时有(　　)通道，差动输入时有(　　)通道。
A. 16，4　　B. 8，4　　C. 16，8　　D. 8，16

34. BC01 1756-IF16、1756-IB16 模拟量输入模块“OK”指示灯为绿色时表示：(　　)。
A. 输入正多点传送、正常工作状态　　B. 模块通过内部诊断但未被控制
C. 模块必须更换　　D. 预先建立的通信超时

35. BC01 1756-IF16、1756-IB16 输入模块“OK”指示灯为绿色闪烁时表示：(　　)。
A. 输入正多点传送、正常工作状态　　B. 模块通过内部诊断但未被控制
C. 模块必须更换　　D. 预先建立的通信超时

36. BC01 1756-IF16、1756-IB16 输入模块“OK”指示灯为红色闪烁时表示：(　　)。
A. 输入正多点传送、正常工作状态　　B. 模块通过内部诊断但未被控制
C. 模块必须更换　　D. 预先建立的通信超时

37. BC01 1756-IF16、1756-IB16 输入模块“OK”指示灯为红色时表示：(　　)。
A. 输入正多点传送、正常工作状态　　B. 模块通过内部诊断但未被控制
C. 模块必须更换　　D. 预先建立的通信超时

38. BC01 1756-OF4 模拟量输出模块“OK”指示灯为绿色时表示：(　　)。
A. 模块必须更换　　B. 模块通过内部诊断但未被控制
C. 预先建立的通信超时　　D. 输出处于正常工作状态

39. BC01 1756-OF4 模拟量输出模块“OK”指示灯为绿色闪烁时表示：(　　)。
A. 模块必须更换　　B. 模块通过内部诊断但未被控制
C. 预先建立的通信超时　　D. 输出处于正常工作状态

40. BC01 1756-OF4 模拟量输出模块“OK”指示灯为红色闪烁时表示：(　　)。
A. 模块必须更换　　B. 模块通过内部诊断但未被控制
C. 预先建立的通信超时　　D. 输出处于正常工作状态

41. BC01 1756-OF4 模拟量输出模块“OK”指示灯为红色时表示：(　　)。
A. 模块必须更换　　B. 模块通过内部诊断但未被控制
C. 预先建立的通信超时　　D. 输出处于正常工作状态

42. BC03 RSLogix5000 位指令中表示是否闭合指令的是(　　)。
A. XIC　　B. OTE　　C. XIO　　D. OTL

43. BC03 RSLogix5000 位指令中表示是否断开指令的是(　　)。
A. XIC　　B. OTE　　C. XIO　　D. OTL

44. BC03 RSLogix5000 位指令中表示输出激励指令的是(　　)。
A. XIC　　B. OTE　　C. OTU　　D. OTL

45. BC03 RSLogix5000 位指令中表示输出解锁存指令的是(　　)。
A. XIC　　B. OTE　　C. XIO　　D. OTU

46. BC03 RSLogix5000 指令中表示延时导通计时器指令的是(　　)。

A. CTU　　B. TOF　　C. CTD　　D. TON

47. BC03 RSLogix5000 指令中表示减计数器指令的是(　　)。

A. CTU　　B. TOF　　C. CTD　　D. TON

48. BC03 RSLogix5000 指令中表示复位指令的是(　　)。

A. CTU　　B. RES　　C. CTD　　D. TON

49. BC03 RSLogix5000 指令中下面不是比较指令的是(　　)。

A. LEQ　　B. ADD　　C. GRT　　D. CMP

50. BC03 RSLogix5000 指令中下面不是比较指令的是(　　)。

A. GEQ　　B. LIM　　C. SUB　　D. CMP

51. BC03 RSLogix5000 指令中下面不是运算指令的是(　　)。

A. DIV　　B. LIM　　C. SUB　　D. ABS

输油气管道其他常用系统部分

52. BD01 泄漏监测系统进行缩放操作时，点击(　　)图形图所示的缩放工具，会显示如下的下一级工具板。

A. 　　B. 　　C. 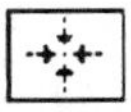　　D.

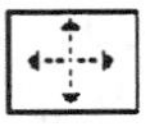

53. BD01 查阅历史数据操作时，要拖动可视范围的波形，点击以下(　　)图形。

A. 　　B. 　　C. 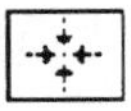　　D.

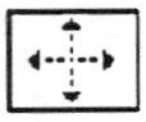

54. BD01 按住(　　)图形鼠标左键，以该点为中心连续放大数据波形，直到放开鼠标。

A. 　　B. 　　C. 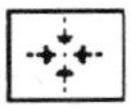　　D.

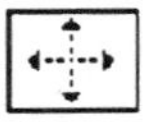

55. BD01 按住(　　)图形鼠标左键，以该点为中心连续缩小数据波形，直到放开鼠标。

A. 　　B. 　　C. 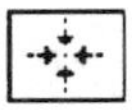　　D.

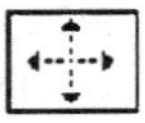

56. BD02 光纤光栅感温火灾探测信号处理器由(　　)、信号转换处理电路和报警显示电路等部分组成。

A. 感温火灾探测器　　B. 感烟火灾探测器

C. 光缆连接器　　D. 调制解调器

57. BD02 感温传感器探头是光纤光栅感温火灾探测器的核心部分，由(　　)、导热感温元件(无电元件)等部分组成。

A. 传输光缆　　B. 测量光栅　　C. 光缆连接器　　D. 连接光缆

58. BD02 传输光缆外径为 10mm，其信号传输距离≤(　　)。

A. 1km　　B. 5km　　C. 10km　　D. 15km

59. BD03 当可燃气体检警器位于释放源的最小频率风向的下风侧时，可燃气体检测器与释放源的距离不宜大于(　　)。

A. 1m　　B. 5m　　C. 10m　　D. 15m

60. BD03 可燃气体释放源处于封闭场所内，每隔 15m 可设(　　)台检测器，且检测器距其所覆盖范围内的任一释放源不宜大于(　　)。

A. 1台　6.5m　　B. 2台　6.5m　　C. 1台　7.5m　　D. 2台　7.5m

SCADA 系统组态软件部分

61. BE01 OASyS 模拟量总览中能够看到模拟量的点名、描述、(　　)和当前值。
A. 当前状态　　B. 属性　　C. 颜色　　D. 数值
62. BE01 OASyS 状态量总览中显示状态量的点名、描述和(　　)。
A. 当前状态　　B. 属性　　C. 颜色　　D. 当前值
63. BE01 阀门开在 OASyS 中用(　　)表示。
A. 红色　　B. 绿色　　C. 黄色　　D. 蓝色
64. BE01 阀门关在 OASyS 中用(　　)表示。
A. 红色　　B. 绿色　　C. 黄色　　D. 蓝色
65. BE01 远控在 OASyS 中用(　　)表示。
A. 红色　　B. 绿色　　C. 黄色　　D. 蓝色
66. BE01 就地在 OASyS 中用(　　)表示。
A. 红色　　B. 绿色　　C. 黄色　　D. 蓝色
67. BE01 (　　)数据库用于定义 OASyS 站控系统的数据采集任务。
A. RSLinx　　B. connection　　C. omnicomm　　D. RTU

二、判断题(对的画“√”，错的画“×”)

第二部分　专业知识

SCADA 系统维护部分

(　　)1. BB01 在 SCADA 系统维护时不应拆除或短路本质安全仪表系统中的避雷针。

(　　)2. BB01 在 SCADA 系统维护时不应拆除或短路仪表防雷系统中的电涌保护器。

(　　)3. BB01 电子设备的电路板不应带电插拔(有带电插拔保护功能的除外)，在进行插拔电路板前应佩带防静电肘，继续 30s 后方可进行操作。

(　　)4. BB01 在 SCADA 系统维护时不应擅自取消或更改安全联锁保护回路中的设施和设定值，如需要变更，应征得上级主管部门同意后方可进行。

(　　)5. BB01 在 SCADA 系统维护时可以更改 SCADA 系统操作员工作站的时间。

(　　)6. BB01 在 SCADA 系统维护时不应将非专用移动存储设备连接到 SCADA 系统中使用。

(　　)7. BB01 在 SCADA 系统维护时不应在 SCADA 系统网络上进行与运行相关的操作。

(　　)8. BB01 在 SCADA 系统维护时可以将 SCADA 系统网络与办公信息网络联网。

(　　)9. BB01 SCADA 系统应严格执行用户操作权限管理。系统管理宜设置专职系统管理员，专职系统管理员的用户名和密码应备份和定期更新，并应保密存放。

(　　)10. BB01 在 SCADA 系统维护时，SCADA 系统应有专项事故处理预案。

(　　)11. BB01 输油气站场 SCADA 系统 1 个月维护内容，由分公司维护人员完成。

(　　)12. BB01 SCADA 系统维护查看 PLC 系统带系统时间的模块(CPU、I/O、通信和冗余模块)，应与北京时间一致。

可编程控制器部分

(　　)13. BC01 ControlLogix 控制器模块“RUN”指示灯处于关状态，此时控制器处于 Program 或 Test 模式。

(　　)14. BC01 ControlLogix 控制器模块“I/O”指示灯处于绿色闪烁状态，此时控制器处于正常数据读写状态。

(　　)15. BC01 ControlLogix 控制器模块“I/O”指示灯处于红色闪烁状态，此时控制器框架损坏，需更换。

(　　)16. BC01ControlLogix 控制器模块“FORCE”指示灯为黄灯，此时 I/O 强制被激活，且有强制输出。

(　　)17. BC01 ControlLogix 控制器模块“FORCE”指示灯处于黄色闪烁状态，一个或多个输入、输出地址被强制，且已被使能。

(　　)18. BC01 ControlLogix 控制器 B 系列模块“BAT”指示灯处于绿色状态，表示控制器断电过程中程序往内置非易失内存中保持过程中。

(　　)19. BC01 ControlLogix 控制器 B 系列模块“BAT”指示灯处于红色状态，表示电池未安装或已经放电 75%，需要更换电池。

(　　)20. BC01 ControlLogix 控制器 B 系列模块“OK”指示灯处于红色闪烁状态，表示如果是新控制器，则需要进行固件升级，否则代表可恢复的故障。

(　　)21. BC01 ControlLogix 控制器 B 系列模块“OK”指示灯处于绿色闪烁状态，表示控制器正在从非易失内存中储存或上载工程，如果使用 CompactFlash 卡，在 OK 灯变为绿色前也可以拔掉卡。

(　　)22. BC01 使用 RJ45 连接器连接到 EtherNet 网络上，双绞线 1 和 2 发送数据，3 和 6 接收数据。

(　　)23. BC03 Logix5000 中周期型任务：指定时中断执行的逻辑程序，周期性的执行任务，须定义周期时间，要设定优先级别，最多可以定义 127 个。

(　　)24. BC03 Logix5000 中事件触发型任务：指事件触发引起的任务调用，事件触发可以是外部输入点变化引起(如同 PLC5/SLC)，也可以由 Consuned Tag 引起或直接指令调用引起，还可以由运动控制状态引起，要设定优先级别，最多可以定义 31 个。

(　　)25. BC03 Logix5000 中每个任务下最多可定义 32 个程序，每个程序拥有自己独立的数据区域和多个子程序。

(　　)26. BC03 RSLogix5000 软件的上电管理程序只有在控制器处在远程状态下，上电时才执行一次，可用于上电时初始化的一些操作。

(　　)27. BC03 RSLogix5000 程序中断级别低的任务将被中断级别高的任务中断，中断优先级别共有 15 个。

(　　)28. BC03 RSLogix5000 程序里中断级序号越低中断优先级别越高。

(　　)29. BC03 RSLogix5000 程序里所有的周期型任务和事件触发型任务都可以中断连续型任务。

(　　)30. BC03 RSLogix5000 程序里高优先权任务不能多次中断低优先权任务。

(　　)31. BC03 RSLogix5000 程序里同等级优先权的任务同时触发时各轮流执行 5ms，交互进行。

(　　)32. BC03 ControlLogix 系列 PLC 离散量输入模块组态时，Enable Change of State 表示对每个回路定义，当输出信号的状态发生改变时，向外送出数据。

输油气管道其他常用系统部分

(　　)33. BD01 子站实时采集管道运行参数并向中心站传送采集到的数据。

(　　)34. BD01 中心站实时接收数据，监测压力数据序列的波形模式的变化，初步判断发生泄漏后，发出报警。

(　　)35. BD01 泄漏监测系统在停输情况下，无法监测管道泄漏。

(　　)36. BD01 泄漏系统控制界面可以有两个或多个菜单对应的窗口同时打开，即要进行另一菜单操作。

(　　)37. BD01 负压波法与音波法的联系与区别：负压波法使用压力变送器，测量绝对压力；音波法使用专用传感器，测量压力的相对变化量。

(　　)38. BD01 独立的泄漏检测及定位系统，该系统数据采集主要是通过现有的 SCADA 系统，不需要新增取压点或 PLC 设备，且中间站场无需增设子站工控机，中心工控机数据直接从中心 SCADA 服务器或 PLC 采集数据。

(　　)39. BD02 四芯模拟量定温式感温电缆，由 4 根线芯组成，温度变化时，四芯导线间电阻发生变化，在电阻变化达到设定的报警阀值时，探测器发出火灾报警信号。

(　　)40. BD02 常说的可恢复式感温电缆属于“开关量”感温电缆。

(　　)41. BD02 常说的不可恢复式感温电缆也叫“模拟量”感温电缆。

(　　)42. BD02 紫外火焰检测器的紫外复合传感器接收到火焰信号后通过光敏元件转换为电压信号及频率信号，经过放大等处理后，输出报警信号。

(　　)43. BD02 光纤光栅感温探测器信号强度测试，在信号处理器后面板取下光纤跳线接头，接到光纤光栅解调器上查看光纤光栅感温探测器的光衰减，光衰减应不大于 -30dB。

(　　)44. BD02 光纤光栅感温探测器精度校准，使用高精度数显温度计在储罐顶部校准探测器安装处测量环境温度，然后在系统软件上对该储罐的温度进行标准。校准完后，校准探头和其他探头的温度应符合实际温度，误差应达到运行要求±1. 0℃。

(　　)45. BD02 可恢复型线型感温探测器，在距离终端盒 1. 0m 以外的部位，使用 100 ~145℃的热源加热，查看火灾报警控制器火警信号显示。

(　　)46. BD02 用高温甲基硅油、温箱等工器具对距终端盒不小于 0. 3m 以外的 1m 长的一段感温电缆加热，按照线型感温火灾探测器的分类，当加热温度达到报警值，或加热速率达到报警值时，在规定的响应时间内，火灾报警控制器应显示报警，直至报警复位。

(　　)47. BD02 火焰探测器应每一年正确使用测试灯进行一次测试，建立定期的清洁时间表，清洁探测器的光学表面，以确保整个防火系统的安全。

(　　)48. BD02 应每季度至少一次对火灾和可燃气体自动报警系统进行检查维护。

(　　)49. BD02 应每季度对火灾报警控制器主、备电源进行自动切换试验，并对火灾报警控制器备用电池进行充、放电试验。

(　　)50. BD03 压缩天然气装卸场所，应在装卸口上方可能滞留可燃气体处设置检测器，其安装高度宜距顶面 0.5~1.0m，且不应妨碍车辆通行和其他作业。

(　　)51. BD03 常用检测器的采样方式，宜采用泵吸式。

(　　)52. BD03 红外气体传感器及仪器适用于监测各种易燃易爆、二氧化碳气体，具有精度高、选择性好、可靠性高。

(　　)53. BD03 红外气体传感器及仪器适用于监测各种易燃易爆、二氧化碳气体，具有易中毒、依赖于氧气、受环境干扰因素较大的缺点。

(　　)54. BD03 红外传感器的输出信号非线性，并随环境温度改变(归因于光学部分热膨胀)。

(　　)55. BD03 电化学气体传感器是通过检测电阻来检测气体的浓度。

(　　)56. BD03 电化学气体传感器分为不需供电的原电池式以及需要供电的可控电位电解式。

(　　)57. BD03 可燃气体检测器应采用经国家指定机构或其授权检验单位的计量器具制造认证、防爆性能认证和消防认证的产品。

(　　)58. BD03 石油天然气站场及储运设施内，易积聚比空气轻的可燃气体的工艺阀井、地坑及排污沟等场所，应设检测器。

(　　)59. BD03 对探测器进行清洗和重新标定后，对整个控制系统的功能重新进行调试，使系统恢复到正常的监视工作状态。

(　　)60. BD03 各输油站、维修队应配备与介质相符的标准样气，每年采用标准气样对报警器进行校对，发现问题应及时报告或处理。

(　　)61. BD03 各单位每半年应组织对固定式可燃气体报警器和便携式报警器进行不少于两次的现场维护保养与校对，发现问题及时处理。

(　　)62. BD03 各单位在雨后、雪后、风沙后应用清水或者毛刷对现场检测器进行清理，不应让水或其他液体进入仪器内部。

(　　)63. BD03 因故需停用的报警器由基层单位技术人员填写“报警器停用申请”，经站队主管领导签字确认，上报所属各单位主管部门审批同意后，方可停用。

三、简答题

第二部分　专业知识

SCADA 系统维护部分

1. BB01 输油气站场 12 个月维护内容主要包括哪些？

2. BB01 测试模拟量输出回路的内容有哪些？

可编程控制器部分

3. BC01 ControlLogix 控制器模块 OK 指示灯红色，代表什么含义？如何处理？

4. BC01 如果工作过程中其中一块电源模块 Power-solid 指示灯显示绿色，Non-red 指示灯显示黄色，另外一块模块电源 Power-solid 指示灯无显示，Non-red 指示灯显示黄色，表示冗余电源模块冗余状态尚未启用，只是单电源供电。此时应检查另外一路模块电源供电是否正常，常进行哪些操作排查故障？

5. BC01 如果工作过程中冗余电源模块 Power-solid 指示灯全部无显示，Non-red 指示灯显示黄色，表示冗余电源模块开关处于关闭状态。此时合上电源开关观察电源指示灯的变化。常进行哪些操作排查故障？

6. BC03 Logix5000 软件子程序、程序和任务如何删除？

7. BC03 Logix5000 软件中，用户需要对工程的不同元素定义名称。例如：控制器、数据地址、标签、例程、I/O 模块等。当需要输入名称时，需遵守什么规则？

输油气管道其他常用系统部分

8. BD02 简述光线光栅感温探测器的校准方法。
9. BD02 简述线型感温探测器的检测方法。
10. BD02 简述线型感温火灾探测系统测试方法。
11. BD02 火焰探测器按照光的特性如何分类？
12. BD02 火焰探测器的检测方法是什么？
13. BD02 火焰探测系统的测试方法是什么？
14. BD03 原油、成品油、液化天然气的装卸设施，应在哪些位置设可燃气体检测器？
15. BD03 可燃气体检测器的选型应符合哪些规定？
16. BD03 简述固定式可燃气体探测器的标定方法。
17. BD03 简述可燃气体报警控制器的标定方法。
18. BD03 简述可燃气体探测报警系统测试方法。

高级资质理论认证试题答案

一、单项选择题答案

1. D	2. B	3. A	4. D	5. D	6. D	7. B	8. B	9. D	10. C
11. C	12. D	13. D	14. A	15. C	16. B	17. C	18. D	19. A	20. B
21. C	22. D	23. A	24. B	25. C	26. D	27. A	28. B	29. C	30. A
31. D	32. C	33. C	34. A	35. B	36. D	37. C	38. D	39. B	40. A
41. C	42. A	43. C	44. B	45. D	46. D	47. C	48. B	49. B	50. C
51. B	52. A	53. B	54. D	55. C	56. D	57. B	58. C	59. B	60. C
61. A	62. A	63. B	64. A	65. B	66. A	67. C			

二、判断题答案

1. ×在 SCADA 系统维护时不应拆除或短路本质安全仪表系统中的安全栅。　2. √

3. √ 4. √ 5. ×在 SCADA 系统维护时不应擅自更改 SCADA 系统操作员工作站的时间。 6. √ 7. ×在 SCADA 系统维护时不应在 SCADA 系统网络上进行与运行无关的操作。 8. ×在 SCADA 系统维护时不应将 SCADA 系统网络与办公信息网络联网。 9. √ 10. √

11. √ 12. ×SCADA 系统维护查看 PLC 系统带系统时间的模块（CPU、I/O、通信和冗余模块），应与基准时间一致。 13. √ 14. ×ControlLogix 控制器模块“I/O”指示灯处于绿色闪烁状态，此时控制器处于一个或多个处理器 I/O 组态里的设备没响应。 15. √ 16. ×ControlLogix 控制器模块“FORCE”指示灯处于黄色，此时 I/O 强制被激活，虽然 I/O 强制值可能被设置或没被设置。请注意如果你添加一个强制值，将立即生效。 17. ×ControlLogix 控制器模块“FORCE”指示灯处于黄色闪烁状态，一个或多个输入、输出地址被强制，但是强制未被使能。 18. √ 19. ×ControlLogix 控制器 B 系列模块“BAT”指示灯处于红色状态，表示电池未安装或已经放电 95%，需要更换电池。 20. √

21. ×ControlLogix 控制器 B 系列模块“OK”指示灯处于绿色闪烁，表示控制器正在从非易失内存中储存或上载工程，如果使用 CompactFlash 卡，在 OK 灯变为绿色前不要拔掉卡。 22. √ 23. ×Logix5000 中周期型任务：指定时中断执行的逻辑程序，周期性的执行任务，须定义周期时间，要设定优先级别，最多可以定义 31 个。 24. √ 25. √ 26. ×RSLogix5000 软件的上电管理程序只有在控制器处在 RUN 状态下，上电时才执行一次，可用于上电时初始化的一些操作。 27. √ 28. √ 29. √ 30. √

31. ×RSLogix5000 程序里同等级优先权的任务同时触发时各轮流执行 5ms，交互进行。 32. ×ControlLogix 系列 PLC 离散量输入模块组态时，Enable Change of State 表示对每个回路定义，当输入信号的状态发生改变时，向外送出数据。 33. √ 34. √ 35. ×泄漏监测系统在停输情况下，只要管道内保持一定的压力，并保持所监测管段畅通，也能够监测管道泄漏。 36. ×泄漏系统控制界面不能两个或多个菜单对应的窗口同时打开，即要进行另一菜单操作，必须退出当前菜单。 37. √ 38. ×独立的泄漏检测及定位系统，该系统需要设置独立的取压点和 PLC，且各中间站需新增子站工控机，中心工控机通过与各子站工控机通信采集数据。 39. √ 40. ×常说的可恢复式感温电缆属于“模拟量”感温电缆。

41. ×常说的不可恢复式感温电缆属于“开关量”感温电缆。 42. √ 43. √ 44. ×光纤光栅感温探测器精度校准，使用高精度数显温度计在储罐顶部校准探测器安装处测量环境温度，然后在系统软件上对该储罐的温度进行标准。校准完后，校准探头和其他探头的温度应符合实际温度，误差应达到运行要求±1.5℃。 45. ×可恢复型线型感温探测器，在距离终端盒 0.3m 以外的部位，使用 55~145℃的热源加热，查看火灾报警控制器火警信号显示。 46. √ 47. ×火焰探测器应每半年正确使用测试灯进行一次测试，建立定期的清洁时间表，清洁探测器的光学表面，以确保整个防火系统的安全。 48. √ 49. √ 50. √

51. ×常用检测器的采样方式，宜采用扩散式。 52. √ 53. ×红外气体传感器及仪器适用于监测各种易燃易爆、二氧化碳气体，具有不中毒、不依赖于氧气、受环境干扰因素较小、寿命长等显著优点，但价格较高。 54. √ 55. ×电化学气体传感器是通过检测电流来检测气体的浓度。 56. √ 57. √ 58. ×石油天然气站场及储运设施内，易积聚比空气重的可燃气体的工艺阀井、地坑及排污沟等场所，应设检测器。 59. √ 60. ×各输油站、维修队应配备与介质相符的标准样气，每季度采用标准气样对报警器进行校对，发现问题及时报告或处理。

61. ×各单位每年应组织对固定式可燃气体报警器和便携式报警器进行不少于两次的现场维护保养与校对，发现问题及时处理。　62. √　63. √

三、简答题答案

1. BB01 输油气站场 12 个月维护内容主要包括哪些？

答：①测试数字量输入回路，并填写测试记录；②测试数字量输出回路，并填写测试记录；③测试模拟量输入回路，并填写测试记录；④测试模拟量输出回路，并填写测试记录；⑤测试单体工艺设备控制程序，并填写测试记录；⑥测试调节型设备的 PID 调节功能，并填写测试记录。

评分标准：答对①~⑤各占 15%，答对⑥占 25%。

2. BB01 测试模拟量输出回路的内容有哪些？

答：①在 HMI 上对模拟量输出值进行设定；②模拟量输出值，应至少包括量程 0，25%，50%，75%和 100%五个点；③检查现场回路接收值应与输出设定一致；④宜与现场测试同步进行。

评分标准：答对①~④各占 25%。

3. BC01 Controllogix 控制器模块 OK 指示灯红色，代表什么含义？如何处理？

答：①不可恢复的故障。尝试以下步骤：②将框架电源复位；③下载工程；④将处理器打到 RUN 模式；⑤如果问题依然存在，联系技术支持。

评分标准：答对①~⑤各占 20%。

4. BC01 如果工作过程中其中一块电源模块 Power-solid 指示灯显示绿色，Non-red 指示灯显示黄色，另外一块模块电源 Power-solid 指示灯无显示，Non-red 指示灯显示黄色，表示冗余电源模块冗余状态尚未启用，只是单电源供电。此时应检查另外一路模块电源供电是否正常，常进行哪些操作排查故障？

答：①确认输入电压在指定范围内；②如果指示灯仍然不亮，将模块上电开关关闭；③拆除电源模块冗余电缆，将电源模块从机架中取出；④重新将上电开关合上；⑤如果 Power-solid 指示灯变亮：确认机架负载在电源模块允许范围内；将模块上电开关关闭；重新安装电源模块；如果 Power-solid 指示灯依然不亮，请更换该模块。

评分标准：答对①~⑤各占 20%。

5. BC01 如果工作过程中冗余电源模块 Power-solid 指示灯全部无显示，Non-red 指示灯显示黄色，表示冗余电源模块开关处于关闭状态。此时合上电源开关观察电源指示灯的变化。常进行哪些操作排查故障？

答：①关闭模块电源开关；②将模块的供电源拆除；③等待 15s 后，重新将模块的供电电源接好；④重新合上模块电源开关；观察是指示灯是否正常；如果 Power-solid 指示灯依然不亮，请更换该模块。

评分标准：答对①~④各占 25%。

6. BC03 Logix5000 软件子程序、程序和任务如何删除？

答：删除要按照如下的顺序进行：①删除子程序的所有的执行代码；②选定子程序并删除它们；③删除程序区域的所有的标签；④选定程序并删除它们；⑤最后删除任务。

评分标准：答对①~⑤各占20%，顺序错误不得分。

7. BC03 Logix5000 软件中，用户需要对工程的不同元素定义名称。例如：控制器、数据地址、标签、例程、I/O 模块等。当需要输入名称时，需遵守什么规则？

答：①只能使用字母、数字和下划线(_)；②必须以字母或下划线开头；③小于等于 40 个字符；④下划线不能连续使用或用在末尾；⑤不区分大小写。

评分标准：答对①~⑤各占20%。

8. BD02 简述光线光栅感温探测器的校准方法。

答：①光纤光栅感温探测器信号强度测试，在信号处理器后面板取下光纤跳线接头，接到光纤光栅解调器上查看光纤光栅感温探测器的光衰减，光衰减应小于等于-30dB；②光纤光栅感温探测器精度校准，使用高精度数显温度计在储罐顶部校准探测器安装处测量环境温度，然后在系统软件上对该储罐的温度进行标准。校准完后，校准探头和其他探头的温度应符合实际温度，误差应达到运行要求±1.5℃。

评分标准：答对①②各占50%。

9. BD02 简述线型感温探测器的检测方法。

答：①可恢复型线型感温探测器，在距离终端盒 0.3m 以外的部位，使用 55~145℃的热源加热，查看火灾报警控制器火警信号显示；②不可恢复型线型感温探测器，采用线路模拟的方式试验。

评分标准：答对①②各占50%。

10. BD02 简述线型感温火灾探测系统测试方法。

答：①确认线型感温火灾探测器与火灾报警控制器正确连接并接通电源，处于正常运行状态；②在感温电缆终端盒处将感温电缆短路或断开，模拟故障状态，火灾报警控制器应显示故障报警，直至报警复位；③用高温甲基硅油、温箱等工器具对距终端盒不小于 0.3m 以外的 1m 长的一段感温电缆加热，按照线型感温火灾探测器的分类，当加热温度达到报警值，或加热速率达到报警值时，在规定的响应时间内，火灾报警控制器应显示报警，直至报警复位。

评分标准：答对①②各占30%，答对③占40%。

11. BD02 火焰探测器按照光的特性如何分类？

答：根据火焰的光特性，使用的火焰探测器有 3 种：①一种是对火焰中波长较短的紫外光辐射敏感的紫外探测器；②另一种是对火焰中波长较长的红外光辐射敏感的红外探测器；③第三种是同时探测火焰中波长较短的紫外线和波长较长的红外线的紫外/红外混合探测器。

评分标准：答对①②各占30%，答对③占40%。

12. BD02 火焰探测器的检测方法是什么？

答：①在探测器监测视角范围内、距离探测器 0.55~1.00m 处，应在火焰探测器试验装置(测试灯)作用下，在规定的响应时间内动作，并向火灾报警控制器输出火警信号；具有报警确认灯的探测器应同时启动报警确认灯，并应在手动复位前予以保持；②撤销测试灯后，查看探测器的复位功能；③用磁棒进行灵敏度调试，联合设置自定义的敏感度和延迟时间；④火焰探测器应每半年正确使用测试灯进行一次测试，建立定期的清洁时间表，清洁探测器的光学表面，以确保整个防火系统的安全。

评分标准：答对①~④各占25%。

13. BD02 火焰探测系统的测试方法是什么？

答：①确认火焰探测器和报警控制器正确连接并处于正常运行状态；②按下测试按钮，检查所有指示灯运行状态；③使用测试工具模拟火焰信号，检查火焰探测器和报警控制器报警状态；④去除模拟火焰信号，复位火焰报警控制器，并对报警保持功能进行确认。

评分标准：答对①~④各占25%。

14. BD03 原油、成品油、液化天然气的装卸设施，应在哪些位置设可燃气体检测器？

答：①小鹤管铁路装卸台，在地面上每隔一个车位宜设1台检测器，且检测器与装卸车口的水平距离不应大于15m；大鹤管铁路装卸栈台，宜设1台检测器；②汽车装卸站的装卸车鹤位与检测器的水平距离不应大于15m；③可燃气体检测器的安装高度应距地面0.3~0.6m。

评分标准：答对①占40%，答对②③各占30%。

15. BD03 可燃气体检测器的选型应符合哪些规定？

答：①烃类可燃气体宜选用催化燃烧型或红外吸收型气体检测器；②当使用场所的空气中含有能使催化燃烧型检测元件中毒的硫、磷、硅、铅、卤素化合物等介质时，应选用抗毒性催化燃烧型检测器或红外吸收型气体检测器；③在缺氧或高腐蚀性等场所，宜选用红外吸收型气体检测器。

评分标准：答对①②各占40%，答对③占20%。

16. BD03 简述固定式可燃气体探测器的标定方法。

答：①用专用磁棒、遥控器进行不同型号的可燃气体探测器的“标零”工作，将没有处于零点的探测器进行标定；②向探测器释放对应的试验气体，观察报警响应时限内报警控制器的显示情况；③原则上要采用经计量认证与被检测气体相匹配的标准样气；④校验前探头的周围环境应无可燃气体，如果有可燃气体，应先拆下防雨罩，充入一定量的洁净空气后，再连续通入样气，以保证校验的准确性；⑤对探测器进行清洗和重新标定后，对整个控制系统的功能重新进行调试，使系统恢复到正常的监视工作状态。

评分标准：答对①~⑤各占20%。

17. BD03 简述可燃气体报警控制器的标定方法。

答：①触发自检键，面板上所有的指示灯、显示器和音响器件功能自检应符合出厂设置。②切断主电源，查看备用直流电源自动投入和主、备电源的状态显示情况应正常。③模拟可燃气体探测器断路故障，查看故障显示，恢复系统正常工作状态。④向非故障回路的可燃气体探测器施加试验气体，查看报警信号及报警部位显示。⑤触发消音键，查看报警信号显示。⑥能直接或间接地接收来自可燃气体探测器及其他报警触发器件的报警信号，发出声、光报警信号，指示报警部位并予以保持。声报警信号应能手动消除，再次有报警信号输入时应能发出报警信号，系统复位，恢复到正常工作状态。

评分标准：答对①~⑤各占15%，答对⑥占25%。

18. BD03 简述可燃气体探测报警系统测试方法。

答：①确认可燃气体探测器与可燃气体报警控制器正确连接并接通电源，处于正常运行状态。②对点型可燃气体探测器探头安装标定集气罩，使用标气瓶向标定集气罩释放标准气体(浓度宜高出二级报警设置值10%LEL~30%LEL)，确认可燃气体报警控制器先后发生一级和二级报警，可燃气体报警控制器面板最终显示值与标准气体浓度值之差在-5%LEL~5%LEL范围内，可燃气体探测器的报警灯亮并保持到复位。③对远程开路对射式可燃气体探测器一对探测器间使用不透明物体进行阻挡测试，确认可燃气体报警控制器发生故障报警；使用配套测试片进行通路阻挡，确认报警信息与测试片符合；确认报警灯亮并保持到复位。

评分标准：答对①②各占40%，答对③占20%。

高级资质工作任务认证

高级资质工作任务认证要素细目表

模块	代码	工作任务	认证要点	认证形式
二、SCADA系统	S/W-YB-02-G01-01	SCADA 系统 12 个月维护	数字量输入/输出回路测试	技能操作
	S/W-YB-02-G01-02		模拟量输入回路测试	技能操作
	S/W-YB-02-G01-03		模拟量输出回路测试	技能操作
	S/W-YB-02-G01-04		单体工艺设备控制程序测试	技能操作
	S-YB-02-G03	站控系统常见故障处理	绘制仪表信号流向图	技能操作
	W-YB-02-G03	站控系统常见故障处理	绘制仪表信号流向图	技能操作
三、可编程控制系统	W-YB-03-G02	Rslinx 软件的使用	RSLinx 软件建立 OPC 服务器	技能操作
	W-YB-03-G03-01	RSLogix5000 软件的维护和使用	RSLogix5000 软件参数强制使能操作	技能操作
	W-YB-03-G03-02		RSLogix5000 软件在线编辑程序	技能操作
	W-YB-03-G03-03		RSLogix5000 软件在线修改参数	技能操作
	W-YB-03-G03-04		RSLogix5000 软件简单编程	技能操作
四、输油气管道其他常用系统	W-YB-04-G02-01	油库固定消防控制系统的维护管理	火焰探测系统的测试	技能操作
	W-YB-04-G02-02		线型感温火灾探测系统的测试	技能操作
	W-YB-04-G03	固定式可燃气体报警系统的维护管理	可燃气体报警系统的测试	技能操作

高级资质工作任务认证试题

一、S/W-YB-02-G02-01 SCADA 系统 12 个月维护——数字量输入/输出回路测试

1. 考核时限：30min。
2. 考核方式：技能操作。
3. 考核评分表。

考生姓名：________________　　　　单位：________________

序号	工作步骤	工作标准	配分	评分标准	扣分	得分	考核结果
1	输入标准信号	根据I/O地址表，操作现场设备由现场设备直接给出“0”和“1”的信号	25	不会操作扣25分			
2	查看对应显示信息	从人机界面上检查，显示信息的正确性	15	不会操作扣15分			
3	输出标准信号	根据I/O地址表，在HMI上操作相应输出按钮	25	不会操作扣25分			
4	查看回路动作情况	查看现场回路的动作和状态	15	不会操作扣15分			
5	测试记录填写	测试完毕填写测试记录	20	未正确填写测试记录扣20分；未填写测试记录整题不得分			
合计			100				

考评员　　　　年　　月　　日

二、S/W-YB-02-G02-02 SCADA 系统 12 个月维护——模拟量输入回路测试

1. 考核时限：30min。
2. 考核方式：技能操作。
3. 考核评分表。

考生姓名：________________　　　　单位：________________

序号	工作步骤	工作标准	配分	评分标准	扣分	得分	考核结果
1	输入标准信号	①根据I/O地址分配表，在相应的现场接线端子上②用标准信号发生器加入相应的模拟量信号	30	找不到相应的点或信号发生器接线错误，整题不得分			
2	分点测试	①模拟量信号测试点应至少包括，工程变量量程的②0，50%和100%三个点	30	未分点测试扣30分；分点错误扣10分；不会操作扣30分			
3	检查显示值	从HMI的显示值来检查数值显示的①准确性和②精度	20	漏检查一项扣10分，扣完为止；不会操作扣20分			
4	测试记录填写	测试完毕填写测试记录	20	未正确填写测试记录扣20分；未填写测试记录整题不得分			
合计			100				

考评员　　　　年　　月　　日

三、S/W-YB-02-G02-03 SCADA 系统 12 个月维护——模拟量输出回路测试

1. 考核时限：30min。
2. 考核方式：技能操作。
3. 考核评分表。

考生姓名：________　　　　　　单位：________

序号	工作步骤	工作标准	配分	评分标准	扣分	得分	考核结果
1	输出设定	在 HMI 上对模拟量输出值进行设定	20	不会操作扣 20 分			
2	分点输出	模拟量输出值，应至少包括量程 0，25%，50%，75%和 100%五个点	30	分点错误扣 10 分；不会操作扣 30 分			
3	检查回路动作情况	检查现场回路接收值应与输出设定一致	20	不会操作扣 20 分			
4	测试记录填写	测试完毕填写测试记录	30	未正确填写测试记录扣 30 分；未填写测试记录整题不得分			
合计			100				

考评员　　　　　　　　　　年　　月　　日

四、S/W-YB-02-G02-04 SCADA 系统 12 个月维护——单体工艺设备控制程序测试

1. 考核时限：30min。
2. 考核方式：技能操作。
3. 考核评分表。

考生姓名：________　　　　　　单位：________

序号	工作步骤	工作标准	配分	评分标准	扣分	得分	考核结果
1	就地/远控模式切换	在工艺现场旋转被测设备就地/远控旋钮就进行切换	15	操作错误扣 15 分；不会操作扣 15 分			
2	观察 HMI 画面切换情况是否一致	在站控画面观察被测设备的控制状态应该和现场切换的动作一致	15	未观察扣 15 分；找不到设备扣 15 分			
3	现场设备切换到远控	在工艺现场旋转被测设备就地/远控旋钮切换至远控操作	15	操作错误扣 15 分；不会操作扣 15 分			
4	HMI 画面中打开控制面板	在站控画面打开被测设备的控制面板	15	操作错误扣 15 分；不会操作扣 15 分			

续表

序号	工作步骤	工作标准	配分	评分标准	扣分	得分	考核结果
5	进行开关操作	在站控画面对被测设备进行开/关操作	20	操作错误扣 20 分；不会操作扣 20 分			
6	观察 HMI 画面与现场设置动作一致性	在站控画面观察被测设备的显示状态应该和现场实际动作一致	10	操作错误扣 10 分；不会操作扣 10 分			
7	测试记录填写	测试完毕填写测试记录	10	未正确填写测试记录扣 10 分；未填写测试记录整题不得分			
合计			100				

考评员　　　　年　　月　　日

五、S-YB-02-G03 站控系统常见故障及处理——绘制仪表信号流向图

1. 考核时限：30min。
2. 考核方式：技能操作。
3. 考核评分表。

考生姓名：_______________　　单位：_______________

序号	工作步骤	工作标准	配分	评分标准	扣分	得分	考核结果
1	挑选本单位上位机某参数	挑选上位机某在线显示参数，正确指出对应的现场仪表	40	现场仪表核对错误扣 40 分			
2	查明仪表接线方式及线路中相关设备	①从现场或从机柜端查找对应仪表接线；②清楚线路所经设备功能；③绘制接线图	60	①②③未完成一项扣 20 分			
合计			100				

考评员　　　　年　　月　　日

六、W-YB-02-G03 站控系统常见故障及处理——绘制仪表信号流向图

1. 考核时限：30min。
2. 考核方式：技能操作。
3. 考核评分表。

考生姓名：_______________　　单位：_______________

序号	工作步骤	工作标准	配分	评分标准	扣分	得分	考核结果
1	挑选本单位上位机某参数	挑选上位机某在线显示参数，正确指出对应的现场仪表	20	现场仪表核对错误扣 20 分			

续表

序号	工作步骤	工作标准	配分	评分标准	扣分	得分	考核结果
2	查明仪表接线方式及线路中相关设备	①从现场或从机柜端查找对应仪表接线；②清楚线路所经设备功能；③绘制接线图	30	①②③未完成一项扣10分			
3	依据PLC地址点表，查找PLC内部地址	①依据点表，查找PLC内对应地址；②查明相关中间位地址和对应上位机数据地址	30	①②未完成一项扣15分			
4	查找上位机组态软件数据库对应数据地址	①依据数据点表，查明该参数对应数据库内数据地址；②说明信号上传方式及地址转换过程	20	①②未完成一项扣10分			
合计			100				

考评员　　　　　　　　　　　　　　　　　　　　　　　　　　年　　月　　日

七、W-YB-03-G02 RSLinx软件的使用——RSLinx软件建立OPC服务器

1. 考核时限：30min。
2. 考核方式：技能操作。
3. 考核评分表。

考生姓名：________　　　　　　　　　　　　　　　　单位：________

序号	工作步骤	工作标准	配分	评分标准	扣分	得分	考核结果
1	启动RSLinx	启动RSLinx软件	20	不会操作扣20分			
		点击菜单栏上的DDE/OPC，选择To pic Configuration	30	不会操作扣30分			
		指定相互通信的Logix5000处理器或仿真处理器，然后选择Apply	30	不会操作扣30分			
2	完成OPC服务器的建立	恢复现场	20	不恢复现场扣20分			
合计			100				

考评员　　　　　　　　　　　　　　　　　　　　　　　　　　年　　月　　日

八、W-YB-03-G03-01 RSLogix5000软件的维护和使用——RSLogix5000软件的参数强制使能操作

1. 考核时限：30min。
2. 考核方式：技能操作。
3. 考核评分表。

考生姓名：________　　　　单位：________

序号	工作步骤	工作标准	配分	评分标准	扣分	得分	考核结果
1	用翻转命令进行强制	在左上角强制窗口下，下拉下箭头	5	未找到扣5分			
		选择强制使能“Enable All I/O Forces”	10	未找到扣10分			
		用右键点击需要强制的元件，选择“toggle bit(位翻转)”	10	未强制成功扣10分			
		每选择一次，状态将翻转一次	10	未强制成功扣10分			
2	用强制标记	鼠标左键选择指令	5	未找到扣5分			
		用鼠标右键选择 Force on(强制通)及 Force off(强制断)，做出强制标记	20	强制失败扣10分；解除强制失败扣10分			
		在左上角强制窗口下，下拉下箭头	5	未找到扣5分			
		选择强制使能“Enable All I/O Forces”	10	未找到扣10分			
3	强制失效与删除	在左上角强制窗口下，下拉下箭头	5	未找到扣5分			
		选择“Disable All I/O Forces”使强制失效	10	未找到扣10分			
		在强制窗口下拉命令中，选择“Remove All I/O Forces(删除所有I/O强制)”	10	未找到扣10分			
合计			100				

考评员　　　　　　　　　　年　　月　　日

九、W-YB-03-G03-02 RSLogix5000软件的维护和使用——RSLogix5000软件的在线编辑程序

1. 考核时限：30min。
2. 考核方式：技能操作。
3. 考核评分表。

考生姓名：________　　　　单位：________

序号	工作步骤	工作标准	配分	评分标准	扣分	得分	考核结果
1	进行程序的在线编辑	确认笔记本联机并处于程序在线联机方式	10	未确认扣10分			
		确认PLC处于远程/编程方式	10	未确认扣10分			
		程序画面工具栏位置应出现在线编辑工具条。如果没有，用鼠标左键双击阶梯前方，工具栏附近弹出在线编辑工具e	10	未找到按钮扣10分			
		点工具条上按钮e表示该阶梯进入编辑状态	10	未找到按钮扣10分			

续表

序号	工作步骤	工作标准	配分	评分标准	扣分	得分	考核结果
1	进行程序的在线编辑	在程序对应位置做修改	10	未正确修改扣 10 分			
		修改结束后，在线编辑工具条上，一个带有对号的按钮被加强显示，点击它，按钮恢复灰度显示	10	未找到按钮扣 10 分			
		工具条一个带有闪电符号的按钮被加强显示，点击它，并确定，按钮恢复灰度显示	10	未找到按钮扣 10 分			
		工具条上，再次有一个带有对号的按钮被加强显示，点击它，按钮恢复灰度显示。此时，修改后的程序被自动存储到 PLC 中	20	未找到按钮扣 20 分			
		退出编辑软件时，会提示你是否将改过的程序存储到硬盘，给定路径，确定后存盘	10	未在指定位置存盘扣 10 分			
合计			100				

考评员　　　　　　　　　　　　　　　　　　　　　　年　　月　　日

十、W-YB-03-G03-03 RSLogix5000 软件的维护和使用——RSLogix5000 软件在线修改参数

1. 考核时限：30min。
2. 考核方式：技能操作。
3. 考核评分表。

考生姓名：＿＿＿＿＿＿　　　　　　　　　　　　　　单位：＿＿＿＿＿＿

序号	工作步骤	工作标准	配分	评分标准	扣分	得分	考核结果
1	使用 RSLog ix5000 软件在线修改参数	确认笔记本电脑对应程序处于和 PLC 联机状态	30	未确认扣 30 分			
		在要修改的参数位置双击鼠标左键	40	未找到参数修改扣 40 分			
		修改参数，回车	30	未成功修改扣 30 分			
合计			100				

考评员　　　　　　　　　　　　　　　　　　　　　　年　　月　　日

十一、W-YB-03-G03-04 RSLogix5000 软件的维护和使用——RSLogix5000 软件简单编程

1. 考核时限：30min。
2. 考核方式：技能操作。
3. 编程题目。

在软件中，用定时器指令实现报警灯的交替闪烁，闪烁间隔时间为 2s，报警灯用位指

令来代替。编写完成后，下载到 PLC 中进行验证。

4. 考核评分表。

考生姓名：________　　　　　　单位：________

序号	工作步骤	工作标准	配分	评分标准	扣分	得分	考核结果
1	程序编写	正确输入定时器指令	10	不会输入扣 10 分			
		按照要求对定时器进行设置	20	设置错误扣 20 分			
		应用定时器指令，编制脉冲输出逻辑	40	逻辑正确不扣分，逻辑错误一处扣 10 分，扣完为止			
2	程序编译	程序编制完成后，点击软件中编译按钮，完成程序编译	10	未进行程序编译，扣 10 分			
3	程序下载	将程序下载到 PLC 中，PLC 切换到运行模式	20	不会下载程序，扣 10 分；不会切换 PLC 运行模式，扣 10 分			
合计			100				

考评员　　　　　　　　　　年　　月　　日

十二、W-YB-04-G02-01 油库固定消防控制系统的维护管理——火焰探测系统的测试

1. 考核时限：30min。
2. 考核方式：技能操作。
3. 考核评分表。

考生姓名：________　　　　　　单位：________

序号	工作步骤	工作标准	配分	评分标准	扣分	得分	考核结果
1	测试前的检查	确认火焰探测器和报警控制器正确连接并处于正常运行状态	10	未对正常运行状态进行确认扣 10 分			
2	检查指示灯运行状态	按下测试按钮，检查所有指示灯运行状态	10	未按下测试按钮进行测试扣 10 分			
3	火焰信号的模拟	使用测试工具模拟火焰信号，检查①火焰探测器和②报警控制器报警状态	40	不能正确使用测试工具，扣 20 分；未检查火焰探测器及报警控制器的报警状态扣 20 分			
4	复位操作	去除模拟火焰信号，①复位火焰报警控制器；②并对报警保持功能进行确认	40	未对火焰报警控制器进行复位扣 20 分；未对报警保持功能进行确认扣 20 分			
合计			100				

考评员　　　　　　　　　　年　　月　　日

十三、W-YB-04-G02-02 油库固定消防控制系统的维护管理——线型感温火灾探测系统的测试

1. 考核时限：30min。
2. 考核方式：技能操作。
3. 考核评分表。

考生姓名：＿＿＿＿＿＿＿＿　　　　单位：＿＿＿＿＿＿＿＿

序号	工作步骤	工作标准	配分	评分标准	扣分	得分	考核结果
1	检查运行状态	确认线型感温火灾探测器与火灾报警控制器正确连接并接通电源，处于正常运行状态	15	未对线型感温火灾探测器与火灾报警控制器的连接状态进行检查扣 15 分			
2	模拟故障状态，查看报警	在感温电缆终端盒处将感温电缆短路或断开，模拟故障状态，火灾报警控制器应显示故障报警，直至报警复位	30	不能正确将感温电缆短路或断开扣 15 分；模拟故障操作过程不规范扣 15 分			
3	加热感温电缆	用高温甲基硅油、温箱等工器具对距终端盒不小于 0.3m 以外的 1m 长的一段感温电缆加热，按照线型感温火灾探测器的分类，当加热温度达到报警值，或加热速率达到报警值时，在规定的响应时间内，火灾报警控制器应显示报警，直至报警复位	55	加热的感温电缆与终端盒的距离超出 0.3m 的范围扣 20 分；采用的加热工具加热方法不当扣 20 分；未能准确观测到报警器的一系列报警变化扣 15 分			
合计			100				

考评员　　　　　　　　　　　　年　　月　　日

十四、W-YB-04-G03-01 固定式可燃气体报警系统维护管理——可燃气体探测报警系统的测试

1. 考核时限：30min。
2. 考核方式：技能操作。
3. 考核评分表。

考生姓名：＿＿＿＿＿＿＿＿　　　　单位：＿＿＿＿＿＿＿＿

序号	工作步骤	工作标准	配分	评分标准	扣分	得分	考核结果
1	确认运行状态	确认可燃气体探测器与可燃气体报警控制器正确连接并接通电源，处于正常运行状态	30	未对运行状态进行确认扣 30 分			

续表

序号	工作步骤	工作标准	配分	评分标准	扣分	得分	考核结果
2	利用标准气进行测试(适用于点型可燃气体探测器)	对点型可燃气体探测器探头安装标定集气罩，使用标气瓶向标定集气罩释放标准气体(浓度宜高出二级报警设置值10%LEL~30%LEL)，确认可燃气体报警控制器先后发生一级和二级报警，可燃气体报警控制器面板最终显示值与标准气体浓度值之差在-5%LEL~5%LEL范围内，可燃气体探测器的报警灯亮并保持到复位	70	未安装标定集气罩，扣20分；未能及时发现可燃气体报警控制器先后发生一级和二级报警，扣30分；未确认面板最终显示值与标准气浓度之差超出规定范围，扣20分			
合计			100				

考评员　　　　　　　　　　　　　　　　　　　　　　　　年　　月　　日